工业和信息化部"十四五"规划教材

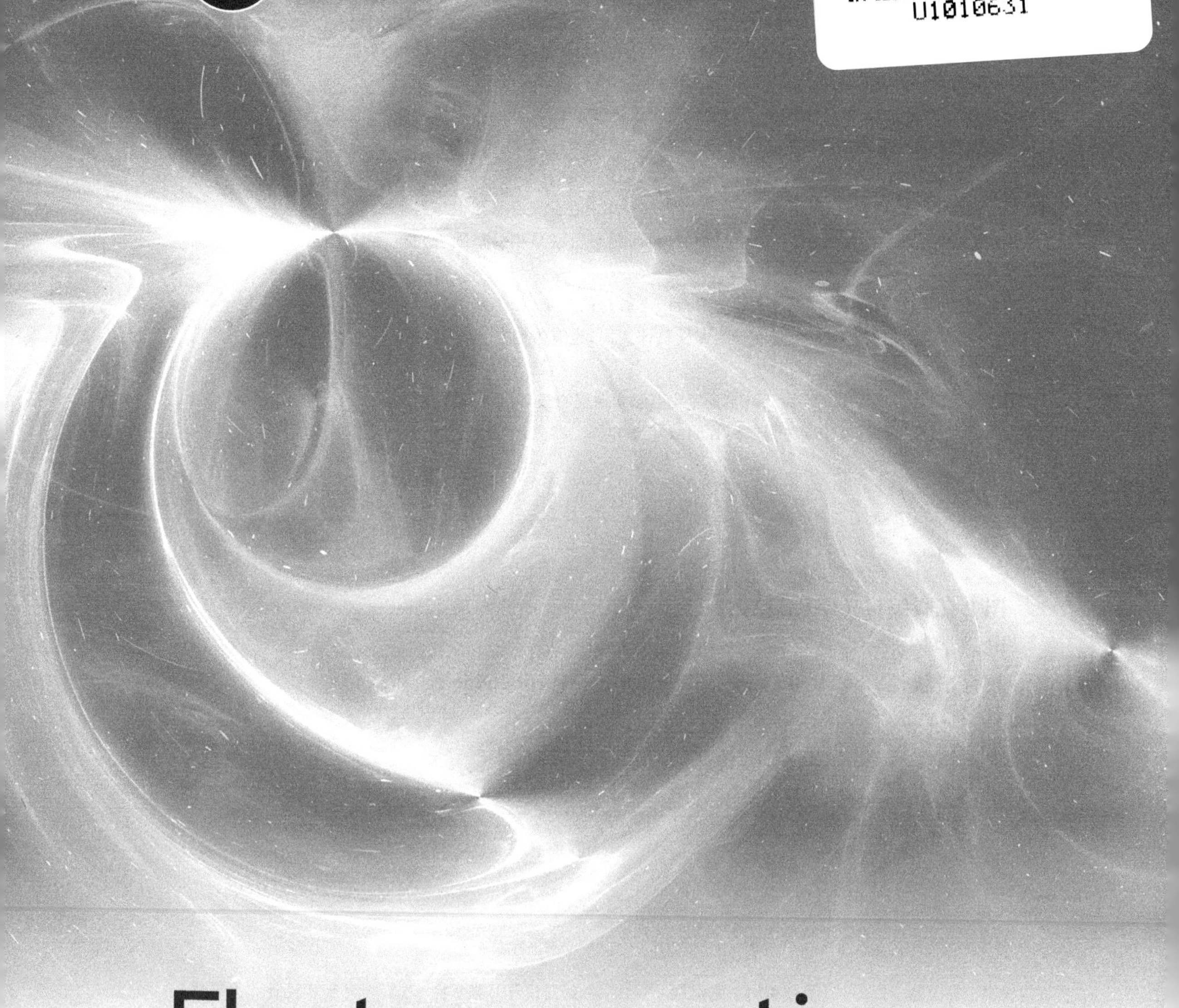

Electromagnetics
电磁学

主编　张宇　赵秀丽　王新顺

中国教育出版传媒集团
高等教育出版社·北京

内容简介

电磁学是物理学类专业的一门重要专业基础课。本书系统介绍了电作用、磁作用及电磁相互作用的基本现象、基本规律、基本性质和一些应用，就一些相关内容的肇始和发展作了简单介绍。本书融入了编者多年的教学实践经验，并参考了多部国内外的优秀教材和大量的文献资料。

全书包括静电场、导体与电介质、电流与直流电路、电磁相互作用与恒定磁场、磁介质、电磁感应、交流电路、电磁场与电磁波等内容。本书在注重科学知识与科学方法传授的同时，更注重科学思想与科学精神的传播，并有机联系相关基础研究与应用技术的前沿发展。

本书力图使课程资源更加丰富，以展现出新形态教材的优势，在丰富的数字化教学资源中，有编者自己的国家级线上一流课程慕课资源，也有编者自己建设的知识图谱资源。

本书可作为高等学校物理学类及其相关专业电磁学课程的教材，也可作为中学物理教师的教学参考书以及中学生进阶课程的教材使用。

图书在版编目（CIP）数据

电磁学 / 张宇，赵秀丽，王新顺主编. -- 北京 ：高等教育出版社，2024. 11. -- ISBN 978-7-04-062645-2

Ⅰ. O441

中国国家版本馆 CIP 数据核字第 2024WK6721 号

Diancixue

策划编辑 马天魁　责任编辑 张海雁　封面设计 张 楠　版式设计 徐艳妮
责任绘图 于 博　责任校对 王 雨　责任印制 刘弘远

出版发行	高等教育出版社	网　址	http://www.hep.edu.cn
社　址	北京市西城区德外大街 4 号		http://www.hep.com.cn
邮政编码	100120	网上订购	http://www.hepmall.com.cn
印　刷	唐山市润丰印务有限公司		http://www.hepmall.com
开　本	787mm×1092mm 1/16		http://www.hepmall.cn
印　张	18.5		
字　数	440 千字	版　次	2024 年 11 月第 1 版
购书热线	010-58581118	印　次	2024 年 11 月第 1 次印刷
咨询电话	400-810-0598	定　价	39.80 元

物 料 号 62645-00

前　言

电磁学是物理学类专业的一门重要的专业基础课，其教学目标是培养学生系统掌握电磁学中电作用、磁作用及电磁相互作用的基本现象、基本规律和基本性质，并应用电磁学基础知识去认识相关的基础研究与技术研究成果，同时培养学生提出问题、分析问题与解决问题的能力。电磁学丰富的知识内容中蕴含了丰富的科学精神、科学思维与科学方法，有助于学生提高科学素养，深入理解辩证唯物主义思想，有助于培养学生独立思考的能力，以研究和解决生活与科研实践中遇到的新问题，有利于学生认识和利用现代高新科技。

本书融入了编者多年的教学实践经验，并参考了多部国内外优秀教材和大量文献资料。全书包括静电场、导体与电介质、电流与直流电路、电磁相互作用与恒定磁场、磁介质、电磁感应、交流电路、电磁场与电磁波等内容。编者于各章后配以适当的思考题和习题，旨在使学生通过习题演练加深对相关知识和方法的理解和掌握；并于各章后配以应用专题和经典实验，旨在进一步拓展学生的思维和应用视野。编者深入学习党的二十大精神，深入贯彻党中央关于加强基础研究与基础研究人才培养的指示精神，将我国电磁学相关基础研究与应用技术成果有机融入教材，旨在培养学生自立自强的精神。

在本书编写过程中，编者贯彻了科学性、逻辑性、重点难点突出、语言文字严谨的基本要求。新时代信息技术的飞速发展，促进了教材形态的变革。本书立足于数字化的强力支撑，力图为学生提供更加丰富的课程资源，在网络支撑的丰富的数字化教学资源中，有编者自己录制的国家级线上一流课程慕课资源，有编者自己建设的知识图谱资源，也有编者自己编写的课程电子教案，它们均由二维码提供使用路径。丰富的数字化教学资源可供学生实时进行网络自学，从而使本书呈现个性化、立体化的新形态特点。

参加本书编写工作的有张宇、赵秀丽、王新顺、毛晓芹、范光华、王本阳、唐勐。本书的慕课资源来源于张宇、赵秀丽等在“中国大学慕课”上线的国家级线上一流课程，本书的知识图谱资源来源于张宇建设的电磁学课程知识图谱，该资源在“智慧树网”上线，以图谱和慕课融合的“智慧共享课”方式运行。全书由哈尔滨工业大学张宇负责统稿和定稿。

本书的出版得到了高等教育出版社理科事业部物理分社的大力支持和帮助，编者在此表示诚挚的感谢。

由于编者的学识有限，书中难免有不当之处，敬请广大读者批评、指正。

编　者

2023 年 12 月于哈尔滨

目　录

第一章　静　电　场

§1.1　电荷　电荷守恒定律

第一章
电子教案

1.1.1　人类对电的早期认识

人类最早对电的认识应该来源于雷电，当雷电来临的时候，人们往往都怀着敬畏的心情。摩擦生电也让人们感到很惊奇。古希腊哲学家泰勒斯的记载中，早在公元前6世纪的古希腊时代，人们喜欢琥珀，发现当琥珀与软木摩擦后，琥珀具有吸引毛发、一些碎屑等轻小物体的特性，这种特性称为带电。现代英文单词中的电就是由单词琥珀演变而来的，琥珀等这种带电特性称为有了电荷，又称其为带电体。此时人们不知道琥珀摩擦带电与雷电有任何关系。我国西汉时期就有摩擦的玳瑁能吸引微小物体的说法，在东汉时期，王充的《论衡·乱龙篇》中有"顿牟缀芥"的记载，而西晋张华编撰的《博物志》中有"今人梳头，脱著衣时，有随梳、解结有光者，亦有咤声。"记载的现象就是摩擦生电。

公元1600年，英国人吉尔伯特做了大量的实验，发现了"电是需要摩擦获得的，带电体具有吸引任何微小物体的能力，在水中电力消失，电力是一种移动力"等许多结论，并且用两个连接在一起的并排悬空的金属棒制成了最早的"验电器"，这被认为是电学系统研究的开端。之后在兴趣的驱动下，很多人进行了大量的研究，大约在1660年，德国人奥托·冯·格里凯发明了第一台能产生大量电荷的摩擦起电机，这个摩擦起电机是在干燥条件下利用人的手掌和硫黄球表面摩擦生电，这在电学实验研究中起到重要作用，为电学研究奠定了基础。这期间有很多人做过大量的实验和现象记载，不断积累着人类对电的认识。1733年法国人杜菲在吉尔伯特工作的基础上改进了验电器，即我们今天在实验室常见的金属箔片，他同时发现不同材料摩擦后所带电性不同——互相排斥的物体带有相同的电性，而相互吸引的物体带有不同的电，不带电的物体可以从带电物体获得电性，而两者电性相同，即发现了静电的"同号相斥、异号相吸"的现象。他还根据摩擦生电材料的不同，命名了玻璃棒上带的电为"玻璃电"，琥珀上的电为"琥珀电"。1745年，荷兰莱顿大学的马森布洛赫和他的助手通过实验发现盛水的"特殊"玻璃瓶能储电，由此发明了最原始的电容器。其后法国人诺莱特根据莱顿大学马森布洛赫的实验制成了蓄电的"莱顿瓶"，它成为电学史上一大重要发明，同时也为静电学的普遍研究奠定了基础。

1.1.2　电荷

1747年，美国人富兰克林利用"莱顿瓶"做了大量实验，提出"正电""负电"的概念，他认为丝绸摩擦玻璃棒上带的电为“正电”，但在高温下玻璃棒也可能带“负电”，而毛皮摩擦硬胶棒带的电为“负电”。正负电荷“同号相斥、异号相吸”。“正电”“负电”概念的提出为电现象的定量研究奠定了基础，由此人们可以用数学表达式来表示对电现象的进一步认识了。

1.1.3 电荷守恒定律

此间，富兰克林根据大量的实验给出了电荷守恒定律，在正常状态下物体是不带电的，正、负电荷量的代数和为零。但若把一些电子从一个物体移到另一个物体上，则前者带正电，后者带负电，这两个物体的正、负电荷量的代数和仍为零。反之，如果让两个带有等量异号电荷的导体互相接触，则带负电的导体上的多余电子将移到带正电的导体上去，从而使两个导体对外都不呈现带电的性质，在这个过程中，正负电荷电荷量的代数和始终不变。

若把参与电荷交换转移的几个物体称为一个系统，则**如果系统与外界没有电荷交换，那么不管在系统中发生了什么变化，系统所带电荷量的代数和将保持不变**。这个结论称为**电荷守恒定律**。电荷守恒定律是物理学的一条基本定律，无论在宏观现象中，还是在微观世界的原子、原子核和粒子范围内，电荷守恒定律都是正确的。

1752 年富兰克林通过“风筝实验”，证明天空的闪电和地面上的摩擦生电是一回事。并制成了世界上第一个避雷针，避雷针的应用是人类应用电学研究为自身服务的一个典型范例。

而在更早的中国古建筑上都有类似避雷针的避雷装置，如 1688 年法国人勃里欧别 · 戴马甘兰写的《中国新事》中提到，中国屋脊两头都有一个仰起的龙头，龙口吐出曲折的金属舌头，伸向天空，舌根连接一根细的铁丝，直通地下。这些都是古人经过对大自然长期观察而总结出来的一些避雷的方法。

1.1.4 电荷量

物体所带电荷的多少称为**电荷量**，常用 Q 或 q 表示。在国际单位制(SI)中，电荷量的单位为库仑(C)。

物理学研究表明物质是由原子组成的，原子是由带正电的原子核和带负电的电子组成的。原子核又是由带正电的质子和不带电的中子构成的。原子核内的质子和原子核外的电子所带的电荷量是相等的，但符号是相反的，质子带正电，电子带负电。1897 年英国人 J. J. 汤姆孙发现从低压气体放电管阴极发出的射线是一种带电粒子，后来人们称之为电子，并通过其在电磁场中的加速和偏转测量出了电子的荷质比，并测量出电子的质量大约为氢原子质量的 1/1837。美国人密立根在 1913 年完成了著名的油滴实验，精确测定了元电荷 e 的数值，即一个电子所带的电荷量的绝对值，国际数据委员会(CODATA)2022 年给出 e 的精确值为

$$e=1.602\ 176\ 634\times10^{-19}\ \mathrm{C}$$

e 是电荷量的最小单元，称为**元电荷**。

密立根的研究表明，不论用什么方法使物体带电，其电荷量只可能是 e 的整数倍。即物体带的电荷量不能连续地改变，只能取元电荷 e 的整数倍。电荷量的这种不连续性称为电荷分布的**量子化**。

正常状态下的物体不带电，这是因为原子中的正电和负电的量相等，整个原子呈现电中性状态。如果由于某些原因，物体内少了电子，就呈现正电；反之，若多了电子，物体就呈现负电。

近代物理学研究认为,质子和中子又是由夸克构成的,夸克分为六味,分别称为上夸克、下夸克、奇夸克、魅夸克、顶夸克及底夸克;夸克的反粒子叫反夸克,每个夸克或反夸克的电荷量为 $\mp\frac{1}{3}e$ 或 $\pm\frac{2}{3}e$,由于夸克禁闭,至今未找到自由夸克。除夸克外的所有粒子的电荷量都是元电荷 e 的整数倍。

若一个带电体的大小和形状不能忽略,则称其为连续带电体。若将连续带电体分成很多小的部分,当这些小的部分的线度相对于到所研究场点的距离足够小时,就称之为**电荷元**,用 $\mathrm{d}q$ 表示,如图 1-1 所示。整个连续带电体可以看成由足够多的电荷元组成的集合体,即 $q=\int_q \mathrm{d}q$。

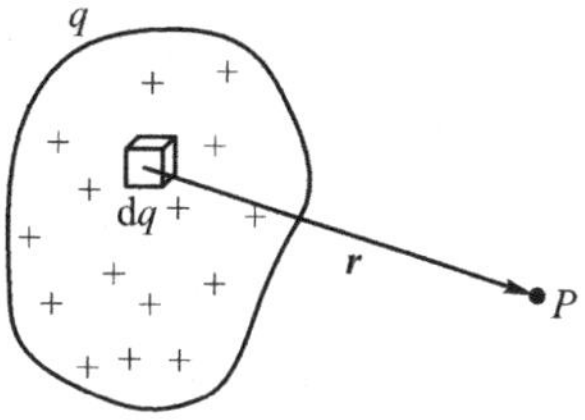

图 1-1 电荷元 dq

根据带电体的形状及电荷分布的情况,带电体分别称为体状、面状、线状连续带电体,相应地可用电荷体密度 ρ、电荷面密度 σ 和电荷线密度 η 等来表征其带电密度,它们分别定义为

$$\rho=\lim_{\Delta V\to 0}\frac{\Delta q}{\Delta V}=\frac{\mathrm{d}q}{\mathrm{d}V},\quad \sigma=\lim_{\Delta S\to 0}\frac{\Delta q}{\Delta S}=\frac{\mathrm{d}q}{\mathrm{d}S},\quad \eta=\lim_{\Delta l\to 0}\frac{\Delta q}{\Delta l}=\frac{\mathrm{d}q}{\mathrm{d}l}$$

一般而言,对某一连续带电体来说,ρ、σ 和 η 不是常量,只有当带电体的电荷是均匀分布而且不随时间而变时才是常量。

不同电荷分布情形下的电荷元分别取为 $\mathrm{d}q=\rho\mathrm{d}V$, $\mathrm{d}q=\sigma\mathrm{d}S$, $\mathrm{d}q=\eta\mathrm{d}l$。而带电体总带电荷量表示为

$$q=\int_V \rho\mathrm{d}V,\quad q=\int_S \sigma\mathrm{d}S,\quad q=\int_L \eta\mathrm{d}l$$

1.1.5 点电荷

在静电学现象的研究中,为了研究的方便,我们通常设定一个**点电荷**理想模型。这要用到**点电荷**的概念。

所谓点电荷是指这样的带电体,如果两个带电体 q_1、q_2 比较而言,它们本身的几何线度 d_1 和 d_2 比起它们之间的线度 r_{12} 要小得多,或者我们研究的问题所涉及的带电体 q 本身的几何线度 d 要比到场点 P 的距离 r 小得多(图 1-2),从而可以忽略带电体本身的线度,就可以认为带电体是一个电荷集中的几何点。显然,点电荷是在一定条件下的近似,点电荷是从实际问题中抽象出的理想模型。

在实际研究问题时,我们通常把连续带电体看成点电荷的集合。

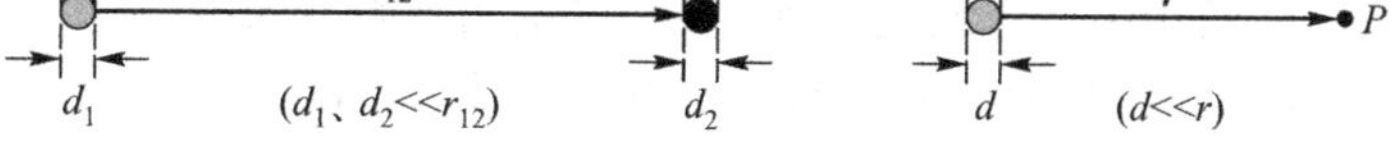

图 1-2 点电荷示意图

§1.2 库仑定律

带电体之间存在着相互作用,同号相斥、异号相吸。那么带电体之间相互作用的定量关系

如何表示？对此，富兰克林、普利斯特利曾提出了要做定量实验研究，而卡文迪什进行了实验研究，但未发表结果。1785年，法国人库仑利用精密的扭秤进行静电作用测定实验，通过对实验结果的总结和分析，得到点电荷间相互作用的定量关系，后人称之为**库仑定律**。

库仑进行静电作用测定的扭秤实验装置，如图1-3所示。左侧是实物图，右侧是简图，在简图中A、B为金属球，P为与A对应的配重球，AP由轻质绝缘棒连接。先测A位置，在装置抽真空情况下，当A、B带同种电荷后，由于B的位置固定不动，A受排斥作用而动，则AP转动。若旋转旋钮F，使得A回到原来位置，则A受到的静电力矩和EF中的扭矩相等。如果事先校正好AP转过的角度和扭矩的关系，则可知A受到的静电力力矩，而AP长度可测，则可知A受到的静电力。A、B为小金属球，它们之间的相互作用可看作点电荷之间的相互作用。

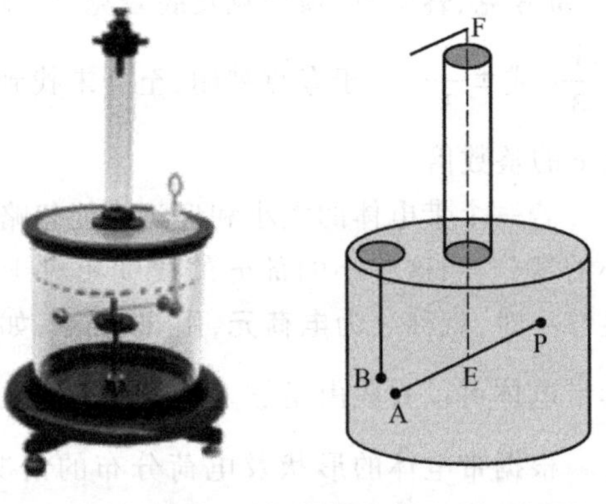

图1-3　扭秤实验装置

实验测量结果表明，**在真空中，两个静止点电荷之间存在相互作用力，其大小与两点电荷的电荷量的乘积成正比，与两点电荷之间的距离的平方成反比，作用力的方向在两点电荷的连线上，同种电荷相斥，异种电荷相吸**（图1-4），这称为**库仑定律**。

设这两个点电荷的电荷量分别为 q_1 和 q_2，由 q_1 到 q_2 的位移为 $\boldsymbol{r}_{12}$，用符号 $\boldsymbol{F}_{12}$ 表示 q_1 对 q_2 的作用力；用 F_{12} 表示 q_1 对 q_2 的作用力 $\boldsymbol{F}_{12}$ 的量值，则有 $F_{12} \propto \dfrac{q_1 q_2}{r_{12}^2}$，在国际单位制中有，$F_{12}=\dfrac{1}{4\pi\varepsilon_0}\dfrac{q_1 q_2}{r_{12}^2}$，而 $\boldsymbol{F}_{12}=-\boldsymbol{F}_{21}$，即 $\boldsymbol{F}_{12}$ 和 $\boldsymbol{F}_{21}$ 大小相等，方向相反。

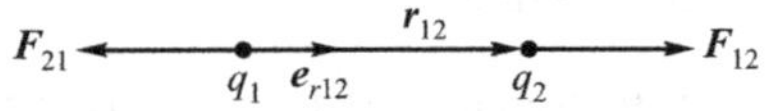

图1-4　真空中点电荷之间的作用

q_1 对 q_2 的作用力一般表述为

$$\boldsymbol{F}_{12}=\frac{1}{4\pi\varepsilon_0}\frac{q_1 q_2}{r_{12}^2}\boldsymbol{e}_{r12} \tag{1-1}$$

式中，$\boldsymbol{e}_{r12}$ 是由点电荷 q_1 指向点电荷 q_2 的单位方向矢量。在真空中，当各量都采用国际单位制时，$\varepsilon_0=8.854\,187\,818\,8\times10^{-12}\ \mathrm{C^2\cdot N^{-1}\cdot m^{-2}}$ 是一个常量，称为真空电容率或真空介电常量。

库仑定律是静电学的基本规律，它既适合宏观系统又适合如原子分子体系等微观系统，原子结构、分子结构、固体结构……以及化学作用中，静电力都起主要作用。库仑定律的建立使电学进入了定量研究的阶段，为继续发展的电动力学奠定了基础。

库仑定律仅在场源电荷静止时成立。

两个或两个以上的点电荷构成的体系称为点电荷系，如图1-5所示。对于一个由 n 个点电荷构成的点电荷系，其对点电荷系外的点电荷 q_0 的作用力可以利用力的叠加原理求得，即 q_0 所受作用力为点电荷系中每一个点电荷单独存在时作用于 q_0 的库仑力之矢量和，即

$$\boldsymbol{F}=\sum_{i=1}^{n}\boldsymbol{F}_i=\frac{1}{4\pi\varepsilon_0}\sum_{i=1}^{n}\frac{q_i q_0}{r_{i0}^2}\boldsymbol{e}_{ri0} \tag{1-2}$$

在研究微观系统，如原子、分子、固体、液体结构和其他微观体系时，由于库仑力远远大于万有引力，一般忽略万有引力的作用。例如计算氢原子中电子所受的库仑力和原子核对它的万有引力。氢原子处于基态时的玻尔半径 $a_0=5.29\times10^{-11}$ m，已知氢原子核（即质子）的质量 $m_p=1.67\times10^{-27}$ kg，电子的质量 $m_e=9.11\times10^{-31}$ kg，质子带正电荷，电子带负电荷，其电荷量大小均为 $e=1.602\times10^{-19}$ C，引力常量 $G=6.67\times10^{-11}$ N·m^2·kg^{-2}。由此计算出氢原子中电子所受库仑力大小 F_e 大约是原子核对电子万有引力大小 F_g 的 10^{40} 倍。由此可见，在宇宙空间中起主导作用的万有引力，在微观体系内相对于电磁作用就可以忽略了。

由于连续带电体可以看成点电荷的集合，所以也可以应用库仑定律求其静电作用力问题。连续带电体对点电荷的作用力（图 1-6）可通过微元叠加的方法得到。在连续带电体上取电荷元 dq，当电荷元小到可以看作点电荷时，电荷元 dq 与点电荷 q_0 的作用参照式(1-1)给出：

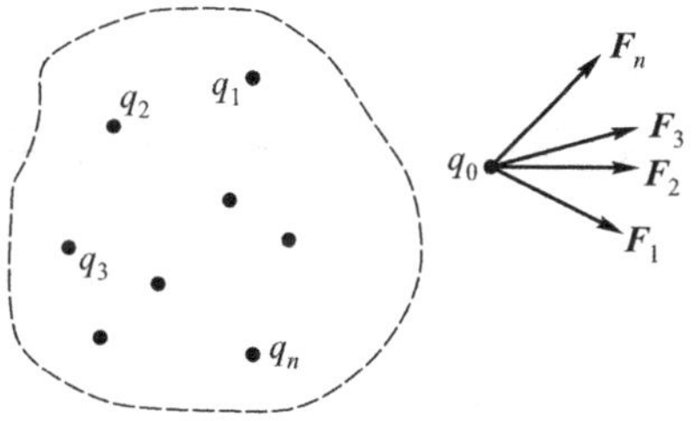

图 1-5　两个以上点电荷之间的相互作用力

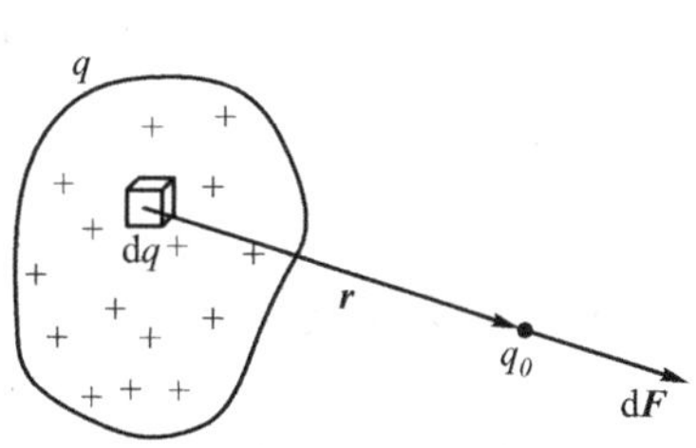

图 1-6　连续带电体对点电荷的作用力

$$\mathrm{d}\boldsymbol{F}=\frac{1}{4\pi\varepsilon_0}\frac{q_0\mathrm{d}q}{r^2}\boldsymbol{e}_r \tag{1-3}$$

则连续带电体对点电荷 q_0 的作用力为

$$\boldsymbol{F}=\int_q \mathrm{d}\boldsymbol{F}=\int_q \frac{1}{4\pi\varepsilon_0}\frac{q_0\mathrm{d}q}{r^2}\boldsymbol{e}_r \tag{1-4}$$

例题 1.1　半径为 R 的圆环上均匀分布有正电荷 q，在环的轴线上任一点 x 处有一点电荷 q_0。试计算 q_0 所受正电荷 q 的作用力。

解：如例题 1.1 图所示，圆环上均匀分布的正电荷的电荷线密度为

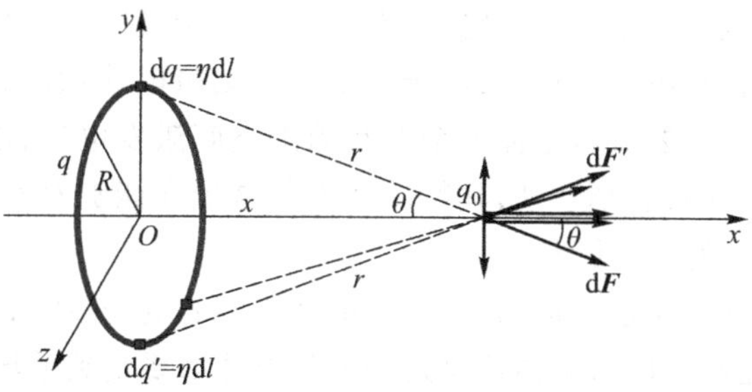

例题 1.1 图

$$\eta=\frac{q}{2\pi R}$$

取
$$dq = \eta dl = dq'$$
有
$$dF = \frac{1}{4\pi\varepsilon_0}\frac{q_0 dq}{r^2} = dF'$$

由于圆环上电荷 q 的分布对称性,建立 x 轴方向和与 x 轴方向垂直的 $\perp$ 方向。考虑到 $d\boldsymbol{F}$ 和 $d\boldsymbol{F}'$ 关于 x 轴方向的对称性,可以把 $d\boldsymbol{F}$ 和 $d\boldsymbol{F}'$ 向 x 轴方向和 $\perp$ 方向分解,两者在 $\perp$ 方向的分量等值反向而相互抵消,即 $F_{\perp} = \int_q dF_{\perp} = 0$,则有 $\boldsymbol{F} = F_x\boldsymbol{i} = \int_q dF_x\boldsymbol{i}$。而

$$dF_x = dF\cos\theta = \frac{1}{4\pi\varepsilon_0}\frac{q_0 dq}{r^2}\cos\theta$$

环的轴线上 x 处点电荷 q_0 所受的作用力为

$$F_x = \int_q dF_x = \frac{q_0}{4\pi\varepsilon_0}\frac{\cos\theta}{r^2}\int_q dq = \frac{q_0 q}{4\pi\varepsilon_0}\frac{x}{(R^2+x^2)^{3/2}}$$

$$\boldsymbol{F} = F_x\boldsymbol{i} = \frac{q_0 q}{4\pi\varepsilon_0}\frac{x}{(R^2+x^2)^{3/2}}\boldsymbol{i}$$

这种求解问题的方法就称为微元叠加的方法,而在本题求解中应用的对称性分解也很重要。

§1.3　电场　电场强度

带电体之间存在相互作用,这种作用是一种非接触作用。其所用的定量描述已经由库仑定律确定,然而这种作用是如何传递的？历史上曾发生“超距作用”和“近距作用”之说。

“超距作用”观点认为这种作用是直线作用,即时发生,无须传递时间。而法拉第引入场的概念后,才彻底摒弃了“超距作用”观点,认为电相互作用是由电场来传递的,需要一定的时间,是“近距作用”,同时提出了场线的概念,用以形象地描述电场的分布。

现代物理学研究表明,静电相互作用以电场来传递,在真空中的速度就是光速,无须任何媒介。

1.3.1　电场

实验表明,任何带电体周围都存在**电场**,带电体之间的相互作用就是通过电场来传递的。

任何带电体都会在其周围空间激发电场,电场对于置于其中的其他带电体会产生力的作用。而如果有其他带电体在电场中运动,电场力要对运动带电体做功,做功是要输出能量的,因而电场本身具有能量。只要有带电体就会在其周围空间激发电场,电场是不依赖于人们的意识而客观地存在着,因而具有物质性,其物质性不仅体现在能够对其他带电体产生作用,而且体现在电场具有能量、动量和质量。

若带电体相对于观测者是静止的,则静止带电体周围的电场不随时间而变化,称之为**静电场**。在静电场中,无论是静止的带电体还是运动的带电体都要受到电场力的作用。

1.3.2　试验电荷

电场的特性之一是对于其他带电体具有力的作用,若要确知电场中任一点处的性质,可利

用**试验电荷** q_0 来进行研究。试验电荷必须是一个带有足够少电荷量的点电荷，以至于试验电荷的存在对原有电场的影响可以忽略不计，又可以用其来研究电场空间各点的性质。为方便计，本书中所取的试验电荷均为正的。

1.3.3 电场强度

考虑一个点电荷在其周围空间激发了电场，这个电场中任何点若有试验电荷存在则都要受到力的作用，如图 1-7(a)所示。

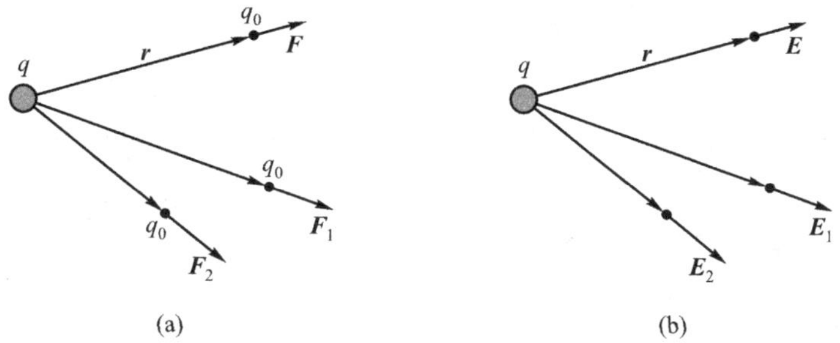

图 1-7　点电荷电场中试验电荷的受力与电场

实验表明，把试验电荷 q_0 放在电场中不同的点时，q_0 所受电场力的大小和方向是不同的。但在电场中确定的场点处，q_0 所受电场力 $\boldsymbol{F}$ 的大小和方向是确定的。如果在电场中确定的场点处改变试验电荷 q_0 的量值，虽然试验电荷 q_0 所受电场力 $\boldsymbol{F}$ 的大小改变了，但力 $\boldsymbol{F}$ 的方向保持不变。由库仑定律可知，当试验电荷 q_0 取各种不同量值时，所受力 $\boldsymbol{F}$ 与相应的试验电荷 q_0 值之比 $\boldsymbol{F}/q_0$ 却具有确定的量值和方向。由此可见，比值 $\boldsymbol{F}/q_0$ 以及 $\boldsymbol{F}$ 的方向只与试验电荷 q_0 所处场点的电场性质有关，而与试验电荷 q_0 的量值无关。

任何连续带电体都可以看成点电荷的集合，如果在其电场中放置试验电荷，也会具有上述一样的性质。因此，就可以引入一个确定的物理量来描述电场的这种性质，更加方便地定量描写电场对其他带电体的作用，这引入的物理量即电场强度矢量。

如此，把比值 $\boldsymbol{F}/q_0$ 的大小和方向作为描述静电场中该给定场点的性质的**电场强度**。电场强度是矢量，一般简称为**场强**，用 $\boldsymbol{E}$ 表示[图 1-7(b)]：

$$\boldsymbol{E}=\frac{\boldsymbol{F}}{q_0} \tag{1-5}$$

式(1-5)表明，电场强度 $\boldsymbol{E}$ 的方向即试验电荷 q_0 受力 $\boldsymbol{F}$ 的方向，$\boldsymbol{E}$ 的大小等于单位正试验电荷在该点处所受的电场力的大小，即**电场中任一场点处的电场强度在量值和方向上等于单位正试验电荷在该点处所受的电场力**。在国际单位制中，电场强度的单位为牛顿每库仑($\mathrm{N\cdot C^{-1}}$)，有时也用伏特每米($\mathrm{V\cdot m^{-1}}$)表示。

在研究具体问题时，为方便计，电场强度矢量可以写为各个坐标轴方向的分量。在直角坐标系中，$\boldsymbol{E}$ 可以表示为 $\boldsymbol{E}=E_x\boldsymbol{i}+E_y\boldsymbol{j}+E_z\boldsymbol{k}$。在球坐标系中，$\boldsymbol{E}$ 可以表示为 $\boldsymbol{E}=E_r\boldsymbol{e}_r+E_\theta\boldsymbol{e}_\theta+E_\varphi\boldsymbol{e}_\varphi$。

如果空间各处的电场强度 $\boldsymbol{E}$ 均为常量，即 $\boldsymbol{E}$ 的大小方向保持不变，那么这样的电场称为**匀强电场**。

1.3.4 点电荷的电场强度

如图 1-8 所示，在点电荷 q 外的场点 $\boldsymbol{r}$ 处，如果有一个试验电荷 q_0，其受到库仑力作用，那

么由电场强度的定义知该处的电场强度为

$$\boldsymbol{E}=\frac{\boldsymbol{F}}{q_0}=\frac{1}{4\pi\varepsilon_0}\frac{q}{r^2}\boldsymbol{e}_r \tag{1-6}$$

由式(1-6)可知点电荷的电场强度具有球对称性。

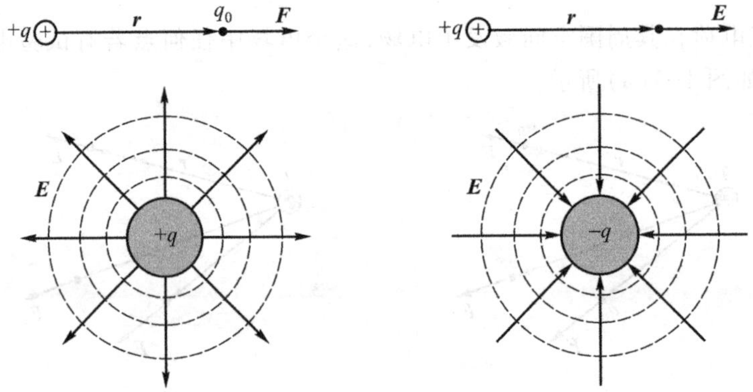

图 1-8　点电荷的电场强度

1.3.5　电场强度的叠加原理

点电荷系作用于试验电荷 q_0 的作用力等于此试验电荷 q_0 受到其他各个点电荷与它单独存在时库仑力之矢量和,即 $\boldsymbol{F}=\sum_{i=1}^{n}\boldsymbol{F}_i$,由电场强度的定义式(1-5)有,$\boldsymbol{E}=\boldsymbol{F}/q_0=\sum_{i=1}^{n}\boldsymbol{F}_i/q_0$,即

$$\boldsymbol{E}=\boldsymbol{E}_1+\boldsymbol{E}_2+\cdots+\boldsymbol{E}_n=\sum_{i=1}^{n}\boldsymbol{E}_i \tag{1-7}$$

式(1-7)表明,对于多个点电荷构成的点电荷体系,其在场点激发的电场强度(图 1-9)等于每一个点电荷单独激发的电场强度的矢量和。如果是多个带电体形成的带电体系,其激发的总电场强度也是每一个带电体单独激发的电场强度的矢量和。式(1-7)称为**电场强度的叠加原理**,即在**多个带电体共同激发的电场中,某场点处的电场强度矢量为每一个带电体单独存在时在该场点处所激发的电场强度的矢量和**。

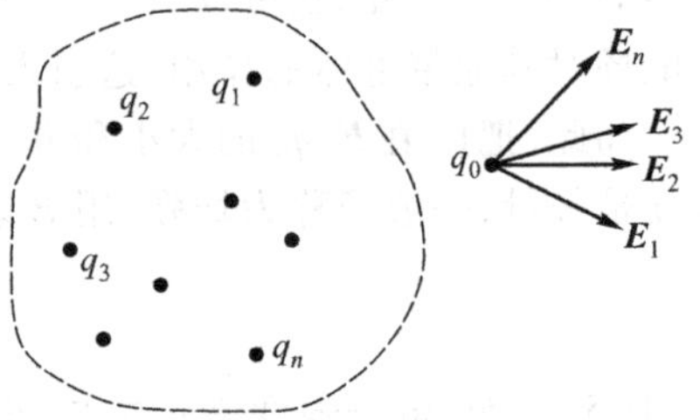

图 1-9　点电荷系的电场强度

1.3.6　电场线

由于静电场中各点电场强度的大小和方向是确定的,为了形象地描绘电场的分布,可以在满足一定条件的情况下,在电场中画出一些曲线来形象地描述静电场的分布,这些曲线称为**电场线**,也称为 ***E*** 线。电场线满足的条件为:电场线上每一点的切线方向都与该点电场强度方向相同(图 1-10);电场中任一点附近,穿过垂直

图 1-10　电场线与电场强度

于电场强度方向上的单位面积上电场线的疏密程度与该点电场强度的大小成正比。形象地讲就是，电场强度大的地方电场线密集，电场强度小的地方电场线稀疏。

电场线是人为引入来描述电场分布及电场性质的，反映了真实电场中各点电场强度的分布；静电场的电场线起自正电荷，止于负电荷，静电场的电场线不形成闭合回线。因为电场强度具有单值性，所以任何两条电场线都不会相交。均匀电场的电场线为平行等间距的直线。图 1-11 呈现了几种带电系统的电场线。

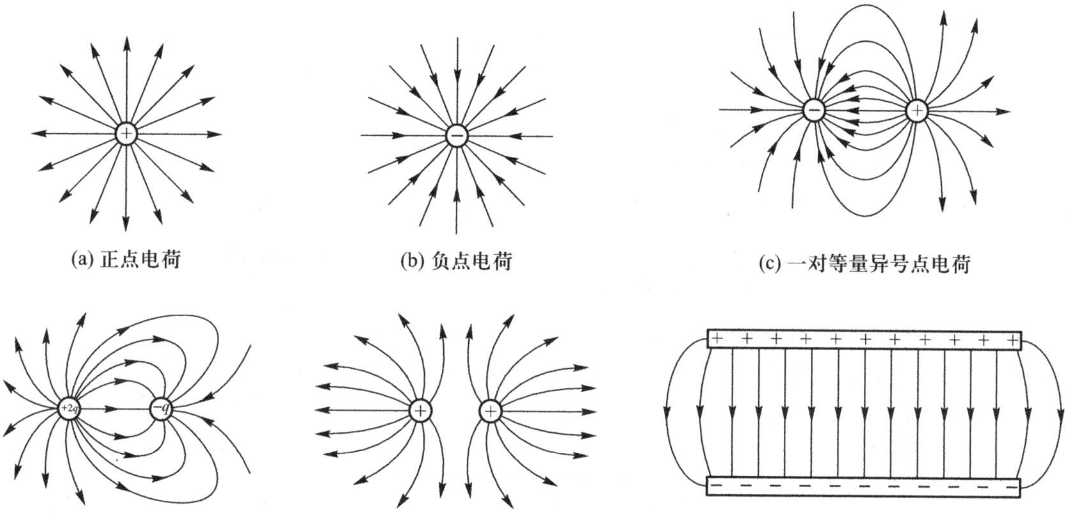

(a) 正点电荷　(b) 负点电荷　(c) 一对等量异号点电荷

(d) 一对不等量异号点电荷　(e) 一对等量正点电荷　(f) 带等值异号电荷的两平行板

图 1-11　几种情况下的电场线分布

1.3.7　电场强度的计算

空间若存在带电体，就会在其周围空间激发电场，计算带电体激发的电场的电场强度分布，可以利用电场强度的定义式（1-5），对于点电荷或点电荷系可以利用式（1-6）和电场强度的叠加原理式（1-7）。

而对于电荷连续分布的带电体，可以看成由足够多个点电荷构成的，由于电荷分布的连续性，可将此带电体分成许多电荷元 dq，如图 1-12 所示。当每一个电荷元足够小，小到可以看作点电荷时，则该电荷元 dq 在空间场点 P 处激发电场的电场强度可以用点电荷的电场强度表达式来表示，即

$$\mathrm{d}\boldsymbol{E}=\frac{\mathrm{d}q}{4\pi\varepsilon_0 r^2}\boldsymbol{e}_r \qquad (1-8)$$

式中 r 是电荷元 dq 到场点 P 的距离，$\boldsymbol{e}_r$ 是由电荷元 dq 指向 P 点的单位方向矢量。对于整个连续带电体，根据电场强度叠加原理，P 点的电场强度为

$$\boldsymbol{E}=\int_q \mathrm{d}\boldsymbol{E}=\frac{1}{4\pi\varepsilon_0}\int_q \frac{\mathrm{d}q}{r^2}\boldsymbol{e}_r \qquad (1-9)$$

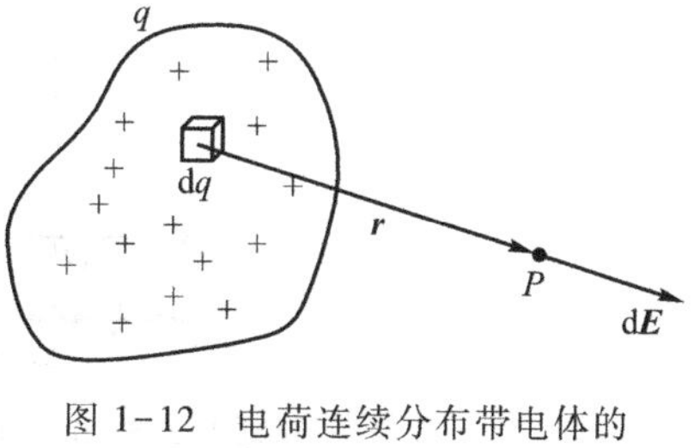

图 1-12　电荷连续分布带电体的电场强度

此积分要对连续带电体所带的所有电荷积分，对于不同的电荷分布情形，$\mathrm{d}q$ 根据具体情况表述。由于涉及矢量积分，在具体运算时一般先将 $\mathrm{d}\boldsymbol{E}$ 沿选定的坐标系的各坐标轴分解成分量，再分别积分求出电场强度的各个分量，最后利用电场强度矢量叠加求出总的电场强度。

例题 1.2 两个距离为 l 的等量异号点电荷 $+q$ 和 $-q$ 组成的电荷体系称为**电偶极子**。$\boldsymbol{l}$ 为由负电荷指向正电荷的位置矢量，而矢量 $\boldsymbol{p}=q\boldsymbol{l}$ 称为电偶极子的**电偶极矩**。真空中 P_1 点和 P_2 点分别为电偶极子在中垂线上和轴线延长线上的两点，P_1 点和 P_2 点到电偶极子中心 O 的距离均为 r。(1) 试求电偶极子在中垂线上 P_1 点的电场强度；(2) 试求电偶极子在轴线延长线上 P_2 点的电场强度；(3) 真空中 P_3 点既不在中垂线上也不在轴线延长线上，P_3 点到电偶极矩中心 O 的距离为 r，且 $r\gg l$，O 点到 P_3 点的方向与 $\boldsymbol{l}$ 夹角为 θ，试求 P_3 点的电场强度。

解：(1) 求电偶极子中垂线上 P_1 点的电场强度。

如例题 1.2 图(a)所示，$+q$ 和 $-q$ 在 P_1 点产生的电场强度 $\boldsymbol{E}_+$、$\boldsymbol{E}_-$ 大小相等，但 $\boldsymbol{E}_+$、$\boldsymbol{E}_-$ 方向不同。$\boldsymbol{E}_+$、$\boldsymbol{E}_-$ 的大小为

$$E_+=E_-=\frac{q}{4\pi\varepsilon_0}\frac{1}{(r^2+l^2/4)}$$

从几何关系上看 $\boldsymbol{E}_+$、$\boldsymbol{E}_-$ 在 x 轴上的分量相等，而 y 轴上的分量等值反向，相互抵消。故 P_1 点总的电场强度 $\boldsymbol{E}_{P_1}$ 的方向沿 x 轴反向，而其大小为

$$E_{P_1}=2E_x=2E_+\cos\theta=\frac{1}{4\pi\varepsilon_0}\frac{ql}{(r^2+l^2/4)^{3/2}}$$

$$\boldsymbol{E}_{P_1}=-\frac{1}{4\pi\varepsilon_0}\frac{ql}{(r^2+l^2/4)^{3/2}}\boldsymbol{i}$$

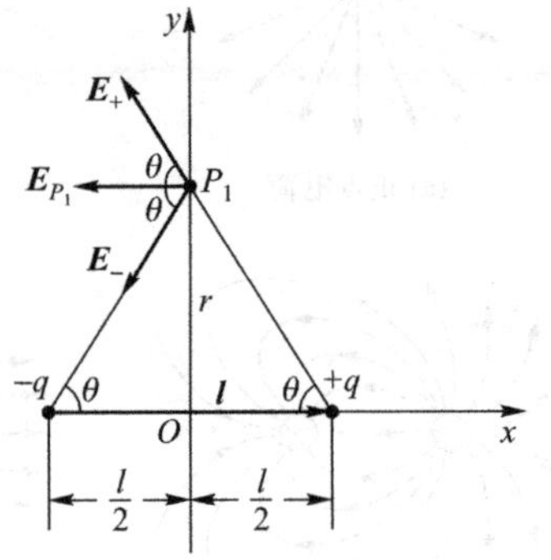

例题 1.2 图(a) 电偶极子中垂线上 P_1 点的电场强度

若 $r\gg l$，并考虑到电偶极矩 $\boldsymbol{p}=q\boldsymbol{l}$ 以及 $\boldsymbol{E}_{P_1}$ 与 $\boldsymbol{l}$ 方向相反，则可得电偶极子中垂线上 P_1 点的电场强度近似为

$$\boldsymbol{E}_{P_1}=-\frac{\boldsymbol{p}}{4\pi\varepsilon_0 r^3}$$

(2) 求电偶极子轴线延长线上 P_2 点的电场强度。

如例题 1.2 图(b)所示，$+q$ 和 $-q$ 在 P_2 点产生的电场强度大小分别为

$$E_+=\frac{1}{4\pi\varepsilon_0}\frac{q}{[r-(l/2)]^2},\quad E_-=\frac{1}{4\pi\varepsilon_0}\frac{q}{[r+(l/2)]^2}$$

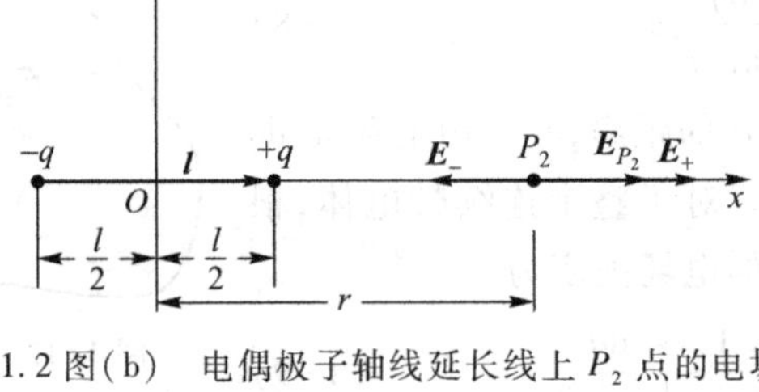

例题 1.2 图(b) 电偶极子轴线延长线上 P_2 点的电场强度

但 $\boldsymbol{E}_+$ 方向沿 x 轴正向，$\boldsymbol{E}_-$ 方向沿 x 轴反向，且 $E_+>E_-$，故 P_2 点总的电场强度 $\boldsymbol{E}_{P_2}$ 的方向沿 x 轴正向，而 $\boldsymbol{E}_{P_2}$ 的大小为

$$E_{P_2}=E_+-E_-=\frac{1}{4\pi\varepsilon_0}\left\{\frac{q}{[r-(l/2)]^2}-\frac{q}{[r+(l/2)]^2}\right\}$$

$$\boldsymbol{E}_{P_2}=\frac{1}{4\pi\varepsilon_0}\left\{\frac{q}{[r-(l/2)]^2}-\frac{q}{[r+(l/2)]^2}\right\}\boldsymbol{i}$$

若 $r\gg l$，则 $\dfrac{q}{[r-(l/2)]^2}-\dfrac{q}{[r+(l/2)]^2}=\dfrac{2rlq}{[r^2-(l/2)^2]^2}\approx\dfrac{2ql}{r^3}$，并考虑到电偶极矩 $\boldsymbol{p}=q\boldsymbol{l}$，则可得电偶极子轴线延长线上 P_2 点的电场强度近似为

$$\boldsymbol{E}_{P_2}=\frac{2\boldsymbol{p}}{4\pi\varepsilon_0 r^3}$$

（3）$r\gg l$ 时，求空间中任一点 P_3 点的电场强度。

如例题 1.2 图(c)所示，对于任意场点 P_3，$r\gg l$。此时，建立极坐标系，径向为 $O\to P_3$ 方向，径向单位矢量为 $\boldsymbol{e}_r$，横向单位矢量为 $\boldsymbol{e}_\theta$，电偶极矩 $\boldsymbol{p}=q\boldsymbol{l}$ 分解为垂直于径向的分量 $p_\perp=p\sin\theta$ 和平行于径向的分量 $p_{/\!/}=p\cos\theta$。

根据本题解(1)、(2)讨论 $r\gg l$ 的结果，P_3 点的电场强度的径向和横向分量的大小分别为

$$E_r=\frac{1}{4\pi\varepsilon_0}\frac{2p_{/\!/}}{r^3}=\frac{1}{4\pi\varepsilon_0}\frac{2p\cos\theta}{r^3}$$

$$E_\theta=\frac{1}{4\pi\varepsilon_0}\frac{p_\perp}{r^3}=\frac{1}{4\pi\varepsilon_0}\frac{p\sin\theta}{r^3}$$

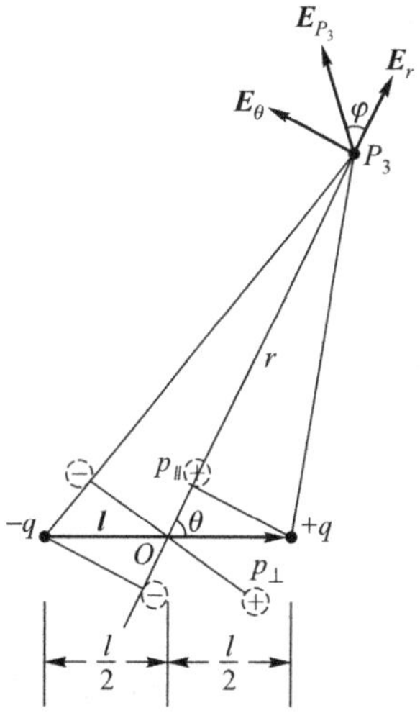

例题 1.2 图(c)　$r\gg l$ 时，空间中任一点 P_3 点的电场强度

则 P_3 点总的电场强度为

$$\boldsymbol{E}_{P_3}=E_r\boldsymbol{e}_r+E_\theta\boldsymbol{e}_\theta=\frac{1}{4\pi\varepsilon_0 r^3}(2p\cos\theta\boldsymbol{e}_r+p\sin\theta\boldsymbol{e}_\theta)$$

即

$$E_{P_3}=\frac{p}{4\pi\varepsilon_0 r^3}\sqrt{3\cos^2\theta+1}$$

P_3 点的电场强度 $\boldsymbol{E}_{P_3}$ 的方向与径向的夹角为

$$\tan\varphi=\frac{E_\theta}{E_r}$$

本题结果表明，电偶极子在空间激发电场的电场强度大小与距离 r 的 3 次方成反比，与其电偶极矩大小成正比。

例题 1.3　真空中有一长为 L 的均匀带电直线，其电荷线密度为 η。试求距离均匀带电直线为 r 的 P 点处的电场强度。

解：如例题 1.3 图所示，建立平面直角坐标系，由 P 点指向带电直线的垂线为坐标系 x 轴，交于带电直线 O 点，带电直线沿坐标系 y 轴方向。在带电直线上距 O 点为 y 处取带电线元 $\mathrm{d}y$，带电荷量 $\mathrm{d}q=\eta\mathrm{d}y$，$\mathrm{d}q$ 在 P 点激发的电场强度为

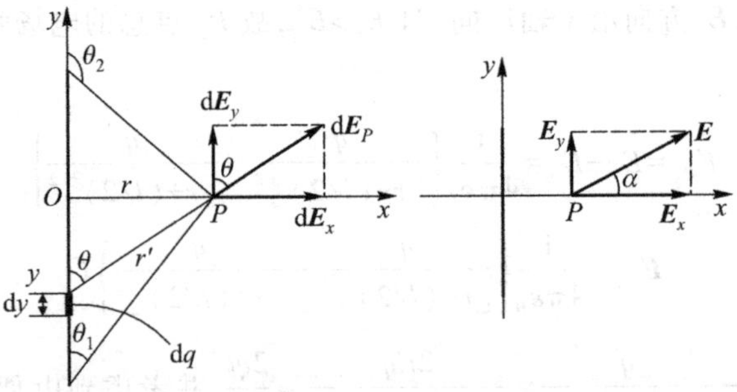

例题 1.3 图　均匀带电直线外任一点 P 处的电场强度

$$\mathrm{d}\boldsymbol{E}_P=\frac{\eta\mathrm{d}y}{4\pi\varepsilon_0(r')^2}\boldsymbol{e}_{r'}$$

其大小为

$$\mathrm{d}E_P=\frac{\eta\mathrm{d}y}{4\pi\varepsilon_0(r')^2}$$

$\mathrm{d}\boldsymbol{E}_P$ 在 x、y 方向的分量分别为

$$\mathrm{d}E_x=\mathrm{d}E_P\sin\theta=\frac{\mathrm{d}q}{4\pi\varepsilon_0(r')^2}\sin\theta$$

$$\mathrm{d}E_y=\mathrm{d}E_P\cos\theta=\frac{\mathrm{d}q}{4\pi\varepsilon_0(r')^2}\cos\theta$$

式中，$r'=\dfrac{r}{\sin\theta}$，$-y=r\cot\theta$，有 $\mathrm{d}y=\dfrac{r\mathrm{d}\theta}{\sin^2\theta}$，则

$$\mathrm{d}E_x=\frac{\eta}{4\pi\varepsilon_0 r}\sin\theta\mathrm{d}\theta$$

$$\mathrm{d}E_y=\frac{\eta}{4\pi\varepsilon_0 r}\cos\theta\mathrm{d}\theta$$

积分得 P 点电场强度分量为

$$E_x=\int_L\mathrm{d}E_x=\int_{\theta_1}^{\theta_2}\frac{\eta}{4\pi\varepsilon_0 r}\sin\theta\mathrm{d}\theta=\frac{\eta}{4\pi\varepsilon_0 r}(\cos\theta_1-\cos\theta_2)$$

$$E_y=\int_L\mathrm{d}E_y=\int_{\theta_1}^{\theta_2}\frac{\eta}{4\pi\varepsilon_0 r}\cos\theta\mathrm{d}\theta=\frac{\eta}{4\pi\varepsilon_0 r}(\sin\theta_2-\sin\theta_1)$$

于是 $\boldsymbol{E}=E_x\boldsymbol{i}+E_y\boldsymbol{j}$，$E=\sqrt{E_x^2+E_y^2}$，$\tan\alpha=\dfrac{E_y}{E_x}$。

讨论：(1) 若 P 点在均匀带电直线的中垂线上，则 $\cos\theta_1=-\cos\theta_2$，于是 $E_x=\dfrac{\eta\cos\theta_1}{2\pi\varepsilon_0 r}$，$E_y=0$。

(2) 如果有 $L\gg r$，均匀带电直线的长度远远大于其到场点的距离，则相对于场点 P 点而言，可以称均匀带电直线为“无限长”均匀带电直线，此时 $\theta_1\to0$，$\theta_2\to\pi$，于是

$$\boldsymbol{E}=\frac{\eta}{2\pi\varepsilon_0 r}\boldsymbol{i}\qquad(1\text{-}10)$$

此时场点的电场强度与离开无限长均匀带电直线的距离的一次方成反比。

例题 1.4 真空中有一半径为 R、均匀带有电荷 q 的细圆环。求过圆心且垂直于圆环所在平面的轴线上任一点处的电场强度。

解:求解该题可以利用例题 1.1 的结论。例题 1.1 说电荷 q 均匀分布在一圆环状带电体上,在轴线上任一点 x 处点电荷 q_0 受的力为 $\boldsymbol{F}=F_x\boldsymbol{i}=\dfrac{q_0q}{4\pi\varepsilon_0}\dfrac{x}{(R^2+x^2)^{3/2}}\boldsymbol{i}$。根据电场强度的定义式(1-5),则轴线上任一点 x 处的电场强度为

$$\boldsymbol{E}=\frac{\boldsymbol{F}}{q_0}=\frac{q}{4\pi\varepsilon_0}\frac{x}{(R^2+x^2)^{3/2}}\boldsymbol{i}$$

还可以利用微元叠加的方法直接求解本题。

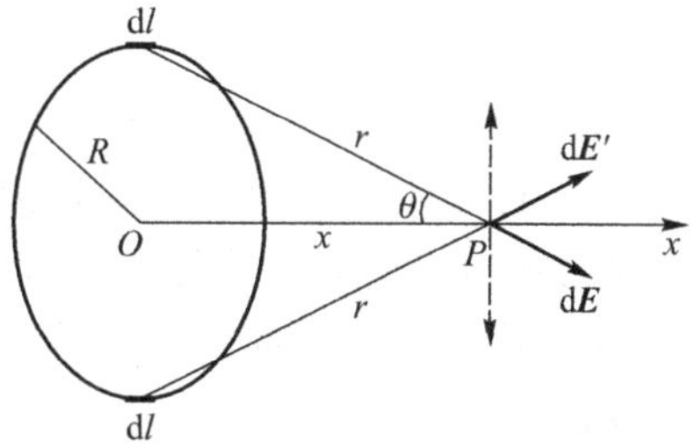

例题 1.4 图　均匀带电圆环轴线上任一点 P 处的电场强度

均匀带电圆环的电荷线密度为 $\eta=\dfrac{q}{2\pi R}$,在圆环上端取电荷元 $\mathrm{d}q=\eta\mathrm{d}l$,电荷元在场点 P 处的电场强度为

$$\mathrm{d}E=\frac{\eta}{4\pi\varepsilon_0}\frac{\mathrm{d}l}{(x^2+R^2)}$$

同理,关于 O 点对称,在圆环下端取电荷元 $\mathrm{d}q=\eta\mathrm{d}l$,它在场点 P 处的电场强度大小为 $\mathrm{d}E'=\mathrm{d}E$。

如例题 1.4 图所示,建立沿轴向的 x 方向和与 x 方向垂直的⊥方向,考虑到 d$\boldsymbol{E}$ 和 d$\boldsymbol{E}'$关于 x 轴方向的对称性,可以把 d$\boldsymbol{E}$ 和 d$\boldsymbol{E}'$向 x 轴方向和⊥方向分解,二者在⊥方向的分量等值反向而相互抵消,即 $E_{\perp}=\int_q \mathrm{d}E_{\perp}=0$。

则有 $\boldsymbol{E}=E_x\boldsymbol{i}=\int_q \mathrm{d}E_x\boldsymbol{i}$,而

$$\mathrm{d}E_x=\mathrm{d}E\cos\theta=\frac{\eta}{4\pi\varepsilon_0}\frac{\mathrm{d}l}{r^2}\cos\theta$$

圆环的轴线上 x 处的电场强度为

$$E_x=\int_q \mathrm{d}E_x=\frac{1}{4\pi\varepsilon_0}\frac{\eta\cos\theta}{r^2}\int_{2\pi R}\mathrm{d}l=\frac{q}{4\pi\varepsilon_0}\frac{x}{(R^2+x^2)^{3/2}}$$

$$\boldsymbol{E}=E_x\boldsymbol{i}=\frac{q}{4\pi\varepsilon_0}\frac{x}{(R^2+x^2)^{3/2}}\boldsymbol{i}。$$

讨论:(1) 若场点 P 点距离 O 点很远,即 $x\gg R$,则 $\boldsymbol{E}=\dfrac{q}{4\pi\varepsilon_0x^2}\boldsymbol{i}$,相当于点电荷在场点激发的电场的场强。

(2) 若 $x=0$,则 $\boldsymbol{E}=0$。

例题 1.5 真空中有一电荷均匀分布的薄圆盘,其半径为 R,电荷面密度为 σ。求通过圆盘中心且垂直圆盘平面的轴线上任一点处的电场强度。

解:求解该题可以利用例题 1.4 的结论。如例题 1.5 图所示,将电荷均匀分布的薄圆盘看作由一系列足够窄的同心均匀带电圆环组成,每一个圆环所带的电荷为 $\mathrm{d}q=\sigma\cdot 2\pi r\mathrm{d}r$。

由例题 1.4 结论知,电荷量为 $\mathrm{d}q$ 的均匀带电圆环带在轴线上任一点 x 处的电场强度为

$$\mathrm{d}E_x=\frac{\mathrm{d}q}{4\pi\varepsilon_0}\frac{x}{(r^2+x^2)^{3/2}}=\frac{\sigma x}{2\varepsilon_0}\frac{r\mathrm{d}r}{(x^2+r^2)^{3/2}}$$

则电荷均匀分布的薄圆盘在轴线上任一点处的电场强度大小为

$$E=\int_q \mathrm{d}E_x=\frac{\sigma x}{2\varepsilon_0}\int_0^R\frac{r\mathrm{d}r}{(x^2+r^2)^{3/2}}=\frac{\sigma}{2\varepsilon_0}\left(1-\frac{x}{\sqrt{x^2+R^2}}\right)$$

$$\boldsymbol{E}=\frac{\sigma}{2\varepsilon_0}\left(1-\frac{x}{\sqrt{x^2+R^2}}\right)\boldsymbol{i}$$

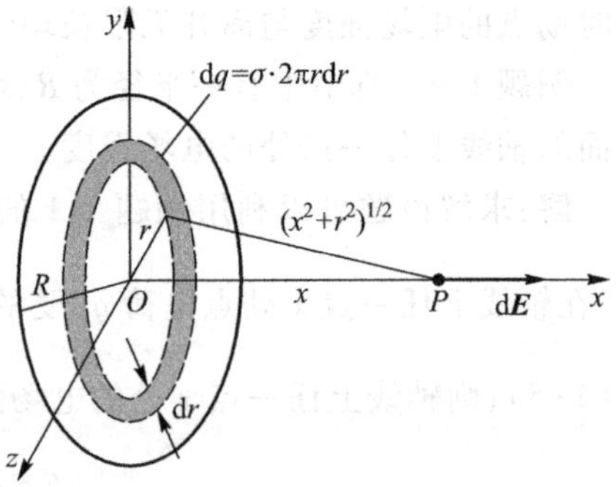

例题 1.5 图　均匀带电圆平面轴线上任一点 P 处的电场强度

上述方法也是微元叠加的方法，只是微元取的是足够窄的同心均匀带电圆环，另一种微元叠加的方法是在电荷均匀分布的薄圆盘上取足够小、可以看作点电荷的电荷元，先求电荷元在 x 处激发的电场强度，再利用对称性分析，对整个带电薄圆盘积分，最后会得到与上述一致的结果。

讨论：(1) 若 $x\ll R$，均匀带电薄圆盘的线度远远大于其到场点的距离，则相对于场点 P 点而言，可以称均匀带电薄圆盘为“无限大”均匀带电圆平面，此无限大均匀带电圆平面外附近的电场强度大小为

$$E=\frac{\sigma}{2\varepsilon_0} \tag{1-11}$$

式(1-11)可为任何无限大均匀带电平面外一点的电场强度大小，此时电场强度大小与无限大均匀带电平面的电荷面密度成正比，而电场强度的方向与圆平面垂直，具体指向取决于平面带电的正负。

(2) 若 $x\gg R$，考虑到 $\left(1+\frac{R^2}{x^2}\right)^{-1/2}=1-\frac{1}{2}\cdot\frac{R^2}{x^2}+\cdots$，有 $E\approx\frac{q}{4\pi\varepsilon_0 x^2}$，等同于点电荷的电场强度。也就是说，在离开均匀带电薄圆盘足够远的场点处，均匀带电薄圆盘激发的电场相当于点电荷在场点激发的电场。

§1.4　真空中的高斯定理

高斯定理是电磁场理论的基本方程之一，它描述了静电场的一个重要性质，是德国人高斯1839 年对静电学现象所进行的一系列理论研究的结果，使静电学研究有了系统的理论，从而开拓了一条通向电学理论研究的道路。另外，对于某些具有特殊对称性的电荷分布所激发的电场分布，有时用高斯定理计算电场强度比较方便；也可以应用高斯定理研究导体上电荷的分布特点。

1.4.1　电场强度通量

通量是物理学中一个很重要的概念，更是描述矢量场性质的很有用的概念，这里用电场强度通量来描述静电场的性质。

考虑任意的静电场中有一曲面 S，电场线通过曲面，如图 1-13(a)所示，曲面上各处通过的电场线切线方向与该处曲面的法线夹角不同，通过的电场线密度也不同。此时，可以在该曲

面上取一个足够小的面元 dS，使得面元可以看成平面，通过该面元的电场近似为匀强电场，如图 1-13(b)所示，该面元法向单位矢量以 $\boldsymbol{e}_n$ 表示，则该面元矢量为 $\mathrm{d}\boldsymbol{S}=\mathrm{d}S\boldsymbol{e}_n$，d$\boldsymbol{S}$ 的法向与电场强度方向成 θ 角。

在图 1-13(b)中，考虑面元 dS 在垂直于电场强度方向的投影面积为 $\mathrm{d}S_\perp$，$\mathrm{d}S_\perp=\mathrm{d}S\cos\theta$，匀强电场中通过 d$S$ 和 $\mathrm{d}S_\perp$ 的电场线数目是相等的，定义通过面元 dS 的电场强度通量为 $\mathrm{d}\Phi_e=E\mathrm{d}S_\perp=E\mathrm{d}S\cos\theta=\boldsymbol{E}\cdot\mathrm{d}\boldsymbol{S}$，即

$$\mathrm{d}\Phi_e=\boldsymbol{E}\cdot\mathrm{d}\boldsymbol{S} \tag{1-12}$$

式中 $\mathrm{d}\Phi_e$ 称为通过面元矢量 d$\boldsymbol{S}$ 的**电场强度通量**。

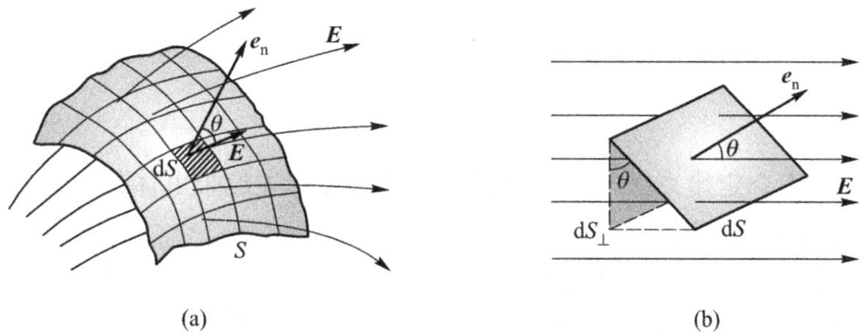

图 1-13　静电场中的电场线穿过曲面

对于非均匀分布的静电场中的任意曲面 S，总可以把它分割为一系列足够小的面元，通过一个面元的电场强度通量为 $\mathrm{d}\Phi_e=\boldsymbol{E}\cdot\mathrm{d}\boldsymbol{S}$，而通过静电场中任意曲面 S 的电场强度通量则为

$$\Phi_e=\int_S\mathrm{d}\Phi_e=\int_S\boldsymbol{E}\cdot\mathrm{d}\boldsymbol{S} \tag{1-13}$$

在国际单位制中，电场强度通量的单位为牛顿平方米每库仑($\mathrm{N\cdot m^2\cdot C^{-1}}$)。

在图 1-13(b)所示的匀强电场中，对于通过电场中垂直于电场线方向的面元 $\mathrm{d}S_\perp$，该处电场强度的大小为 $E=\dfrac{\mathrm{d}\Phi_e}{\mathrm{d}S_\perp}$。因而，电场强度的大小又可称为电场中面元 $\mathrm{d}S_\perp$ 处的电场强度通量密度。

对于电场中的任意闭合曲面 S，如图 1-14 所示，在计算电场通过闭合曲面的电场强度通量时，规定闭合曲面的法向单位矢量由曲面内指向曲面外。这样，在电场线穿入闭合曲面的地方 $\mathrm{d}\boldsymbol{S}_1$ 与 $\boldsymbol{E}_1$ 的夹角 $\theta_1>90°$，$\cos\theta_1<0$，电场强度通量 $\mathrm{d}\Phi_{e1}$ 为负值；而在电场线穿出闭合曲面的地方 $\mathrm{d}\boldsymbol{S}_2$ 与 $\boldsymbol{E}_2$ 的夹角 $\theta_2<90°$，$\cos\theta_2>0$，则电场强度通量 $\mathrm{d}\Phi_{e2}$ 为正值。

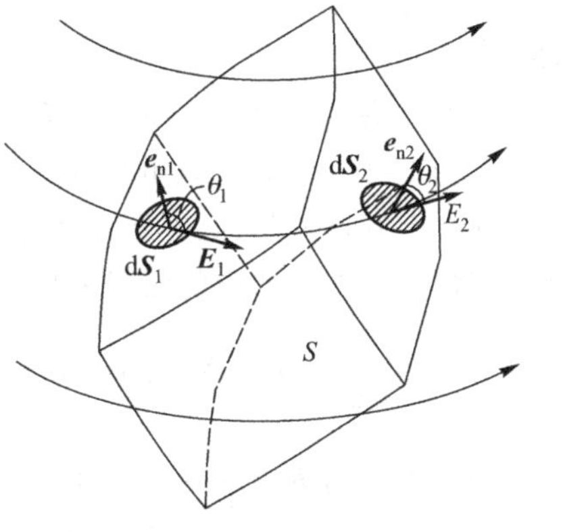

图 1-14　静电场中的电场线穿过闭合曲面

如果闭合曲面内不包围电荷，穿入闭合曲面的电场线数与穿出曲面的电场线数必然相等，即进入闭合曲面和穿出闭合曲面的电场强度通量等值反号，则通过闭合曲面的总电场强度通量为零。当曲面内包围电荷时，穿入闭合曲面 S 的总电场强度通量就不为零了，那又为多少呢？这便是高斯定理要回答的。

1.4.2 真空中的高斯定理

高斯定理是描述静电场性质的重要理论,当不考虑该静电场中还有其他物质对该静电场产生影响的情况时,就称为**真空中的高斯定理**。其表述如下:

真空中通过任意闭合曲面的电场强度通量,在数值上等于此闭合曲面所包围电荷的代数和除以真空电容率,与闭合曲面的形状和曲面外的电荷无关。

其表达式为

$$\oint_S \boldsymbol{E} \cdot \mathrm{d}\boldsymbol{S} = \frac{1}{\varepsilon_0}\sum_{i=1}^{n} q_i \tag{1-14}$$

如果闭合曲面内的电荷是连续分布的,则高斯定理又可写为

$$\oint_S \boldsymbol{E} \cdot \mathrm{d}\boldsymbol{S} = \frac{1}{\varepsilon_0}\int_{S内} \mathrm{d}q \tag{1-15}$$

我们可以应用库仑定律来证明高斯定理。考虑到任何连续带电体都可以看成点电荷的集合,我们还是从点电荷的情况出发来证明高斯定理。

(1) 考虑一点电荷在闭合曲面内的情况

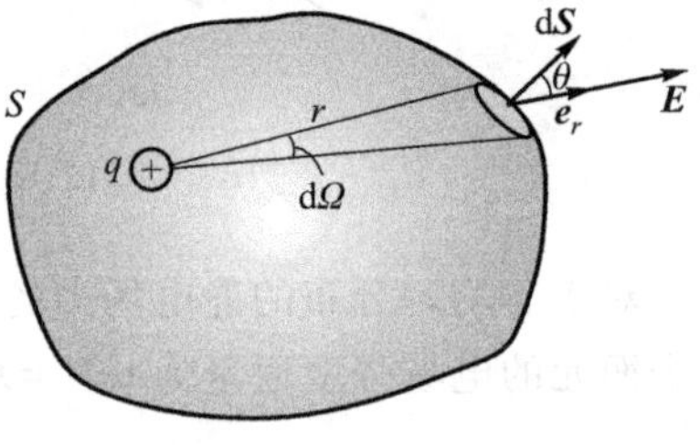

图 1-15　点电荷在闭合曲面内的情况

如图 1-15 所示,一点电荷 q 在任意闭合曲面 S 内,考虑在闭合曲面上取一个足够小的面元矢量 $\mathrm{d}\boldsymbol{S}$,该面元矢量处的电场强度为 $\boldsymbol{E}=\frac{q}{4\pi\varepsilon_0 r^2}\boldsymbol{e}_r$,通过该面元矢量的电场强度通量为 $\mathrm{d}\Phi_e=\boldsymbol{E}\cdot\mathrm{d}\boldsymbol{S}=\frac{q}{4\pi\varepsilon_0}\frac{\boldsymbol{e}_r\cdot\mathrm{d}\boldsymbol{S}}{r^2}$,根据立体角的定义,面元矢量 $\mathrm{d}\boldsymbol{S}$ 对点电荷 q 所张立体角为 $\mathrm{d}\Omega=\frac{\mathrm{d}S\cos\theta}{r^2}=\frac{\mathrm{d}\boldsymbol{S}\cdot\boldsymbol{e}_r}{r^2}$,则 $\mathrm{d}\Phi_e=\boldsymbol{E}\cdot\mathrm{d}\boldsymbol{S}=\frac{q}{4\pi\varepsilon_0}\mathrm{d}\Omega$,此时电荷 q 激发的电场通过闭合曲面 S 的电场强度通量为 $\Phi_e=\oint_S \mathrm{d}\Phi_e=\oint_S \boldsymbol{E}\cdot\mathrm{d}\boldsymbol{S}=\oint_S \frac{q}{4\pi\varepsilon_0}\mathrm{d}\Omega=\frac{q}{4\pi\varepsilon_0}4\pi=\frac{q}{\varepsilon_0}$。

(2) 考虑一点电荷在闭合曲面外的情况

如图 1-16 所示,一点电荷 q 在任意闭合曲面 S 外,考虑电荷 q 激发的电场中有一束电场线围成一个圆锥面状,圆锥面顶就是点电荷 q 的位置,该电场线圆锥面通过闭合曲面,在闭合曲面截出了两个足够小的面元矢量,电场线进入闭合曲面截出的面元矢量为 $\mathrm{d}\boldsymbol{S}_1$,该处的电场强度为 $\boldsymbol{E}_1=\frac{q}{4\pi\varepsilon_0 r_1^2}\boldsymbol{e}_r$,$\mathrm{d}\boldsymbol{S}_1$ 与 $\boldsymbol{E}_1$ 的夹角为 α_1,电场线穿出闭合曲面截出的面元矢量为 $\mathrm{d}\boldsymbol{S}_2$,该处的电场强度为 $\boldsymbol{E}_2=\frac{q}{4\pi\varepsilon_0 r_2^2}\boldsymbol{e}_r$,$\mathrm{d}\boldsymbol{S}_2$ 与 $\boldsymbol{E}_2$ 的夹角为 β。

通过面元矢量 $\mathrm{d}\boldsymbol{S}_1$ 的电场强度通量为 $\mathrm{d}\Phi_{e1}=\boldsymbol{E}_1\cdot\mathrm{d}\boldsymbol{S}_1=\frac{q}{4\pi\varepsilon_0}\frac{\boldsymbol{e}_r\cdot\mathrm{d}\boldsymbol{S}_1}{r_1^2}$,而 $\frac{\boldsymbol{e}_r\cdot\mathrm{d}\boldsymbol{S}_1}{r_1^2}=$

$\frac{dS_1\cos\alpha_1}{r_1^2}=\frac{dS_1\cos(\pi-\alpha_2)}{r_1^2}=-\frac{dS_1\cos\alpha_2}{r_1^2}=-d\Omega$，这里依然利用立体角的定义，$d\Omega$ 为面元矢量 $d\boldsymbol{S}_1$ 对点电荷 q 所张的立体角，则 $d\Phi_{e1}=-\frac{q}{4\pi\varepsilon_0}d\Omega$。与(1)的情形相同，可以得到通过面元矢量 $d\boldsymbol{S}_2$ 的电场强度通量 $d\Phi_{e2}=\frac{q}{4\pi\varepsilon_0}d\Omega$。则当一点电荷在闭合曲面外时，通过该束电场线围成的圆锥面在闭合曲面截出的两个足够小的面元矢量的总的电场强度通量 $d\Phi_{e1}+d\Phi_{e2}=0$。

而点电荷 q 激发的电场通过闭合曲面 S 的电场线可以看成足够多个圆锥面，通过每一圆锥面截出的两个足够小的面元矢量的电场强度通量都为零，则 $\Phi_e=\oint_S d\Phi_e=\oint_S \boldsymbol{E}\cdot d\boldsymbol{S}=0$。

(3) 考虑一点电荷系有 $m+n$ 个点电荷，其中 m 个点电荷在闭合曲面内，n 个点电荷在闭合曲面外的情况

如图 1-17 所示，闭合曲面 S 内有 m 个电荷 $q_1,q_2,\cdots,q_m$，闭合曲面 S 外有 n 个电荷 q_{m+1}，$q_{m+2},\cdots,q_{m+n}$。考虑在闭合曲面 S 上取的面元矢量 $d\boldsymbol{S}$，根据电场强度叠加原理，该处的电场强度为 $\boldsymbol{E}=\boldsymbol{E}_1+\boldsymbol{E}_2+\cdots+\boldsymbol{E}_m+\boldsymbol{E}_{m+1}+\cdots+\boldsymbol{E}_{m+n}$，则通过面元矢量 $d\boldsymbol{S}$ 的电场强度通量为

$$\begin{aligned}d\Phi_e&=\boldsymbol{E}\cdot d\boldsymbol{S}=(\boldsymbol{E}_1+\boldsymbol{E}_2+\cdots+\boldsymbol{E}_m+\boldsymbol{E}_{m+1}+\cdots+\boldsymbol{E}_{m+n})\cdot d\boldsymbol{S}\\&=\boldsymbol{E}_1\cdot d\boldsymbol{S}+\boldsymbol{E}_2\cdot d\boldsymbol{S}+\cdots+\boldsymbol{E}_m\cdot d\boldsymbol{S}+\boldsymbol{E}_{m+1}\cdot d\boldsymbol{S}+\cdots+\boldsymbol{E}_{m+n}\cdot d\boldsymbol{S}\end{aligned}$$

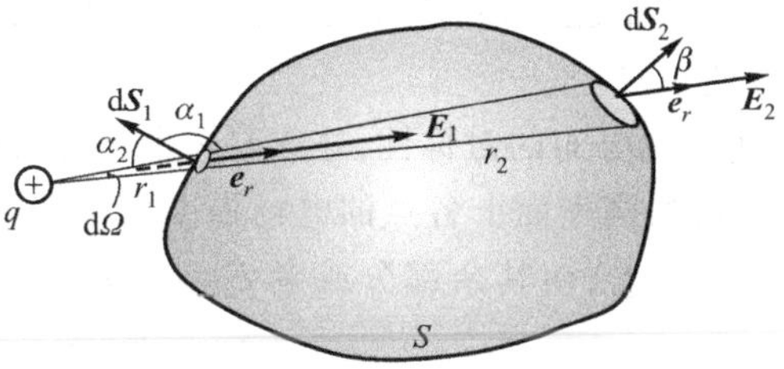

图 1-16　点电荷在闭合曲面外的情况

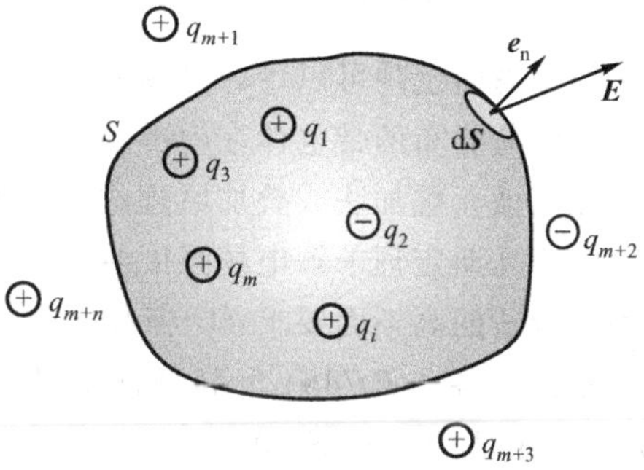

图 1-17　闭合曲面内外有 $m+n$ 个点电荷

通过闭合曲面 S 的总的电场强度通量则为

$$\begin{aligned}\Phi_e&=\oint_S d\Phi_e=\oint_S \boldsymbol{E}\cdot d\boldsymbol{S}=\oint_S \boldsymbol{E}_1\cdot d\boldsymbol{S}+\cdots+\oint_S \boldsymbol{E}_m\cdot d\boldsymbol{S}+\oint_S \boldsymbol{E}_{m+1}\cdot d\boldsymbol{S}+\cdots+\oint_S \boldsymbol{E}_{m+n}\cdot d\boldsymbol{S}\\&=\frac{q_1}{\varepsilon_0}+\cdots+\frac{q_m}{\varepsilon_0}+0+\cdots+0=\frac{1}{\varepsilon_0}\sum_{S内}q_i\end{aligned}\tag{1-16}$$

如果带电体为连续带电体，把连续带电体看成点电荷的集合，亦有上述结论，这就是从库仑定律推导得到的高斯定理。

通常称高斯定理中的闭合曲面为高斯面，对于任何形式的电荷分布，高斯面上各点的电场强度都取决于空间的所有电荷。而高斯面内的电荷仅仅决定了通过高斯面的电场强度通量。

高斯定理是电磁场理论的基本方程之一，既适用于静电场，也适用于时变电场。

利用高斯定理可以说明，电场线密的地方场强大，电场线稀疏的地方场强小；也可以证明，

电场线始于正电荷，止于负电荷。

如果闭合曲面内的电荷是连续分布在一定的体积 V 中，其电荷体密度为 ρ，那么式(1-15)又写为

$$\oint_S \boldsymbol{E}\cdot \mathrm{d}\boldsymbol{S}=\frac{1}{\varepsilon_0}\int_V \rho \mathrm{d}V \tag{1-17}$$

利用闭合曲面积分的积分变换公式，式(1-17)可以写为微分形式：

$$\nabla \cdot \boldsymbol{E}=\frac{\rho}{\varepsilon_0} \tag{1-18}$$

式中 $\nabla \cdot \boldsymbol{E}$ 为电场强度矢量的散度。式(1-18)表明电场强度的散度不为零的那些区域必有电荷存在，高斯定理反映了静电场是由点源激发的。

在直角坐标系中，电场强度的散度表示为

$$\nabla \cdot \boldsymbol{E}=\left(\boldsymbol{i}\frac{\partial}{\partial x}+\boldsymbol{j}\frac{\partial}{\partial y}+\boldsymbol{k}\frac{\partial}{\partial z}\right)\cdot \boldsymbol{E}=\frac{\partial E_x}{\partial x}+\frac{\partial E_y}{\partial y}+\frac{\partial E_z}{\partial z} \tag{1-19}$$

在球坐标系中，电场强度的散度表示为

$$\nabla \cdot \boldsymbol{E}=\frac{1}{r^2}\frac{\partial}{\partial r}(r^2E_r)+\frac{1}{r\sin\theta}\frac{\partial}{\partial \theta}(\sin\theta E_\theta)+\frac{1}{r\sin\theta}\frac{\partial E_\varphi}{\partial \varphi} \tag{1-20}$$

1.4.3 高斯定理的应用

应用高斯定理可以计算电场中通过某一曲面的电场强度通量，也可以求解某些具有特殊对称性电荷分布的带电体在周围空间激发电场。在某些情况下，利用高斯定理求电场强度的分布比用微元叠加法或叠加原理的方法都要简捷方便一些。

利用高斯定理求解电场强度时，首先要正确分析电场分布的对称性，并选取一个合适的**高斯面**。合适的高斯面要求：① 当高斯面经由所求电场时，高斯面上各点的电场强度大小相等，且高斯面上各点 $\boldsymbol{E}/\!/\mathrm{d}\boldsymbol{S}$；② 高斯面上某些部分具备条件①，而其余部分或者 $\boldsymbol{E}=0$，或者 $\boldsymbol{E}\perp \mathrm{d}\boldsymbol{S}$，即其余部分 $\boldsymbol{E}\cdot \mathrm{d}\boldsymbol{S}=0$。

下面利用高斯定理求解一些具体问题。

例题 1.6 真空中有一半径为 R、带电荷量为 q 的均匀带正电荷的球面。求此均匀带电球面内、外电场强度的分布。

解：如例题 1.6 图所示，对于均匀带电球面，由于电荷分布的球对称性，可以把均匀带电球面划割成一系列关于直径为对称轴的均匀带电圆环，已知均匀带电圆环激发的电场沿对称轴，以此类推。可知均匀带电球面激发的电场都沿径向，即电场分布也具有球对称性，对称中心是球心 O。据此可选择与均匀带电球面同心的球面为合适的高斯面。

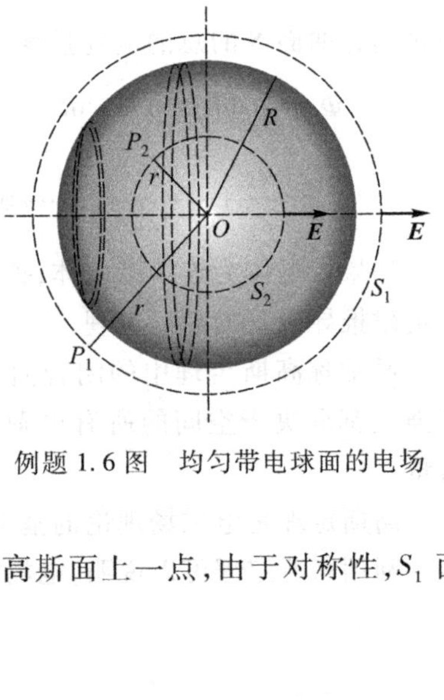

例题 1.6 图 均匀带电球面的电场

(1) 求球面外($r>R$)任一点 P_1 处的电场强度。

选择以 O 为球心、半径为 r 的一球面为高斯面 S_1，P_1 为高斯面上一点，由于对称性，S_1 面

上的电场强度处处相等，且场强方向沿高斯面 S_1 的外法线方向。利用高斯定理

$$\oint_{S_1} \boldsymbol{E}_1 \cdot \mathrm{d}\boldsymbol{S} = \frac{1}{\varepsilon_0}\int_{S_1\text{内}} \mathrm{d}q$$

有

$$\oint_{S_1} \boldsymbol{E}_1 \cdot \mathrm{d}\boldsymbol{S} = \oint_{S_1} E_1 \cos\theta \mathrm{d}S = \oint_{S_1} E_1 \mathrm{d}S = E_1 \oint_{S_1} \mathrm{d}S = E_1 \cdot 4\pi r^2$$

$$\frac{1}{\varepsilon_0}\int_{S_1\text{内}} \mathrm{d}q = \frac{q}{\varepsilon_0}$$

由此得

$$E_1 = \frac{q}{4\pi\varepsilon_0 r^2}$$

$$\boldsymbol{E}_1 = \frac{q}{4\pi\varepsilon_0 r^2}\boldsymbol{e}_r \quad (r>R)$$

（2）求球面内（$r<R$）任一点 P_2 处的电场强度。

选择以 O 为球心、半径为 r 的一球面为高斯面 S_2，P_2 为高斯面上一点，由于对称性，S_2 面上的电场强度处处相等，且场强方向沿高斯面的法线方向。利用高斯定理

有

$$\oint_{S_2} \boldsymbol{E}_2 \cdot \mathrm{d}\boldsymbol{S} = E_2 \cdot 4\pi r^2, \quad \frac{1}{\varepsilon_0}\int_{S_1\text{内}} \mathrm{d}q = 0$$

由此得

$$E_2 = 0 \quad (r<R)$$

例题 1.7 真空中有一半径为 R、带电荷量为 q 的均匀带正电荷的球体。求此均匀带电球体内、外电场强度的分布。

解：该均匀带电球体的电荷体密度为 $\rho = \dfrac{3q}{4\pi R^3}$，而该均匀带电球体可以看成由一系列同心的均匀带电球面构成，因此求解该问题时，无论在球体内外，选择的高斯面都是同心球面。

（1）求球体外（$r>R$）任一点 P_1 处的电场强度。

如例题 1.7 图所示，选择以 O 为球心、半径为 r 的一球面为高斯面 S_1，P_1 为高斯面上的一点，由于对称性，S_1 面上的电场强度处处相等，且场强方向沿高斯面 S_1 的外法线方向。利用高斯定理

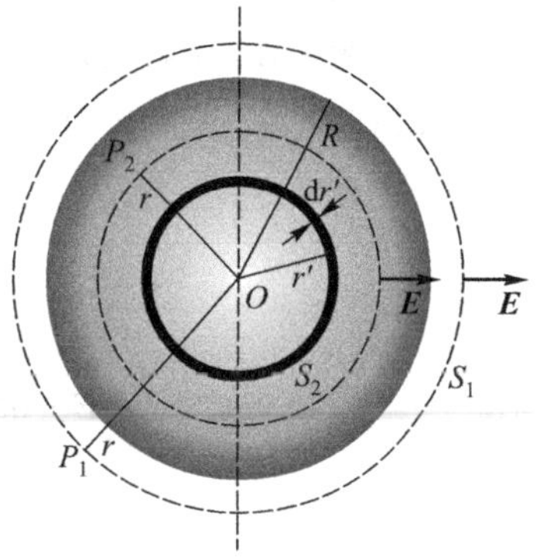

例题 1.7 图　均匀带电球体的电场

$$\oint_{S_1} \boldsymbol{E}_1 \cdot \mathrm{d}\boldsymbol{S} = \frac{1}{\varepsilon_0}\int_{S_1\text{内}} \mathrm{d}q$$

有

$$\oint_{S_1} \boldsymbol{E}_1 \cdot \mathrm{d}\boldsymbol{S} = E_1 \cdot 4\pi r^2, \quad \frac{1}{\varepsilon_0}\int_{S_1\text{内}} \mathrm{d}q = \frac{q}{\varepsilon_0}$$

由此得

$$E_1 = \frac{q}{4\pi\varepsilon_0 r^2}$$

$$\boldsymbol{E}_1 = \frac{q}{4\pi\varepsilon_0 r^2}\boldsymbol{e}_r \quad (r>R)$$

（2）求球体内（$r<R$）任一点 P_2 处的电场强度。

如例题 1.7 图所示，选择以 O 为球心、半径为 r 的一球面为高斯面 S_2，P_2 为高斯面上一点，

由于对称性,S_2 面上的电场强度处处相等,且场强方向沿高斯面的法线方向。利用高斯定理

$$\oint_{S_2} \boldsymbol{E}_2 \cdot \mathrm{d}\boldsymbol{S} = \frac{1}{\varepsilon_0}\int_{V_2} \mathrm{d}q$$

有
$$\oint_{S_2} \boldsymbol{E}_2 \cdot \mathrm{d}\boldsymbol{S} = E_2 \cdot 4\pi r^2$$

$$\frac{1}{\varepsilon_0}\int_{V_2} \mathrm{d}q = \frac{1}{\varepsilon_0}\rho\, \frac{4}{3}\pi r^3$$

由此得
$$E_2 = \frac{\rho r}{3\varepsilon_0} = \frac{qr}{4\pi\varepsilon_0 R^3}$$

$$\boldsymbol{E}_2 = \frac{\rho \boldsymbol{r}}{3\varepsilon_0} = \frac{q\boldsymbol{r}}{4\pi\varepsilon_0 R^3} \quad (r \leqslant R) \tag{1-21}$$

例题 1.8 真空中有一带正电荷的无限长均匀带电圆柱体,圆柱体半径为 R,电荷线密度为 η。求该均匀带电圆柱体内外的电场强度分布。

解:此无限长均匀带电圆柱体的电荷分布具有圆柱形对称性,带电体轴线即对称轴,可选与带电体同轴的具有上下底面的圆筒状高斯面。基于电荷分布特点可知,高斯面侧面上各点电场强度大小相等,且电场强度方向平行于侧面各处的法线方向,而电场强度方向与上下底面的法线方向垂直。

(1) 求圆柱外一点 P_1 处的电场强度,此时 $r>R$。

如例题 1.8 图(a)所示,在无限长均匀带电圆柱体外,过 P_1 点作一半径为 r、高度为 h 的圆筒状高斯面 S,高斯面上、下两端面面积均为 S_0,侧面圆柱面面积为 S_1。对该圆筒状高斯面应用高斯定理

$$\oint_S \boldsymbol{E} \cdot \mathrm{d}\boldsymbol{S} = \frac{1}{\varepsilon_0}\int_{S内} \mathrm{d}q$$

有
$$\begin{aligned}\oint_S \boldsymbol{E} \cdot \mathrm{d}\boldsymbol{S} &= \int_{侧面S_1} \boldsymbol{E} \cdot \mathrm{d}\boldsymbol{S} + \int_{上底S_0} \boldsymbol{E} \cdot \mathrm{d}\boldsymbol{S} + \int_{下底S_0} \boldsymbol{E} \cdot \mathrm{d}\boldsymbol{S} \\ &= \int_{侧面S_1} \boldsymbol{E} \cdot \mathrm{d}\boldsymbol{S} = \int_{侧面S_1} E\mathrm{d}S = E \cdot 2\pi rh\end{aligned}$$

$$\frac{1}{\varepsilon_0}\int_{S内} \mathrm{d}q = \frac{1}{\varepsilon_0}\eta h$$

由此得
$$E = \frac{\eta}{2\pi\varepsilon_0 r}$$

$$\boldsymbol{E} = \frac{\eta}{2\pi\varepsilon_0 r}\boldsymbol{e}_r \quad (r>R)$$

(2) 求圆柱内一点 P_2 处的电场强度,此时 $r<R$。

如例题 1.8 图(b)所示,在无限长均匀带电圆柱体内,过 P_2 点作一半径为 r、高度为 h 的圆筒状高斯面 S,高斯面上、下两端面面积均为 S_0,侧面圆柱面面积为 S_1。对该圆筒状高斯面应用高斯定理

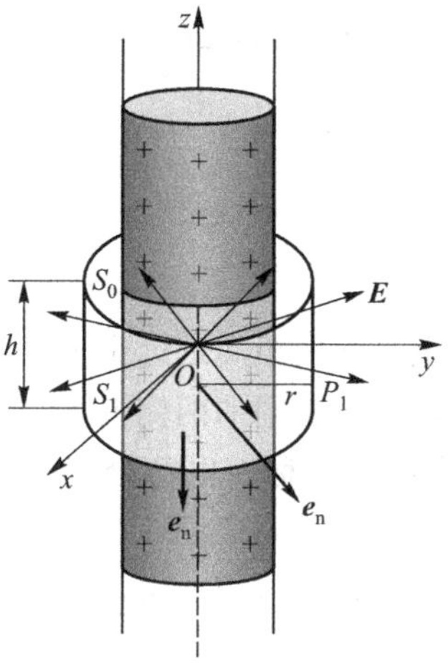

例题 1.8 图(a)　无限长均匀带电圆柱体外的电场

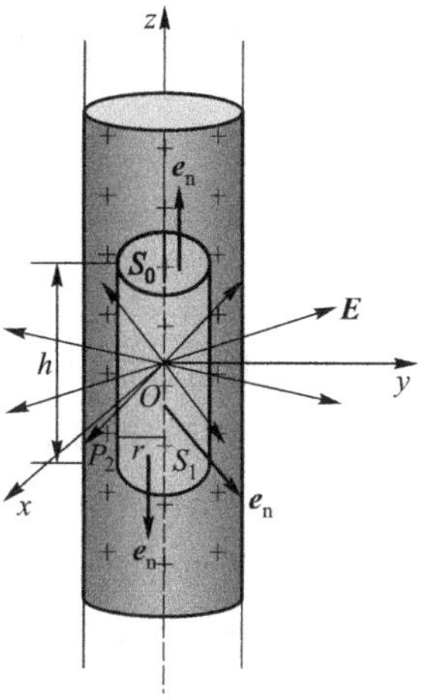

例题 1.8 图(b)　无限长均匀带电圆柱体内的电场

$$\oint_S \boldsymbol{E} \cdot \mathrm{d}\boldsymbol{S} = \frac{1}{\varepsilon_0}\int_{S内} \mathrm{d}q$$

有

$$\oint_S \boldsymbol{E} \cdot \mathrm{d}\boldsymbol{S} = \int_{侧面S_1} \boldsymbol{E} \cdot \mathrm{d}\boldsymbol{S} = \int_{侧面S_1} E\mathrm{d}S = E \cdot 2\pi rh$$

$$\frac{1}{\varepsilon_0}\int_{S内} \mathrm{d}q = \frac{1}{\varepsilon_0}\frac{\eta}{\pi R^2}h\pi r^2 = \frac{\eta}{\varepsilon_0}\frac{hr^2}{R^2}$$

由此得

$$E = \frac{\eta r}{2\pi\varepsilon_0 R^2}$$

$$\boldsymbol{E} = \frac{\eta r}{2\pi\varepsilon_0 R^2}\boldsymbol{e}_r \quad (r<R)$$

例题 1.9　若有场点到一个均匀带电平面的距离远远小于均匀带电平面本身的线度，则相对于场点而言，该均匀带电平面可以称为无限大均匀带电平面。今有一无限大均匀带电平面，其电荷面密度为 $\sigma(\sigma>0)$，求距离该"无限大"均匀带电平面为 r 处的电场强度。

解：通过对称性分析可知，无限大均匀带电平面两侧电场的分布是相对于该平面对称的，电场强度的方向都是垂直于此平面，指向平面外；与该平面距离相等处的电场强度大小相等。如例题 1.9 图所示，在求距平面 r 处 P 点的电场强度时，可选一圆筒状高斯面 S，其侧面与无限大均匀带电平面垂直，且两底面距离无限大均匀带电平面均为 r，P 点在其一个底面上。

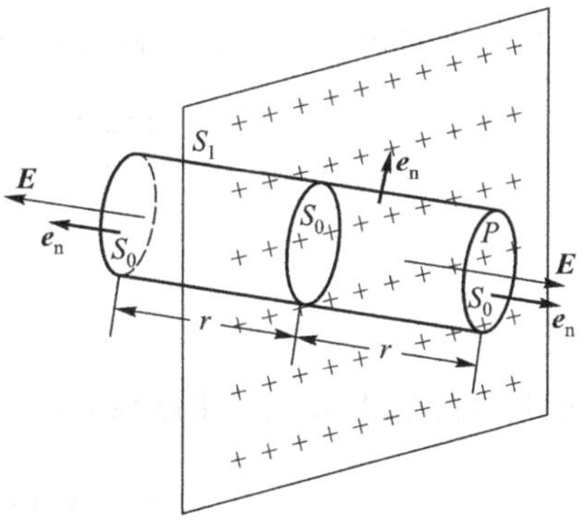

例题 1.9 图　无限大均匀带电平面外的电场

设高斯面两端底面面积均为 S_0，侧面面积为 S_1，应用高斯定理

$$\oint_S \boldsymbol{E} \cdot \mathrm{d}\boldsymbol{S} = \frac{1}{\varepsilon_0}\sum_{S内} q_i$$

有
$$\oint_S \boldsymbol{E}\cdot \mathrm{d}\boldsymbol{S}=\int_{左S_0}\boldsymbol{E}\cdot \mathrm{d}\boldsymbol{S}+\int_{右S_0}\boldsymbol{E}\cdot \mathrm{d}\boldsymbol{S}+\int_{侧S_1}\boldsymbol{E}\cdot \mathrm{d}\boldsymbol{S}=2ES_0$$

$$\frac{1}{\varepsilon_0}\sum_{S内} q_i=\frac{\sigma}{\varepsilon_0}S_0$$

由此得
$$E=\frac{\sigma}{2\varepsilon_0}$$

此题说明，对于一个均匀带电平面，只要场点到带电平面的距离远远小于均匀带电平面本身的线度，这样的各个场点的电场强度大小相等，在带电平面不同的两侧电场强度方向相反。

从上述例题看出，应用高斯定理可以求解某些具有特殊对称性电荷分布的带电体的电场分布，这仅仅是高斯定理应用的一个方面，利用高斯定理还可以更广泛地探讨带电体激发的电场的性质，尤其是在后面要讨论的导体问题时，可见高斯定理的应用非常灵活。

§1.5 静电场力做功 静电场的环路定理

1.5.1 静电场力做功

由于电荷在静电场中会受到静电场力作用，当试验电荷在静电场中运动时，电场力对运动试验电荷做功。研究静电场力做功的特点，有助于了解静电场的一些重要特性。由于任何带电体都可以看成点电荷的集合，这里研究静电场力做功从点电荷静电场中试验电荷的运动来逐步展开。

1. 试验电荷在点电荷电场中的运动

考虑一试验电荷 q_0 在点电荷 q 激发的静电场中运动的情形。如图 1-18 所示，设点电荷位于空间给定点 O 处，它在周围空间激发电场，现有试验电荷 q_0 在点电荷 q 的电场中从 a 点经过任意路径运动到 b 点。

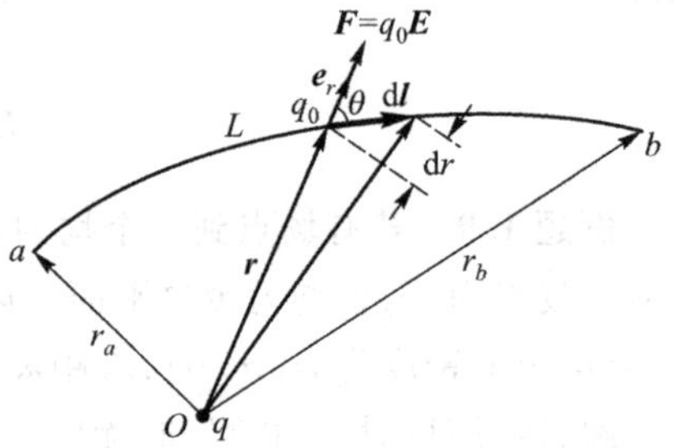

图 1-18 点电荷电场中试验电荷的运动

当试验电荷 q_0 在路径 L 中运动微小位移 $\mathrm{d}\boldsymbol{l}$ 时，设 q_0 所在点处电场强度为 $\boldsymbol{E}$，q_0 所受的静电场力 $\boldsymbol{F}=q_0\boldsymbol{E}$ 近似为恒力，$\boldsymbol{F}$ 为库仑力，如图 1-18 所示。静电场力 $\boldsymbol{F}$ 在位移中对试验电荷 q_0 所做的元功为

$$\mathrm{d}A=\boldsymbol{F}\cdot \mathrm{d}\boldsymbol{l}=q_0\boldsymbol{E}\cdot \mathrm{d}\boldsymbol{l}=q_0\frac{1}{4\pi\varepsilon_0}\frac{q}{r^2}\boldsymbol{e}_r\cdot \mathrm{d}\boldsymbol{l}$$

$$\boldsymbol{e}_r\cdot \mathrm{d}\boldsymbol{l}=\mathrm{d}l\cos\theta=\mathrm{d}r$$

$$\mathrm{d}A=\frac{q_0 q}{4\pi\varepsilon_0 r^2}\mathrm{d}r \tag{1-22}$$

而试验电荷 q_0 从 a 点经由路径 L 运动到 b 点，静电场力对 q_0 所做的总功为

$$A_{ab}=\int_a^b \mathrm{d}A=\frac{q_0 q}{4\pi\varepsilon_0}\int_{r_a}^{r_b}\frac{\mathrm{d}r}{r^2}=\frac{q_0 q}{4\pi\varepsilon_0}\left(\frac{1}{r_a}-\frac{1}{r_b}\right) \tag{1-23}$$

式中 r_a 和 r_b 分别为试验电荷 q_0 运动路径的起点和终点到点电荷 q 的距离。可见，在点电荷

的电场中，静电场力做的功与路径无关，只由运动试验电荷的始末位置来决定。

2. 试验电荷在点电荷系电场中的运动

如图 1-19 所示，考虑一试验电荷 q_0 在点电荷系的电场中从 a 点经过任意路径运动到 b 点。当试验电荷 q_0 在路径 L 中运动微小位移 $\mathrm{d}\boldsymbol{l}$ 时，q_0 所在点处电场强度 $\boldsymbol{E}=\sum\limits_i \boldsymbol{E}_i$，这里 $\boldsymbol{E}_i=\dfrac{1}{4\pi\varepsilon_0}\dfrac{q_i}{r_i^2}\boldsymbol{e}_{ri}(i=1,2,3,\cdots)$，$q_0$ 所受的静电场力 $\boldsymbol{F}=q_0\boldsymbol{E}=q_0\sum\limits_i \boldsymbol{E}_i$ 近似为恒力，如图 1-19 所示。在位移 $\mathrm{d}\boldsymbol{l}$ 中静电场力 $\boldsymbol{F}$ 对试验电荷 q_0 所做的元功为

$$\mathrm{d}A=\boldsymbol{F}\cdot\mathrm{d}\boldsymbol{l}=\left(q_0\sum_i \boldsymbol{E}_i\right)\cdot\mathrm{d}\boldsymbol{l}=\sum_i q_0\boldsymbol{E}_i\cdot\mathrm{d}\boldsymbol{l}=\sum_i \mathrm{d}A_i$$

而试验电荷 q_0 由 a 点运动到 b 点，电荷系的静电场力对 q_0 所做的总功为

$$A_{ab}=\int_a^b \mathrm{d}A=\int_a^b\sum_i \mathrm{d}A_i=\sum_i\int_a^b \mathrm{d}A_i=\sum_i A_{iab} \tag{1-24}$$

式中

$$A_{iab}=\frac{q_0q_i}{4\pi\varepsilon_0}\left(\frac{1}{r_{ia}}-\frac{1}{r_{ib}}\right) \tag{1-25}$$

可见，点电荷系的电场中，静电场力对试验电荷所做的总功等于每一个点电荷单独存在时，其静电场力对试验电荷所做功的代数和。因而，点电荷系的电场对运动试验电荷做功也与具体路径无关，只由该试验电荷在电场中运动的始末位置决定。

3. 试验电荷在连续带电体电场中的运动

如图 1-20 所示，试验电荷 q_0 在连续带电体电场中从 a 点经过任意路径运动到 b 点。试验电荷 q_0 在路径 L 上任一点所受的电场力 $\boldsymbol{F}=q_0\boldsymbol{E}$，这里的 $\boldsymbol{E}$ 是整个连续带电体在该点的电场强度。当 q_0 运动微小位移 $\mathrm{d}\boldsymbol{l}$ 时，电场力 $\boldsymbol{F}$ 对试验电荷 q_0 所做的元功为

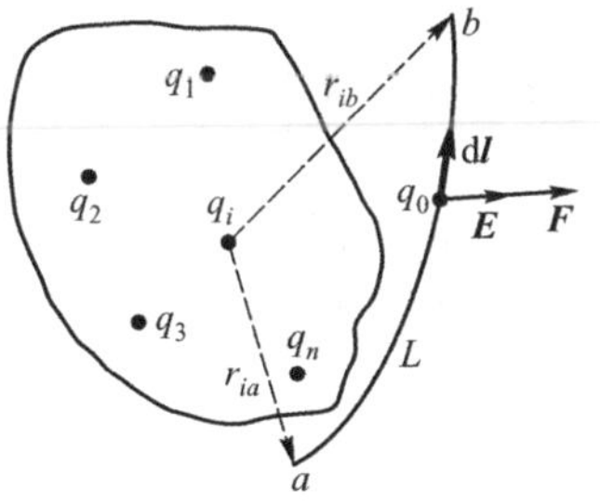

图 1-19 点电荷系电场中试验电荷的运动

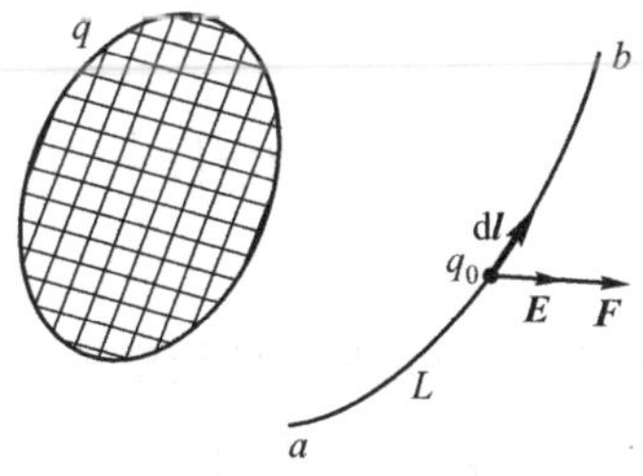

图 1-20 连续带电体电场中试验电荷的运动

$$\mathrm{d}A=\boldsymbol{F}\cdot\mathrm{d}\boldsymbol{l}=q_0\boldsymbol{E}\cdot\mathrm{d}\boldsymbol{l}$$

试验电荷 q_0 由 a 点运动到 b 点，电场力所做的总功为

$$A_{ab}=\int_a^b \mathrm{d}A=q_0\int_a^b \boldsymbol{E}\cdot\mathrm{d}\boldsymbol{l} \tag{1-26}$$

因为任何带电体都可以看成点电荷的集合，所以连续带电体电场中试验电荷运动时，静电场力做功也与具体路径无关，只由该试验电荷在电场中运动的始末位置决定。

由此得出结论：**试验电荷在任何带电体激发的静电场中移动时，电场力所做的功仅与路径的起点和终点的位置有关，而与具体路径无关。**当然，电场力所做的功还与激发电场的带电体

及试验电荷的电荷量大小有关。上述结论说明,**静电场力是保守力**。

1.5.2 静电场的环路定理

考虑在静电场中从 a 点到 b 点可以有任意条路径(图 1-21),试验电荷在该电场中运动,静电场力对其做的功只与始末位置有关,而与路径无关。

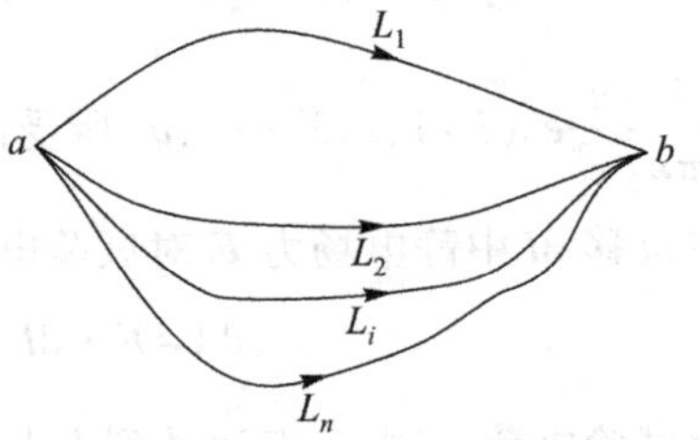

图 1-21 静电场中的任意路径

则有

$$A_{ab}=q_0\int_{a\,(L_1)}^{b}\boldsymbol{E}\cdot \mathrm{d}\boldsymbol{l}=q_0\int_{a\,(L_2)}^{b}\boldsymbol{E}\cdot \mathrm{d}\boldsymbol{l}=q_0\int_{a\,(L_2)}^{b}\boldsymbol{E}\cdot \mathrm{d}\boldsymbol{l}=\cdots=q_0\int_{a\,(L_n)}^{b}\boldsymbol{E}\cdot \mathrm{d}\boldsymbol{l}$$

$$q_0\int_{a\,(L_1)}^{b}\boldsymbol{E}\cdot \mathrm{d}\boldsymbol{l}=q_0\int_{a\,(L_2)}^{b}\boldsymbol{E}\cdot \mathrm{d}\boldsymbol{l}$$

因为 $q_0\neq 0$,所以由上式有

$$\int_{a\,(L_1)}^{b}\boldsymbol{E}\cdot \mathrm{d}\boldsymbol{l}+\int_{b\,(L_2)}^{a}\boldsymbol{E}\cdot \mathrm{d}\boldsymbol{l}=0$$

即

$$\oint_L \boldsymbol{E}\cdot \mathrm{d}\boldsymbol{l}=0 \tag{1-27}$$

式(1-27)中,$\oint_L \boldsymbol{E}\cdot \mathrm{d}\boldsymbol{l}$ 称为静电场的环路积分,也称为静电场的环流。式(1-27)表明,**静电场的电场强度沿任意闭合环路的线积分恒为零**,或称**静电场的环流为零**。这称为**静电场的环路定理**,简称**环路定理**。这是静电场的重要特性之一,这样的场一定是个**保守场**。

根据环路积分的变换公式,有 $\oint_L \boldsymbol{E}\cdot \mathrm{d}\boldsymbol{l}=\oint_S(\nabla\times\boldsymbol{E})\cdot \mathrm{d}\boldsymbol{S}$,则有

$$\nabla\times\boldsymbol{E}=0 \tag{1-28}$$

式(1-28)表明,**静电场的旋度为零**,即**静电场是无旋场**。

在直角坐标系中,电场强度的旋度表示为

$$\nabla\times\boldsymbol{E}=\left(\boldsymbol{i}\frac{\partial}{\partial x}+\boldsymbol{j}\frac{\partial}{\partial y}+\boldsymbol{k}\frac{\partial}{\partial z}\right)\times\boldsymbol{E}=\begin{vmatrix}\boldsymbol{i} & \boldsymbol{j} & \boldsymbol{k}\\ \dfrac{\partial}{\partial x} & \dfrac{\partial}{\partial y} & \dfrac{\partial}{\partial z}\\ E_x & E_y & E_z\end{vmatrix} \tag{1-29}$$

在球坐标系中,电场强度的旋度表示为

$$\nabla\times\boldsymbol{E}=\frac{1}{r\sin\theta}\left[\frac{\partial}{\partial\theta}(\sin\theta E_\varphi)-\frac{\partial E_\theta}{\partial\varphi}\right]\boldsymbol{e}_r+\left[\frac{1}{r\sin\theta}\frac{\partial E_r}{\partial\varphi}-\frac{1}{r}\frac{\partial(rE_\varphi)}{\partial r}\right]\boldsymbol{e}_\theta+\frac{1}{r}\left[\frac{\partial(rE_\theta)}{\partial r}-\frac{\partial E_r}{\partial\theta}\right]\boldsymbol{e}_\varphi \tag{1-30}$$

§1.6 电势

1828 年英国人格林明确提出了“势”的概念,并以此来表述静电学。而英国人卡文迪什、德国人欧姆等人也提出过类似的概念。在此前的 1813 年,法国人泊松认为,在静电学中同样可以找出与万有引力情况相似的函数 V 来解静电学问题,并证明在静电学中的拉普拉斯方程

为$\frac{\partial^2 V}{\partial x^2}+\frac{\partial^2 V}{\partial y^2}+\frac{\partial^2 V}{\partial z^2}=4\pi\rho$，其中$\rho$为电荷的体密度。格林认为泊松给出的拉普拉斯方程中的函数V就是势函数，即现在所说的电势。这里从静电场为保守力场出发展开对电势的讨论。

1.6.1 电势能

既然静电场力是保守力，就可以对静电场中的试验电荷引入电势能的概念。电势能就是在力学中所说的势能，只是因为在电场中研究带电体的势能，故称其为**电势能**。

考虑试验电荷q_0在静电场中一定的位置处，具有一定的电势能。如图1-22所示，试验电荷在静电场中运动时，静电场力对试验电荷所做的功就等于其电势能增量的负值。设以W_a和W_b分别表示试验电荷q_0在静电场中a点和b点的电势能，则有

$$A_{ab}=q_0\int_a^b \boldsymbol{E}\cdot \mathrm{d}\boldsymbol{l}=-(W_b-W_a)$$

$$W_b-W_a=-A_{ab}=-q_0\int_a^b \boldsymbol{E}\cdot \mathrm{d}\boldsymbol{l} \tag{1-31}$$

式(1-31)为**电势能的定义式**。试验电荷初态与末态的电势能差又可写为

$$W_a-W_b=A_{ab}=q_0\int_a^b \boldsymbol{E}\cdot \mathrm{d}\boldsymbol{l} \tag{1-32}$$

电势能也是一个相对的量，为了确切描述试验电荷在电场中某点电势能的大小，需要确定一个"电势能零点"。在静电学中，电势能零点可以确定为任意点，但为了研究问题方便，一般都人为选取一确定点为电势能零点。例如，选电荷q_0在$b\to\infty$时的电势能为零，亦即$W_{b\to\infty}=0$，则试验电荷q_0在电场中a点的电势能为

$$W_a=q_0\int_a^{\infty} \boldsymbol{E}\cdot \mathrm{d}\boldsymbol{l} \tag{1-33}$$

式(1-33)表明，试验电荷q_0在电场中a点的电势能W_a在数值上等于q_0从a点运动到电势能零点b时静电场力所做的功$A_{a\infty}$。当然，也可以选取电势能零点b不在无限远点，而是在某参考点。

电势能是标量，有正负之分，电势能的单位为焦耳(J)。

式(1-33)表明，电势能是试验电荷q_0与电场之间的相互作用能量，电势能也是属于彼此之间以静电力这种保守力相互作用的系统的。

如图1-23所示，在点电荷q的电场中，求试验电荷q_0在其中某点的电势能。设$W_\infty=0$，则试验电荷q_0在a点的电势能为

$$W_a=A_{a\infty}=q_0\int_a^{\infty} \boldsymbol{E}\cdot \mathrm{d}\boldsymbol{l}=\frac{q_0 q}{4\pi\varepsilon_0}\int_{r_a}^{\infty}\frac{\boldsymbol{e}_r\cdot \mathrm{d}\boldsymbol{l}}{r^2}=\frac{q_0 q}{4\pi\varepsilon_0 r_a} \tag{1-34}$$

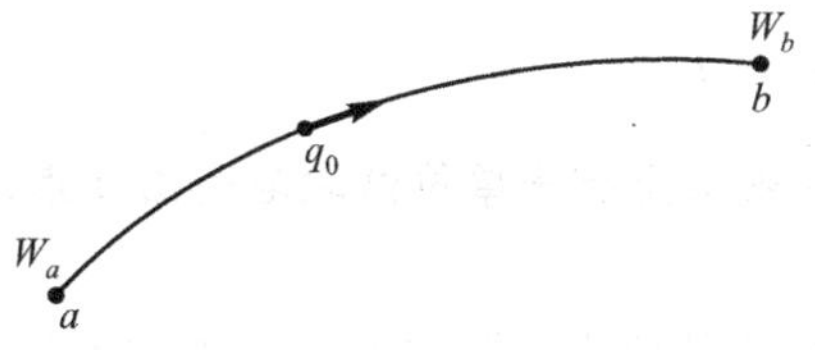

图1-22 电势能

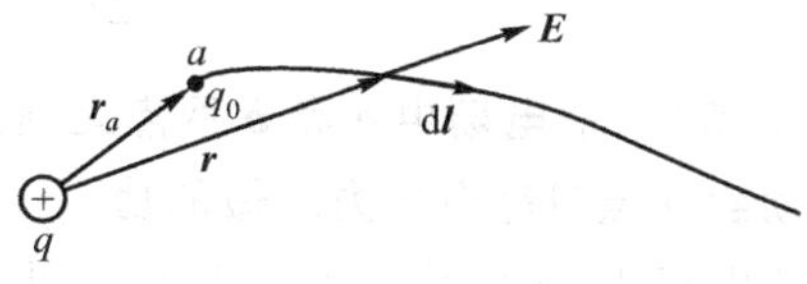

图1-23 点电荷电场中试验电荷的电势能

1.6.2 电势

由式(1-31)可知,试验电荷 q_0 从电场中 a 点运动到 b 点时,电势能的增量与 q_0 的大小成正比,而比值 $\frac{W_b}{q_0}-\frac{W_a}{q_0}=-\int_a^b \boldsymbol{E}\cdot \mathrm{d}\boldsymbol{l}$ 只取决于电场的性质以及电场中 a 点和 b 点的位置。令 $U_a=\frac{W_a}{q_0}$,$U_b=\frac{W_b}{q_0}$,比值 $U=\frac{W}{q_0}$只与场点位置有关,而与试验电荷 q_0 无关,是表征静电场中给定点电场性质的物理量,称为**电势**,则有

$$U_b-U_a=-\int_a^b \boldsymbol{E}\cdot \mathrm{d}\boldsymbol{l} \tag{1-35}$$

式(1-35)定义了电势,它表明**静电场中电势的增量等于单位试验电荷由始位置运动到末位置时静电场力做功的负值。**

考虑 $b\to\infty$ 时,$U_b=0$,则电场中 a 点的电势为

$$U_a=\int_a^{\infty} \boldsymbol{E}\cdot \mathrm{d}\boldsymbol{l} \tag{1-36}$$

亦即,当我们确定了电场中的零电势位置后,**电场中某点 a 的电势在数值上等于单位试验电荷从该点运动到零电势位置时静电场力所做的功。**

在国际单位制中,电势的单位为伏特(V)。

电势是标量,电场中某点的电势由激发电场的场源电荷以及电场中的具体位置决定,即 $U=U(q,\boldsymbol{r})$,电势可正可负。

电势也是一个相对的量,为了确切描述电场中某点的电势,需要确定一个“电势零点”。在静电学中,电势零点可以根据研究问题需要选取在某一确定点,例如,我们可以选取距离场源电荷无限远处为电势零点,即 $U_\infty=0$。在工程上一般选取地球表面为电势零点。

确定了电势零点后,如果已知静电场中某点电势 U,那么置于该点的电荷 q 的电势能为 $W=qU$。

如果是在点电荷激发的电场中,取 $U_\infty=0$,利用式(1-34)就可知某点 a 的电势为

$$U_a=\frac{W_a}{q_0}=\frac{q}{4\pi\varepsilon_0 r_a} \tag{1-37}$$

1.6.3 电势差

在实际应用中,常常需要知道电场中某两点 a 和 b 之间的电势差,而电场中 a 点和 b 点电势的差值 $\Delta U=U_a-U_b$,称为 a 和 b 两点间的**电势差**,也称为**电压**。由式(1-35)可知,a 和 b 两点之间的电势差为

$$\Delta U=U_a-U_b=\int_a^b \boldsymbol{E}\cdot \mathrm{d}\boldsymbol{l} \tag{1-38}$$

式(1-38)表明,**静电场中 a 和 b 两点之间的电势差在数值上等于单位试验电荷由 a 点沿任意路径运动到 b 点时静电场力所做的功。**

在静电场中,零电势位置选得不同,电场中各点电势的值也会随之改变。而任何两点之间的电势差却与零电势位置的选取无关。

通常若知道了电场中两点 a 和 b 之间的电势差，则点电荷被电场力作用从一点 a 运动到另一点 b 时，电场力对点电荷 q 所做的功为

$$A_{ab}=q(U_a-U_b) \tag{1-39}$$

1.6.4 电势叠加原理

如图 1-24 所示，在点电荷系电场中，由场强叠加原理可知 $\boldsymbol{E}=\sum_{i=1}^{n}\boldsymbol{E}_i=\boldsymbol{E}_1+\boldsymbol{E}_2+\cdots+\boldsymbol{E}_n$，选取无限远处为电势零点，则电场中 a 点的电势为

$$\begin{aligned}U&=\int_a^{\infty}\boldsymbol{E}\cdot \mathrm{d}\boldsymbol{l}=\int_a^{\infty}(\boldsymbol{E}_1+\boldsymbol{E}_2+\cdots+\boldsymbol{E}_n)\cdot \mathrm{d}\boldsymbol{l}\\&=\int_a^{\infty}\boldsymbol{E}_1\cdot \mathrm{d}\boldsymbol{l}+\int_a^{\infty}\boldsymbol{E}_2\cdot \mathrm{d}\boldsymbol{l}+\cdots+\int_a^{\infty}\boldsymbol{E}_n\cdot \mathrm{d}\boldsymbol{l}\\&=U_1+U_2+\cdots+U_n\\&=\sum_i U_i\end{aligned}$$

即

$$U=\sum_i U_i \tag{1-40}$$

式(1-40)称为**电势叠加原理**。对于点电荷系，这里 $U_i=\dfrac{q_i}{4\pi\varepsilon_0 r_{ia}}$。

1.6.5 电势的计算

若要计算带电体电场中的电势分布，可以利用电势的定义式(1-35)，场强积分法式(1-36)，点电荷的电势表达式(1-37)以及电势叠加原理式(1-40)。

若要计算电荷连续分布的带电体电场中的电势，可将此带电体分成许多电荷元 $\mathrm{d}q$，如图 1-25 所示。当电荷元 $\mathrm{d}q$ 线度相对于到场点距离足够小时，电荷元 $\mathrm{d}q$ 可以看作点电荷，则该电荷元 $\mathrm{d}q$ 在空间场点 P 的电势为

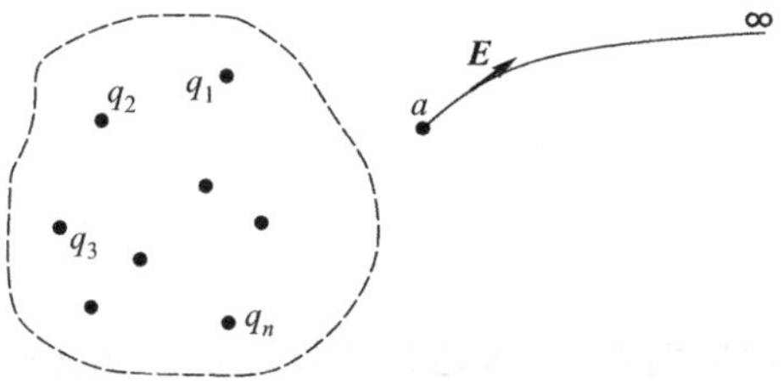

图 1-24 点电荷系的电势

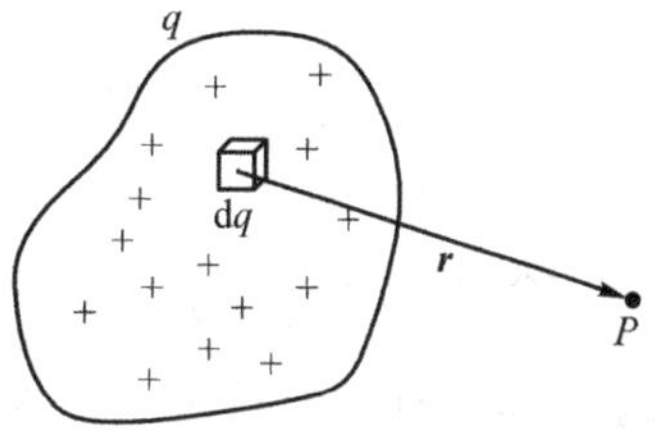

图 1-25 电荷连续分布的带电体电场中的电势

$$\mathrm{d}U=\frac{\mathrm{d}q}{4\pi\varepsilon_0 r} \tag{1-41}$$

式中 r 是电荷元 $\mathrm{d}q$ 到场点 P 的距离。对于整个带电体，则可积分求得 P 点的电势为

$$U=\int_q \mathrm{d}U=\int_q \frac{\mathrm{d}q}{4\pi\varepsilon_0 r} \tag{1-42}$$

这也是叠加原理的结果。积分区域是产生电场的带电体。需要注意的是，式(1-41)、式(1-42)默认了的电势零点选在无限远处。

下面计算几种带电体电场中的电势。

例题 1.10 求电偶极子在远场中的任意一点 P 的电势。

解：如例题 1.10 图所示，电偶极子的正负点电荷的电荷量分别为 $+q$ 和 $-q$，$-q$ 指向 $+q$ 的矢量为 $\boldsymbol{l}$，电偶极矩为 $\boldsymbol{p}=q\boldsymbol{l}$。考虑正负点电荷到场点 P 的距离分别为 r_+、r_-，r 为电偶极子中心点 O 到场点 P 的距离，且 $r\gg l$。

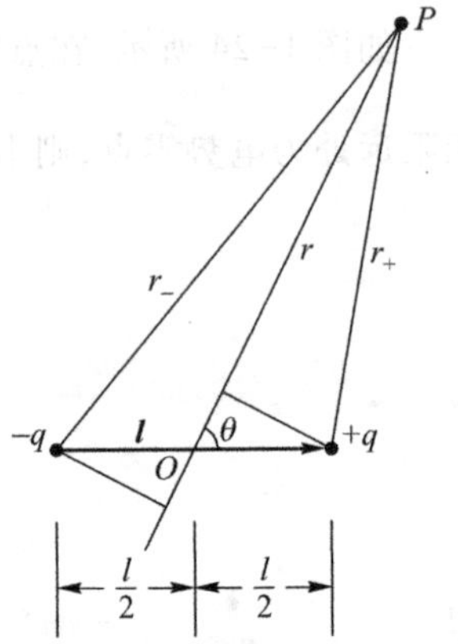

例题 1.10 图　电偶极子远场中的电势

$$r_+ \doteq r-\frac{l}{2}\cos\theta,\quad r_- \doteq r+\frac{l}{2}\cos\theta$$

根据电势叠加原理，P 点的电势为

$$U_P=U_++U_-=\frac{q}{4\pi\varepsilon_0 r_+}+\frac{-q}{4\pi\varepsilon_0 r_-}=\frac{q}{4\pi\varepsilon_0}\left(\frac{1}{r_+}-\frac{1}{r_-}\right)$$

考虑到

$$\frac{1}{r_+}-\frac{1}{r_-}=\frac{r_--r_+}{r_+r_-}=\frac{l\cos\theta}{r^2-l^2\cos^2\theta/4}\approx\frac{l\cos\theta}{r^2}$$

有

$$U_P=\frac{1}{4\pi\varepsilon_0}\frac{ql\cos\theta}{r^2}=\frac{|\boldsymbol{p}|\cos\theta}{4\pi\varepsilon_0 r^2}=\frac{\boldsymbol{p}\cdot\boldsymbol{e}_r}{4\pi\varepsilon_0 r^2}$$

例题 1.11 有一半径为 R、均匀带有电荷 q 的细圆环。求通过均匀带电细圆环圆心且垂直圆环所在平面的轴线上任意一点的电势。

解：均匀带电细圆环是一个连续带电体，其电荷线密度为 $\eta=\dfrac{q}{2\pi R}$，如例题 1.11 图所示。其轴线上任意一点 P 到圆盘中心 O 的距离为 x，现在带电细圆环上取足够小一段长为 $\mathrm{d}l$ 的电荷元 $\mathrm{d}q$，$\mathrm{d}q=\eta\mathrm{d}l$，$\mathrm{d}q$ 到场点 P 的距离为 r，则电荷元 $\mathrm{d}q$ 在轴线上场点 P 的电势为

$$\mathrm{d}U_P=\frac{\mathrm{d}q}{4\pi\varepsilon_0 r}=\frac{\eta\mathrm{d}l}{4\pi\varepsilon_0 r}$$

而整个均匀带电细圆环在场点 P 的电势为

$$U_P=\int_q \mathrm{d}U_P=\frac{\eta}{4\pi\varepsilon_0 r}\int_0^{2\pi R}\mathrm{d}l=\frac{q}{4\pi\varepsilon_0 r}=\frac{q}{4\pi\varepsilon_0\sqrt{x^2+R^2}}$$

圆心处的电势为 $U_O=\dfrac{q}{4\pi\varepsilon_0 R}$。

例题 1.12 有一半径为 R、均匀带有电荷 q 的薄圆盘。求通过圆盘圆心且垂直圆盘平面的轴线上离开圆盘中心的任意一点的电势。

解：本题可以把均匀带电薄圆盘看成由一系列同心的均匀带电细圆环构成，则可以利用例题 1.11 的结果来解本题；也可以把均匀带电薄圆盘看成由足够多的小到可以看作点电荷的电荷元构成，直接用微元叠加的方法求解。

均匀带电薄圆盘的电荷面密度为 $\sigma=\dfrac{q}{\pi R^2}$，如例题 1.12 图所示，其轴线上任意一点 P 到圆盘中心 O 的距离为 $x(x>0)$。现在薄圆盘上取足够小的电荷元 $\mathrm{d}q$，电荷元 $\mathrm{d}q=\sigma\cdot 2\pi r\mathrm{d}r$，$\mathrm{d}q$ 到

场点 P 的距离为 r'，则电荷元 $\mathrm{d}q$ 在轴线上场点 P 的电势为

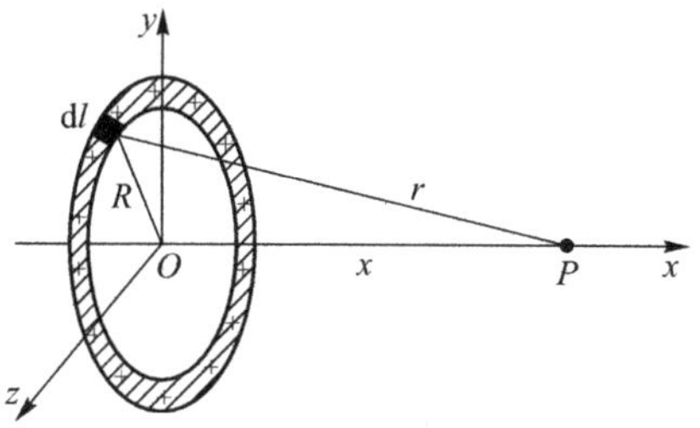

例题 1.11 图　均匀带电细圆环轴线上的电势

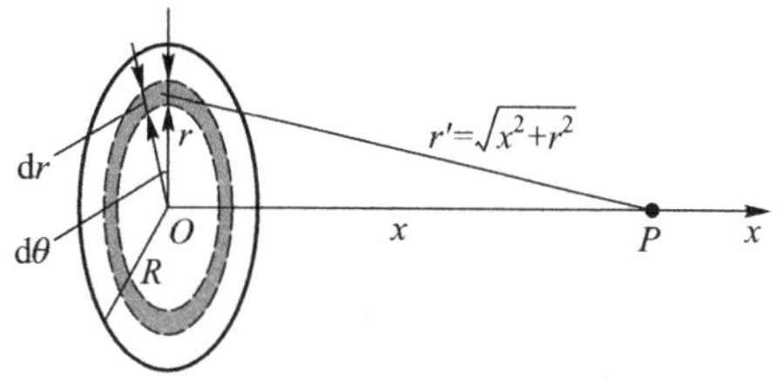

例题 1.12 图　均匀带电薄圆盘轴线上的电势

$$\mathrm{d}U=\frac{\mathrm{d}q}{4\pi\varepsilon_0 r'}=\frac{\sigma\cdot 2\pi r\mathrm{d}r}{4\pi\varepsilon_0\sqrt{x^2+r^2}}$$

而整个均匀带电薄圆盘在场点 P 的电势为

$$U_P=\int_q \mathrm{d}U=\frac{2\pi\sigma}{4\pi\varepsilon_0}\int_0^R\frac{r\mathrm{d}r}{\sqrt{x^2+r^2}}=\frac{\sigma}{2\varepsilon_0}(\sqrt{x^2+R^2}-x)=\frac{q}{2\pi\varepsilon_0 R^2}(\sqrt{x^2+R^2}-x)$$

例题 1.13　有一半径为 R、电荷均匀分布的带电球壳，其带电荷量为 q。求：(1) 球壳外任意点的电势；(2) 球壳内任意点的电势；(3) 球壳外两点间的电势差；(4) 球壳内两点间的电势差。

解：如例题 1.13 图所示，由例题 1.6 可知均匀带电球壳内外的电场强度为

$$\boldsymbol{E}_1=\boldsymbol{0}\quad(r<R)$$

$$\boldsymbol{E}_2=\frac{q}{4\pi\varepsilon_0 r^2}\boldsymbol{e}_r\quad(r>R)$$

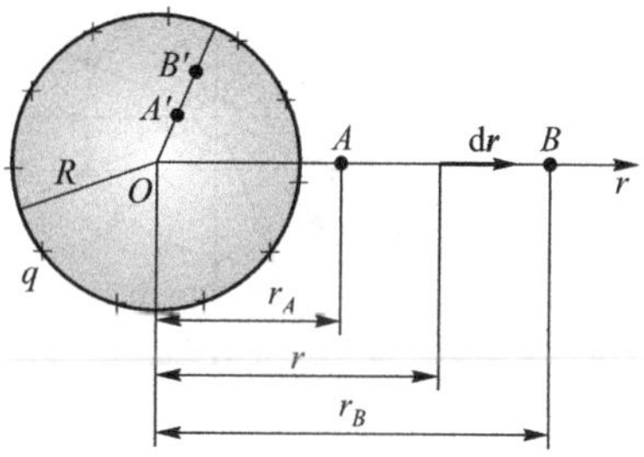

例题 1.13 图　均匀带电球壳内外的电势

取距离均匀带电球壳无限远处为电势零点，即 $U_\infty=0$。

(1) $r>R$ 时，球壳外距离球心为 r 处一点的电势为

$$U_{外}(r)=\int_r^\infty \boldsymbol{E}_2\cdot\mathrm{d}\boldsymbol{r}=\frac{q}{4\pi\varepsilon_0}\int_r^\infty\frac{1}{r^2}\boldsymbol{e}_r\cdot\mathrm{d}\boldsymbol{r}=\frac{q}{4\pi\varepsilon_0}\int_r^\infty\frac{\mathrm{d}r}{r^2}=\frac{q}{4\pi\varepsilon_0 r}$$

由于电荷分布的对称性，该结果与所有电荷量都集中在球心的点电荷的电势相同。

(2) $r<R$ 时，球壳内距离球心为 r 处一点的电势为

$$U_{内}(r)=\int_r^\infty\boldsymbol{E}\cdot\mathrm{d}\boldsymbol{r}=\int_r^R\boldsymbol{E}_1\cdot\mathrm{d}\boldsymbol{r}+\int_R^\infty\boldsymbol{E}_2\cdot\mathrm{d}\boldsymbol{r}=\frac{q}{4\pi\varepsilon_0 R}$$

也是由于电荷分布的对称性，球壳内各个点的电势都相等。

(3) 求球壳外两点间的电势差，考虑有两点 A 和 B，则

$$U_A-U_B=\int_{r_A}^{r_B}\boldsymbol{E}_2\cdot\mathrm{d}\boldsymbol{r}=\frac{q}{4\pi\varepsilon_0}\int_{r_A}^{r_B}\frac{\boldsymbol{e}_r\cdot\mathrm{d}\boldsymbol{r}}{r^2}=\frac{q}{4\pi\varepsilon_0}\left(\frac{1}{r_A}-\frac{1}{r_B}\right)$$

(4) 求球壳内两点间的电势差，考虑有两点 A' 和 B'，由于电势相等，则

$$U_{A'}-U_{B'}=0$$

§ 1.7 电场强度与电势的微分关系

1.7.1 等势面

置于确定空间位置的电荷分布不随时间变化的带电体，其在空间激发的电场为静电场，当确定了零电势位置后，电场中各点的电势是确定的。电势是空间坐标的标量函数，电场中不同位置的电势都取决于该位置坐标，因而形成了一个在空间的电势分布。由于空间坐标的标量函数决定了一个标量场，因而电势的分布是一个标量场。

在电势这个标量场中，电势相等的点所构成的面称为**等势面**，可以用来描述电场的分布。

在电场中描绘等势面时，要使**相邻等势面的电势差为确定值**，这就使得等势面密集处电场强度较大，等势面稀疏处电场强度较小，并且**等势面一定与电场线处处正交**，电场线指向电势下降方向，这样就可以在带电体激发的电场中描绘出一系列的等势面。如图 1-26 所示，在正点电荷和电偶极子的电场中，实线描绘的是电场线的分布，虚线描绘的是等势面的分布。正的点电荷的等势面为一系列以点电荷为球心的同心球面，电偶极子电场中由于正负点电荷的相互作用，其等势面分布具有特殊性。

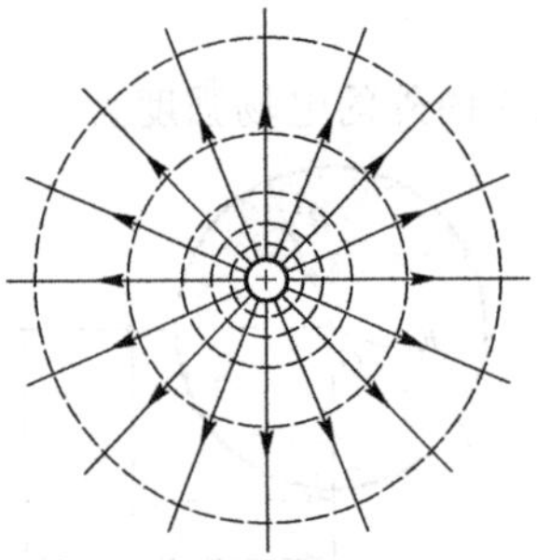

(a) 正点电荷的等势面

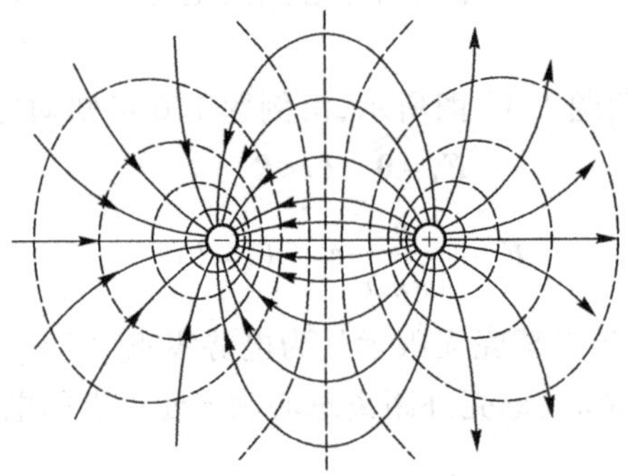

(b) 电偶极子的等势面

图 1-26 等势面

1.7.2 电场强度与电势的微分关系

电场强度 $\boldsymbol{E}$ 和电势 U 都是描述静电场中各点性质的点函数，$\boldsymbol{E}$ 的分布决定了一个矢量场，可用电场线来描绘，U 的分布决定了一个标量场，可用等势面来描绘。二者是从不同角度描述同一电场性质的物理量，它们之间一定有着内在的联系。前述式(1-35)和式(1-36)已经给出了电场强度和电势的积分关系，其本质上反映的是静电场力做功与电势能变化的关系，这里给出电场强度与电势的微分关系。

如图 1-27 所示，考虑静电场中有两个离得很近的等势面 1 和等势面 2，设其电势分别为 U 和 U'，$\boldsymbol{e}_n$ 为等势面 1 上 A 点的法线方向单位矢量。现在设距离等势面 1 非常近的一个等势面，其电势为 $U+\mathrm{d}U$，将试验电荷 q_0 从电场中 A 点沿位移 $\mathrm{d}\boldsymbol{l}$ 移至 B 点，B 点在电势为 $U+\mathrm{d}U$ 的

等势面上。由式(1-39)知,此时静电场力做的功为

$$q_0\boldsymbol{E}\cdot \mathrm{d}\boldsymbol{l}=q_0[U-(U+\mathrm{d}U)]=-q_0\mathrm{d}U$$

即
$$\boldsymbol{E}\cdot \mathrm{d}\boldsymbol{l}=-\mathrm{d}U \tag{1-43}$$

或
$$E\mathrm{d}l\cos\theta=-\mathrm{d}U$$

亦即
$$E\cos\theta=-\frac{\mathrm{d}U}{\mathrm{d}l} \tag{1-44}$$

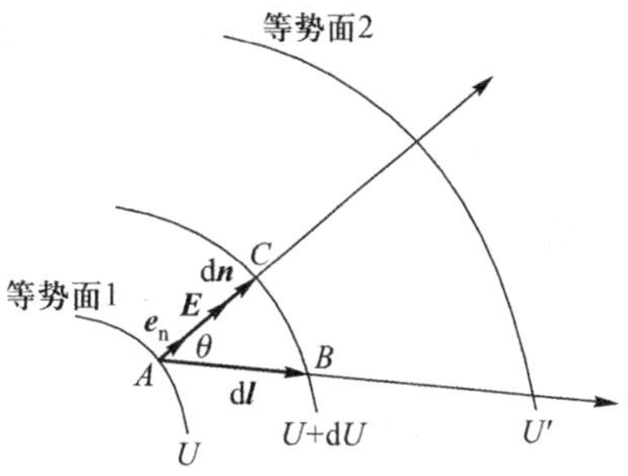

图 1-27 电场强度与电势

由式(1-44)可以看出,式$\frac{\mathrm{d}U}{\mathrm{d}l}$的大小$\left|\frac{\mathrm{d}U}{\mathrm{d}l}\right|$随 θ 的不同而变化。当 $\theta=0$ 时,也就是沿等势面 1 的法线方向 $\boldsymbol{e}_n$,$\left|\frac{\mathrm{d}U}{\mathrm{d}l}\right|\to\left|\frac{\mathrm{d}U}{\mathrm{d}n}\right|$,$\left|\frac{\mathrm{d}U}{\mathrm{d}n}\right|$的值最大,即沿 $\theta=0$ 的方向 U 的变化最快,即 U **变化最快的方向是与等势面正交的方向,也就是电场线的方向**。由式(1-44)可知

$$E=-\frac{\mathrm{d}U}{\mathrm{d}n} \tag{1-45}$$

式(1-45)中负号"-"表明,当 $\mathrm{d}U$ 为负值时,即图 1-27 中等势面 2 的电势比等势面 1 的电势低时,E 才为正,这说明**电场线指向电势下降的方向**。当我们针对等势面考虑电势的梯度$\frac{\mathrm{d}U}{\mathrm{d}n}\boldsymbol{e}_n$时,$\frac{\mathrm{d}U}{\mathrm{d}n}\boldsymbol{e}_n$ 的方向恰恰是沿着$\left|\frac{\mathrm{d}U}{\mathrm{d}n}\right|$最大的方向,由低等势面指向高等势面,与电场强度方向相反,故有

$$\boldsymbol{E}=-\frac{\mathrm{d}U}{\mathrm{d}n}\boldsymbol{e}_n \tag{1-46}$$

式(1-46)可表示为

$$\boldsymbol{E}=-\nabla U\equiv-\mathrm{grad}\ U \tag{1-47}$$

$\frac{\mathrm{d}U}{\mathrm{d}n}\boldsymbol{e}_n=\nabla U=\mathrm{grad}\ U$ 称为**电势的梯度**,电势的梯度是一个矢量,描述了电势的空间分布变化情况。式(1-47)表明电势梯度方向与$-\boldsymbol{E}$ 方向相同。式(1-46)和式(1-47)都称为**电场强度与电势的微分关系**。

在直角坐标系中,电势的梯度表示为

$$\nabla U=\boldsymbol{i}\frac{\partial U}{\partial x}+\boldsymbol{j}\frac{\partial U}{\partial y}+\boldsymbol{k}\frac{\partial U}{\partial z} \tag{1-48}$$

在极坐标系中,电势的梯度表示为

$$\nabla U=\boldsymbol{e}_r\frac{\partial U}{\partial r}+\boldsymbol{e}_\theta\frac{1}{r}\frac{\partial U}{\partial \theta} \tag{1-49}$$

在球坐标系中,电势的梯度表示为

$$\nabla U=\boldsymbol{e}_r\frac{\partial U}{\partial r}+\boldsymbol{e}_\theta\frac{1}{r}\frac{\partial U}{\partial \theta}+\boldsymbol{e}_\varphi\frac{1}{r\sin\theta}\frac{\partial U}{\partial \varphi} \tag{1-50}$$

梯度是描述标量场性质的重要物理量。通过标量场的变化情况可以了解场的一些性质。由式(1-47),如果知道了电场中电势 U 分布就可求出电场强度 $\boldsymbol{E}$ 的分布;而由式(1-36),如

果知道了电场强度 $\boldsymbol{E}$ 的分布就可求出电场中电势 U 的分布。由于 U 是标量，它的计算往往简单一些，因此可能的情况下，常常先求电势的分布，然后利用式(1-47)求电场强度的分布。

例题 1.14 利用电场强度与电势的微分关系，求电偶极子在远场的电场分布。

解：如例题 1.14 图所示，电偶极子的正负点电荷的电荷量分别为 $+q$ 和 $-q$，$-q$ 指向 $+q$ 的位置矢量为 $\boldsymbol{l}$，电偶极矩为 $\boldsymbol{p}=q\boldsymbol{l}$。考虑正负点电荷到场点 P 的距离分别为 r_+、r_-，r 为电偶极子中心 O 点到场点 P 的距离，且 $r\gg l$。由例题 1-10 知，在远场处

$$U_P=\frac{1}{4\pi\varepsilon_0}\frac{ql\cos\theta}{r^2}$$

利用式(1-47)、式(1-49)可以求出电偶极子的远场 P 点处电场的径向分量和横向分量：

$$E_r=-\frac{\partial U}{\partial r}=\frac{p\cos\theta}{2\pi\varepsilon_0 r^3},\quad E_\theta=-\frac{1}{r}\frac{\partial U}{\partial\theta}=\frac{p\sin\theta}{4\pi\varepsilon_0 r^3}$$

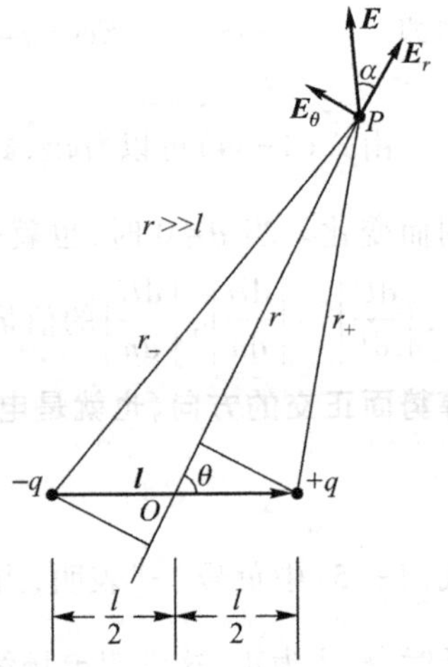

例题 1.14 图 电偶极子在远场的场强分布

P 点处电场强度矢量为

$$\boldsymbol{E}=\boldsymbol{e}_rE_r+\boldsymbol{e}_\theta E_\theta=\frac{p\cos\theta}{2\pi\varepsilon_0 r^3}\boldsymbol{e}_r+\frac{p\sin\theta}{4\pi\varepsilon_0 r^3}\boldsymbol{e}_\theta$$

P 点处电场强度的大小为

$$E=\sqrt{E_r^2+E_\theta^2}=\frac{p}{4\pi\varepsilon_0 r^3}\sqrt{3\cos^2\theta+1}$$

P 点处电场强度矢量与径向夹角的正切为

$$\tan\alpha=\frac{E_\theta}{E_r}=\frac{\sin\theta}{2\cos\theta}=\frac{1}{2}\tan\theta$$

§1.8 运动电荷的电场

在前几节内容中，我们讨论了静电场，而运动电荷周围也存在着电场，本节就对运动电荷在空间激发的电场作一介绍。

1.8.1 电荷的不变性

电荷的不变性是一客观实验事实。从实例来看，原子和分子是精确电中性的，这就足以说明电荷的不变性。比如，氢原子中虽然质子和电子的运动状态不同，但是质子和电子所带的正负电荷相等，氢原子呈电中性。而氦原子中有两个质子和两个电子，同样的质子数和电子数也可以组成氢分子。很明显，氦原子中和氢分子中，这些带电粒子的运动是不相同的。特别是其中的两个质子的运动区别巨大，氢分子的直径大约为 2.3×10^{-10} m，在氢分子中的两个质子在这个范围内运动着；氦原子核的直径大约为 3.3×10^{-15} m，两个质子紧密结合在原子核中作用与运动着。实验证明，氢分子和氦原子都是电中性的。所以，任何带电体系不仅在相对静止

时，而且在相对运动的状态下，其电荷量总是不变的，这就是**电荷的不变性**。它表明，**一个系统中的总电荷量，不因带电体的运动而改变**。

根据真空中的高斯定理，通过某一闭合面的电场强度通量就等于此闭合面内的总电荷量除以真空电容率，即

$$\oint_S \boldsymbol{E} \cdot \mathrm{d}\boldsymbol{S} = \frac{1}{\varepsilon_0} \sum_{i=1}^{n} q_i$$

电荷的不变性要求这一结论与所选用的参考系无关。

电荷的不变性和电荷守恒定律不同。电荷守恒定律说明，在某个参考系中有一个闭合面，如果没有净电荷穿越这一闭合面，则此闭合面内的总电荷量保持不变。电荷的不变性说明，对某一带电系统，无论观测者在哪个惯性参考系中测量其带电荷量，总是得到相同的结果。惯性参考系之间是满足洛伦兹变换的，所以电荷的不变性说明，在洛伦兹变换下，电荷是一相对论性不变的量。

1.8.2 运动点电荷的电场

如图 1-28(a)所示，假定点电荷 q 以速度 $\boldsymbol{v}$ 沿 x 轴方向运动，并且在 $t=0$ 时刻，刚好经过坐标系的原点 O。为简单起见，考虑在 Oxy 二维平面内，求任意一点 P 的电场强度，这并不失一般性的讨论。

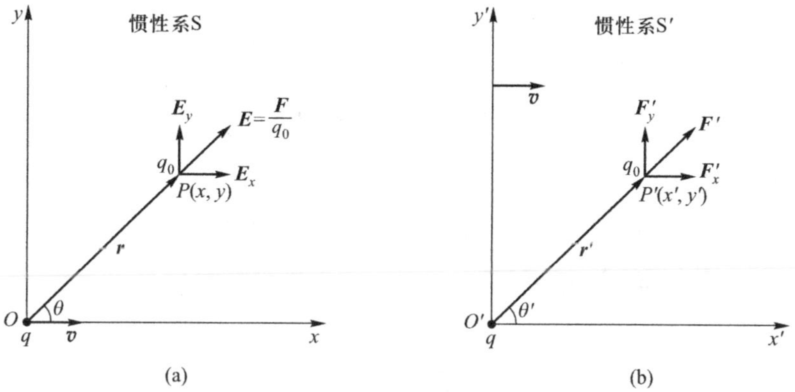

图 1-28 运动电荷的电场

设 P 点处有一试验电荷 q_0，$\boldsymbol{F}$ 是 q 对 q_0 的作用力，根据电场强度的定义式(1-5)，P 点的电场强度为 $\boldsymbol{E}=\dfrac{\boldsymbol{F}}{q_0}$。这里我们之所以不能直接用库仑定律计算 $\boldsymbol{F}$，是因为库仑定律只确定静止的点电荷对其他静止或运动点电荷的力。为此，我们选用相对于惯性系 S，沿着 x、x'轴方向以速度 $\boldsymbol{v}$ 运动的惯性系 S′，如图 1-28(b)所示。在惯性系 S′中，q 是静止的，可以用库仑定律计算 q 对 q_0 的作用力 $\boldsymbol{F}'$，然后再将惯性系 S′中的 $\boldsymbol{F}'$变换到惯性系 S 中的 $\boldsymbol{F}$。

由洛伦兹变换有

$$x'=\gamma(x-\beta ct),\quad y'=y,\quad t'=\gamma(t-\beta x/c)$$

式中 $\beta=v/c$，$\gamma=1/\sqrt{1-\beta^2}$。由图 1-28(a)可知，当 $x=0$ 和 $t=0$ 对应于 $x'=0$ 和 $t'=0$，即在 $t=$

$t'=0$ 时刻，惯性系 S 和惯性系 S′两惯性坐标系的原点重合。P'点与 P 点为同一时空点，其时空坐标的关系为

$$x'=\gamma x,\quad y'=y,\quad t'=\gamma(-\beta x/c)$$

但由于在惯性系 S′中，点电荷 q 静止于坐标系原点 O'处，相对于 P'点的位置不随时间改变。所以，可以用库仑定律计算 P'点试验电荷 q_0 受到 q 的作用力 $\boldsymbol{F}'$，其大小为

$$F'=\frac{1}{4\pi\varepsilon_0}\frac{q_0q}{r'^2}$$

$\boldsymbol{F}'$的方向为图 1-28(b) 中 $\boldsymbol{r}'$的方向。

由相对论可以证明，在惯性系 S′中以速度 $\boldsymbol{u}'$运动的质点所受的力 $\boldsymbol{F}'$，在惯性系 S 中观测时为 $\boldsymbol{F}$，则有

$$F_x=F'_x+\frac{v}{c^2+vu'_x}(u'_yF'_y+u'_zF'_z),\quad F_y=F'_y/\gamma\left(1+\frac{vu'_x}{c^2}\right)$$

式中与两坐标系相对运动速度 $\boldsymbol{v}$ 方向平行的为“x 方向”或“x'方向”，垂直的为“y 方向”或“y'方向”。假定试验电荷 q_0 在惯性系 S 中是静止的，则在惯性系 S′中的运动速度为 $\boldsymbol{u}'=-\boldsymbol{v}$，则有

$$F_x=F'_x,\quad F_y=\gamma F'_y$$

因为

$$F'_x=F'\cos\theta'=\frac{1}{4\pi\varepsilon_0}\frac{q_0q}{r'^2}\cos\theta'=\frac{1}{4\pi\varepsilon_0}\frac{q_0q}{r'^3}x'$$

$$F'_y=F'\sin\theta'=\frac{1}{4\pi\varepsilon_0}\frac{q_0q}{r'^2}\sin\theta'=\frac{1}{4\pi\varepsilon_0}\frac{q_0q}{r'^3}y'$$

利用洛伦兹空间变换，有

$$r'^3=(x'^2+y'^2)^{3/2}=(\gamma^2x^2+y^2)^{3/2}=\gamma^3r^3(1-\beta^2\sin^2\theta)^{3/2}$$

式中 $r'=(x'^2+y'^2)^{1/2}$，$\sin\theta=\dfrac{y}{r}$，则得

$$F_x=\frac{1}{4\pi\varepsilon_0}\frac{\gamma^{-2}q_0qx}{r^3(1-\beta^2\sin^2\theta)^{3/2}}$$

$$F_y=\frac{1}{4\pi\varepsilon_0}\frac{\gamma^{-2}q_0qy}{r^3(1-\beta^2\sin^2\theta)^{3/2}}$$

由此可得，惯性系 S 中 P 点的试验电荷 q_0 所受以速度 $\boldsymbol{v}$ 运动的点电荷 q 的作用力大小为

$$F=\sqrt{F_x^2+F_y^2}=\frac{1}{4\pi\varepsilon_0}\frac{\gamma^{-2}q_0q}{r^2(1-\beta^2\sin^2\theta)^{3/2}}$$

即得惯性系 S 中 P 点的电场强度 $\boldsymbol{E}$ 的大小为

$$E=\frac{F}{q_0}=\frac{1}{4\pi\varepsilon_0}\frac{q}{r^2}\frac{\gamma^{-2}}{(1-\beta^2\sin^2\theta)^{3/2}}\tag{1-51}$$

因为$\dfrac{E_y}{E_x}=\dfrac{F_y}{F_x}=\dfrac{y}{x}=\tan\theta$，所以惯性系 S 中 P 点的电场强度 $\boldsymbol{E}$ 的方向沿位矢 $\boldsymbol{r}$ 的方向。

对于低速运动的点电荷 q，即 $v \ll c$ 时，式(1-51)又简化为 $E=\frac{1}{4\pi\varepsilon_0}\frac{q}{r^2}$，这和静止点电荷的电场强度是一样的。由式(1-51)可看出，垂直于点电荷运动方向的电场，比平行于点电荷运动方向的电场要强。通常我们用电场线的疏密来表示电场的强弱，可知对匀速运动点电荷的电场来说，电场线不再有球对称性，而是垂直于点电荷运动方向的电场线密，平行于点电荷运动方向的电场线稀。图 1-29 所示为正点电荷以速度 $\boldsymbol{v}$ 沿 x 轴正方向运动时，在 Oxy 二维平面内的电场线分布图。

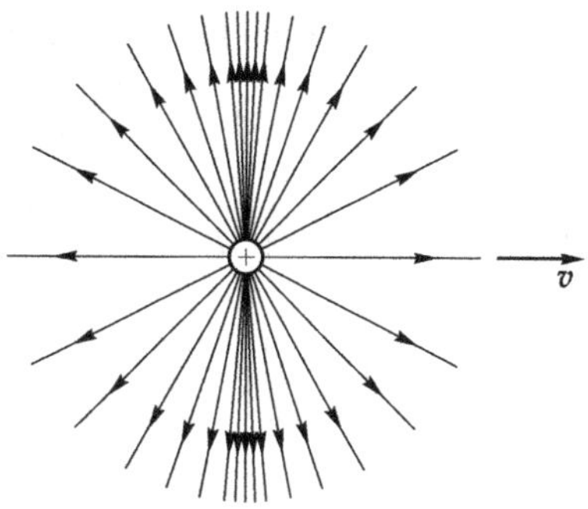

图 1-29　运动电荷的电场线分布

§1.9　静电场的能量

我们在前面讲过，静电场是物质性的，静电场中存在能量。我们知道，在使物体带电的过程，都是使电荷相对移动的过程，因而必须有外力克服电荷间的相互作用力也就是克服静电场力而做功。由能量守恒定律可以确定，外力移动电荷所做的功将转化成与带电体相关的能量，这些能量储存在静电场中，称为**静电能**。本节从点电荷系出发到连续带电体，给出静电能的具体表达形式。

1.9.1　点电荷体系的静电能

点电荷体系的静电能是把各个点电荷从无限分散的状态聚集到一确定点电荷体系时，外界的非静电力克服点电荷之间的静电场力做功转化而来。下面我们先从最简单的两点电荷体系来考虑。

(1) 两点电荷体系的静电能

如图 1-30 所示，设有一个两点电荷体系，先考虑其中点电荷 q_1 固定在 P_1 点，可以认为这个点电荷 q_1 是由于热运动到达 P_1 点的，而另一个点电荷 q_2 被外力作用，从无限远处被移至 P_2 点，在这个过程中，外力移动点电荷 q_2 要克服点电荷 q_1 的静电场力做功 A'，而克服静电场力做功等于静电场力做功的负值，故有

图 1-30　两点电荷体系的静电能

$$A'=-\int_{\infty}^{P_2}\boldsymbol{F}_{12}\cdot\mathrm{d}\boldsymbol{l}=-q_2\int_{\infty}^{P_2}\boldsymbol{E}_1\cdot\mathrm{d}\boldsymbol{l}=q_2\int_{P_2}^{\infty}\boldsymbol{E}_1\cdot\mathrm{d}\boldsymbol{l}=q_2U_{21}$$

式中 $U_{21}=U_1(P_2)=\int_{P_2}^{\infty}\boldsymbol{E}_1\cdot\mathrm{d}\boldsymbol{l}=\frac{1}{4\pi\varepsilon_0}\frac{q_1}{r_{12}}$，为点电荷 q_1 在 P_2 点的电势。

同理，若先考虑其中点电荷 q_2 固定在 P_2 点，而另一个点电荷 q_1 被外力作用，从无限远处

被移至 P_1 点，在这个过程中，外力移动点电荷 q_1 要克服点电荷 q_2 的静电场力做功 A''，故有

$$A''=-\int_{\infty}^{P_1}\boldsymbol{F}_{21}\cdot d\boldsymbol{l}=-q_1\int_{\infty}^{P_1}\boldsymbol{E}_2\cdot d\boldsymbol{l}=q_1\int_{P_1}^{\infty}\boldsymbol{E}_2\cdot d\boldsymbol{l}=q_1U_{12}$$

式中 $U_{12}=U_2(P_1)=\int_{P_1}^{\infty}\boldsymbol{E}_2\cdot d\boldsymbol{l}=\dfrac{1}{4\pi\varepsilon_0}\dfrac{q_2}{r_{21}}$，为点电荷 q_2 在 P_1 点的电势。

可见 $A'=A''=\dfrac{1}{4\pi\varepsilon_0}\dfrac{q_1q_2}{r_{21}}$。设 W_e 为点电荷 q_1 和点电荷 q_2 体系内的静电能，而这个静电能由外力做功转化而来，要么 $W_e=A'$，要么 $W_e=A''$，也可以认为这个点电荷系的静电能是由 q_1、q_2 二者被移到现在位置，外力做功的共同贡献，即 $W_e=\dfrac{1}{2}(A'+A'')$。

总之，两点电荷 q_1、q_2 体系内的静电能为

$$W_e=\frac{1}{4\pi\varepsilon_0}\frac{q_1q_2}{r_{21}} \tag{1-52}$$

（2）多点电荷体系的静电能

如图 1-31 所示，设有 n 个点电荷 $q_1,q_2,\cdots,q_n$ 构成的点电荷体系，当点电荷 q_1 由于热运动到达并固定在 P_1 点时，无须外力做功，此时 $A_1'=0$；点电荷 q_2 被外力作用，从无限远处被移至 P_2 点的过程中，外力要克服点电荷 q_1 的静电场力做功，即 $A_2'=q_2U_{21}$；点电荷 q_3 被外力作用，从无限远处被移至 P_3 点的过程中，外力要克服点电荷 q_1 和点电荷 q_2 的静电场力做功，应该为分别克服点电荷 q_1 的静电场力做功和克服点电荷 q_2 的静电场力做功的代数和，即 $A_3'=q_3U_{31}+q_3U_{32}=q_3(U_{31}+U_{32})$；以此类推，当第 i 个点电荷 q_i 被外力作用，从无限远处被移至 P_i 点，外力要克服点电荷 $q_1,q_2,\cdots,q_{i-1}$ 这 $i-1$ 个点电荷的静电场力做功，应该等于外力克服每一个点电荷静电场力做功的代数和，即

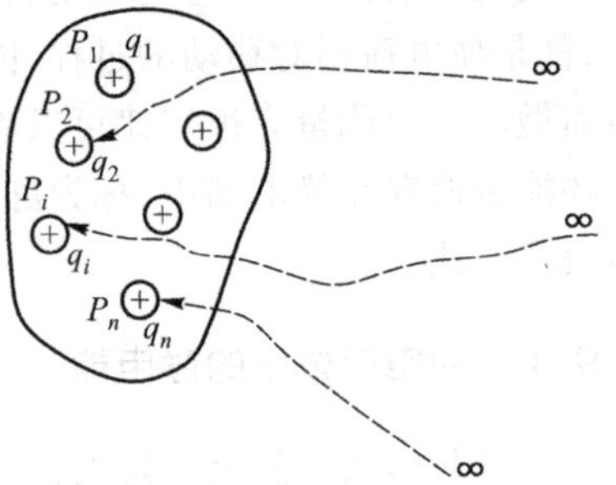

图 1-31　多点电荷体系的静电能

$$A_i'=q_i\sum_{j=1}^{i-1}U_{ij}\quad(i=1,2,\cdots,n)$$

式中 $U_{ij}=U_j(P_i)=\int_{P_i}^{\infty}\boldsymbol{E}_j\cdot d\boldsymbol{l}=\dfrac{1}{4\pi\varepsilon_0}\dfrac{q_j}{r_{ji}}$，为点电荷 q_j 在 P_i 点的电势。

所有点电荷由无限远处被依次移到点电荷系中现在的位置，外力克服静电场力所做的总功为

$$A'=A_1'+A_2'+\cdots+A_n'=\sum_{i=1}^{n}A_i'=\sum_{i=1}^{n}q_i\sum_{j=1}^{i-1}U_{ij}=\sum_{i=1}^{n}q_i\sum_{j=1}^{i-1}\frac{1}{4\pi\varepsilon_0}\frac{q_j}{r_{ji}}$$

即

$$A'=\frac{1}{4\pi\varepsilon_0}\sum_{i=1}^{n}\sum_{j=1}^{i-1}\frac{q_iq_j}{r_{ji}} \tag{1-53}$$

在多个点电荷系建立过程中，外力克服静电场力所做的总功与移动点电荷的顺序无关。即，如果先是点电荷 q_3 由于热运动而移到并固定于 P_3 点，而其他 $n-1$ 个点电荷被外力作用被移到点电荷系中现在的位置，外力克服静电场力所做的总功也为式(1-53)。

设 W_e 为 n 个点电荷体系($q_1,q_2,\cdots,q_n$)的静电能,则

$$W_e=\frac{1}{4\pi\varepsilon_0}\sum_{i=1}^{n}\sum_{j=1}^{i-1}\frac{q_iq_j}{r_{ji}} \tag{1-54}$$

简单地以 3 个点电荷体系为例,有

$$\begin{aligned}W_e&=\frac{1}{4\pi\varepsilon_0}\sum_{i=1}^{3}\sum_{j=1}^{i-1}\frac{q_iq_j}{r_{ji}}=\frac{1}{4\pi\varepsilon_0}\left(\frac{q_2q_1}{r_{12}}+\frac{q_3q_1}{r_{13}}+\frac{q_3q_2}{r_{23}}\right)\\&=\frac{1}{4\pi\varepsilon_0}\frac{1}{2}\left(\frac{q_1q_2}{r_{21}}+\frac{q_1q_3}{r_{31}}+\frac{q_2q_1}{r_{12}}+\frac{q_2q_3}{r_{32}}+\frac{q_3q_1}{r_{13}}+\frac{q_3q_2}{r_{23}}\right)\\&=\frac{1}{8\pi\varepsilon_0}\sum_{i=1}^{3}\sum_{\substack{j=1\\j\neq i}}^{3}\frac{q_iq_j}{r_{ji}}\end{aligned}$$

则 n 个点电荷体系的静电能还可以表示为

$$W_e=\frac{1}{8\pi\varepsilon_0}\sum_{i=1}^{n}\sum_{\substack{j=1\\j\neq i}}^{n}\frac{q_iq_j}{r_{ji}} \tag{1-55}$$

考虑到第 i 个点电荷处的电势为其他 $n-1$ 个点电荷在该处激发电场的电势,即

$$U_i=U(P_i)=\sum_{\substack{j=1\\j\neq i}}^{n}U_{ij}=\sum_{\substack{j=1\\j\neq i}}^{n}U_j(P_i)=\frac{1}{4\pi\varepsilon_0}\sum_{\substack{j=1\\j\neq i}}^{n}\frac{q_j}{r_{ji}}$$

则点电荷体系的静电能为

$$W_e=\frac{1}{2}\sum_{i=1}^{n}q_iU_i \tag{1-56}$$

对于点电荷体系,其静电能根据研究问题的不同,可用式(1-54)、式(1-55)和式(1-56)之一来表述。

1.9.2 连续带电体的静电能

由于任何连续带电体都可以看作点电荷的集合,即把连续带电体分割成足够多个电荷元,当每一个电荷元足够小,小到可以看作点电荷时,可以利用式(1-56)来计算该连续带电体的静电能。

在图 1-32 中取 $\Delta q_i\to 0$,则有

$$W_e=\lim_{\Delta q_i\to 0}\frac{1}{2}\sum_i U_i\Delta q_i=\frac{1}{2}\int_q U\mathrm{d}q$$

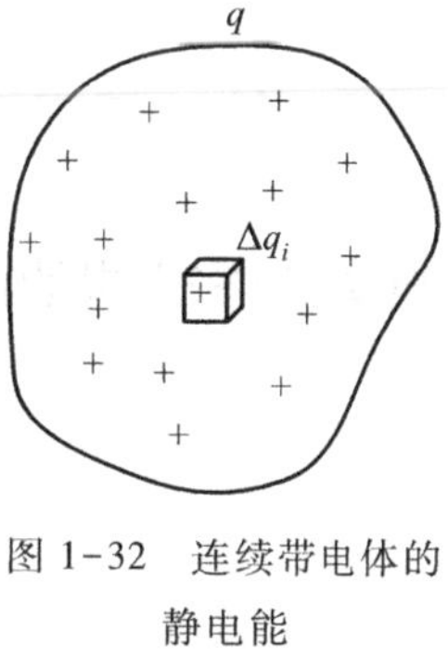

图 1-32 连续带电体的静电能

即

$$W_e=\frac{1}{2}\int_q U\mathrm{d}q \tag{1-57}$$

式(1-57)即连续带电体的静电能。根据连续带电体的电荷分布不同,电荷元分别可以取为 $\mathrm{d}q=\rho\mathrm{d}V,\mathrm{d}q=\sigma\mathrm{d}S,\mathrm{d}q=\eta\mathrm{d}l$,则连续带电体为体状电荷分布时,$W_e=\frac{1}{2}\int_V\rho U\mathrm{d}V$,连续带电体为面状电荷分布时,$W_e=\frac{1}{2}\int_S\sigma U\mathrm{d}S$,连续带电体为线状电荷分布时,$W_e=\frac{1}{2}\int_l\eta U\mathrm{d}l$。

例题 1.15 设有一个带电荷量为 q、半径为 R 的均匀带电球体,求其静电能。

解：如例题 1.15 图所示，由例题 1.7 可知，均匀带电球体内外的电场强度分别为

$$\boldsymbol{E}_1=\frac{\rho\boldsymbol{r}}{3\varepsilon_0}=\frac{q\boldsymbol{r}}{4\pi\varepsilon_0 R^3}\quad (r\leqslant R)$$

$$\boldsymbol{E}_2=\frac{q}{4\pi\varepsilon_0 r^2}\boldsymbol{e}_r\quad (r>R)$$

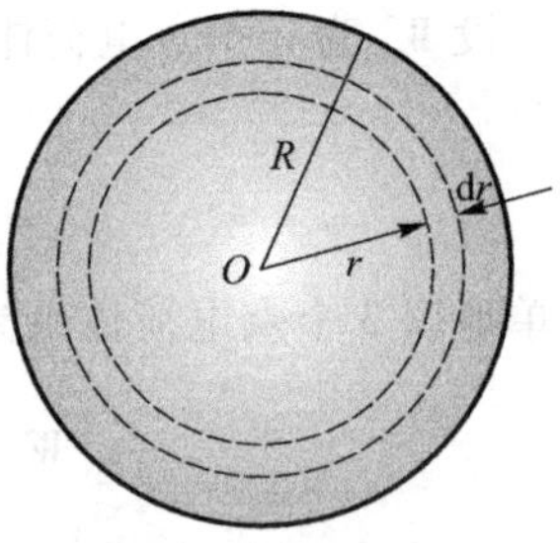

例题 1.15 图　均匀带电球体的静电能

由于均匀带电球体电荷分布的球对称性，在球体内选择一半径为 r、厚度为 $\mathrm{d}r$ 的薄球壳，当球壳的厚度足够小时，这个球壳上各处的电势都相等，有

$$U(r)=\int_r^\infty \boldsymbol{E}\cdot\mathrm{d}\boldsymbol{l}=\int_r^R \boldsymbol{E}_1\cdot\mathrm{d}\boldsymbol{l}+\int_R^\infty \boldsymbol{E}_2\cdot\mathrm{d}\boldsymbol{l}=\frac{q}{4\pi\varepsilon_0}\left(\int_r^R\frac{\boldsymbol{r}\cdot\mathrm{d}\boldsymbol{l}}{R^3}+\int_R^\infty\frac{\boldsymbol{e}_r\cdot\mathrm{d}\boldsymbol{l}}{r^2}\right)=\frac{q}{4\pi\varepsilon_0 R}\left(\frac{3}{2}-\frac{r^2}{R^2}\right)$$

而从式(1-57)出发，利用连续带电体为体状电荷分布时的公式有

$$\begin{aligned}W_\mathrm{e}&=\frac{1}{2}\int_V \rho U\mathrm{d}V\\&=\frac{1}{2}\frac{q}{\frac{4}{3}\pi R^3}\frac{q}{4\pi\varepsilon_0 R}\int_0^R\left(\frac{3}{2}-\frac{r^2}{R^2}\right)4\pi r^2\mathrm{d}r\\&=\frac{3q^2}{20\pi\varepsilon_0 R}\end{aligned}$$

应用专题：静电技术的应用

经典实验：密立根油滴实验

思考题

1.1　下面是电场强度的几个常见公式：(a) $\boldsymbol{E}=\frac{1}{4\pi\varepsilon_0}\frac{q}{r^2}\boldsymbol{e}_r$，(b) $\boldsymbol{E}=\boldsymbol{F}/q$，(c) $E=(U_A-U_B)/l$。请问：

(1) 以上各式的适用范围是什么？

（2）式(a)、(b)中的 q 意义是否相同？

1.2 $E=\dfrac{1}{4\pi\varepsilon_0}\dfrac{q}{r^2}$为真空中点电荷 q 的电场强度大小的公式，式中 r 为场点到点电荷 q 的距离。当 $r\to 0$ 时，$E\to\infty$，这一推论是否合理？请解释这一结果。

1.3 在静电场空间作一闭合曲面：

（1）若通过该闭合面的电场强度通量为零，则该面上每一点的电场强度都等于零；

（2）若在该闭合面上电场强度处处为零，则该面内一定没有电荷；

（3）若该闭合面内的电荷量的代数和为零，则通过每个面元的电场强度通量都为零。

以上说法是否正确？请举例说明。

1.4 请试用静电场的环路定理证明静电场的电场线不能形成闭合曲线。

1.5 当度量电势时，一般选地球的电势作为参考点，那么是否可以规定地球的电势不是零，而是某个值，比如+100 V？这样规定对确定其他带电体的电势和电势差会有影响吗？是否可以选其他物体的电势作为电势零点？

1.6 请说明电场强度的线积分$\int_L \boldsymbol{E}\cdot \mathrm{d}\boldsymbol{l}$的物理意义。对于静电场，它有什么特点？反映静电场的什么性质？

1.7 平行板电容器可看作在真空中两块靠得很近且相互平行的均匀带电大导体板，设两极板面积各为 S，相距为 d，分别带电荷量$+q$ 和$-q$。讨论两极板之间的作用力时，有人提出了三种方法：

（1）根据库仑定律，两极板之间的作用力 $F=\dfrac{q^2}{4\pi\varepsilon_0 d^2}$；

（2）因 $F=qE$，而极板间 $E=\dfrac{\sigma}{\varepsilon_0}$，$\sigma=\dfrac{q}{S}$，所以 $F=\dfrac{q^2}{\varepsilon_0 S}$；

（3）由于一个板上的电荷在另一板处的电场为 $E=\dfrac{\sigma}{2\varepsilon_0}$，所以 $F=qE=\dfrac{q^2}{2\varepsilon_0 S}$。

请分析以上三种做法是否正确，并说明原因。

1.8 静电场中将一点电荷从某一位置由静止释放，则该点电荷一定会沿着电场线运动，这种说法对吗？请解释。

1.9 一个均匀带电的肥皂泡，若用一吸管将它不断地吹大，则该电荷系统的静电能如何变化？

习题

1.1 氢原子处于基态时，电子和原子核之间的距离为 0.53×10^{-10} m，求它们之间的库仑力，并与它们之间的万有引力相比，比较库仑力和万有引力的强弱。（已知：电子电荷量绝对值为 $e=1.6\times10^{-9}$ C；电子和质子的质量分别为 $m_e=9.11\times10^{-31}$ kg，$m_p=1.67\times10^{-27}$ kg。）

第一章习题
参考答案

1.2 电四极子是一种理想模型，是由四个等量异号的点电荷组成的电中性电荷系统。图所示是一种电四极子：电荷量为$+q$、$-q$、$-q$、$+q$的点电荷放置在边长为l的正方形的四个顶点上，设q和l均已知，C点到电四极子中心O的距离为x，CO与正方形的一对边平行。试求在$x \gg l$的条件下，C点的电场强度$\boldsymbol{E}$。

1.3 如图所示，四个电荷量均为Q的点电荷固定在边长为a的正方形的四个顶点上，在正方形对角线的交点上放置一个质量为m、电荷量为q（q与Q同号）的自由点电荷。现将q沿某一对角线移动一个很小的距离，则q将作周期性振动，求其振动周期。

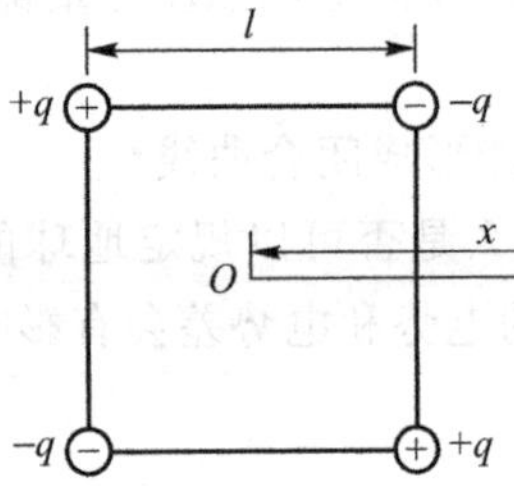

习题 1.2 图

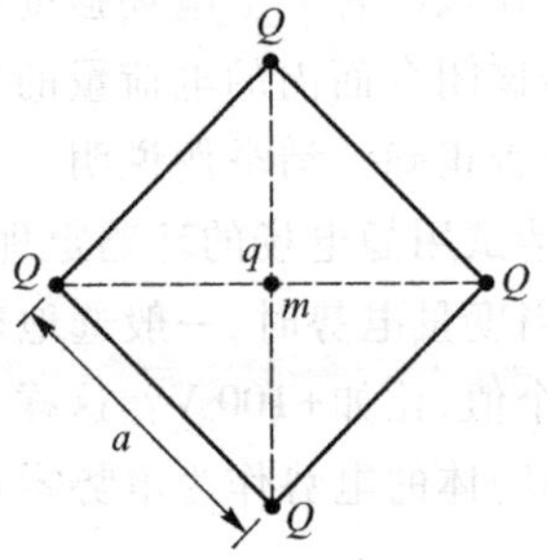

习题 1.3 图

1.4 一根无限长的分段均匀带电直线沿水平放置，建立如图所示的Oxy坐标系。带电直线上的电荷线密度分别为$+\eta(x<0)$和$-\eta(x>0)$，y轴上有一场点P，该点到原点的距离为a，求P点的电场强度。

1.5 如图所示，一细玻璃棒被弯成半径为R的半圆形，其上电荷线密度为$\eta=\eta_0\sin\varphi$，式中η_0为一常量，φ为半径R与x轴所成的夹角，求圆心O点的电场强度。

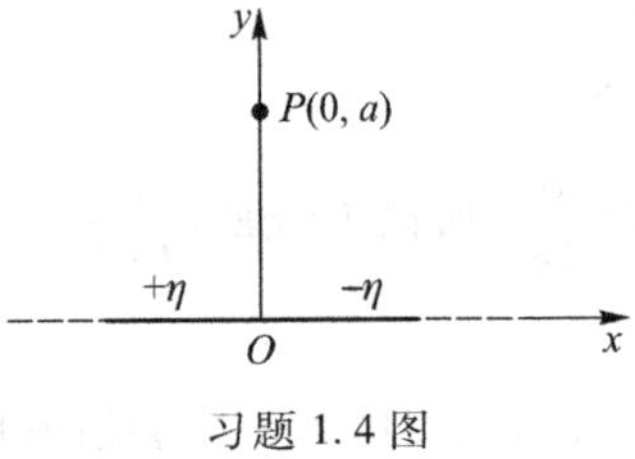

习题 1.4 图

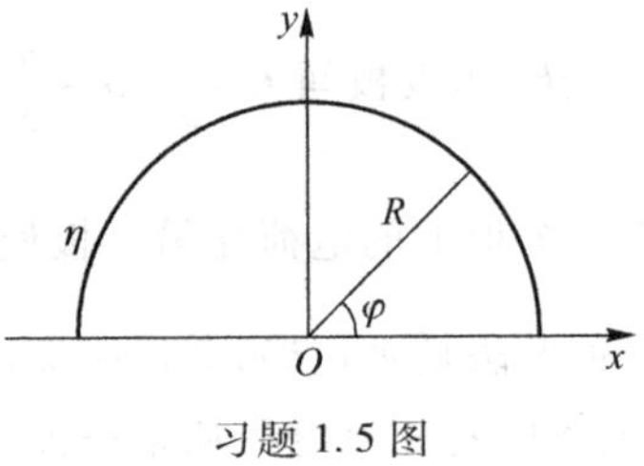

习题 1.5 图

1.6 将一很长的均匀带电平面卷成半圆形，可视为如图所示的“无限长”均匀带电的半圆柱面。设其半径为R，电荷线密度为η（即半圆柱面上沿轴线OO'单位长度上的电荷为η），求轴线OO'上任一点的电场强度大小。

1.7 一均匀带电的环形薄片带有电荷Q，环的外半径为R，内半径为$R/2$。用细绳悬吊着该圆环，细绳长为$3R$，也均匀带电荷量Q，如图所示。圆环中心O在细绳延长线上，求圆环中心O处的电场强度。

1.8 真空中一半径为R的均匀带电球面带有正电荷Q。今在球面上挖去非常小的一块面积ΔS（连同电荷），如图所示，假设不影响球面其他处原来的电荷分布，求挖去ΔS后球心处电场强度。

1.9 一厚度为b的无限大带电平板，沿其厚度方向建立一维坐标系，如图所示。平板的电荷体密度为$\rho=kx(0\leqslant x\leqslant b)$，式中$k$为一正的常量. 求：

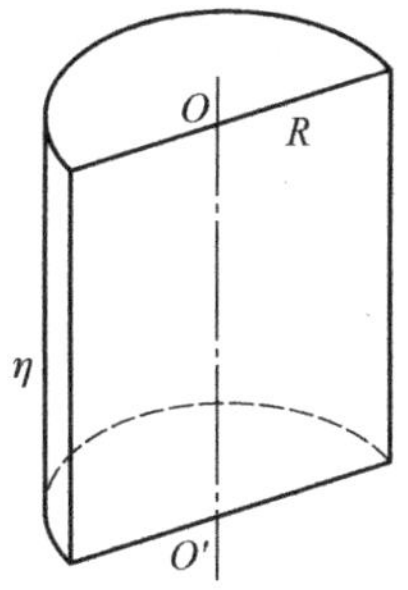

习题 1.6 图

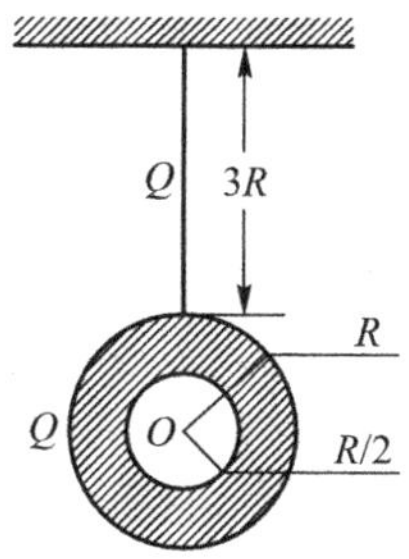

习题 1.7 图

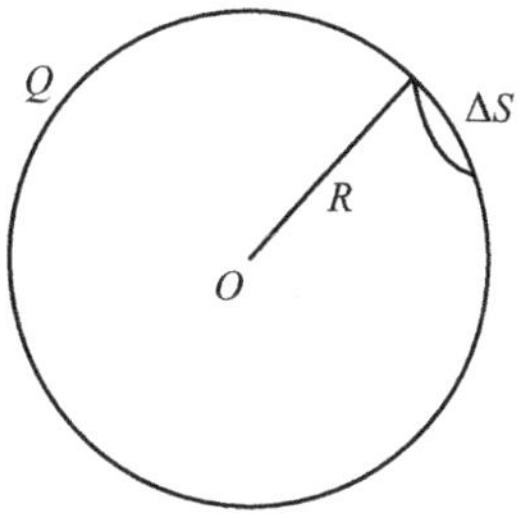

习题 1.8 图

（1）板内任一点 P 处的电场强度；

（2）板内电场强度为零的位置；

（3）板外两侧任一点 P_1 和 P_2 处的电场强度大小。

1.10 有一带电球壳，内、外半径分别为 R_1 和 R_2，如图所示。球壳的电荷体密度为 $\rho = Q_0/r$，式中 Q_0 为常量，r 为球壳内一点到球心的距离（$R_1<r<R_2$），且球心处有一点电荷 Q。

（1）求球壳区域内的电场强度 $\boldsymbol{E}$；

（2）Q_0 取何值时，球壳区域内的电场强度的大小与 r 无关？

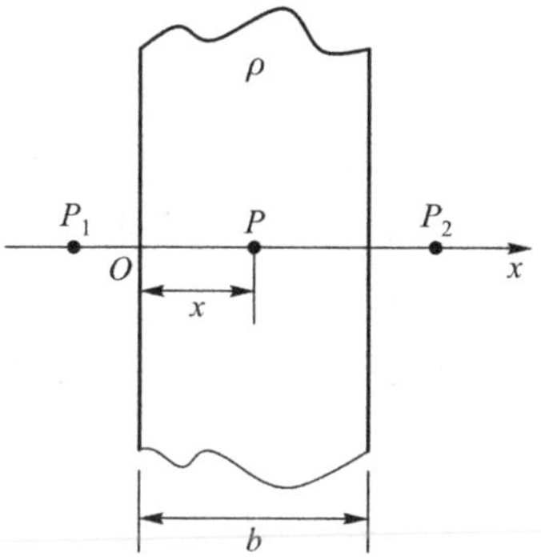

习题 1.9 图

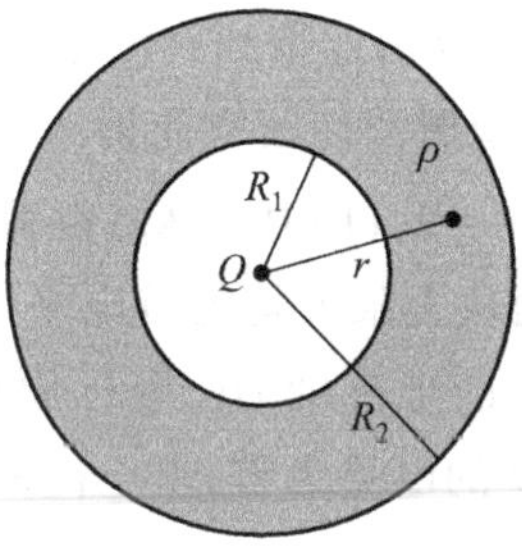

习题 1.10 图

1.11 电偶极子是由两个等量异号点电荷组成的。设一电偶极子两点电荷的电荷量大小为 1.0×10^{-6} C，相距 2.0 cm，把它放在电场强度大小为 1.0×10^{5} N/C 的均匀电场中。求：

（1）电场作用于电偶极子的最大力矩；

（2）电偶极子从受最大力矩的位置转到平衡位置的过程中，电场力做的功。

1.12 真空中有间距为 a 的两个点电荷 q_1、q_2，二者中点为 O 点。A、B、C 是在一条直线上的三点，到两点电荷所在直线的距离均为 b。如图所示，已知 $b=6$ cm，$a=8$ cm，$q_1=+3.3\times10^{-9}$ C，$q_2=-3.3\times10^{-9}$ C。现将一电荷量为 $q=1.0\times10^{-9}$ C 的点电荷在此空间中移动，求：

（1）将 q 由 A 点移到 B 点时，静电场力所做的功；

（2）将 q 由 C 点移到 O 点时，静电场力所做的功。

1.13 如图所示，一个无限大均匀带电平板，其电荷面密度为 $\sigma(\sigma>0)$，在其产生的电场中，

（1）求距离平板为 a 的一点 A 与平板之间的电势差；

（2）求与平板的距离分别为 b、c 的两点 B、C 之间的电势差（$b<c$）；

(3) 有一质量为 m、带电荷量为 $-e$ 的尘粒,从 A 点自静止开始飞向平板,求到达平板时的速度。

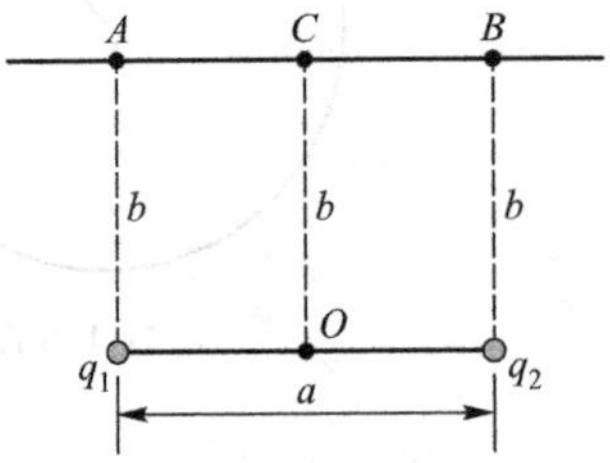

习题 1.12 图

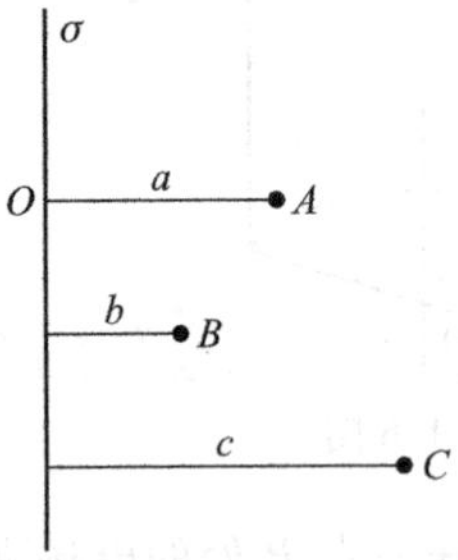

习题 1.13 图

1.14 真空中有一半径为 R 的带电球体,其电荷体密度为 $\rho=\dfrac{q_0 r}{\pi R^4}$,式中 q_0 为一正的常量,r 为球壳内一点到球心的距离。求:

(1) 带电球体的总电荷;

(2) 球内、外各点的电场强度;

(3) 球内、外各点的电势。

1.15 如图所示,两个很长的共轴导体圆筒内、外半径分别为 $R_1=5$ cm 和 $R_2=10$ cm,将该金属筒内、外筒分别连接到直流电源的两极上。今使一电子以速率 $v=3\times10^6$ m/s,沿半径为 r ($R_1<r<R_2$) 的圆周的切线方向射入两圆筒间。若使电子做圆周运动,电源电压应为多大?(电子的质量为 $m_e=9.11\times10^{-31}$ kg,电荷量绝对值为 $e=1.60\times10^{-19}$ C。)

1.16 两块无限大均匀带电平面平行放置,电荷面密度分别为 $+\sigma$ 和 $-\sigma$。垂直于板方向建立如图所示的坐标轴 Ox,坐标原点 O 位于两板中点位置,两板分别位于 $x_1=a$, $x_2=-a$ 处。设坐标原点 O 的电势为零,求空间的电势分布。

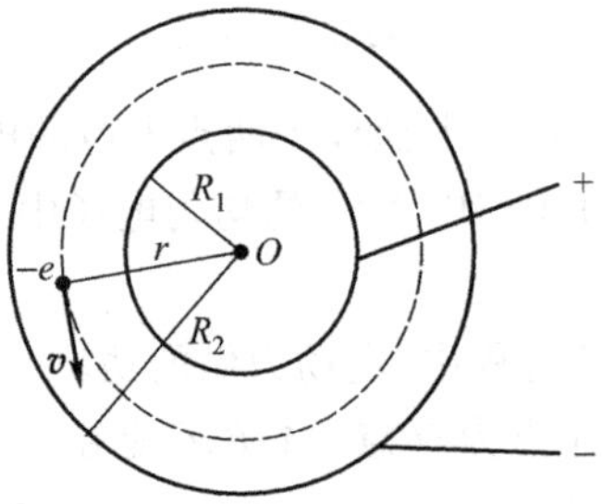

习题 1.15 图

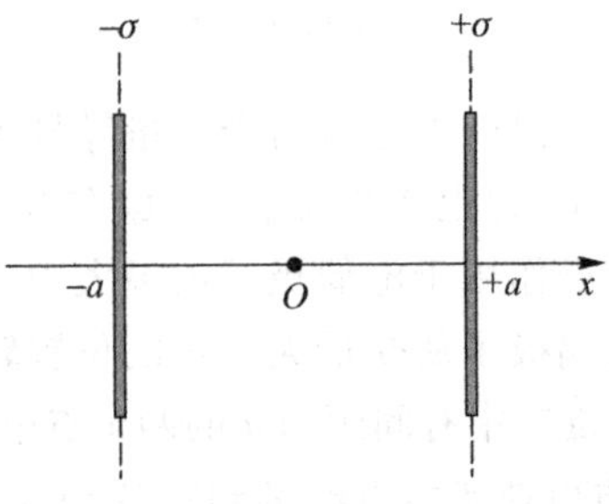

习题 1.16 图

1.17 一电荷面密度为 σ 的均匀带正电的无限大平面,在面上挖去一个半径为 R 的圆孔,如图所示。若场点 P 位于垂直于平面的圆孔轴线上的一点,与圆孔中心 O 相距为 x,求 P 点的电场强度和电势(取 O 点为电势零点)。

1.18 一半径为 R 的无限长带电圆柱体,其内电荷分布是轴对称的,电荷体密度为 $\rho=kr$ ($r\leqslant R$),式中 k 为正的常量,r 为柱内一点到轴线的距离。取与轴线垂直距离为 r_0 ($r_0>R$) 处为电势零点，求：

（1）柱体内、外的电场强度大小；

（2）柱体内、外的电势分布。

1.19 如图所示，一半径为 R 的球冠，对球心的张角为 $2\theta_0$，此球冠面上均匀带电，电荷面密度为 σ。其轴线上任意点 P 与球心 O 相距 $z(z>R)$，取无限远处为电势零点，求 P 点的电势。

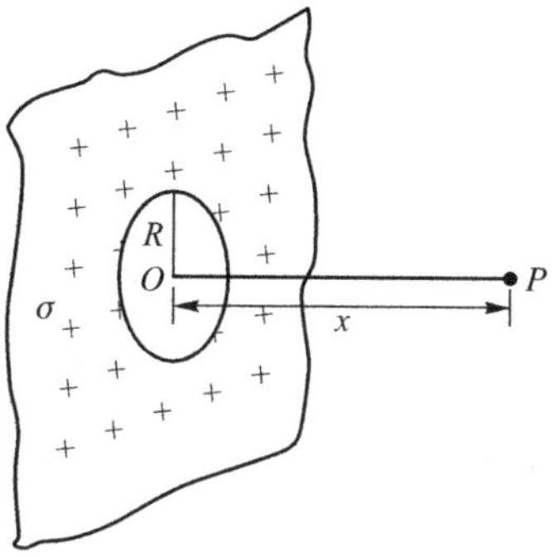

习题 1.17 图

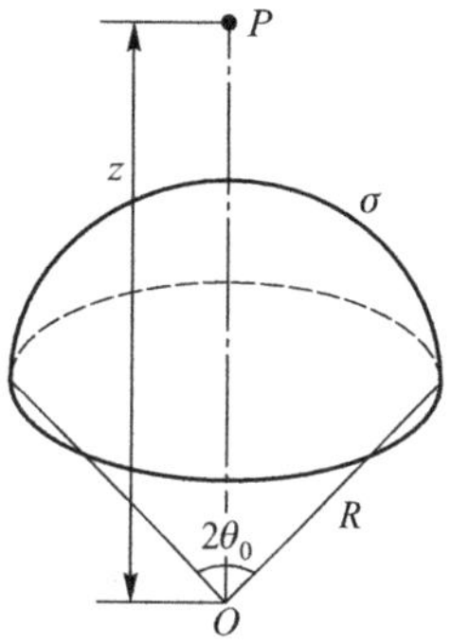

习题 1.19 图

1.20 如图所示，真空中有一带电荷量为 q、半径为 R 的均匀带电球面，另有一长度为 l、电荷线密度为 η 的均匀带电细线，沿带电球面的某一半径方向上放置，细线左端离球心距离为 d。设球面上和线上的电荷分布相互不受影响，求：

（1）细线所受球面电荷的电场力；

（2）细线在该电场中的电势能（设无限远处的电势为零）。

1.21 已知某静电场的电势分布函数为 $U=8x+12x^2y-20y^2$（SI 单位），求该电场的电场强度分布函数。

1.22 如图所示，一均匀带电直棒沿 x 轴放置，长度为 $2L$，总带电荷量为 q。设棒的中点为坐标原点 O，取无限远处为电势零点，求棒延长线上距离 O 点为 x 处（$x>L$）的电势，并利用场强与电势的微分关系求该点的电场强度。

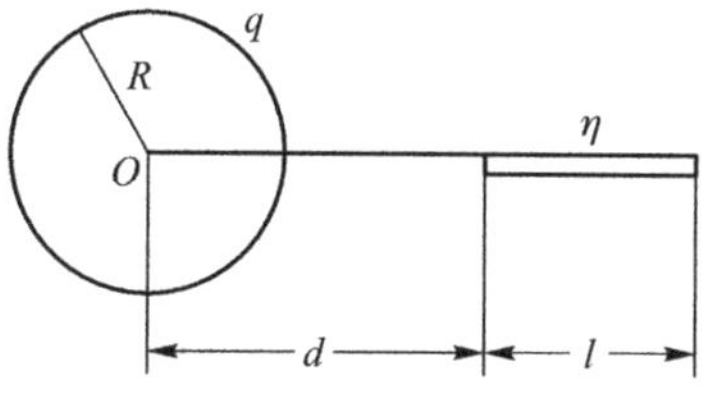

习题 1.20 图

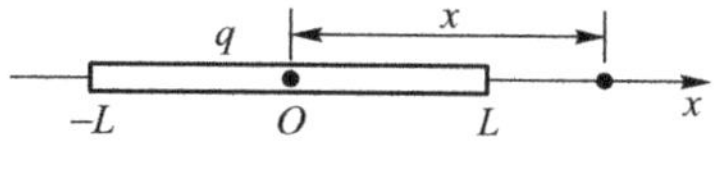

习题 1.22 图

1.23 如图所示，一半径为 R 的薄圆盘均匀带电，电荷面密度为 σ。设过圆心 O 且垂直于圆盘的中轴线为 x 轴，取无限远处为电势零点，求轴上任意一点 P 的电势，并利用场强与电势的微分关系求该点的电场强度。

1.24 如图所示，真空中有一半径为 R、带电荷量为 Q 的均匀带电球体。在球体中沿一直径开一通道，设此通道极细，因此不影响球体中的电荷及电场的原来分布。在球体外距离球心 r 处有一带电荷量为 q（Q 与 q 同号）的点电荷沿通道方向朝球心 O 点方向运动。问该点电荷至少应具有多大的初动能才能到达球心？

1.25 一质子沿直线匀速飞行，其速度为 $0.99c$。求在其正前方、正后方、正左方距离都是 10^{-10} m 的三点的电场强度大小。

1.26 如图所示，半径为 R 的圆周上静止着三个点电荷 q_1、q_2 和 q_3。设无限远处为电势零点，求该电荷系统的相互作用电势能。

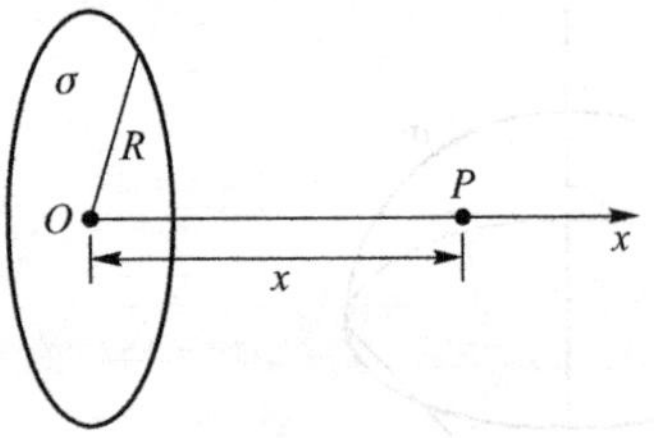

习题 1.23 图

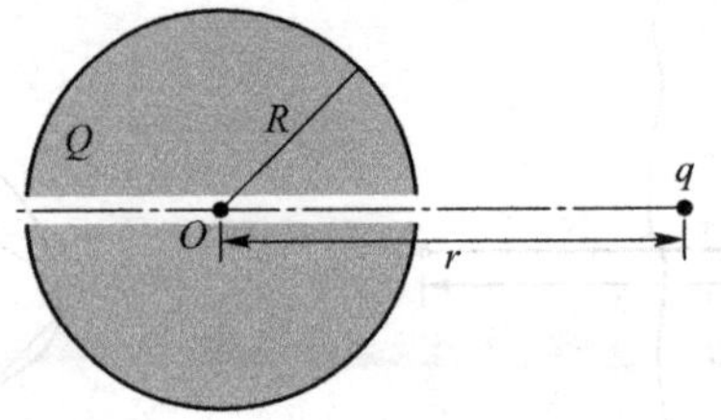

习题 1.24 图

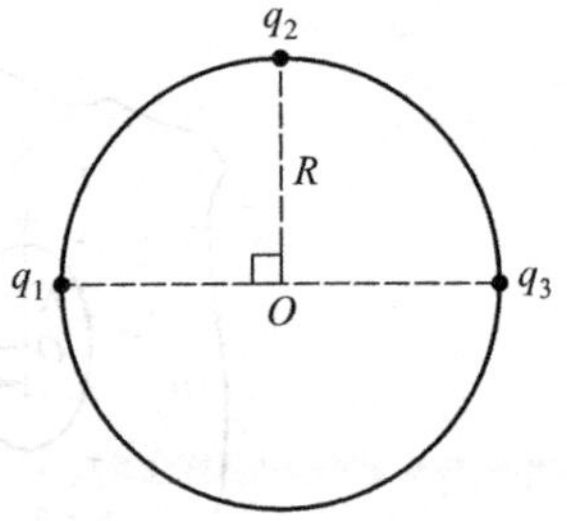

习题 1.26 图

第二章　导体与电介质

§2.1　静电场中的导体

第二章
电子教案

2.1.1　导体及人类早期对导体的认识

导体是易于导电的物体。导体中存在大量可以自由运动的带电粒子,称之为载流子,在电场作用下,载流子作定向运动。金属是最常见的导体,金属原子的外层价电子由于热运动很容易挣脱原子核的束缚,成为自由电子。而失去了价电子的原子成为正离子,也称为原子实,原子实在金属中构成规则的晶格,自由电子通常情况下在导体中作无规则的热运动,自由电子所带负电荷与晶格中原子实所带的正电荷相等,导体呈现电中性。此外水银、电解液、电离的气体等也是导体。

早在 1729 年,英国人格雷在研究电荷的传递时发现了导体和非导体的区别。1750 年,德国人埃皮诺斯发现了静电感应现象。1771 年,英国人卡文迪什研究了电荷在导体上的分布情况,由电荷只分布在带电体表面的事实,推测出电吸引力或排斥力“很可能反比于电荷间距离的平方”。1813 年,法国人泊松严格证明了处于静电平衡的导体内部的任何带电粒子所受的力为零,否则导体内部就会有电荷的移动。

本节我们以金属导体作为讨论对象,应用静电场的有关理论来研究静电场中的金属导体的一些性质。

2.1.2　导体的静电感应与静电平衡条件

1. 静电感应

如图 2-1(a)所示,如果导体空间不存在静电场时,导体中自由电子在作无规则热运动,一定的宏观小区域内,自由电子和原子实电荷等量异号,没有显著的带电宏观小区域;而如果把导体放在静电场中时,外电场的电场强度为 $\boldsymbol{E}_0$,如图 2-1(b)所示,导体中自由电子在电场的作用下定向移动,等价于所有的原子实与自由电子做反向运动,此时导体中出现了明显的带电宏观小区域,正负电荷沿着外加电场方向和外加电场反方向移动,这种导体在外电场作用下发生电荷重新分布的现象称为**静电感应**,正负电荷在外加电场作用下的移动,直至在与外电场垂直的导体表面上出现了电荷,这种电荷称为**感应电荷**。

2. 静电平衡状态

由于静电感应引起导体上电荷的重新分布,而重新分布的感应电荷又会在导体内部建立起电场,称为感应电场,感应电场的电场强度为 $\boldsymbol{E}'$,感应电场与外电场方向相反,不断抵消外

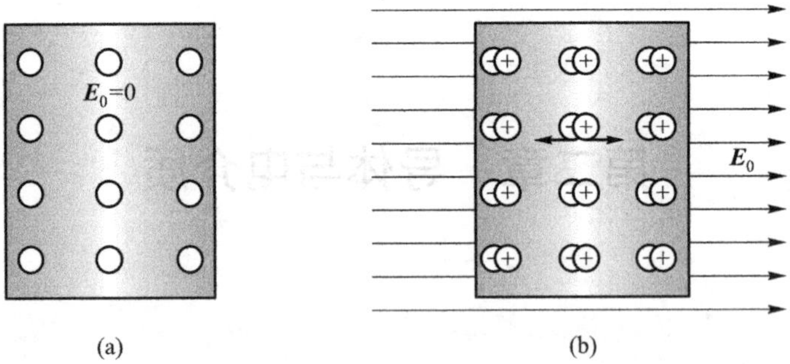

图 2-1　静电感应

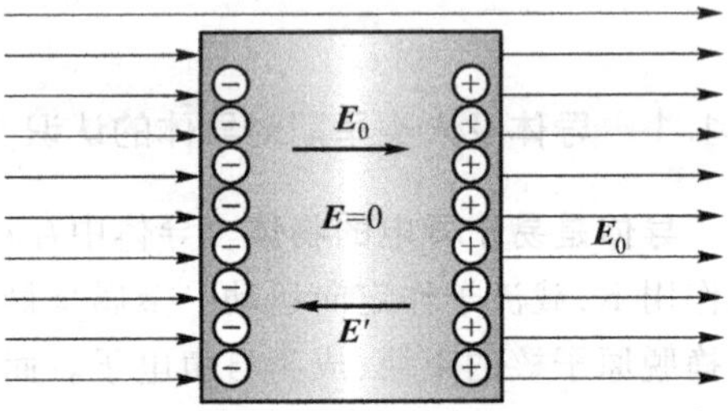

图 2-2　导体的静电平衡

电场，随着感应电荷的积累，感应电场越来越强，最后完全抵消外电场，则导体内电场强度处处为零，即 $\boldsymbol{E}=\boldsymbol{E}_0+\boldsymbol{E}'=0$，如图 2-2 所示。此时导体内自由电子就不再受电场力作用而停止定向的宏观运动，沿导体表面也没有电荷能作宏观运动，外电场作用下的导体内及导体表面不再有电荷定向宏观运动的状态称为**静电平衡状态**。

导体处于静电平衡状态时，**导体内部任何一点的电场强度都为零，即 $\boldsymbol{E}=\boldsymbol{0}$，导体表面处的电场强度方向都与导体表面垂直，即 $\boldsymbol{E}_t=\boldsymbol{0}$**。这个结论称为**导体静电平衡条件**。

由电场强度与电势的微分关系式(1-47)知，当导体处于静电平衡状态时，导体一定是等势体，导体表面则为等势面。

2.1.3　静电平衡条件下实心导体上的电荷分布

1. 实心导体上的电荷分布

当实心导体处于静电场中达到平衡状态时，**实心导体内无净电荷，导体自身所带电荷或静电感应电荷都只能分布于实心导体表面**。这是英国人卡文迪什 1771—1773 年间通过实验得到的结论。

用高斯定理可证明这一结论。如图 2-3(a)所示，首先在实心导体内部靠近导体表面作一高斯面 S，由高斯定理 $\oint_S \boldsymbol{E}\cdot\mathrm{d}\boldsymbol{S}=\frac{1}{\varepsilon_0}\sum_{S内} q_i$，因为导体内 $\boldsymbol{E}=0$，所以 $\sum_{S内} q_i=0$，即高斯面内电荷的代数和为 0，但并不代表导体内没有净电荷。而若在导体内还存在等量异号的净电荷，如图 2-3(b)

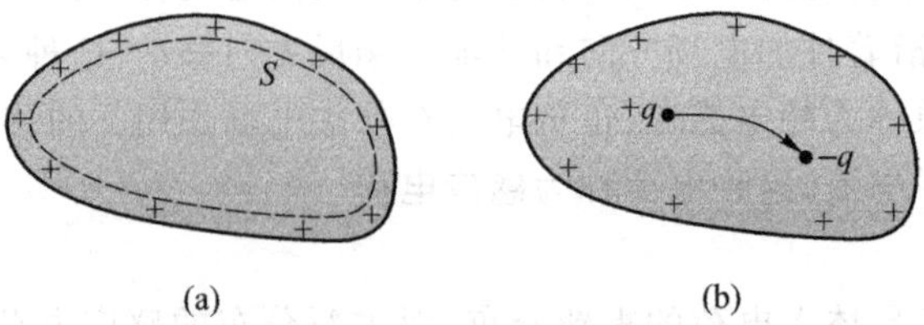

图 2-3　静电平衡下实心导体上的电荷分布

所示，则由正电荷到负电荷就会有电场线，这与静电平衡条件不符合，故导体内不存在等量异号的净电荷。即静电平衡下实心导体内没有净电荷，无论是直接带电还是感应带电，净电荷只能分布于实心导体的外表面。

2. 导体表面附近的场强与电荷面密度的关系

当实心导体处于静电场中达到平衡状态时，**实心导体表面外附近的电场强度的大小与该处表面上的电荷密度成正比，而电场强度的方向沿导体表面的法向**。即

$$\boldsymbol{E}=\frac{\sigma}{\varepsilon_0}\boldsymbol{e}_{\mathrm{n}} \tag{2-1}$$

用静电平衡条件及静电场的高斯定理可证明式(2-1)。如图 2-4 所示，因为静电平衡下的电场强度都是垂直于导体表面的，所以在导体表面外附近的 P 点的电场强度沿着导体表面法线方向。设 P 点临近导体表面的电荷面密度为 σ，此时在 P 点附近作一个小的"桶状高斯面 S"，如图 2-4 所示，高斯面 S 的侧面与导体表面垂直，上下底面足够小，面积为 ΔS，ΔS 为一足够小面元，上底面在导体外过 P 点，其法线方向与导体表面法线方向平行，下底面在导体内。由于导体内电场强度为 0，P 点的电场强度沿着导体表面法线方向，故通过高斯面的侧面及下底面的电场强度通量为 0。高斯面在导体表面上割出一小面元，可认为 ΔS 上的电荷是均匀分布的，即电荷面密度为一常量。由高斯定理 $\oint_S \boldsymbol{E}\cdot \mathrm{d}\boldsymbol{S}=\frac{1}{\varepsilon_0}\sum_{S内} q_i$ 知，通过高斯面的电场强度通量就是通过其上底面的电场强度通量：

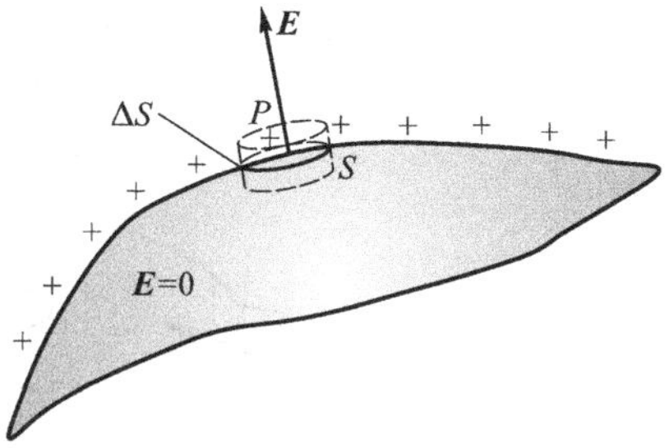

图 2-4　静电平衡下导体表面的电场强度

$$\oint_S \boldsymbol{E}\cdot \mathrm{d}\boldsymbol{S}=\int_{上底\Delta S} \boldsymbol{E}\cdot \mathrm{d}\boldsymbol{S}=\frac{\sigma\Delta S}{\varepsilon_0}$$

即 $E\Delta S=\frac{\sigma\Delta S}{\varepsilon_0}$，故 $E=\frac{\sigma}{\varepsilon_0}$。

式(2-1)中，若导体表面电荷为正电荷，则电场强度方向沿导体表面法线方向，若导体表面电荷为负电荷，则电场强度方向指向导体表面。式(2-1)表明：导体表面电荷面密度越大的地方附近的电场强度越强，电荷面密度越小的地方附近的电场强度越小，即导体表面附近电场强度的大小与导体表面的电荷面密度成正比。需要强调的是，此时导体表面附近的电场强度实际上是由导体上所带的所有电荷决定的。

3. 导体的电荷面密度与导体表面曲率的关系

通过实验测定导体表面附近电场强度的大小，可以此来判断导体表面上电荷的分布情况。所谓孤立导体是指离开其他带电体或导体很远的导体。实验表明，孤立导体表面附近的电场强度与导体表面的曲率有关，曲率越大的地方，其附近的电场也越强，表明该处导体表面的电荷面密度越大；反之，在导体表面曲率越小的地方，其附近的电场也越弱，表明该处导体表面的电荷面密度越小；而导体表面曲率相同处，其附近的电场强度大小也相等，即表面曲率相同处电荷面密度相等。如图 2-5 所示，孤立导体表面曲率大的地方，电荷面密度大；曲率小的地方，电荷面密度小。

若在导体上存在曲率很大的地方，比如一些表面毛刺或制成的尖状表面，则由于聚集了大量的电荷，其附近的电场强度可能强到足以使该处空气被击穿，即空气分子被电离。这时由于受到导体表面电荷的电场力作用，与尖状表面上所带电荷异号的离子急速向尖端运动，与尖状表面上电荷同号的离子急速远离尖状表面，形成类似刮风一样的大量离子流动，如图2-6所示，该离子流动足以吹动甚至吹灭蜡烛火焰。这种现象称为尖端放电现象。

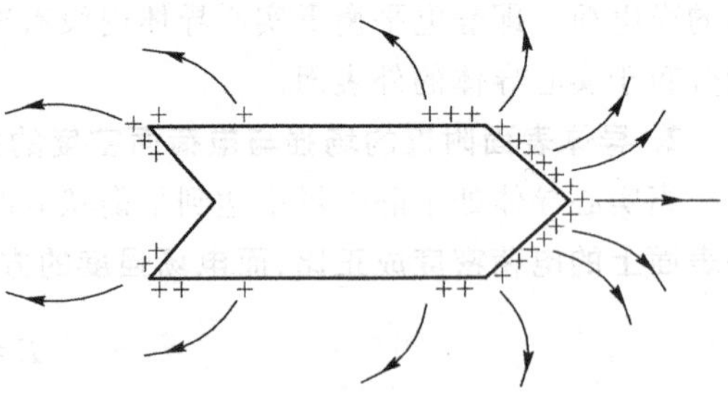

图 2-5　导体表面的电荷分布

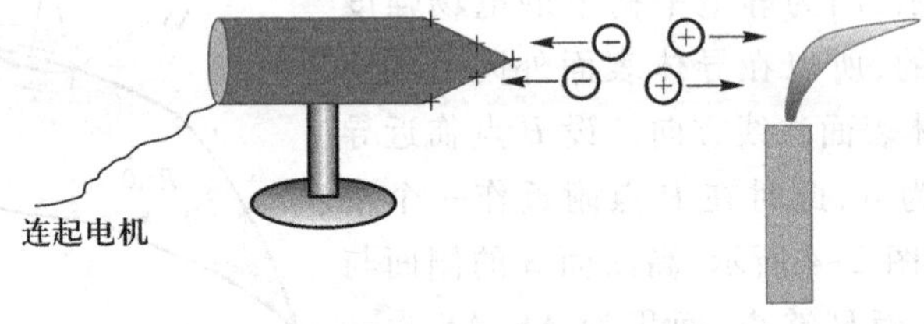

图 2-6　尖端放电现象

当发生尖端放电现象时，可以看到在放电区域周围隐隐地笼罩着一层光晕，称之为**电晕**。例如，夜间高压输电线附近就存在电晕现象，由于尖端放电会浪费很多电能，为减少其损耗，应尽量使高压输电线的表面做得光滑些。此外，常常把一些高压设备的电极做成光滑的球面，其目的也是为了避免因尖端放电而产生危险及造成损耗。在实际生活中建筑物上安装的避雷针，就是利用尖端放电的原理。我们还可以此来了解场发射显微镜的工作原理。

有导体存在时的静电学问题比真空中的静电学问题要复杂一些，真空中的问题，往往是已知电荷分布，而在导体问题中电荷分布却是有待分析的问题，分析电荷分布需要正确地理解静电平衡条件，还常常要用到高斯定理以及电荷守恒定律等。在有导体存在时的静电学问题中只有电荷分布问题弄清楚了，其他如求电场强度和电势等问题也就与前面所处理过的问题类似了。

2.1.4　静电平衡条件下空腔导体上的电荷分布

空腔导体是指如金属壳一样的导体，这类导体内存在空洞，如图2-7(a)所示。

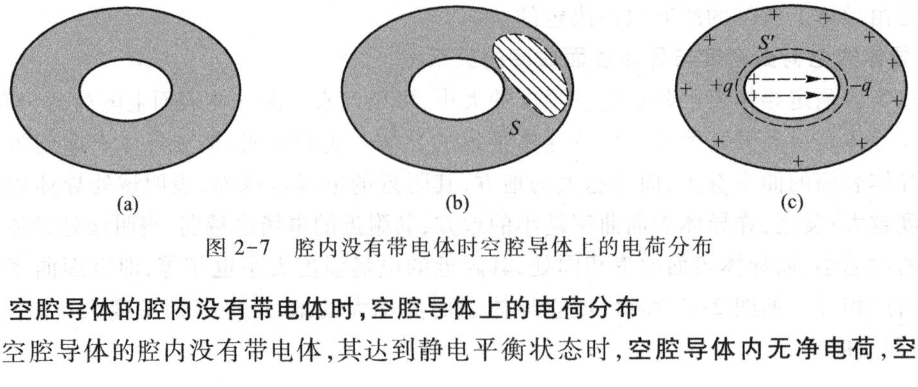

图 2-7　腔内没有带电体时空腔导体上的电荷分布

1. 空腔导体的腔内没有带电体时，空腔导体上的电荷分布

当空腔导体的腔内没有带电体，其达到静电平衡状态时，**空腔导体内无净电荷，空腔导体**

内表面上无净电荷,电荷只能分布在空腔的外表面上。

这一结论仍然用高斯定理来证明。

首先证明导体内没有净电荷,如图 2-7(b)所示,在空腔导体内作一高斯面 S,静电平衡状态下,导体内 $\boldsymbol{E}=0$,由高斯定理 $\oint_S \boldsymbol{E}\cdot \mathrm{d}\boldsymbol{S}=\frac{1}{\varepsilon_0}\sum_{S内} q_i$,知 $\sum_{S内} q_i=0$,即高斯面内电荷的代数和为 0。再如图 2-3(b)所示一样,可以证明导体内不存在等量异号的净电荷。故空腔导体内没有净电荷。

其次证明空腔导体内表面上没有净电荷,如图 2-7(c)所示,在空腔导体内紧挨着导体内表面作一高斯面 S',由高斯定理 $\oint_{S'} \boldsymbol{E}\cdot \mathrm{d}\boldsymbol{S}=\frac{1}{\varepsilon_0}\sum_{S'内} q_i$,知 $\sum_{S'内} q_i=0$,即空腔导体内表面上电荷的代数和为 0。若在空腔导体内表面上还存在等量异号的净电荷,如图 2-7(c)所示,则由正电荷到负电荷就会有电场线,与静电平衡条件相悖。故空腔导体内表面上不存在净电荷。

则当空腔导体的腔内没有带电体时,无论空腔导体直接带电还是静电感应带电,电荷只能分布于空腔导体的外表面。如图 2-8 所示,绝缘支座上的导体空腔 A 和带电球体 B,当利用带有绝缘手柄的金属小球 C 把带电球体 B 上的电荷"搬运"到导体空腔 A 内表面时,导体空腔 A 上的电荷自动分布于其外表面。这可从如图 2-9 所示的法拉第圆筒实验得到验证。

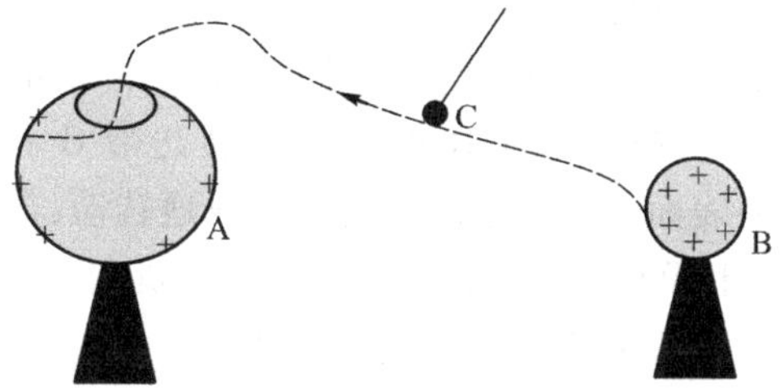

图 2-8　腔内没有带电体时空腔导体上的电荷分布

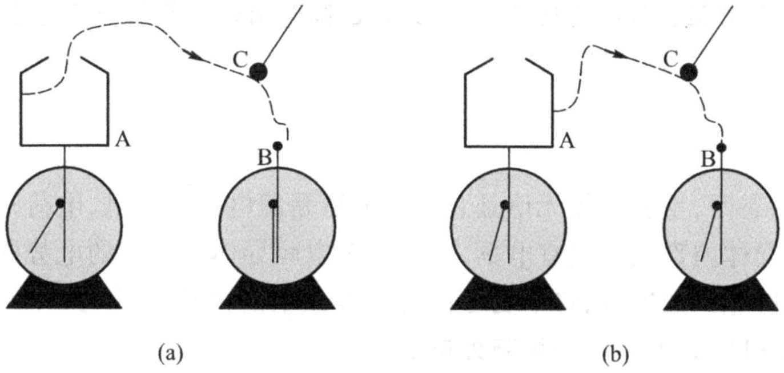

图 2-9　法拉第圆筒实验

法拉第圆筒实验如图 2-9(a)和(b)所示。图中 A 是连接验电器的金属筒,实验时金属筒事先带电,它连接的验电器的金属箔片张开着;B 是验电器顶端金属球体,实验时金属球体 B 事先不带电,它连接的验电器的金属箔片不张开;C 是带有绝缘手柄的可"搬运"电荷的金属小球。如图 2-9(a)所示,当金属小球 C 小球接触金属筒 A 的内表面,再移动金属小球 C 接触金属球体 B，无论重复多少次，B 连接的验电器的金属箔片始终不张开，这表明小球 C 没有将电荷搬运给 B，也就是说，金属筒 A 的内表面上不带电荷。重做上述实验，如图 2-9(b) 所示，当金属小球 C 接触金属筒 A 的外表面，再移动金属小球 C 接触金属球体 B，B 连接的验电器的金属箔片张开，利用金属小球 C 多次重复搬运电荷到 B 时，B 连接的验电器的金属箔片张开的角度逐渐增加，同时 A 连接验电器的金属箔片张角减小。该实验表明导体空腔上带的电荷都分布于其外表面。

利用导体上电荷聚集在外表面及尖端放电等导体的静电特性，可使空腔导体外表面连续不断地带上大量电荷，达到很高的电压，这样的装置称为静电起电机。范德格拉夫起电机就是这种类型的静电起电机。

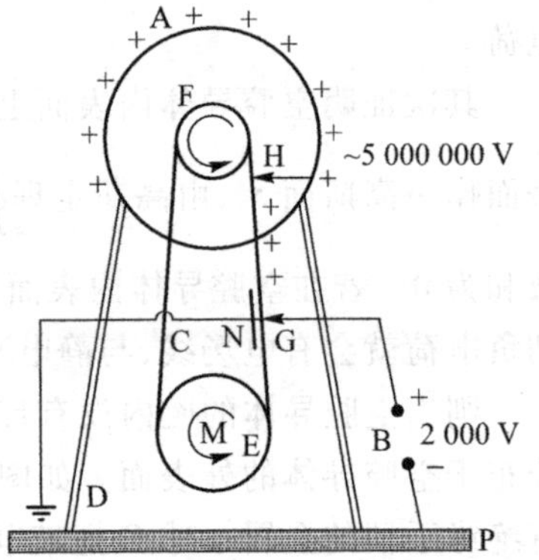

图 2-10　范德格拉夫起电机原理简图

范德格拉夫起电机的原理如图 2-10 所示。一空心金属球壳 A，由绝缘支架 D 支撑，安装在接地的底座 P 上。绝缘传送带 C 跨过用绝缘材料制成的转动滑轮 E 和 F，其中，转动滑轮 E 由电动机 M 驱动而转动。高压直流电源 B 使得金属针 G 和金属板极 N 之间具有强的电场，电源 B 接通后，由于尖端放电效应，由金属针 G 不断地把电荷喷射到绝缘传送带 C 上，使得绝缘传送带上带正电。由于电动机 M 驱动滑轮 E 和 F 转动，由当传送带上的电荷被传送到与空心金属球壳 A 内表面相连接的一排金属针 H 处时，绝缘传送带 C 与一排金属针 H 相刮，使得传送带 C 上的电荷不断通过一排金属针 H 传递到金属球壳 A 的外表面。随着绝缘传送带不断地转动，金属球壳 A 上的电荷越积累越多，电压不断升高，在足够干燥环境下，范德格拉夫起电机的电压能升高到大约 500 万伏。它是静电加速器的核心设备，可以对带电粒子进行加速。

2. 空腔导体的腔内存在其他带电体时，空腔导体上的电荷分布

当空腔导体的腔内存在电荷 $+q$，其达到静电平衡状态时，**空腔导体内无净电荷，空腔导体内表面因静电感应出现等量异号的感应电荷 $-q$，外表面同时出现等量同号的感应电荷 $+q$**。

这一结论同样可用高斯定理来证明。

2.1.5　静电屏蔽

在静电平衡状态下，空腔导体无论是直接带电还是静电感应带电，电荷只分布在空腔导体的外表面，则空腔导体内部区域没有电场，此时整个空腔导体和腔内的电势处处相等。如果是这样，由空腔导体所包围的区域，将不受导体壳外表面上的电荷或外电场的影响，这种现象称为静电屏蔽。图 2-11(a) 所示称为**屏蔽外电场**。

要使一带电体的电场不影响外界，也可以用静电屏蔽，只要用接地的金属壳或金属网将带电体罩住就可以了。如图 2-11(b) 所示，将带电体 A 放在金属壳 B 的内部，由于静电感应，在金属壳 B 的内外表面出现等量异号的感应电荷，为了消除金属壳 B 外表面上的电荷所产生的电场对外界产生的影响，可将金属球壳接地，金属壳外的电场就消失了。这样，金属壳 B 内带电体的电场就对金属壳 B 外不再有影响了，这称为**屏蔽内电场**。

静电屏蔽具有重要的实际意义。一些精密的测量仪器，其外壳都是金属的，就是起到屏蔽

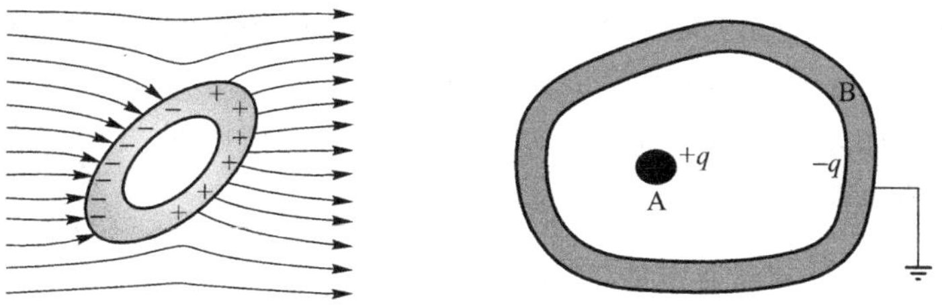

(a) 屏蔽外电场　　(b) 屏蔽内电场

图 2-11　静电屏蔽

外电场的作用，以免受到外界电场的干扰。一些高压电器设备金属外壳总是有接地线，也是起到屏蔽内电场的作用，以免它的电场对外界产生影响。在高电压区域内或高压输电线旁的工作人员，如接触网工，他们穿的防护服装的面料纹理中织有金属丝，构成了金属丝网，这种防护服称为均压服。均压服相当于一导体空腔，对人体起到静电屏蔽作用。另外，当工作人员接近高压线时，均压服也起到分流作用，使绝大部分电流通过均压服，以保证工作人员生命安全。

2.1.6　超导现象

某些合金导体，当温度降到一定临界温度以下时，它的电阻突然变为零，这种现象称为超导现象，具有超导现象的导体称为超导体。当物质处于超导态时，其内部的磁场恒为零，即具有完全抗磁性。中国科学家对高温超导的探索和研究一直没有停步，2013 年首先发现了转变温度 40 K 以上的铁基超导体，接着又发现了系列的 50 K 以上的铁基超导体。

2.1.7　静电危害和应用

静电的产生有时具有一定的危害性，在实际生产生活中要注意避免静电的危害。

物体间的摩擦产生静电，如果是绝缘体上带的电荷无从释放，随着电荷的积累，静电电荷量虽然不大，但因其电压很高容易发生放电，产生静电火花。在有可燃物的工作场所，可能由静电火花引起火灾；在有粉尘和可燃气体的场所，可能引起爆炸。对于精密仪器和通信系统，静电火花放电还可能引起电路的短路或断路，也可能引起电子信号的起伏，干扰电子通信等。

静电在实际生产生活中还有广泛的应用。

我们熟悉的有静电复印、静电除尘，此外还有静电分选、静电喷雾、静电植绒等。这些静电技术的应用已经融入了我们的生活、生产实践中。

例题 2.1　有一内外半径分别为 R_1、R_2 的导体球壳，其内偏离球心处有一带电荷量为 q 的点电荷。试画出导体球壳空间中电场线的分布。

解：解本题要考虑到静电平衡条件、静电平衡下导体表面的电荷分布等因素。导体球壳空间中电场线的分布如例题 2.1 图所示。

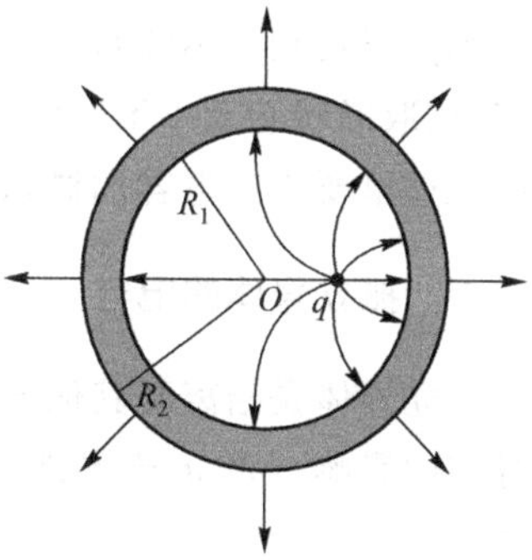

例题 2.1 图

例题 2.2　如例题 2.2 图所示，内外半径分别为 R_2、R_3 的导体球壳带电荷量 Q，其内的球心处有带电球形导体，带电球

体的半径为 R_1，带电荷量为 q。求：(1) 静电平衡下的导体球壳上的电荷分布；(2) 球壳内外电场强度 $\boldsymbol{E}$ 的分布；(3) 球壳内外电势 U 的分布。

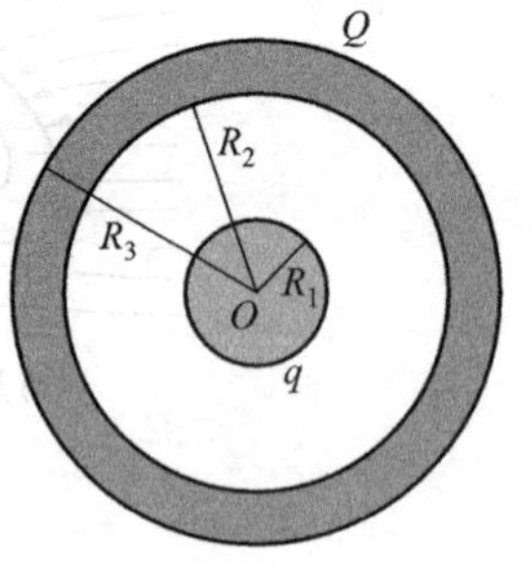

例题 2.2 图

解：(1) 内导体球表面带有电荷 q，球壳内表面带有感应电荷 $-q$，球壳外表面带有电荷 $Q+q$。

(2) 由静电平衡条件和高斯定理 $\oint_S \boldsymbol{E}\cdot d\boldsymbol{S}=\dfrac{1}{\varepsilon_0}\sum\limits_{S内} q_i$，得

$$r\leqslant R_1,\quad \boldsymbol{E}_1=\boldsymbol{0}$$

$$R_1<r<R_2,\quad \boldsymbol{E}_2=\frac{q}{4\pi\varepsilon_0 r^2}\boldsymbol{e}_r$$

$$R_2\leqslant r\leqslant R_3,\quad \boldsymbol{E}_3=\boldsymbol{0}$$

$$r>R_3,\quad \boldsymbol{E}_4=\frac{Q+q}{4\pi\varepsilon_0 r^2}\boldsymbol{e}_r$$

(3) 设 $U|_{b\to\infty}=0$，由场强积分求电势 $U=\int_a^{\infty}\boldsymbol{E}\cdot d\boldsymbol{l}$，得

$$r>R_3,\quad U_4=\int_r^{\infty}\boldsymbol{E}\cdot d\boldsymbol{l}=\frac{Q+q}{4\pi\varepsilon_0 r}$$

$$R_2\leqslant r\leqslant R_3,\quad U_3=\int_r^{\infty}\boldsymbol{E}\cdot d\boldsymbol{l}=\frac{Q+q}{4\pi\varepsilon_0 R_3}$$

$$R_1<r<R_2,\quad U_2=\int_r^{\infty}\boldsymbol{E}\cdot d\boldsymbol{l}=\int_r^{R_2}\boldsymbol{E}_2\cdot d\boldsymbol{l}+\int_{R_2}^{R_3}\boldsymbol{E}_3\cdot d\boldsymbol{l}+\int_{R_3}^{\infty}\boldsymbol{E}_4\cdot d\boldsymbol{l}$$

$$=\frac{q}{4\pi\varepsilon_0}\left(\frac{1}{r}-\frac{1}{R_2}\right)+\frac{Q+q}{4\pi\varepsilon_0 R_3}$$

$$r\leqslant R_1,\quad U_1=\int_r^{\infty}\boldsymbol{E}\cdot d\boldsymbol{l}=\frac{q}{4\pi\varepsilon_0}\left(\frac{1}{R_1}-\frac{1}{R_2}\right)+\frac{Q+q}{4\pi\varepsilon_0 R_3}$$

§ 2.2 电容 电容器

如果我们取不同形状和大小的容器，放在同一水平面上，当容器中盛有相同高度的水时，那么不同形状和大小的容器所盛的水量不等。同理，因为导体在静电平衡状态下是一个等势体，我们取形状和大小不同的导体，即使它们有相等的电势，但是它们所带的电荷量也是不相等的。这里要讲的电容的概念就是衡量相同电势下的导体的带电能力。

2.2.1 孤立导体的电容

孤立导体是指离开其他导体或带电体很远的导体，这样就可以忽略其他导体或带电体对该导体的影响。孤立导体是一个等势体，实验证明，孤立导体的电势与它所带的电荷量成正比。

如图 2-12 所示，设孤立导体所带的电荷量为 Q，该导体的电势为 U。孤立导体的电容定

义为该导体的电荷量与其电势的比值，即

$$C=\frac{Q}{U} \tag{2-2}$$

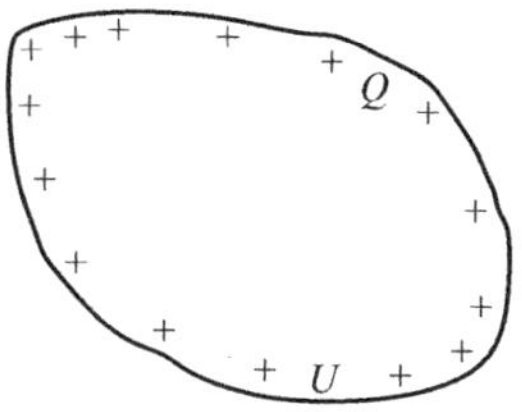

图 2-12　孤立导体的电容

式中 C 称为孤立导体的电容，它与导体的大小和形状有关，而与导体的材料性质、是空心的还是实心的等因素以及它所带的电荷量及电势是没有关系的。孤立导体的电容就是一个描述孤立导体在单位电势下所带电荷量多少的物理量，反映了导体的储电能力。

在国际单位制中，电容 C 的单位为法拉(F)，$1\ \mathrm{F}=\frac{1\ \mathrm{C}}{1\ \mathrm{V}}$。在实际应用中，法拉这个单位比较大，常用微法(μF)或皮法(pF)等来标明电容的大小。

$$1\ \mathrm{F}=10^{6}\ \mu\mathrm{F}=10^{12}\ \mathrm{pF}$$

一般的孤立导体的电容都比较小，即孤立导体的储电能力弱。例如，有一个导体球大如地球一般，其电容值也只是大约为 700 μF，为了提高导体的储电能力，人们发明了电容器。

2.2.2　电容器及其电容

1. 电容器

1746 年荷兰莱顿大学的马森布罗克在做电学实验时，偶然间发现盛水的“玻璃瓶”能储电。法国人诺莱特依此制成了莱顿瓶，莱顿瓶是一个内外分别贴有锡箔的玻璃瓶，德国人克莱斯特几乎同时也发现了这个现象，莱顿瓶就是最初的电容器。莱顿瓶的发明为静电研究提供了一种储存电的有效方法，为电学的进一步深入研究提供了一种新的强有力的实验手段，对电学知识的传播和应用起到了重要作用。

孤立导体的储电能力弱，实际上，绝对的孤立导体也是不存在的。而电容器的储电能力就要大大提高了，就比如上述的莱顿瓶。

电容器常设计成一导体组，使它的电容较大而又不受其他物体的影响。电容器的种类很多，但其基本构造一般都是由空气或电介质隔开的两个金属导体薄板组成，如图 2-13(a)所示，金属导体薄板称为电容器的极板。电容器的两个极板相距很近，忽略边缘效应时，极板间的电场由于受到导体极板的屏蔽作用而不受其他物体的影响，如图 2-13(b)所示，接入电路时，其中一个极板带正电，称为正极，另一个极板带负电，称为负极，两极板带等量异号的电荷，在电路中以符号“⊣⊢”表示。图 2-13 所示的电容器又称为平行板电容器。

2. 电容器的电容

电容器的电容定义为一个极板上电荷量的绝对值 Q 与两个极板间电势差 ΔU($\Delta U=U_1-U_2$)的比值，即

$$C=\frac{Q}{\Delta U}=\frac{Q}{U_1-U_2} \tag{2-3}$$

电容器电容的大小仅与导体极板的大小、形状、相对位置、极板间的电介质有关，而与极板的材料以及是否带电等无关。

电容器电容的单位和孤立导体电容的单位是相同的。

电容器电容的定义式(2-3)与孤立导体电容的定义式(2-2)实际是等价的，孤立导体并

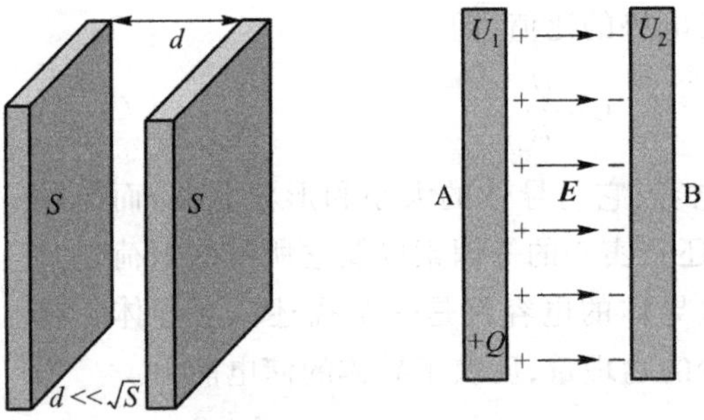

图 2-13　平行板电容器

不存在，它一定与很远处的导体或至少与地球组成电容器。若取很远处的导体或地球的电势为零，则孤立导体电容的定义式(2-2)与电容器电容的定义式(2-3)就一致了。

2.2.3　电容器电容的计算

电容器电容的计算不仅用到了电容器电容的计算式(2-3)，还要用到静电学中涉及的电场强度计算、电势差计算等许多知识，是对静电学知识的一个综合应用。

1. 平行板电容器

如图 2-13 所示的平行板电容器是由靠得很近的两个金属导体薄板构成的。两个金属导体薄板作为电容器的极板，其面积均为 S，两极板内表面的间距为 d，$d \ll \sqrt{S}$，也就是极板面的线度远远大于其间距，当平行板电容器连在电路中时，两极板可看成"无限大均匀带电板"。由于静电作用，电荷均匀分布于两极板相对的两个面上，此时可以忽略极板边缘处电场的畸变，可认为两极板之间的电场是匀强电场。如图 2-13 所示，设 A 板带电荷量 $+Q$，B 板带电荷量 $-Q$，两带电极板间的电场强度为

$$E=\frac{\sigma}{\varepsilon_0}=\frac{Q}{\varepsilon_0 S}$$

则两带电极板间的电势差为

$$\Delta U=Ed=\frac{Qd}{\varepsilon_0 S}$$

由式(2-3)得平行板电容器的电容为

$$C=\frac{Q}{\Delta U}=\frac{\varepsilon_0 S}{d} \tag{2-4}$$

可见平行板电容器的电容与极板面积成正比，与极板间距成反比，而与电容器是否带电无关。

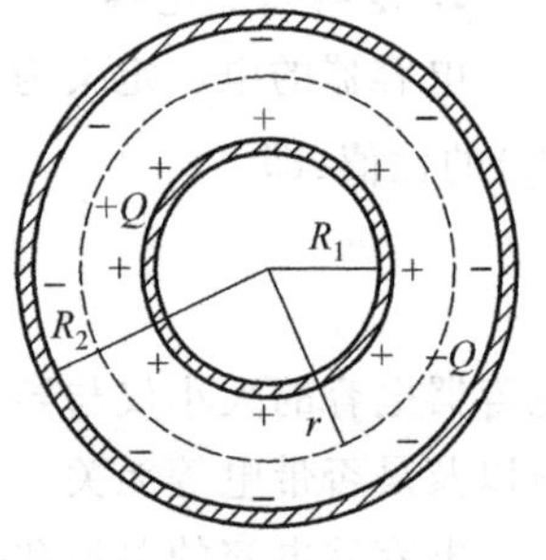

图 2-14　球形电容器

2. 球形电容器

球形电容器由半径分别为 R_1 和 R_2 的两同心导体球壳构成，如图 2-14 所示，实际应用时从内球壳和外球壳分别引出导线。当球形电容器连在电路中时，设内球壳带正电 $+Q$，外球壳带负电 $-Q$。

由高斯定理可得到两球壳间的电场强度为

$$\boldsymbol{E}=\frac{Q}{4\pi\varepsilon_0 r^2}\boldsymbol{e}_r \quad (R_1<r<R_2)$$

两球壳间的电势差为

$$\Delta U=\int_l \boldsymbol{E}\cdot \mathrm{d}\boldsymbol{l}=\frac{Q}{4\pi\varepsilon_0}\int_{R_1}^{R_2}\frac{\boldsymbol{e}_r\cdot \mathrm{d}\boldsymbol{l}}{r^2}=\frac{Q}{4\pi\varepsilon_0}\frac{R_2-R_1}{R_1R_2}$$

由式(2-3)得球形电容器的电容为

$$C=\frac{Q}{\Delta U}=\frac{4\pi\varepsilon_0 R_1R_2}{R_2-R_1} \tag{2-5}$$

若 $d=R_2-R_1\ll R_2$(或 R_1),则 $C=\dfrac{\varepsilon_0 4\pi R_1^2}{d}=\dfrac{\varepsilon_0 S}{d}$,与平行板电容器的电容等价,这里 $S=4\pi R_1^2$ 为导体球壳的面积。

3. 圆柱形电容器

圆柱形电容器由半径分别为 R_1 和 $R_2(R_1<R_2)$的两个同轴金属导体圆筒构成,金属导体圆筒的长度均为 l,且 $l\gg R_2$。如图 2-15 所示,实际应用时从内圆筒和外圆筒分别引出导线,当圆柱形电容器连在电路中时,设内圆筒带正电 $+Q$,外圆筒带负电 $-Q$。

由于圆柱形电容器长度远远大于外导体圆筒半径,即 $l\gg R_2$,可忽略圆柱形电容器两端电场的畸变,把两导体圆筒间的电场线看成沿径向、呈现圆柱形对称分布。由于两个导体圆筒各自表面的曲率都确定,因而两个导体圆筒上电荷各自均匀分布,并分布在两导体圆筒相对的表面上,则导体圆筒单位长度带电荷量 $\lambda=Q/l$。由高斯定理可得两筒之间的电场强度为

$$\boldsymbol{E}=\frac{\eta}{2\pi\varepsilon_0 r}\boldsymbol{e}_r \quad (R_1<r<R_2)$$

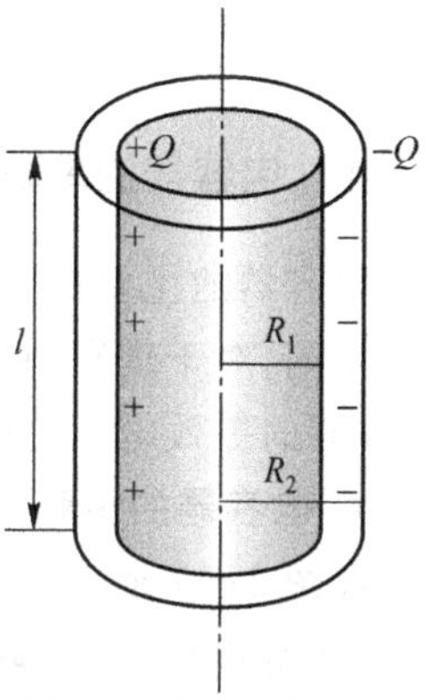

图 2-15 圆柱形电容器

两个导体圆筒间的电势差为

$$\Delta U=\int_{R_1}^{R_2}\boldsymbol{E}\cdot \mathrm{d}\boldsymbol{l}=\int_{R_1}^{R_2}\frac{\eta \mathrm{d}r}{2\pi\varepsilon_0 r}=\frac{Q}{2\pi\varepsilon_0 l}\ln\frac{R_2}{R_1}$$

则圆柱形电容器的电容为

$$C=\frac{Q}{\Delta U}=(2\pi\varepsilon_0 l)\Big/\ln\frac{R_2}{R_1} \tag{2-6}$$

若 $d=R_2-R_1\ll R_1$,$\ln\dfrac{R_2}{R_1}=\ln\left(1+\dfrac{d}{R_1}\right)\approx\dfrac{d}{R_1}$,则 $C\approx\dfrac{2\pi\varepsilon_0 lR_1}{d}=\dfrac{\varepsilon_0 S}{d}$,也与平行板电容器电容等价,这里 $S=2\pi R_1 l$ 为导体圆筒的面积。

可见,无论是球形电容器还是圆柱形电容器,其电容都只与电容器本身的大小、体积有关,而与是否带电无关。在讲完电介质内容后,我们可知电容器的电容还与其内部充的电介质性质有关。

电容器是一种容纳电荷的器件,传统电容器是应用于电子设备中的重要电子元件之一,广

泛应用于电路中的调谐回路、滤波、耦合、旁路、能量转化、控制、隔直流通交流等方面。

电容还可以用来做传感器,被广泛应用于位移、压力、温度、湿度、流量、液位等的测量中,并且电容传感器的精度和稳定性也日益提高。电容传感器具有结构简单、灵敏度高、动态响应特性好、抗过载张力大、能量损耗小等优点,广泛应用于高温、辐射和强烈振动等恶劣环境中。

现代超级电容器作为新型储能设备之一,广泛应用于新能源动力领域,具有功率密度高、充放电速度快、使用寿命长、环保绿色等优点。

电容器的种类繁多,在实际中具有重要的应用,图 2-16 为实际应用的几种电容器。

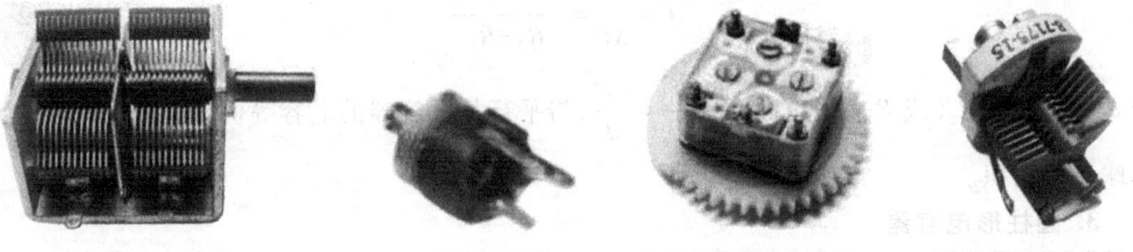

(a) 双连调谐电容器　(b) 微调电容器　(c) 四连调谐电容器　(d) 单连调谐电容器

图 2-16　实际应用的几种电容器

2.2.4　电容器的串联和并联

电容器的主要性能指标是它的电容值和耐压值,在不同的电路中,对电容器的电容和耐压要求不同,对于现有的电容器可采用串联、并联的方法来达到具体要求。下面来讨论电容器串联、并联的等效电容的计算。

1. 电容器的串联

如图 2-17 所示,n 个电容器串联,连接在电路中充电后,由于静电感应,串联的每个电容器的两个极板上都带有等量异号的电荷,电容器串联电路的电压分配在每一个电容器上。因此,n 个电容器串联后总的电容为

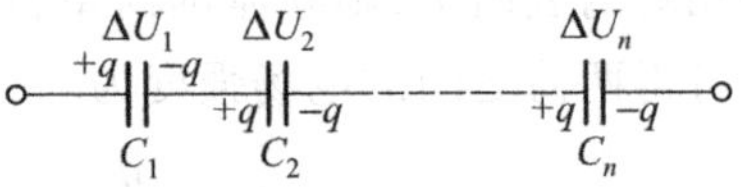

图 2-17　电容器的串联

$$C=\frac{q}{\Delta U}=\frac{q}{\Delta U_1+\Delta U_2+\cdots+\Delta U_n}$$

$$\frac{1}{C}=\frac{\Delta U_1+\Delta U_2+\cdots+\Delta U_n}{q}=\frac{1}{C_1}+\frac{1}{C_2}+\cdots+\frac{1}{C_n}$$

即

$$\frac{1}{C}=\sum_{i=1}^{n}\frac{1}{C_i} \tag{2-7}$$

式(2-7)表明,多个电容器串联后总电容的倒数等于每一个电容器电容的倒数之和。

2. 电容器的并联

如图 2-18 所示,n 个电容器并联,连接在电路中充电后,串联的每个电容器的两个极板之间都具有相等的电压,每个电容器的两个极板上都带有等量异号的电荷。因此,n 个电容器并联后总的电容为

$$C=\frac{q}{\Delta U}=\frac{q_1+q_2+\cdots+q_n}{\Delta U}=C_1+C_2+\cdots+C_n$$

即
$$C=\sum_{i=1}^{n}C_i \tag{2-8}$$

式(2-8)表明,多个电容器并联后总电容等于每一个电容器的电容之和。

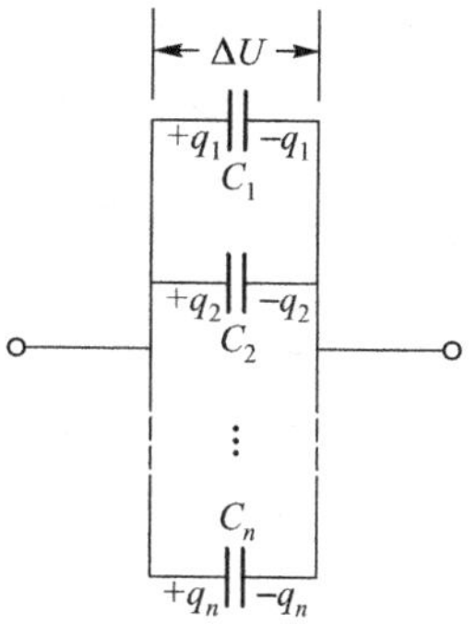

图 2-18 电容器的并联

2.2.5 电容器的储能

图 2-13 所示的平行板电容器及其他各种电容器都是由一组导体构成,每一个导体都带有电荷,具有电势。依照式(1-56),这个带电体系的静电能为 $W_e=\frac{1}{2}\sum_{i=1}^{n}q_iU_i$,而电容器是带有等量异号电荷的两个带电导体构成的导体组,这个导体组的静电能为 $W_e=\frac{1}{2}q_1U_1+\frac{1}{2}q_2U_2$。对于电容器,考虑到 $q_2=-q_1=-q$,则有

$$W_e=\frac{1}{2}q(U_1-U_2)$$

即
$$W_e=\frac{1}{2}q\Delta U=\frac{1}{2}\frac{q^2}{C}=\frac{1}{2}C(\Delta U)^2 \tag{2-9}$$

式(2-9)表明,对于一个具有确定电容的充电电容器,其储存的静电能与电容器的电压的二次方成正比,还与电容器极板所带电荷量的二次方成正比。

§2.3 电介质及其极化

在前面讲了真空中的静电场,其实就是激发电场的带电体处于静止状态,且不受周围其他带电体或导体的影响。事实上,上述情况并不是普遍存在的,不但前面讲的导体的存在会影响电场的性质,电介质的存在也会影响电场的性质。

2.3.1 电介质

导体中原子的外层电子受原子核束缚比较弱,较强的热运动就可以使得外层电子挣脱原子核的束缚而成为自由电子,在电场作用下自由电子在导体内可以做定向的大范围的运动。电介质就是绝缘体,是在通常情况下不导电的物质,电介质由大量分子构成,它不同于导体,电介质分子中的电子受到原子核的束缚作用比较强,处于束缚态,一般情况下只能做定域运动。当电介质受到外电场作用时,电介质分子中的电荷分布也会发生变化。

当电介质受到很强的电场作用时,电介质的绝缘性就会遭到破坏,变成导电的物体,这种情况称为电介质的击穿,在电介质不被击穿情况下所能承受的最大电场强度,称为电介质的绝缘强度。

传统的电介质主要用作为绝缘材料,随着科技的发展,发现了一些电介质具有特殊性能,

如压电性、热释电性、铁电性等，它们作为一类特殊的电介质可用于机械、热、声、光、电之间的转换，在探测、通信等领域具有重要的应用。

2.3.2 电介质的极化

如图 2-19 所示，一个电介质分子中全部正电荷对于某一场点的影响等价于一个正的点电荷的影响，此等价正点电荷$+q_C$ 的位置就称为“等效正电荷中心”。电介质分子中所有负电荷的等效负点电荷$-q_C$ 的位置就称为“等效负电荷中心”。

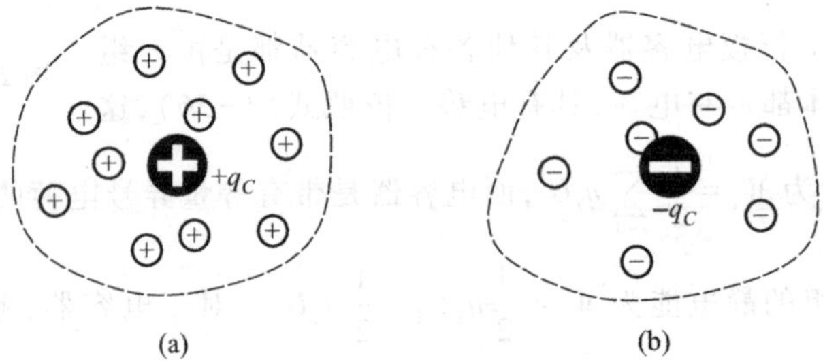

图 2-19 电介质分子的等效正负电荷中心

现在来研究电介质放入电场中的极化现象，如图 2-20 所示，平行板电容器的两个极板带有等量异号的电荷，电容器充电后撤去电源，验电器的金属箔片张角与两极电势差有关，电势差越大，金属箔片张角越大。当极板间插入电介质平板时，验电器金属箔片张角减小，则极板间电势差降低了，而此时电容器两极板的电荷量是不变的，说明电容器的电容增加了。对于平行板电容器，当插入的电介质板面积与电容器相等，完全插入电容器两极板之间时，厚度刚好充满两极板之间，进一步的精确实验可以测得 $\Delta U=\Delta U_0/\varepsilon_r$，这里 ΔU_0 是电容器充电后断掉电源时两个极板之间的电势差，ΔU 是电容器两个极板之间充满电介质时的电势差，ε_r 称为电介质的相对电容率或相对介电常量，是一个量纲为 1、大于 1 的量，不同的电介质其相对电容率不同。

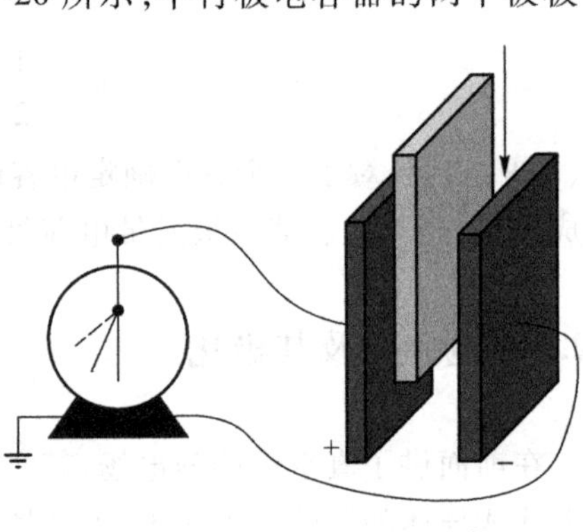

图 2-20 电介质的极化现象

实验中，出现了当电介质完全充满电容器的两个极板之间时，电容器两极板之间的电势差下降现象，这是为什么呢？这种现象与电介质本身的性质有何关系？其内在机制如何？

实际上，当把电介质置于外电场中时，其电场强度为 $\boldsymbol{E}_0$，类似于导体的静电感应，在电介质垂直于外电场的两个表面上也会出现等量异号的电荷，这种现象称为**电介质的极化**。在电介质的极化过程中，在电介质内部也因为等效正负电荷中心的分离，出现极化电荷，电介质内部的极化电荷不是自由电荷，不能自由移动，称为**束缚电荷**。如图 2-21 所示，两极板之间电介质内部的电荷就是束缚电荷。束缚电荷的出现是电介质在外电场作用下，电介质分子中的正负电荷分布发生变化的缘故，也就是导致等效正负电荷中心的位置发生变化。

由于外电场作用，电介质分子中等效正负电荷中心分离，束缚电荷在电介质极化过程中定向微小偏移，而在电介质表面上出现了过剩的电荷，称为**极化电荷**，如图 2-21 所示，用 q' 表示，极化电荷面密度用 $\boldsymbol{\sigma}'$ 表示。

极化面电荷也能产生电场，该电场在电介质内部，方向与外电场相反，称为极化电场，其电场强度用 $\boldsymbol{E}'$ 表示。极化电场在电介质内部能够部分抵消外电场的影响，设电介质内总的电场强度为 $\boldsymbol{E}$，则有 $\boldsymbol{E}=\boldsymbol{E}_0+\boldsymbol{E}'$，这里 $E=E_0-E'>0$。在图 2-20 所示的实验中，当电介质充满两极板之间的空间时，在两极板之间电场强度的精确测量中 $E=E_0-E'=E_0/\varepsilon_r$。

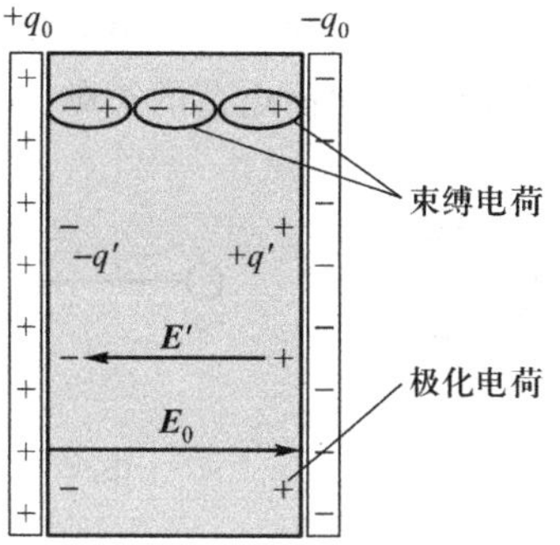

图 2-21　电介质的极化

2.3.3　电介质的分类

电介质按其电结构的特性不同，可以分为两类，即有极分子电介质和无极分子电介质。

在没有外电场作用时，等效正负电荷中心重合的电介质分子称为“无极分子”，如图 2-22(a)所示。H_2、O_2、N_2、CO_2 等分子都是无极分子。由“无极分子”构成的电介质称为无极分子电介质，如图 2-22(b)所示。

在没有外电场作用时，等效正负电荷中心不重合的电介质分子称为“有极分子”，如图 2-23(a)所示。HCl、H_2O、CO 等分子都是有极分子。由“有极分子”构成的电介质称为有极分子电介质，如图 2-23(b)所示。有极分子等效正负电荷中心分开形成了等效电偶极子，其电偶极矩称为分子电矩，用 $\boldsymbol{p}$ 表示，如图 2-23(c)所示。在没有外电场作用时，有极分子电介质的分子电矩杂乱无章排列，对外不呈电性。

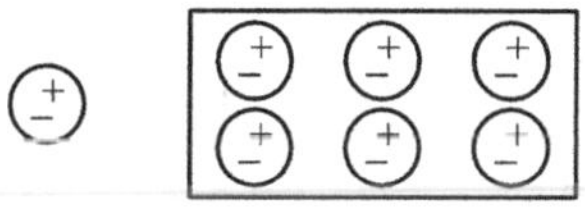

(a)　　(b)

图 2-22　无极分子与无极分子电介质

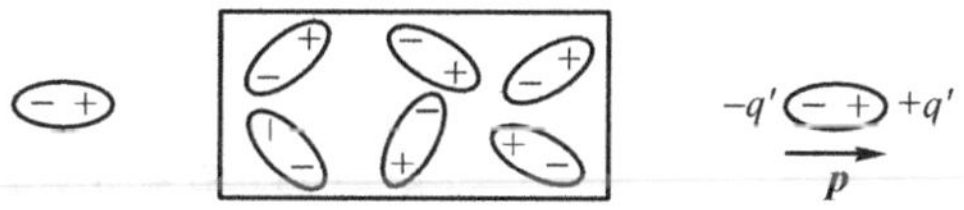

(a)　　(b)　　(c)

图 2-23　有极分子与有极分子电介质

这里我们只针对均匀、各向同性的电介质进行讨论。

2.3.4　电介质的极化机制

1. 无极分子电介质的位移极化

当存在外电场作用时，无极分子电介质的无极分子等效正负电荷中心产生相对位移，如图 2-24(a)所示，形成电偶极子，分子电矩指向外电场方向，如图 2-24(b)所示。而此时无极分子电介质中的所有无极分子的等效正负电荷中心产生相对位移，在电介质内部产生束缚电荷，整个电介质与外场垂直的两个表面上出现等量异号的极化面电荷，这就是无极分子电介质的位移极化，如图 2-24(c)所示。当外电场不断增强时，分子电矩也增大，极化面电荷也增加，即无极分子电介质极化程度提高，如图 2-24(d)所示。而撤去外电场后，由于热运动，每个电介质分子的等效正负电荷中心再度重合，恢复电中性，电介质表面的电性消失。极化的有极分子电介质内的极化电场是电介质内所有分子电矩贡献的结果，即所有束缚电荷贡献的结果，宏观上等价于极化面电荷的贡献。

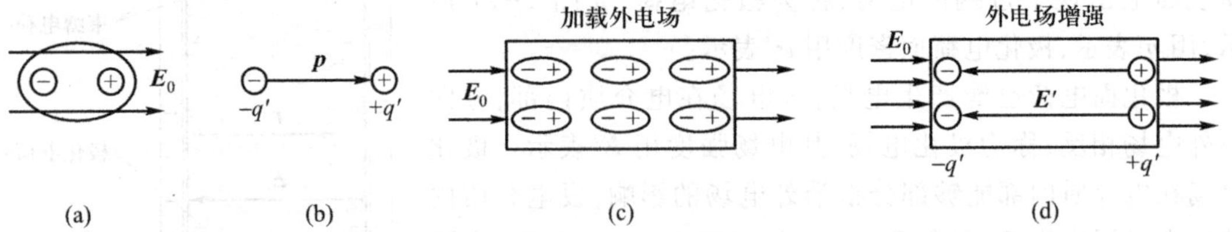

图 2-24　无极分子电介质的极化

2. 有极分子电介质的转向极化

当存在外电场作用时，有极分子电介质的有极分子在电场作用下，受到一力矩作用，分子电矩转向外电场方向，如图 2-25(a)所示。而此时有极分子电介质中的所有有极分子的分子电矩在外电场作用下都转向外电场方向，电介质内部产生束缚电荷，在与外场垂直的两个表面上出现极化电荷，这就是有极分子电介质的转向极化，如图 2-25(b)所示。由于分子热运动，原本使得电介质内分子电矩的取向杂乱无章，但是在外电场作用下，分子电矩的方向完全向外场方向偏转，而电介质垂直于外场两个表面上的极化电荷在电介质内建立起极化电场，外电场越强，分子电矩排列越整齐，极化电荷面密度越大，极化电场越强，电介质极化程度越高，如图 2-25(c)所示。撤去外电场，由于分子的热运动，分子电矩又趋于杂乱无章，从而对外不显电性。

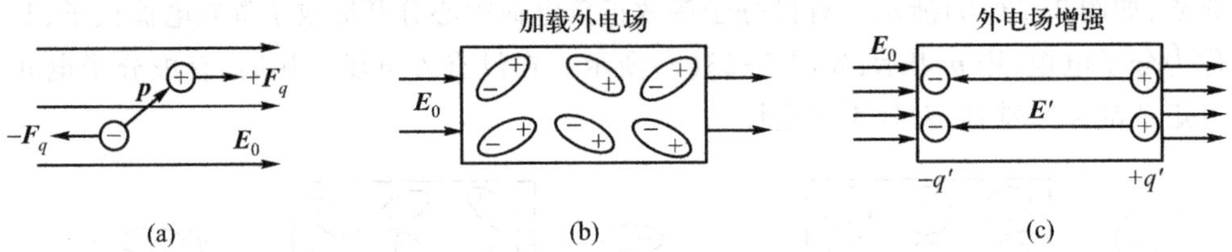

图 2-25　有极分子电介质的极化

当存在外电场作用时，有极分子电介质也存在位移极化，只是比转向极化弱得多。有极分子电介质主要是转向极化机制，但是在高频交变电场作用下，由于惯性，当有极分子转向极化跟不上电场作用方向的变化时，位移极化便成为主要极化机制。虽然两种电介质极化的微观机制不同，但是它们在极化过程中所表现出的宏观效果是一样的，出现极化电荷，在电介质内建立极化电场，因而用宏观场量来描述时，二者没有差别。外电场使电介质极化，反过来电介质极化建立的极化电场又影响着电介质内部电场的分布。

2.3.5　电介质的电极化强度矢量与电极化强度通量

1. 电介质的电极化强度矢量

为了描述外电场作用下电介质的极化程度，这里引入电极化强度矢量的概念。

当该电介质未被极化时，对于无极分子电介质，其内没有分子电矩；对于有极分子电介质，其内存在大量分子电矩，这些分子电矩由于热运动而杂乱无章分布，因而相互抵消。此时，考虑电介质中一宏观小体积 ΔV，如图 2-26 所示，其内分子电矩矢量和为零，即 $\sum \boldsymbol{p}_i = 0$。

当电介质处于极化状态时，无论是无极分子电介质的位移极化还是有极分子电介质的转向极化，如图 2-26 所示，电介质中任一物理无限小体积 ΔV 内分子电矩的矢量和都不为零，即 $\sum \boldsymbol{p}_i \neq 0$。这一分子电矩的矢量和与该物理无限小体积之比，称为该小体积邻域内各点电介质的**电极化强度矢量**，简称电极化强度，用 $\boldsymbol{P}$ 表示：

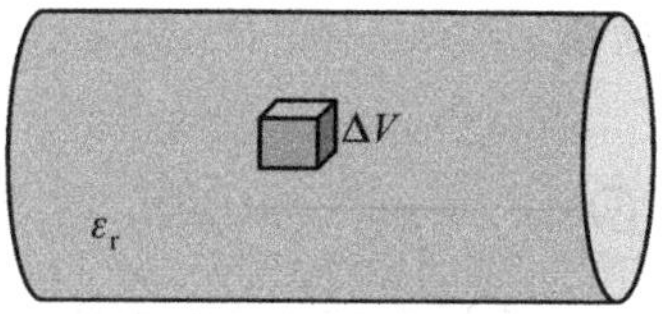

图 2-26　电介质的电极化强度

$$\boldsymbol{P}=\frac{\sum \boldsymbol{p}_i}{\Delta V} \tag{2-10}$$

在国际单位制中，电极化强度矢量的单位为库仑每平方米（C/m^2）。

对于极化的电介质，若电介质的总体或某区域内的电极化强度矢量相同，则称其为均匀极化。没有电介质的真空情况是特例，其各处的电极化强度矢量均为零。

考虑到 $\boldsymbol{p}$ 为电介质中所有分子的平均分子电矩，ΔN 为电介质中所有分子数，q'为极化电介质内所有等效电偶极子的等效正电荷的平均电荷量，n 为单位体积内电介质分子的数目，$\rho'=nq'$为电介质内极化电荷的体密度，则无论对于电介质的位移极化还是转向极化都有

$$\boldsymbol{P}=\frac{\sum \boldsymbol{p}_i}{\Delta V}=\frac{\Delta N\boldsymbol{p}}{\Delta V}=n\boldsymbol{p}=nq'\boldsymbol{l}=\rho'\boldsymbol{l} \tag{2-11}$$

2. 极化电荷与电极化强度通量

电介质极化产生的一切宏观效果都是通过极化电荷体现的。对于处于外场作用下的极化电介质，如图 2-27 所示，在电介质内部取任一面元矢量 $\mathrm{d}\boldsymbol{S}=\mathrm{d}S\boldsymbol{e}_n$，电介质分子因极化正负电荷中心分离，形成极化电荷。图 2-27 中因极化穿过该面元的极化电荷是图示体积元内的束缚电荷，该体积元的体积为 $\mathrm{d}V=\mathrm{d}Sl\cos\theta=\boldsymbol{l}\cdot\mathrm{d}\boldsymbol{S}$，$\boldsymbol{l}$ 为电介质分子正负电荷中心分离形成电偶极子的等效负电荷中心指向等效正电荷中心的位矢，如图 2-27 中(1)所示，而进入该体积的极化电荷如图 2-27 中(2)、(3)所示的$+q'$。若电介质单位体积内的分子数为 n，平均而言，则因极化通过面元矢量 $\mathrm{d}\boldsymbol{S}$ 的极化电荷量为 $\mathrm{d}q'=nq'\mathrm{d}V=nq'\boldsymbol{l}\cdot\mathrm{d}\boldsymbol{S}$，考虑到式(2-11)，则有

$$\mathrm{d}q'=\boldsymbol{P}\cdot\mathrm{d}\boldsymbol{S} \tag{2-12}$$

把式(2-12)与式(1-12)的 $\mathrm{d}\Phi_e=\boldsymbol{E}\cdot\mathrm{d}\boldsymbol{S}$ 比较，则 $\boldsymbol{P}\cdot\mathrm{d}\boldsymbol{S}$ 称为在极化电介质中通过面元矢量 $\mathrm{d}\boldsymbol{S}$ 的**电极化强度通量**，电极化强度通量的单位与电荷量的单位相同，都是库仑(C)，电极化强度通量的大小就是图 2-27 所示体积元 $\mathrm{d}V=\boldsymbol{l}\cdot\mathrm{d}\boldsymbol{S}$ 内的极化电荷量 $\mathrm{d}q'$。

考虑极化的电介质中有一闭合曲面 S，若计算因极化而穿出此面的极化电荷总量，如图 2-28 所示，则可以把该闭合曲面划割成很多足够小的面元矢量，所有面元矢量的方向都是该面元所在处闭合曲面的外法线方向。这样穿出闭合曲面的极化电荷总量应该对式(2-12)进行积分得到，即$\oint_S \boldsymbol{P}\cdot\mathrm{d}\boldsymbol{S}=\sum\limits_{S外} q'$，由电荷守恒定律，穿出闭合曲面的极化电荷总量等于闭合曲面内净余的极化电荷 $\sum\limits_{S内} q'$的负值，即

$$\oint_S \boldsymbol{P}\cdot\mathrm{d}\boldsymbol{S}=-\sum_{S内} q' \tag{2-13}$$

这里 $\sum\limits_{S内} q'=\int_{S内}\mathrm{d}q'=\int_{S包围的V} nq'\mathrm{d}V$，式(2-13)又称为极化电介质内通过闭合曲面 S 的**电极化强**

度通量。

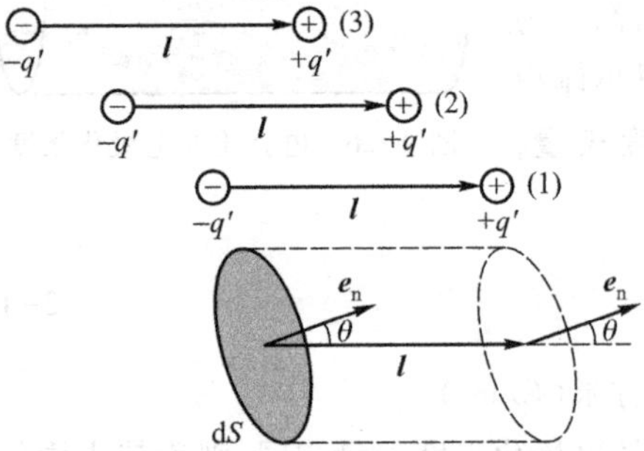

图 2-27 极化电荷

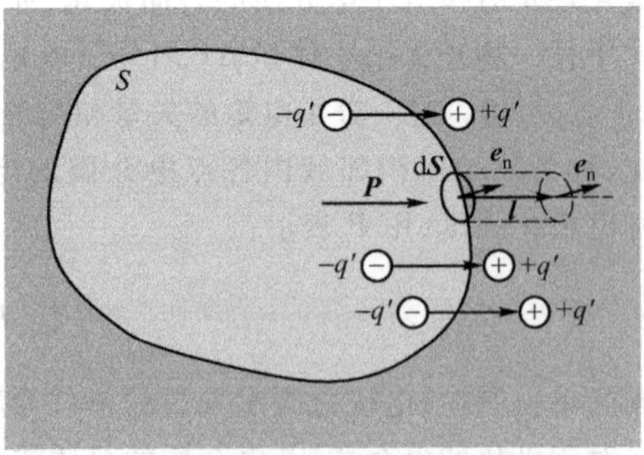

图 2-28 电介质中通过闭合曲面的极化电荷

3. 极化电荷面密度

对于均匀各向同性的电介质,在电介质极化情况下,电介质内部产生了束缚电荷,其极化电荷体密度为 0。而在电介质表面上存在极化面电荷,图 2-29 所示为一块极化的电介质,考虑电介质表面处一足够小的面元矢量 d$\boldsymbol{S}$(为看清楚,图中画得大了很多),其上的极化面电荷应该是体积 $\mathrm{d}V=\mathrm{d}Sl\cos\theta=\boldsymbol{l}\cdot\mathrm{d}\boldsymbol{S}$ 内的极化电荷,体积 $\mathrm{d}V$ 是对应 d$\boldsymbol{S}$ 在电介质内厚度为 $l\cos\theta$ 的一层,因电介质分子极化而进入其内的极化电荷都表现为面元矢量 d$\boldsymbol{S}$ 上的极化面电荷,则 $\mathrm{d}q'=nq'\mathrm{d}V=nq'l\mathrm{d}S\cos\theta=nq'|\boldsymbol{l}||\mathrm{d}\boldsymbol{S}|\cos\theta=P\mathrm{d}S\cos\theta$。故极化电荷面密度为

$$\sigma'=\frac{\mathrm{d}q'}{\mathrm{d}S}=P\cos\theta=\boldsymbol{P}\cdot\boldsymbol{e}_n=P_n \qquad (2-14)$$

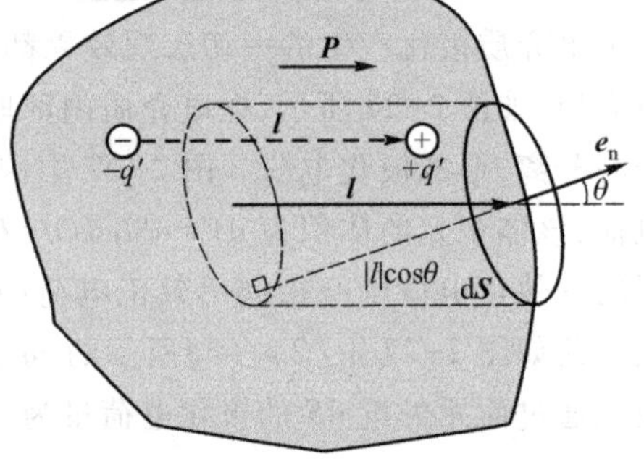

图 2-29 极化电荷面密度

式中 P_n 为电极化强度 $\boldsymbol{P}$ 沿电介质表面法线方向的投影,称为电介质表面处电极化强度的法向分量。若电极化强度 $\boldsymbol{P}$ 如图 2-29 所示,则表面处电极化强度的法向分量有正有负,也就是极化电荷面密度有正有负。设 θ 为电极化强度 $\boldsymbol{P}$ 与电介质表面任一处法线方向 $\boldsymbol{e}_n$ 的夹角,$|\theta|<\pi/2,\sigma'>0$;$|\theta|>\pi/2,\sigma'<0$;$|\theta|=\pi/2,\sigma'=0$。

2.3.6 极化电介质中的退极化场

电介质在外电场作用下产生极化,极化面电荷在电介质内部建立极化电场,极化电场与外电场方向相反,抵消外电场对电介质的影响,极化电介质内总电场为外电场与极化电场的叠加,总电场强度为 $\boldsymbol{E}=\boldsymbol{E}_0+\boldsymbol{E}'$。而电介质内的总电场决定着电介质的极化程度,由于极化电场减弱着电介质内的总电场,也使电介质的极化程度同时减弱,故极化电场又称为**退极化场**。

以平行板电容器内充满均匀各向同性的电介质为例。当电容器充电后,在两极板之间建立外加电场,电场强度为 $\boldsymbol{E}_0$,忽略边缘效应,两极板之间的电场为匀强电场,此时两极板上的自由电荷面密度分别为 $+\sigma_0$、$-\sigma_0$,如图 2-30 所示。两极板之间的电介质均匀极化,电极化强度为 $\boldsymbol{P}$,此时在电介质垂直于外场的表面上产生了极化电荷,极化电荷的面密度分别为 $-\sigma'$、

$+\sigma'$。极化电荷建立起了极化电场，即退极化场，其电场强度为 $\boldsymbol{E}'$，方向与 $\boldsymbol{E}_0$ 相反。此时电介质内的总电场的电场强度为 $\boldsymbol{E}=\boldsymbol{E}_0+\boldsymbol{E}'$，大小为 $E=E_0-E'$。

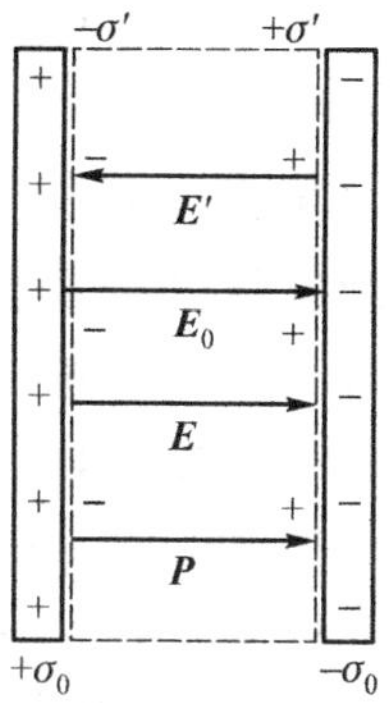

图 2-30　退极化场

由于是在匀强电场中，平行板电容器两极板间的电介质表面上的极化面电荷也是均匀分布的。由式(2-14)知，极化电荷的面密度 $-\sigma'=P\cos\pi=-P$，$+\sigma'=P\cos 0=P$，极化电荷在电介质内产生的退极化场的大小为 $E'=\dfrac{\sigma'}{\varepsilon_0}=\dfrac{P}{\varepsilon_0}$，即 $\boldsymbol{E}'=-\dfrac{\boldsymbol{P}}{\varepsilon_0}$。由 2.3.2 节的实验知，$E=E_0-E'=\dfrac{E_0}{\varepsilon_r}$，即 $\dfrac{\sigma_0}{\varepsilon_0}-\dfrac{\sigma'}{\varepsilon_0}=\dfrac{\sigma_0}{\varepsilon_r\varepsilon_0}$，则有

$$\sigma'=\frac{\varepsilon_r-1}{\varepsilon_r}\sigma_0 \tag{2-15}$$

由于 ε_r 大于 1，所以 σ' 总要小于 σ_0。

如果真空平行板电容器的电容为 C_0，当均匀各向同性电介质充满两极板间的空间时，该电容器的电容为 $C=\varepsilon_r C_0$，即当平行板电容器内充满各向同性的线性电介质时，其电容值增加到原来的 ε_r 倍。

2.3.7　电介质的电极化强度与电场强度

对于一般的极化电介质而言，其电极化强度取决于电介质内总的电场强度，即 $\boldsymbol{P}=\boldsymbol{P}(\boldsymbol{E})$。在各向同性的线性电介质内，实验表明

$$\boldsymbol{P}=\chi_e\varepsilon_0\boldsymbol{E} \tag{2-16}$$

式(2-16)中，比例系数 χ_e 称为线性电介质的电极化率，χ_e 是一个与电介质种类相关的量，是一个量纲为 1 的量，与 $\boldsymbol{E}$ 无关。

图 2-30 所示的平行板电容器两极板间的电介质内

$$\boldsymbol{E}=\boldsymbol{E}_0+\boldsymbol{E}'=\boldsymbol{E}_0-\frac{\boldsymbol{P}}{\varepsilon_0}=\boldsymbol{E}_0-\chi_e\boldsymbol{E}$$

故 $\boldsymbol{E}=\dfrac{\boldsymbol{E}_0}{1+\chi_e}$，即 $E=\dfrac{E_0}{1+\chi_e}$，因而对于线性电介质，其相对电容率和电极化率的关系为 $\varepsilon_r=1+\chi_e$。

在上述讨论中，尽管 $\boldsymbol{E}_0$、$\boldsymbol{E}'$、$\boldsymbol{E}$、$\boldsymbol{P}$ 之间有着复杂的关系，但 $\boldsymbol{E}_0$ 是起决定性作用的。对于确定的电介质，其 χ_e 和 ε_r 是确定的，若决定了 $\boldsymbol{E}$，则借此我们可以得到 $\boldsymbol{P}$ 和 $\boldsymbol{E}'$。

对于非线性电介质，$\boldsymbol{P}=\boldsymbol{P}(\boldsymbol{E})$ 这个关系式要复杂一些，因电介质的不同而有所不同，这也导致了电介质有许多重要的应用。在各向异性的电介质材料中，电极化率表示为一个电极化率张量的矩阵。

§2.4　电位移矢量　有电介质时的高斯定理

§1.4 节的真空中的高斯定理描述的是，电场中只有场源电荷激发电场，不考虑还有其他

物质影响电场的情况。而如果电场中存在电介质，§1.4 节的高斯定理也是成立的，但是这时闭合曲面内所包含的电荷就是曲面内的所有电荷了，既包括激发电场的场源电荷，也包括电介质极化后的极化电荷。在有电介质存在的情况下，外电场可以使得电介质极化，电介质内存在束缚电荷，电介质表面存在极化面电荷，极化面电荷建立的极化电场削弱外电场对电介质极化的影响，从而影响电介质内总的电场。在这种复杂的情况下，引入一个描述电场分布的新的物理量——**电位移矢量**，用 $\boldsymbol{D}$ 来表示。

如图 2-31 所示，以平行板电容器内充满均匀各向同性的电介质为例。当电容器充电后，两极板间电介质被均匀极化，此时作一个筒状高斯面 S，应用高斯定理表达式(1-14)有

$$\oint_S \boldsymbol{E}\cdot \mathrm{d}\boldsymbol{S}=\frac{1}{\varepsilon_0}\sum_{S内} q_i=\frac{1}{\varepsilon_0}\sum_{S内} q_0+\frac{1}{\varepsilon_0}\sum_{S内} q'$$

利用式(2-13)有

$$\oint_S \boldsymbol{E}\cdot \mathrm{d}\boldsymbol{S}=\frac{1}{\varepsilon_0}\sum_{S内} q_0-\frac{1}{\varepsilon_0}\oint_S \boldsymbol{P}\cdot \mathrm{d}\boldsymbol{S}$$

则

$$\oint_S (\varepsilon_0\boldsymbol{E}+\boldsymbol{P})\cdot \mathrm{d}\boldsymbol{S}=\sum_{S内} q_0$$

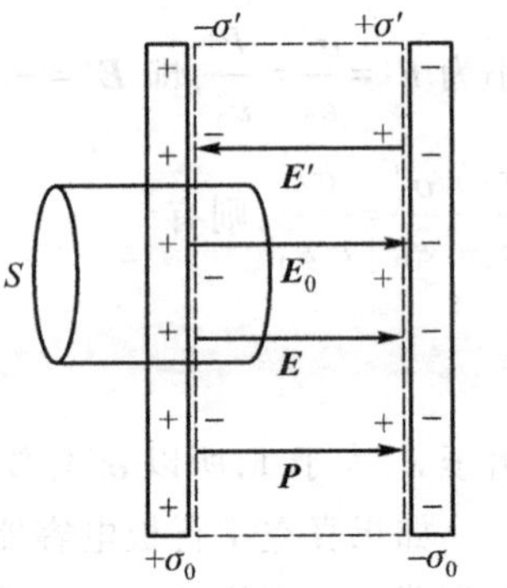

图 2-31　有电介质时的高斯定理

引入一矢量 $\boldsymbol{D}=\varepsilon_0\boldsymbol{E}+\boldsymbol{P}$，则有

$$\oint_S \boldsymbol{D}\cdot \mathrm{d}\boldsymbol{S}=\sum_{S内} q_0 \tag{2-17}$$

式(2-17)表明，电场中通过任意闭合曲面的电位移通量等于此闭合曲面所包围的所有自由电荷的代数和。这称为**有电介质时的高斯定理**。

$\boldsymbol{D}$ 称为**电位移矢量**：

$$\boldsymbol{D}=\varepsilon_0\boldsymbol{E}+\boldsymbol{P} \tag{2-18}$$

它的单位为库仑每平方米（$\mathrm{C\cdot m^{-2}}$）。电位移矢量 $\boldsymbol{D}$ 是一个重要的物理量，在有电介质存在的静电场中，电位移矢量取决于总的电场强度和电极化强度。在真空情况下没有电介质，即 $\boldsymbol{P}=0$，则有 $\boldsymbol{D}=\varepsilon_0\boldsymbol{E}$。

若闭合曲面内的自由电荷是连续分布的，其电荷体密度为 ρ_0，则式(2-17)又写为

$$\oint_S \boldsymbol{D}\cdot \mathrm{d}\boldsymbol{S}=\int_V \rho_0 \mathrm{d}V \tag{2-19}$$

式中 ρ_0 表示电场空间中自由电荷的体密度。利用闭合曲面积分的积分变换公式，式(2-19)可以写为微分形式：

$$\nabla\cdot\boldsymbol{D}=\rho_0 \tag{2-20}$$

式中 $\nabla\cdot\boldsymbol{D}$ 为电位移矢量 $\boldsymbol{D}$ 的散度。$\nabla\cdot\boldsymbol{D}$ 的求法类似于式(1-19)或(1-20)。

式(2-20)表明，电场中电位移矢量的散度等于该电场空间中自由电荷的体密度。

式(2-17)、式(2-19)、式(2-20)是普遍意义下的高斯定理，无论是真空情况还是有电介质存在的情况都成立，在变化的电场中也成立，它是电磁学的基本规律之一。

对于各向同性的线性电介质，其电极化率为 χ_e，相对电容率为 ε_r，由于有 $\boldsymbol{P}=\chi_e\varepsilon_0\boldsymbol{E}$，将其代入式(2-18)有

$$\boldsymbol{D}=\varepsilon_0\boldsymbol{E}+\boldsymbol{P}=(1+\chi_e)\varepsilon_0\boldsymbol{E}=\varepsilon_r\varepsilon_0\boldsymbol{E}=\varepsilon\boldsymbol{E} \tag{2-21}$$

式中 $\varepsilon_r=1+\chi_e$，$\varepsilon=\varepsilon_r\varepsilon_0=(1+\chi_e)\varepsilon_0$ 称为电介质的电容率或介电常量，它的单位与真空电容率相同。

利用有电介质时的高斯定理同样可以求某些特殊情况下的电位移矢量，但是要求此时自由电荷和极化电荷的分布都具有一定的对称性。如果电位移矢量求出来了，利用式(2-21)就可以求出各向同性的线性电介质中的电场强度。

例题 2.3 在平行板电容器中充满各向同性线性电介质，电极化率为 χ_e，极板所带电荷面密度为 σ_0。求该电介质中的电场强度 $\boldsymbol{E}$。

解：如例题 2.3 图所示，忽略边缘效应，可认为该电容器的电场在两极板之间均匀分布，作筒状高斯面 S。右底面在电介质内，底面法线方向与电位移矢量方向相同。电介质内的侧面法线方向与极板间电位移矢量方向垂直。

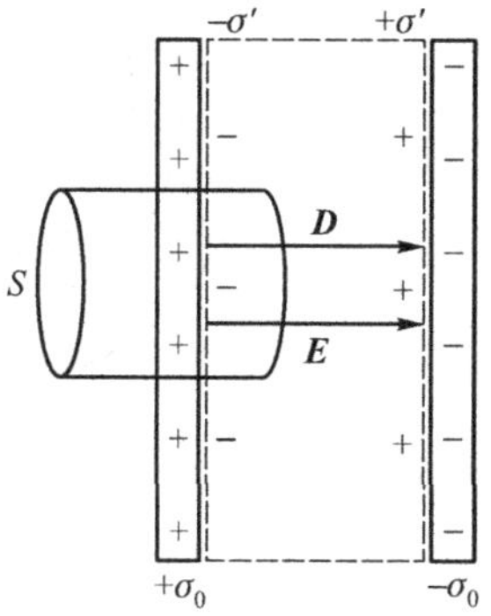

例题 2.3 图

$$\oint_S \boldsymbol{D}\cdot \mathrm{d}\boldsymbol{S}=\sum_{S内} q_0$$

对于电介质内的高斯面侧面，因为 $\boldsymbol{D}\perp \mathrm{d}\boldsymbol{S}$，所以 $\int_{S侧面}\boldsymbol{D}\cdot \mathrm{d}\boldsymbol{S}=0$；对于高斯面的左底面及电介质外的高斯面侧面，因为 $\boldsymbol{D}=0$，所以 $\int_{电介质外}\boldsymbol{D}\cdot \mathrm{d}\boldsymbol{S}=0$；对于电介质内的高斯面右底面，有 $\int_{\Delta S}\boldsymbol{D}\cdot \mathrm{d}\boldsymbol{S}=D\Delta S$。高斯面内 $\sum\limits_{S内} q_0=\sigma_0\Delta S$。

故 $D\Delta S=\Delta S\sigma_0$，则电位移矢量大小为

$$D=\sigma_0$$

而由式(2-21)得电场强度大小为

$$E=\frac{D}{(1+\chi_e)\varepsilon_0}=\frac{\sigma_0}{(1+\chi_e)\varepsilon_0}$$

这里 $1+\chi_e=\varepsilon_r$，当电容器极板间没有电介质时，$\chi_e=0$，$E_0=\dfrac{\sigma_0}{\varepsilon_0}$，故

$$E=\frac{E_0}{\varepsilon_r}$$

设电容器两极板之间有电介质时的电势差为 ΔU，没有电介质时的电势差为 ΔU_0，则 $\Delta U=\dfrac{\Delta U_0}{\varepsilon_r}$。若该电容器极板间充满电介质时的电容为 C，没有电介质时的电容为 C_0，则有 $C=\varepsilon_r C_0=(1+\chi_e)C_0$，可见平行板电容器极板间充满电介质时，其电容值提高了 $1+\chi_e$ 倍。

例题 2.4 如例题 2.4(a)图所示，球形电容器两极导体球壳的半径分别为 R_1 和 R_2，两导体球壳之间以半径为 R 的球面为分界面，分成两个球层，各自充满各向同性的电介质，电介质的极化率分别为 χ_{e1}、χ_{e2}。(1) 求该电介质电容器的电容；(2) 设该球形电容器的内导体球壳为阳极，外导体球壳为阴极，分别带电 $+q$ 和 $-q$，求两个球层电介质分界面处的极化电荷面密度。

解：(1) 如例题 2.4 图(b)所示，设该球形电容器的内导体球壳为阳极，带电 $+q$，外导体球

壳为阴极，带电$-q$，考虑到电荷分布、电介质极化后极化电荷分布的球对称性，因而电场强度及电位移矢量的分布也具有球对称性，其方向沿径向由球心向外方向。在以 O 点为球心的同一球面上电场强度及电位移矢量的大小相等，故作如图所示半径为 r 的球面高斯面 S。由式(2-17)有

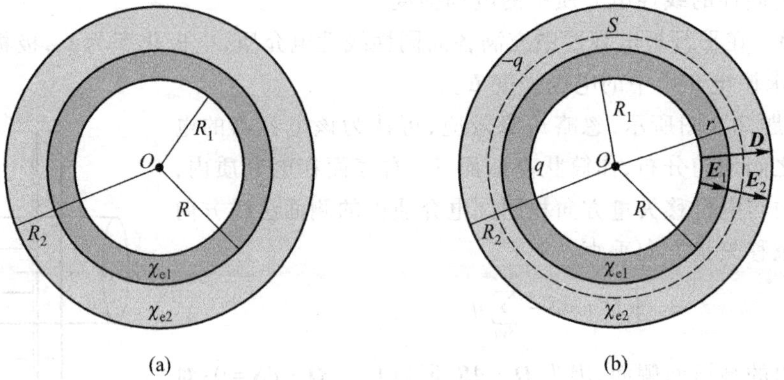

例题 2.4 图

$$\oint_S \boldsymbol{D} \cdot \mathrm{d}\boldsymbol{S} = \sum_{S内} q_0$$

即

$$D \cdot 4\pi r^2 = q \quad (R_1<r<R_2)$$

$$D = \frac{q}{4\pi r^2} \quad (R_1<r<R_2)$$

$$\boldsymbol{D} = \frac{q}{4\pi r^2}\boldsymbol{e}_r \quad (R_1<r<R_2)$$

由式(2-21)有

$$\boldsymbol{E}_1 = \frac{1}{4\pi(1+\chi_{e1})\varepsilon_0}\frac{q}{r^2}\boldsymbol{e}_r \quad (R_1<r<R)$$

$$\boldsymbol{E}_2 = \frac{1}{4\pi(1+\chi_{e2})\varepsilon_0}\frac{q}{r^2}\boldsymbol{e}_r \quad (R<r<R_2)$$

两极之间的电势差为

$$U_1-U_2 = \int_{R_1}^{R_2}\boldsymbol{E} \cdot \mathrm{d}\boldsymbol{l} = \frac{q}{4\pi\varepsilon_0}\left(\frac{1}{(1+\chi_{e1})}\left(\frac{1}{R_1}-\frac{1}{R}\right)+\frac{1}{(1+\chi_{e2})}\left(\frac{1}{R}-\frac{1}{R_2}\right)\right)$$

则该电容器的电容为

$$C = \frac{q}{U_1-U_2} = \frac{4\pi\varepsilon_0(1+\chi_{e1})(1+\chi_{e2})R_1RR_2}{(1+\chi_{e1})R_1(R_2-R)+(1+\chi_{e2})R_2(R-R_1)}$$

若取上式的倒数

$$\frac{1}{C} = \frac{R-R_1}{4\pi\varepsilon_0(1+\chi_{e1})R_1R}+\frac{R_2-R}{4\pi\varepsilon_0(1+\chi_{e2})RR_2} = \frac{1}{C_1}+\frac{1}{C_2}$$

则两种电介质分成两个球层情况下总的电容相当于两个电容的串联。

若两种电介质极化率相等，即$\chi_{e1}=\chi_{e2}=\chi_e$，则

$$C=\frac{4\pi\varepsilon_0(1+\chi_e)R_1R_2}{R_2-R_1}$$

与式(2-5)比较,相当于电介质电容器的电容值提高了 $1+\chi_e$ 倍。

(2) 由式(2-16)有

$$\boldsymbol{P}_1=\chi_{e1}\varepsilon_0\boldsymbol{E}_1=\frac{\chi_{e1}}{4\pi(1+\chi_{e1})}\frac{q}{r^2}\boldsymbol{e}_r\quad(R_1<r<R)$$

$$\boldsymbol{P}_2=\chi_{e2}\varepsilon_0\boldsymbol{E}_2=\frac{\chi_{e2}}{4\pi(1+\chi_{e2})}\frac{q}{r^2}\boldsymbol{e}_r\quad(R<r<R_2)$$

两种电介质分界球面处,即半径为 R 处,由式(2-14)得极化率为 χ_{e1} 的电介质界面上极化电荷面密度、极化率为 χ_{e2} 的电介质界面上极化电荷面密度分别为

$$\sigma_1'=\boldsymbol{P}_1\cdot\boldsymbol{e}_n=\frac{\chi_{e1}}{1+\chi_{e1}}\frac{q}{4\pi R^2}$$

$$\sigma_2'=\boldsymbol{P}_2\cdot\boldsymbol{e}_n=-\frac{\chi_{e2}}{1+\chi_{e2}}\frac{q}{4\pi R^2}$$

从而得两个球层电介质分界面处的极化电荷面密度

$$\sigma'=\sigma_1'+\sigma_2'=\left(\frac{\chi_{e1}}{1+\chi_{e1}}-\frac{\chi_{e2}}{1+\chi_{e2}}\right)\frac{q}{4\pi R^2}$$

若 $\chi_{e1}=\chi_{e2}=\chi_e$,则 $\sigma'=\sigma_1'+\sigma_2'=0$。由此可见,在电介质极化情况下,在不同电介质构成的分界面处有极化面电荷存在;而在同一种均匀各向同性电介质内无论如何分划界面,都不存在极化面电荷。

§2.5 电介质分界面的边界条件

2.5.1 有电介质时的静电场基本方程

关于描述静电场的性质,第一章给出了两个基本定理,其也称为静电场基本方程,即高斯定理和环路定理:

$$\oint_S\boldsymbol{E}\cdot d\boldsymbol{S}=\frac{1}{\varepsilon_0}\sum_{i=1}^{n}q_i\qquad(1-14)$$

$$\oint_L\boldsymbol{E}\cdot d\boldsymbol{l}=0\qquad(1-27)$$

当考虑到电介质对电场的影响时,更普遍的高斯定理写为

$$\oint_S\boldsymbol{D}\cdot d\boldsymbol{S}=\sum_{S内}q_0\qquad(2-17)$$

其实,式(1-14)和式(2-17)是等价的,式(1-14)中的 $\sum_{i=1}^{n}q_i$ 是对闭合曲面所包围电场空间所有电荷取和,而式(2-17)中的 $\sum_{S内}q_0$ 仅仅是对闭合曲面所包围电场空间的自由电荷取和,只是在处理有电介质存在时的静电场问题时,用式(2-17)更方便一些。这里的电位移矢量与电场

强度矢量通过式(2-18)联系起来,即 $\boldsymbol{D}=\varepsilon_0\boldsymbol{E}+\boldsymbol{P}$。而如果仅对各向同性的线性电介质,电位移矢量与电场强度矢量满足式(2-21),即 $\boldsymbol{D}=(1+\chi_e)\varepsilon_0\boldsymbol{E}=\varepsilon_r\varepsilon_0\boldsymbol{E}$。

在讨论电介质问题时常常遇到两种电介质分界面问题,描述电场性质的物理量无论是电场强度还是电位移矢量,通过两种电介质分界面时,将满足的关系称为电介质分界面上的边界条件,还要以式(2-19)和式(1-27)两个基本定理为出发点给出。

2.5.2 电介质分界面的边界条件

1. 在两种电介质分界面处电位移矢量的法向分量连续

设有两种电介质,分界面如图 2-32 所示,电位移矢量 $\boldsymbol{D}$ 穿过两种电介质分界面,两种电介质的相对电容率分别为 ε_{r1} 和 ε_{r2},在电介质分界面处没有自由电荷的累积。我们在电介质分界面上下作一个扁盒状的闭合曲面 S,其上下底面足够小,分别居于两种电介质中,上下底面积相等,且都等于 ΔS,且上下底面“无限”接近于分界面,使得其侧面积趋于零。这时上下底面处的电位移矢量可看作是相等的。利用式(2-17)有

$$\oint_S \boldsymbol{D}\cdot \mathrm{d}\boldsymbol{S}=\sum_{S内} q_0=0$$

$$\int_{下底\Delta S(1)}\boldsymbol{D}\cdot \mathrm{d}\boldsymbol{S}+\int_{上底\Delta S(2)}\boldsymbol{D}\cdot \mathrm{d}\boldsymbol{S}+\int_{侧面}\boldsymbol{D}\cdot \mathrm{d}\boldsymbol{S}=0$$

$$\boldsymbol{D}_1\cdot \boldsymbol{e}_{n1}\Delta S+\boldsymbol{D}_2\cdot \boldsymbol{e}_{n2}\Delta S=-D_{1n}\Delta S+D_{2n}\Delta S=0$$

则有

$$D_{1n}=D_{2n} \tag{2-22}$$

式(2-22)表明,在两种电介质分界面处电位移矢量的法向分量是连续的。

由式(2-21)知,在两种电介质分界面处电场强度矢量的法向分量不连续,即 $\varepsilon_{r1}E_{1n}=\varepsilon_{r2}E_{2n}$。考虑到电场强度与电势的微分关系式(1-46),可以得到电介质分界面两侧电势的定量关系:

$$\varepsilon_{r1}\frac{\partial U_1}{\partial n}=\varepsilon_{r2}\frac{\partial U_2}{\partial n} \tag{2-23}$$

2. 在两种电介质分界面处电场强度矢量的切向分量连续

设有两种电介质,分界面如图 2-33 所示,电场强度矢量 $\boldsymbol{E}$ 穿过两种电介质分界面,在电介质分界面处没有自由电荷的累积。我们在电介质分界面上下作一个矩形闭合回路 L,上下

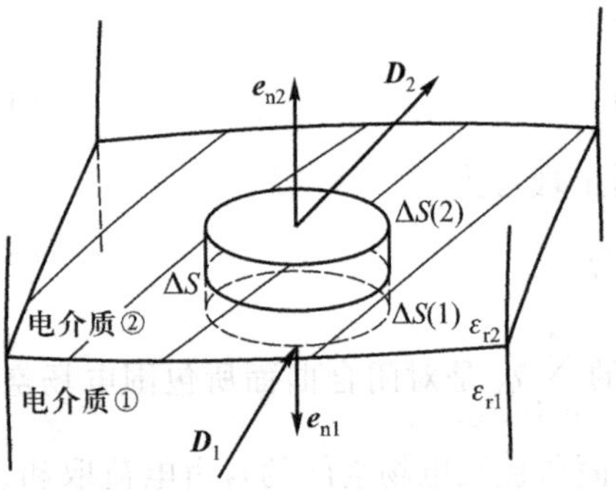

图 2-32 两种电介质分界面处的电位移矢量

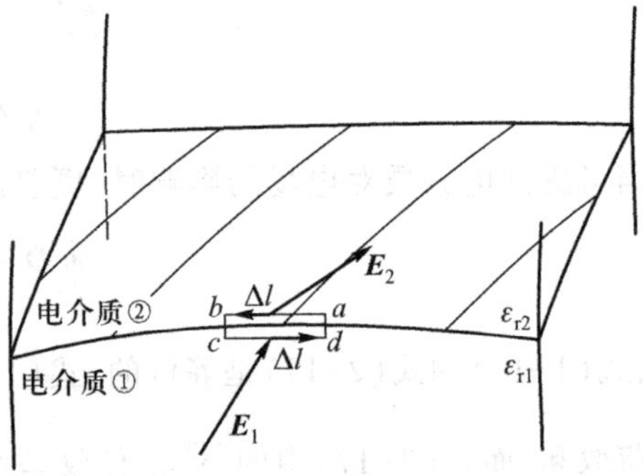

图 2-33 两种电介质分界面处的电场强度矢量

边足够短，分别居于两种电介质中，$ab=cd=\Delta l$，且上下边"无限"接近于分界面，使得侧边趋于零，即 $bc=da\to 0$。这时上下边处的电场强度可看作是相等的。利用式(1-27)有

$$\oint_L \boldsymbol{E}\cdot \mathrm{d}\boldsymbol{l}=0$$

$$\int_a^b \boldsymbol{E}\cdot \mathrm{d}\boldsymbol{l}+\int_b^c \boldsymbol{E}\cdot \mathrm{d}\boldsymbol{l}+\int_c^d \boldsymbol{E}\cdot \mathrm{d}\boldsymbol{l}+\int_d^a \boldsymbol{E}\cdot \mathrm{d}\boldsymbol{l}=0$$

$$\int_a^b \boldsymbol{E}\cdot \mathrm{d}\boldsymbol{l}+\int_c^d \boldsymbol{E}\cdot \mathrm{d}\boldsymbol{l}=-E_{2t}\Delta l+E_{1t}\Delta l=0$$

则有

$$E_{1t}=E_{2t} \tag{2-24}$$

式(2-24)表明，在两种电介质分界面处电场强度矢量的切向分量是连续的。

若电介质分界面上有自由电荷分布，其电荷面密度为 σ_0，则式(2-24)依然成立，但是电介质分界面处电位移矢量的法向分量满足

$$D_{2n}-D_{1n}=\sigma_0 \tag{2-25}$$

2.5.3 电介质分界面处电场线的偏折

如图 2-34 所示，电场强度矢量 $\boldsymbol{E}$ 和电位移矢量 $\boldsymbol{D}$ 穿过两种电介质分界面，两种电介质的相对电容率分别为 ε_{r1} 和 ε_{r2}，在电介质分界面处没有自由电荷的累积。由前面给出的边界条件有

$$D_{1n}=D_{2n},\quad D_1\cos\theta_1=D_2\cos\theta_2$$

$$E_{1t}=E_{2t},\quad E_1\sin\theta_1=E_2\sin\theta_2$$

上述两个表达式相除有

$$\frac{E_1}{D_1}\tan\theta_1=\frac{E_2}{D_2}\tan\theta_2$$

由于 $D_1=\varepsilon_{r1}\varepsilon_0E_1$，$D_2=\varepsilon_{r2}\varepsilon_0E_2$，故有

$$\frac{\tan\theta_1}{\tan\theta_2}=\frac{\varepsilon_{r1}}{\varepsilon_{r2}} \tag{2-26}$$

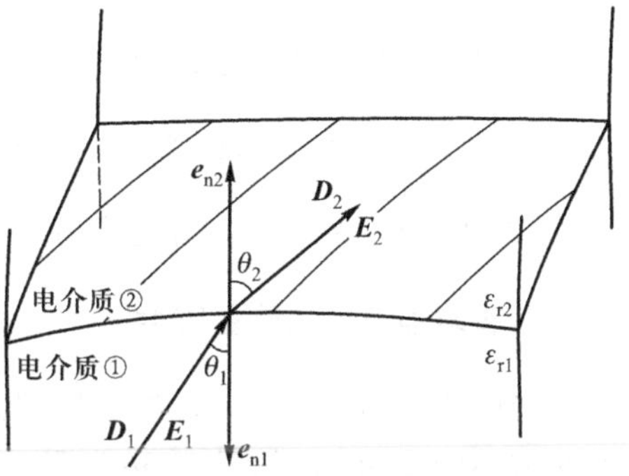

图 2-34 电介质分界面处电场线的偏折

式(2-26)表明，电介质分界面两侧电场线与法线方向夹角的正切值之比等于分界面两侧的电介质电容率之比。

§2.6 静电场的能量密度

在§1.10 节中讨论的静电场的能量，强调带电体与电场是相伴存在的。静电场中存在的静电能，是外力移动电荷克服静电场力做功转化而来的，如式(1-53)、式(1-54)和式(1-56)，这静电能与带电体所带电荷量及空间分布有关。然而，既然静电能储存在静电场中，它一定与描述静电场性质的电场强度矢量、电位移矢量有着具体的联系。一般而言，若知道了静电场中不同位置单位体积内的静电能，即静电能的能量密度，就可求得总的静电能。本节即来讨论这些问题。

2.6.1 匀强电场的能量密度

我们讨论匀强电场最典型的例子是平行板电容器，这时忽略了电容器边缘的电场畸变。同样，充满均匀各向同性电介质的平行板电容器内的电场仍可看作匀强电场。

图 2-35 所示为充满均匀各向同性电介质的平行板电容器，其电容为 $C=\varepsilon_r C_0=\dfrac{\varepsilon_r\varepsilon_0 S}{d}$，充电后其两极板各带电荷量$+q$ 和$-q$，两极板的电势分别为 U_1 和 U_2，由式(2-9)知该电容器的静电能为 $W_e=\dfrac{1}{2}C(\Delta U)^2$，则有

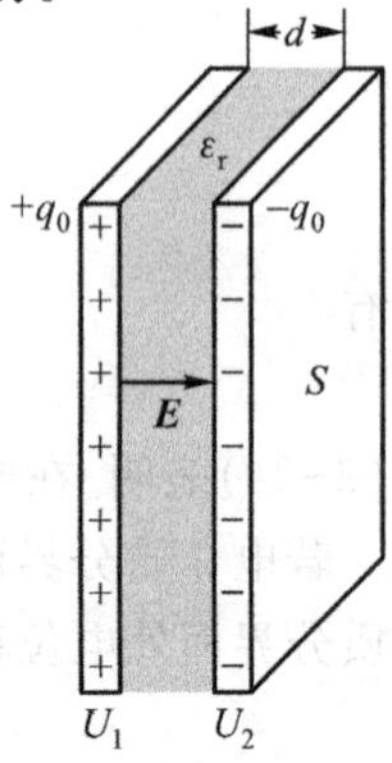

图 2-35 匀强电场的静电能

$$W_e=\frac{1}{2}\frac{\varepsilon_r\varepsilon_0 S}{d}E^2d^2=\frac{1}{2}\varepsilon_r\varepsilon_0E^2Sd=\frac{1}{2}DEV=\frac{1}{2}\boldsymbol{D}\cdot\boldsymbol{E}V$$

即

$$W_e=\frac{1}{2}\varepsilon_r\varepsilon_0E^2V=\frac{1}{2}\boldsymbol{D}\cdot\boldsymbol{E}V \tag{2-27}$$

匀强电场的能量密度为 $w_e=\dfrac{W_e}{V}$，即

$$w_e=\frac{1}{2}\varepsilon_r\varepsilon_0E^2=\frac{1}{2}\boldsymbol{D}\cdot\boldsymbol{E} \tag{2-28}$$

能量密度的单位为焦耳每立方米($\mathrm{J\cdot m^{-3}}$)。式(2-28)中静电能的能量密度与电场强度的二次方成正比。若是真空情况，则 $w_e=\dfrac{1}{2}\varepsilon_0E^2$。

式(2-28)无论在静电场中还是在变化的电场中都成立。

2.6.2 非匀强电场的能量密度

一般的静电场都是非均匀的，但是无论静电场的非均匀程度如何，总可以在该电场中找到一个足够小的体元 $\mathrm{d}V$，如图 2-36 所示。其内电场近似可以看作匀强电场，则在该体元内静电能的能量密度为

$$w_e=\frac{1}{2}\boldsymbol{D}\cdot\boldsymbol{E}=\frac{1}{2}\varepsilon_r\varepsilon_0E^2$$

该式也适用于任何电场强度大小相等的体元区域。

而体元 $\mathrm{d}V$ 内总的静电能为

$$\mathrm{d}W_e=w_e\mathrm{d}V=\frac{1}{2}\boldsymbol{D}\cdot\boldsymbol{E}\mathrm{d}V=\frac{1}{2}\varepsilon_r\varepsilon_0E^2\mathrm{d}V$$

该非匀强电场总的静电能为 $W_e=\int_V\mathrm{d}W_e$，即

$$W_e=\int_V w_e\mathrm{d}V=\frac{1}{2}\int_V\boldsymbol{D}\cdot\boldsymbol{E}\mathrm{d}V=\frac{1}{2}\int_V\varepsilon_r\varepsilon_0E^2\mathrm{d}V \tag{2-29}$$

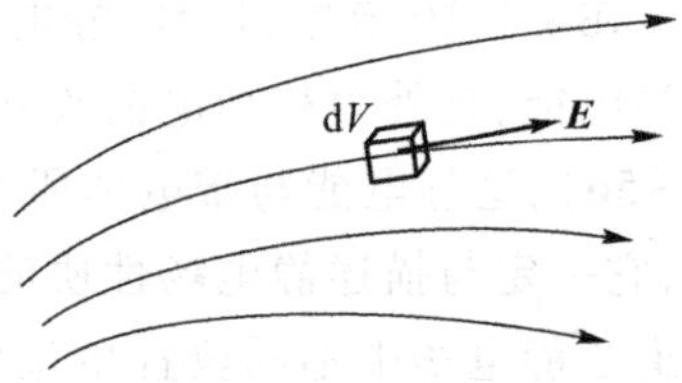

图 2-36 非匀强电场的静电能

例题 2.5 一均匀带电球体的半径为 R，带电荷量为 q，置于真空中。求：(1) 该均匀带电球体内外静电能的能量密度；(2) 该均匀带电球体的静电能。

解:(1) 对于均匀带电球体,其电荷体密度为

$$\rho=\frac{q}{4\pi R^3/3}$$

由高斯定理可得,均匀带电球体内外的电场强度分别为

$$\boldsymbol{E}_1=\frac{\rho r}{3\varepsilon_0}\boldsymbol{e}_r=\frac{qr}{4\pi\varepsilon_0R^3}\boldsymbol{e}_r\quad(r<R)$$

$$\boldsymbol{E}_2=\frac{q}{4\pi\varepsilon_0r^2}\boldsymbol{e}_r\quad(r>R)$$

在球体内取一足够小的体元 dV,如例题 2.5 图(a)所示的半径为 r、厚为 dr 的薄球壳,其内电场强度大小近似为各处相等,则静电能的能量密度为

$$w_{e1}=\frac{1}{2}\varepsilon_0E_1^2=\frac{1}{2}\varepsilon_0\left(\frac{qr}{4\pi\varepsilon_0R^3}\right)^2$$

在球体外亦取一足够小的体元 dV,如例题 2.5 图(b)所示的半径为 r、厚为 dr 的薄球壳,其内电场强度大小近似为各处相等,则静电能的能量密度为

$$w_{e2}=\frac{1}{2}\varepsilon_0E_2^2=\frac{1}{2}\varepsilon_0\left(\frac{q}{4\pi\varepsilon_0r^2}\right)^2$$

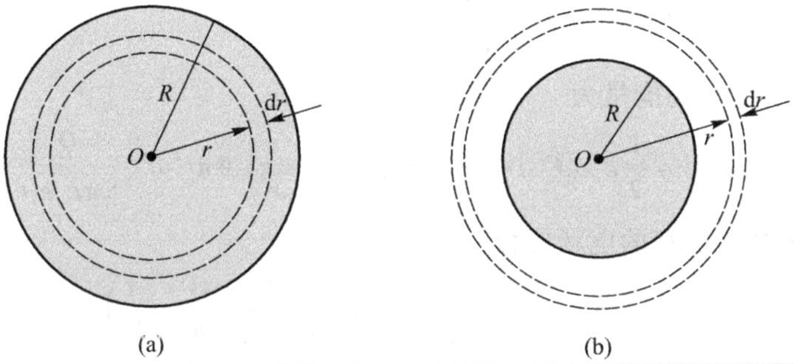

例题 2.5 图

(2) 在球内电场空间,如例题 2.5 图(a)所示,取一足够小的体元 dV,其为半径为 r、厚为 dr 的薄球壳,其内静电能为

$$\mathrm{d}W_{e1}=w_{e1}\mathrm{d}V=\frac{1}{2}\varepsilon_0E_1^2\mathrm{d}V=\frac{1}{2}\varepsilon_0\left(\frac{qr}{4\pi\varepsilon_0R^3}\right)^2 4\pi r^2\mathrm{d}r=\frac{q^2r^4dr}{8\pi\varepsilon_0R^6}$$

则球内电场空间总的静电场能为

$$W_{e1}=\int_V\mathrm{d}W_{e1}=\frac{q^2}{8\pi\varepsilon_0R^6}\int_0^R r^4\mathrm{d}r=\frac{q^2}{40\pi\varepsilon_0R}$$

在球外电场空间,如例题 2.5 图(b)所示,取一足够小的体元 dV,其为半径为 r、厚为 dr 的薄球壳,其内静电能为

$$\mathrm{d}W_{e2}=w_{e2}\mathrm{d}V=\frac{1}{2}\varepsilon_0E_2^2\mathrm{d}V=\frac{1}{2}\varepsilon_0\left(\frac{q}{4\pi\varepsilon_0r^2}\right)^2 4\pi r^2\mathrm{d}r=\frac{q^2\mathrm{d}r}{8\pi\varepsilon_0r^2}$$

则球外电场空间总的静电场能为

$$W_{e2}=\int_V \mathrm{d}W_{e2}=\frac{q^2}{8\pi\varepsilon_0}\int_R^{\infty}\frac{\mathrm{d}r}{r^2}=\frac{q^2}{8\pi\varepsilon_0 R}$$

均匀带电球体内外电场空间总的静电能为

$$W_e=W_{e1}+W_{e2}=\frac{3q^2}{20\pi\varepsilon_0 R}$$

例题 2.6 一球形电容器的内外同心导体球壳半径分别为 R_1 和 R_2，内外导体球壳之间充满相对介电容率为 ε_r 的电介质。该电容器充电后，内球壳带电 $+Q$，外球壳带电 $-Q$。求：(1) 球形电容器所储存的电场能；(2) 电介质球形电容器的电容。

解：(1) 对于电介质球形电容器，其电场都在两导体球壳之间，由高斯定理可得两球壳之间的场强为

$$\boldsymbol{E}=\frac{Q}{4\pi\varepsilon_r\varepsilon_0 r^2}\boldsymbol{e}_r$$

类似例题 2.5，如例题 2.6 图所示，在两导体球壳之间的电场空间内取一足够小的薄球壳形体元 $\mathrm{d}V$，半径为 r、厚为 $\mathrm{d}r$，它的体积为 $\mathrm{d}V=4\pi r^2\mathrm{d}r$，其内电场强度大小近似为各处相等，则静电能的能量密度为

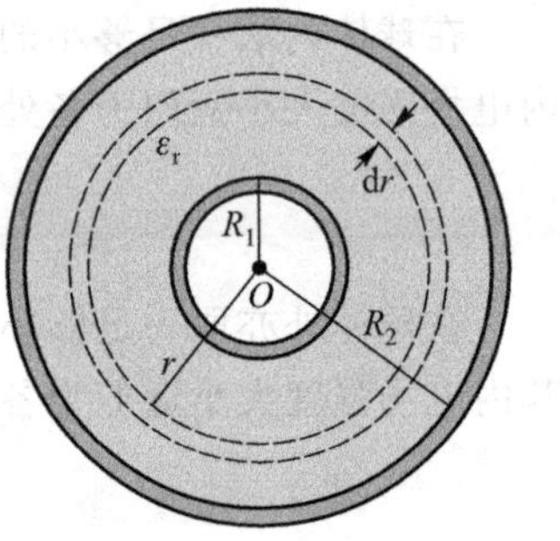

例题 2.6 图

$$w_e=\frac{1}{2}\varepsilon_r\varepsilon_0 E^2=\frac{1}{2}\varepsilon_r\varepsilon_0\left(\frac{Q}{4\pi\varepsilon_r\varepsilon_0 r^2}\right)^2$$

薄球壳形体元 $\mathrm{d}V$ 内的电场能量为

$$\mathrm{d}W_e=w_e\mathrm{d}V=\frac{1}{2}\varepsilon_r\varepsilon_0 E^2\mathrm{d}V=\frac{1}{2}\varepsilon_r\varepsilon_0\left(\frac{Q}{4\pi\varepsilon_r\varepsilon_0 r^2}\right)^2 4\pi r^2\mathrm{d}r=\frac{Q^2}{8\pi\varepsilon_0\varepsilon_r r^2}\mathrm{d}r$$

则电介质球形电容器所储存的电场能为

$$W_e=\int_V \mathrm{d}W_e=\int_{R_1}^{R_2}\frac{Q^2}{8\pi\varepsilon_0\varepsilon_r r^2}\mathrm{d}r=\frac{Q^2}{8\pi\varepsilon_0\varepsilon_r}\left(\frac{1}{R_1}-\frac{1}{R_2}\right)$$

(2) 由电容器的储能式(2-9)$W_e=\dfrac{Q^2}{2C}$得

$$C=\frac{Q^2}{2W_e}=4\pi\varepsilon_r\varepsilon_0\frac{R_1R_2}{R_2-R_1}$$

将该式与式(2-5)比较可知，电容器的电容值提高了 ε_r 倍。

§2.7 铁电体 驻极体 压电效应

2.7.1 铁电体

铁电体是指一类具有铁电性的各向异性的电介质。铁电体在极化过程中，其电极化强度 $\boldsymbol{P}$ 与电场强度 $\boldsymbol{E}$ 不是线性关系，由于极化历史不同，其二者之间也不一定是单值关系。

如图 2-37 所示，铁电体在极化过程中，当电场足够强时，能够达到“正向”饱和极化 S。之后如果加反向电场进行“反向”退极化，在电场完全撤去后，铁电体还存在一定的剩余电极化

强度值 P_R，当加“反向”极化电场达到一定值 $-E_C$ 时，剩余电极化强度值 P_R 才完全消失。如果加“反向”极化电场足够强时，又可以达到“反向”饱和极化 S'。之后再退极化，直至达到“正向”饱和极化 S。这一极化过程的 $P-E$ 曲线构成闭合曲线，称之为**电滞回线**。例如钛酸钡（$BaTiO_3$），当温度低于 125 ℃时，它的 $P-E$ 电滞回线也和图 2-37 一样。

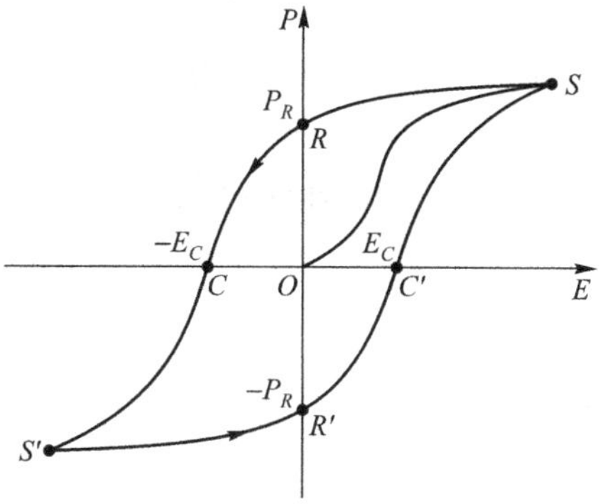

图 2-37　铁电体极化的电滞曲线

后面讲磁介质时会讲到一种磁介质称为铁磁质，铁磁质磁化过程存在着“磁滞回线”，与铁电体的极化“电滞回线”非常相似，所以把具有这一类性质的电介质称为铁电体，其实铁电体可能与铁毫不相干。至于一种电介质是否是铁电体，只能通过实验来测定，电滞回线的存在是判定电介质为铁电体的重要根据。具有铁电性的材料种类很多，有单晶、多晶、无机和有机材料等。常见的铁电体有铌酸钾、钛酸钡、钛酸铅等。

铁电体在压电、介电、热释电和电致伸缩等方面有许多应用。铁电体的相对电容率 ε_r 很大，能达到 $10^2 \sim 10^4$，可用于做成体积小、电容大的电容器，而且 ε_r 随电场强度的大小 E 而变，即电容器电容随电压而变，为此可以应用铁电体做成非线性电容器。

2.7.2　驻极体

电介质在外电场作用下被极化，通常情况下，外电场撤去，电介质的极化同时也就消失了，但是也有一些电介质，当其受到强外电场作用而极化后，其极化现象不随外电场撤去而完全消失，出现了极化电荷“永久”存在于电介质表面和体内的现象，这种能“永久”保持极化状态的电介质称为驻极体，也叫永电体。

驻极体材料在自然界中非常普遍。例如，石英和其他形式的二氧化硅是天然存在的驻极体。如今，大多数驻极体是由合成聚合物制成的，例如含氟聚合物、聚丙烯、聚对苯二甲酸乙二醇酯（PTFE）等。

驻极体有广泛的应用，利用驻极体换能特性制成驻极体传声器、驻极体电声换能器、驻极体震动感应报警器等。此外还应用于静电摄影术、辐射计量仪、光显示系统、气体过滤器等。

2.7.3　压电效应

某些电介质在沿一定方向上受到机械作用等外力作用时，发生变形的同时在其内部会产生极化现象，在它的两个相对表面上出现等量异号的极化面电荷，当外力去掉后，它又恢复到非极化的状态，电介质的这种现象称为**压电效应**。当作用力的方向改变时，电荷的极性也随之改变。

而有些电介质在外电场下产生极化时，在极化方向上这些电介质也会发生形变，这种效应称为**逆压电效应**或**电致伸缩**。当外电场撤去后，电介质的形变随之消失。利用电介质的这种逆压电效应可以制成压电传感器。

具有压电效应的材料分为压电晶体和压电陶瓷，压电晶体一般指压电单晶体，如水晶（石英晶体）、镓酸锂、锗酸锂、钽酸锂等。常见的压电陶瓷则泛指压电多晶体，如钛酸钡、锆钛酸铅、铌酸铅钡锂、偏铌酸铅等。

压电效应和逆压电效应的应用十分广泛，如换能器、驱动器、传感器等，如超声成像、晶体话筒、电唱机的晶体唱头、打火机的点火器、晶体耳机、超声波发生器、压电振荡器等。

应用专题：1. 电荷耦合器件；2. 电离层与通信；3. 电容传感器

经典实验：富兰克林实验

思考题

2.1 如图所示，一导体附近 B 点放一电荷量为 q 的点电荷，B 点离导体表面上 A 点的距离为 l，AB 连线垂直于导体表面。已知导体达到静电平衡时，A 点附近表面上电荷面密度为 σ。有人认为，按场强叠加原理，A 点附近的场强为 $E_A=\dfrac{\sigma}{\varepsilon_0}-\dfrac{q}{4\pi\varepsilon_0 l^2}$。你认为这种说法对吗？请解释原因。

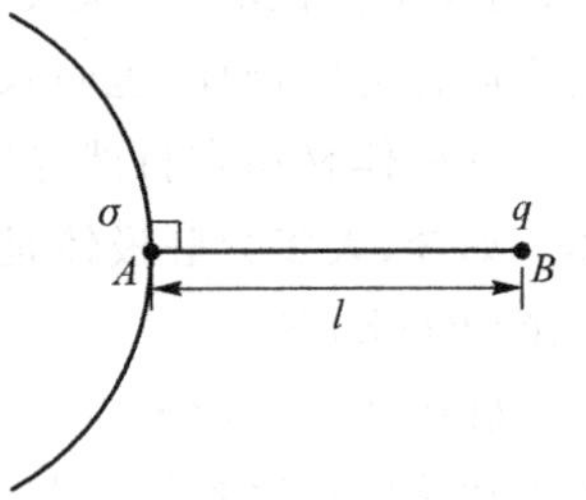

思考题 2.1 图

2.2 电荷面密度为 σ 的无限大均匀带电平面两侧场强为 $E=\dfrac{\sigma}{2\varepsilon_0}$，而在静电平衡状态下，一块无限大导体板，若其表面电荷面密度为 σ，则其附近场强为 $E=\dfrac{\sigma}{\varepsilon_0}$，为什么前者比后者小一半？

2.3 如图所示，将同一种材料的导体 A、B 紧靠在一起，放在外电场中，如图(a)所示。将 A、B 分开后撤去电场，如图(b)所示。那么，在图(a)和图(b)两种情况下，A、B 的电势高低有什么不同？

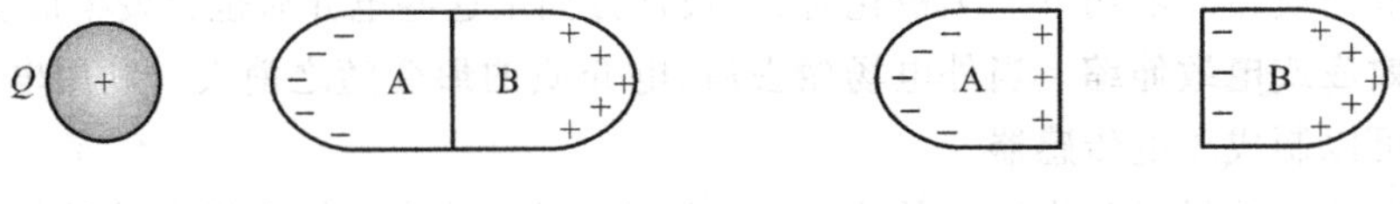

(a) (b)

思考题 2.3 图

2.4 有两个金属球相距很远，可视为相距无限远。其中一个带正电荷 Q，它在球外离球心为 r 处的一点电场强度为 $\boldsymbol{E}_1$，另一金属球带负电荷 Q_2，它在球外离球心为 r 的一点场强为 $\boldsymbol{E}_2$。当两球从"无限远"移近到两球心相距为 $2r$ 时，则球心连线中点处的合场强为 $\boldsymbol{E}=\boldsymbol{E}_1+\boldsymbol{E}_2$，这一结果对吗？请解释说明。

2.5 关于带电导体的电势与电荷的关系，下列说法正确吗？

（1）导体接地后其上的电荷都导到大地上去了，所以接地的导体不可能带有电荷；

（2）任一带负电的导体，其电势不可能为正值。

2.6 如图所示，一原来不带电的空腔导体球壳，空腔内有一正的点电荷 q_1，导体外面有一正的点电荷 q_2。请问：在空腔导体球壳不接地和接地两种情况下，导体球壳内、外表面上电荷分布情况有何不同？

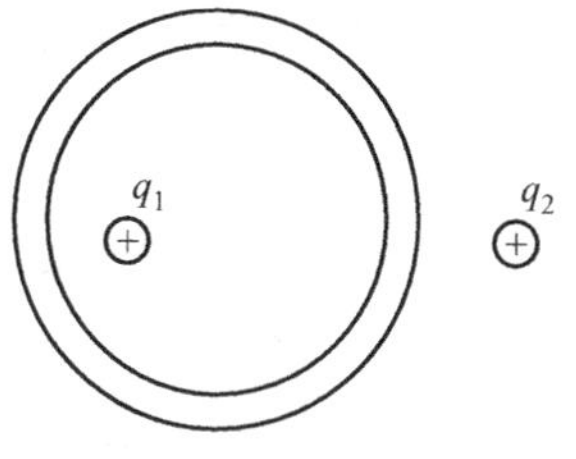

思考题 2.6 图

2.7 各向同性均匀电介质处于极化状态，则电介质中哪些地方会出现束缚电荷？有人认为，根据束缚电荷体密度公式 $\rho'=-\nabla\cdot\boldsymbol{P}$（$\boldsymbol{P}$ 为电极化强度矢量）可知，若介质是被均匀极化的，则介质内不出现束缚体电荷；若介质是被非均匀极化的，则介质内一定有束缚体电荷。这种说法对吗？请分析说明。

2.8 关于电位移的高斯定理，下列说法正确吗？

（1）高斯面内不包围自由电荷，则面上各点的电位移矢量为零；

（2）高斯面上处处电位移矢量为零，则面内必不存在自由电荷；

（3）高斯面的电位移通量仅与面内自由电荷有关。

2.9 试用静电场的环路定理证明，平行板电容器的边缘一定存在着逐渐减弱的边缘电场，不可能突然由均匀电场变到零。并讨论，如果考虑平行板电容器的边缘场，那么其电容比不考虑边缘场时的电容大还是小？

2.10 三个完全相同的金属球 A、B、C，其中 A 球带有电荷 Q，而 B、C 球均不带电。先使 A 球同 B 球接触，分开后 A 球再和 C 球接触，最后三个球分别孤立地放置，则 A、B 两球所储存的电场能量 W_A、W_B，与 A 球原先所储存的电场能量 W_0 比较有什么关系？

习题

2.1 两个相距很远的带电导体球，半径分别为 R 和 r，用很长的细导线将两球连接起来。设两球的电荷面密度分别为 σ_1 和 σ_2，忽略两个导体球的静电相互作用和细导线上电荷对导体球上电荷分布的影响。试证明：$\dfrac{\sigma_1}{\sigma_2}=\dfrac{r}{R}$。

第二章习题
参考答案

2.2 如图所示，真空中有一半径为 R 的未带电的导体球，在离球心 O 的距离为 a 处（$a>R$）放一点电荷 q。

（1）取无限远处的电势为零，求导体球的电势；

（2）将导体球与地连接，取地的电势为零，求球上的感应电荷。

2.3 一块面积为 S、带电荷量为 Q 的大金属薄板，在板附近与金属板表面相距为 h 的位置处有一个带电荷量为 q 的点电荷，不计边缘效应，求金属板表面上的电荷分布。

2.4 真空中有一无限大均匀带电平面，其电荷面密度为 $\sigma_0(>0)$，在它附近平行地放置一块有一定厚度的无限大金属板。此板原来不带电，不计边缘效应。

(1) 求此金属板两面的电荷分布；

(2) 把金属板接地，金属板两面的电荷又将如何分布？

2.5 如图所示，三块互相平行的不带电导体板，相互之间的距离 d_1 和 d_2 比板面的线度小得多，外面两板用导线连接。现将中间板带上电，其上总的电荷面密度为 σ，问三块导体板上各个面的电荷面密度分别为多少？

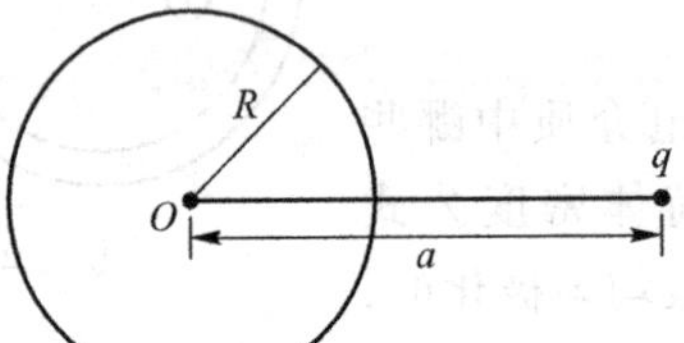

习题 2.2 图

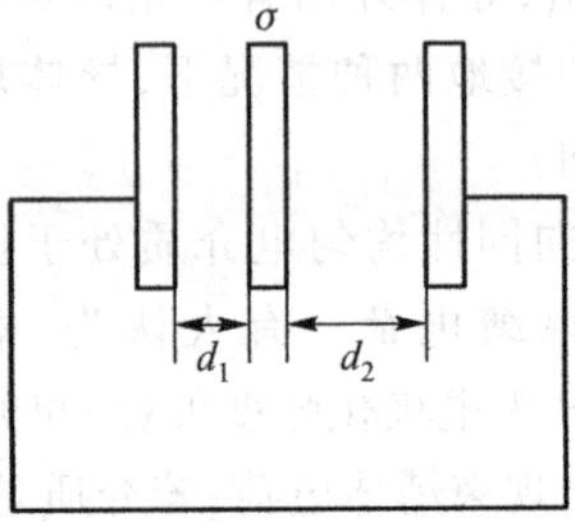

习题 2.5 图

2.6 如图所示，一个导体球壳内包围着一个同心的导体球，球壳不带电，球带正电 Q，导体球、球壳内外半径分别为 a、b、c。取无限远处为电势零点，求导体球和球壳的电势。

2.7 如图所示，一带有电荷 Q 的金属球壳，内、外半径分别为 a、b，在球壳内距离球心 r 处有一点电荷 q。取无限远处为电势零点，求：

(1) 球壳内、外表面上的电荷；

(2) 球壳内表面上电荷在球心 O 点处产生的电势；

(3) 球心 O 点处的总电势。

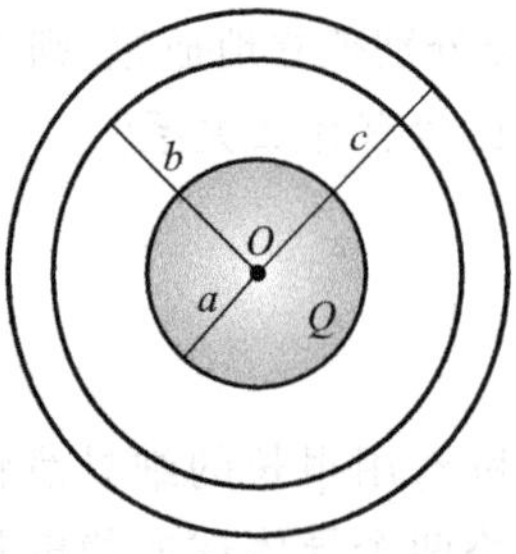

习题 2.6 图

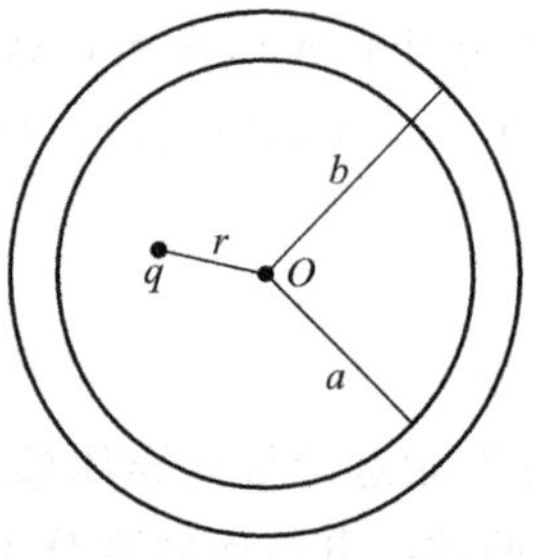

习题 2.7 图

2.8 如图所示，两个同心导体薄球壳，分别带电荷量 Q_1 和 Q_2，半径分别为 R_1 和 R_2($R_2>R_1$)。在远处有一个半径为 r 的不带电导体球，今将内球壳与导体球用细导线相连，求相连后导体球所带电荷量 q。

2.9 如图所示，一金属球壳包围一个半径为 R_1、带电荷量 q 的同心导体球，球壳内、外半径分别为 $R_2=2R_1$，$R_3=3R_1$。在距球心 $d=4R_1$ 处放一带电荷量为 Q 的点电荷，将球壳接地，求球壳上总的感应电荷。

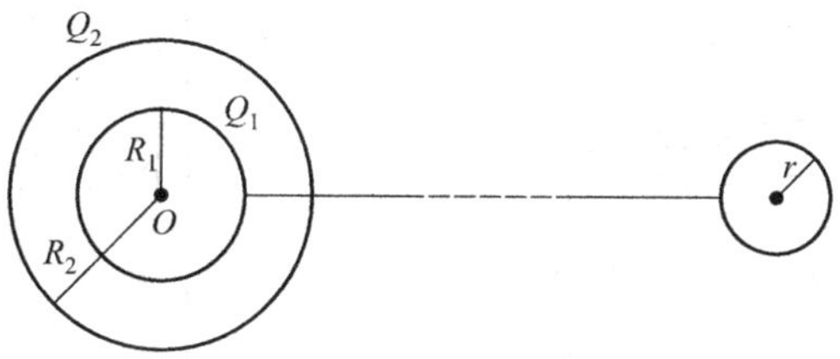

习题 2.8 图

2.10 如图所示，两块相距为 $2d$ 的无限大平行导体板，都与地连接。在板间均匀充满着与导体板绝缘的正离子气体，离子数密度为 n，每个离子的电荷量为 q。忽略气体中的极化现象，求两板间的场强分布和电势分布。

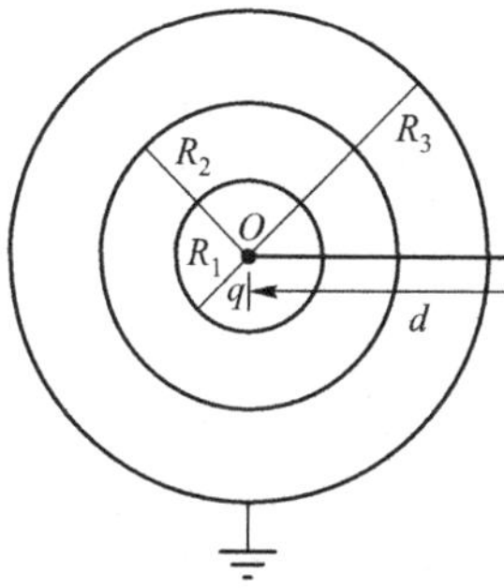

习题 2.9 图

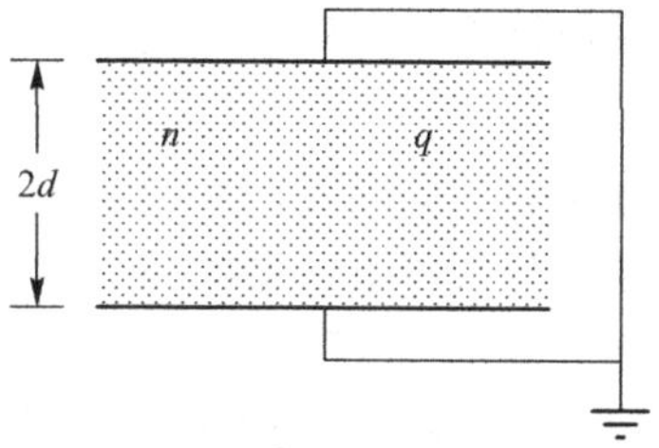

习题 2.10 图

2.11 一相对电容率为 ε_r 的各向同性均匀电介质球，半径为 R，球内均匀地分布着自由电荷，体密度为 ρ。取无限远处为电势零点，求球心的电势。

2.12 如图所示，一球形电容器内导体球半径为 R_1，外同心导体球壳内半径为 R_3。其间充有两层相对电容率分别为 ε_{r1} 和 ε_{r2} 的各向同性均匀电介质，球面分界面的半径为 R_2。设导体球和导体球壳分别带电荷量 $+Q$ 和 $-Q$，求：

（1）两层电介质中的场强分布；

（2）第一层电介质的内表面和第二层电介质的外表面上的极化电荷面密度；

（3）两层电介质分界面处的极化电荷面密度。

2.13 如图所示，一平行板电容器电两极板间有两层相对电容率分别为 ε_{r1} 和 ε_{r2} 的各向同性均匀电介质，已知两极板上的自由电荷面密度分别为 $+\sigma$ 和 $-\sigma$。求：

（1）电介质中的电场强度及电极化强度；

（2）两层电介质分界面上的极化电荷面密度。

2.14 一单芯同轴电缆的中心为一半径为 R_1 的圆柱形金属导线，外层是一半径为 R_2 的金属圆柱面。在金属导线和金属圆柱面之间充有相对电容率为 ε_r 的各向同性均匀电介质。当给电缆加一电压后，电介质在 R_1 和 R_2 处的电场强度大小分别为 E_1 和 E_2，且 $E_1 = 2.5E_2$。若介质最大安全场强为 E_{max}，求该电缆能承受的最大电压。

2.15 一相对电容率为 ε_r 的各向同性均匀电介质球，半径为 R。其上分布着自由电荷，电荷体密度为 $\rho = k\left(1 - \dfrac{r}{R}\right)$，式中 k 为常量，r 是球心到球内某点的距离。

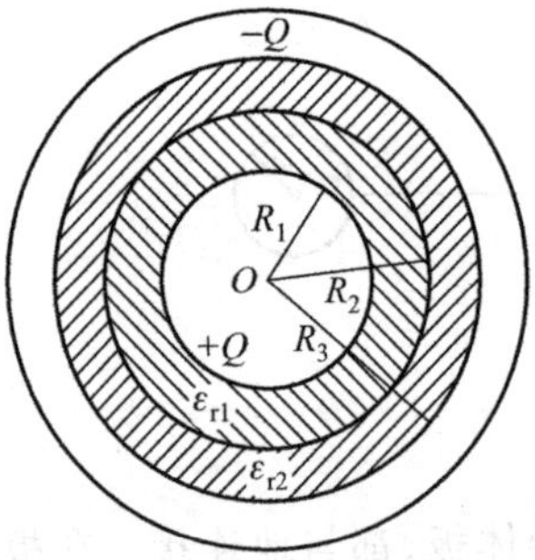

习题 2.12 图

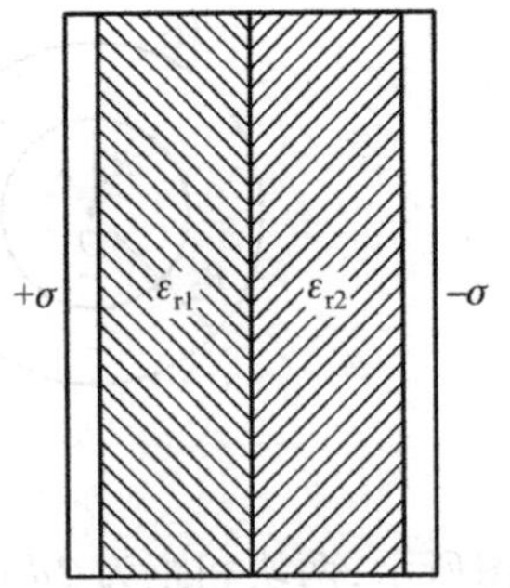

习题 2.13 图

(1) 求介质球内的电位移大小和电场强度大小的分布；

(2) 电介质球中何处场强最大？

2.16 如图所示，一个平行板电容器放在一个金属盒子中，平行板每个板的面积为 $S=0.02\ \text{m}^2$，两板相距 $2d=0.5\ \text{mm}$。电容器两板到盒子上下底面的距离各为 $d=0.25\ \text{mm}$，忽略边缘效应。

(1) 求此电容器的电容；

(2) 如果用导线将电容器的一个极板与盒子连接起来，电容器的电容又是多大？

2.17 如图所示，一平行板电容器，其板面长为 $2l_1$，宽为 l_2，两极板间距离为 d。以板间中点处为坐标原点，与板平行的方向为 x 轴正方向建立一维坐标系。今在两板中间充满电介质，其电容率按 $\varepsilon=1+k(x/l_1)^2$ 的规律变化，式中 k 为常量。若电容器上的电压为 U，略去边缘效应，求：

(1) 极板面上的电荷面密度及总电荷；

(2) 电容器的电容。

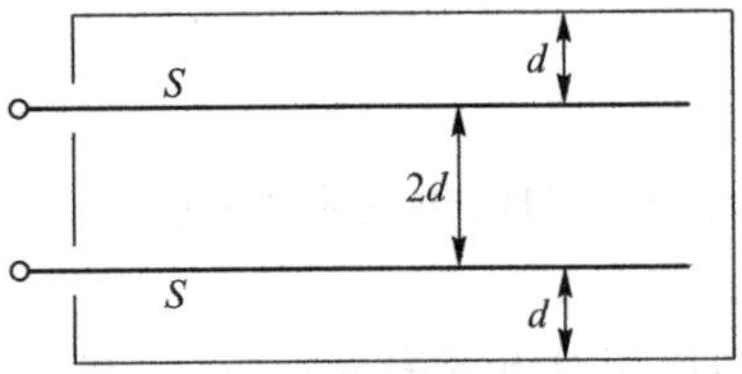

习题 2.16 图

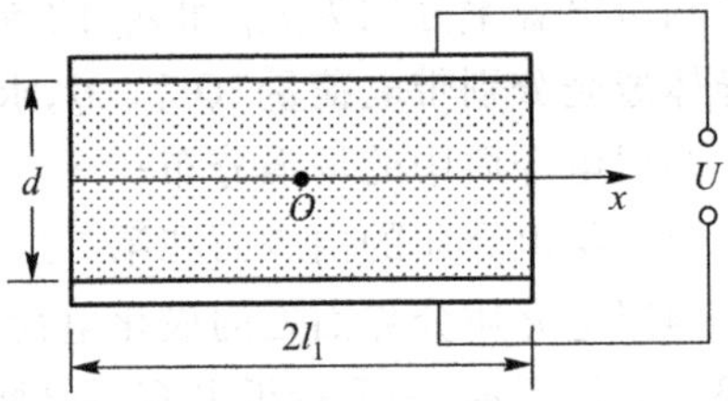

习题 2.17 图

2.18 如图所示，球形电容器由两个同心的金属薄球壳构成，其内、外半径分别为 R_1 和 R_2，带电荷量为 Q。

(1) 求该电容器的电容；

(2) 若让内球壳接地，它们之间的电容又是多大？

(3) 若在两球壳间充以电容率为 ε 的电介质，则该电容器储存的电场能量为多少？

2.19 如图所示，一个原来不带电的导体球，半径为 R_3。在此导体球内挖出一个半径为 R_2 的球形空腔，在此空腔内放一个与空腔同心的小导体球，其半径为 R_1，带电荷量 Q。求该系统的电势能。

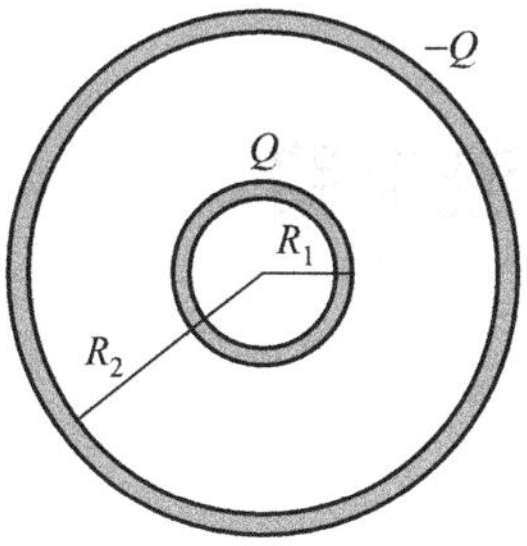

习题 2.18 图

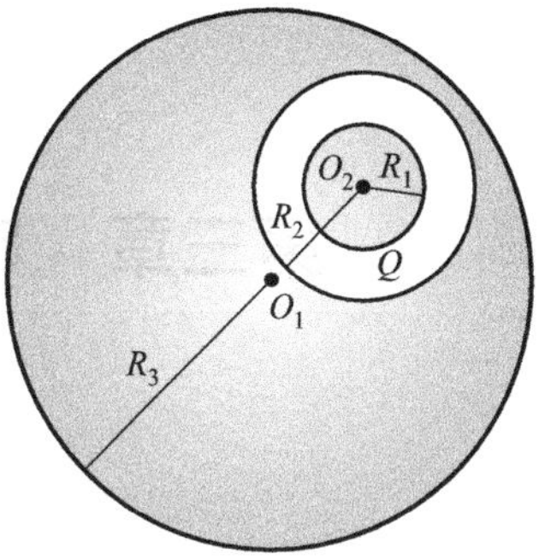

习题 2.19 图

2.20 现有一根单芯电缆，内层电缆芯为一半径为 $R_1 = 1.5$ cm 的圆柱形金属导线，外层是一半径为 $R_2 = 5$ cm 的金属圆柱面，其间充以各向同性均匀电介质，其相对电容率为 $\varepsilon_r = 2.3$。当电缆芯与外层金属面间的电压为 600 V 时，问 1 km 的电缆中储存了多少静电能（真空电容率 $\varepsilon_0 = 8.85\times10^{-12}\ C^2\cdot N^{-1}\cdot m^{-2}$）？

第三章　电流与直流电路

第三章
电子教案

§3.1　恒定电流

3.1.1　电流 电流强度 电流密度

在第二章中讲过，导体处于静电平衡状态的必要条件是内部各点场强为零。如果导体内部场强不为零，带电粒子就要在电场力的作用下发生宏观运动。带电粒子定向运动形成**电流**。形成电流的带电粒子通称**载流子**。它们可以是电子、质子、正的或负的离子，在半导体中还可能是带正电的“空穴”。导体中大量微观带电粒子定向移动所形成的电流叫**传导电流**。此外，由宏观带电体或带电粒子做宏观定向移动所形成的电流叫**运流电流**。本章主要研究传导电流。

在金属导体内载流子为自由电子。当金属内部没有电场时，自由电子仅做无规则的热运动，这种运动不引起电荷沿确定方向的宏观迁移。从宏观的角度来看，我们只关心带电粒子在电场力或其他力作用下的规则运动，亦即大量带电粒子趋向某一方向的那一部分宏观运动，而不是无规则的热运动。

产生电流的条件有两个，一是存在可以自由移动的电荷，称为**自由电荷**，二是存在电场，也就是导体两端要有电势差。

在一定的电场中正负电荷总是沿着相反方向运动的，而正电荷沿某一方向运动和等量的负电荷反方向运动所产生的电磁效应相同，在电解液、气态导体或半导体中，电流是由正负载流子共同形成的；在金属中，电流仅仅是由带负电的电子流动形成的。不论电流如何形成，为了分析问题方便，习惯上把负载流子形成的电流等效为等量的正电荷反方向运动所产生的电流，并且规定**正电荷流动的方向为电流的方向**，这样**在导体中电流的方向总是沿着电场方向，从高电势处指向低电势处**。

通常情况下，电流是沿着一根导线流动的，其大小用**电流强度**（国家标准用物理量电流）来描述。**电流强度等于单位时间内通过导线某一横截面的电荷量**，用 I 表示。如图 3-1(a)所示，如果一段时间 Δt 内通过某一横截面的电荷量是 Δq，那么通过该截面的电流强度为

$$I=\frac{\Delta q}{\Delta t}$$

当 $\Delta t\to 0$ 时

$$I=\lim_{\Delta t\to 0}\frac{\Delta q}{\Delta t}=\frac{\mathrm{d}q}{\mathrm{d}t} \tag{3-1}$$

在国际单位制中，电流强度的单位是安培(A)，1 A = 1 C/s。常用的单位还有毫安(mA)和微安(μA)，1 mA = 10^{-3} A，1 μA = 10^{-6} A。

电流强度是标量，它只描述导体中单位时间内通过某一截面电荷量的整体特征。在实际问题中有时会遇到电流在大块导体中流动的情形，如电阻法勘探问题，这时整个导体内各处的电流分布不均匀，在导体的不同部分，电流的大小和方向都不一样，形成一个“电流场”。此外，以后我们将看到，在迅变交流电中，由于趋肤效应，即使在很细的导体中，电流沿横截面也有一定的分布。因此，仅有电流的概念是不够的，为了描述导体内各点电流的分布情况，还必须引入能够细致描述电流分布的物理量——**电流密度矢量**。

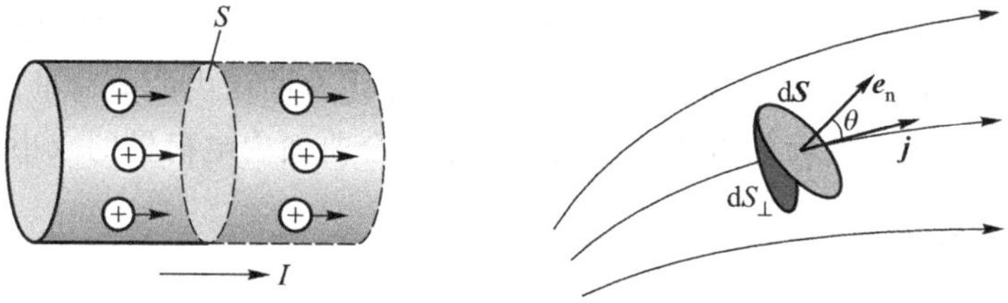

(a) 电流强度　　(b) 电流密度

图 3-1　电流强度和电流密度

电流密度矢量在导体中各点的方向代表该点电流的方向，其数值等于通过该点与电流方向垂直的单位截面上的电流强度。假设在导体中某点取一个与电流方向垂直的截面元 dS，则通过 dS 的电流强度 dI 与该点电流密度矢量的大小 j 的关系是

$$dI = j dS$$

如图 3-1(b)所示，若在导体内取一面元矢量 $d\boldsymbol{S}$，$d\boldsymbol{S}$ 与该点电流方向的夹角是 θ，则

$$dI = j dS \cos\theta$$

写成矢量形式为

$$dI = \boldsymbol{j} \cdot d\boldsymbol{S} \qquad (3-2)$$

在国际单位制中，电流密度的单位是安培每平方米(A/m^2)。

如果要计算通过某一曲面 S 的电流强度 I，如图 3-2 所示，可将式(3-2)对曲面 S 积分，即

$$I = \int_S \boldsymbol{j} \cdot d\boldsymbol{S} \qquad (3-3)$$

式(3-3)说明，通过一个曲面的电流强度就是电流密度矢量 $\boldsymbol{j}$ 对该曲面的通量，$\boldsymbol{j}$ 与 I 的关系如同电场中的电场强度矢量 $\boldsymbol{E}$ 与电场强度通量 Φ_e 的关系一样。

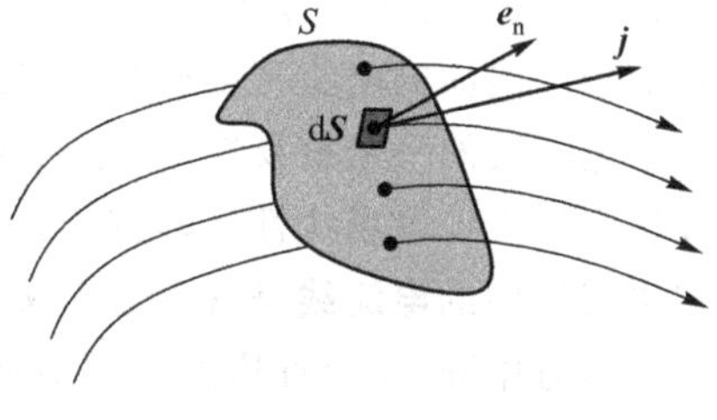

图 3-2　通过任一曲面的电流

3.1.2　电流的连续性方程

根据电流密度的定义，导体中每一点都有一个确定的电流密度矢量，$\boldsymbol{j}$ 是空间位置的函数，类似于电场的分布，称之为**电流场**。仿照讨论电场的方法，可以考虑电流密度矢量对任意闭合曲面 S 的通量所遵从的规律。在场中任取一个闭合曲面 S，则通过该闭合曲面 S 的电流密度矢量通量就是由面内向外流出的电流强度(图 3-3)，它可以表示为

$$I=\oint_S \boldsymbol{j}\cdot \mathrm{d}\boldsymbol{S} \tag{3-4}$$

根据电流密度矢量 $\boldsymbol{j}$ 的意义可知,式(3-4)表示净流出闭合曲面的电流,即单位时间内从闭合面内向外流出的正电荷的电荷量。根据电荷守恒定律,单位时间内通过闭合面流出的电荷量应该等于闭合面内单位时间电荷的减少。所以,式(3-4)可写为

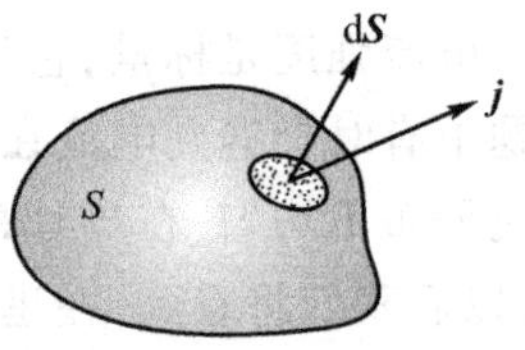

图 3-3 通过闭合曲面的电流

$$\oint_S \boldsymbol{j}\cdot \mathrm{d}\boldsymbol{S}=-\frac{\mathrm{d}q}{\mathrm{d}t} \tag{3-5}$$

式(3-5)称为**电流的连续性方程**。它也是电荷守恒定律的一种表现。

电流的连续性方程在电流场中的地位,类似于高斯定理在静电场中的地位。高斯定理表明,静电场中通过任意闭合曲面的电场强度通量正比于闭合曲面内的电荷量,连续性方程则表明电流场中通过任意闭合曲面的电流密度通量等于闭合曲面内电荷量的减小率。

3.1.3 恒定电流条件

在大块导体中,电流密度可以各处不同,还可能随时间变化。本章中我们只讨论恒定电流。**恒定电流**是指导体内各处的电流密度都不随时间变化的电流。恒定电流情况下的电流场不随时间变化,这就要求电流场中每一点的电荷分布也不随时间变化,这里虽有电荷流动,但每一点电荷流出的同时,就有电荷流进补充,宏观上来看,电荷的分布是不随时间改变的。因而电荷产生的电场是恒定电场。如果电荷分布发生变化,必然引起电场发生变化,电流场就不可能维持恒定。因此**在恒定条件下,任意闭合曲面 S 面内的电荷量不随时间变化,也就是通过任一闭合曲面的恒定电流为零**,即

$$\oint_S \boldsymbol{j}\cdot \mathrm{d}\boldsymbol{S}=0 \tag{3-6}$$

式(3-6)称为**恒定电流条件**。它表明通过进入闭合曲面 S 的电荷量等于从闭合曲面 S 流出的电荷量。

引入**电流线**的概念,可以把上述结论表达得更形象一些。电流线也称 $\boldsymbol{j}$ 线,是指这样一些曲线,其上每点的切线方向与该点的电流密度矢量 $\boldsymbol{j}$ 的方向相同,通过场中任意曲面的电流线条数等于该曲面的电流密度通量,即通过该曲面的电流强度。我们在第一章中根据高斯定理推出了电场线的一个重要性质,电场线发自正电荷,终止于负电荷,在无电荷处不中断。仿照由高斯定理推证电场线性质的方法,可以根据恒定电流条件,推出电流线的一个重要性质,即恒定电流场中的**电流线**是既无起点又无终点的连续闭合曲线,恒定电流的电流线不可能在电路任何地方中断,这个性质称为**恒定电流的闭合性**。正是恒定电流的闭合性决定了恒定电流的电路必须是闭合电路。

由一束电流线围成的管状区域称为**电流管**,如图 3-4 所示。应用恒定电流条件可以证明在恒定条件下,通过同一电流管各截面的电流密度通量相等,即电流强度都相等。通常的电路由导线连成,电流线沿着导线分布,导线本身就是一个电流管。所以在恒定电路中,在一段没有分支的电路里,通过各个截面的电流强度必定相等。

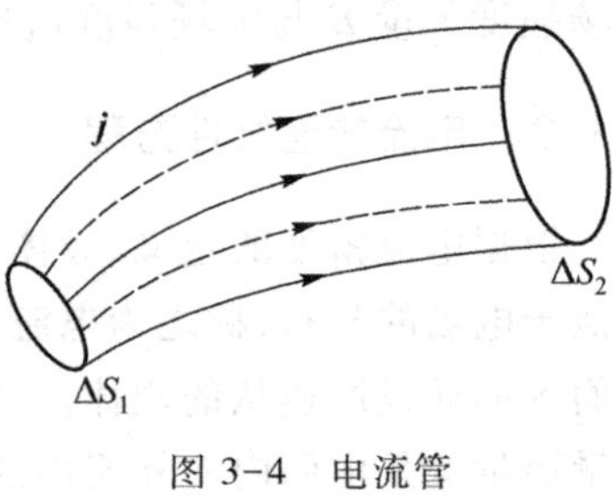

图 3-4 电流管

与恒定电流场相伴的电场称为**恒定电场**,其电场强度用 $\boldsymbol{E}$ 表示。恒定电场与第一章的静电场具有共同的特点:两者的电场强度及电荷分布都不随时间而变。两者的区别在于,静电场取决于激发电场的静止电荷,恒定电场取决于电源,从动态平衡角度看,恒定电场的电荷分布不随时间变化。恒定电场与静电场具有一样的性质,满足高斯定理和环路定理。

§3.2 电源与电动势

3.2.1 电源

一般来讲,当把两个电势不等的导体用导线连接起来时,在导线中就会有电流产生,电容器的放电过程就是这样,我们称连接导体的导线为外电路,如图 3-5 所示,在这一过程中,随着电流的继续,两极板的电荷逐渐减少。这种随时间减少的电荷分布不能产生恒定电场,因而也就不能形成恒定电流。实际上,随着放电的进行,电容器的放电电流很快将减小为零。要产生恒定电流就应该设法使通过外电路流到负极板上的正电荷重新回到正极板上去,从而保持两极板电荷量不变,也就是保持两极板之间的电势差不变,这样就可以在外电路中产生一个恒定电场,从而也就可以产生恒定电流。但是由于在两极板间的静电场方向是由电势高的正极板指向电势低的负极板的,所以要使正电荷从负极板回到正极板,依靠静电场力是办不到的,只能靠其他非静电力。在非静电力作用下,正电荷逆着静电场的方向运动,如图 3-6(a)所示。非静电力与静电场力是性质不同的力,通常非静电力用 $\boldsymbol{F}_k$ 表示。非静电力源源不断地把正电荷从负极板搬运到正极板,保持两极板间的电势差,此时在外电路的导体内产生恒定电场,从而维持外电路中的电流为恒定电流。

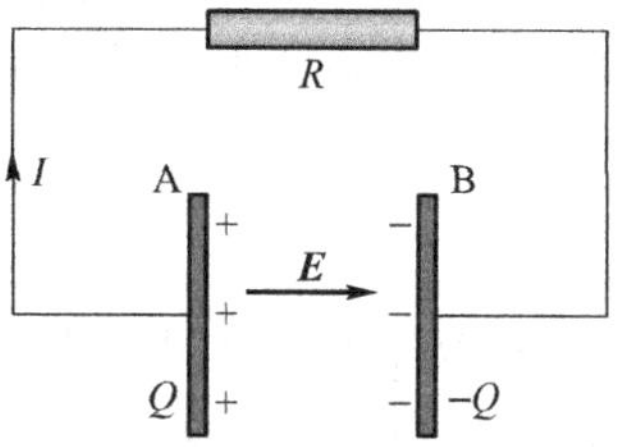

图 3-5 电容器放电时产生的电流

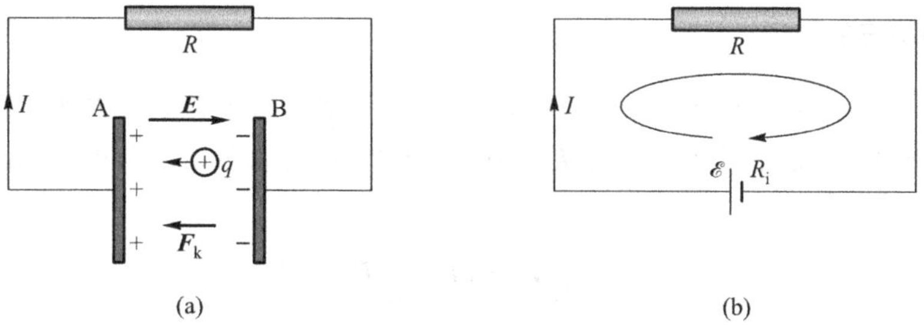

图 3-6 非静电力反抗静电场力移动电荷

这种能够提供非静电力的装置就叫**电源**,如图 3-6(b)所示。电源有正负两个极,正极的电势高于负极的电势,在电路中,电源用符号"⊣⊢"表示,用导线将正负两个极与其他电学元件相连时,就形成了闭合回路。在这一回路中,电源外面的电路称为**外电路**,在恒定电场作用下,电流由正极流向负极。电源内部的电路称为**内电路**,非静电力的作用使正电荷逆着恒定电场的方向由负极流向正极。

电源的类型很多,不同类型的电源中,非静电力的本质不一定相同。例如,化学电池中的非静电力是一种化学作用,发电机中的非静电力是一种电磁作用,常用的电源还有太阳能电池、燃料电池、温差电堆等。

从能量的观点来看,非静电力反抗恒定电场移动电荷时,是要做功的。这一过程的实质就是电源把其他形式的能量转化为电能的过程。例如在化学电池中,是化学能转化成电能,在发电机中是机械能转化为电能。

3.2.2 电源的电动势

在不同的电源内,由于非静电力的不同,把相同的电荷由负极移到正极时,非静电力做的功是不同的,这说明不同的电源转化能量的本领是不同的。为了定量地描述电源转化能量的本领大小,引入**电动势**的概念。在电源内,单位正电荷被非静电力作用从负极移向正极的过程中,非静电力做的功称为**电源的电动势**。如果用 A_{BA} 表示在电源内电荷量为 q 的正电荷从负极 B 被移到正极 A 时非静电力做的功,则电源的电动势 $\mathscr{E}$ 为

$$\mathscr{E}=\frac{A_{BA}}{q} \tag{3-7}$$

从量纲分析可知,电动势的量纲和电势差的量纲相同。在国际单位制中,它的单位也是伏特(V)。应当特别注意,虽然电动势和电势差的量纲相同而且又都是标量,但它们是两个完全不同的物理量。电动势总是和非静电力做功联系在一起的,而电势差是和恒定电场的静电力做功联系在一起的。电动势完全取决于电源本身的性质(如化学电池只取决于其中化学物质的种类)而与外电路无关,但电路中的电势差则和外电路的情况有关。

从能量的观点来看,电源电动势实质上反映了电源把其他形式的能量转化为电能的本领大小,它等于单位正电荷从负极移到正极时由于非静电力做功所增加的电势能,也等于从负极到正极非静电力做功所引起的电势升高。虽然电动势并不是矢量,我们通常把电源内从负极到正极的方向,也就是电势升高的方向,称为**电源电动势的方向**。

3.2.3 非静电场的场强

各种非静电力的作用可以看作等效的各种"非静电场"的作用。以 $\boldsymbol{K}$ 表示非静电场的场强,则它作用于电荷 q 的非静电力就是 $\boldsymbol{F}_k=q\boldsymbol{E}_k$。在电源内,电荷 q 由负极移到正极时非静电力做的功为

$$A_{BA}=\int_B^A \boldsymbol{F}_k\cdot d\boldsymbol{l}=q\int_B^A \boldsymbol{E}_k\cdot d\boldsymbol{l}$$

则电源电动势还可以表示为

$$\mathscr{E}=\frac{A_{BA}}{q}=\int_B^A \boldsymbol{E}_k\cdot d\boldsymbol{l} \tag{3-8}$$

式(3-8)表示的是非静电力集中在电池内作用时,用非静电场表示的电动势。在有些情况下非静电力存在于整个电流回路中,此时整个回路中的总电动势应为

$$\mathscr{E}=\oint_L \boldsymbol{E}_k\cdot d\boldsymbol{l} \tag{3-9}$$

式中线积分遍及整个电流回路 L。

3.2.4 电源内阻、路端电压

1. 电源的放电

电源与外电路成闭合状，且外电路中只有负载电阻时，电源将处于放电状态，如图 3-7 所示。放电时，外电路的电阻上的电势降为

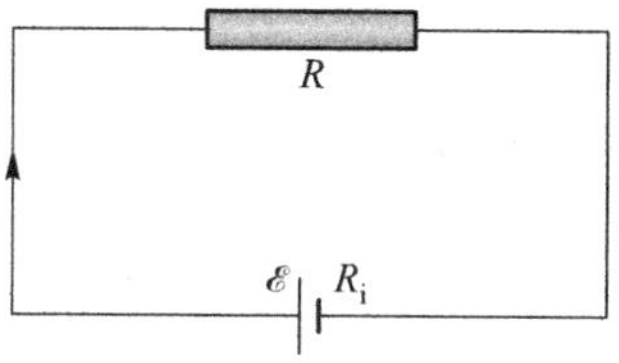

图 3-7 电源放电电路

$$U=\int_{+\text{外}}^{-}\boldsymbol{E}\cdot \mathrm{d}\boldsymbol{l}=IR$$

电源内的电势降为

$$\int_{-\text{内}}^{+}(\boldsymbol{E}_\mathrm{k}+\boldsymbol{E})\cdot \mathrm{d}\boldsymbol{l}=\int_{-\text{内}}^{+}\boldsymbol{E}_\mathrm{k}\cdot \mathrm{d}\boldsymbol{l}+\int_{-\text{内}}^{+}\boldsymbol{E}\cdot \mathrm{d}\boldsymbol{l}>0$$

对于恒定电场，由于$\oint_L \boldsymbol{E}\cdot \mathrm{d}\boldsymbol{l}=0$，所以

$$\int_{-\text{内}}^{+}\boldsymbol{E}\cdot \mathrm{d}\boldsymbol{l}+\int_{+\text{外}}^{-}\boldsymbol{E}\cdot \mathrm{d}\boldsymbol{l}=0$$

$$\int_{-\text{内}}^{+}\boldsymbol{E}\cdot \mathrm{d}\boldsymbol{l}=-\int_{+\text{外}}^{-}\boldsymbol{E}\cdot \mathrm{d}\boldsymbol{l}$$

故

$$\int_{-\text{内}}^{+}(\boldsymbol{E}_\mathrm{k}+\boldsymbol{E})\cdot \mathrm{d}\boldsymbol{l}=\int_{-\text{内}}^{+}\boldsymbol{E}_\mathrm{k}\cdot \mathrm{d}\boldsymbol{l}-\int_{+\text{外}}^{-}\boldsymbol{E}\cdot \mathrm{d}\boldsymbol{l}=\mathscr{E}-U$$

$U=\int_{+\text{外}}^{-}\boldsymbol{E}\cdot \mathrm{d}\boldsymbol{l}$ 为外电路中电源两端的电压，在图 3-7 中，U 就等于电阻 R 上的电压，称为**路端电压**。

若外电路中的电流强度为 I，定义电源的内阻 R_i 为 $R_\mathrm{i}=\dfrac{\mathscr{E}-U}{I}$，则 $\mathscr{E}-U=IR_\mathrm{i}$。这里 IR_i 为电源内阻上的电压，则有

$$\mathscr{E}=U+IR_\mathrm{i}=I(R+R_\mathrm{i})$$

故

$$I=\frac{\mathscr{E}}{R+R_\mathrm{i}} \tag{3-10}$$

式(3-10)称为**闭合回路(或全电路)的欧姆定律**。它适用于电路中只有一个回路的情况。

路端电压为

$$U=\int_{+\text{外}}^{-}\boldsymbol{E}\cdot \mathrm{d}\boldsymbol{l}=IR=\mathscr{E}-IR_\mathrm{i} \tag{3-11}$$

若电源的内阻 $R_\mathrm{i}\neq 0$，则 $U<\mathscr{E}$；若电源的内阻 $R_\mathrm{i}=0$，则 $U=\mathscr{E}$。

在电源开路情况下，$I=0$，$U=\mathscr{E}$，路端电压等于电源电动势；在电源短路情况下，$U=0$，电流 $I=\mathscr{E}/R_\mathrm{i}$，电流最大。一般情况下，电源的内阻很小，在电源短路时，电流非常大，会把电源烧坏，所以切忌使电源短路。

将式(3-11)两端乘以 It，得

$$UIt=I^2Rt=\mathscr{E}It-I^2R_\mathrm{i}t$$

该式说明，电源在 t 时间内把其他形式的能量转化成的电能转化成了内外电路电阻上消耗的焦耳热。式中 I^2Rt 和 I^2R_it 分别是外电路电阻和内电路电阻上消耗的焦耳热，$\mathscr{E}It$ 是在 t 时间内非静电场力做的功，即把其他形式的能量转化成的电能。

2. 电源的充电

电源电动势为 $\mathscr{E}$ 的电源与外电路成闭合状，外电路为另一电动势为 $\mathscr{E}'$ 的电源，且 $\mathscr{E}'>\mathscr{E}$，这时电源 $\mathscr{E}$ 将处于被充电状态，如图 3-8 所示。充电时，电源内的电势降为

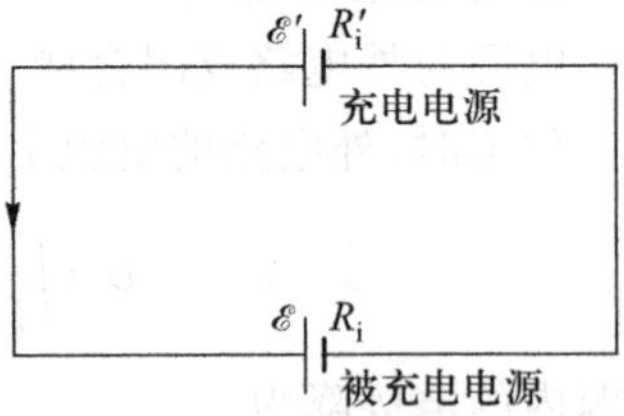

图 3-8　电源充电电路

$$\int_{+内}^{-}(\boldsymbol{E}_k+\boldsymbol{E})\cdot d\boldsymbol{l}=\int_{+内}^{-}\boldsymbol{E}_k\cdot d\boldsymbol{l}+\int_{+内}^{-}\boldsymbol{E}\cdot d\boldsymbol{l}=-\int_{-内}^{+}\boldsymbol{E}_k\cdot d\boldsymbol{l}-\int_{-内}^{+}\boldsymbol{E}\cdot d\boldsymbol{l}$$

$$=-\int_{-内}^{+}\boldsymbol{E}_k\cdot d\boldsymbol{l}+\int_{+外}^{-}\boldsymbol{E}\cdot d\boldsymbol{l}=-\mathscr{E}+U=IR_i$$

故

$$U=\mathscr{E}+IR_i \tag{3-12}$$

若电源的内阻 $R_i\neq 0$，则 $U>\mathscr{E}$；若电源的内阻 $R_i=0$，则 $U=\mathscr{E}$。

若电源的内阻 $R_i=0$，电源不论是放电还是被充电，路端电压 U 总等于电源电动势 $\mathscr{E}$，即电压是恒定的，这样的电源称为**理想电压源**。

由路端电压公式(3-11)和(3-12)可以看出，一个有内阻的实际电源，可以等效于一个电动势为 $\mathscr{E}$ 的理想电压源和一个阻值等于其内阻 R_i 的电阻串联，如图 3-9 所示。

(a) 放电时　　(b) 充电时

图 3-9　实际电源的等效情况

将式(3-12)两端乘以 It，得

$$UIt=\mathscr{E}It+I^2R_it$$

该式说明，外电路在 t 时间内给予电源提供的电能 UIt，转化成了内电路电阻上消耗的焦耳热 I^2R_it 和储存在电源中的其他形式的能量 $\mathscr{E}It$。

§ 3.3　欧姆定律

3.3.1　导体的电阻与电阻率

对很多导体来说，例如对一般的金属或电解液，在恒定电流的情况下，一段导体两端的电势差（或电压）U 与通过这段导体的电流 I 之间服从**欧姆定律**，即

$$U=IR \tag{3-13}$$

式中 R 为**导体的电阻**。由于在导体中，电流总是沿着电势降低的方向，所以式(3-13)表示沿电流的方向经过一个电阻的电势降低等于该电路中的电流强度与电阻的乘积。导体的电阻反映导体对电流阻碍作用的大小。一定电压下，导体的电阻越大，通过导体的电流越小，表示导体对电流的阻碍作用越大。在国际单位制中，电阻的单位是欧姆(Ω)。

导体电阻的大小与导体的材料和几何形状有关。实验表明，对于一定材料制成的横截面均匀的导体，它的电阻与导体的长度 l 成正比，与导体的横截面积（即垂直于电流方向的截面积）S 成反比。它们之间的关系为

$$R=\rho\frac{l}{S} \tag{3-14}$$

式（3-14）称为**电阻定律**，式中的 ρ 是导体材料的电阻率，在国际单位制中，电阻率的单位是欧姆米（$\Omega\cdot\mathrm{m}$）；有时也用 ρ 的倒数 $\sigma=1/\rho$ 代替 ρ，写入上式为

$$R=\frac{1}{\sigma}\frac{l}{S} \tag{3-15a}$$

式中 σ 称为导体材料的电导率。在国际单位制中，电导率的单位是西门子每米（S/m）。

当导线的截面 S 和电阻率 ρ 不均匀时，式（3-15a）可以写成下列积分形式：

$$R=\int_L\rho\frac{\mathrm{d}l}{S} \tag{3-15b}$$

例题 3.1 两个同轴金属圆筒长为 a，内外筒半径分别为 R_1 和 R_2，两筒间充满电阻率为 ρ 的均匀材料。当内外两筒之间加上电压后，电流沿径向由内筒流向外筒，如例题 3.1 图所示。试计算内外筒之间的均匀材料的总电阻（这就相当于圆柱形电容器或同轴电缆的漏电阻）。

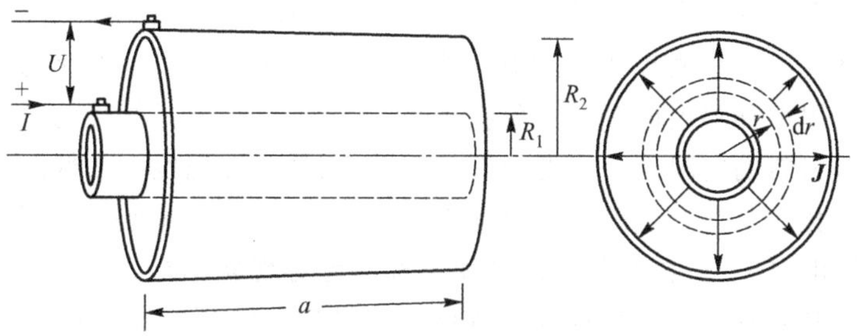

例题 3.1 图 圆筒形材料总电阻的计算

解：由电流的方向可知，通过电流的“横截面”是与圆筒同轴的圆柱面，而“距离”是内外筒的间隔。由于截面积随“距离”而改变，所以不能直接应用式（3-14）。为了计算两筒间材料的总电阻，可以设想两筒间材料由许许多多薄圆柱层所组成，以 r 代表其中任一薄层的半径，其面积就是 $2\pi ra$，以 $\mathrm{d}r$ 表示此薄层的厚度，则这一薄层的电阻就是

$$\mathrm{d}R=\rho\frac{\mathrm{d}r}{2\pi ra}$$

由于各个薄层都是串联的，所以总电阻应是各薄层的电阻之和，亦即对上式的积分，由此得总电阻为

$$R=\int_{R_1}^{R_2}\mathrm{d}R=\int_{R_1}^{R_2}\rho\frac{\mathrm{d}r}{2\pi ra}=\frac{\rho}{2\pi a}\ln\frac{R_2}{R_1}$$

不同材料有不同的电阻率，表 3-1 中列出了几种材料在 20 ℃时的电阻率 ρ。

电阻率（或电导率）不但与材料的种类有关，而且还和温度有关。一般的金属在温度不太低时，ρ 与温度 t 有如下线性关系：

表 3-1　几种材料在 20 ℃时的电阻率

材料	电阻率/(Ω · m)	材料	电阻率/(Ω · m)
银	1.6×10^{-8}	铜	1.7×10^{-8}
铝	2.9×10^{-8}	钨	5.3×10^{-8}
铂	1.0×10^{-7}	铁	1.0×10^{-7}
汞	9.6×10^{-7}	锰铜	4.4×10^{-7}
康铜	5.0×10^{-7}	镍铬合金	1.0×10^{-6}
铁铬铝合金	1.4×10^{-6}	铝镍铁合金	1.6×10^{-6}
石墨	$(8\sim13)\times10^{-6}$	碳	3.5×10^{-5}

$$\rho_t=\rho_0(1+\alpha t) \tag{3-16}$$

式中 ρ_t 和 ρ_0 分别是 t 和 0 ℃时的电阻率，α 称为电阻温度系数，它随材料的不同而不同。例如，铜的 α 值为 $4.3\times10^{-3}\ \mathrm{K}^{-1}$，而锰钢合金（12%锰、84%铜、4%镍）的 α 值为 $1\times10^{-5}\ \mathrm{K}^{-1}$。这说明锰铜合金的电阻率随温度的变化特别小，用它制作的电阻受温度的影响就很小，因此常用这种材料制作标准电阻。

在室温时，金属导体的电阻率在 $10^{-8}\sim10^{-6}\ \Omega\cdot\mathrm{m}$ 之间，绝缘体的电阻率一般在 $10^{8}\sim10^{18}\ \Omega\cdot\mathrm{m}$ 之间，半导体材料的电阻率介于二者之间，在 $10^{-5}\sim10^{6}\ \Omega\cdot\mathrm{m}$ 的范围。绝缘体和半导体除了电阻率的大小与金属导体差别很大外，它们的电阻率随温度变化的规律，也与导体大不相同。它们的电阻率随温度的升高而急剧减小，并且变化也不是线性的。

前面讲过金属材料的电阻率随温度的降低而减小，并且在温度不太低的时候，电阻率近似地随温度作线性变化。某些合金的电阻可随着温度的下降而不断地减小，当温度降低到某一特定温度体 T_c 时，电阻率突然减到零，这种现象称为**超导现象**。T_c 称为正常态和超导态之间的**转变温度**。具有超导现象的导体称为**超导体**。超导现象的研究在理论上有很重要的意义，在技术上超导也获得了很重要的应用。

中国科学家对高温超导的探索和研究一直没有停步，2013 年首先发现了转变温度 40 K 以上的铁基超导体，接着又发现了系列的 50 K 以上的铁基超导体。

3.3.2　欧姆定律及其微分形式

欧姆定律式（3-13）给出了电压和电流的关系，这是电场在一段导体内引起的总效果的表示。由于电场强度和电压有一定的关系，所以还可以根据式（3-13）导出电场强度和电流密度矢量的关系，如图 3-10 所示。Δl 和 ΔS 分别表示一段导体的长度和截面积，它的电阻率为 ρ，其中有电流 I 沿它的长度方向流动。由于电压 $U=E\Delta l$，电流 $I=j\Delta S$，而电阻 $R=\rho\Delta l/\Delta S$，将这些量代入欧姆定律式（3-13）就可以得到

$$j=E/\rho=\sigma E$$

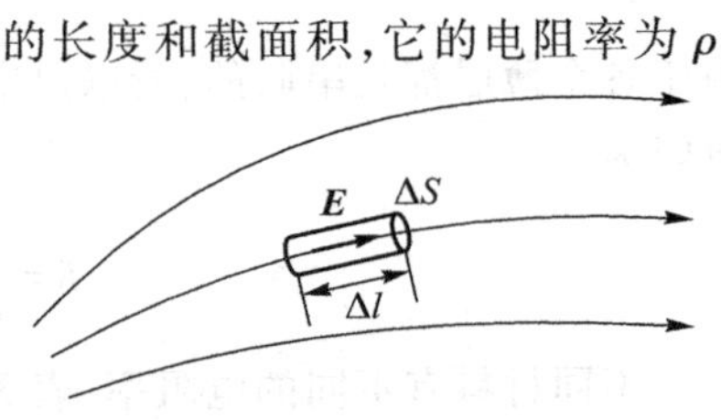

图 3-10　欧姆定律的微分形式

实际上，在金属或电解液内，电流密度 $\boldsymbol{j}$ 的方向与电场强度 $\boldsymbol{E}$ 的方向相同。因此上式又可写为

$$\boldsymbol{j}=\sigma\boldsymbol{E} \tag{3-17}$$

式(3-17)表述的这一和欧姆定律等效的关系式，表示了导体中各处的电流密度与该处的电场强度的关系，称为**欧姆定律的微分形式**。

还应该再强调的是，只是对于一般的金属或电解液，欧姆定律在相当大的电压范围内是成立的，即电流和电压成正比。对于一些导电的物体(如电离了的气体)或半导体，欧姆定律并不成立。气体和半导体中的电流一般与电压不成正比。很多材料的这种独特导电特性是有很大的实际应用意义的。正是由于半导体等材料的独特导电特性，支撑了作为现代技术标志之一的电子技术，包括电子计算机技术。

3.3.3 导体的边界条件

在各向同性的均匀导电物质中的电流场，电流密度矢量 $\boldsymbol{j}$ 与电场强度矢量 $\boldsymbol{E}$ 的方向一致，电流线和电场线的方向也一致，并且为连续的。但在两种不同电导率的导体分界面上，电流线将发生偏折现象，而在导体分界面两侧，电流密度矢量和电场强度矢量分别遵守一定的连续性条件，这称为**导体的边界条件**。

1. 导体分界面两侧电流密度矢量的法向分量连续

设在紧靠导体分界面处作一个圆桶状闭合曲面，使它的侧面积远小于其上下两个底面积，两底面非常靠近且平行于导体的分界面，两底面积元大小相等，即 $\Delta S_1=\Delta S_2=\Delta S$，法线方向都指向闭合面外，如图 3-11 所示。

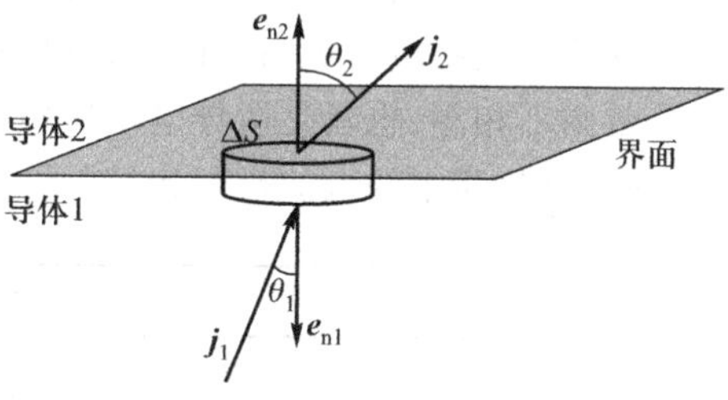

图 3-11　导体分界面两侧的电流密度矢量

根据恒定电流连续性原理，在这体积元的周界面上有 $\oint_S \boldsymbol{j}\cdot \mathrm{d}\boldsymbol{S}=0$，对于足够薄的闭合曲面，其侧面可以忽略不计，可得 $\boldsymbol{j}_1\cdot \boldsymbol{e}_{n1}\Delta S+\boldsymbol{j}_2\cdot \boldsymbol{e}_{n2}\Delta S=0$，即

$$j_1\Delta S\cos(\pi-\theta_1)+j_2\Delta S\cos\theta_2=0$$

$$j_1\cos\theta_1=j_2\cos\theta_2$$

故

$$j_{1n}=j_{2n} \tag{3-18}$$

上式说明，**导体分界面两侧电流密度矢量的法向分量是连续的。**

2. 导体分界面两侧电场强度矢量的切向分量连续

设在紧靠导体分界面处取一个矩形回路，它的上下两条边平行于分界面，长短相等，即 $\Delta l_1=\Delta l_2=\Delta l$，且远大于与导体分界面垂直的短边，与导体分界面垂直的短边很短，趋于零，这样平行于导体分界面的两条边就很靠近分界面了，如图 3-12 所示。由于静电场的环路定理也适用于恒定电场，即有 $\oint_L \boldsymbol{E}\cdot \mathrm{d}\boldsymbol{l}=0$，且回路与导体分界面垂直的短边很短，其积分值很小可忽略，则有

$$E_1\Delta l\sin\theta_1-E_2\Delta l\sin\theta_2=0$$

即

$$E_1\sin\theta_1=E_2\sin\theta_2$$

故

$$E_{1t}=E_{2t} \tag{3-19}$$

上式说明，**导体分界面两侧电场强度矢量的切向分量是连续的。**

根据导体的边界条件式(3-18)、式(3-19),并应用欧姆定律的微分形式 $\boldsymbol{j}=\sigma\boldsymbol{E}$,如图3-13所示,有

$$\frac{\tan\theta_1}{\tan\theta_2}=\frac{\sigma_1}{\sigma_2} \tag{3-20}$$

可见在导体的分界面上,电流线要发生折射。在导体分界面两侧,电流线与法线夹角正切之比等于两侧导体的电导率之比,这称为**电流线的"折射"**。

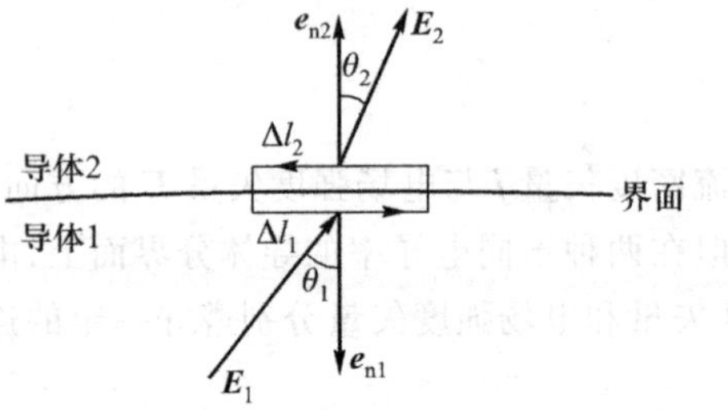

图 3-12　导体分界面两侧的电场强度矢量

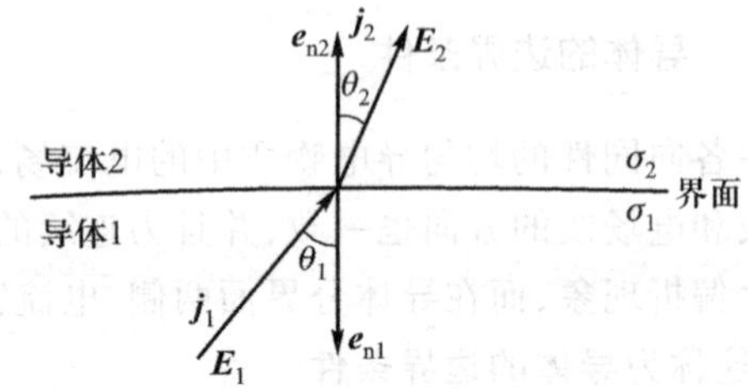

图 3-13　导体分界面两侧的电流线的"折射"

图3-14是铜和铝两种导体的分界面。在图3-14(a)中,分界面是平面且与电流线的方向一致。在两导电物质分界面的两边,电场强度的切向分量相等。但因电导率不同,电流密度的切向分量则不相等,也就是两导电物质中电流密度不一样。在图3-14(b)中,分界面与电流线垂直,两导电物质中的电流密度相等。

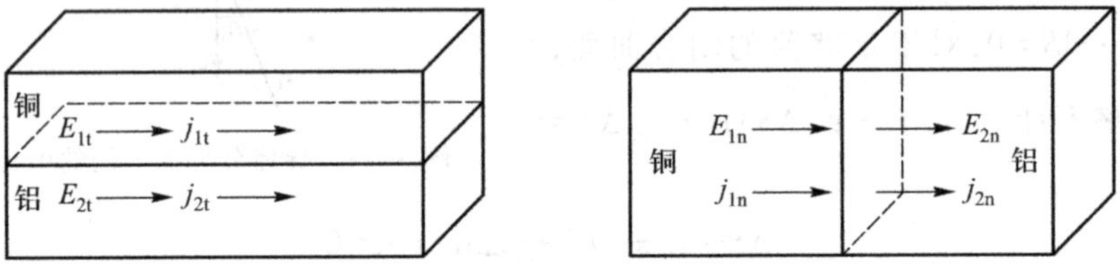

(a)　　(b)

图 3-14　铜和铝两种导体的分界面

对于两种有漏电流的电介质的分界面,设两物质的电容率分别为 $\mathscr{E}_1$ 和 $\mathscr{E}_2$,分界面上的自由电荷的面密度为 σ,由高斯定理得

$$D_{2n}-D_{1n}=\mathscr{E}_2E_{2n}-\mathscr{E}_1E_{1n}=\sigma$$

由式(3-18)有 $j_{1n}=j_{2n}=\sigma_1E_{1n}=\sigma_2E_{2n}$,于是可得

$$\sigma=\left(\frac{\mathscr{E}_2}{\sigma_2}-\frac{\mathscr{E}_1}{\sigma_1}\right)j_{1n}$$

可见只有当 $\dfrac{\mathscr{E}_2}{\sigma_2}=\dfrac{\mathscr{E}_1}{\sigma_1}$ 时,分界面上的自由电荷等于零,分界面两边的电位移矢量的法向分量才能相等。

若在分界面一边物质的电导率远小于另一边的电导率,即 $\sigma_2\ll\sigma_1$,则 $j_{2t}\ll j_{1t}$。可见在电导率较小的物质中,电流线接近垂直于分界面。例如,在包围导体的不完善的绝缘体中的漏电

流，其流动方向可近似认为和导体表面垂直。

在电导率为 0 的理想绝缘体 1 和导体 2 的分界面上，由于绝缘体中没有电流，故 $j_{1n}=j_{2n}=0$。在导体 2 中，$j_2=j_{2t}=\sigma_2 E_{2t}$，所以，$E_{2t}=\dfrac{j_2}{\sigma_2}\neq 0$，$E_{2n}=\dfrac{j_{2n}}{\sigma_2}=0$，即分界面上导体一侧，电场强度及电流密度均沿分界面切向；在理想的绝缘体 1 中，$\sigma_1=0$，$j_{1t}=\sigma_1 E_{1t}=0$，但 $E_{1t}=E_{2t}=\dfrac{j_2}{\sigma_2}\neq 0$。由于，$D_{2n}=\varepsilon_2 E_{2n}=\sigma$，$E_{2n}=\dfrac{\sigma}{\varepsilon_2}$。可见在边界上绝缘体中，电场强度不垂直于分界面，有切向分量，故严格而言，有电流流过的导体，其表面不再是等势面。但在输电线上，尤其是高压输电线，电场强度的切向分量要比法向分量小许多，可近似地认为电场强度垂直于输电线，输电线表面是等势面。

3.3.4 电功率与焦耳定律

电流流过一段电路时，电场力对电荷做功，在做功的过程中电势能转化成了其他形式的能量，如果这段电路只是由导线和电阻元件组成的，电势能就转化成热能，由导线和电阻元件释放出来，如果电路是由导线和电动机组成，电势能的一小部分转化成热能由导线释放，大部分转化成机械能由电动机对外界做功，此外电能还可以有其他多种转化形式。

若电路两端的电压为 U，当电荷量为 q 的电荷通过这段电路时，电场力所做的功为

$$A=qU=IUt$$

电场在单位时间内所做的功称为**电功率**。如果用 P 表示电功率，那么根据上式可得

$$P=A/t=IU \tag{3-21}$$

即电功率等于电路两端的电压和电路中电流强度的乘积。

电压的单位是 V，电流强度的单位是 A，时间的单位是 s，根据式(3-21)求出的电功率的单位为瓦特(W)。在电力工程上，通常用 kW 作为电功率的单位，用 kW · h 作为电功的单位，1 kW · h 就是通常所说的 1 度电。

$$1\text{ 度电}=1\ \text{kW}\cdot\text{h}=1\ 000\ \text{W}\times 3\ 600\ \text{s}=3.6\times10^6\ \text{J}=3.6\ \text{MJ}$$

用电器上一般都标有额定电压和额定功率。例如白炽灯下面标有“220 V，60 W”，表明这个白炽灯在 220 V 的电压下，工作时功率是 60 W。

如果一段电路只包含电阻，而不包含电动机、电解槽等其他转化能量的装置，那么电场力所做的功就全部转化成热能。根据能量守恒定律，$A=qU=IUt$ 就表示电流通过这段电路所发的热量 Q。由于 $U=IR$，所以

$$Q=I^2Rt=U^2t/R \tag{3-22}$$

式中热量 Q 的单位是 J。该式最初是由焦耳直接根据实验结果确定的，称为**焦耳定律**。其电热功率为

$$P=I^2R=U^2/R$$

需要注意的是，$P=I^2R=U^2/R$ 和 $P=UI$ 是有区别的。UI 是一段电路所消耗的全部电功率，而 I^2R 或 U^2/R 只是由于电阻发热而消耗的电功率。当电路中只有电阻元件时，消耗的电能全部转化成热，这两种功率是一样的。但是当电路中除了电阻外还有电动机、电解槽等其他转化能

量的装置时，这两种功率并不相等，必须分别计算。

单位体积里的热功率称为**热功率密度**，用 p 表示，则

$$p=j^2/\sigma=\sigma E^2 \tag{3-23}$$

式（3-23）也称为**焦耳定律的微分形式**，它像欧姆定律的微分形式一样，对电路中任意一点都是成立的。该式的推导由读者自己完成。

3.3.5 线性电阻与非线性电阻

实验表明，欧姆定律对金属导体及通常情况下的电解液很好地成立，但对半导体二极管、真空二极管以及许多气体导电管等元器件都不成立。为了描写元件的电流与电压的关系，可以分别以电压为横坐标、电流强度为纵坐标画出函数曲线，该曲线称为元器件的**伏安特性曲线**，简称**伏安特性**。满足欧姆定律的元器件的伏安特性曲线，显然是一条过原点的直线。伏安特性曲线是直线的元件称为**线性元件**，线性元件的电阻称为**线性电阻**。一般金属导体的电阻都为线性电阻，其阻值与外加电压的大小和方向无关。其伏安特性曲线为过坐标原点的直线，直线斜率的倒数为其电阻值，它是不随电压变化的恒定值，如图 3-15 所示。

在一些情况下，元件两端的电压与通过它的电流不成正比，即电压与电流强度的关系——伏安特性曲线不为直线，这类元件称为**非线性元件**，如半导体、电解液、汞气等，它们也遵守欧姆定律，但它们导电时 $R=R(U)$，其电阻随电压不同而不同，即 $R(U)=\dfrac{U}{I}$，具有这种性质的电阻称为**非线性电阻**。一般半导体元件和电真空器件都属非线性元件，其电阻为非线性电阻。半导体二极管是非线性电阻的一种，其阻值不仅与外加电压大小有关，而且与电压方向有关，其伏安特性曲线如图 3-16 所示。

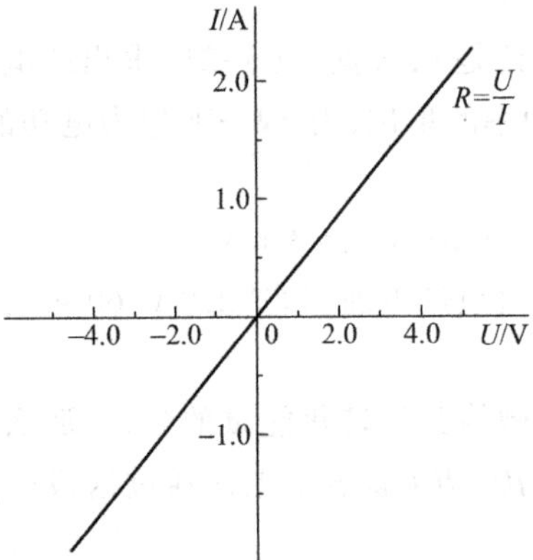

图 3-15 线性电阻的伏安特性曲线

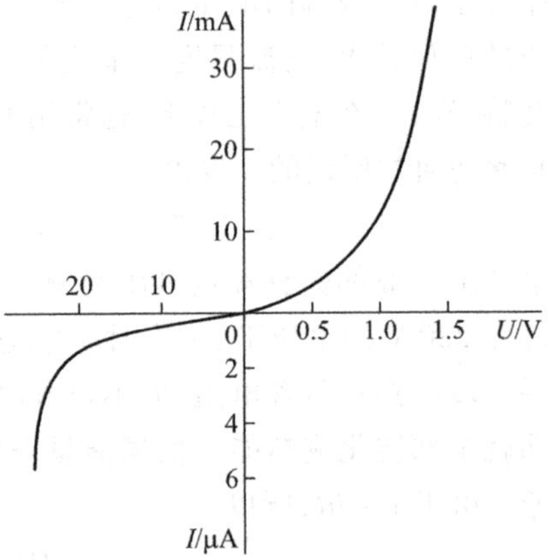

图 3-16 PN 结的伏安特性曲线

3.3.6 气体导电

气体是由大量中性原子或分子组成的，因此在常温常压条件下是绝缘体。但是由于某些原因气体中的分子发生了电离，它便可以导电，这种现象称为**气体导电**或**气体放电**。

气体中的中性分子在地面放射性元素的辐照以及紫外线和宇宙射线等的作用下，或多或

少总有一些气体分子或原子被电离，即原来是电中性的气体分子或原子分离为一个电子和一个带正电的离子。在电离的气体中加入电场，这些正离子与电子就在杂乱的热运动之上叠加一个定向运动，形成电流。

通常情况气体导电是在稀薄气体中发生。常压气体不易导电，在比较高的真空中因为电子和离子不易碰到中性粒子，故也不能发生气体电流。上述的气体电离导电均属**自激放电**。但只靠这种碰撞电离不能长久维持自激放电，因为碰撞产生的所有电子都要向阳极运动，到了阳极便停止了。要想长久地维持放电，必须使阴极不断地提供电子。

1. 受激导电

为使两极之间的气体能够导电，可用外加手段使之电离。例如，用紫外线、X 射线或各种放射性射线照射，或者用火焰将气体加热都可使气体电离。这些能使气体发生电离的物质统称**电离剂**。

在电离剂的作用下，气体不断产生正负电子对，此过程为**电离过程**。产生的正负离子对相遇时重新结合为中性分子，此过程为**复合过程**。在外电场的作用下离子迁移到电极上，与电极上的异号电荷中和。图 3-17 是研究气体导电规律的装置，图 3-18 是测出来的气体导电的伏安特性曲线。由图可见，当电压开始增大时，由于场强还不太强，电子运动过程中所积累的能量还不足以将中性分子电离，其导电规律与液体导电规律类似，基本上符合欧姆定律，如图 3-18 所示的 ab 段。当场强增至相当大时，由于电离所得的离子与电子的数量是有限的，所以增大电压不再使电流继续增大，电流达到饱和状态，如图 3-18 中的 cd 段，说明气体导电不满足欧姆定律。bc 段是介于两者之间的过渡状态。在上述导电过程中，如果把电离剂撤除，气体中的离子很快消失，电流中止。亦即导电过程必须靠电离剂来维持，故称为气体的**受激导电**。

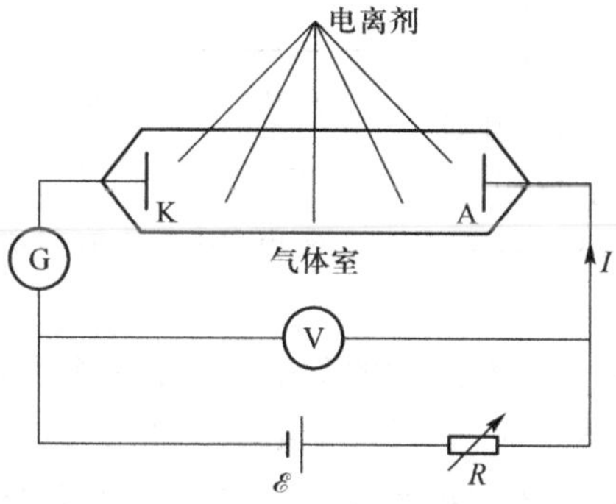

图 3-17　研究气体导电规律的装置

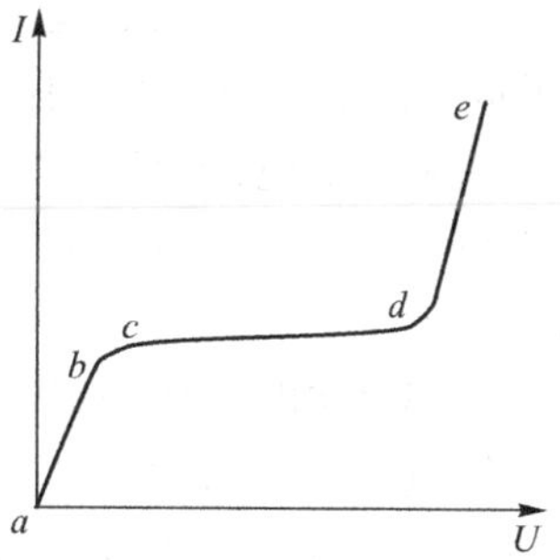

图 3-18　气体导电的伏安特性曲线

2. 自持导电

如前图 3-17 所示，当两极电压增加到某一数值后，气体中的电流突然加剧，如图 3-18 中的 de 段，这时即时撤去电离剂，导电过程仍能维持。这种情形称为气体的**自持导电**。在这个阶段，场强很大，电子动能增加很多，当它达到一定的能量并与中性原子碰撞时，就可能把原子外层的电子拉出，这种现象称为**碰撞电离**。结果是增加了气体中的正离子和电子。电子在运动中又可能积累一定的动能，再与中性原子碰撞，这样的过程犹如连锁反应，在气体中产生大量的离子和电子，这就大大增加了气体的导电性。当气体由受激导电过渡到自持导电时，我们说气体被击穿（或点燃）了，使得气体被击穿的电压称为**击穿电压**。

自持导电中参与导电的带电粒子其来源有以下几种。

一是正负离子在电场中已获得相当大的动能,致使他们的各种碰撞过程足以产生新的离子。主要是电子与中性分子的碰撞,使后者电离,这样的过程连锁式地发展下去,形成簇射。二是获得较大动能的正离子轰击阴极,产生了二次电子发射。三是当气体中电流密度很大时,还会使阴极温度升高而产生热电子发射。

自持导电因条件不同,可以采取辉光放电、弧光放电、火花放电、电晕放电等不同的形式。

3.3.7 导体导电的机制

金属导电的欧姆定律和焦耳定律,应该能从金属的微观结构和导电机制中得到解释。1900 年,德国人特鲁德首先提出金属中的价电子好比气体分子,组成电子气体,它们可以同离子碰撞,在一定的温度下达到热平衡。因此电子气体可以用具有确定的平均速度和平均自由时间的电子来描述。在外电场作用下,电子产生定向漂移运动引起了电流。在温度场中电子气体的定向流动伴随着能量传送,使金属具有良好的热导。金属的电导和热导之间的维德曼-弗兰兹定律反映了它们都起因于电子气体的定向流动,支持了电子气体模型。经典的自由电子理论就是从经典力学和经典统计学的角度,对金属导电的两个规律做出了一个粗糙的解释。

当金属内部没有电场时,自由电子的无规则运动类似于理想气体分子的无规则热运动,因此金属中自由电子的整体又称为电子气,电子在热运动过程中经常与金属晶体点阵上的原子实碰撞并改变运动方向,其轨迹是一条曲折的折线。由于热运动的无规则性,从宏观上来看,在没有外电场或其他原因(如电子数密度或温度的梯度)的情况下,它们向任何方向运动的概率都是一样的,如图 3-19 所示。设想在金属内部任意作一横截面,那么在任意一段时间内平均来说,由两边穿过该截面的电子数相等。因此从宏观角度上看,自由电子的无规则热运动,没有集体定向的效果,因此并不形成电流,宏观电流密度处处为零。

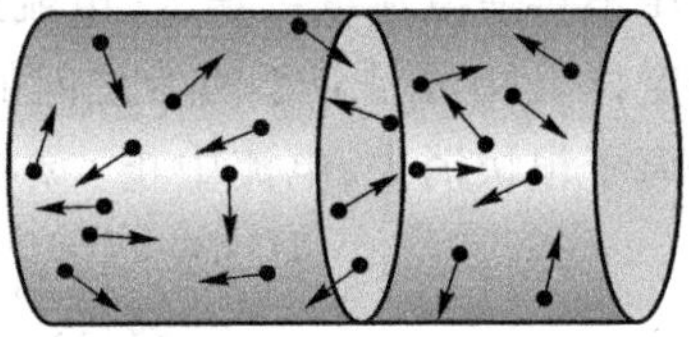

图 3-19　金属内部没有电场时自由电子的无规则运动

当金属内部存在电场时,每个自由电子都将在原有热运动的基础上附加一个逆场强方向的定向“漂移”运动,正是这个定向“漂移”运动构成电流,这时每个电子的速度可以分为两个部分,热运动速度和定向“漂移”运动速度。虽然计算表明定向“漂移”运动的平均速率 $\bar{u}$ 比热容运动的平均速率 $\bar{v}$ 要小得多,然而在考虑大量电子的运动的宏观效应时,所有电子热运动的平均速度为零,而所有电子的定向“漂移”运动由于方向相同而造成了宏观电流。可见正是电子的定向“漂移”运动平均速度 $\bar{u}$ 决定着电流密度 $\boldsymbol{j}$ 的数值和方向。可以说电场强度 $\boldsymbol{E}$ 决定了电子的定向“漂移”运动平均速度 $\bar{\boldsymbol{u}}$,而 $\bar{\boldsymbol{u}}$ 则决定了电流密度矢量 $\boldsymbol{j}$,为了找出 $\boldsymbol{j}$ 与 $\boldsymbol{E}$ 的关系,可以按以下两步进行。

先找出定向“漂移”运动平均速度 $\bar{\boldsymbol{u}}$ 与场强 $\boldsymbol{E}$ 的关系。

图 3-20(a)虚线说明当电场存在时,自由电子仍然不断与金属晶体点阵上的原子实碰撞,其运动与无电场时的区别仅在于两次碰撞之间的轨迹有所不同。这个不同是由于电场力对电子提供的定向运动的加速度造成的。没有电场时,电子每次碰撞后以某一热运动初速度做匀

速直线运动，直至下次碰撞。电场存在时，电子在两次碰撞之间做匀加速直线运动，加速度为

$$\boldsymbol{a}=-\frac{e\boldsymbol{E}}{m}$$

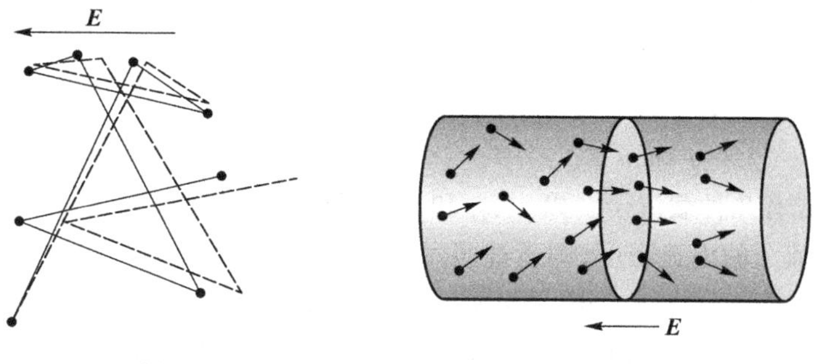

图 3-20　金属内部有电场时自由电子的定向“漂移”运动

式中 m 是电子的质量。由于这个加速度，电子的定向“漂移”运动速率将不断增大直至下次碰撞为止。碰撞时电子受到一个瞬时的冲力，由于热运动速率远大于定向“漂移”运动速率，这个冲力比作用于电子上的电场力大得多，它破坏了电子运动的有向性。也就是说电子在碰撞后向各个方向运动的机会相等，与没有电场是一样。其平均运动速度为零。这样电子在两次碰撞之间的定向运动部分，就是一个初速度为 0 的匀加速直线运动。设电子在两次碰撞之间的平均自由飞行时间为 $\bar{\tau}$，则第二次碰撞前的定向“漂移”运动速度为

$$\boldsymbol{u}_1=\boldsymbol{a}\bar{\tau}=-\frac{e\boldsymbol{E}}{m}\bar{\tau}$$

在一个平均自由程 $\bar{\lambda}$ 内，电子的平均漂移速度等于自由程起点的速度与终点的速度的平均值，即

$$\bar{\boldsymbol{u}}=\frac{0+\boldsymbol{u}_1}{2}=-\frac{e\boldsymbol{E}}{2m}\bar{\tau}$$

由于热运动平均速率 $\bar{v}$ 远大于定向运动平均速率 $\bar{\boldsymbol{u}}$ 的大小，近似有

$$\bar{\tau}=\frac{\bar{\lambda}}{\bar{v}}$$

所以

$$\bar{\boldsymbol{u}}=-\frac{e}{2m}\frac{\bar{\lambda}}{\bar{v}}\boldsymbol{E} \qquad (3-24)$$

这就是定向“漂移”运动平均速率与场强的关系。

我们继续找出电流密度与定向“漂移”运动平均速率的关系。

如果导体中只有一种载流子，设带电荷量都是 q，以相同的速度 $\boldsymbol{u}$ 沿着同一方向运动。假设导体内沿电流线方向取一个体积元，其底面积元 $\mathrm{d}S$ 的法线方向沿电流线方向，如图 3-21 所示。在 $\mathrm{d}t$ 的时间内通过 $\mathrm{d}S$ 面的载流子是以 $\mathrm{d}S$ 为底面积，$u\mathrm{d}t$ 为高的柱体内的所有载流子。此柱体的体积是 $u\mathrm{d}t\mathrm{d}S$。用 n 表示单位体积内这种载流子的数目，则单位时间内通过 $\mathrm{d}S$ 的电

荷量，即通过 dS 的电流强度为

$$dI=\frac{qnu\mathrm{d}t\mathrm{d}S}{\mathrm{d}t}=qnu\mathrm{d}S$$

令 $\mathrm{d}S=\mathrm{d}\boldsymbol{S}\cdot\boldsymbol{e}_n$，上式可以写为

$$\mathrm{d}I=qn\boldsymbol{u}\cdot\mathrm{d}\boldsymbol{S}$$

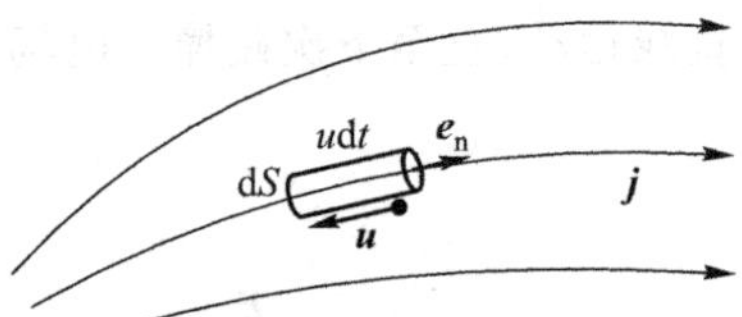

图 3-21　电流密度与定向“漂移”运动的平均速率

由电流密度矢量定义可知

$$\boldsymbol{j}=nq\boldsymbol{u}$$

实际的导体中可能有几种载流子。以 n_i、q_i 和 $\boldsymbol{u}_i$ 分别表示第 i 种载流子的数密度、电荷量和速度，$\boldsymbol{j}_i$ 表示这种载流子的电流密度，则通过面元 dS 的电流强度为

$$\mathrm{d}I=\sum q_in_i\boldsymbol{u}_i\cdot\mathrm{d}\boldsymbol{S}=\sum\boldsymbol{j}_i\cdot\mathrm{d}\boldsymbol{S}$$

用 $\boldsymbol{J}$ 表示总的电流密度，即各种载流子电流密度的矢量和，即 $\boldsymbol{J}=\sum\boldsymbol{j}_i$，则上式变为

$$\mathrm{d}I=\boldsymbol{J}\cdot\mathrm{d}\boldsymbol{S}$$

此结果和只有一种载流子时形式上是一致的。

金属中只有自由电子一种载流子，但是各自由电子的速度不同。设电子的电荷量为 e，单位体积内以速度 $\boldsymbol{u}_i$ 运动的电子数目为 n_i，$\boldsymbol{J}$ 沿正电荷运动的方向，与电子飘移速度方向相反，所以有 $\boldsymbol{J}=\sum\boldsymbol{j}_i=-\sum n_ie\boldsymbol{u}_i=-e\sum n_i\boldsymbol{u}_i$，用 $\overline{\boldsymbol{u}}$ 表示平均速度，由平均值的定义可得

$$\overline{\boldsymbol{u}}=\sum n_i\boldsymbol{u}_i/\sum n_i=\sum n_i\boldsymbol{u}_i/n$$

式中 n 为单位体积内的总电子数。利用平均速度，则金属中的电流密度可表示为

$$\boldsymbol{J}=-ne\overline{\boldsymbol{u}}\tag{3-25}$$

在没有外电场的情况下，金属中的电子作无规则热运动，$\overline{\boldsymbol{u}}=0$，所以不产生电流。加上外电场，金属中的电子将有一个平均定向漂移速度 $\overline{\boldsymbol{u}}$，因此形成了电流。这一平均定向速度称为**漂移速度**。

将平均漂移速度与场强关系(3-24)式代入上式有

$$\boldsymbol{J}=\frac{ne^2}{2m}\frac{\overline{\lambda}}{\overline{v}}\boldsymbol{E}\tag{3-26}$$

金属中自由电子的数密度 n 是常量，与场强无关，因此金属导体内的电流密度与场强成正比，这就是欧姆定律的微分形式。与欧姆定律微分形式比较，可得电导率为

$$\sigma=\frac{ne^2}{2m}\frac{\overline{\lambda}}{\overline{v}}\tag{3-27}$$

这样我们就用经典的电子理论解释了欧姆定律，并导出了电导率与微观量平均值之间的关系。从上式可以看出电导率与温度的关系。因为平均自由程 $\overline{\lambda}$ 与温度无关，而平均速率 $\overline{v}$ 与温度的开方 $\sqrt{T}$ 成正比，所以电导率 σ 与温度的开方 $\sqrt{T}$ 成反比，电阻率 ρ 就与温度的开方 $\sqrt{T}$ 成正比。这就说明了为什么随着温度的升高，金属的电导率减小，电阻率增加。不过应当指出，从经典电子论导出的结果只能定性的说明金属导电的规律。由上式计算出的电导率的具体数值与实际相差甚远。此外电导率或者电阻率与温度的关系也不准确，准确的理论还要用量子理论来解决，在学习了量子理论和固体能带论等课程后，可以从理论上给出更准确的解释。实际上对大多数金属来说，电阻率近似地与温度 T 成正比。

综上所述，在金属导体里，自由电子在电场力的推动下作定向运动形成电流。在这个过程中，电场力对自由电子做功，使电子的定向运动动能增大。同时自由电子又不断地和晶体点阵上的原子实碰撞，在碰撞时把定向运动能传递给原子实，使它的热振动加剧，因而导体的温度就升高，也就是说导体就发热了。所以从金属经典理论来看，电阻所反映的是自由电子与晶体点阵上的原子实碰撞造成对电子定向运动的破坏作用。这也是电阻元件中产生焦耳热的原因。

应该注意的是电子的定向速率很小，但电流的传播速度却很快。实际上电流的传播速率就是电场的传播速率，它是以光速传播的。金属导线中各处都有自由电子，没有电场时都在做无规则热运动，一旦有电场作用，每个自由电子都会同时做定向运动。当电路中开关接通的瞬间，电场将以光速传到导体中的各个地方，使得导体中每个地方的自由电子都开始做定向运动，形成电流。如果认为当开关接通后，电子才从电源出发，等到它们到达负载之后，那里才有电流，这完全是一种误解。

特鲁德和洛伦兹完全从经典的模型出发，从微观上研究了金属中传导电子的性质，获得了不少成功的结果，当然也遇到了困难。随着量子力学的发展，费米和狄拉克提出了金属中的电子满足新的统计规律：费米-狄拉克统计。在泡利提出不相容原理后不久，索末菲提出了金属中传导电子性质的量子自由电子理论，也粗略地解释了金属导电问题，但量子自由电子理论认为金属内部的势场是均匀的，而实际上电子是在金属内部非均匀的势场中运动的，所以量子自由电子学说的模型与实际情况相比仍过于简化。我们在后续课程中还会学习到金属导电的能带理论。

§3.4 简单电路

3.4.1 电路与电路元件

电路在日常生活、工农业生产、科研等许多方面都有着非常广泛的应用。功能不同，实际电路千差万别。

电路是用导线将电源和用电装置（又称负载）按一定方式连接构成的电流通路。

实际电路种类繁多，但就其功能来说可概括为两个方面。其一是进行能量的产生、传输、分配与转化。典型的例子是电力系统中的发电、输电电路。发电厂的发电机组将其他形式的能量（热能、机械能、原子能、太阳能等）转化成电能，通过变压器、输电线输送给各用户负载，用户负载又把电能转化成机械能（如负载是电动机）、光能（如负载是灯具）、热能（如负载是取暖空调、电炉、电烙铁等），为人类的生产、生活所利用。其二是实现信号的产生、传递、变换、处理与控制。这方面典型的例子有手机、电脑、电视机等的电路。图 3-22 是信号接收电路示意图，接收天线将载有语言、音乐、图像信息的电磁波接收后，通过接收电路把输入信号（又称激励）处理为人们所需要的输出信号（又称响应），送到信号输出装置，还原为文字、语

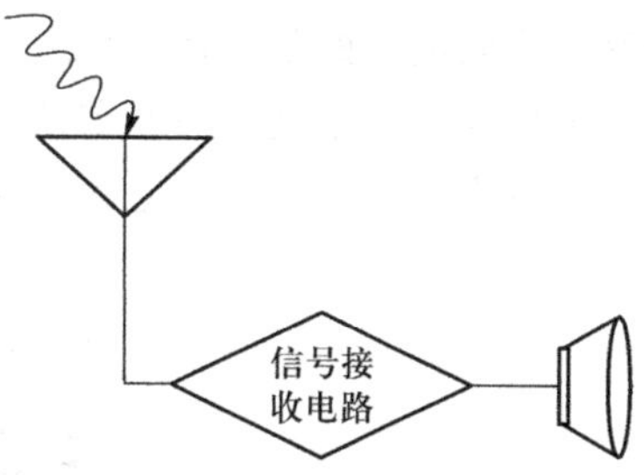

图 3-22　信号接收电路示意图

言、音乐或图像等。

电路组成中的电源和负载,每一组成部分称为一个**元件**。理想的电路元件包括理想电压源(两端电压总能保持定值或一定的时间函数的电源)、理想电流源(输出电流总能保持定值或一定的时间函数的电源)、电阻元件(只消耗电能的元件)、电容元件(只储存电能的元件)、电感元件(只储存磁能的元件)。各元件的连接关系可用电路图表示。

3.4.2 简单电路

图 3-23 电路中仅由电源和电阻串联而成,表示的是一个最简单的电路,称为**无分支电路**。除了这类电路之外,通常的电路往往会分成若干分支。每个分支称为一条**支路**,一条支路可以包含多个元件,但在同一支路中,各元件之间只能一个一个的头尾相接的连下去,而不允许再有分支,否则就不算一条支路了,在同一条支路中,电流强度处处相等。图 3-24 的电路中共有六条支路 *ABCD*、*AH*、*HD*、*AGF*、*HF*、*DEF*。其中 *ABCD* 包含三个元件,一个电源和两个负载。三条或三条以上支路的连接点称为**节点**,如图 3-24 中的 *A*、*D*、*F* 和 *H* 为四个节点。电路中由支路组成的任意闭合路径称为**回路**。如图 3-24 中 *ABCDHA*、*AHFGA*、*HFEDH*、*ABCDEFGA*、*ABCDHFGA*、*ABCDEFHA* 均为回路。

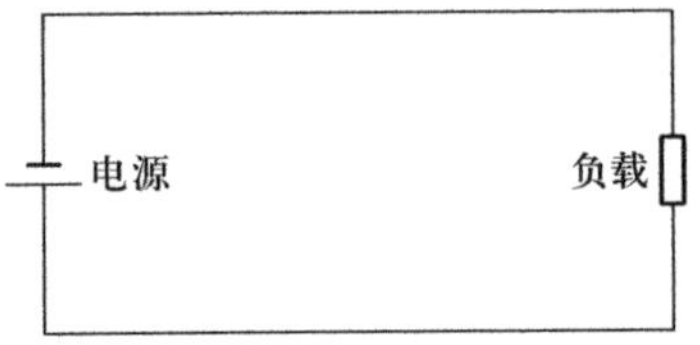

图 3-23 无分支电路

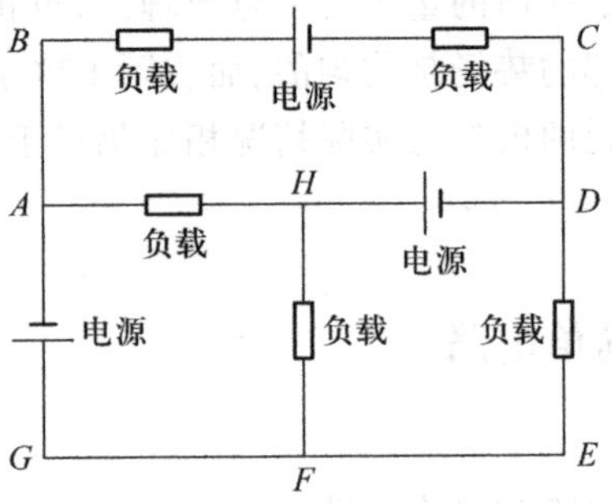

图 3-24 有分支电路

本节将介绍一些较简单的直流电路,它们包括串联电路、并联电路、桥式平衡电路和电位差计的原理电路。

1. 电路的串联与并联

(1) 串联电路

把多个电源和电阻一个接着一个地连接起来,使电流只有一条通路,这样的连接方式称为**串联**。串联电路的基本特点是通过电源及各电阻元件的电流强度相同。图 3-25 所示为仅有电阻的串联。根据电流的恒定条件,通过各电阻元件的电流强度相同,此串联电路两端的总电压等于各个电阻两端电压之和。即

$$U=U_1+U_2+\cdots+U_n \tag{3-28}$$

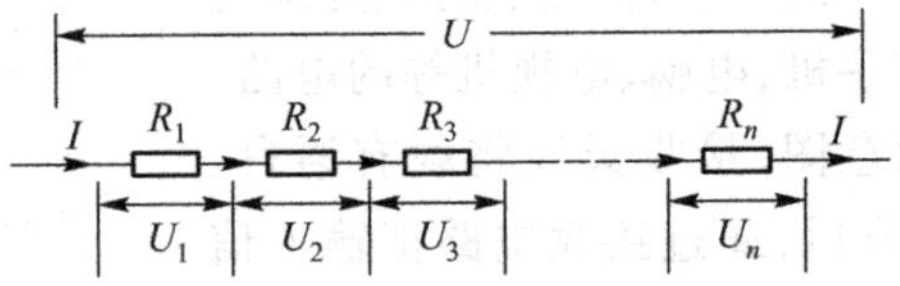

图 3-25 电阻的串联

若各电阻元件服从欧姆定律，则有

$$U_1=IR_1,U_2=IR_2,\cdots\cdots,U_n=IR_n \tag{3-29}$$

式(3-29)表明，在串联电路中电压的分配与电阻成正比。

串联电路的等效电阻 R 为

$$R=\frac{U}{I}=\frac{U_1+U_2+\cdots+U_n}{I}=R_1+R_2+\cdots+R_n \tag{3-30}$$

即多个电阻串联时，其等效电阻等于各电阻之和。

各电阻元件上消耗的电功率为

$$P_1=U_1I=I^2R_1,P_2=U_2I=I^2R_2,\cdots\cdots,P_n=U_nI=I^2R_n \tag{3-31}$$

$$P=UI=U_1I+U_2I+\cdots+U_nI=I^2R_1+I^2R_2+\cdots+I^2R_n=P_1+P_2+\cdots+P_n \tag{3-32}$$

式(3-31)和式(3-32)表明，在串联电路中电功率的分配与电阻成正比。电路消耗总功率等于各元件消耗功率之和。

(2) 并联电路

把多个支路并排地连接起来，使电路有两个公共连接点和多条通路，这样的连接方式称为**并联**。并联电路的基本特点是每一个支路两端的电压都相同。图3-26所示为仅有电阻支路的并联。根据电流的恒定条件，该并联电路各电阻元件两端有相同的电压。此外通过并联电路两端的总电流等于通过各支路电流之和。即

$$I=I_1+I_2+\cdots+I_n \tag{3-33}$$

若各电阻元件服从欧姆定律，则有 $U=I_1R_1=I_2R_2=\cdots=I_nR_n$，即

$$I_1=\frac{U}{R_1},I_2=\frac{U}{R_2},\cdots\cdots,I_n=\frac{U}{R_n} \tag{3-34}$$

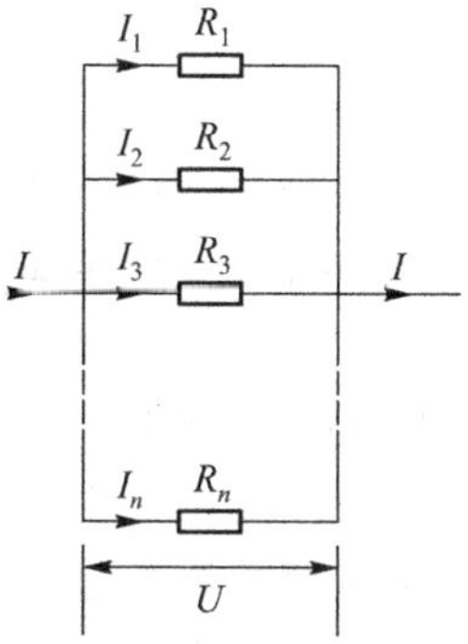

图3-26 电阻的并联

式(3-34)表明，在并联电路中电流的分配与电阻成反比。

串联电路的等效电阻的倒数为

$$\frac{1}{R}=\frac{I}{U}=\frac{I_1+I_2+\cdots+I_n}{U}=\frac{1}{R_1}+\frac{1}{R_2}+\cdots+\frac{1}{R_n} \tag{3-35}$$

即多个电阻并联时等效电阻的倒数等于各个并联电阻的倒数之和。

各电阻元件上消耗的电功率为

$$P_1=\frac{U^2}{R_1},P_2=\frac{U^2}{R_2},\cdots\cdots,P_n=\frac{U^2}{R_2} \tag{3-36}$$

$$P=UI=UI_1+UI_2+\cdots+UI_n=\frac{U^2}{R_1}+\frac{U^2}{R_2}+\cdots+\frac{U^2}{R_2}=P_1+P_2+\cdots+P_n \tag{3-37}$$

式(3-36)和式(3-37)表明，在串联电阻的电路中电功率的分配与电阻成反比。电路消耗总功率等于各元件消耗功率之和。

2. 桥式平衡电路

图3-27所示是最简单的直流电桥，简称**电桥**，或称为**桥式电路**，它是1833年由英国人塞缪尔·亨特·克里斯蒂发明，1843年由英国人查理斯·惠斯通改进及推广的一种直流电桥，

其主要用途是较为精确的测量电阻。该电桥把 4 个电阻 R_1、R_2、R_3 和 R_4 连成四边形 $ABCD$,每一边称为电桥的一个**臂**。四边形的一条对角线连有检流计 G,称为“桥”;四边形的另一对角线接上直流电源,电源电动势为 $\mathscr{E}$。各支路电流方向如图中箭头所示。

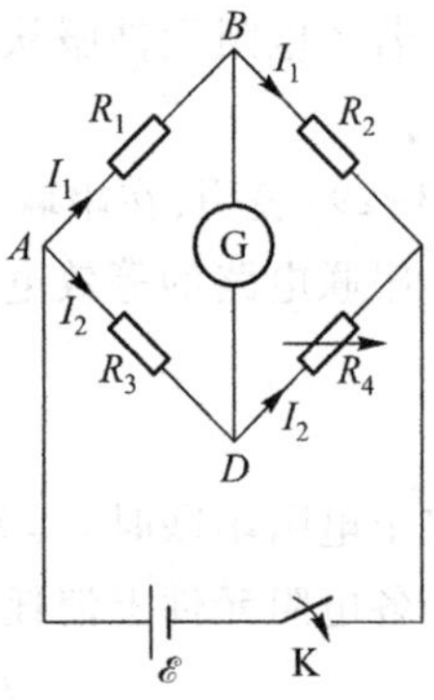

图 3-27 惠斯通电桥

电源接通时,电桥线路中各支路均有电流通过。当 B、D 两点电势不等时,桥路中的电流 $I_G \neq 0$,检流计的指针发生偏转;当 B、D 两点之间的电势相等时,桥路中的电流 $I_G = 0$,检流计指针指零(检流计的零点在刻度盘的中间),这时我们称**电桥处于平衡状态**。此时有

$$U_{AB} = U_{AD}, \quad U_{BC} = U_{DC}$$

由于 $I_G = 0$,故通过 AB 和 BC 两臂的电流相等,设为 I_1。通过 AD 和 DC 两臂的电流也相等,设为 I_2。根据欧姆定律,$U_{AB} = I_1R_1$,$U_{AD} = I_2R_3$,$U_{BC} = I_1R_2$,$U_{DC} = I_2R_4$,则有

$$I_1R_1 = I_2R_3, \quad I_1R_2 = I_2R_4$$

以上两式相除,得

$$\frac{R_1}{R_2} = \frac{R_3}{R_4} \tag{3-38}$$

式(3-38)就是**电桥的平衡条件**。平衡电桥就是利用此式来测量电阻的。

3. 电位差计的电路

“补偿法”是电磁测量的一种基本方法,其突出优点是在测量电学量时,它不从被测量电路中吸取任何能量,也不影响被测电路的状态和参量,所以在计量工作和高精度测量中被广泛利用。电位差计是电磁学测量中用来直接精密测量电动势或电位差的主要仪器之一,它不但可以用来精确测量电动势、电压,与标准电阻配合还可以精确测量电流、电阻和电功率等,还可以用来校准精密电表和直流电桥等直读式仪表,有些电器仪表厂则用它来确定产品的准确度和定标,而且在非电参量(如温度、压力、位移和速度等)的电测法中也占有极其重要的地位。它不仅被用于直流电路,也用于交流电路,因此在工业测量自动控制系统的电路中得到普遍的应用。

在直流电路中,电源电动势在数值上等于电源开路时两电极的端电压。因此,在测量时要求测得在没有电流通过电源时的端电压,即为电源的电动势。但是,如果直接用电压表去测量电源的端电压,由于电压表总要有电流通过,而电源具有内阻,因而所测得的端电压总是小于电源电动势。为了准确地测量电源电动势或某个支路上的电位差,必须使分流到测量支路上的电流等于零,直流电位差计就是为了满足这个要求而设计的。

补偿原理就是利用一个电压或电动势去抵消另一个电压或电动势,其原理可用图 3-28 来说明,两个电源 $\mathscr{E}_0$ 和 $\mathscr{E}_x$ 正极对正极、负极对负极,其中 $\mathscr{E}_0$ 为可调标准电源电动势,$\mathscr{E}_x$ 为待测电源电动势,中间串联一个检流计 G 接成闭合回路。如果要测电源 $\mathscr{E}_x$ 的电动势,可通过调节电源 $\mathscr{E}_0$,使检流计读数为 0,电路中没有电流,此时 $\mathscr{E}_x$ 两端的电位差和 $\mathscr{E}_0$ 两端的电位差相互补偿,这时电路处于补偿状态。若已知补偿状态下 $\mathscr{E}_0$ 的大小,就可确定 $\mathscr{E}_x$,这种利用补偿原理测电位差的方法称为**补偿法**,该电路称为**补偿电路**。

由前段表述可知,为了测量 $\mathscr{E}_x$,关键在于如何获得可调节的标准电源,并要求这电源:① 便于调节;② 稳定性好,能够迅速读出其准确的数值。如果让一阻值连续可调的标准电阻

上流过一恒定的工作电流，则该电阻两端的电压便可作为连续可调的标准电动势。图 3-29 是电位差计的原理图，它由三个基本回路构成：

（1）工作电流调节回路，由工作电源 $\mathscr{E}_0$、限流电阻 R_P、标准电阻 R_N 和 R_x 组成。

（2）校准回路，由标准电池 $\mathscr{E}_N$、检流计 G、标准电阻 R_N 组成。

（3）测量回路，由待测电动势 $\mathscr{E}_x$、检流计 G、标准电阻 R_x 组成。

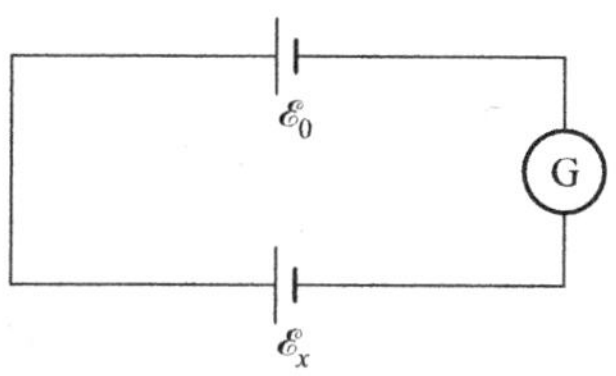

图 3-28　补偿法原理图

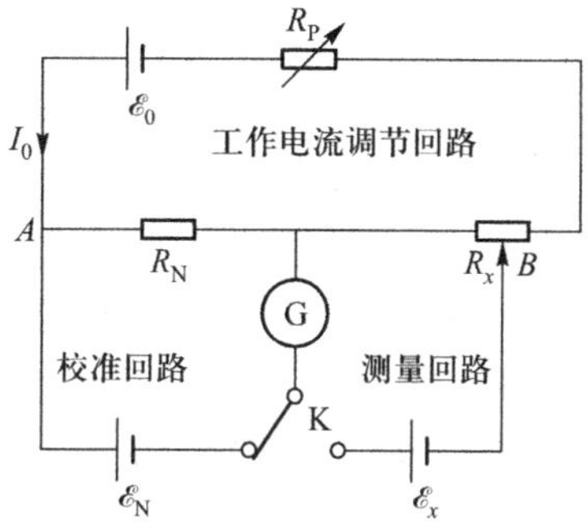

图 3-29　电位差计的原理图

用补偿法测量未知电源电动势有下列几个步骤：

（1）校准：图中开关 K 拨向标准电动势 $\mathscr{E}_N$ 侧，取 R_N 为一预定值（如，对应标准电动势值 $\mathscr{E}_N=R_N\times I_0=1.018\,6\ \mathrm{V}$），调节 R_P 使检流计 G 示值为零，使工作电流回路内的 R_x 中流过一个已知的“标准”电流 I_0，且 $I_0=\dfrac{\mathscr{E}_N}{R_N}$。

（2）测量：将开关 K 拨向未知电动势 $\mathscr{E}_x$ 一侧，保持 I_0 不变，调节滑动触头 B，使检流计示零，则 $\mathscr{E}_x=I_0\cdot R_x=\dfrac{R_x}{R_N}\mathscr{E}_N$。被测电压与补偿电压极性相抵且大小相等，因而互相补偿（平衡）。

补偿法具有以下优点：

（1）电位差计是一电阻分压装置，它将被测电动势 $\mathscr{E}_x$ 和一标准电动势直接比较。$\mathscr{E}_x$ 的值仅取决于 $\mathscr{E}_N$，因而测量准确度较高。

（2）在上述“校准”和“测量”两个步骤中，检流计两次示零，表明测量时既不从校准回路内的标准电动势源中吸取电能，也不从测量回路中吸取电能。因此，不改变被测回路的原有状态及电压等参量，同时可避免测量回路导线电阻及标准电势的内阻等对测量准确度的影响，这是补偿法测量准确度较高的另一个原因。

§3.5　基尔霍夫方程

3.5.1　基尔霍夫方程组

前一节我们只解决了串联、并联和串并混联等简单电路的计算问题，实际中遇到的电路有时要复杂得多。一个复杂电路是多个电源和多个电阻的复杂连接，且不能归结为上述简单的串并联或串并混联电路。

处理电路的典型问题，是在给定电源电动势、内阻和电阻的条件下，计算出每一支路的电流、每一元件两端的电压或每一元件消耗的功率。或者根据某些支路要求通过的电流，设计出电路的电阻和电源的电动势。计算电路的一般方法是靠**基尔霍夫方程组**，基尔霍夫程组是德国人基尔霍夫于 1845 年提出的，基尔霍夫方程组分为第一方程组和第二方程组。

1. 基尔霍夫第一方程组

基尔霍夫第一方程组又称**节点电流定律**。它的理论基础是恒定电流的恒定电流条件$\oint_S \boldsymbol{j}\cdot \mathrm{d}\boldsymbol{S}=0$。如图 3-30 所示，作一闭合曲面 S 包围电路的节点 A，根据恒定电流条件，从节点流出的电流为零。根据恒定电流条件规定：流向节点的电流为负，从节点流出的电流为正，则在任意时刻，对任意节点流出或流入该节点电流的代数和等于零。由此所列的方程称为**基尔霍夫第一方程**，亦称**节点电流方程**，即

$$\sum_i I_i = 0 \tag{3-39}$$

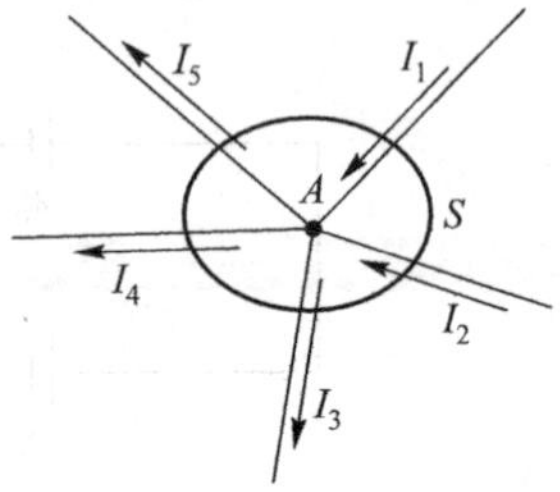

图 3-30　节点电流定律示例

例如对于图 3-30 所示的节点 A，可以列出如下方程：

$$-I_1-I_2+I_3+I_4+I_5=0$$

对电路中的每一个节点都可按同样方法写出一个方程式。容易证明，对于共有 n 个节点的完整电路所列出的 n 个节点方程中有 $n-1$ 个是独立的，余下的一个方程式可以由这 $n-1$ 个方程组合得到。这 $n-1$ 个独立的方程组成一个方程组，称之为**基尔霍夫第一方程组**。

2. 基尔霍夫第二方程组

基尔霍夫第二方程组又称为**回路电压定律**。它的理论基础是恒定电场的环路定理$\oint_L \boldsymbol{E}\cdot \mathrm{d}\boldsymbol{l}=0$。根据环路定理，沿回路环绕一周回到出发点，电势数值不变，也可以说电势差为 0。绕行时，沿途电势经历从低到高和从高到低的过程，统称电势降落。规定：电势从高到低的电势降落为正，电势从低到高的电势降落为负。则**任一时刻，沿任一闭合回路绕行，各支路电势降落的代数和等于零**。即

$$\sum_i U_i = 0 \tag{3-40}$$

具体确定电阻（包括内阻）上电势降落的正负号，要看绕行方向与电流方向的关系：电流方向与绕行方向一致，电势降落为正；电流方向与绕行方向相反，电势降落为负。确定理想电源上电势降低的正负号要看绕行方向与电源极性的关系：沿绕行方向，电源从正极指向负极，电势降落为正，从负极指向正极，电势降落为负。由此所列出的方程称为**基尔霍夫第二方程**。

例如对于图 3-31 所示的回路，顺时针环绕一周，可列出如下方程：

$$-R_1I_1-\mathscr{E}_1+R_2I_2-R_3I_3+R_4I_4+\mathscr{E}_2=0$$

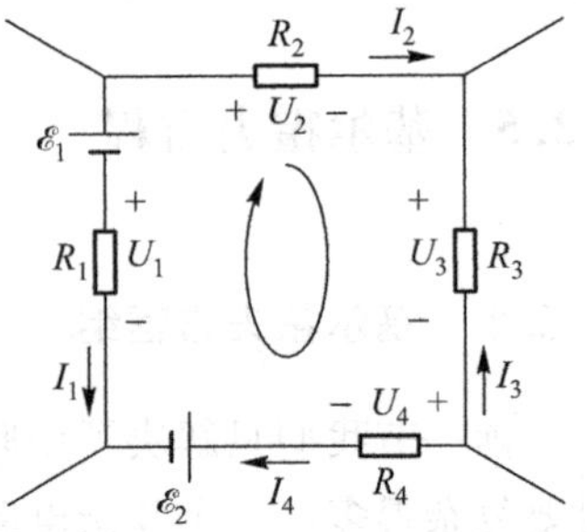

图 3-31　回路电压定律示例

显然，对于每一个回路都可以按照同样方式列出一个方程式。应该注意，并非按所有的回路写出的方程式都是独立的。有些回路方程可以由其他回路方程的组合得到。对一个复杂的电

路，如何确定其独立回路的数目呢？容易证明，在每选一个新的回路的时候，如果该回路至少包含一条之前选回路没有用过的支路，则该回路就是一个独立的回路。如果该回路的所有支路都在前面选回路的时候已经用过，则该回路就不是一个独立的回路。例如，在图 3-24 中，先选取 *ABCDHA*、*AHFGA* 和 *HFEDH* 三个回路，则这三个回路是独立的回路，再选 *ABCDEFGA* 时回路就不是独立回路了，该回路方程可以由前三个回路的回路方程组合得到，读者可以自行验证。

3.5.2 应用基尔霍夫方程组求解复杂电路

下面通过两个例题示范一下运用基尔霍夫方程组解题的步骤。在解决实际问题时，针对各种具体情况还有许多办法可以使解题步骤简化。

例题 3.2 一个复杂电路的各个元件如例题 3.2 图所示，求各支路电流及电压源各自发出的功率。

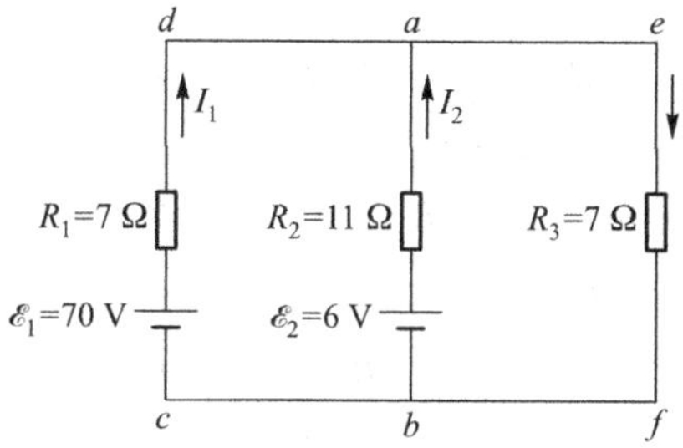

例题 3.2 图

解：(1) 先标定电路中各支路电流的方向，如例题 3.2 图所示。在一个复杂的电路中，电流的方向往往不能预先判定，暂且假定。

(2) 设各个支路未知电流强度分别为 I_1、I_2 和 I_3，电流方向如图所示。列出基尔霍夫第一方程，即节点定律方程。对于节点 a：

$$-I_1-I_2+I_3=0 \quad ①$$

(3) 选择独立回路 *abcda* 和 *aefba*，列出相应的基尔霍夫第二方程。

$$-I_2R_2+\mathscr{E}_2+I_1R_1-\mathscr{E}_1=0 \quad ②$$

$$I_3R_3-\mathscr{E}_2+I_2R_2=0 \quad ③$$

(4) 将具体数值代入上述三个方程，解方程组得

$$I_1=6\ \text{A}$$

$$I_2=-2\ \text{A}$$

$$I_3=I_1+I_2=4\ \text{A}$$

则

$$P_1=6\times70\ \text{W}=420\ \text{W}$$

$$P_2=-2\times6\ \text{W}=-12\ \text{W}$$

可见，$\mathscr{E}_1=70$ V 电压源给电路供给功率 420 W，$\mathscr{E}_2=6$ V 电压源吸收功率 12 W。

例题 3.3 例题 3.3 图所示为一个非平衡电桥电路，其中 G 为检流计（内阻为 R_G），求通过检流计的电流 I_G。

解：(1) 先标定电路中各支路中电流的方向，如例题 3.3 图所示。

(2) 设各个支路未知电流强度分别为 I_1、I_2、I_3、I_4、I_5 和 I_G。列出基尔霍夫第一方程，即节点定律方程：

$$\text{对于节点 } A: I_1+I_3-I_5=0$$

$$\text{对于节点 } B: -I_1+I_2+I_G=0$$

$$\text{对于节点 } D: -I_3+I_4-I_G=0$$

(3) 选择独立回路 $ABDA$、$BCDB$ 和 $ADCEFA$，绕行方向均为顺时针方向，列出相应的基尔霍夫第二方程：

$$\text{回路 } ABDA: R_1I_1+R_GI_G-R_3I_3=0$$

$$\text{回路 } BCDB: R_2I_2-R_4I_4-R_GI_G=0$$

$$\text{回路 } ADCEFA: R_3I_3+R_4I_4+R_5I_5-\mathscr{E}=0$$

(4) 解上述三个方程组成的方程组。将 I_5、I_2 和 I_4 代入上述三个回路方程，整理得

$$R_1I_1-R_3I_3+R_GI_G=0$$

$$-R_2I_1+R_4I_3-(R_2+R_4+R_G)I_G=0$$

$$R_5I_1+(R_3+R_4+R_5)R_4I_3+R_4I_G=\mathscr{E}$$

$$\Delta=\begin{vmatrix} R_1 & -R_3 & R_G \\ -R_2 & R_4 & -(R_2+R_4+R_G) \\ R_5 & R_3+R_4+R_5 & R_4 \end{vmatrix}$$

$$\Delta_G=\begin{vmatrix} R_1 & -R_3 & 0 \\ -R_2 & R_4 & 0 \\ R_5 & R_3+R_4+R_5 & \mathscr{E} \end{vmatrix}=(R_1R_4-R_2R_3)\mathscr{E}$$

$$I_G=\frac{\Delta_G}{\Delta}$$

从上式可以看出，当 $R_1R_4=R_2R_3$ 时，$I_G=0$，这就是 §3.4 讲的电桥平衡条件。§3.4 只证明了 $R_1R_4=R_2R_3$ 是电桥平衡的必要条件，这里证明了 $R_1R_4=R_2R_3$ 是电桥平衡的充分条件，也就是说所以 $R_1R_4=R_2R_3$ 是电桥平衡的充要条件。

非平衡电桥在实际中有许多应用，例如用非平衡电桥可以测质量。如图 3-32 所示，将电

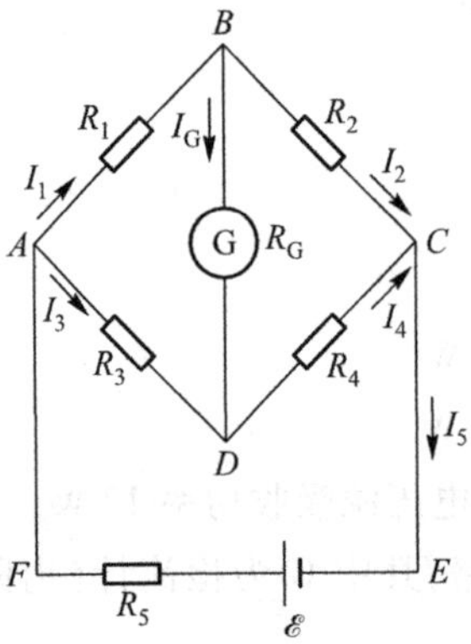

例题 3.3 图　非平衡电桥电路

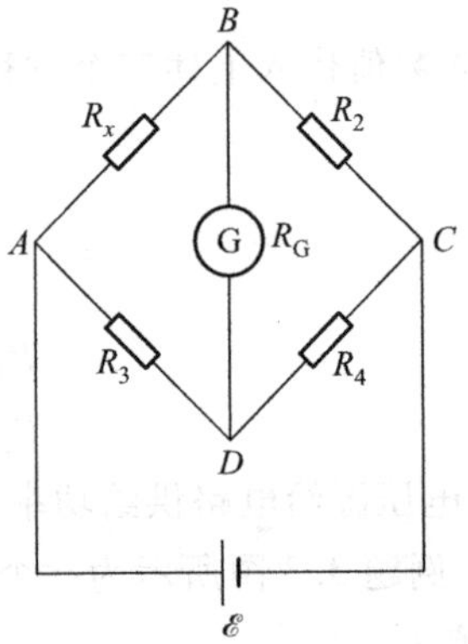

图 3-32　用非平衡电桥测质量

桥中一个臂的电阻换为压敏电阻 R_x，这种电阻的特点是电阻值随压力的变化特别敏感。当这种电阻上方放有重物时，由于压力变化，电阻也将随之发生变化，重物的质量不同，电桥打破平衡的程度将不同，检流计的电流读数也将不同。根据检流计电流的读数，可以算出重物质量的大小。如果将压敏电阻换成热敏电阻，非平衡电桥还可以测量温度。

非平衡电桥还常用在自动控制系统中，自动化的生产和实验中常需要对某些条件和因素进行自动控制，利用一些转换元件(如光敏元件、压敏元件、热敏元件等)可以将这些条件和因素转化成电阻值，当条件和因素变化时，就引起相应的电阻变化，从而通过非平衡电桥引起桥路中检流计的电流读数发生变化，将检流计的电流放大并用于操纵控制结构，就能控制生产和实验中的某些具体条件。

*§ 3.6　其他形式的电动势

3.6.1　佩尔捷电动势

1834 年，法国人佩尔捷发现当有电流通过不同的导体组成的回路时，除产生不可逆的焦耳热外，在不同导体的接触处，随着电流方向的改变会分别出现吸热、放热现象，这一现象称为**佩尔捷效应**。1837 年，俄国人楞次又发现，电流的方向决定了是吸收还是放出热量，而吸收热量等同于制冷，放出热量等同于发热，制冷或发热量的多少与电流强度的大小成正比。

在两种金属接触处有接触电势差，如图 3-33 所示。设其电场方向是由金属 1 指向金属 2。在接触 A 处电流由金属 2 流向金属 1，即电子由金属 1 流向金属 2，接触电势差的电场阻碍电子运动，电子在这里要反抗电场力做功 $e\Delta U$，ΔU 为接触电势差，电子的动能将减少，它将从金属原子吸收能量，从而使温度降低，接头 A 处将从外界吸收热量，起到制冷效果；在接触 B 处，接触电势差的电场使电子加速，电子越过时，动能将增加，被加速的电子与接触处的原子碰撞，把获得的能量 $e\Delta U$ 交给金属原子，使该处温度升高而释放热量。

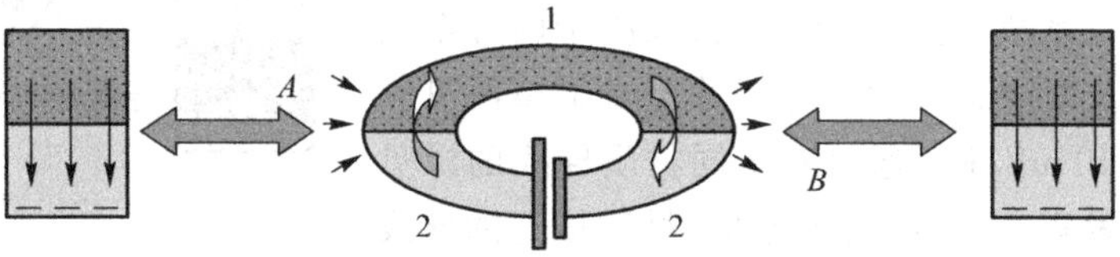

图 3-33　佩尔捷效应原理图

佩尔捷效应分为金属佩尔捷效应(图 3-34)和半导体佩尔捷效应(图 3-35)。金属材料导电性好，传热性好，但是佩尔捷效应较弱，制冷效率很低。半导体材料具有极高的热电势，可以成功地用来做小型的热电制冷器。

佩尔捷效应可解释为因不同金属材料中自由电子的数密度 n_A 和 n_B 不同引起的。由于密度不同，两种金属接触时自由电子将发生扩散。这种扩散作用等效于一种非静电力，在接触面上形成一定的电动势，称之为**佩尔捷电动势**。佩尔捷效应吸热和放热的过程分别与电池的放电和充电过程相当。在图 3-34 的 A 处，自由电子不断从外界吸热，热能转化为电能，这是放电过程。在 B 处，自由电子不断向外界释放热量，电能转化为热能，是充电过程。佩尔捷电动

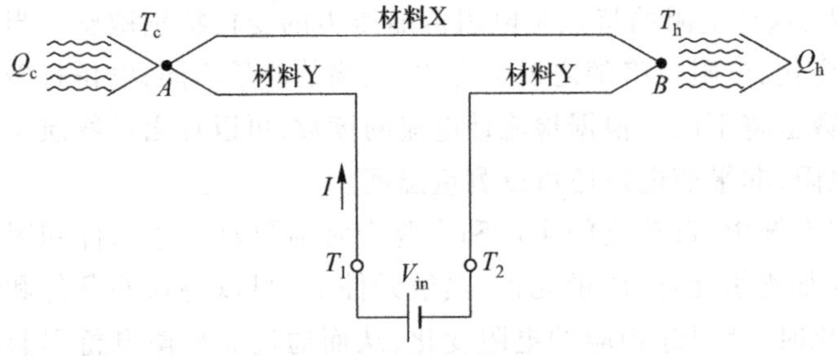

图 3-34　金属佩尔捷效应原理图

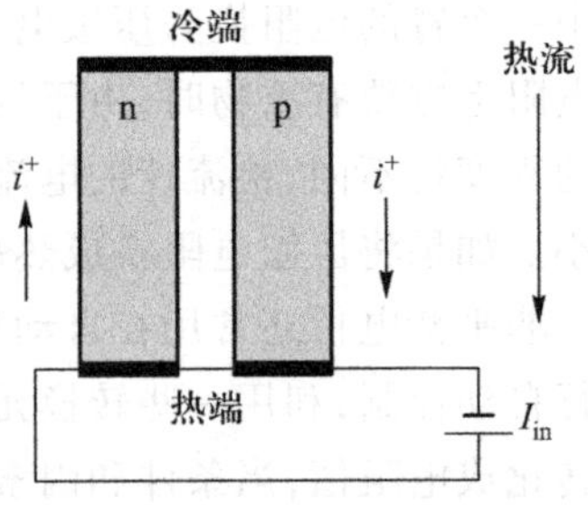

图 3-35　半导体佩尔捷效应原理图

势除了与相互接触的金属材料有关外，还与温度有关，一般用 $\mathscr{E}_{AB}(T)$ 代表金属 A、B 在温度 T 接触时的佩尔捷电动势。佩尔捷电动势不大，其数量级一般在 $10^{-3}\sim10^{-2}$ V 之间。在单一温度下，只依靠佩尔捷电动势不能在闭合回路中建立恒定电流。因为在任一个闭合回路中，在同一温度 T 下，各金属结的佩尔捷电动势之代数和为 0。

3.6.2　泽贝克电动势（温差电动势）

1821 年，德国人泽贝克发现，把两种不同的金属导体接成闭合电路时，如果把它的两个接触点分别置于温度不同的两个环境中，则电路中就会有电流产生，这一现象称为**泽贝克效应**（图 3-36）。

泽贝克效应可解释为电子从热端向冷端的扩散。由于金属中的电子浓度与温度无关，这里的扩散不是浓度梯度所引起的，而是热端的电子具有更高的能量和速度所造成的。这种扩散作用也等效于一种非静电力，在冷热两端就形成一定的电动势，称之为**泽贝克电动势**，或**温差电动势**，用 $\mathscr{E}$ 表示：

$$\mathscr{E}=\alpha(T_2-T_1) \tag{3-41}$$

式中的 α 为泽贝克系数，它与材料有关，取决于两种金属中的电子逸出功及两种金属中的电子浓度。金属泽贝克系数很小，为 0～10 mV/K。通过对不同材质导线的泽贝克效应进行对比发现，在相同的温差下，材质接近的导线产生的电势差较小。这是因为材质接近，逸出功和电子浓度差异较小。

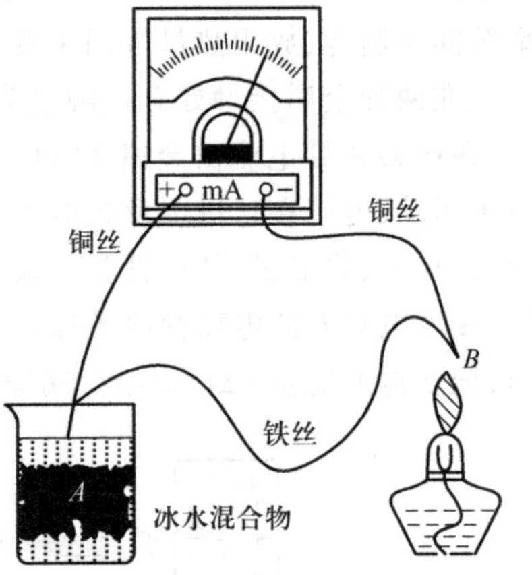

图 3-36　泽贝克效应原理图

泽贝克效应除金属泽贝克效应以外，还有半导体泽贝克效应。半导体泽贝克效应是热端的载流子往冷端扩散的结果，半导体泽贝克系数为几百 mV/K。

3.6.3　汤姆孙电动势

1856 年，英国人威廉·汤姆孙利用他所创立的热力学原理对泽贝克效应和佩尔捷效应进行了全面分析，并将本来互不相干的泽贝克系数和佩尔捷系数之间建立了联系。汤姆孙认为，在热力学温度的零度时，佩尔捷系数与泽贝克系数之间存在简单的倍数关系。在此基础上，他又从理论上预言了一种新的温差电效应，即当电流在温度不均匀的导体中流过时，导体除产生不可逆的焦耳热之外，还要吸收或放出一定的热量，称之为**汤姆孙热**。或者反过来，当一根金属棒的两端温度不同时，金属棒两端会形成电势差，这一现象称为**汤姆孙效应**（图 3-37）。

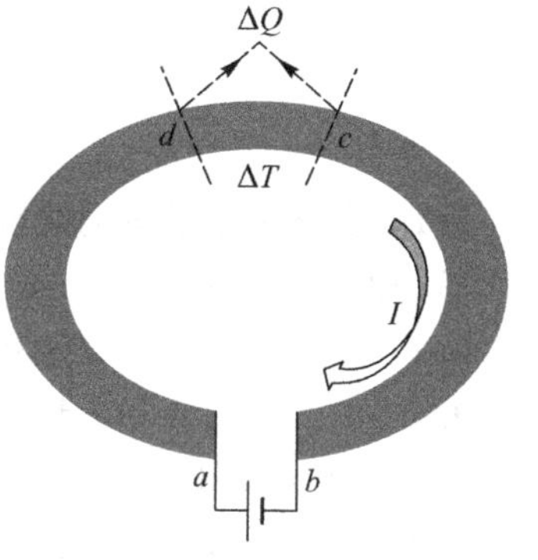

图 3-37　汤姆孙效应原理图

汤姆孙效应是导体两端有温差时产生电势的现象，佩尔捷效应是带电导体的两端产生温差（其中的一端产生热量，另一端吸收热量）的现象，两者结合起来就构成了泽贝克效应。

汤姆孙效应产生的原因是：金属中温度不均匀时，温度高处的自由电子比温度低处的自由电子动能大。像气体一样，当温度不均匀时会产生热扩散，因此自由电子从温度高端向温度低端扩散，在低温端堆积起来，从而在导体内形成电场，这种扩散作用等效于一种非静电力，在金属棒两端便形成一定的电动势，称之为**汤姆孙电动势**。这种自由电子的扩散作用一直进行到电场力对电子的作用与电子的热扩散非静电力平衡为止。当有外加电流通过金属棒时，若电流的方向与非静电力一致，则相当于电池放电。若电流方向与非静电力方向相反，则相当于电池充电。

实验表明，在汤姆孙效应中，作用在单位正电荷上等效非静电力 F_{k} 正比于温度梯度，即

$$F_{\mathrm{k}}=\sigma(T)\frac{\mathrm{d}T}{\mathrm{d}l} \tag{3-42}$$

式中的系数 $\sigma(T)$ 称为汤姆孙系数，它与金属材料及温度有关。整个棒内的汤姆孙电动势为

$$\mathscr{E}(T_1,T_2)=\int_1^2 \boldsymbol{F}_{\mathrm{k}}\cdot \mathrm{d}\boldsymbol{l}=\int_1^2 \sigma(T)\frac{\mathrm{d}T}{\mathrm{d}l}\mathrm{d}l=\int_{T_1}^{T_2}\sigma(T)\,\mathrm{d}T \tag{3-43}$$

式中 T_1、T_2 分别为金属棒 d 的温度高端和低端的热力学温度。汤姆孙电动势很小，例如，铋的汤姆孙系数在常温下也只有 10 μV/℃ 左右，而铜在 0 ℃ 时汤姆孙系数只有 2 μV/℃。对于同一种金属，汤姆孙电动势只与两端的温度有关。

应用专题：超导体与高温超导

经典实验：昂内斯低温超导实验

思考题

3.1 真空中电子运动的轨迹不总是逆着电场线，电路中金属导体内电流线与电场线是否总是重合的？请解释原因。

3.2 欧姆定律的积分式和微分式是否在非恒定情况下也都适用？

3.3 电源电动势和电势差有什么区别？电源两端的电压能否超过电动势？电源内的电流能否超过其短路电流？

3.4 对一个具体的电路，如电桥电路，下列说法正确吗？

（1）计算时，m 个节点的电路列出的基尔霍夫第一方程组中只有 $m-1$ 个是独立的；

（2）计算时，对有 n 个独立回路的电路的基尔霍夫第二方程是相互独立的，而沿其他回路列出的基尔霍夫第二方程可以由这 n 个方程组合得到。

习题

3.1 范德格拉夫静电加速器是利用绝缘传送带向一个金属球壳输送电荷而使球的电势升高的。在范德格拉夫静电加速器中，一宽 0.3 m 的橡皮带以 0.2 m/s 的速度运行，在下边的滚轴处给橡皮带带上表面电荷，橡皮带的电荷面密度在带子的每一侧产生 1.2×10^6 V/m 的电场，求电流的大小。

第三章习题
参考答案

3.2 一个有一定厚度的金属圆柱筒，其内外半径分别为 R_1、R_2，长度为 l，电阻率为 ρ。若圆柱筒内缘的电势高于外缘的电势，电势差为 U，求圆柱体中沿径向的电流。

3.3 在铜导线里，假设每个铜原子贡献一个自由电子，为了技术上的安全，铜线内的最大电流密度 $j_m=6.0\ \text{A/mm}^2$，求此时导线内电子的漂移速率。已知铜的摩尔质量为 $M=63.75$ g/mol，密度为 $\rho=8.9\ \text{g/cm}^3$。

3.4 两个同轴导体圆柱面，内、外圆柱面的半径分别为 3.0 mm、9.0 mm，长度均为 20 m。若两个圆柱面之间有 10 μA 的电流沿径向流过，求通过半径为 6.0 mm 的圆柱面上的电流密度。

3.5 已知铜的电导率 $\sigma=5.7\times10^7$ S/m，铜内自由电子的电荷体密度为 $\sigma=1.36\times10^{10}\ \text{C/m}^3$。一铜棒长为 2.0 m，其横截面积为 $16\ \text{cm}^2$，棒两端电势差为 50 mV。求：

（1）该铜棒的电阻；

（2）通过棒的电流及电流密度的大小；

（3）棒内电场强度的大小；

（4）棒所消耗的功率；

（5）棒内电子的漂移速率。

3.6 如图所示，已知电源内阻均为 $R_i=1\ \Omega$，电动势分别为 $\mathscr{E}_1=12$ V，$\mathscr{E}_2=9$ V，$\mathscr{E}_3=8$ V，各个电阻的电阻值为 $R=2\ \Omega$，$R_0=3\ \Omega$。

（1）当在 A、B 间接电压表，求其示数；

（2）当在 A、B 间接电流表，求其示数。

3.7 有三个电阻，它们的阻值不同，分别为 $R_1=100\ \Omega$，$R_2=1\ 000\ \Omega$，$R_3=10\ \text{k}\Omega$，但额定功

率相同，都是$\frac{1}{4}$ W，现将这三个电阻串联起来。

（1）加在这三个电阻上的总电压最多不能超过多少？

（2）如果 1 000 Ω 的电阻实际消耗功率为 0.1 W，其余两个电阻消耗的功率各是多少瓦？此时加在这三个电阻上的电压是否超过各自的额定电压？

3.8 用如图所示的电路测量电源性质，其中电流表和电压表均看成理想的，即电流表内阻可忽略，电压表内阻视为无限大。当滑动变阻器的滑动片在某一位置时，电流表的读数为 0.2 A，电压表的读数为 1.8 V；当滑动变阻器的滑动片在另一位置时，电流表和电压表的读数分别为 0.4 A 和 1.6 V。求电源的电动势和内阻。

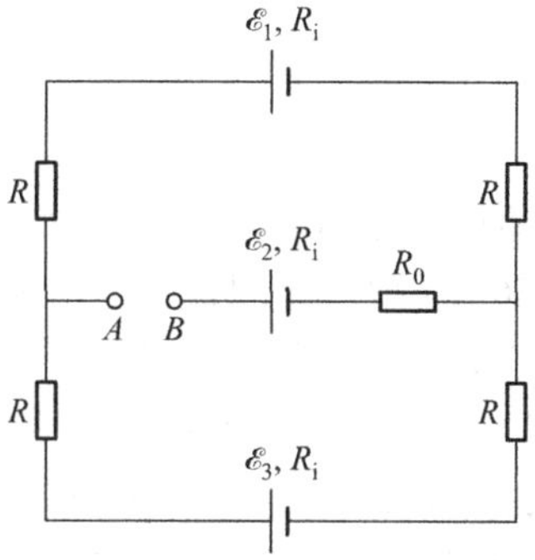

习题 3.6 图

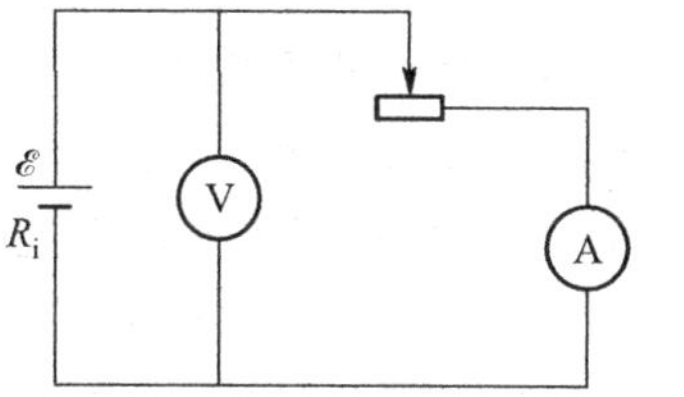

习题 3.8 图

3.9 如图所示的电路可以通过调节可变电阻器 R 的阻值，将 5 Ω 电阻的电功率降到最小值。试求 5 Ω 电阻的最小电功率值 $P_{\min}$ 和此时可变电阻 R 的阻值。

3.10 如图所示，已知电路中电阻的阻值：$R_1 = 2\ \Omega$，$R_2 = 4\ \Omega$，$R_3 = 6\ \Omega$，而 $I_1 = 2$ A，$I_2 = 1$ A，$\mathscr{E}_3 = 20$ V，电源的内阻 R_i 均为 1 Ω，求电源电动势 $\mathscr{E}_1$、$\mathscr{E}_2$ 和电压 U_{ab}。

3.11 如图所示是加法器的电路原理图。已知电源的电动势 $\mathscr{E}_1$、$\mathscr{E}_2$、$\mathscr{E}_3$ 及电阻阻值 R、R_0，设 R_0 两端的电压为 U，当（1）$R=R_0$，（2）$R \gg R_0$ 时求 U 值。

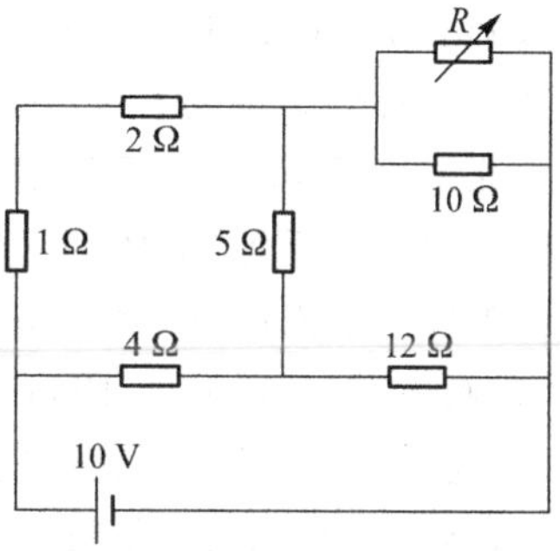

习题 3.9 图

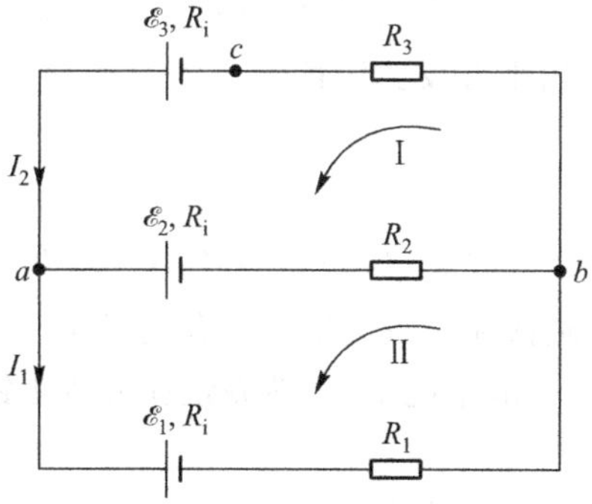

习题 3.10 图

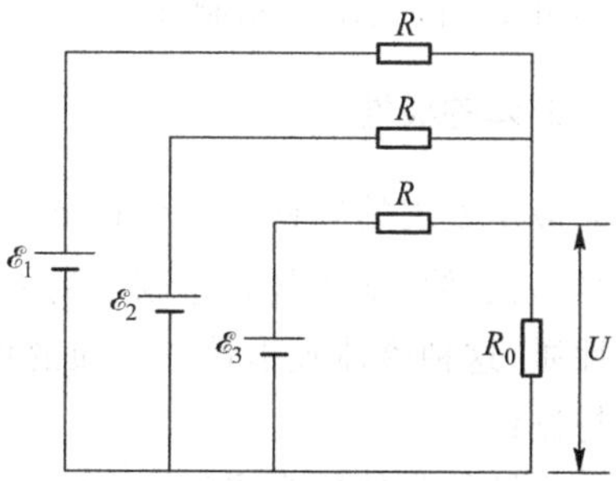

习题 3.11 图

第四章　电磁相互作用与恒定磁场

§4.1　电磁相互作用

第四章
电子教案

4.1.1　人类早期对磁的认识

人类对磁现象很早，公元前 585 年，希腊哲学家泰勒斯已记载了天然磁矿石吸引铁的现象。我国对磁现象的认识可以追溯到公元前 770—前 476 年的春秋时期《管子·地数》篇中记载的“上有慈石者，其下有铜金”，中国东汉以前的古籍中，一直将磁石写作慈石，是由于冶炼金属铁的发展，人们发现了天然磁石能吸引铁，故称慈石，有意思的是磁石在许多国家的语言中都含有慈爱之意。公元前 239 年前后的战国末年《吕氏春秋》中也有记载“慈石召铁，或引之也”。汉代人们发现，磁石不能吸引铁以外的物体，公元前 139 年西汉《淮南子》记载“若慈石之能连铁也，而求其引瓦则难矣。”又云“慈石能引铁，及其于铜则不行也。”显然，这是在实验基础上获得的认识。到东汉时期就有了磁的应用，约公元 86 年东汉王充《论衡·是应》篇记载“司南之酌，投之于地，其柢指南。”东汉末《三辅黄图》记载，秦阿房宫北阙门用磁石砌成。

北宋沈括 1093 年写成的《梦溪笔谈》就有指南针的具体记载，以及人工磁化方法制作指南针。南宋陈元靓《事林广记》中记述了指南针结构上的较大改进，为指南针用于航海提供了方便条件。指南针用于航海的记录，最早见于 1119 年朱彧撰《萍洲可谈》中记载“舟师识地理，夜则观星，昼则观日，阴晦观指南针”，遂有 1405 年明代郑和下西洋壮举。1207 年英国纳肯的《论器具》中才有指南针航海的记载。

1581 年，英国人罗伯特·诺曼用实验验证磁力是一种定向力，而不是运动力。1600 年，英国人吉尔伯特基于详细的实验结论发表了《论磁、磁体和地球作为一个巨大的磁体系统》中总结了人们对磁的认识和研究，讨论地磁性质，确认地球就是一个大磁体，使磁学从经验变成科学。1750 年，英国人米切尔制作扭秤用来测磁力，并提出平方反比定律。

4.1.2　磁体的极性

人类最早发现的磁铁是天然的磁铁矿，其主要成分为四氧化三铁（Fe_3O_4）。现在所用的磁铁多半是铁、镍、钴及其合金制成的人造磁铁。天然磁铁和人造磁铁都具有吸引铁、镍、钴等物质的性质，这种磁体吸引铁等物质的性质称为**磁性**。一般情况下，天然磁铁和人造磁铁都能长期保持磁性。

磁体磁性最强处称为**磁极**，一条状或细针状磁体的两端就是磁极，如图 4-1 所示。不同磁体的磁极之间存在着相互作用，有吸引作用，也有排斥作用。

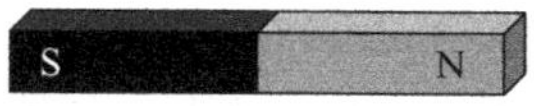

图 4-1　磁体的磁极

由于地球本身就是一个大磁体，把条状或细针状磁体通过其重心将其悬挂起来，静止时，其两端磁极总是分别指向地理的南北方向附近。则磁体指北的一端称为磁北极，即 N 极，指南的一端称为磁南极，即 S 极。人们发现，磁体的 N 极和 S 极在一个磁体上总是同时存在，而且不同磁体的**同性磁极互相排斥，异性磁极互相吸引**。一个磁体无论断成多么小的若干部分，每一部分都一定同时存在 N 极和 S 极。到目前为止，还没有发现单独的 N 极磁体或单独的 S 极磁体。

4.1.3　磁偏角

地球是一个磁体，磁偏角是指地球表面任一点的磁子午圈与地理子午圈的夹角。磁偏角的发现和测定的历史很早，1093 年之前，北宋沈括在《梦溪笔谈》中记载了，地磁的南北极与地理的北南极并不完全重合，存在磁偏角，“常微偏东，不全南也”。1581 年，英国人罗伯特·诺曼才发现磁偏角，他通过测量发现地球上不同地方的磁偏角不同。在我国，正常情况下，磁偏角最大可达 6°，一般情况下为 2°~3°。

4.1.4　奥斯特的电流磁效应实验

1750 年米切尔提出磁相互作用的平方反比定律，1785 年库仑给出了电荷相互作用的平方反比定律。这种作用规律的相似性似乎预示着电、磁二者之间有某种内在的联系，促使人们一直在思索和探究。

自然界中存在着单独的正电荷和单独的负电荷，然而磁极中单独的 N 极和单独的 S 极却一直没有发现，这种区别使得人们在很长一段时间内认为电和磁是完全独立的两类现象，吉尔伯特和库仑等人都断言二者之间无因果关系。但是探索电、磁之间内在联系的实验探索从没有停下脚步！并且一些已有的现象暗示着电、磁之间的内在联系性。如，1731 年一名英国商人说雷电后他的一箱刀叉带了磁性；1751 年富兰克林发现莱顿瓶放电后缝纫针带有了磁性。为此，1774 年德国的一个研究机构悬奖征解——电力和磁力是否存在着实际的和物理的相似性？

丹麦人奥斯特深受康德等人关于各种自然力相互转化的哲学思想的影响，奥斯特坚信客观世界的各种力具有统一性，并开始对电、磁的统一性进行研究。1820 年 4 月的一天，奥斯特在讲课时做了一个实验，把通电铂丝与磁针平行放置，然后接通电源，小磁针微微跳动，转到与铂丝垂直的方向，如图 4-2 所示。

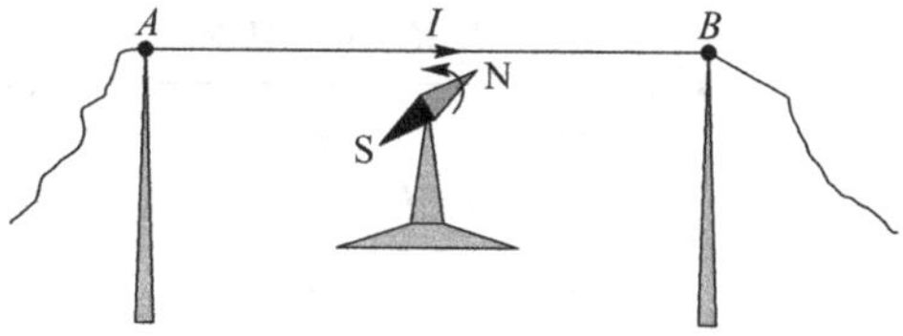

图 4-2　奥斯特的电流磁效应

小磁针的摆动，对奥斯特来说实在太重要了，他又改变电流方向，发现小磁针向相反方向偏转，说明电流方向与磁针的转动之间有某种联系。奥斯特为了进一步弄清楚电流对磁针的作用，于 1820 年 4 月到 7 月，历时三个月的详细研究，考察了电流对磁针作用的方向性，磁针距导线不同距离时磁针受作用的强弱等。1820

年 7 月 21 日，奥斯特在法国《化学与物理学年鉴》上发表了著名论文"电流对磁针影响的实验"，十分简洁地报告了他关于电流磁效应的发现，明确了电、磁之间的内在联系性。

4.1.5 安培的电磁相互作用实验与安培定律

奥斯特向科学界宣布电流的磁效应是一个划时代的发现，让整个科学界都为之震惊，在法国物理学界更是引起了极大的震动。法国人弗朗索瓦·阿拉戈听到奥斯特的发现后，1820 年 9 月 11 日向法国科学院报告了奥斯特实验的细节。

法国人安培听了阿拉戈的报告后，马上集中精力进行研究，9 月 18 日，安培向法国科学院报告了他发现的第一个发现，即电流磁效应的**安培右手螺旋定则**，该定则表明，用右手以握住的姿势环绕通电导线，让大拇指指向电流的方向，那么其余四指环绕方向的切向就是在该处小磁针 N 极的指向。紧接着安培还报告了他的第二个发现，该发现表明，用右手以握住的姿势环绕通电螺线管，让四指指向与螺线管导线中电流的方向相同，那么大拇指所指的一端便是通电螺线管所产生等效磁 N 极方向。10 月 2 日，安培在法国科学院做了著名的通电导线相互作用实验结果的演讲，当两条通电导线上的电流方向相同时，导线互相吸引；当电流方向相反时，导线互相排斥；其吸引力或排斥力与导线之间距离的平方成反比。

安培还在实验中，证实了在磁作用上弯曲的电流跟直线的电流是等效的，可以把弯曲的电流看成是由许多足够短的小段直线电流，即**电流元**组成，弯曲电流的作用就是各电流元作用的矢量和；确认了电流的磁作用力垂直于载流导体；得到了电流的磁作用力跟电流大小以及距离的关系。

安培通过精巧的实验设计，对大量实验结果的精确的实验分析、归纳，高超巧妙的数学分析，1820 年 12 月 4 日得到了电流元相互作用的"**安培定律**"。

恒定电流存在于闭合回路中，而不同的闭合回路的形状和大小各不相同，类比于静电场中点电荷相互作用的叠加，这里将两个分别通有电流 I_1 和 I_2 的闭合载流回路 L_1 和 L_2 看成是由许多电流元组成。只需要知道任意一对电流元之间的相互作用力，矢量叠加后，就可以得到两个闭合载流回路之间的相互作用力。

如图 4-3 所示，两个闭合载流回路 L_1 和 L_2，分别通有电流 I_1 和 I_2。闭合载流回路可以看成是由许多电流元组成，每个电流元都是足够短的小段直线电流，表示为 $I\mathrm{d}\boldsymbol{l}$，则回路 L_1 上的电流元 $I_1\mathrm{d}\boldsymbol{l}_1$ 对回路 L_2 上的电流元 $I_2\mathrm{d}\boldsymbol{l}_2$ 的作用力遵守**安培定律**，表示为

$$\mathrm{d}\boldsymbol{F}_{12}=\frac{\mu_0}{4\pi}\cdot\frac{I_2\mathrm{d}\boldsymbol{l}_2\times(I_1\mathrm{d}\boldsymbol{l}_1\times\boldsymbol{e}_{r12})}{r_{12}^2} \qquad (4-1a)$$

或

$$\mathrm{d}\boldsymbol{F}_{12}=\frac{\mu_0}{4\pi}\cdot\frac{I_2\mathrm{d}\boldsymbol{l}_2\times(I_1\mathrm{d}\boldsymbol{l}_1\times\boldsymbol{r}_{12})}{r_{12}^3} \qquad (4-1b)$$

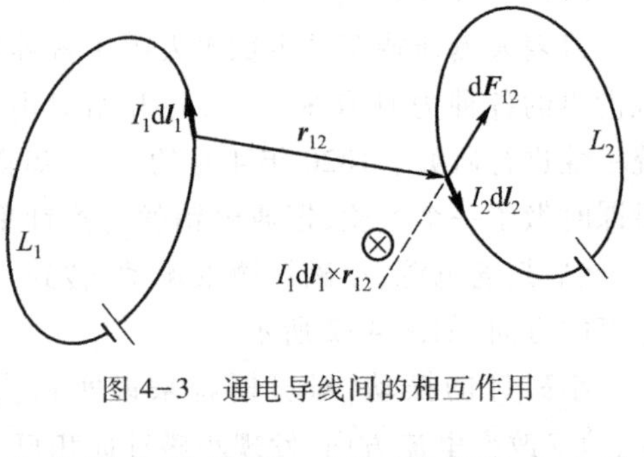

图 4-3 通电导线间的相互作用

式(4-1a)和式(4-1b)即安培定律的数学表达式，表明了不同载流回路中电流元之间的相互作用力大小和方向。式中 $\mu_0=4\pi\times10^{-7}\ \mathrm{N\cdot A^{-2}}$，$\mu_0$ 称为真空磁导率。$\mathrm{d}\boldsymbol{F}_{12}$ 的方向由 $I_2\mathrm{d}\boldsymbol{l}_2\times(I_1\mathrm{d}\boldsymbol{l}_1\times\boldsymbol{r}_{12})$ 来决定；$\mathrm{d}\boldsymbol{F}_{12}$ 的大小为

$$dF_{12}=\frac{\mu_0}{4\pi}\cdot\frac{|I_2 d\boldsymbol{l}_2||I_1 d\boldsymbol{l}_1|\sin\theta_1\sin\theta_2}{r_{12}^2} \tag{4-2}$$

式中，θ_1 为 $I_1 d\boldsymbol{l}_1$ 与 $\boldsymbol{e}_{r12}$ 的夹角，θ_2 为 $I_2 d\boldsymbol{l}_2$ 与 $I_1 d\boldsymbol{l}_1\times\boldsymbol{e}_{r12}$ 的夹角。

正如许多科学家一样，安培凭借他聪明的头脑、敏锐的嗅觉与勤奋的工作促进了科学的发展，为人类创造了宝贵的物质与精神财富。安培定律是安培的电动力学基础，它在形式上与牛顿万有引力定律相似，安培定律中的电流元相当于牛顿力学中的质点，电流元之间的相互作用则是电动力学的核心。1827 年，安培将他的电磁现象的研究写成《电动力学现象的数学理论》一书，这是电磁学史上一部重要的经典论著，对以后电磁学的发展产生了深远的影响。

麦克斯韦对安培定律的高度评价：安培为建立电流间的作用定律而进行的实验研究在科学上是最光辉的成就，整个理论和实验似乎是从“电学中的牛顿”的头脑中跳跃出来的，曾在那里得到全盘思考和全副武装，它们是完善得无懈可击的。它们总结在一个公式中，所有电磁现象都可以从这个公式推导出来，这个公式将永远是电动力学的基本公式。

“电动力学”一词也是安培首创，它跟牛顿的“动力学”相对应。为了纪念安培在电磁学上的杰出贡献，电流的单位以他的姓氏“安培”命名。

安培依据磁是由运动的电荷产生的这一观点来说明地磁的成因和物质的磁性，提出了著名的分子电流假说，这已成为认识物质磁性的重要依据。

在上述电磁相互作用中，这种作用是通过怎样的途径传递的呢？

4.1.6 磁场

近代物理学认为电磁相互作用是通过场来传递的！磁体能在周围空间产出**磁场**，运动电荷也能在周围空间产出磁场，如图 4-4 所示。磁场弥漫在全空间，磁场可传递磁体与磁体之间、运动电荷与运动电荷之间、磁体与运动电荷之间的相互作用。磁相互作用也是近程相互作用，场对作用的传递需要时间，在真空中场以光速传递相互作用。

图 4-4　磁场

也就是说，任何运动电荷周围空间里都存在着磁场，对其他磁体或运动电荷存在磁场力的作用；任何磁体周围空间里都存在着磁场，对其他磁体或运动电荷存在磁场力的作用。磁场是物质性的，磁场中储存着能量。

当产生磁场的电流为恒定电流时，恒定电流产生的磁场也不随时间变化，称之为**恒定磁场**。

随时间变化的电流产生的磁场亦是随时间变化的，称之为**非恒定磁场**。

4.1.7 磁感应强度

在静电学中，若有一个连续带电体置于静电场中，我们考虑这一连续带电体的受力时，要把连续带电体看成点电荷的集合。在其中取出一电荷元 dq，考虑该电荷元受力 $d\boldsymbol{F}=dq\boldsymbol{E}$，这里 $\boldsymbol{E}$ 为电荷元 dq 所在处的电场强度。与这个思路类似，考虑 4.1.5 节图 4-3 所示闭合载流回路 L_1 对电流元 $I_2 d\boldsymbol{l}_2$ 的作用力为

$$\mathrm{d}\boldsymbol{F}_2=\oint_{L_1}\mathrm{d}\boldsymbol{F}_{12}=I_2\mathrm{d}\boldsymbol{l}_2\times\frac{\mu_0}{4\pi}\oint_{L_1}\frac{I_1\mathrm{d}\boldsymbol{l}_1\times\boldsymbol{e}_{r12}}{r_{12}^2}=I_2\mathrm{d}\boldsymbol{l}_2\times\boldsymbol{B} \tag{4-3}$$

式中，$\boldsymbol{B}=\frac{\mu_0}{4\pi}\oint_{L_1}\frac{I_1\mathrm{d}\boldsymbol{l}_1\times\boldsymbol{e}_{r12}}{r_{12}^2}$为描述电流为 I_1 的闭合载流回路 L_1 在电流元 $I_2\mathrm{d}\boldsymbol{l}_2$ 处的磁场性质的物理量，$\boldsymbol{B}$ 称为**磁感应强度**，它的单位为特斯拉(T)。

当电流元 $I_2\mathrm{d}\boldsymbol{l}_2$ 与该处磁感应强度 $\boldsymbol{B}$ 夹角为 θ 时，由式(4-3)可得电流元 $I_2\mathrm{d}\boldsymbol{l}_2$ 受力的大小为 $\mathrm{d}F_2=|\mathrm{d}\boldsymbol{F}_2|=|I_2\mathrm{d}\boldsymbol{l}_2|B\sin\theta,\theta=\pi/2$ 时，$\mathrm{d}F_{2\max}=I_2|\mathrm{d}\boldsymbol{l}_2|B$，则理论上磁感应强度 $\boldsymbol{B}$ 的大小 $B=|\boldsymbol{B}|,B=\mathrm{d}F_{2\max}/(I_2|\mathrm{d}\boldsymbol{l}_2|)$。实验中对磁感应强度大小的测量有很多方法；磁感应强度 $\boldsymbol{B}$ 的方向由表达式 $\mathrm{d}\boldsymbol{F}_2=I_2\mathrm{d}\boldsymbol{l}_2\times\boldsymbol{B}$ 来决定，为磁场中小磁针 N 极所指的方向。磁感应强度 $\boldsymbol{B}$ 的单位为特斯拉(T)，1 T=1 N/(A · m)，常用的单位还有高斯(Gs)，1 Gs=10^{-4} T。

4.1.8 磁感应线

由于恒定磁场中各点磁感应强度的大小和方向是确定的，为了形象地描绘磁场的分布，在满足一定条件的情况下，在磁场中用一些曲线来形象地描述恒定磁场的分布，称之为**磁感应线**，也称为 $\boldsymbol{B}$ 线。磁感应线满足的条件为：磁感应线上每一点的切线方向都与该点磁感应强度方向相同，如图 4-5 所示；磁场中任一点附近，穿过垂直于磁感应强度方向上的单位面积上磁感应线的疏密程度与该点磁感应强度的大小成正比。形象地讲就是，磁感应强度的大的地方磁感应线稠密，磁感应强度的小的地方磁感应线稀疏。

磁感应线是人为引入来描述磁场的分布及磁场性质的，反映了真实恒定磁场中各点磁感应强度的分布；恒定磁场的磁感应线由磁体的 N 极射出，由 S 极射入，在磁体内部，磁感应线是由 S 极指向 N 极，形成闭合曲线。

因为磁场中各处磁感应强度具有单值性，所以任何两条磁感应线都不会相交。均匀磁场的磁感应线为平行等间距的直线。图 4-6 是条状磁铁的磁感应线分布图。

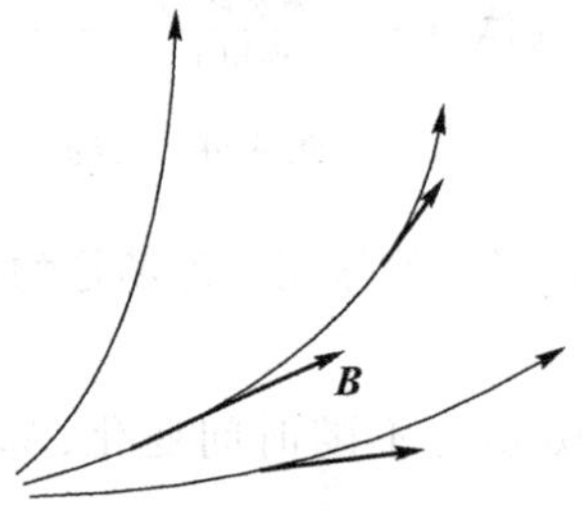

图 4-5　磁感应线与磁感应强度

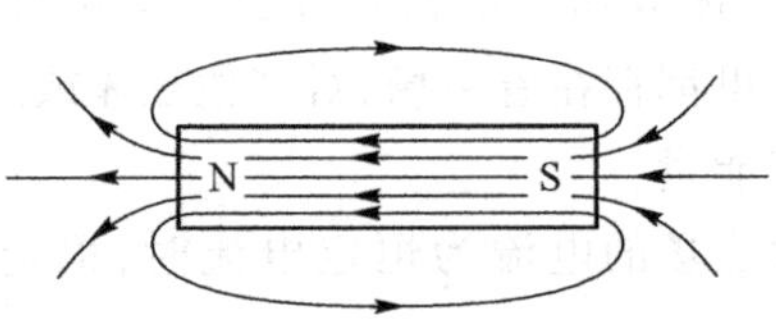

图 4-6　条状磁铁的磁感应线

§4.2　毕奥-萨伐尔定律

1820 年，奥斯特的电流磁效应的发现传到法国后，法国人毕奥和萨伐尔在实验上更加深入地研究了直线电流对小磁针的作用力。实验结果表明，长直载流导线对小磁针的作用力是横向力，通过对长直和弯折载流导线对小磁针作用力的实验，得出了作用力正比于导线通有的电流强度，反比于通电导线到小磁针距离的平方，而力的方向还垂直于这个距离。为了揭示电流对小磁针作用力的普遍定量规律，毕奥和萨伐尔也认为闭合载流回路是由足够多的电流元构成，电流元对小磁针的作用力也应垂直于电流元与小磁针构成的平面，也是横向力。

法国人拉普拉斯针对毕奥和萨伐尔的实验结果，用绝妙的数学分析，给出电流元对小磁针的作用正比于$\frac{1}{r^2}(I\mathrm{d}\boldsymbol{l}\times\boldsymbol{e}_r)$，从而得到了电流元在空间场点激发磁场的磁感应强度的表达式，称之为毕奥-萨伐尔-拉普拉斯定律，现有的教材中大多称其为毕奥-萨伐尔定律。

4.2.1 毕奥-萨伐尔定律

任何载流导体都可以看成是由一系列电流元串接构成的，每一个电流元都足够小，可以看成直电流，用 $I\mathrm{d}\boldsymbol{l}$ 表示。在真空情况下，如图 4-7 所示，一通有电流强度为 I 的导线 L 位于平面(i)内，平面(i)与平面(ii)垂直放置，在通电导线上取电流元 $I\mathrm{d}\boldsymbol{l}$，电流元指向场点 P 的位置矢量为 $\boldsymbol{r}$，电流元在场点 P 处激发的磁场的磁感应强度为

$$\mathrm{d}\boldsymbol{B}=\frac{\mu_0}{4\pi}\frac{I\mathrm{d}\boldsymbol{l}\times\boldsymbol{e}_r}{r^2} \tag{4-4a}$$

或

$$\mathrm{d}\boldsymbol{B}=\frac{\mu_0}{4\pi}\frac{I\mathrm{d}\boldsymbol{l}\times\boldsymbol{r}}{r^3} \tag{4-4b}$$

式(4-4a)和式(4-4b)称为**毕奥-萨伐尔定律**。

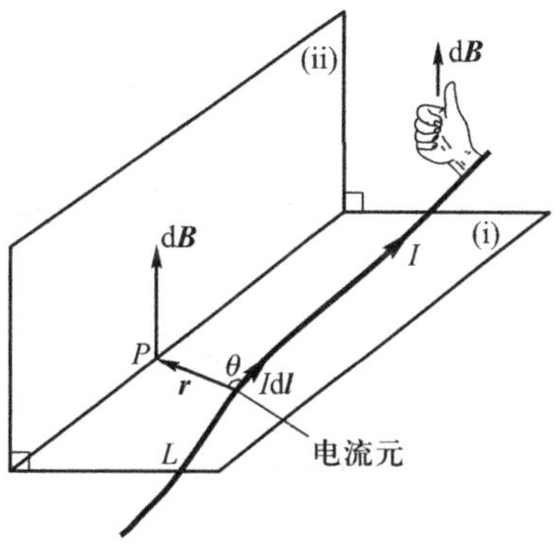

图 4-7　电流元激发的磁场

如图 4-7 所示，电流元在场点 P 处激发磁场的磁感应强度的方向在平面(ii)内，由 $\mathrm{d}\boldsymbol{l}\times\boldsymbol{e}_r$ 决定，即遵守矢量叉乘的右手螺旋定则。

由式(4-4)知，电流元在场点 P 处激发的磁场的磁感应强度大小为

$$\mathrm{d}B=\frac{\mu_0}{4\pi}\frac{I\mathrm{d}l\sin\theta}{r^2} \tag{4-5}$$

即电流元 $I\mathrm{d}\boldsymbol{l}$ 在真空中给定场点 P 处激发的磁感应强度的大小，与电流元的大小成正比，与电流元的方向和由电流元到场点 P 的径矢间的夹角的正弦成正比，与电流元到场点 P 的距离的平方成反比。

平面(i)内的通有电流强度为 I 的导线 L 在场点 P 处激发的磁感应强度为

$$\boldsymbol{B}=\int_L\mathrm{d}\boldsymbol{B}=\frac{\mu_0 I}{4\pi}\int_L\frac{\mathrm{d}\boldsymbol{l}\times\boldsymbol{e}_r}{r^2} \tag{4-6}$$

4.2.2 运动电荷的磁场

导体中的电流是导体中的自由电子在电场作用下的定向漂移。电流激发磁场的本质是运动电荷激发磁场，罗兰实验给予了有效证实。罗兰实验中把大量的电荷加在橡胶盘上，然后使盘绕中心轴线转动，在盘附近用小磁针来检验运动电荷产生的磁场。实验结果发现，带电盘转动时小磁针发生了偏转，而且改变转盘方向，小磁针偏转方向也发生转变。此实验说明电荷运

动时产生磁场。

如图 4-8(a)所示,电流元 $I\mathrm{d}\boldsymbol{l}$ 在场点 P 处激发的磁感应强度由式(4-4)给出。如图 4-8(b)所示,长为 $|\mathrm{d}\boldsymbol{l}|$ 一段电流元中载流子的电荷量为 q,载流子数密度为 n,载流子运动的平均速度为 $\boldsymbol{v}$,载流子低速运动($v \ll c$),导体截面积为 S,则导线中电流的电流强度为 $I=\dfrac{\mathrm{d}q}{\mathrm{d}t}=Svnq$。将其代入电流元 $I\mathrm{d}\boldsymbol{l}$,有 $I\mathrm{d}\boldsymbol{l}=Svnq\mathrm{d}\boldsymbol{l}=S\mathrm{d}lnq\boldsymbol{v}=\mathrm{d}Vnq\boldsymbol{v}=\mathrm{d}Nq\boldsymbol{v}$,这里 $\mathrm{d}V=S\mathrm{d}l$ 为 $|\mathrm{d}\boldsymbol{l}|$ 一段电流元的体积,$\mathrm{d}N=n\mathrm{d}V$ 为 $|\mathrm{d}\boldsymbol{l}|$ 一段电流元体积内的载流子数。则式(4-5)可写为 $\mathrm{d}\boldsymbol{B}=\mathrm{d}N\dfrac{\mu_0}{4\pi}\dfrac{q\boldsymbol{v}\times\boldsymbol{e}_r}{r^2}$。一个运动载流子,即一个运动电荷在场点激发的磁场的磁感应强度为

$$\boldsymbol{B}_P=\frac{\mathrm{d}\boldsymbol{B}}{\mathrm{d}N}=\frac{\mu_0}{4\pi}\frac{q\boldsymbol{v}\times\boldsymbol{e}_r}{r^2} \tag{4-7}$$

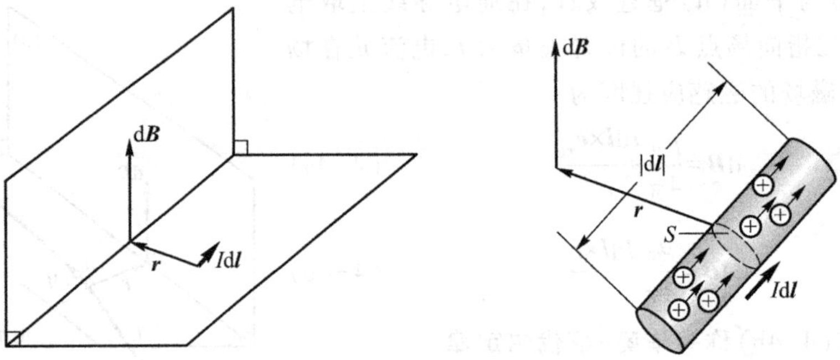

图 4-8　运动电荷激发的磁场

4.2.3　毕奥-萨伐尔定律的应用

任何载流导体都能在其周围空间激发磁场,而任何载流导体,无论其形状如何,都可以看成是足够多"电流元"的集合,因而可用毕奥-萨伐尔定律求解载流导体在其场点激发的磁场的磁感应强度。

1. 有限长载流直导线外的磁场

载流导线常常以直导线形式出现,而闭合载流回路也可以看作由足够多段直导线构成,因而求有限长载流直导线外的磁场很有意义。

如图 4-9 所示,一段长为 L 的直导线通有恒定电流,电流强度为 I,场点 P 离开直导线的距离为 r。下面来求此载流直导线在场点 P 处的磁感应强度。

以 P 点到载流直导线的垂足 O 为坐标原点,建立直角坐标系,取载流直导线中电流方向为 y 轴,P 点在 x 轴上,$O \to P$ 沿着 x 轴正向,z 轴方向如图 4-9 所示。在载流直导线上取电流元 $I\mathrm{d}\boldsymbol{l}$,$|\mathrm{d}\boldsymbol{l}|=\mathrm{d}y$,电流元 $I\mathrm{d}\boldsymbol{l}$ 在 P 点产生磁场,

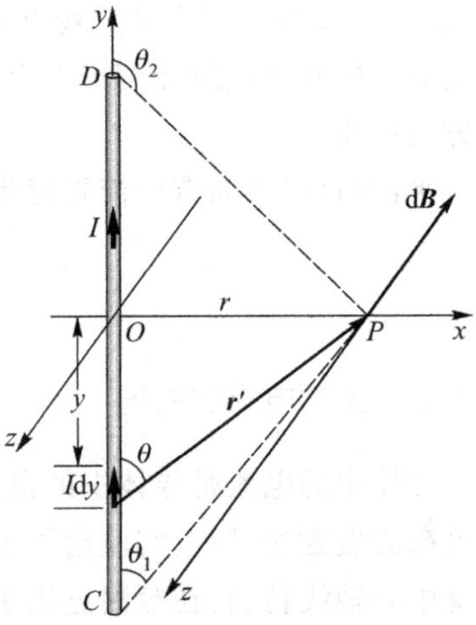

图 4-9　载流直导线外的磁场

由毕奥-萨伐尔定律确定：

$$\mathrm{d}\boldsymbol{B}=\frac{\mu_0}{4\pi}\frac{I\mathrm{d}\boldsymbol{l}\times\boldsymbol{e}_{r'}}{(r')^2}$$

$\mathrm{d}\boldsymbol{B}$ 方向垂直于电流元与位矢所组成的平面，沿 z 轴的负方向。电流元 $I\mathrm{d}\boldsymbol{l}$ 与位矢 $\boldsymbol{r}'$之间的夹角为 θ，则电流元 $I\mathrm{d}\boldsymbol{l}$ 在 P 点激发的磁场的磁感应强度大小为

$$\mathrm{d}B=\frac{\mu_0}{4\pi}\frac{I|\mathrm{d}\boldsymbol{l}|\sin\theta}{(r')^2}=\frac{\mu_0}{4\pi}\frac{I\mathrm{d}y\sin\theta}{(r')^2}$$

此时，无论电流元取在载流直导线上何处，其在 P 点激发磁场的磁感应强度方向都是沿 z 轴的负方向，直接可以通过积分 $B=\int_C^D\mathrm{d}B$ 得到 P 点总的磁感应强度大小。但是，由于 $\mathrm{d}B$ 表达式中有多个变量，因而先要作变量代换，$r'=r/\sin\theta$，$\cot\theta=|y|/r=-y/r$，$\mathrm{d}y=r\mathrm{d}\theta/\sin^2\theta$，故有

$$\mathrm{d}B=\frac{\mu_0 I}{4\pi r}\sin\theta\mathrm{d}\theta$$

则

$$B=\int_C^D\mathrm{d}B=\frac{\mu_0 I}{4\pi r}\int_{\theta_1}^{\theta_2}\sin\theta\mathrm{d}\theta$$

$$B=\frac{\mu_0 I}{4\pi r}(\cos\theta_1-\cos\theta_2)\tag{4-8a}$$

即

$$\boldsymbol{B}=\frac{\mu_0 I}{4\pi r}(\cos\theta_1-\cos\theta_2)(-\boldsymbol{k})\tag{4-8b}$$

若场点 P 处于 CD 的中垂线上，此时 $\cos\theta_2=-\cos\theta_1$，则场点 P 处的磁感应强度大小为

$$B=\frac{\mu_0 I}{2\pi r}\cos\theta_1$$

若 $CD\gg r$，则称载流直导线为“无限长”载流直导线，此时 $\theta_1\to 0$，$\theta_2\to\pi$，则场点 P 处的磁感应强度大小为

$$B=\frac{\mu_0 I}{2\pi r}\tag{4-9}$$

由式(4-9)知，“无限长”载流直导线在空间场点激发的磁场的磁感应强度大小与通电导线的电流强度成正比，与该场点到载流直导线的距离成反比 r。

若 $CD\gg r$，而场点 P 到 CD 的垂足在载流长直导线一端，则称载流直导线为“半无限长”载流直导线，此时场点 P 处的感应强度大小为

$$B=\frac{\mu_0 I}{4\pi r}$$

我们可以设计一个实验来验证式(4-9)。如图 4-10(a)所示，一固定的非金属细圆筒内穿过一条长直导线，圆筒上镶嵌的“无摩擦”轴承吊着一个薄圆盘，圆盘上对称固定放置两个相同的条状磁铁，其两磁铁 N 极相对放置。当导线通有恒定电流时，在圆盘所在空间激发的磁场的磁感应强度如式(4-9)，磁感应线分布为以导线为圆心的同心圆状，如图 4-10(b)俯视图所示。此时载流长直导线激发磁场与条状磁铁各处的作用力 $F\propto B$，而磁作用力产生的力矩 $\boldsymbol{M}=\boldsymbol{r}\times\boldsymbol{F}$，两个条状磁铁 N 极和 S 极受磁场力作用方向相反，对于轴产生的力矩方向相反，都在

导线方向上，力矩大小 $M\propto rB\propto\dfrac{\mu_0 I}{2\pi}$与离开直导线距离无关，合力矩为零。实验测试表明圆盘保持平衡状态。这一实验称为毕奥-萨伐尔实验，证实了式(4-9)结果的正确性。

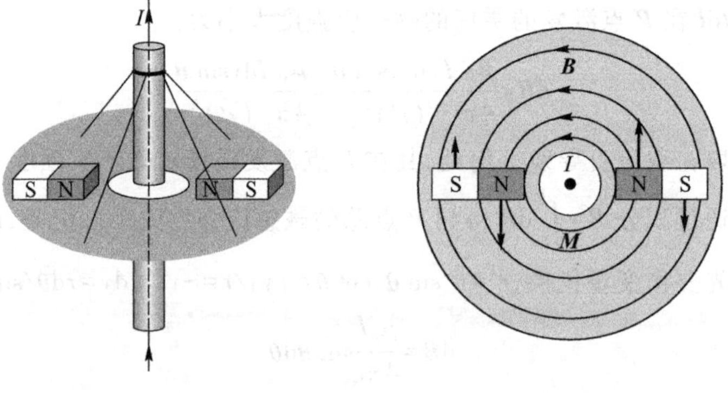

图 4-10　毕奥-萨伐尔实验

2. 载流圆线圈轴线上的磁场

一些电磁学元件以及仪器都是由圆线圈构成，因而求载流圆线圈轴线上的磁场是有必要的。

一通有电流强度为 I、半径为 R 的平面载流圆线圈，在垂直于圆线圈平面，过圆心的轴线上有一场点 P，场点 P 离开圆心的距离为 x。下面来求此载流圆线圈在场点 P 处的磁感应强度。

如图 4-11 所示，尽管是载流圆线圈，其总可以分割成足够多个电流元。考虑电流元 $I\mathrm{d}\boldsymbol{l}$，其在场点 P 处的磁感应强度为

$$\mathrm{d}\boldsymbol{B}=\frac{\mu_0}{4\pi}\frac{I\mathrm{d}\boldsymbol{l}\times\boldsymbol{e}_r}{r^2}$$

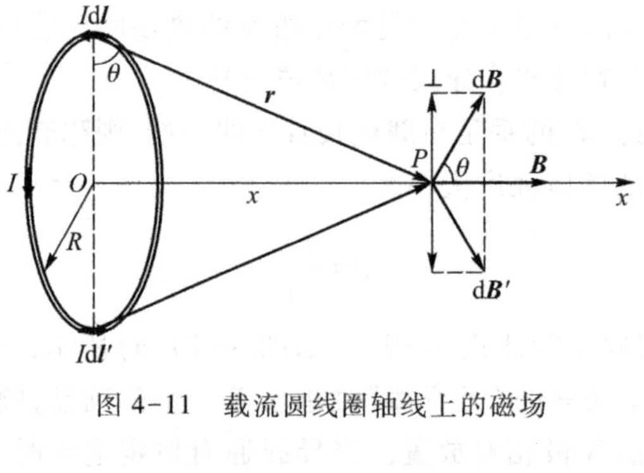

图 4-11　载流圆线圈轴线上的磁场

$\mathrm{d}\boldsymbol{B}$ 的方向如图所示，$\mathrm{d}\boldsymbol{B}$ 的大小为

$$\mathrm{d}B=\frac{\mu_0}{4\pi}\frac{I\mathrm{d}l}{r^2}$$

在关于 O 点对称的位置取电流元 $I\mathrm{d}\boldsymbol{l}'$，令 $|I\mathrm{d}\boldsymbol{l}|=|I\mathrm{d}\boldsymbol{l}'|$，其在场点 P 处的磁感应强度 $\mathrm{d}\boldsymbol{B}'$ 与 $\mathrm{d}\boldsymbol{B}$ 关于 x 轴对称，有 $\mathrm{d}B'=\mathrm{d}B$。为对该问题进行对称性分析，建立 x 轴方向和与之垂直的 $\perp$ 方向，把 $\mathrm{d}\boldsymbol{B}$ 和 $\mathrm{d}\boldsymbol{B}'$ 向 x 轴方向和 $\perp$ 方向分解，$\mathrm{d}\boldsymbol{B}$ 和 $\mathrm{d}\boldsymbol{B}'$ 在 $\perp$ 方向的分量等值反向，相互抵消，故由对称性可知，$B_{\perp}=0$，$B_x=\int_{2\pi R}\mathrm{d}B_x$。

$$\mathrm{d}B_x=\mathrm{d}B\cos\theta=\frac{\mu_0}{4\pi}\frac{I\mathrm{d}l}{r^2}\cos\theta=\frac{\mu_0}{4\pi}\frac{IR\mathrm{d}l}{r^3}$$

则可得此载流圆线圈在场点 P 处的磁感应强度为

$$B_x=\int_{2\pi R}\mathrm{d}B_x=\frac{\mu_0 IR}{4\pi r^3}\int_0^{2\pi R}\mathrm{d}l=\frac{\mu_0 IR^2}{2r^3}$$

$$B_x=\frac{\mu_0 I}{2}\frac{R^2}{(x^2+R^2)^{3/2}} \tag{4-10a}$$

$$\boldsymbol{B}=\frac{\mu_0 I}{2}\frac{R^2}{(x^2+R^2)^{3/2}}\boldsymbol{i} \tag{4-10b}$$

可见，当平面载流圆线圈通电流如图所示时，场点 P 处的磁感应强度 $\boldsymbol{B}$ 沿 x 轴方向，$\boldsymbol{B}$ 的方向与载流圆线圈中电流的流向间遵守右手螺旋定则。

如果场点在圆心处，即 $x=0$，则

$$B=\frac{\mu_0 I}{2R} \tag{4-11}$$

对于载流平面圆线圈，设其面法线方向与电流流向遵守右手螺旋定则。本问题中平面圆线圈的面法线方向与 x 轴同向，载流平面圆线圈的面积为 $S=\pi R^2$，$\boldsymbol{m}=I\boldsymbol{S}=I\pi R^2\boldsymbol{i}$ 称为载流圆线圈的**磁矩**，则

$$\boldsymbol{B}=B_x\boldsymbol{i}=\frac{\mu_0 I}{2}\frac{R^2}{(x^2+R^2)^{3/2}}\boldsymbol{i}=\frac{\mu_0}{2\pi}\frac{\boldsymbol{m}}{(x^2+R^2)^{3/2}}$$

当 $x\gg R$ 时，$\boldsymbol{B}=B_x\boldsymbol{i}=\dfrac{\mu_0}{2\pi}\dfrac{\boldsymbol{m}}{x^3}$。

图 4-12 所示为两个同轴相同的通电圆线圈构成的载流亥姆霍兹线圈，$O_1O_2=a$，$O_1O=OO_2=a/2$，轴上任一点 P 处的磁感应强度 $\boldsymbol{B}=\boldsymbol{B}_1+\boldsymbol{B}_2$，$\boldsymbol{B}$ 的方向沿 x 轴方向。

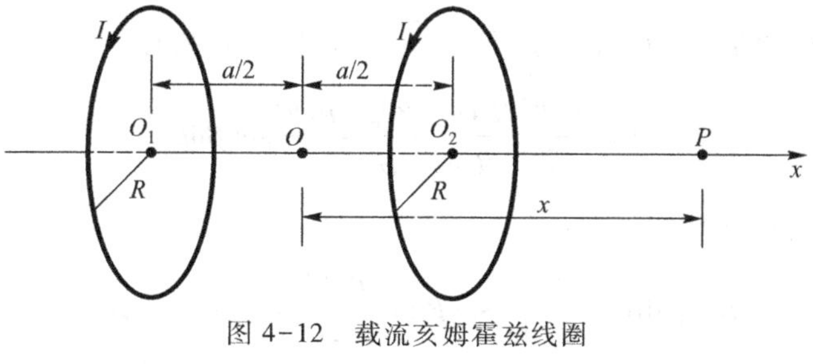

图 4-12　载流亥姆霍兹线圈

$$B_1=\frac{\mu_0 I}{2}\frac{R^2}{\left[R^2+\left(x+\frac{a}{2}\right)^2\right]^{3/2}},\quad B_2=\frac{\mu_0 I}{2}\frac{R^2}{\left[R^2+\left(x-\frac{a}{2}\right)^2\right]^{3/2}}$$

$$B=B_1+B_2=\frac{\mu_0 IR^2}{2}\left\{\left[R^2+\left(x+\frac{a}{2}\right)^2\right]^{-3/2}+\left[R^2+\left(x-\frac{a}{2}\right)^2\right]^{-3/2}\right\} \tag{4-12}$$

若使得 O 点邻域内为匀强磁场，则要求 $a=R$。

3. 载流螺线管轴线上的磁场

螺线管是在一个均匀圆筒表面由导线顺序缠绕着一系列线圈构成，如图 4-13(a)所示。螺线管是电磁学中的重要元件，尤其是作为电感线圈在交流电路、暂态电路、调制解调电路、探测电路、信号处理电路等各种电路中扮演着非常重要的角色。

图 4-13(a)所示为一长为 L、半径为 R 的载流密绕直螺线管，螺线管所绕导线的总匝数为 N。当该螺线管通有电流 I，求管内轴线上任一点处的磁感应强度。

螺线管单位长度所绕匝数为 n，$n=N/L$，每一匝载流线圈在距离其中心为 x 处轴线上激发的磁场可参照式(4-10)。图 4-13(b)为载流螺线管过轴线的剖面图，在垂直于螺线管轴线方向取宽为 $\mathrm{d}l$ 的一窄段，这段内的线圈匝数为 $\mathrm{d}N=n\mathrm{d}l$。由于这窄段足够窄，以至于其中每一匝载流线圈在轴线上场点 P 处的磁感应强度都相等，其大小为

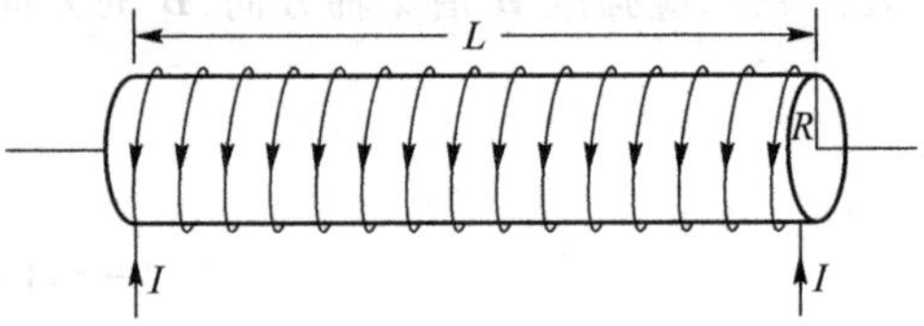

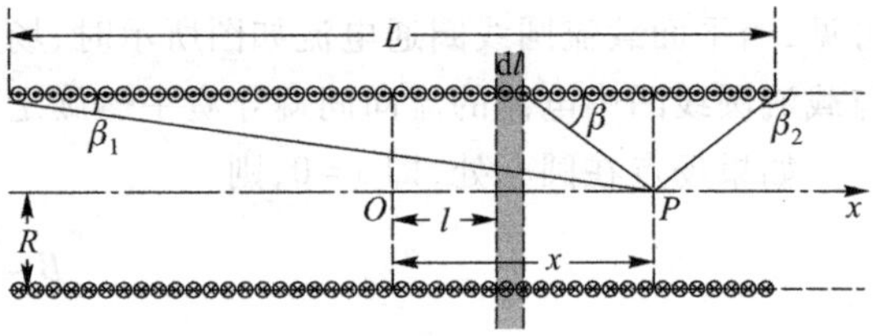

图 4-13　载流螺线管轴线上的磁场

$$B_1=\frac{\mu_0 I}{2}\frac{R^2}{[(x-l)^2+R^2]^{3/2}}$$

宽为 $\mathrm{d}l$ 的窄段内所有匝线圈在场点 P 处的磁感应强度为

$$\mathrm{d}B=B_1\mathrm{d}N=\frac{\mu_0 nI}{2}\frac{R^2\mathrm{d}l}{[R^2+(x-l)^2]^{3/2}}$$

若要求载流密绕直螺线管在场点 P 处的磁感应强度，就需要对上式进行积分，先作变量代换，$x-l=R\cot\beta$，$\mathrm{d}l=R\csc^2\beta\mathrm{d}\beta$，$\csc\beta=(\sin\beta)^{-1}=\sqrt{R^2+(x-l)^2}/R$，则有

$$\mathrm{d}B=\frac{\mu_0 nI}{2}\frac{R^3\csc^2\beta\mathrm{d}\beta}{R^3\csc^3\beta}=\frac{\mu_0 nI}{2}\sin\beta\mathrm{d}\beta$$

积分可得场点 P 处总的磁感应强度：

$$B=\int_L \mathrm{d}B=\frac{\mu_0 nI}{2}\int_{\beta_1}^{\beta_2}\sin\beta\mathrm{d}\beta=\frac{\mu_0 nI}{2}(\cos\beta_1-\cos\beta_2) \tag{4-13}$$

电流流向如图 4-13(a)所示时，场点 P 处总的磁感应强度沿 x 轴方向。

若场点 P 位于载流密绕直螺线管轴线中点，$\cos\beta_1=-\cos\beta_2$，$\cos\beta_1=\dfrac{L/2}{\sqrt{(L/2)^2+R^2}}$，则

$$B=\mu_0 nI\cos\beta_1=\frac{\mu_0 nI}{2}\frac{L}{(L^2/4+R^2)^{1/2}}$$

若载流密绕直螺线管的长度 $L\gg R$，则称之为无限长载流密绕螺线管，或长直载流密绕螺线管，此时 $\beta_1\to 0$，$\beta_2\to\pi$，则

$$B=\mu_0 nI \tag{4-14}$$

若 $L\gg R$，而场点 P 在长直载流密绕螺线管的一端，则称之为半无限长载流密绕螺线管，此时场点 P 处磁感应强度的大小为

$$B=\frac{1}{2}\mu_0 nI$$

对于有限长载流密绕螺线管，实验证明，其内部各处为匀强磁场，磁感应线方向都平行于轴线，而在接近两端以及两端内外，磁感应强度减小，为非匀强磁场，如图 4-14(a)所示。图 4-14(b)绘出了有限长载流密绕螺线管磁感应强度大小随轴线上各点位置的变化。

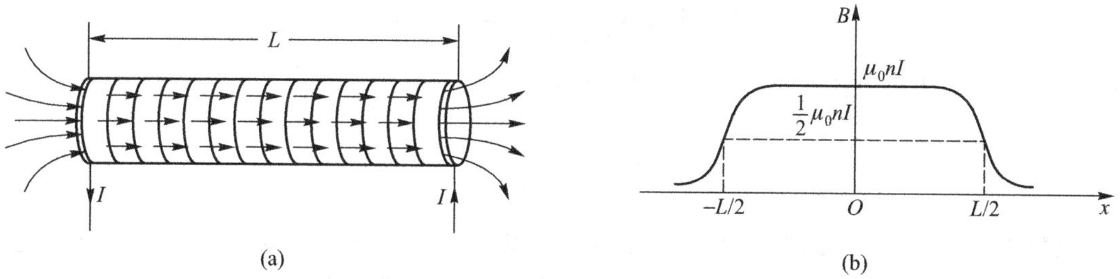

图 4-14　有限长载流密绕螺线管磁感应强度的分布

例题 4.1　一半径为 R 的无限长导体半圆柱面，其横截面上均匀通有电流 I。求其轴线上的磁场。

解：把无限长半圆柱面看成是由好多窄条构成，如例题 4.1 图(a)所示。每一无限长窄条通有电流等效于一条无限长载流直导线，这窄条对轴线的张角为 $\mathrm{d}\alpha$，通有的电流为 $\mathrm{d}I=(I\mathrm{d}\alpha)/\pi$，而通电窄条在轴线上 O 激发的磁感应强度 $\mathrm{d}\boldsymbol{B}$ 如例题 4.1 图(b)所示。其大小为

$$\mathrm{d}B=\frac{\mu_0\mathrm{d}I}{2\pi R}=\frac{\mu_0 I\mathrm{d}\alpha}{2\pi^2 R}$$

将磁感应强度 $\mathrm{d}\boldsymbol{B}$ 向 x、y 方向分解，有

$$\mathrm{d}B_x=\mathrm{d}B\sin\alpha=\frac{\mu_0 I}{2\pi^2 R}\sin\alpha\mathrm{d}\alpha$$

$$\mathrm{d}B_y=\mathrm{d}B\cos\alpha=\frac{\mu_0 I}{2\pi^2 R}\cos\alpha\mathrm{d}\alpha$$

则

$$B_x=\int\mathrm{d}B_x=\frac{\mu_0 I}{2\pi^2 R}\int_0^{\pi}\sin\alpha\mathrm{d}\alpha=\frac{\mu_0 I}{\pi^2 R}$$

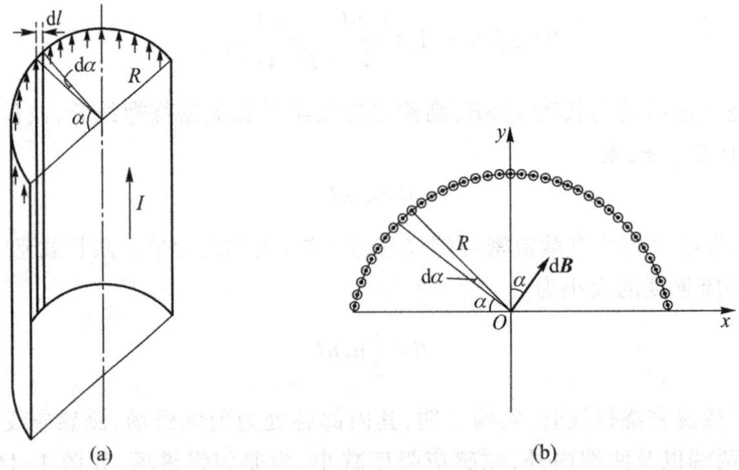

例题 4.1 图

$$B_y=\int \mathrm{d}B_y=\frac{\mu_0 I}{2\pi^2 R}\int_0^{\pi}\cos\alpha\mathrm{d}\alpha=0$$

则无限长通电导体半圆柱面在其轴线上的磁感应强度为

$$\boldsymbol{B}=B_x\boldsymbol{i}=\frac{\mu_0 I}{\pi^2 R}\boldsymbol{i}$$

例题 4.2 半径为 R 的带电薄圆盘,其电荷面密度为 σ。该薄圆盘以角速度 ω 绕通过圆盘中心并垂直于盘面的轴转动,求该转动的带电圆盘中心的磁感应强度。

解:该带电薄圆盘绕轴转动,可划割成一系列同心导体环带,等效于一系列的同心通电圆线圈。由式(4-11)可计算每一个通电圆线圈在 O 点产生的磁感应强度,所有通电圆线圈的磁感应强度方向都相同。

如例题 4.2 图所示,取一个半径为 r、宽度为 $\mathrm{d}r$ 的带电环带,其面积为 $\mathrm{d}S=2\pi r\mathrm{d}r$,其电荷量为 $\mathrm{d}q=\sigma\mathrm{d}S=2\pi\sigma r\mathrm{d}r$,等效环电流为 $\mathrm{d}I=\frac{\omega}{2\pi}\mathrm{d}q=\sigma\omega r\mathrm{d}r$,则由式(4-11)可知 O 点处

$$\mathrm{d}B=\frac{\mu_0\mathrm{d}I}{2r}=\frac{\mu_0\sigma\omega}{2}\mathrm{d}r$$

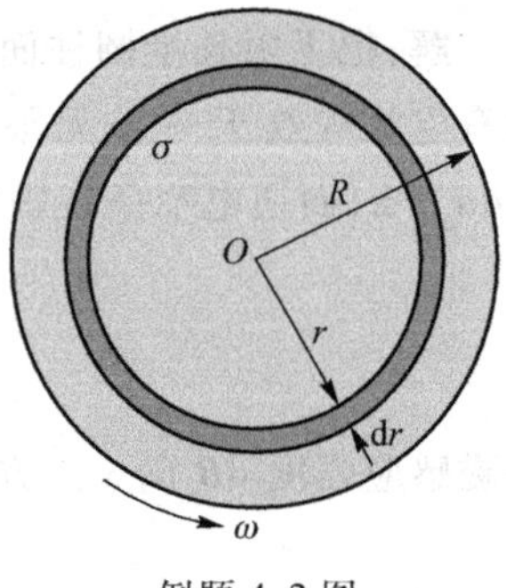

例题 4.2 图

设带电薄圆盘带正电荷,当带电薄圆盘沿逆时针方向旋转时,在 O 点产生的磁感应强度方向垂直纸面向外。在旋转带电薄圆盘上任取一环带,在 O 点产生的磁感应强度方向都相同,积分可得 O 点总的磁感应强度:

$$B=\frac{\mu_0\sigma\omega}{2}\int_0^R\mathrm{d}r=\frac{\mu_0\sigma\omega R}{2}$$

若带电薄圆盘带负电荷,则在 O 点产生的磁感应强度大小不变,方向垂直纸面向里。

§ 4.3 磁场的高斯定理

类似于 § 1.4 讨论静电场的通量问题时，得到了真空中静电场的高斯定理，这里来讨论恒定磁场的通量问题，并考虑磁场中通过一个闭合曲面的磁场的通量问题。

4.3.1 磁通量

考虑任意的恒定磁场中有一曲面 S，磁感应线通过该曲面，如图 4-15(a) 所示。通过曲面上各处的磁感应线切线方向与该处曲面的法线夹角不同，通过的磁感应线密度也不同。此时，在该曲面上取一个足够小的面元 $\mathrm{d}S$，使得面元为平面，由于面元足够小，通过该面元的磁场近似为匀强磁场，如图 4-15(b) 所示。该面元法向单位矢量以 $\boldsymbol{e}_{\mathrm{n}}$ 表示，则该面元矢量为 $\mathrm{d}\boldsymbol{S}=\mathrm{d}S\boldsymbol{e}_{\mathrm{n}}$，$\mathrm{d}\boldsymbol{S}$ 的法向方向与磁感应强度方向成 θ 角。

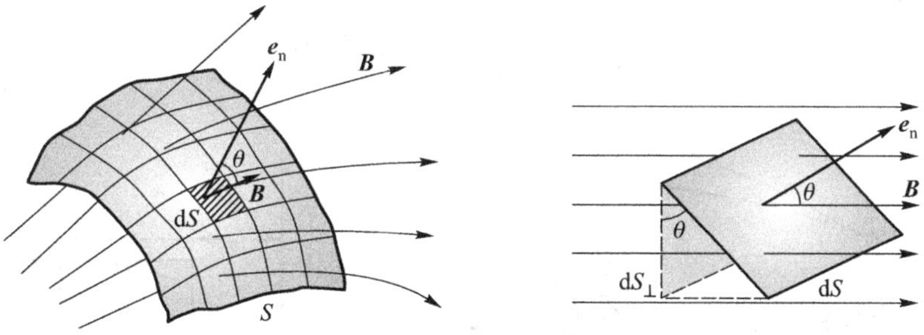

图 4-15　磁场中的磁感应线穿过任意曲面

在图 4-15(b) 中，考虑面元 $\mathrm{d}S$ 在垂直于磁感应强度方向的投影面积为 $\mathrm{d}S_{\perp}$，$\mathrm{d}S_{\perp}=\mathrm{d}S\cos\theta$，在此匀强磁场中通过 $\mathrm{d}S$ 和 $\mathrm{d}S_{\perp}$ 的磁感应线数是相等的，则定义通过面元 $\mathrm{d}S$ 的磁通量为 $\mathrm{d}\Phi=B\mathrm{d}S_{\perp}=B\mathrm{d}S\cos\theta=\boldsymbol{B}\cdot\mathrm{d}\boldsymbol{S}$，即

$$\mathrm{d}\Phi=\boldsymbol{B}\cdot\mathrm{d}\boldsymbol{S} \tag{4-15}$$

式中 $\mathrm{d}\Phi$ 称为通过面元矢量 $\mathrm{d}\boldsymbol{S}$ 的**磁通量**。

对于图 4-15(a) 中非均匀分布的恒定磁场中的任意曲面 S，总可以把它分割为一系列足够小的面元，通过一个面元的磁通量为 $\mathrm{d}\Phi=\boldsymbol{B}\cdot\mathrm{d}\boldsymbol{S}$，而通过该恒定磁场中任意曲面 S 的磁通量则为

$$\Phi=\int_S \mathrm{d}\Phi=\int_S \boldsymbol{B}\cdot\mathrm{d}\boldsymbol{S} \tag{4-16}$$

在国际单位制中，磁通量的单位为韦伯(Wb)，$1\ \mathrm{Wb}=1\ \mathrm{T}\cdot 1\ \mathrm{m}^2$。

在图 4-15(b) 的匀强磁场中，对于通过磁场中垂直于磁感应线方向面元 $\mathrm{d}S_{\perp}$ 的磁通量，该处磁感应强度的大小为 $B=\dfrac{\mathrm{d}\Phi}{\mathrm{d}S_{\perp}}$。因而，磁感应强度的大小又可称为磁场中面元 $\mathrm{d}S_{\perp}$ 处的磁通密度。

对于图 4-16 中恒定磁场中的任意闭合曲面 S，规定闭合曲面的法向单位矢量由曲面内指

向曲面外为正,在磁感应线穿入闭合曲面的地方 $d\boldsymbol{S}_1$ 与 $\boldsymbol{B}_1$ 的夹角 $\theta_1>90°$,$\cos\theta_1<0$,磁通量 $d\Phi_1$ 为负值;而在磁感应线穿出闭合曲面的地方 $d\boldsymbol{S}_2$ 与 $\boldsymbol{B}_2$ 的夹角 $\theta_2<90°$,$\cos\theta_2>0$,则磁通量 $d\Phi_2$ 为正值。

对于图 4-16 中的任意闭合曲面 S,通过它的总磁通量为多少呢?后面讲的磁场的高斯定理会给出结论。

例题 4.3 一无限长通电导线,通有电流强度为 I 的电流,一矩形线框与无限长导线共面,且长边与无限长导线平行,已知矩形线框长宽分别为 a 和 b,与无限长导线邻近的长边与无限长导线距离为 l_0。试计算无限长通电导线激发的磁场通过矩形线框的磁通量。

解:如例题 4.3 图所示,以垂直于无限长通电导线向右的方向为 x 轴方向,无限长通电导线在矩形线框所在空间激发的磁场的磁感应强度大小为 $B=\dfrac{\mu_0 I}{2\pi x}$,方向垂直纸面向里。在距离 O 点为 x 距离处,在矩形线框上取宽为 dx 的一窄条,窄条面积为 $dS=a dx$,设该面元矢量方向垂直纸面向里,则通过该窄条面元的磁通量为

$$d\Phi=\boldsymbol{B}\cdot d\boldsymbol{S}=B dS=\frac{\mu_0 Ia}{2\pi}\frac{dx}{x}$$

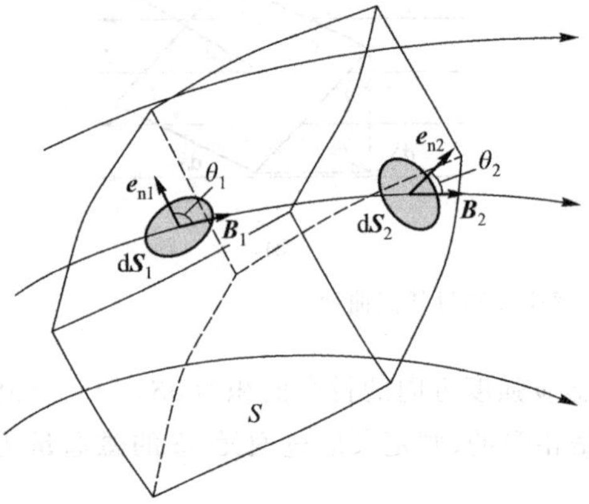

图 4-16 磁场中的磁感应线穿过闭合曲面

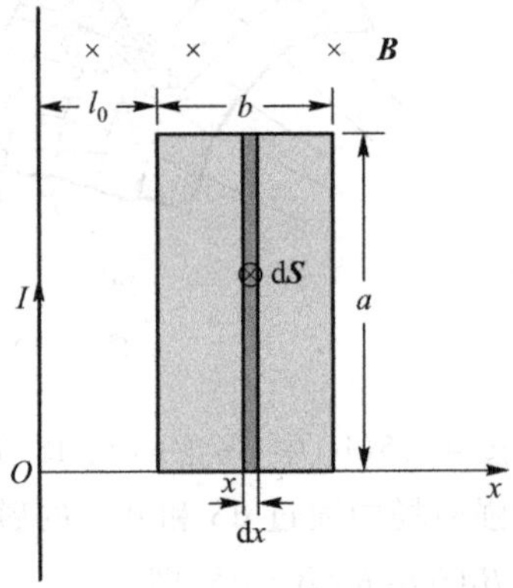

例题 4.3 图

积分可得通过矩形线框的磁通量为

$$\Phi=\int_S d\Phi=\frac{\mu_0 Ia}{2\pi}\int_{l_0}^{l_0+b}\frac{dx}{x}=\frac{\mu_0 Ia}{2\pi}\ln\frac{l_0+b}{l_0}$$

4.3.2 磁场的高斯定理

我们在静电学中讨论过静电场的高斯定理,阐述了静电场中通过一个闭合曲面的电场强度通量,它是描述静电场性质的一个重要定理,说明静电场是由点源激发的。

这里我们讨论在恒定磁场中通过一个闭合曲面的磁通量,它也是描述恒定磁场性质的一个重要定理,其表述如下。

磁场中通过任意闭合曲面的磁通量总是等于零,这称为**磁场的高斯定理**。其表达式为

$$\oint_S \boldsymbol{B}\cdot d\boldsymbol{S}=0 \tag{4-17}$$

毕奥-萨伐尔定律是由实验结果总结而来的，磁场的高斯定理可以应用毕奥-萨伐尔定律来证明。

考虑到任何连续闭合载流回路都可以看成是电流元的集合，这里我们从电流元激发的磁场情况出发来证明磁场的高斯定理。

如图 4-17(a)所示，闭合载流回路中任取一个电流元 $I\mathrm{d}\boldsymbol{l}$，电流元 $I\mathrm{d}\boldsymbol{l}$ 激发的磁场的磁感应线为以电流元方向为轴线的圆环状，如图 4-17(b)所示。每一条环状磁感应线上磁感应强度大小处处相等，$\mathrm{d}B=\dfrac{\mu_0}{4\pi}\dfrac{I\mathrm{d}l\sin\theta}{r^2}$，这里 $|\boldsymbol{r}_1|=|\boldsymbol{r}_2|=r$，各处磁感应强度方向沿与环相切的方向，如图 4-17(b)所示取一束磁感应线构成有一定截面积的圆环状磁感应线束，其截面积 $\mathrm{d}S_\perp$ 处处相等，当其截面积足够小时，在同一截面上各点磁感应强度相同。

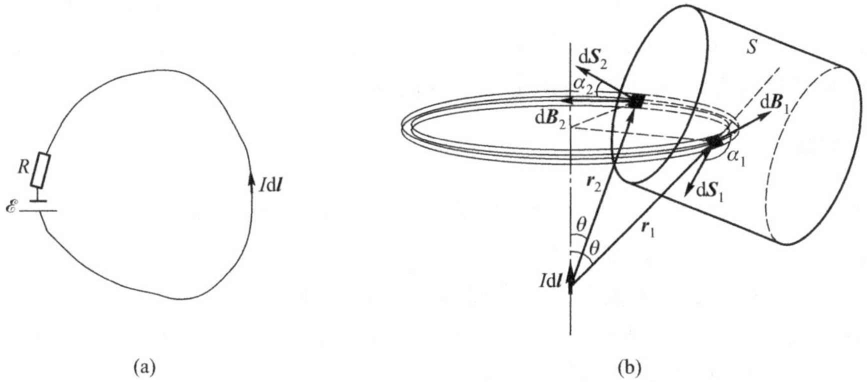

图 4-17　磁感应线穿过闭合曲面的磁通量

考虑空间有一个闭合曲面 S，圆环状磁感应线束穿过闭合曲面，与闭合曲面相交的面元矢量分别为 $\mathrm{d}\boldsymbol{S}_1$ 和 $\mathrm{d}\boldsymbol{S}_2$，在 $\mathrm{d}\boldsymbol{S}_1$ 和 $\mathrm{d}\boldsymbol{S}_2$ 处磁感应强度分别为 $\mathrm{d}\boldsymbol{B}_1$ 和 $\mathrm{d}\boldsymbol{B}_2$，则在面元矢量 $\mathrm{d}\boldsymbol{S}_1$ 处进入闭合曲面的磁通量为

$$\mathrm{d}\Phi_1=\mathrm{d}\boldsymbol{B}_1\cdot\mathrm{d}\boldsymbol{S}_1=\frac{\mu_0}{4\pi}\frac{I\mathrm{d}l\sin\theta}{r^2}\mathrm{d}S_1\cos\alpha_1$$

即

$$\mathrm{d}\Phi_1=-\frac{\mu_0}{4\pi}\frac{I\mathrm{d}l\sin\theta}{r^2}\mathrm{d}S_1\cos(\pi-\alpha_1)=-\frac{\mu_0}{4\pi}\frac{I\mathrm{d}l\sin\theta}{r^2}\mathrm{d}S_\perp$$

在面元矢量 $\mathrm{d}\boldsymbol{S}_2$ 处穿出闭合曲面的磁通量为

$$\mathrm{d}\Phi_2=\mathrm{d}\boldsymbol{B}_2\cdot\mathrm{d}\boldsymbol{S}_2=\frac{\mu_0}{4\pi}\frac{I\mathrm{d}l\sin\theta}{r^2}\mathrm{d}S_2\cos\alpha_2=\frac{\mu_0}{4\pi}\frac{I\mathrm{d}l\sin\theta}{r^2}\mathrm{d}S_\perp$$

可见，在面元矢量 $\mathrm{d}\boldsymbol{S}_1$ 处进入闭合曲面的磁通量和在面元矢量 $\mathrm{d}\boldsymbol{S}_2$ 处穿出闭合曲面的磁通量等值异号，即 $-\mathrm{d}\Phi_1=\mathrm{d}\Phi_2$，结果有

$$\mathrm{d}\Phi_1+\mathrm{d}\Phi_2=0$$

依据上述结果可知，电流元 $I\mathrm{d}\boldsymbol{l}$ 激发的磁场的所有磁感应线通过闭合曲面的磁通量都等于零。而我们在如图 4-17(a)所示闭合载流回路上取出足够多个电流元，这些电流元的矢量和构成载流回路，每一个电流元激发的磁场的所有磁感应线通过闭合曲面的磁通量都等于零。

则闭合载流回路中所有电流元激发磁场的磁感应线通过闭合曲面的磁通量的代数和也等于零,即$\oint_S \boldsymbol{B}\cdot \mathrm{d}\boldsymbol{S}=0$。这就从毕奥-萨伐尔定律出发证明了磁场的高斯定理。

考虑到积分变换,则式(4-17)又可写为

$$\oint_S \boldsymbol{B}\cdot \mathrm{d}\boldsymbol{S}=\int_V \nabla\cdot \boldsymbol{B}\mathrm{d}V=0$$

由于体积元 dV 在以闭合曲面 S 为边界的范围内是可以任意取的,所以有

$$\nabla\cdot \boldsymbol{B}=0 \tag{4-18}$$

式(4-18)表明在磁场中任意一点,**磁感应强度的散度为零**。可以理解为,磁场不是由点源产生的,也就是说磁感应线不是由某一点发出或终止于某一点,这与静电场的性质明显不同。

实验证明,磁场的高斯定理对于变化的磁场也是成立的。近代物理学理论研究曾预言有"磁单极"存在,即有单独的磁 N 极或单独的磁 S 极存在,然而迄今为止还没有实验能明确证明"磁单极"的存在。如果人们未来真的发现了"磁单极"的存在,这里磁场的高斯定理就需要改写了。然而到目前为止,磁场的高斯定理是普遍成立的。

4.3.3 磁矢势

英国人开尔文于 1851 年引入磁矢势的概念,磁矢势通常用 $\boldsymbol{A}$ 表示。磁矢势同磁感应强度一样,是用来描述磁场性质的物理量。

我们可以简单地从磁场的高斯定理出发给出磁矢势的定义。

如图 4-18 所示,考虑一个闭合回路 L,它可以是若干曲面的边界,比如 S_1、S_2、…、S_i 等。考虑其中 S_1 和 S_2 构成一闭曲面。该闭曲面的法线方向都是由曲面内指向曲面外的,S_2 部分的一处法线沿 $\boldsymbol{e}_{n1}$ 方向,S_2 部分的一处法线沿"$-\boldsymbol{e}_{n2}$"方向。因为$\oint_S \boldsymbol{B}\cdot \mathrm{d}\boldsymbol{S}=0$,所以有

$$\oint_S \boldsymbol{B}\cdot \mathrm{d}\boldsymbol{S}=\int_{\substack{S_1\\(\boldsymbol{e}_{n1})}} \boldsymbol{B}\cdot \mathrm{d}\boldsymbol{S}+\int_{\substack{S_2\\(-\boldsymbol{e}_{n2})}} \boldsymbol{B}\cdot \mathrm{d}\boldsymbol{S}=\int_{\substack{S_1\\(\boldsymbol{e}_{n1})}} \boldsymbol{B}\cdot \mathrm{d}\boldsymbol{S}-\int_{\substack{S_2\\(\boldsymbol{e}_{n2})}} \boldsymbol{B}\cdot \mathrm{d}\boldsymbol{S}=0$$

即

$$\int_{\substack{S_1\\(\boldsymbol{e}_{n1})}} \boldsymbol{B}\cdot \mathrm{d}\boldsymbol{S}=\int_{\substack{S_2\\(\boldsymbol{e}_{n2})}} \boldsymbol{B}\cdot \mathrm{d}\boldsymbol{S}$$

对于以闭合回路 L 为边界的曲面 S_1、S_2、…、S_i 等,有

$$\int_{\substack{S_1\\(\boldsymbol{e}_{n1})}} \boldsymbol{B}\cdot \mathrm{d}\boldsymbol{S}=\int_{\substack{S_2\\(\boldsymbol{e}_{n2})}} \boldsymbol{B}\cdot \mathrm{d}\boldsymbol{S}=\cdots=\int_{\substack{S_i\\(\boldsymbol{e}_{ni})}} \boldsymbol{B}\cdot \mathrm{d}\boldsymbol{S}$$

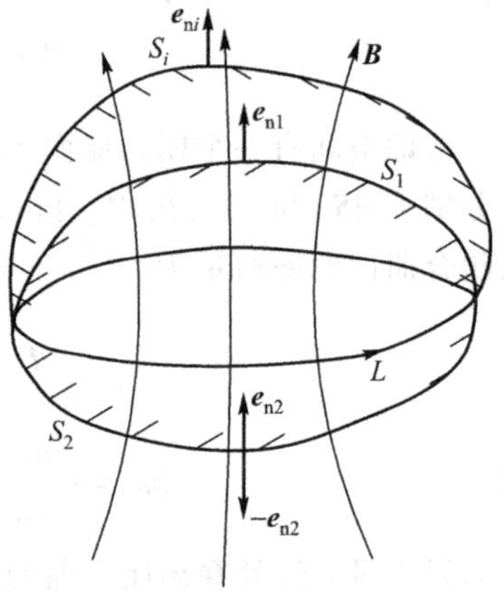

图 4-18 磁矢势

可见,通过闭合回路 L 为边界的任一曲面的磁通量与该边界所围曲面的形状无关,仅仅取决于该闭合回路 L。

如此可以找到一个矢量 $\boldsymbol{A}$,它沿闭合回路 L 的线积分等于通过以 L 为边界的任一曲面 S 的磁通量,这个矢量就称为"**磁矢势**",即

$$\oint_L \boldsymbol{A}\cdot \mathrm{d}\boldsymbol{l}=\int_S \boldsymbol{B}\cdot \mathrm{d}\boldsymbol{S} \tag{4-19}$$

磁矢势 $\boldsymbol{A}$ 描述的磁场是一个矢量场。磁矢势与磁感应强度有内在的联系。

应用积分变换关系$\oint_L \boldsymbol{A} \cdot \mathrm{d}\boldsymbol{l} = \int_S (\nabla \times \boldsymbol{A}) \cdot \mathrm{d}\boldsymbol{S}$，由于在以沿闭合回路为边界的任一曲面 S 上可以任取 $\mathrm{d}\boldsymbol{S}$，故有

$$\boldsymbol{B} = \nabla \times \boldsymbol{A} \tag{4-20}$$

由式(4-20)可知，磁场中的磁感应强度等于磁矢势的旋度。

在下一节讲完安培环路定理的微分形式后，还会讨论磁矢势，而在讨论带电粒子在磁场中运动时，还可以更好地诠释磁矢势的物理意义。

许多电磁学的基本关系式可以由电场强度与磁感应强度写出，也可以由电势与磁矢势写出。在量子力学的理论中，人们偏好使用磁矢势描述磁场，这不仅只有理论上的方便性。

§4.4 真空中的安培环路定理

4.4.1 安培环路定理

在静电场中，电场强度沿任意闭合路径的线积分为零，称之为静电场的环路定理，它描述了静电场的基本特性，即静电场是保守场。那么，在恒定磁场中，考虑磁感应强度沿任意闭合路径的线积分，结果如何？会描述出恒定磁场怎样的性质呢？

我们先考虑一个简单的情形，即如图 4-19 所示的无限长载流直导线垂直通过一平面，在该平面上选择一环绕无限长载流直导线的闭合路径 L，考察磁感应强度矢量沿该闭合路径 L 的线积分 $\oint_L \boldsymbol{B} \cdot \mathrm{d}\boldsymbol{l}$，不难得到 $\oint_L \boldsymbol{B} \cdot \mathrm{d}\boldsymbol{l} = \mu_0 I$。

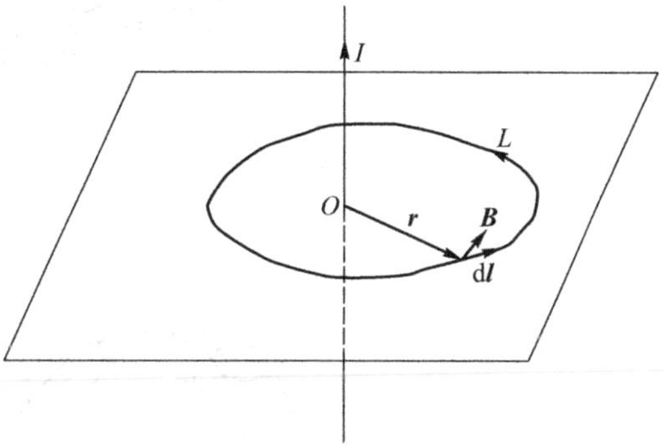

图 4-19 磁感应强度的路径积分

对于任何载流回路激发的恒定磁场，以及磁场中的任意闭合路径，更一般讨论可知，磁感应强度矢量沿该闭合路径的线积分为

$$\oint_L \boldsymbol{B} \cdot \mathrm{d}\boldsymbol{l} = \mu_0 \sum_{L内} I_i \tag{4-21}$$

式(4-21)表明：**在恒定电流的磁场中，磁感应强度沿任意闭合路径的线积分，等于此闭合路径所包围的所有传导电流的电流强度代数和乘以真空磁导率**，这称为**安培环路定理**。式(4-21)为安培环路定理的表达式。

毕奥-萨伐尔定律是一个实验定律，恒定电流磁场中的安培环路定理可以应用毕奥-萨伐尔定律来证明。

如图 4-20(a)所示，一个载流回路 L_1 处于(1)位置，它与一个闭合路径 L 嵌套，载流回路的电流方向和闭合路径绕向如图所示。载流回路的电流强度为 I，它激发的磁场分布于空间，取电流元 $I\mathrm{d}\boldsymbol{l}_1$，相对于原点的矢量为 $\boldsymbol{r}_1$，考虑在闭合路径 L 上有一场点 P，相对于原点的矢量为 $\boldsymbol{r}_2$，电流元 $I\mathrm{d}\boldsymbol{l}_1$ 指向场点 P 的位矢为 $\boldsymbol{r}_{12}$，电流元 $I\mathrm{d}\boldsymbol{l}_1$ 在场点 P 处激发的磁场为

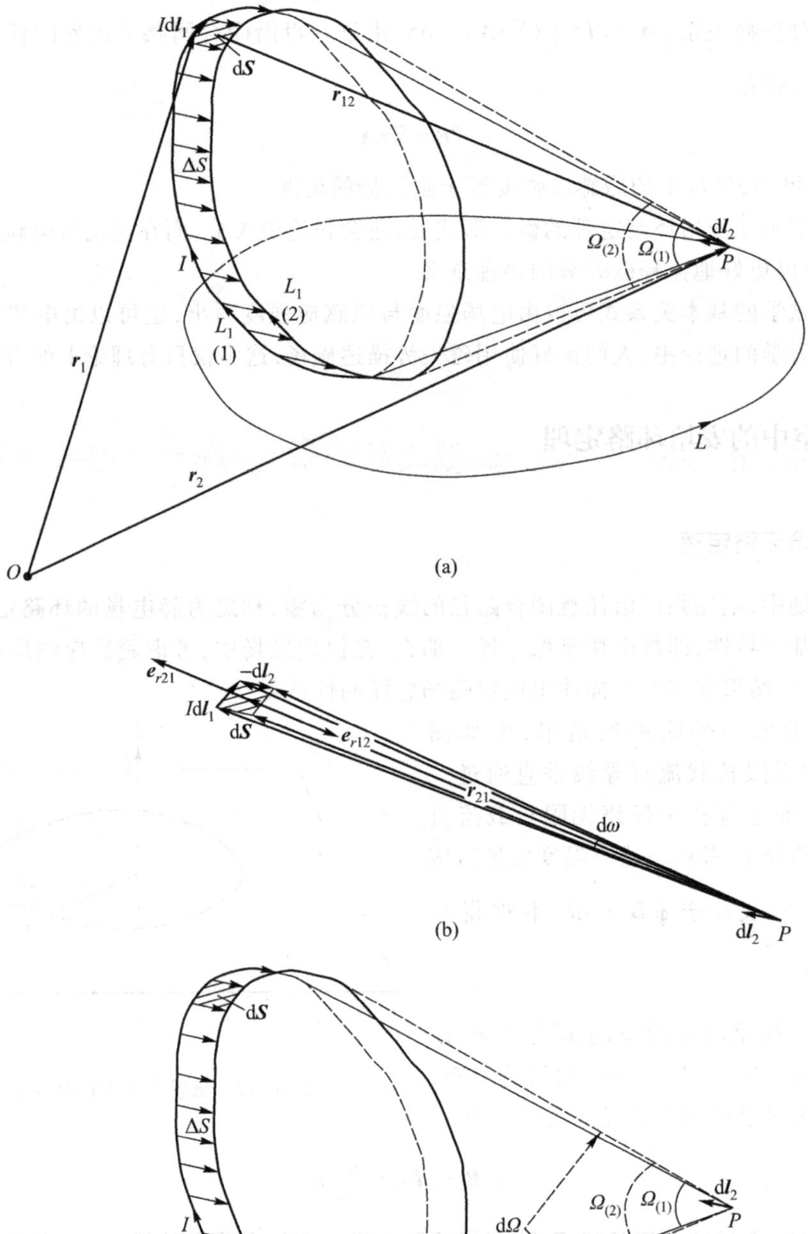

图 4-20　安培环路定理的证明图

$$\mathrm{d}\boldsymbol{B}=\frac{\mu_0}{4\pi}\frac{I\mathrm{d}\boldsymbol{l}_1\times\boldsymbol{e}_{r12}}{r_{12}^2}$$

载流回路 L_1 在场点 P 处的磁感应强度为

$$\boldsymbol{B}=\oint_{L_1}\mathrm{d}\boldsymbol{B}=\frac{\mu_0}{4\pi}\oint_{L_1}\frac{I\mathrm{d}\boldsymbol{l}_1\times\boldsymbol{e}_{r12}}{r_{12}^2}$$

如图 4-20(a)所示,考虑沿闭合路径 L,场点 P 有一位移 $\mathrm{d}\boldsymbol{l}_2$,若这位移 $\mathrm{d}\boldsymbol{l}_2$ 足够小,则这位移 $\mathrm{d}\boldsymbol{l}_2$ 上各处磁感应强度相等,考虑此时这位移与该处磁感应强度的标积,有

$$\boldsymbol{B}\cdot\mathrm{d}\boldsymbol{l}_2=\frac{\mu_0 I}{4\pi}\oint_{L_1}\frac{(\mathrm{d}\boldsymbol{l}_1\times\boldsymbol{e}_{r12})}{r_{12}^2}\cdot\mathrm{d}\boldsymbol{l}_2=\frac{\mu_0 I}{4\pi}\oint_{L_1}\frac{\mathrm{d}\boldsymbol{l}_2\cdot(\mathrm{d}\boldsymbol{l}_1\times\boldsymbol{e}_{r12})}{r_{12}^2}$$

利用矢量运算法则,有

$$\boldsymbol{B}\cdot\mathrm{d}\boldsymbol{l}_2=\frac{\mu_0 I}{4\pi}\oint_{L_1}\frac{(\mathrm{d}\boldsymbol{l}_2\times\mathrm{d}\boldsymbol{l}_1)\cdot\boldsymbol{e}_{r12}}{r_{12}^2}$$

上式是载流回路 L_1 在 P 点的磁感应强度与 P 点沿闭合路径 L 一位移 $\mathrm{d}\boldsymbol{l}_2$ 的标积,如图 4-20(a)所示,对于 L_1 回路和场点 P 而言,也可考虑成闭合路径 L 上 P 点不动,载流回路 L_1 沿 $\mathrm{d}\boldsymbol{l}_2$ 的反方向有一位移 $-\mathrm{d}\boldsymbol{l}_2$,上述标积可改写为

$$\boldsymbol{B}\cdot\mathrm{d}\boldsymbol{l}_2=-\frac{\mu_0 I}{4\pi}\oint_{L_1}\frac{(-\mathrm{d}\boldsymbol{l}_2\times\mathrm{d}\boldsymbol{l}_1)\cdot\boldsymbol{e}_{r12}}{r_{12}^2}$$

如图 4-20(a)和图 4-20(b)所示,上式中 $(-\mathrm{d}\boldsymbol{l}_2\times\mathrm{d}\boldsymbol{l}_1)$ 为阴影部分面元矢量 $\mathrm{d}\boldsymbol{S}=-\mathrm{d}\boldsymbol{l}_2\times\mathrm{d}\boldsymbol{l}_1$,$\mathrm{d}\boldsymbol{S}$ 方向沿 $\boldsymbol{e}_{r21}$ 方向,考虑到 $\boldsymbol{e}_{r21}$ 方向与 $\boldsymbol{e}_{r12}$ 方向相反,而 $r_{12}=r_{21}$,所以有

$$-\frac{(-\mathrm{d}\boldsymbol{l}_2\times\mathrm{d}\boldsymbol{l}_1)\cdot\boldsymbol{e}_{r12}}{r_{12}^2}=\frac{(-\mathrm{d}\boldsymbol{l}_2\times\mathrm{d}\boldsymbol{l}_1)\cdot\boldsymbol{e}_{r21}}{r_{21}^2}=\mathrm{d}\omega$$

这里利用了立体角的概念,$\mathrm{d}\omega$ 为面元矢量 $\mathrm{d}\boldsymbol{S}$ 对 P 点所张的立体角,则有

$$\boldsymbol{B}\cdot\mathrm{d}\boldsymbol{l}_2=\frac{\mu_0 I}{4\pi}\oint_{L_1}\mathrm{d}\omega$$

式中 $\mathrm{d}\omega$ 仅仅是载流回路 L_1 上 $\mathrm{d}\boldsymbol{l}_1$ 一段位移 $-\mathrm{d}\boldsymbol{l}_2$ 时,扫过的面元对 P 点所张的立体角。如图 4-20(c)所示,当载流回路 L_1 整体位移 $-\mathrm{d}\boldsymbol{l}_2$ 时,其扫过的面积为图 4-20(c)中箭头斜线部分的面积,其对 P 点所张的立体角为 $\mathrm{d}\Omega$,即

$$\boldsymbol{B}\cdot\mathrm{d}\boldsymbol{l}_2=\frac{\mu_0 I}{4\pi}\mathrm{d}\Omega$$

如图 4-20(c)所示,$\mathrm{d}\Omega$ 为载流回路 L_1 位移 $-\mathrm{d}\boldsymbol{l}_2$ 时,其对场点 P 所张的立体角的增量,$\mathrm{d}\Omega=(\Omega_{(2)}-\Omega_{(1)})\big|_{|-\mathrm{d}\boldsymbol{l}_2|\to 0}$。

如果考虑载流回路 L_1 激发的磁场的磁感应强度沿闭合路径 L 的线积分,则有

$$\oint_L\boldsymbol{B}\cdot\mathrm{d}\boldsymbol{l}=\frac{\mu_0 I}{4\pi}\oint_L\mathrm{d}\Omega$$

对于载流回路 L_1,闭合路径 L 与其存在图 4-21 所示的几种位置关系。

在图 4-21(a)情况下,考虑以载流回路 L_1 为边界的一确定曲面,闭合路径 L 在 A 点穿过该曲面,该曲面上任何面元的法线方向由电流环绕方向决定,则对 A 点而言,闭合路径 L 所张的总立体角 $\oint_L\mathrm{d}\Omega=4\pi$,即 $\oint_L\boldsymbol{B}\cdot\mathrm{d}\boldsymbol{l}=\mu_0 I$;如果在图 4-21(a)中载流回路 L_1 的电流反向的话,则 $\oint_L\boldsymbol{B}\cdot\mathrm{d}\boldsymbol{l}=-\mu_0 I$。

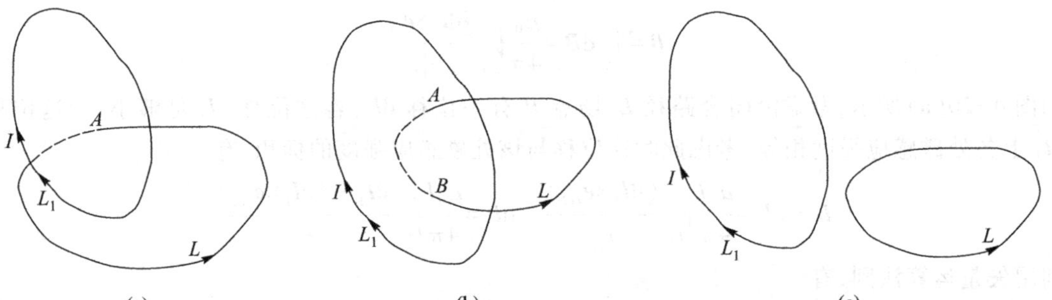

图 4-21　闭合路径与载流回路的位置关系

在图 4-21(b)情况下，以载流回路 L_1 为边界的一确定曲面，闭合路径 L 分别于 A 点和 B 点反向穿过该曲面，同样，曲面上任何面元的法线方向由电流环绕方向决定，则 $\oint_L \mathrm{d}\Omega=0$，即 $\oint_L \boldsymbol{B}\cdot\mathrm{d}\boldsymbol{l}=0$。

在图 4-21(c)情况下，以载流回路 L_1 为边界的一确定曲面，闭合路径 L 没有穿过该曲面，则 $\oint_L \mathrm{d}\Omega=0$，即 $\oint_L \boldsymbol{B}\cdot\mathrm{d}\boldsymbol{l}=0$。

若空间有 $N+M$ 个载流回路 L_1、L_2、…、L_N、L_{N+1}、…、L_{N+M}，分别通有恒定电流 I_1、I_2、…、I_N、I_{N+1}、…、I_{N+M}。其中有 N 个载流回路穿过闭合回路 L，则其中每一个载流回路激发的磁场沿闭合路径 L 的线积分有 $\oint_L \boldsymbol{B}_1\cdot\mathrm{d}\boldsymbol{l}=\mu_0 I_1$，$\oint_L \boldsymbol{B}_2\cdot\mathrm{d}\boldsymbol{l}=\mu_0 I_2$，……，$\oint_L \boldsymbol{B}_N\cdot\mathrm{d}\boldsymbol{l}=\mu_0 I_N$，这里设由于载流回路电流方向不同导致的正负号都含在等式右侧电流强度的取值中；而其中 M 个载流回路不穿过闭合路径 L，有 $\oint_L \boldsymbol{B}_{N+1}\cdot\mathrm{d}\boldsymbol{l}=0$，……，$\oint_L \boldsymbol{B}_{N+M}\cdot\mathrm{d}\boldsymbol{l}=0$。而闭合路径 L 上各点的磁感应强度为 $\boldsymbol{B}=\boldsymbol{B}_1+\boldsymbol{B}_2+\cdots+\boldsymbol{B}_N+\boldsymbol{B}_{N+1}+\cdots+\boldsymbol{B}_{N+M}$，则

$$
\begin{aligned}
\oint_L \boldsymbol{B}\cdot\mathrm{d}\boldsymbol{l} &= \oint_L (\boldsymbol{B}_1+\boldsymbol{B}_2+\cdots+\boldsymbol{B}_N+\boldsymbol{B}_{N+1}+\cdots+\boldsymbol{B}_{N+M})\cdot\mathrm{d}\boldsymbol{l} \\
&= \oint_L \boldsymbol{B}_1\cdot\mathrm{d}\boldsymbol{l}+\oint_L \boldsymbol{B}_2\cdot\mathrm{d}\boldsymbol{l}+\cdots+\oint_L \boldsymbol{B}_N\cdot\mathrm{d}\boldsymbol{l} \\
&= \mu_0 I_1+\mu_0 I_2+\cdots+\mu_0 I_N
\end{aligned}
$$

故有 $\oint_L \boldsymbol{B}\cdot\mathrm{d}\boldsymbol{l}=\mu_0 \sum\limits_{L内} I_i$，则证明了安培环路定理的表达式(4-21)，同时也表明安培环路定理的表达式(4-21)中的磁感应强度取决于空间的所有电流。

很多情况下，电流是连续分布的，式(4-21)改写为下面形式：

$$
\oint_L \boldsymbol{B}\cdot\mathrm{d}\boldsymbol{l}=\mu_0\int_S \boldsymbol{j}\cdot\mathrm{d}\boldsymbol{S} \tag{4-22}
$$

式中 $\boldsymbol{j}$ 为电流连续分布在导体截面上的电流密度。

根据环路积分的积分变换公式有

$$
\oint_L \boldsymbol{B}\cdot\mathrm{d}\boldsymbol{l}=\int_S \nabla\times\boldsymbol{B}\cdot\mathrm{d}\boldsymbol{S} \tag{4-23}
$$

式中 S 是以闭合回路 L 为边界的任一曲面，故由式(4-22)和式(4-23)得

$$\nabla\times\boldsymbol{B}=\mu_0\boldsymbol{j} \tag{4-24}$$

式(4-24)为安培环路定理的微分表达形式。它表明,**恒定磁场的旋度不为零**,这说明**恒定磁场是有旋场**。

在直角坐标系中,磁感应强度的旋度表示为

$$\nabla\times\boldsymbol{B}=\left(\boldsymbol{i}\frac{\partial}{\partial x}+\boldsymbol{j}\frac{\partial}{\partial y}+\boldsymbol{k}\frac{\partial}{\partial z}\right)\times\boldsymbol{B}=\begin{vmatrix}\boldsymbol{i} & \boldsymbol{j} & \boldsymbol{k}\\ \dfrac{\partial}{\partial x} & \dfrac{\partial}{\partial y} & \dfrac{\partial}{\partial z}\\ B_x & B_y & B_z\end{vmatrix} \tag{4-25}$$

在球坐标系中,磁感应强度的旋度表示为

$$\nabla\times\boldsymbol{B}=\frac{1}{r\sin\theta}\left[\frac{\partial}{\partial\theta}(\sin\theta B_\varphi)-\frac{\partial B_\theta}{\partial\varphi}\right]\boldsymbol{e}_r+\left[\frac{1}{r\sin\theta}\frac{\partial B_r}{\partial\varphi}-\frac{1}{r}\frac{\partial(rB_\varphi)}{\partial r}\right]\boldsymbol{e}_\theta+\frac{1}{r}\left[\frac{\partial(rB_\theta)}{\partial r}-\frac{\partial B_r}{\partial\theta}\right]\boldsymbol{e}_\varphi \tag{4-26}$$

考虑到磁感应强度与磁矢势的关系式 $\boldsymbol{B}=\nabla\times\boldsymbol{A}$,则有

$$\nabla\times\boldsymbol{B}=\nabla\times(\nabla\times\boldsymbol{A})=\mu_0\boldsymbol{j} \tag{4-27}$$

可见,磁矢势是由空间存在的传导电流导致的,磁矢势的旋度的旋度正比于传导电流密度。

4.4.2 安培环路定理的应用

安培环路定理给出了在磁场中沿任意闭合路径磁感应强度的环路积分,说明了磁场的有旋性;也可以应用安培环路定理求解某些具有特殊对称性的电流分布在周围空间激发的磁场的磁感应强度,此时利用安培环路定理求磁感应强度的分布比起用毕奥-萨伐尔定律积分的微元叠加方法要简捷方便一些。

利用安培环路定理求解磁感应强度时,首先要正确分析电流分布决定的磁场分布的对称性,并选取一个合适的**闭合路径**,称之为**安培环路**。合适的安培环路要求:① 当安培环路经由所求磁场时,环路上各点的磁感应强度大小相等,且环路上各点 $\boldsymbol{B}/\!/\mathrm{d}\boldsymbol{l}$;② 当安培环路经由非所求磁场时,环路上各点的磁感应强度矢量,要么 $\boldsymbol{B}=0$,要么 $\boldsymbol{B}\perp\mathrm{d}\boldsymbol{l}$。

下面利用安培环路定理求解一些具体问题。

例题 4.4 已知半径为 R 的"无限长"通电圆柱体,沿轴线方向通有电流,电流均匀分布在其截面上,电流强度为 I。求此通电圆柱体内外的磁场分布。

解:由题的表述可知,"无限长"通电圆柱体上电流分布具有轴对称性,通电圆柱体的轴线就是电流分布的对称轴。由于"无限长"通电圆柱体可以看成是由足够多条"无限长"通电直导线构成,而每一条"无限长"通电直导线的磁感应线都是对称环绕着直导线,所以"无限长"通电圆柱体的磁场分布也具有轴对称性。

(1) 在通电圆柱体内,即 $r<R$ 的情况下。如例题 4.4 图(a)所示,考虑在垂直于轴线的平面上有一个半径为 r 的环路 L_1,从俯视放大图中可见,由于对称性,环路 L_1 上各点磁感应强度的大小相等,而如果过轴线把通电圆柱体分割成两部分,关于分割面对称取两个面积相等的小面元,通有的电流相等,都是 $\mathrm{d}I$,其二者在分割面与环路 L_1 交点上产生磁感应强度 $\mathrm{d}\boldsymbol{B}$ 大小相等,关于环路 L_1 的切线对称,其矢量和沿环路 L_1 的切线方向。电流均匀分布在通电圆柱体截

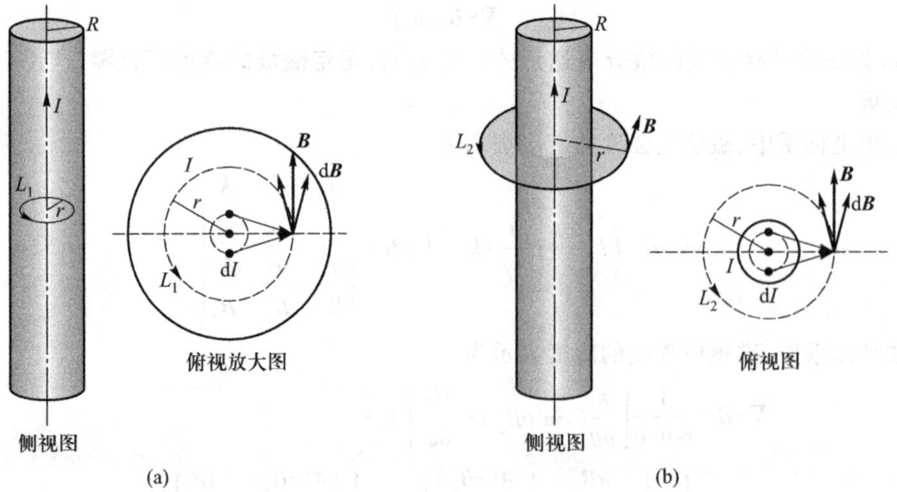

例题 4.4 图

面上，$j=I/(\pi R^2)$。由安培环路定理有

$$\oint_{L_1} \boldsymbol{B}\cdot \mathrm{d}\boldsymbol{l}=\mu_0\int_{L_1内}\mathrm{d}I$$

$$\oint_{L_1} \boldsymbol{B}\cdot \mathrm{d}\boldsymbol{l}=\oint_{L_1} B\mathrm{d}l=B\oint_{L_1}\mathrm{d}l=B\cdot 2\pi r$$

$$\mu_0\int_{L_1内}\mathrm{d}I=\mu_0\int_{L_1内}\boldsymbol{j}\cdot \mathrm{d}\boldsymbol{S}=\mu_0 I\frac{r^2}{R^2}$$

$$B=\frac{\mu_0 Ir}{2\pi R^2}=\frac{\mu_0 jr}{2} \tag{4-28a}$$

写成矢量形式有

$$\boldsymbol{B}=\frac{\mu_0}{2}\boldsymbol{j}\times\boldsymbol{r} \tag{4-28b}$$

可见，在导体内，磁感应强度的大小与离开轴线的距离的一次方成正比，磁感应强度 $\boldsymbol{B}$ 的方向沿环路 L_1 绕向的切向，即 $\boldsymbol{j}\times\boldsymbol{r}$ 方向。

（2）在通电圆柱体外，即 $r>R$ 的情况下。如例题 4.4 图（b）所示，考虑在垂直于轴线的平面上有一个半径为 r 的环路 L_2，由于对称性，环路 L_2 上各点磁感应强度的大小相等，与前述相同的对称性分析知道，磁感应强度矢量沿环路 L_2 的切线方向。由安培环路定理有

$$\oint_{L_2} \boldsymbol{B}\cdot \mathrm{d}\boldsymbol{l}=\mu_0\sum_{L_2内} I$$

$$B\cdot 2\pi r=\mu_0 I$$

$$B=\frac{\mu_0 I}{2\pi r}$$

可见，在导体外，磁感应强度的大小与离开轴线的距离的一次方成反比，$\boldsymbol{B}$ 的方向沿环路 L_2 的绕向的切向。

如果这个例题是一个半径为 R 的“无限长”通电圆柱面，沿轴线方向通有电流，电流均匀

分布在通电圆柱面的截面上，电流强度为 I。求此通电圆柱面圆柱体内外的磁场分布。

与本题同样的解题方法，可以给出通电圆柱面内外的磁场分布为

$$r<R \text{ 的情况下}, B=0$$

$$r>R \text{ 的情况下}, B=\frac{\mu_0 I}{2\pi r}$$

可见，无论是电流沿截面均匀分布的“无限长”通电圆柱体，还是电流沿截面均匀分布的“无限长”通电圆柱面，其外侧磁场的磁感应强度都与相同的电流从轴线流过的无限长直导线情形等价。

例题 4.5 在没有电流穿过的恒定磁场中，如果有磁感应线都为平行直线的地方，试证明该处必定是匀强磁场。

证明：如例题 4.5 图所示，沿同一条磁场方向选任意两点 A 和 B，作一桶状闭合曲面 S，两点 A 和 B 分别位于其左右两底面上，两底面积足够小都为 ΔS，且两底面垂直于磁感应线。根据磁场的高斯定理有

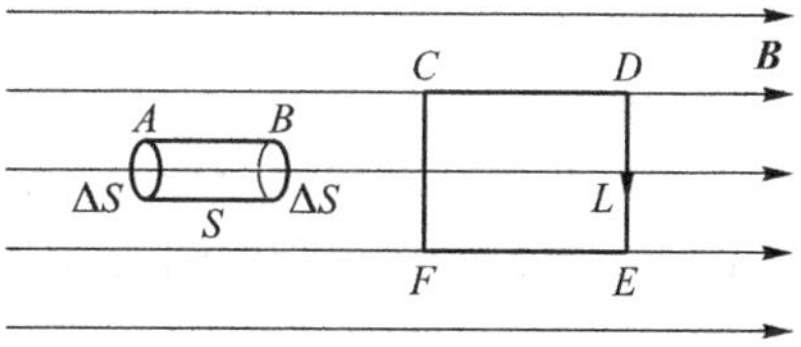

例题 4.5 图

$$\oint_S \boldsymbol{B}\cdot \mathrm{d}\boldsymbol{S}=0$$

由于两底面积足够小，每一个底面上的磁感应强度都可看作是相等的，即

$$-B_A\Delta S+B_B\Delta S=0$$

于是，可得

$$B_A=B_B$$

这表明在同一条磁感应线上各点的磁感应强度都相等。

在同一磁场中，如例题 4.5 图所示，再取一矩形闭合路径 L，其中 CD 边和 EF 边分别在不同的磁感应线上，而 FC 边和 DE 边与磁感应线垂直。利用安培环路定理有

$$\oint_L \boldsymbol{B}\cdot \mathrm{d}\boldsymbol{l}=0$$

则有

$$\int_C^D \boldsymbol{B}\cdot \mathrm{d}\boldsymbol{l}+\int_D^E \boldsymbol{B}\cdot \mathrm{d}\boldsymbol{l}+\int_E^F \boldsymbol{B}\cdot \mathrm{d}\boldsymbol{l}+\int_F^C \boldsymbol{B}\cdot \mathrm{d}\boldsymbol{l}=0$$

由于在 CD 边上各点的磁感应强度都相等，设其为 B_D，在 EF 边上各点的磁感应强度都相等，设其为 B_E，故有

$$B_D|CD|+0-B_E|EF|+0=0$$

可得

$$B_D=B_E$$

这表明在垂直于磁感应线的一条边上各点的磁感应强度都相等。

这就证明了在没有电流穿过的恒定磁场中，磁感应线都为平行直线的地方必定是匀强磁场。由于各处的磁感应强度大小都相等，磁感应线也必定是均匀分布的。

例题 4.6 已知通电长直密绕螺线管，通电电流强度为 I，其上均匀密绕线圈，单位长度绕有 n 匝线圈，其半径为 R 远远小于其长度，一般称之为“无限长”密绕载流直螺线管。求此通电长直密绕螺线管内磁场的分布。

解:如例题 4.6 图(a)所示,针对通电长直密绕螺线管,根据电流的对称性分析可知,螺线管内的磁感应线只能平行于螺线管的轴线,因而螺线管内的磁场必定为匀强磁场;在两端磁感应线进入螺线管内或穿出螺线管处,磁场不再是均匀的。由于是通电长直密绕螺线管,在密绕螺线管外的旁侧,实验证明磁场很弱,相对于螺线管内磁场可以忽略。

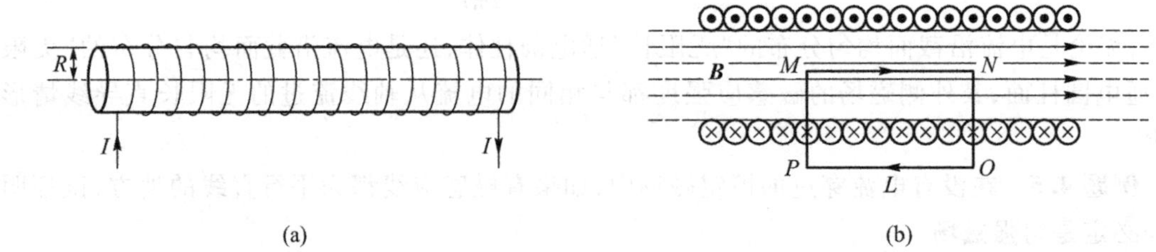

例题 4.6 图

要求长直螺线管内任一点的磁感应强度,如例题 4.6 图(b)所示,作一矩形闭合路径 L,使其一边 MN 平行于螺线管的轴线,PM 和 NO 在螺线管内部分与磁感应线垂直,故应用安培环路定理有

$$\oint_L \boldsymbol{B} \cdot \mathrm{d}\boldsymbol{l} = \mu_0 \sum_{L内} I$$

$$\oint_L \boldsymbol{B} \cdot \mathrm{d}\boldsymbol{l} = \int_{MN} \boldsymbol{B} \cdot \mathrm{d}\boldsymbol{l} + \int_{NO} \boldsymbol{B} \cdot \mathrm{d}\boldsymbol{l} + \int_{OP} \boldsymbol{B} \cdot \mathrm{d}\boldsymbol{l} + \int_{PM} \boldsymbol{B} \cdot \mathrm{d}\boldsymbol{l} = B|MN|$$

$$\mu_0 \sum_{L内} I = \mu_0 n |MN| I$$

$$B = \mu_0 n I$$

这与 4.2.3 节求载流螺线管轴线上的磁场后,讨论一些特殊情况得到的结论是一致的。

例题 4.7 通电密绕螺绕环上总共密绕了 N 匝线圈,线圈中所通电流的电流强度为 I,其内外边缘的半径分别为 R_1 和 R_2。试求此载流密绕螺绕环内的磁场。

解:如例题 4.7 图(a)所示,对通电密绕螺绕环,根据电流的分布,由对称性分析可知,密绕螺绕环内的磁感应线应该是与螺绕环同心的圆环状,环状磁感应线都集中在通电密绕螺绕环内,每一条环线上磁感应强度的大小相等,磁感应强度的方向沿环线的切向。

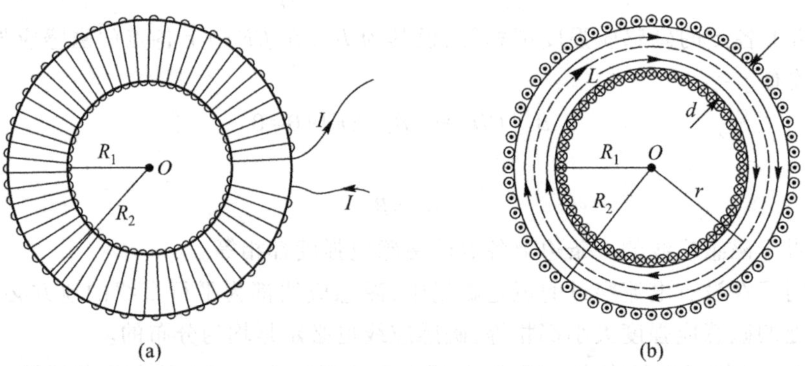

例题 4.7 图

如例题 4.7 图(b)所示,以 r 为半径($R_1<r<R_2$),作闭合环状回路 L,根据电流的流向,考虑

回路 L 沿顺时针方向。该环状回路上各点磁感应强度的大小相等,磁感应强度的方向沿环状回路的切线方向。应用安培环路定理有

$$\oint_L \boldsymbol{B} \cdot \mathrm{d}\boldsymbol{l} = \mu_0 \sum_{L内} I$$

$$\oint_L \boldsymbol{B} \cdot \mathrm{d}\boldsymbol{l} = B \cdot 2\pi r$$

$$\mu_0 \sum_{L内} I = \mu_0 NI$$

$$B = \frac{\mu_0 NI}{2\pi r} \tag{4-29}$$

式(4-29)表明,密绕螺绕环内的磁场的磁感应强度大小与 r 成反比。

若对于细螺绕环,令 $n = N/(2\pi r)$,则 $B = \mu_0 nI$。如果 $d = R_2 - R_1 \ll R_1$,那么螺绕环内的磁场可视为大小相等。

§4.5 洛伦兹力

1858 年德国人普吕克在进行低压气体放电的研究过程中发现了阴极射线。其后,英国人克鲁克斯在实验室里研究闪电现象时,也发现了这种射线。当装有两个电极的玻璃管里的空气被抽到相当稀薄的时候,在两个电极间加上几千伏的电压,这时在阴极对面的玻璃管壁上闪烁着绿色的辉光。人们谨慎分析,确认有一种从阴极发出的、很像粒子流的看不见的射线,称之为**阴极射线**。

荷兰人洛伦兹成功创建电子理论并完善了电动力学,其相关理论专著于 1892 年首次出版。洛伦兹认为电的本身是由微小的实体组成的,后来这些微小实体被称为电子,洛伦兹以电子概念为基础来解释物质的电性质,从电子论推导出运动电荷在磁场中要受到力的作用,即洛伦兹力。在洛伦兹提出的电子论的基础上,逐步发展建立起了金属电子论,其核心内容是研究金属中电子的状态与行为,解释金属的各种性质,如热电效应、霍尔效应、热导率与电导率的关系等。

1897 年英国人 J. J. 汤姆逊根据放电管中的阴极射线在磁场作用下的轨迹确定,阴极射线中的粒子带负电,并测出其荷质比,从而发现了电子。

4.5.1 洛伦兹力

如图 4-22(a)所示,在阴极射线管实验中,出射的阴极射线受到磁场作用,其轨迹发生偏转,且磁铁越靠近阴极射线管,阴极射线轨迹偏转程度越大。这是由于运动的电子受到了磁场作用的结果,如图 4-22(b)所示,运动电子受力与其速度方向垂直。这种运动带电粒子在磁场中所受到的力称为**洛伦兹力**,可表述为

$$\boldsymbol{F}_{\mathrm{L}} = q\boldsymbol{v} \times \boldsymbol{B} \tag{4-30}$$

式(4-30)表明,洛伦兹力与磁场的磁感应强度及带电粒子运动速度方向均垂直,其大小为

$$F_{\mathrm{L}} = qvB\sin\theta \tag{4-31}$$

式中 θ 为带电粒子运动方向与磁场方向之间的夹角。

由式(4-30)可知,当 $q>0$ 时,$\boldsymbol{F}_L$ 与 $\boldsymbol{v}\times\boldsymbol{B}$ 同向;当 $q<0$ 时,$\boldsymbol{F}_L$ 与 $\boldsymbol{v}\times\boldsymbol{B}$ 反向。因为 $\boldsymbol{F}_L\perp\boldsymbol{v}$,所以洛伦兹力只改变带电粒子的运动方向,不改变带电粒子运动的速度大小,所以洛伦兹力对运动带电粒子不做功。

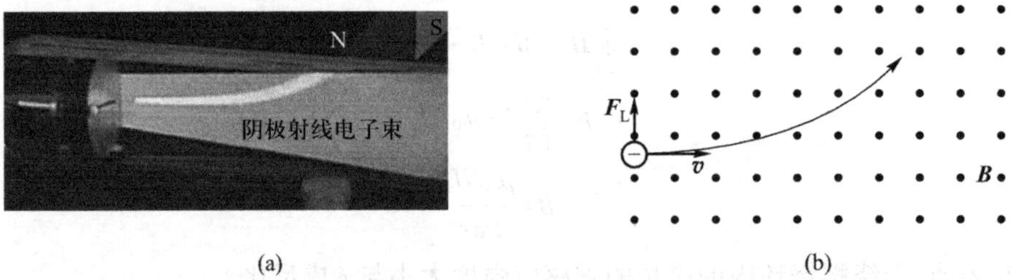

图 4-22　运动带电粒子在磁场中的受力

4.5.2　带电粒子在均匀磁场中的运动

如图 4-23(a)所示,一质量为 m、带电荷量为 q 的粒子以速度 $\boldsymbol{v}$ 沿垂直于磁场方向进入匀强磁场,该带电粒子受到的洛伦兹力方向如图所示,大小为 $F_L=qvB$。由于洛伦兹力充当了向心力,故 $F_L=qvB=mv^2/R$,使得该带电粒子在磁场中做圆周运动,其半径、周期、频率分别为

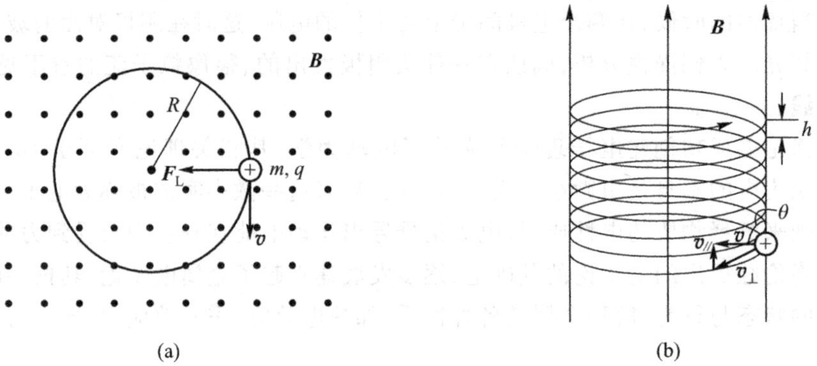

图 4-23　运动带电粒子垂直进入匀强磁场

$$R=\frac{mv}{qB} \tag{4-32}$$

$$T=\frac{2\pi m}{qB} \tag{4-33}$$

$$\nu=\frac{qB}{2\pi m} \tag{4-34}$$

如图 4-23(b)所示,一质量为 m、带电荷量为 q 的粒子以速度 $\boldsymbol{v}$ 沿着与磁场方向夹角为 θ 的方向进入匀强磁场。该带电粒子在磁场中做螺旋线运动,受到的洛伦兹力仍然充当向心力,大小为 $F_L=qvB\sin\theta$,此时带电粒子的速度垂直于磁场的分量为 $v_\perp=v\sin\theta$,平行于磁场的分量为 $v_{/\!/}=v\cos\theta$,这使得该带电粒子在磁场中做螺旋线运动的圆周半径、周期分别为 $R=\dfrac{mv\sin\theta}{qB}$,

$T=\frac{2\pi m}{qB}$。

该带电粒子在磁场中做螺旋线运动一周沿磁场方向前进的距离为一个螺距，用 h 表示，即

$$h=v_{/\!/}T=\frac{2\pi mv\cos\theta}{qB} \tag{4-35}$$

在回旋加速器设计中，正是利用了式(4-33)才确定了加速电场的变化周期，式(4-32)表明了加速带电粒子的最大速率。学生们可以在课外自学回旋加速器的原理。

4.5.3 磁聚焦

如图 4-24(a)所示，在长直密绕载流螺线管内可产生均匀磁场。如果一束发散角很小的带电粒子沿磁场轴线由一端射入，这束粒子的速度大小相同，方向略有不同，如图 4-24(b)所示。带电粒子速度方向与磁场轴线方向的夹角 θ 很小，则这些粒子的速度沿磁感应强度方向和垂直于磁感应强度方向的分量为 $v_{/\!/}=v\cos\theta\approx v$，$v_{\perp}=v\sin\theta\approx v\theta$。由于各个带电粒子垂直于磁场方向的速度分量大小差别，因而，各带电粒子在磁场中做半径不同的螺旋线运动，但各个粒子做周期相同的螺旋线运动，即 $T=\frac{2\pi m}{qB}$。因而螺距相同，即 $H=v_{/\!/}T=\frac{2\pi mv}{qB}$，故这些粒子经过一个回旋周期后将重新会聚到另一点，如图 4-24(c)所示。这种一束带电粒子沿磁场轴线从一点射入磁场后，经过一个周期，或者一个螺距，又会聚到一点，之后继续向前传播的现象，叫作**磁聚焦**。

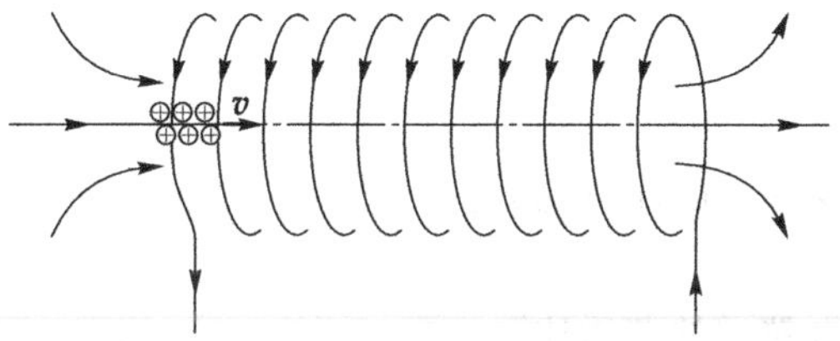

(a)

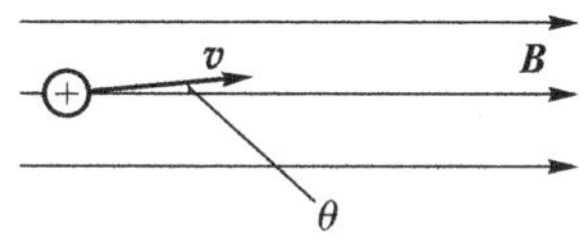

(b)

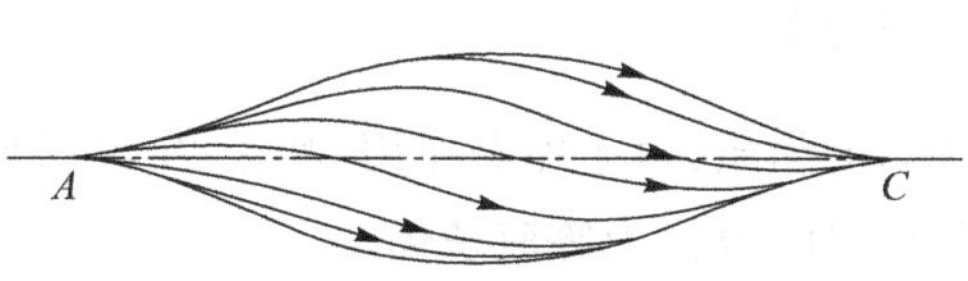

(c)

图 4-24 磁聚焦

载流长直螺线管内磁场均匀，沿轴线以相同速度入射的同种带电粒子具有磁聚焦现象，与光学透镜类似，故称之为**磁透镜**。短载流螺线管的非均匀磁场也具有磁聚焦作用。

4.5.4 荷质比的测量

质荷比是指带电粒子质量与电荷之比，是带电粒子的重要参量之一。测定荷质比是研究带电粒子和物质结构的重要方法。测定荷质比的方法有多种，这里仅讨论汤姆孙法。

1897 年 J. J. 汤姆孙在研究稀薄气体放电的实验中，测定了电子的荷质比，证明了电子的存在，轰动了整个物理学界。1909 年美国人密立根应用“油滴实验”测定了电子电荷的数值，并且后来电子电荷的测量值不断精确，自然也就知道了电子的质量。这里简介一下用汤姆孙法测量电子的荷质比。

如图 4-25 所示，只有匀强磁场时，热电子发射后经过准直系统后进入磁场要做圆周运动，电子离开磁场时，沿切线方向射出打在荧光屏上，根据电子打在荧光屏上的位置和其他几何关系，可以测量电子在磁场中运动的半径 $R=m_e v/eB$。之后在加磁场的同时，在 G、H 两极板间加匀强电场，直到使得电子打在荧光屏上的点移到荧光屏中心位置 O 点，即热电子经准直后的方向上。此时 $eE=evB$，即 $E=vB$，故有电子的荷质比 $\frac{e}{m_e}=\frac{v}{BR}=\frac{E}{B^2R}$。由于电场强度大小 E、磁感应强度大小 B、电子在磁场中运动的半径 R 都是可测量的，故电子的荷质比就可测量了。最新的电子荷质比的测量结果为 $1.758\ 820\ 008\ 38\times10^{11}$ C/kg。

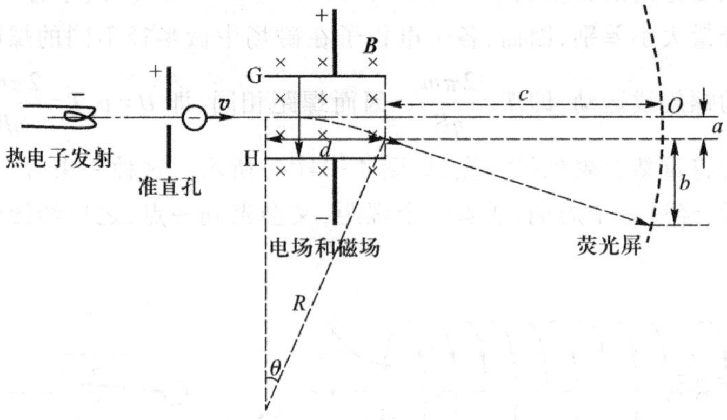

图 4-25　汤姆孙法荷质比的测量

在现代实验中，通常用质谱仪测量带电粒子的荷质比。

4.5.5　等离子体的磁约束

处于高度电离状态的物质，由于库仑作用，其正、负离子形成的空间电荷密度大致相等，整体呈离子态，且显现电中性，故称为**等离子体**。

等离子体是由英国人克鲁克斯在 1879 年发现的，1928 年美国人朗缪尔和汤克斯首次将“等离子体”一词引入物理学。

等离子体是宇宙中一种常见的物质，在太阳、恒星、闪电中都存在等离子体，它占了整个宇宙中物质总量的 99%。用人工方法，如核聚变、核裂变、辉光放电及各种放电都可产生等离子体。最常见的等离子体是高温电离气体，如电弧、霓虹灯和日光灯中的发光气体。自然界中如闪电、极光等发光气体也是常见的等离子体。

太阳每天释放出大量的光和热，因为它的内部不断进行核聚变，而太阳由于其巨大的质量，依靠万有引力对核聚变产生的等离子体实施约束。核聚变能是清洁低碳、安全高效的新能源，而人工核聚变能源的原材料在地球上储量丰富，但是人工核聚变产生的等离子体只能应用强磁场约束。

应用磁场进行约束是对等离子体约束的重要手段，其分为横向磁约束和径向磁约束。

1. 等离子体的横向磁约束

当带电粒子进入磁场时，会受到洛伦兹力的作用。在等离子体中，带电粒子速度在垂直于磁场的方向有一个分量，因此在洛伦兹力作用下绕着磁感应线旋转，如图 4-26(a)所示，其旋转半径为 $R=mv_{\perp}/qB$。可见磁场越强，带电粒子旋转半径就越小，从而使得带电粒子被约束在磁感应线附近，称之为等离子体的**横向磁约束**。

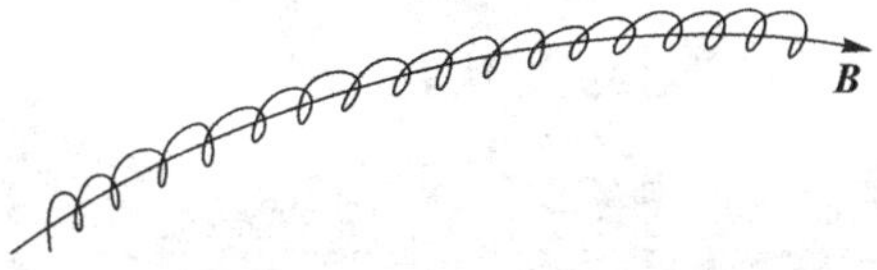

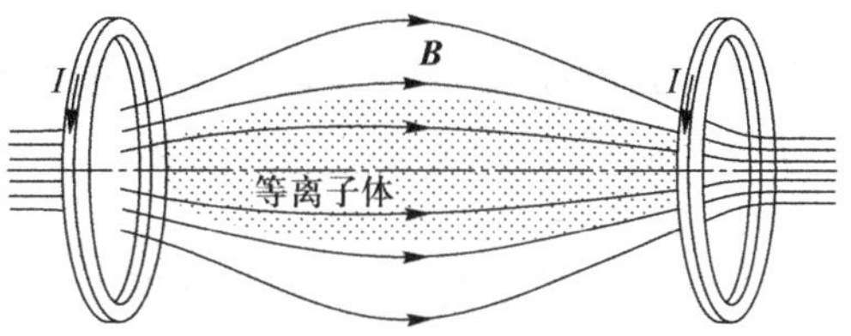

图 4-26　等离子体的磁约束

2. 等离子体的径向磁约束

等离子体在磁场中围绕磁感应线做螺旋线状轨迹运动，其旋转半径为 $R=mv_{\perp}/qB$，旋转频率为 $\nu=qB/2\pi m$，每个带电粒子旋转等效于一个圆电流，等效电流强度为 $I=q^2B/2\pi m$，相应地其等效磁矩的大小为 $|\boldsymbol{m}|=I\pi R^2$，即

$$|\boldsymbol{m}|=\frac{1}{2}m(v_{\perp})^2/B \tag{4-36}$$

如图 4-26(b)所示，当非均匀磁场不随时间变化，且在空间上是慢变的，则带电粒子的磁矩大小 $|\boldsymbol{m}|$ 是不变的。当带电粒子在磁场中运动时，洛伦兹力不做功，带电粒子的总动能是一个常量，即 $\frac{1}{2}mv^2=\frac{1}{2}m(v_{\perp})^2+\frac{1}{2}m(v_{/\!/})^2$ 是一个常量。因而，当带电粒子向图 4-26(b)所示一端运动时，则随磁场磁感应强度的增加，粒子动能中的横向成分 $\frac{1}{2}m(v_{\perp})^2$ 在增加，由于粒子的总动能不变，则其动能中的径向成分 $\frac{1}{2}m(v_{/\!/})^2$ 在减少，即 $v_{/\!/}$ 在减小。

在非均匀磁场中，当粒子向磁场较强的区域运动时，其速率不断减小，旋转的半径也在减小，带电粒子旋转的等效圆电流受到磁场力 $\boldsymbol{F}_{\mathrm{L}}=(\boldsymbol{m}\cdot\nabla)\boldsymbol{B}$ 的作用，偏向磁场弱的方向，它会使粒子沿磁场方向的速率减小到零，并反向运动。这样，图 4-26(b)所示的左右两端强磁场部分就等效于一个“反射镜”的作用，称之为**磁镜**。图 4-26(b)所示这种由两个相同的载流线圈产生的中间弱两端强的磁场，就可以使得沿磁场方向速度不是很大的带电粒子将被约束在两个磁镜之间，这种磁场分布称为**瓷瓶**。

现代人工核聚变产生的等离子体的磁约束正是借鉴了上述方法，建成了托卡马克装置。托卡马克装置是一种利用磁约束来实现受控核聚变的环形容器，中国环流器二号 M 装置是中国目前规模最大、参数最高的先进托卡马克装置，是中国新一代先进磁约束核聚变实验研究装置。2020 年 12 月,中国自主设计建造的新一代先进磁约束核聚变实验研究装置中国环流器二号 M 装置成功投入运行,使我国磁约束核聚变研究进入世界前沿,并使中国在人类开发清洁人工核聚变能源的领域向前迈进一大步。

地球磁场辐射到空间,从赤道上空到两极上空磁场逐渐增强,形成一个在宇宙空间能进行磁约束的天然“瓷瓶”。它能捕获来自宇宙射线中的大量带电粒子,形成辐射带。美国人范艾仑于 1958 年通过人造地球卫星上的盖革计数器发现了地球附近的近层宇宙空间中包围着地球的高能辐射层,高能辐射层在赤道附近呈环状绕着地球,并向极地弯曲,被称为范艾仑辐射带,如图 4-27 所示。

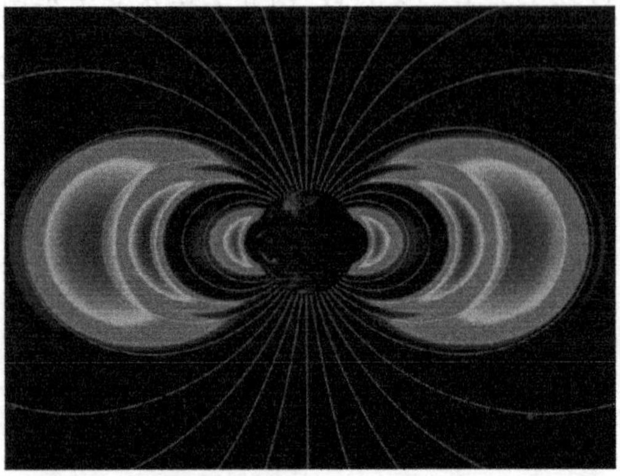

图 4-27　范艾仑辐射带

范艾仑辐射带从几百千米到 6 000 km 的低空称为内辐射带,在内辐射带内测得的主要是高能质子;从约 12 000 km 到 25 000 km 的高空称为外辐射带,在外辐射带内测得的主要是高能电子。

电离层从离地面约 50 km 开始一直伸展到约 1 000 km 高度的地球高层大气空域,因此电离层有大部分位于范艾仑辐射带的内带。

范艾仑带内的高能粒子对载人空间飞行器、卫星等都有一定危害,其内外带之间的缝隙则是辐射较少的安全地带。

人们一直认为地球周围只有内外两个范艾仑辐射带,但科学探测发现在外辐射带以外还会短暂存在第三个辐射带。

§4.6　霍尔效应

1879 年,美国人霍尔发现在均匀磁场中放一矩形截面的块状载流导体,若电流方向与磁场方向垂直,则在导体上既垂直于电流又垂直于磁场方向上的两个端表面间出现了电势差 ΔU,这个现象称为**霍尔效应**,如图 4-28 所示。霍尔效应中产生的电势差称为**霍尔电势差**,也称为**霍尔电压**。

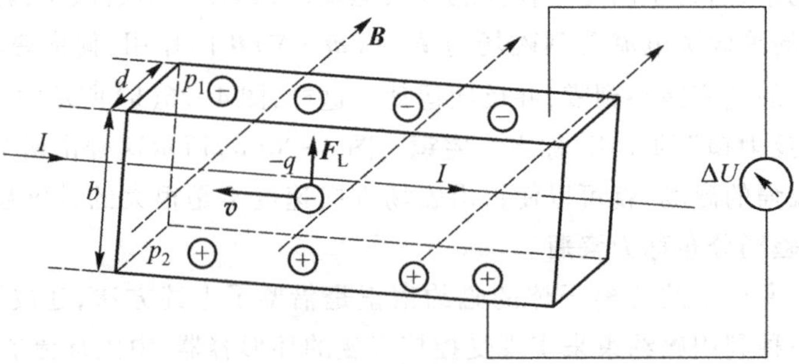

图 4-28　霍尔效应

实验表明，p_1 和 p_2 两个表面间的霍尔电压 ΔU 与块状载流导体中通有的电流强度 I 和磁感应强度大小 B 的乘积成正比，与导体沿磁场方向的两个端表面的宽度 d 成反比，即

$$\Delta U=k_{\mathrm{H}}\frac{IB}{d} \tag{4-37}$$

式中，比例系数 k_{H} 称为霍尔系数，$k_{\mathrm{H}}=\frac{1}{nq}$，它取决于块状导电材料的性质，其中 n 为载流子数密度，q 为载流子所带电荷量。

由式(4-37)可知，可以测得霍尔电压 ΔU、流经块状导体的电流强度 I 以及导体沿磁场方向的两个表面间的距离 d，因此就可得到该导体所在处的磁感应强度的大小 B。事实上，霍尔效应也是人们在实验上测定磁感应强度大小的重要手段之一。

霍尔效应发现后的 1897 年电子才被发现，而在霍尔效应发现时人们还不知道导体中的载流子具体是什么，也就不能从电子运动的角度对霍尔效应进行物理解释。但是现在我们可以用导体或半导体中的载流子在磁场中受到洛伦兹力的作用来说明霍尔效应的物理机制了。

如图 4-28 所示，以金属导体为例，载流子为自由电子，电子电荷量的绝对值为 e，载流子数密度为 n，导体中自由电子在恒定电场作用下的平均定向漂移速度大小为 v，磁场方向如图所示，磁感应强度大小为 B，自由电子受到洛伦兹力的作用，$F_{\mathrm{L}}=evB$。电子向导体上表面移动，等效的正电荷向导体下表面移动，致使导体上下两个表面上带有等量异号电荷，从而产生电压。在导体内产生电场，电子受到该电场力的作用，力的方向与所受洛伦兹力方向相反，当自由电子受到的电场力与洛伦兹力平衡时，导体内不再有自由电子向上表面移动了，此时 $evB=eE=e\frac{\Delta U}{b}$，即 $v=\frac{\Delta U}{Bb}$。而导体中的电流强度为 $I=nvSq=nvdbq$，即 $v=\frac{I}{ndbq}$。则有 $\frac{\Delta U}{Bb}=\frac{I}{ndbq}$，即 $\Delta U=\frac{1}{nq}\frac{IB}{d}=k_{\mathrm{H}}\frac{IB}{d}$。因此

$$k_{\mathrm{H}}=\frac{1}{nq} \tag{4-38}$$

式(4-38)表明霍尔系数 k_{H} 与载流子数密度 n 成反比。金属导体中自由电子的数密度较大，而半导体中载流子的数密度 n 较小，测量霍尔电压就可测量载流子数密度。

但是半导体的载流子有电子和空穴两种，如何确定半导体的载流子类型，也可以应用霍尔效应来解决。用块状半导体测量霍尔效应，当载流子为电子时，亦如图 4-28 所示，在半导体上表面积累电子，在半导体下表面积累空穴，上下两个表面间产生霍尔电压。当载流子为空穴时，如图 4-29 所示，在半导体上表面积累空穴，在半导体下表面积累电子，上下两个表面间产生霍尔电压，而此时电压表的指针偏转方向与图 4-28 所示相反。

霍尔效应电阻简称为霍尔电阻，霍尔电阻与霍尔效应密切相关。当置于一定的磁场中的块状导体或半导体中通过一定大小的电流时，会产生一定大小的霍尔电压，将霍尔电压除以导体或半导体中通过的电流强度，就得到了霍尔电阻，通常用符号 R_{H} 表示。霍尔电阻是一个非常重要的电磁学参量，利用霍尔电阻可以测量磁感应强度的大小和方向，还可以用来研究材料的电子结构和磁学性质。

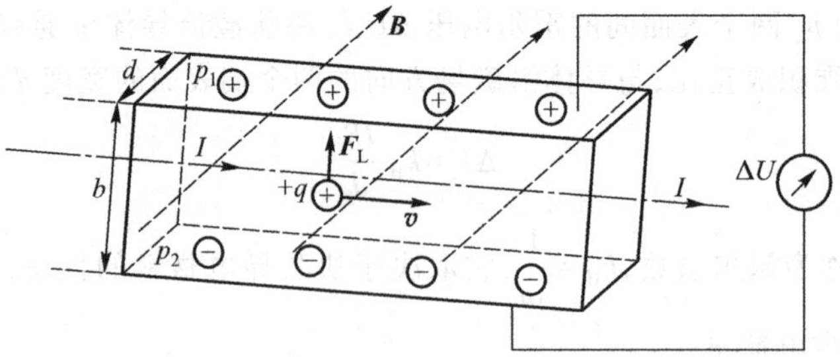

图 4-29　空穴型载流子半导体的霍尔效应

应用霍尔效应原理开发的各种元器件有广泛的应用,可应用于科学技术、工程技术、医疗健康以及人们日常生活的方方面面。在精密测磁、自动控制、通信、航天航空等领域更是有重要的应用。其直接应用是检测磁场,而间接应用是利用霍尔效应开发的各种传感器,可测量许多非电、非磁的物理量。

关于霍尔效应的基础性研究还在不断发展中,1980 年,德国人冯·克利青在研究极低温度和强磁场中的半导体时发现了量子霍尔效应;1982 年,美籍华人崔琦等人在更强磁场下研究量子霍尔效应时发现了分数量子霍尔效应;2006 年,美籍华人张首晟等人最先预言了量子自旋霍尔效应,并开展了量子自旋霍尔效应的研究,并于 2008 年指出了在磁性掺杂的拓扑绝缘体中能够实现量子反常霍尔效应的新方向。量子自旋霍尔效应的发现极大地促进了量子反常霍尔效应的研究。

量子霍尔效应需要在低温强磁场的极端条件下才可以被观察到,此时霍尔电阻与磁场不再呈现线性关系,而出现量子化平台。量子反常霍尔效应不依赖于强磁场而由材料本身的自发磁化产生,更容易应用到人们日常所需的电子器件中。2013 年,由中国科学家领衔的团队从实验上首次观测到量子反常霍尔效应。

§4.7　磁场对载流导线的作用

4.1.5 节讲到,在奥斯特的电流磁效应实验结果发表后,安培通过对大量实验结果的分析,给出了电流元相互作用的安培定律,从安培定律出发就可以讨论磁场中任何载流导体的受力问题了。

4.7.1　安培力

考虑任意载流导线置于磁场中,如图 4-30(a)所示,无论磁场均匀与否,导线弯曲如何,总可以把该导线看成是由足够多个电流元构成,每个电流元足够短,保证每个电流元都是直的,它所在处磁场可以看成是匀强磁场,如图 4-30(b)所示,根据安培定律有

$$\mathrm{d}\boldsymbol{F}=I\mathrm{d}\boldsymbol{l}\times\boldsymbol{B} \tag{4-39}$$

电流元 $I\mathrm{d}\boldsymbol{l}$ 在磁场中的受力称为**安培力**,其方向由 $I\mathrm{d}\boldsymbol{l}\times\boldsymbol{B}$ 决定,受力的大小为

$$\mathrm{d}F=I|\mathrm{d}\boldsymbol{l}|B\sin\theta \tag{4-40}$$

式中 θ 为电流元 $I\mathrm{d}\boldsymbol{l}$ 与磁感应强度 $\boldsymbol{B}$ 之间的夹角。对于长为 L 的载流导线,其在磁场中总的受力为

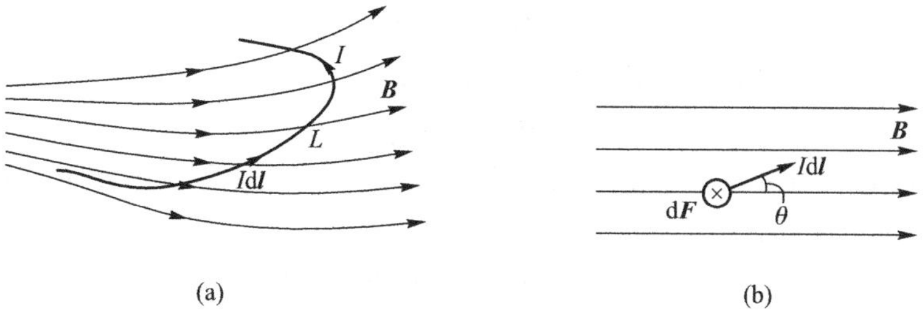

图 4-30　载流导体在磁场中的受力

$$F=\int_L \mathrm{d}\boldsymbol{F}=\int_L I\mathrm{d}\boldsymbol{l}\times\boldsymbol{B} \tag{4-41}$$

一段电流元在磁场中所受安培力可以看成是这段电流元中所有载流子在磁场中所受洛伦兹力的矢量和。亦即一段电流元内所有载流子微观上所受洛伦兹力的宏观表现是这段电流元所受的安培力。

如图 4-31 所示，设电流元 $I\mathrm{d}\boldsymbol{l}$ 的长度为 $|\mathrm{d}\boldsymbol{l}|$，截面积为 S，其载流子数密度为 n，每个载流子带的电荷量绝对值为 e，在恒定电场作用下载流子的漂移速度为 $\boldsymbol{v}$，导体内的载流子是电子，其运动方向与电流反向。每个载流子所受到的洛伦兹力 $\boldsymbol{F}_\mathrm{L}=-e\boldsymbol{v}\times\boldsymbol{B}$，电流元 $I\mathrm{d}\boldsymbol{l}$ 内载流子总数为 $\mathrm{d}N=nS|\mathrm{d}\boldsymbol{l}|$，这 $\mathrm{d}N$ 个载流子所受到的总的洛伦兹力为 $\mathrm{d}\boldsymbol{F}=\mathrm{d}N\boldsymbol{F}_\mathrm{L}=-e\boldsymbol{v}\times\boldsymbol{B}nS|\mathrm{d}\boldsymbol{l}|$。每个载流子在洛伦兹力作用下运动，作用在导体晶格的原子实上，而 $\mathrm{d}N$ 个载流子在洛伦兹力作用下运动，作用在导体晶格上的平均宏观效果为 $\mathrm{d}\boldsymbol{F}=e(-\boldsymbol{v})nS|\mathrm{d}\boldsymbol{l}|\times\boldsymbol{B}=I\mathrm{d}\boldsymbol{l}\times\boldsymbol{B}$，即安培力。

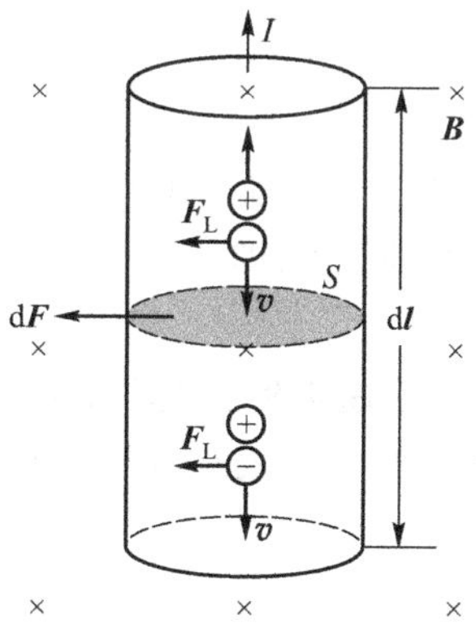

图 4-31　安培力与洛伦兹力

例题 4.8　如例题 4.8 图(a)所示，一条载流导线置于匀强磁场中，磁感应强度 $\boldsymbol{B}$ 垂直于纸面向里，导线中通有电流的电流强度为 I，弯曲导线在垂直于磁感应线的一个平面内，电流流入端 O 点和电流流出端 A 点之间的距离为 L。试求此载流导线所受的安培力。

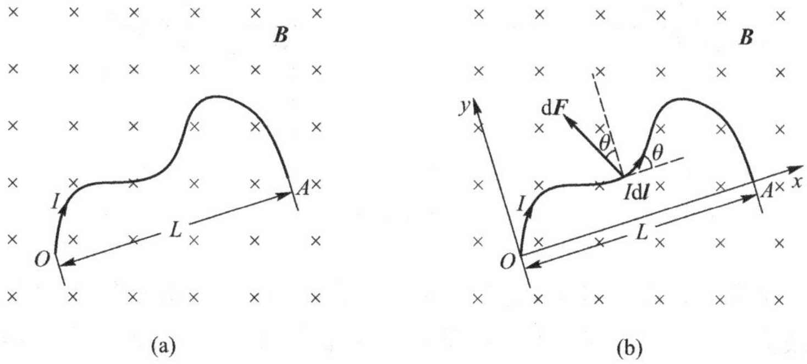

例题 4.8 图

解：这个例题是求匀强磁场中弯曲载流导线的受力，如例题 4.8 图(b)所示，在载流导线 $\overset{\frown}{OA}$ 上取一段电流元 $I\mathrm{d}\boldsymbol{l}$，其受到的安培力为

$$\mathrm{d}\boldsymbol{F}=I\mathrm{d}\boldsymbol{l}\times\boldsymbol{B}$$

由于 $I\mathrm{d}\boldsymbol{l}$ 在垂直于磁感应线的平面内，所受安培力的大小为

$$\mathrm{d}F=IB|\mathrm{d}\boldsymbol{l}|$$

如例题 4.8 图(b)所示，以 OA 连线方向为 x 轴，过 O 点垂直于 x 轴方向为 y 轴，将 $\mathrm{d}\boldsymbol{F}$ 向 x 轴方向和 y 轴方向分解，有

$$\mathrm{d}F_x=\mathrm{d}F\sin\theta=BI|\mathrm{d}\boldsymbol{l}|\sin\theta$$

$$\mathrm{d}F_y=\mathrm{d}F\cos\theta=BI|\mathrm{d}\boldsymbol{l}|\cos\theta$$

考虑到 $I\mathrm{d}\boldsymbol{l}$ 矢量也可以向 x 轴方向和 y 轴方向分解，$I|\mathrm{d}\boldsymbol{l}|\cos\theta=I\mathrm{d}x$，$I|\mathrm{d}\boldsymbol{l}|\sin\theta=I\mathrm{d}y$，故有

$$\mathrm{d}F_x=BI\mathrm{d}y$$

$$\mathrm{d}F_y=BI\mathrm{d}x$$

则积分得

$$F_x=\int_{\widetilde{OA}}\mathrm{d}F_x=BI\int_0^0\mathrm{d}y=0$$

$$F_y=\int_{\widetilde{OA}}\mathrm{d}F_y=BI\int_0^L\mathrm{d}x=BIL$$

所以，置于匀强磁场中、垂直于磁场的平面内的载流导线的受力等价于一条连接导线首尾的直导线的受力，即

$$\boldsymbol{F}=F_y\boldsymbol{j}=BIL\boldsymbol{j}$$

例题 4.9 如例题 4.9 图(a)所示，长为 L，通有电流强度为 I_2 的直导线，与通有电流强度为 I_1 的无限长直导线共面。求无限长载流直导线作用在电流强度为 I_2 的直导线上的安培力。

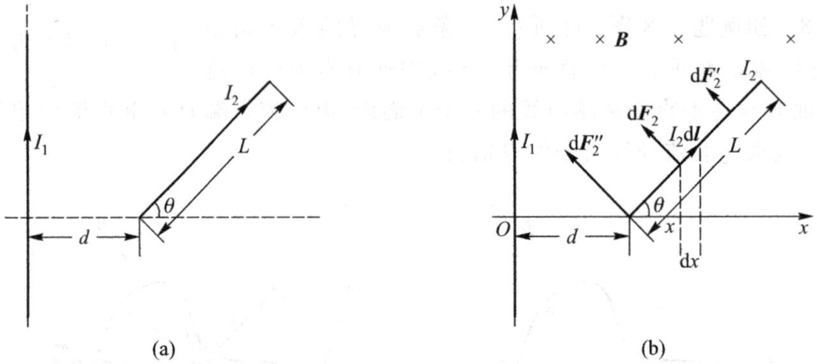

例题 4.9 图

解：这个例题是求非匀强磁场中载流直导线的受力，如例题 4.9 图(b)所示，建立直角坐标系，以无限长载流直导线为 y 轴，过 O 点垂直于 y 轴方向为 x 轴，则无限长载流直导线激发的磁场在其右方平面内垂直于纸面向里，即沿 z 轴负方向。在电流强度为 I_2 的直导线上取一段电流元 $I\mathrm{d}\boldsymbol{l}$，其受到的安培力为

$$\mathrm{d}\boldsymbol{F}_2=I_2\mathrm{d}\boldsymbol{l}\times\boldsymbol{B}_1$$

$\mathrm{d}\boldsymbol{F}_2$ 的方向如例题 4.9 图(b)所示，由于 $I_2\mathrm{d}\boldsymbol{l}$ 在垂直于磁感应线的平面内，所受安培力的大小为

$$\mathrm{d}F_2 = I_2 \, |\mathrm{d}\boldsymbol{l}| B_1$$

由式(4-9)有 $B_1 = \dfrac{\mu_0 I_1}{2\pi x}$，并考虑到 $|\mathrm{d}\boldsymbol{l}| = \dfrac{\mathrm{d}x}{\cos\theta}$，则

$$\mathrm{d}F_2 = \frac{\mu_0 I_1 I_2}{2\pi\cos\theta} \frac{\mathrm{d}x}{x}$$

在例题 4.9 图(b)中，无论在通有电流的电流强度为 I_2 的直导线上何处取电流元，其受力方向都相同。则通有电流强度为 I_2、长为 L 的直导线总的受力 $\boldsymbol{F}_2$ 的大小为

$$F_2 = \int_L \mathrm{d}F_2 = \frac{\mu_0 I_1 I_2}{2\pi\cos\theta} \int_d^{d+L\cos\theta} \frac{\mathrm{d}x}{x} = \frac{\mu_0 I_1 I_2}{2\pi\cos\theta} \ln\left(1 + \frac{L}{d}\cos\theta\right)$$

由上式，当 $\theta = 0$ 时，$\boldsymbol{F}_2$ 方向沿 y 轴方向，大小为 $F_2 = \dfrac{\mu_0 I_1 I_2}{2\pi} \ln\left(\dfrac{d+L}{d}\right)$；当 $\theta = \dfrac{\pi}{2}$ 时，则 $\boldsymbol{F}_2$ 方向沿 x 轴反向，即指向无限长载流直导线，大小为 $F_2 = \dfrac{\mu_0 I_1 I_2}{2\pi} \dfrac{L}{d}$。

例题 4.10 如例题 4.10 图(a)所示，通有电流强度为 I_2 的圆线圈与通有电流强度为 I_1 的无限长直导线放在同一平面内，暂不考虑圆线圈受的磁力矩，求无限长载流直导线作用在电流强度为 I_2 的圆线圈上的安培力。

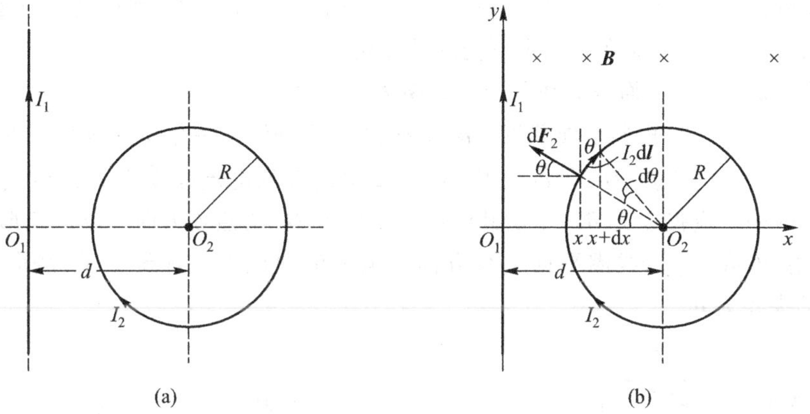

例题 4.10 图

解：这个例题是求非匀强磁场中载流圆线圈的受力，如例题 4.10 图(b)所示，建立直角坐标系，以无限长载流直导线为 y 轴，过 O_2 点垂直于 y 轴方向为 x 轴，则无限长载流直导线在载流圆线圈所在平面内激发的磁场垂直于纸面向里。在电流强度为 I_2 的圆线圈上取一段电流元 $I_2\mathrm{d}\boldsymbol{l}$，其受到的安培力为

$$\mathrm{d}\boldsymbol{F}_2 = I_2 \mathrm{d}\boldsymbol{l} \times \boldsymbol{B}_1$$

$\mathrm{d}\boldsymbol{F}_2$ 的方向如例题 4.10 图(b)所示，由于 $I_2\mathrm{d}\boldsymbol{l}$ 在垂直于磁感应线的平面内，所受安培力的大小为

$$\mathrm{d}F_2 = I_2 \, |\mathrm{d}\boldsymbol{l}| B_1 = I_2 B_1 R \mathrm{d}\theta$$

由式(4-9)有 $B_1 = \dfrac{\mu_0 I_1}{2\pi x} = \dfrac{\mu_0 I_1}{2\pi(d - R\cos\theta)}$，则

$$\mathrm{d}F_2=I_2|\mathrm{d}\boldsymbol{l}|B_1=\frac{\mu_0 I_1 I_2}{2\pi}\frac{R\mathrm{d}\theta}{d-R\cos\theta}$$

将 $\mathrm{d}\boldsymbol{F}_2$ 向 x 轴方向和 y 轴方向分解，由于对称性，$F_{2y}=0$，而

$$\mathrm{d}F_{2x}=\mathrm{d}F_2\cos\theta=\frac{\mu_0 I_1 I_2}{2\pi}\frac{R\cos\theta}{d-R\cos\theta}\mathrm{d}\theta$$

积分得载流圆线圈所受力在 x 轴方向的分量：

$$F_{2x}=\oint_L \mathrm{d}F_{2x}=\frac{\mu_0 I_1 I_2}{\pi}\int_0^{\pi}\frac{R\cos\theta}{d-R\cos\theta}\mathrm{d}\theta=\mu_0 I_1 I_2\left(1-\frac{d}{\sqrt{d^2-R^2}}\right)$$

载流圆线圈所受的力为

$$\boldsymbol{F}_2=F_{2x}\boldsymbol{i}==-\mu_0 I_1 I_2\left(\frac{d}{\sqrt{d^2-R^2}}-1\right)\boldsymbol{i}$$

可见在例题 4.10 图(a)所示电流分布的情况下，载流圆线圈总的受力方向指向无限长载流直导线。

4.7.2 磁力矩

任何载流导线在磁场中都会受到洛伦兹力的作用，如果由载流导线构成的闭合回路置于磁场中，其受到的作用又将如何？如果载流闭合回路在一个平面内，则称其为**平面载流线圈**。这里主要讨论平面载流线圈在磁场中所受到的作用。

1. 匀强磁场中矩形平面载流线圈受到的磁力矩作用

如图 4-32(a)所示，矩形平面载流线圈 $abcd$，其边长 $ab=cd=l_1$，$bc=da=l_2$，可以绕着轴线 O_1O_2 旋转，O_1 为 cd 边中点，O_2 为 ab 边中点，线圈中通有的电流强度为 I，设该线圈处于匀强磁场中，磁场的磁感应强度为 $\boldsymbol{B}$。平面载流线圈轴线 O_1O_2 与磁场方向垂直。矩形平面载流线圈中的电流沿 $abcda$ 流向，线圈平面法线方向与电流流向成右手螺旋关系，法向单位矢量为 $\boldsymbol{e}_n$，$\boldsymbol{e}_n$ 与 $\boldsymbol{B}$ 的夹角为 θ。

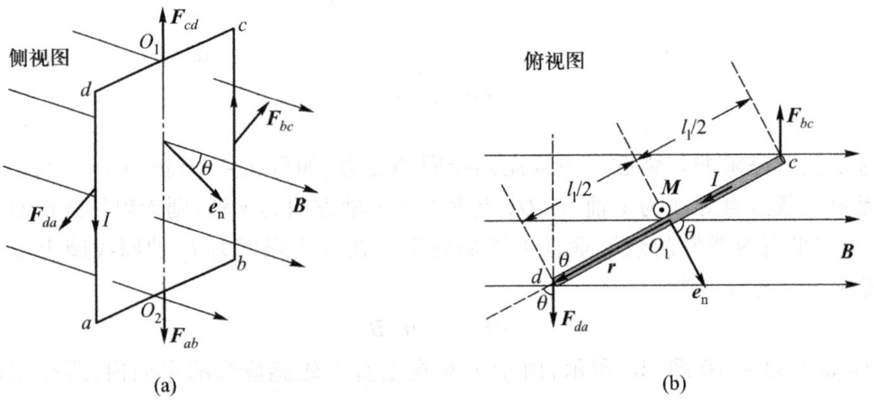

图 4-32　矩形平面载流线圈在匀强磁场中受到的磁力矩作用

图 4-32(a)所示情况下，载流线圈 ab 边和 cd 边受力 $\boldsymbol{F}_{ab}$ 和 $\boldsymbol{F}_{cd}$ 等值反向，作用力在同一条直线上，矩形线圈为刚性的，则这一对力相互抵消，不对矩形线圈的运动产生影响；载流线圈

bc 边和 da 边受力 $\boldsymbol{F}_{bc}$ 和 $\boldsymbol{F}_{da}$ 也等值反向，$F_{bc}=F_{da}=Il_2B$，当线圈处于不同位置时，力的作用线离开轴线的距离不同，$\boldsymbol{F}_{bc}$ 和 $\boldsymbol{F}_{da}$ 形成一个力偶，如图 4-32(b) 所示，其对轴线产生力矩作用，力矩的方向都是沿轴向 $O_2 \to O_1$ 方向，力矩的大小分别为 $M_{da}=\frac{l_1}{2}F_{da}\sin\theta=\frac{1}{2}l_1BIl_2\sin\theta$，$M_{bc}=\frac{l_1}{2}F_{bc}\sin\theta=\frac{1}{2}l_1BIl_2\sin\theta$，二者的合力矩大小为

$$M=M_{da}+M_{bc}=BIl_1l_2\sin\theta=ISB\sin\theta \tag{4-42}$$

式(4-42)中 $S=l_1l_2$ 为矩形平面载流线圈的面积。受到此力矩的作用，矩形平面载流线圈要绕着轴线 O_1O_2 旋转。

考虑矩形平面载流线圈的磁矩为 $\boldsymbol{m}=I\boldsymbol{S}=Il_1l_2\boldsymbol{e}_n$，则此线圈受到的磁力矩大小为 $M=ISB\sin\theta=|\boldsymbol{m}||\boldsymbol{B}|\sin\theta$，则该矩形平面载流线圈受到的磁力矩为

$$\boldsymbol{M}=\boldsymbol{m}\times\boldsymbol{B} \tag{4-43}$$

式(4-43)表明，矩形平面载流线圈在匀强磁场中受到的磁力矩等于其磁矩与磁场磁感应强度的矢积。这一结果适用于匀强磁场中的任意形状平面载流线圈。

匀强磁场中的任意形状平面载流线圈的平面可以划割成许多小的矩形平面，如图 4-33 所示。每一个矩形平面等效于一个矩形平面载流线圈，其磁矩为 $\mathrm{d}\boldsymbol{m}=I\mathrm{d}\boldsymbol{S}$，所受磁力矩为 $\mathrm{d}\boldsymbol{M}=\mathrm{d}\boldsymbol{m}\times\boldsymbol{B}$。对于匀强磁场，积分可得 $\boldsymbol{M}=\int_S \mathrm{d}\boldsymbol{M}=\int_S(\mathrm{d}\boldsymbol{m}\times\boldsymbol{B})=\boldsymbol{m}\times\boldsymbol{B}$。

由此可见，载流线圈在磁场中转动的趋势是要使通过线圈平面的磁通量增加，当磁通量增加至最大值时，线圈达到稳定平衡状态。也就是说，载流线圈在所受磁力矩的作用下，总是要转到它的磁矩 $\boldsymbol{m}$ 和 $\boldsymbol{B}$ 同方向的位置上。

2. 非匀强磁场中平面载流线圈受到的磁力矩作用

如图 4-34 所示，平面载流线圈 $abcd$，可以绕着轴线 O_1O_2 旋转，O_1 为 cd 边中点，O_2 为 ab 边中点，线圈中通有的电流强度为 I，设该线圈处于非匀强磁场中，磁感应线上任一点的切线方向的磁感应强度为 $\boldsymbol{B}$。此时可以把载流线圈平面划割成足够多的小矩形平面，每一个小矩形平面小到其所在处磁场近似匀强磁场时，该足够小的矩形平面等效于一个矩形平面载流线圈，其磁矩为 $\mathrm{d}\boldsymbol{m}=I\mathrm{d}\boldsymbol{S}$，所受磁力矩为 $\mathrm{d}\boldsymbol{M}=\mathrm{d}\boldsymbol{m}\times\boldsymbol{B}$，则平面载流线圈 $abcd$ 所受的总磁力矩为

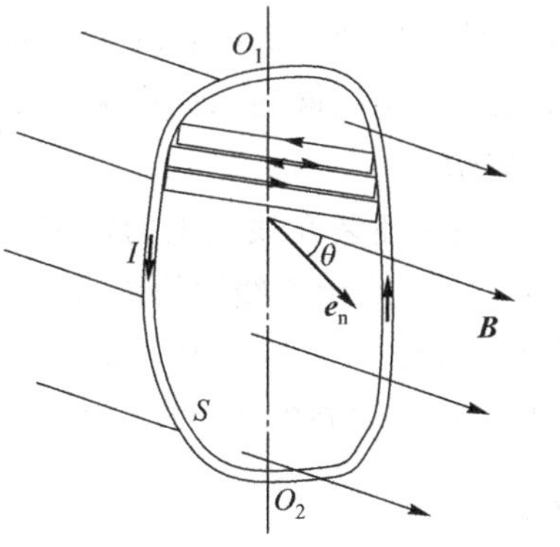

图 4-33　任意形状平面载流线圈在匀强磁场中受到的磁力矩作用

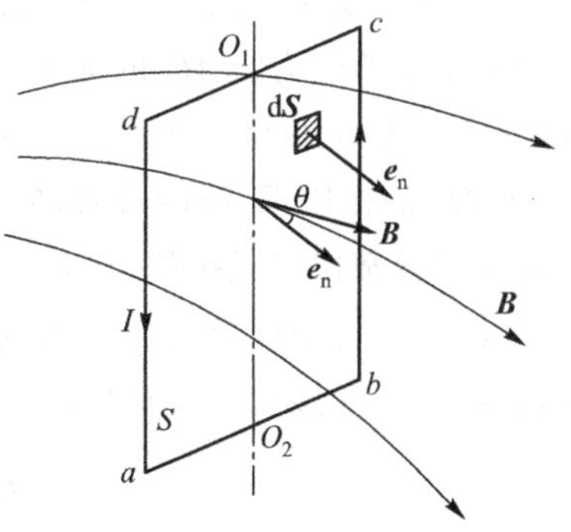

图 4-34　矩形平面载流线圈在非匀强磁场中受到的磁力矩作用

$$\boldsymbol{M}=\int_S \mathrm{d}\boldsymbol{M}=\int_S (\mathrm{d}\boldsymbol{m}\times\boldsymbol{B}) \tag{4-44}$$

平面载流线圈在磁场中受磁力矩作用的效应，在技术中有广泛的应用，比如磁电式仪表及电动机就是利用载流线圈在磁场中受到磁力矩作用而转动的原理设计的。

4.7.3 磁电式电流计原理

图 4-35(a)所示为常用磁电式电流计的实物图，图 4-35(b)所示为其原理图。磁电式电流计的指针固定在线圈上，依据指针的偏转角，即线圈的偏转角，可确定被测量电路中电流强度的大小。

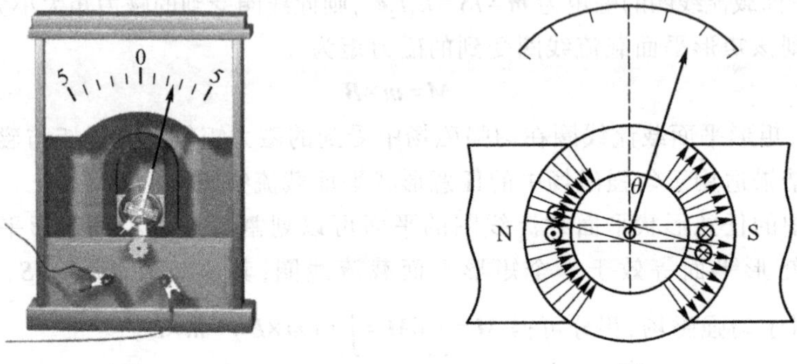

(a) (b)

图 4-35 磁电式电流计示意图

如图 4-35(a)所示，在马蹄形永久磁铁的两极之间形成一个圆筒形空间，在圆筒形空间的中央固定着一个圆柱形铁芯，在磁铁和铁芯之间的空间存在磁场，磁感应线沿着铁芯的径向呈辐射状，如图 4-35(b)所示。因为磁铁与铁芯间的空间大小很有限，可近似认为其间的磁场大小分布是均匀的。将面积为 S 的 N 匝矩形线圈置于辐射状磁场中，指针固定在线圈上，与线圈一起转动。两盘螺旋游丝弹簧反向绕制，其外端分别固定在两个调零导杆上；螺旋游丝弹簧内端固定在与线圈上，被测电流就是经过这两个螺旋游丝弹簧通入线圈的。通常是通过电表壳外的调零螺丝进行调节使指针指零。

由于蹄形磁铁和铁芯间的磁场均匀辐射分布，无论线圈转到什么角度，它的平面都与磁感应线平行，它所受到的磁力矩 $\boldsymbol{M}_1$ 的大小不随转角变化。如果线圈通入的电流强度为 I，磁场磁感应强度的大小为 B，则线圈所受的磁力矩为 $M_1=NISB$。

在磁力矩 $\boldsymbol{M}_1$ 的作用下，线圈绕轴转动。而线圈的偏转使装在线圈上的螺旋游丝弹簧被扭转，使螺旋游丝弹簧扭紧或扭松，于是螺旋游丝弹簧产生一个阻碍线圈偏转的力矩 $\boldsymbol{M}_2$，这个力矩的大小与线圈偏转角度成正比。当线圈相对平衡位置转过 θ 角时，$M_2=k\theta$，式中的 k 为螺旋游丝的扭转系数。线圈转过 θ 角后静止时，则有 $M_1=M_2$，即 $NISB=k\theta$，于是得到

$$I=\frac{k}{NSB}\theta=C\theta \tag{4-45}$$

式中 $C=k/NSB$ 为常量。式(4-45)表明线圈中电流强度的大小与线圈转过的角度成正比。这样就可以根据磁电式电流计指针偏转角的大小，来确定被测量电路中的电流强度。

4.7.4 安培力做功 磁力矩做功

当载流导线在安培力作用下运动时,安培力要做功;当载流线圈在磁力矩作用下运动时,磁力矩要做功。这里以两个简单的例子来讨论。

1. 安培力做功

如图 4-36(a)所示,导体回路 L 中通有恒定电流的电流强度为 I,置于均匀磁场中,磁感应强度为 $\boldsymbol{B}$,电流所在平面与磁场垂直,载流 U 形导轨上有一长为 L_1 的可移动部分 dc,dc 在磁场安培力 $\boldsymbol{F}$ 作用下向右移到 $d'c'$处时,安培力做的功为

$$A=F\,|cc'|=ILB\,|cc'|=IB\Delta S=I\Delta\Phi \tag{4-46}$$

式中 $\Delta\boldsymbol{\Phi}=\boldsymbol{B}\cdot\Delta\boldsymbol{S}=\boldsymbol{B}\cdot\boldsymbol{e}_n\Delta S=B\Delta S$,为在安培力 $\boldsymbol{F}$ 作用下 dc 向右移到 $d'c'$处时,载流回路通过的磁通量的增量。

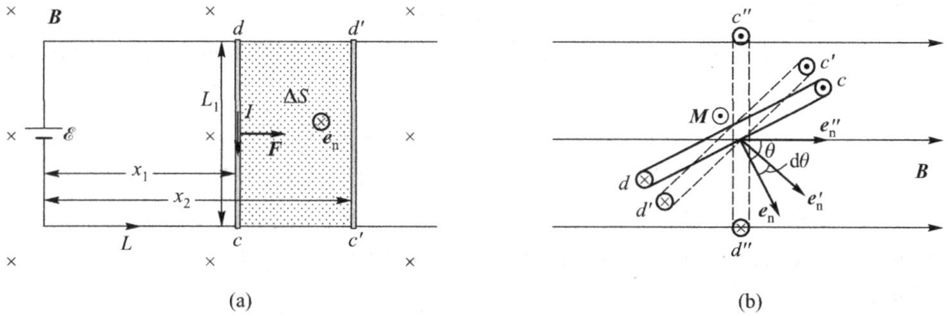

图 4-36 磁力的功和磁力矩的功

2. 磁力矩做功

如图 4-36(b)所示,一通有电流强度为 I 的载流线圈可在磁场中转动,其面积为 S,当电流方向如图所示时,载流线圈的磁矩为 $\boldsymbol{m}=IS\boldsymbol{e}_n$,载流线圈在磁场中转到 cd 位置时所受的磁力矩为 $\boldsymbol{M}=\boldsymbol{m}\times\boldsymbol{B}$,方向垂直纸面向外,大小为 $M=mB\sin\theta=ISB\sin\theta$。当线圈再转过微小角位移 $\mathrm{d}\boldsymbol{\theta}$ 时,磁力矩所做的元功为 $\mathrm{d}A=\boldsymbol{M}\cdot\mathrm{d}\boldsymbol{\theta}=-M\mathrm{d}\theta=-ISB\sin\theta\mathrm{d}\theta$,而载流线圈在 cd 位置的磁通量为 $\boldsymbol{\Phi}=\boldsymbol{B}\cdot\boldsymbol{e}_nS=BS\cos\theta$,转过微小角位移 $\mathrm{d}\boldsymbol{\theta}$ 时 $\mathrm{d}\boldsymbol{\Phi}=-BS\sin\theta\mathrm{d}\theta$,所以有

$$\mathrm{d}A=I\mathrm{d}\Phi \tag{4-47}$$

当载流线圈在磁场中由 cd 位置转到 $c''d''$位置时,通过载流线圈的磁通量由 Φ_1 变为 Φ_2,这个过程中磁力矩所做的总功为

$$A=\int_{cd}^{c''d''}\mathrm{d}A=I\int_{\Phi_1}^{\Phi_2}\mathrm{d}\Phi=I(\Phi_2-\Phi_1)=I\Delta\Phi \tag{4-48}$$

式(4-48)与式(4-46)在形式上是一样的。

以上,从两个简单的例子出发对安培力做功、磁力矩做功进行了简单的讨论。

*§ 4.8 不同惯性系中的电场与磁场

4.8.1 不同惯性系中对电磁现象的观测

我们来讨论在不同惯性系中对点电荷的电场和磁场的描述。如图 4-37 所示,设惯性系

S′相对于惯性系 S 在 x、x'方向上以速度 $\boldsymbol{v}$ 运动，现在惯性系 S 中的观察者①，他观察到静止于惯性系 S 中的两个点电荷 q_1、q_2 均在其周围激发电场，电场传递了两个点电荷间的相互作用；而同一时间，惯性系 S′中的观察者②观察到惯性系 S 中的两个点电荷在运动，两个点电荷激发的电场已不同于静电场了，它们之间除了电相互作用之外，两个运动点电荷还在其周围激发磁场，使得两个运动点电荷之间还存在磁相互作用。此时观察对象都是两个点电荷，但是，当观察者居于不同的惯性系，观察到这两个点电荷的相互作用产生了差异，这说明观察者观察两个点电荷的电场、磁场会因惯性系选取的不同而不同，这反映了磁现象和电现象是有内在联系的。

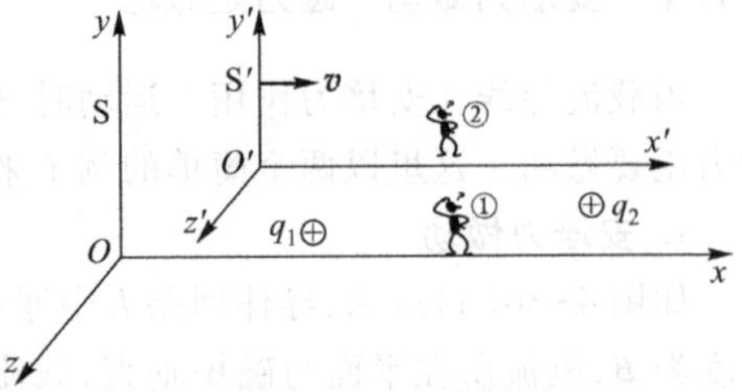

图 4-37　不同惯性系下对电荷电场的观察

需要指出的是，惯性系 S′中的观察者②观察到惯性系 S 中的两个点电荷在运动时，它们之间的电相互作用，也不能用已有的库仑定律来描述了，考虑它们之间的相互作用需要用到 §1.9 的内容。

我们再来讨论一下不同惯性系中的磁场问题。如图 4-38 所示，考虑有一条状磁铁和一闭合载流回路。在图 4-38(a)中，当观察者①站在静止的磁铁上，看到一闭合载流回路以匀速度 $\boldsymbol{v}$ 相向而来，观察到磁铁的磁场不随时间变化，而闭合载流回路激发的磁场是随时间变化的；反之，在图 4-38(b)中，同一时间，站在闭合载流回路上的观察者②看到磁铁相对而来，观察到闭合载流回路激发的磁场是不随时间变化的，而磁铁的磁场是随时间变化的。

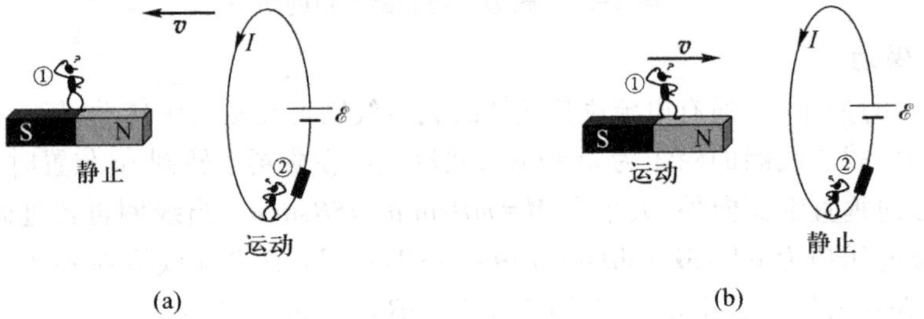

图 4-38　不同惯性系下对磁场的观察

由此看到，对同样的物理过程，观察者观察到的结果因所居的惯性系不同而不同。也就是说，同一物理过程，在不同的参考系中，得到了不同的描述。我们感兴趣的是，在这不同的惯性系中观察到的电、磁现象之间有怎样的联系呢？

4.8.2　相对论的若干结论

要研究上述不同惯性系中电、磁现象之间的联系，我们需要首先回顾一些狭义相对论的结论。

1. 洛伦兹变换

描述空间运动质点的四维时空坐标，在满足相对性原理、光速不变原理，以及时空变换是线性协变的、不同惯性系都是平权等价的等条件下，在不同惯性系之间的变换满足洛伦兹变换。这是 1904 年，洛伦兹为使得描述电磁场的麦克斯韦方程从一个惯性系变换到另一个惯性系时保持不变，而提出的时空变换关系式。爱因斯坦在创立狭义相对论时，把洛伦兹变换用于不同惯性系之间的力学变换关系式。我们这里还是从狭义相对论的结论出发。

考虑惯性直角坐标系中质点 P 的运动，如图 4-39 所示，惯性系 S′相对于惯性系 S 在 x、x'方向上以速度 $\boldsymbol{v}$ 运动，在惯性系 S 中某时刻质点 P 的时空坐标为(x, y, z, t)，而在惯性系 S′中某时刻质点 P 的时空坐标为(x', y', z', t')。两组不同惯性系中的时空坐标变换遵守洛伦兹变换。

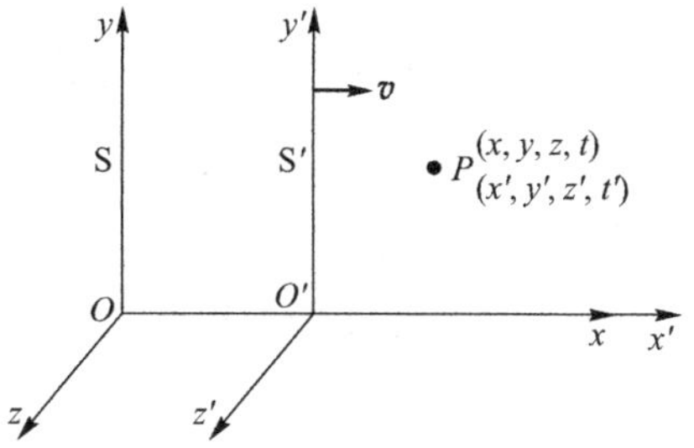

图 4-39　不同惯性系中的时空坐标

则已知惯性系 S 的时空坐标，得到惯性系 S′的时空坐标，有

$$\begin{cases} x' = \gamma(x - \beta ct) \\ y' = y \\ z' = z \\ t' = \gamma(t - \beta x/c) \end{cases} \tag{4-49a}$$

反之，已知惯性系 S′的时空坐标，得到惯性系 S 的时空坐标，有

$$\begin{cases} x = \gamma(x' + \beta ct') \\ y = y' \\ z = z' \\ t = \gamma(t' + \beta x'/c) \end{cases} \tag{4-49b}$$

式中，$\beta = v/c$，$\gamma = 1/\sqrt{1-\beta^2}$。

2. 速度变换

质点 P 在惯性直角坐标系中运动，在惯性系 S 中的速度分量为 $u_x = \dfrac{\mathrm{d}x}{\mathrm{d}t}, u_y = \dfrac{\mathrm{d}y}{\mathrm{d}t}, u_z = \dfrac{\mathrm{d}z}{\mathrm{d}t}$；在惯性系 S′中的速度分量为 $u_x' = \dfrac{\mathrm{d}x'}{\mathrm{d}t'}, u_y' = \dfrac{\mathrm{d}y'}{\mathrm{d}t'}, u_z' = \dfrac{\mathrm{d}z'}{\mathrm{d}t'}$。而且有 $\dfrac{\mathrm{d}t}{\mathrm{d}t'} = \gamma\left(1 + \dfrac{vu_x'}{c^2}\right) = 1\Big/\left[\gamma\left(1 - \dfrac{vu_x}{c^2}\right)\right]$。

则已知惯性系 S 的速度分量，得到惯性系 S′的速度分量，有

$$\begin{cases} u_x' = (u_x - v)\Big/\left(1 - \dfrac{vu_x}{c^2}\right) \\ u_y' = u_y\Big/\gamma\left(1 - \dfrac{vu_x}{c^2}\right) \\ u_z' = u_z\Big/\gamma\left(1 - \dfrac{vu_x}{c^2}\right) \end{cases} \tag{4-50a}$$

反之，已知惯性系 S′的速度分量，得到惯性系 S 的速度分量，有

$$\begin{cases} u_x = (u_x' + v)\Big/\left(1 + \dfrac{vu_x'}{c^2}\right) \\ u_y = u_y'\Big/\gamma\left(1 + \dfrac{vu_x'}{c^2}\right) \\ u_z = u_z'\Big/\gamma\left(1 + \dfrac{vu_x'}{c^2}\right) \end{cases} \tag{4-50b}$$

3. 加速度变换

质点 P 在惯性系 S 中的加速度分量为 $a_x=\frac{du_x}{dt},a_y=\frac{du_y}{dt},a_z=\frac{du_z}{dt}$；在惯性系 S′中的加速度分量为 $a_x'=\frac{du_x'}{dt'},a_y'=\frac{du_y'}{dt'},a_z'=\frac{du_z'}{dt'}$。

则已知惯性系 S 的加速度分量，得到惯性系 S′的加速度分量，有

$$\begin{cases}a_x'=a_x\bigg/\gamma^3\left(1-\frac{vu_x}{c^2}\right)^3\\a_y'=\left(a_y+\frac{u_yv}{c^2-vu_x}a_x\right)\bigg/\gamma^2\left(1-\frac{vu_x}{c^2}\right)^2\\a_z'=\left(a_z+\frac{u_zv}{c^2-vu_x}a_x\right)\bigg/\gamma^2\left(1-\frac{vu_x}{c^2}\right)^2\end{cases}\tag{4-51a}$$

反之，已知惯性系 S′的加速度分量，得到惯性系 S 的加速度分量，有

$$\begin{cases}a_x=a_x'\bigg/\gamma^3\left(1+\frac{vu_x'}{c^2}\right)^3\\a_y=\left(a_y'-\frac{u_y'v}{c^2+vu_x}a_x'\right)\bigg/\gamma^2\left(1+\frac{vu_x'}{c^2}\right)^2\\a_z=\left(a_z'-\frac{u_z'v}{c^2+vu_x}a_x'\right)\bigg/\gamma^2\left(1+\frac{vu_x'}{c^2}\right)^2\end{cases}\tag{4-51b}$$

4. 质量变换式

在惯性系 S 中，速度为 $\boldsymbol{u}$ 的物体的质量为 $m=m_0\bigg/\sqrt{1-\frac{u^2}{c^2}}$，在惯性系 S′中，速度为 $\boldsymbol{u}'$ 的物体的质量为 $m'=m_0\bigg/\sqrt{1-\frac{u'^2}{c^2}}$，故有 $m'=m\sqrt{1-\frac{u^2}{c^2}}\bigg/\sqrt{1-\frac{u'^2}{c^2}}$。考虑惯性系 S′相对于惯性系 S 在 x、x'方向上以速度 $\boldsymbol{v}$ 运动，则有 $\sqrt{1-\frac{u'^2}{c^2}}=\sqrt{1-\frac{u^2}{c^2}}\sqrt{1-\frac{v^2}{c^2}}\bigg/\left(1-\frac{u_xv}{c^2}\right)$，故

$$m'=m\gamma\left(1-\frac{u_xv}{c^2}\right)\tag{4-52a}$$

$$m=m'\gamma\left(1+\frac{u_x'v}{c^2}\right)\tag{4-52b}$$

5. 动量和能量变换式

质点 P 在惯性系 S 中的动量分量和能量分别为 $p_x=mu_x,p_y=mu_y,p_z=mu_z,W=mc^2$；在惯性系 S′中的动量分量和能量分别为 $p_x'=m'u_x',p_y'=m'u_y',p_z'=m'u_z',W'=m'c^2$。

则已知惯性系 S 的动量分量和能量，得到惯性系 S′的动量分量和能量，有

$$\begin{cases} p'_x=\gamma\left(p_x-\dfrac{v}{c^2}W\right) \\ p'_y=p_y \\ p'_z=p_z \\ \dfrac{W'}{c^2}=\gamma\left(\dfrac{W}{c^2}-\dfrac{v}{c^2}p_x\right) \end{cases} \tag{4-53a}$$

反之,已知惯性系 S′的动量分量和能量,得到惯性系 S 的动量分量和能量,有

$$\begin{cases} p_x=\gamma\left(p'_x+\dfrac{v}{c^2}W'\right) \\ p_y=p'_y \\ p_z=p'_z \\ \dfrac{W}{c^2}=\gamma\left(\dfrac{W'}{c^2}+\dfrac{v}{c^2}p'_x\right) \end{cases} \tag{4-53b}$$

这里 p_x、p_y、p_z、W/c^2 与 x、y、z、t 具有相同的变换形式。

6. 力的变换

质点 P 在惯性系 S 中的受力的分量为 $F_x=\dfrac{\mathrm{d}p_x}{\mathrm{d}t}$,$F_y=\dfrac{\mathrm{d}p_y}{\mathrm{d}t}$,$F_z=\dfrac{\mathrm{d}p_z}{\mathrm{d}t}$;在惯性系 S′中的受力的分量为 $F'_x=\dfrac{\mathrm{d}p'_x}{\mathrm{d}t'}$,$F'_y=\dfrac{\mathrm{d}p'_y}{\mathrm{d}t'}$,$F'_z=\dfrac{\mathrm{d}p'_z}{\mathrm{d}t'}$。

则已知惯性系 S 的受力的分量,得到惯性系 S′的受力的分量,有

$$\begin{cases} F'_x=F_x-\dfrac{v}{c^2-vu_x}(u_yF_y+u_zF_z) \\ F'_y=F_y\Big/\gamma\left(1-\dfrac{vu_x}{c^2}\right) \\ F'_z=F_z\Big/\gamma\left(1-\dfrac{vu_x}{c^2}\right) \end{cases} \tag{4-54a}$$

反之,已知惯性系 S′的受力的分量,得到惯性系 S 的受力的分量,有

$$\begin{cases} F_x=F'_x+\dfrac{v}{c^2+vu'_x}(u'_yF'_y+u'_zF'_z) \\ F_y=F'_y\Big/\gamma\left(1+\dfrac{vu'_x}{c^2}\right) \\ F_z=F'_z\Big/\gamma\left(1+\dfrac{vu'_x}{c^2}\right) \end{cases} \tag{4-54b}$$

在相对论力学中,一般而言,力和加速度的方向不再一致了。在一个惯性系中等值反向的作用力与反作用力,在另一个惯性系中可能并不如此。

4.8.3 电、磁规律的协变性

1. 物理规律的协变性

在进行惯性系之间的变换时,物理量一般会变化,而相应的其他物理量协同变化,从而保持物理规律的形式不变。

2. 电荷的不变性

大量的电磁学实验表明,一个系统中带电体的电荷量不因带电体的运动而变化,也不因惯性系的变换而变化,即电荷量是一个不随惯性系而变化的量。

例如,相对于静止惯性系,一个运动的带电体的荷质比为$\dfrac{q}{m}=\dfrac{q_0}{\gamma m_0}$,这里$\dfrac{q_0}{m_0}$为带电体在静止惯性系中的荷质比。若相对于静止惯性系该带电体的质量为 m_0,则在其运动时的质量为 $m=\gamma m_0$。可见带电体在静止惯性系中的电荷 q_0 等于该带电体运动时的电荷 q。

所以在惯性系 S 和惯性系 S′中有$\oint_{S'(t')}\boldsymbol{E}'\cdot \mathrm{d}\boldsymbol{S}'=\oint_{S(t)}\boldsymbol{E}\cdot \mathrm{d}\boldsymbol{S}=\dfrac{1}{\varepsilon_0}\sum q$,即电荷保持不变。

由于物体在运动方向长度缩短,若惯性系 S 中电荷体密度为 ρ,惯性系 S′中电荷体密度为 ρ',则 $\rho'=\gamma\rho$。

普遍情形下,运动电荷在电磁场中既受电力作用,又受磁力作用,即

$$\boldsymbol{F}=q(\boldsymbol{E}+\boldsymbol{v}\times\boldsymbol{B}) \tag{4-55}$$

式(4-55)称为广义洛伦兹力公式。

按照狭义相对论,不同惯性系之间的时空坐标变换是洛伦兹变换,相对性原理要求从一个惯性系变换到另一个惯性系时基本物理规律的形式保持不变,即基本物理规律具有洛伦兹协变性。这里所说的基本物理规律包括电磁及其相互作用的基本规律,当然也包括洛伦兹力公式。

4.8.4 电磁场的变换关系式

考虑一带电粒子在电磁场中运动受力,在惯性系 S 中受力为 $\boldsymbol{F}=q(\boldsymbol{E}+\boldsymbol{u}\times\boldsymbol{B})$,其在直角坐标系中的分量为

$$\begin{cases}F_x=q(E_x+u_yB_z-u_zB_y)\\F_y=q(E_y+u_zB_x-u_xB_z)\\F_z=q(E_z+u_xB_y-u_yB_x)\end{cases} \tag{4-56a}$$

该带电粒子在惯性系 S′中的受力为 $\boldsymbol{F}'=q(\boldsymbol{E}'+\boldsymbol{u}'\times\boldsymbol{B}')$,其在直角坐标系中的分量为

$$\begin{cases}F'_x=q(E'_x+u'_yB'_z-u'_zB'_y)\\F'_y=q(E'_y+u'_zB'_x-u'_xB'_z)\\F'_z=q(E'_z+u'_xB'_y-u'_yB'_x)\end{cases} \tag{4-56b}$$

利用"力"和"速度"在惯性系之间的变换关系式(4-54)和式(4-50)有

$$\begin{aligned}F'_y&=F_y\Big/\gamma\left(1-\frac{vu_x}{c^2}\right)=\gamma\left(1+\frac{vu'_x}{c^2}\right)q(E_y+u_zB_x-u_xB_z)\\&=q\left[\gamma(E_y-vB_z)+u'_zB_x-u'_x\left(B_z-\frac{v}{c^2}E_y\right)\right]\end{aligned} \tag{4-57}$$

将式(4-57)与式(4-56b)中的 F'_y比较,有

$$\begin{cases} E'_y=\gamma(E_y-vB_z) \\ B'_x=B_x \\ B'_z=\gamma\left(B_z-\dfrac{v}{c^2}E_y\right) \end{cases} \tag{4-58a}$$

同理,对 F'_z重复上述过程有

$$\begin{cases} E'_z=\gamma(E_z+vB_y) \\ B'_y=\gamma\left(B_y+\dfrac{v}{c^2}E_z\right) \\ E'_x=E_x \end{cases} \tag{4-58b}$$

式(4-58)表明,不同惯性系中电场和磁场是不能分开来变换的,而是相关联的。例如,在一个惯性系中静止电荷可激发静电场,而在另一惯性系中可能既激发电场,又激发磁场。电场和磁场是电荷这个统一体在不同惯性系中激发场的不同方面。由此我们得到在不同惯性系之间的电磁场的变换关系式。

考虑惯性系 S′相对于惯性系 S 在 x、x'方向上以速度 $\boldsymbol{v}$ 运动,如图 4-39 所示。设一电磁场在惯性系 S 中的分量为 E_x、E_y、E_z、B_x、B_y、B_z,在惯性系 S′中的分量为 E'_x、E'_y、E'_z、B'_x、B'_y、B'_z。

已知电磁场在惯性系 S 中的分量,得到电磁场在惯性系 S′中的分量,有

$$\begin{cases} E'_x=E_x \\ E'_y=\gamma(E_y-vB_z) \\ E'_z=\gamma(E_z+vB_y) \\ B'_x=B_x \\ B'_y=\gamma\left(B_y+\dfrac{v}{c^2}E_z\right) \\ B'_z=\gamma\left(B_z-\dfrac{v}{c^2}E_y\right) \end{cases} \tag{4-59a}$$

反之,已知电磁场在惯性系 S′中的分量,得到电磁场在惯性系 S 中的分量,有

$$\begin{cases} E_x=E'_x \\ E_y=\gamma(E'_y+vB'_z) \\ E_z=\gamma(E'_z-vB'_y) \\ B_x=B'_x \\ B_y=\gamma\left(B'_y-\dfrac{v}{c^2}E'_z\right) \\ B_z=\gamma\left(B'_z+\dfrac{v}{c^2}E'_y\right) \end{cases} \tag{4-59b}$$

4.8.5 点电荷在不同惯性系中的电场与磁场

如图 4-39 所示,设有两个惯性系 S 和 S′,惯性系 S′相对于惯性系 S 在 x、x'方向上以速度

$\boldsymbol{v}$运动。设 $t=t'=0$ 时刻，惯性系 S 的原点 O 和惯性系 S′的原点 O'重合，此时点电荷 q 置于原点 O 和 O'位置。设该点电荷 q 随同惯性系 S′在 x、x'方向上运动，即点电荷 q 相对于惯性系 S′静止，相对于惯性系 S 在 x、x'方向上以速度 $\boldsymbol{v}$ 运动，如图 4-40 所示。

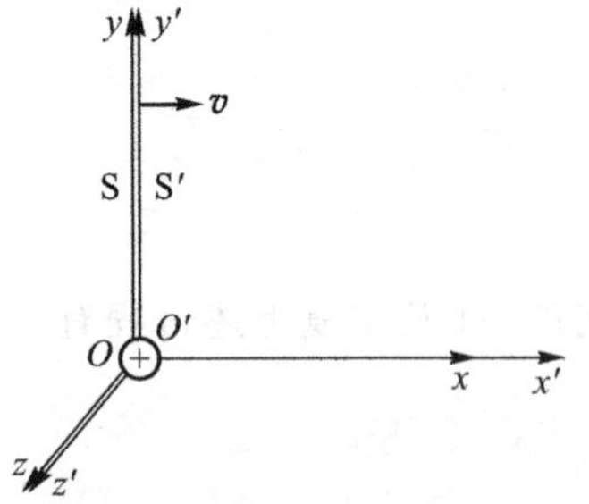

图 4-40 两个惯性系在 $t=t'=0$ 时刻原点重合

1. 运动点电荷的电场

如图 4-41 所示，为方便讨论，在 $t=t'=0$ 时刻，把两个惯性系分别单独表述。当观察者居于惯性系 S′中，相对于点电荷 q 静止，如图 4-41(b)所示，观察到点电荷 q 在惯性系 S′中激发的电场为静电场，任一点 $\boldsymbol{r}'$处的电场强度为

$$\boldsymbol{E}'=\frac{1}{4\pi\varepsilon_0}\frac{q\boldsymbol{e}_{r'}}{r'^2}=\frac{1}{4\pi\varepsilon_0}\frac{q\boldsymbol{r}'}{r'^3}$$

式中 $r'=(x'^2+y'^2+z'^2)^{1/2}$。而由于点电荷 q 相对惯性系 S′静止，故其在惯性系 S′中不激发磁场，即

$$\boldsymbol{B}'=0$$

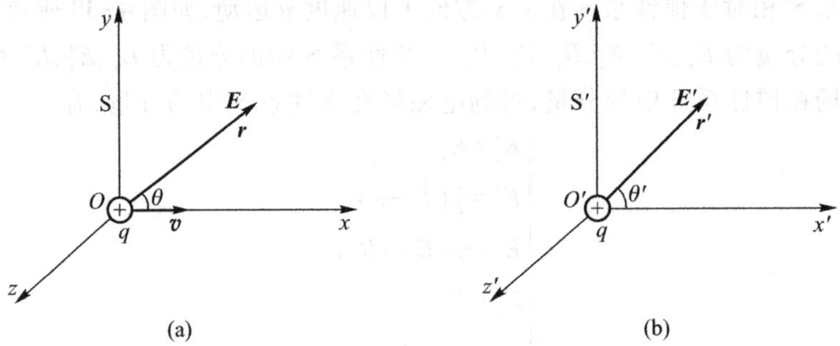

图 4-41 为方便讨论，在 $t=t'=0$ 时刻，把两个惯性系分别单独表述

设点电荷 q 在惯性系 S′中激发的电场的电场强度分量分别为 E'_x、E'_y、E'_z，则有

$$\begin{cases} E'_x=\dfrac{1}{4\pi\varepsilon_0}\dfrac{qx'}{r'^3} \\ E'_y=\dfrac{1}{4\pi\varepsilon_0}\dfrac{qy'}{r'^3} \\ E'_z=\dfrac{1}{4\pi\varepsilon_0}\dfrac{qz'}{r'^3} \end{cases} \tag{4-60a}$$

设点电荷 q 在惯性系 S′中激发的磁场的磁感应强度分量分别为 B'_x、B'_y、B'_z，则有

$$\begin{cases} B'_x=0 \\ B'_y=0 \\ B'_z=0 \end{cases} \tag{4-60b}$$

由式(4-59b)有 $E_x=E'_x$，$E_y=\gamma E'_y$，$E_z=\gamma E'_z$，则点电荷 q 在惯性系 S 中激发的电场的电场强度分量分别为

$$\begin{cases} E_x = \dfrac{1}{4\pi\varepsilon_0}\dfrac{qx'}{r'^3} = \dfrac{1}{4\pi\varepsilon_0}\dfrac{q\gamma(x-vt)}{[\gamma^2(x-vt)^2+y^2+z^2]^{3/2}} \\ E_y = \dfrac{\gamma}{4\pi\varepsilon_0}\dfrac{qy'}{r'^3} = \dfrac{1}{4\pi\varepsilon_0}\dfrac{q\gamma y}{[\gamma^2(x-vt)^2+y^2+z^2]^{3/2}} \\ E_z = \dfrac{\gamma}{4\pi\varepsilon_0}\dfrac{qz'}{r'^3} = \dfrac{1}{4\pi\varepsilon_0}\dfrac{q\gamma z}{[\gamma^2(x-vt)^2+y^2+z^2]^{3/2}} \end{cases} \tag{4-61}$$

对于惯性系 S 在 $t=0$ 时刻，$E_x : E_y : E_z = x : y : z$，即惯性系 S 中电场强度 $\boldsymbol{E}$ 与坐标轴的夹角等于径矢 $\boldsymbol{r}$ 与坐标轴的夹角，也就是说，电场强度 $\boldsymbol{E}$ 的方向沿着以点电荷的瞬时位置为起点的径矢方向。

$$\begin{aligned} E^2 &= E_x^2+E_y^2+E_z^2 = \frac{q^2\gamma^2}{(4\pi\varepsilon_0)^2}\frac{x^2+y^2+z^2}{(\gamma^2x^2+y^2+z^2)^3} \\ &= \frac{q^2}{(4\pi\varepsilon_0)^2}\frac{(1-\beta^2)^2}{(x^2+y^2+z^2)^2}\frac{1}{\left[1-\dfrac{\beta^2(y^2+z^2)}{x^2+y^2+z^2}\right]^3} \end{aligned}$$

如图 4-41(a) 所示，$r^2=x^2+y^2+z^2$，$\sin\theta=\sqrt{y^2+z^2}/r$，则有

$$E = \frac{q}{4\pi\varepsilon_0 r^2}\frac{1-\beta^2}{(1-\beta^2\sin^2\theta)^{3/2}} \tag{4-62}$$

式(4-62)与式(1-51)是一致的。它表明，在惯性系 S 中观察电场，其电场强度的大小除了依赖于 β，即依赖于点电荷相对于惯性系 S 运动的速度大小 v 外，还与 θ 有关。当 $v \ll c$ 时，$\beta\to 0$，则有 $E=\dfrac{q}{4\pi\varepsilon_0 r^2}$，即 $\boldsymbol{E}=\dfrac{q}{4\pi\varepsilon_0 r^2}\boldsymbol{e}_r$，这与非相对论的结果是一致的。

2. 运动点电荷的磁场

当观察者居于惯性系 S′中，相对于点电荷 q 静止，观察到点电荷 q 在惯性系 S′中激发电场的电场强度分量和激发磁场的磁感应强度分量分别由式(4-60a)和式(4-60b)表述，利用式(4-59b)可得该点电荷 q 相对于惯性系 S 在 x、x' 方向上以速度 $\boldsymbol{v}$ 运动时，在惯性系 S 中激发的磁场的磁感应强度分量为

$$\begin{cases} B_x = 0 \\ B_y = -\gamma\dfrac{v}{c^2}E_z' = -\dfrac{v}{c^2}E_z \\ B_z = \gamma\dfrac{v}{c^2}E_y' = \dfrac{v}{c^2}E_y \end{cases} \tag{4-63}$$

考虑到 $\boldsymbol{B}=B_x\boldsymbol{i}+B_y\boldsymbol{j}+B_z\boldsymbol{k}$、$\boldsymbol{E}=E_x\boldsymbol{i}+E_y\boldsymbol{j}+E_z\boldsymbol{k}$，$\boldsymbol{v}$ 沿 x、x' 方向，则有

$$\boldsymbol{B} = \frac{1}{c^2}\boldsymbol{v}\times\boldsymbol{E} \tag{4-64}$$

此时，在惯性系 S 中观察者观察到运动的电荷 q 激发了磁场，而电荷 q 的运动速度为 $\boldsymbol{v}$，其激发的电场强度 $\boldsymbol{E}$ 和磁感应强度 $\boldsymbol{B}$ 如图 4-42 所示，它们之间的矢量关系由式(4-64)表述，而大小关系为

$$
\begin{aligned}
B &= \frac{1}{c^2} vE\sin\theta \\
&= \frac{qv}{4\pi\varepsilon_0 c^2 r^2} \frac{(1-\beta^2)\sin\theta}{[1-\beta^2\sin^2\theta]^{3/2}} \\
&= \frac{\mu_0}{4\pi} \frac{qv}{r^2} \frac{(1-\beta^2)\sin\theta}{[1-\beta^2\sin^2\theta]^{3/2}}
\end{aligned}
\tag{4-65}
$$

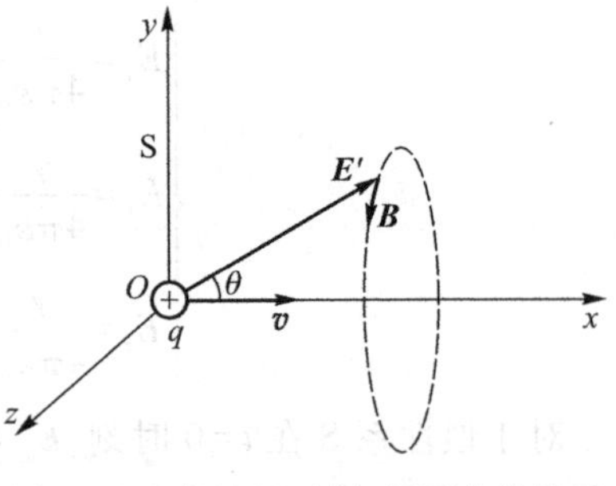

图 4-42　在 $t=0$ 时刻,把两个惯性系分别单独表述

当 $v \ll c$ 时,$\beta \to 0$,则有 $B=\frac{\mu_0}{4\pi}\frac{qv\sin\theta}{r^2}$,即 $\boldsymbol{B}=\frac{\mu_0}{4\pi}\cdot\frac{q\boldsymbol{v}\times\boldsymbol{e}_r}{r^2}$,这与非相对论的结果是一致的。

应用专题:1. 地磁场;2. 太阳磁场;3. 太阳风

经典实验:奥斯特实验

思考题

4.1　电场强度的方向为正电荷所受的力的方向,但为什么不能把磁场作用于运动电荷的力的方向定义为磁感应强度的方向?

4.2　如果一封闭曲面上的磁感应强度 $\boldsymbol{B}$ 大小处处相等,根据磁场的高斯定理 $\oint_S \boldsymbol{B}\cdot\mathrm{d}\boldsymbol{S}=0$,可得到 $B\oint_S \mathrm{d}S=BS=0$,又因为 $S\neq 0$,故可以推知必有 $B=0$。这个推理是否正确?

4.3　由毕奥-萨伐尔定律可得无限长直载流导线外磁场的磁感应强度大小为 $B=\frac{\mu_0 I}{2\pi r}$,式中 r 为场点到无限长带电直线的垂直距离。那么,当场点无限接近导线时($r\to 0$),则 $B\to\infty$,这一推论是否合理?请解释这一结果。

4.4　如图所示,根据毕奥-萨伐尔定律,真空中有限长载流直导线 ab 在空间 P 点产生的磁感应强度大小为 $B=\frac{\mu_0 I}{4\pi r}(\sin\beta_2-\sin\beta_1)$。现以 O 点为圆心,r 为半径,在垂直于电流的平面内作一圆,试计算此段电流产生的磁感应强度 $\boldsymbol{B}$ 沿此圆形环路的线积分$\oint_L \boldsymbol{B}\cdot \mathrm{d}\boldsymbol{l}$,将计算结果与安培环路定理的结论相比较,它们是否一致?试分析原因。

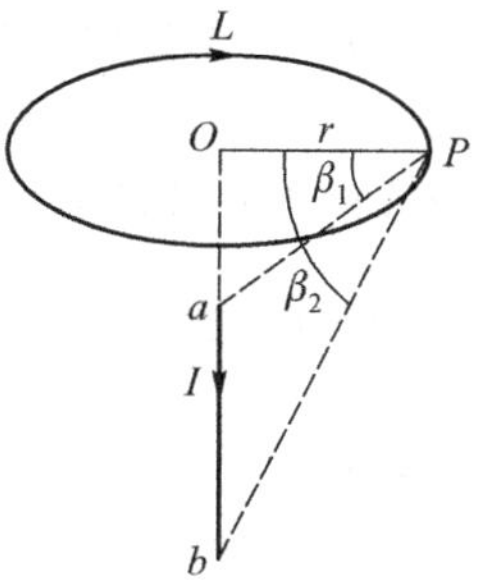

思考题 4.4 图

4.5 在恒定电流的磁场中,安培环路定理$\oint_L \boldsymbol{B}\cdot \mathrm{d}\boldsymbol{l}=\mu_0 I$ 对任意闭合回路都成立,因此利用安培环路定理可以求出任何电流回路在空间任意一处产生的磁场强度。这种说法是否正确?

4.6 如何解释在电子仪器中通常把与电源相连的两条导线扭在一起?

4.7 运动的带电粒子在磁场中会受到磁力的作用,那么,能否利用磁场对带电粒子的作用力来增大粒子的动能呢?

4.8 在磁场方向和电流方向一定的条件下,导体所受安培力的方向以及霍尔效应中霍尔电压的正负与载流子的种类有无关系?

习题

4.1 将通有电流 I 的长导线弯成下列各图所示的形状,求 O 点的磁感应强度的大小。

第四章习题参考答案

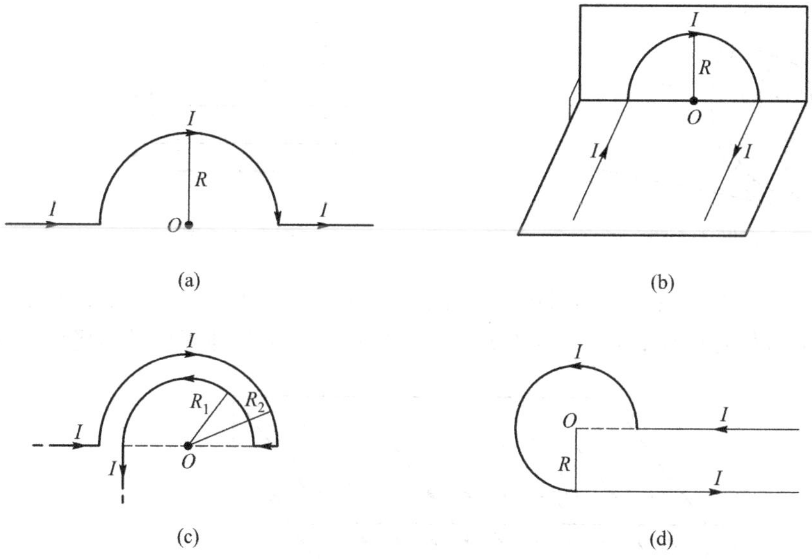

习题 4.1 图

4.2 如图所示,在真空中,电流 I 由长直导线 1 沿垂直 bc 边方向经 a 点流入一由电阻均匀的导线构成的正三角形线框,再由 b 点流出经长直导线 2 返回电源(直导线 2 平行于 ac 边)。三角形框每边长为 l,求在该正三角形框中心 O 点处的磁感应强度。

4.3 一无限长细导线,弯成抛物线形状,该导线通有电流 I。若焦点到抛物线顶点的距离为 a,求该抛物线形载流导线焦点处的磁感应强度大小。

4.4 一正方形闭合带电线框,其电荷线密度为 η。今该线框绕过其中心并垂直于其平面的轴以角速度 ω 旋转,试求该正方形线框中心处的磁感强度大小。

$$\left[\text{积分公式}:\int\frac{\mathrm{d}x}{\sqrt{x^2+a^2}}=\ln\left(x+\sqrt{x^2+a^2}\right)\right]$$

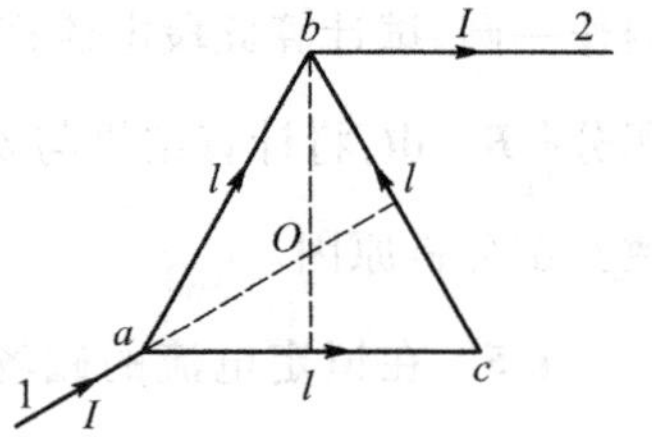

习题 4.2 图

4.5 如图所示,一个很长的同轴电缆,内层电缆芯半径为 R_1,外层金属内、外半径分别为 R_2、R_3。若它的内外两层导体中通有的电流均为 I,且电流在横截面上均匀分布,但二者的流向相反,求电缆内外磁感应强度的分布。

4.6 如图所示,横截面为矩形的密绕螺绕环,圆环内外半径分别为 R_1 和 R_2,导线总匝数为 N,通有的电流为 I,管内为真空。求:

(1) 管内外的 B 值;

(2) 管内截面的磁通量。

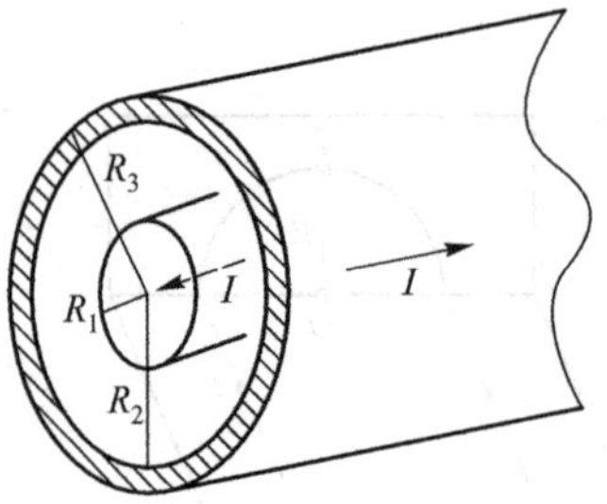

习题 4.5 图

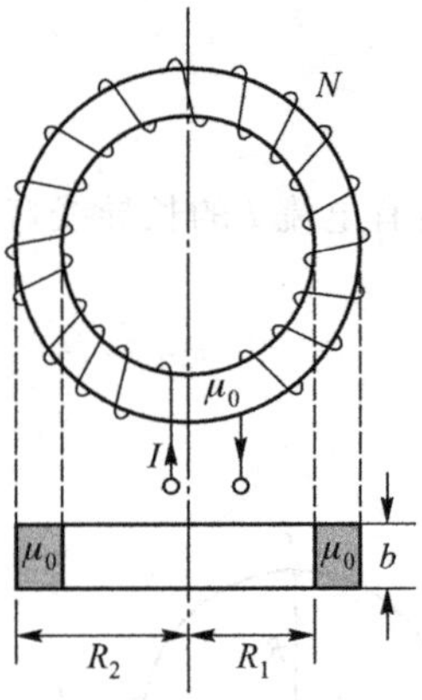

习题 4.6 图

4.7 如图所示,一个有一定厚度的通电大导体板,可视为无限大导体板,其厚度为 d。沿导体板的截面均匀通有恒定电流,电流密度为 $\boldsymbol{j}$,方向如图所示。求导体板内外磁场的分布。

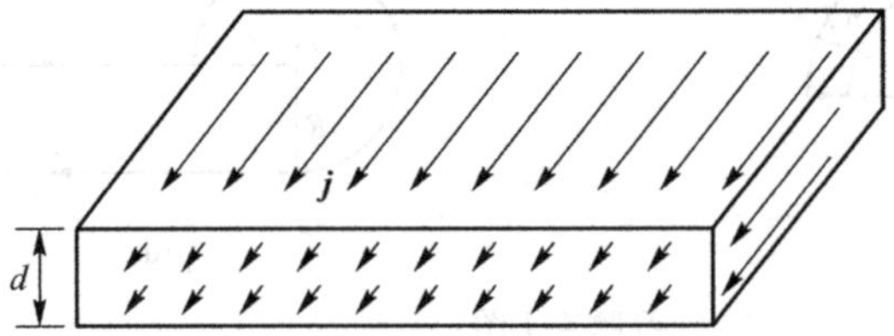

习题 4.7 图

4.8 有一细长的平薄铜片,宽度为 a,厚度不计,沿铜片长度方向通入如图所示的电流 I。电流在铜片上沿截面均匀分布,P 点位于铜片外与铜片平面共面且离铜片右边缘距离为 b 处,设 a、b 均远小于铜片长度。求 P 点的磁感应强度的大小。

4.9 一无限大通电平面导体板附近有一运动带电粒子,我们观察其运动。导体板通有如图所示的电流(图为截面图),电流沿导体板截面均匀分布,电流面密度为 $\boldsymbol{j}$(即垂直于电流方向单位宽度上的电流强度)。带电粒子的质量为 m,带电荷量为 $q(q>0)$,以速度 $\boldsymbol{v}$ 沿平板法线方向向外运动,不计粒子重力。

(1) 试求板外磁感应强度的分布;

(2) 带电粒子最初至少在距板什么位置处才不与大平板碰撞?

(3) 需经多长时间,才能回到初始位置?

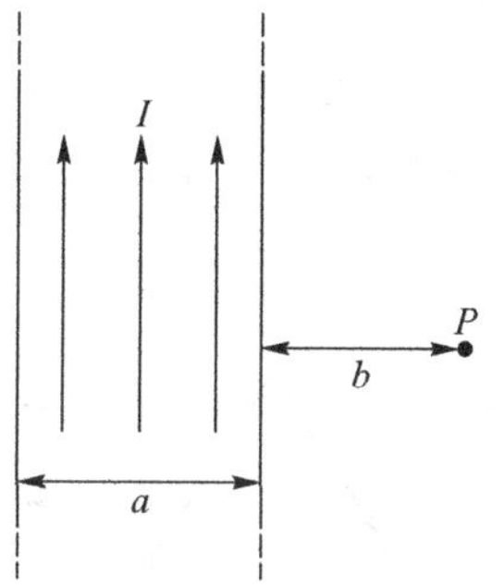

习题 4.8 图

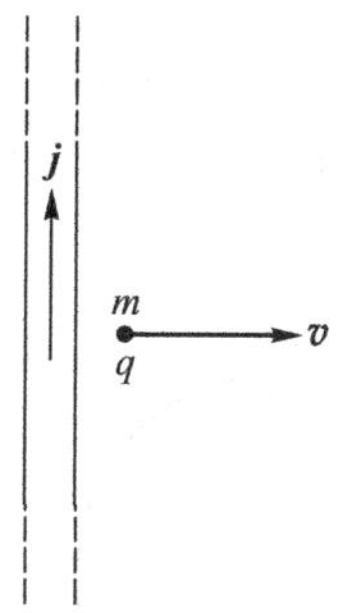

习题 4.9 图

4.10 如图所示,真空中一半径为 R 的无限长直圆柱导体,在圆柱体内挖去一个圆柱形空洞,空洞直径为$\frac{1}{2}R$,侧面与圆柱体中心轴线为 OO'相切,在未挖洞部分通以方向沿 OO'向下的电流 I,电流在截面上均匀分布。

(1) 求空洞内的磁感应强度;

(2) 在中心轴线 OO'和空洞轴线所决定的平面内,有一电子以向下的速度 $\boldsymbol{v}$ 飞经 P 点,P 点距 OO'轴线 $3R$ 处,求电子飞经 P 点时所受的磁场力。

4.11 如图所示,一无净电荷的扁平金属块在磁感应强度为 $\boldsymbol{B}$ 的磁场中,以速度 $\boldsymbol{v}$ 沿 z 方向运动,金属块三边长分别为 a、b、d 且 a、b 都远大于 d。

(1) 求金属块中的电场强度;

(2) 金属块上的电压是多少?哪端电压高?

(3) 求金属块上的电荷面密度。

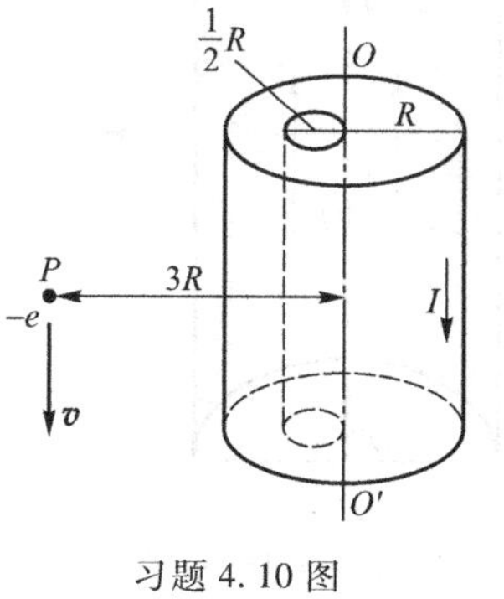

习题 4.10 图

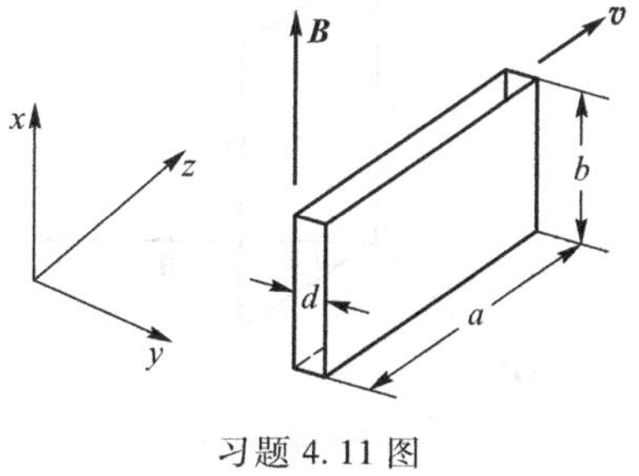

习题 4.11 图

4.12 原子中的电子绕原子核运动相当于一圆电流，此圆电流的磁矩称为电子轨道磁矩。设一电子以速率 2.2×10^{6} m/s 在半径为 5.3×10^{-11} m 的圆周上绕原子核做匀速圆周运动，求该电子轨道磁矩。

4.13 如图所示，一半径为 R 的半圆带有正电荷 q，其上电荷均匀分布，此半圆以角速度 ω 绕轴 $O'O''$匀速旋转。求：

(1) 圆心 O 点的磁感应强度；

(2) 旋转的带电半圆的磁矩。$\left(\int_0^{\pi}\sin^2\theta\mathrm{d}\theta=\frac{1}{2}\pi\right)$

4.14 如图所示，一个边长为 0.1 m 的正三角形载流线圈，放在均匀磁场中，磁场与线圈平面平行。已知线圈中通有电流 $I=10$ A，磁场 $B=1.0$ T，求线圈所受力矩的大小。

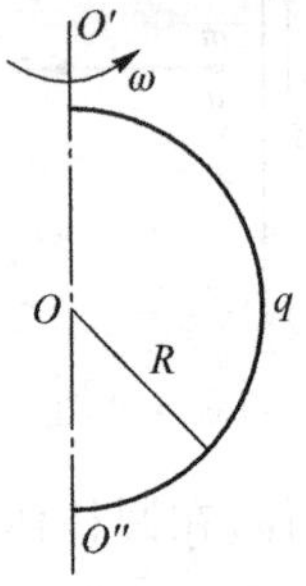

习题 4.13 图

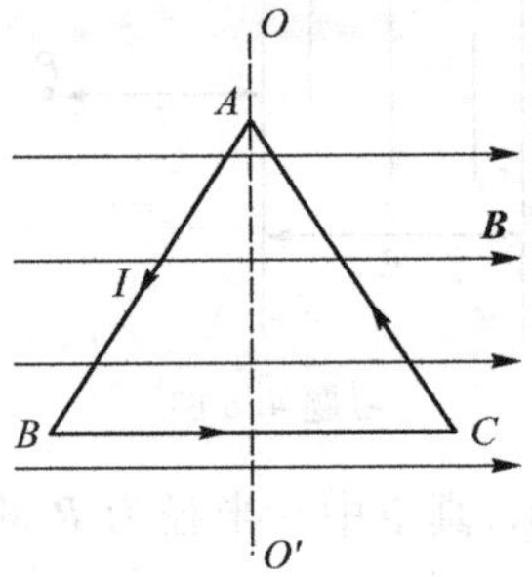

习题 4.14 图

4.15 如图所示，一通电矩形线圈可绕它的一边 OO'转动，该线圈边长分别为 $a=10$ cm 和 $b=5$ cm，通电电流为 $I=2$ A。当加上沿 y 轴正方向的均匀外磁场 $\boldsymbol{B}$，$B=0.5$ T 时，线圈平面与 $\boldsymbol{B}$ 的方向成 30°角，线圈的角加速度为 2 rad · s^{-2}。求：

(1) 线圈对 OO'轴的转动惯量；

(2) 线圈平面由初始位置转到与 $\boldsymbol{B}$ 垂直时磁场力所做的功。

4.16 如图所示，一半径为 R 的无限长通电半圆柱面，在圆柱面的截面上电流 I 均匀分

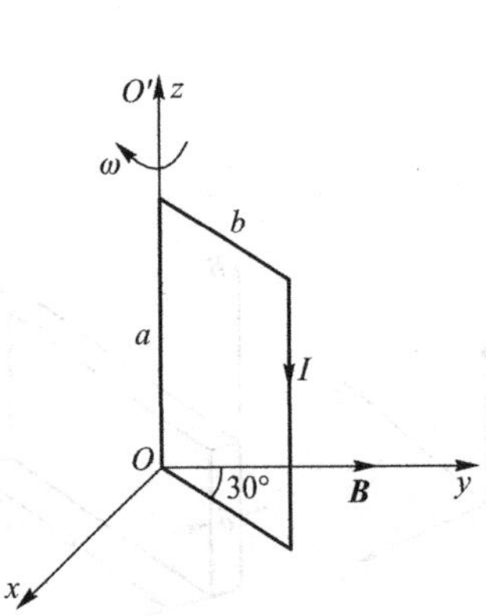

习题 4.15 图

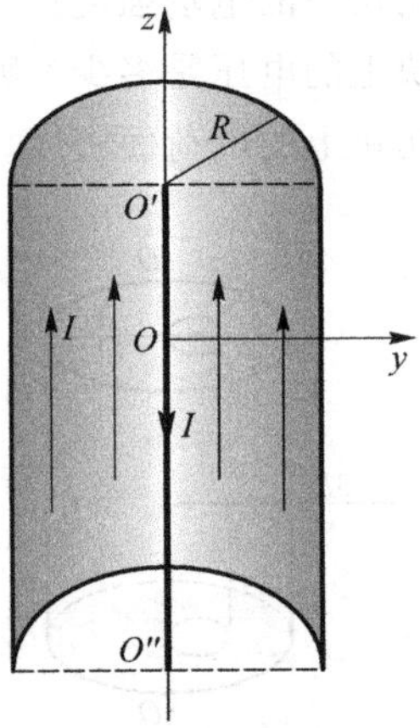

习题 4.16 图

布，且电流（沿 z 方向）与其轴线上一无限长直导线的电流等值反向。

（1）求半圆柱面在轴线处的磁感应强度；

（2）求轴线上单位长度长直导线所受的力；

（3）若用另一无限长通电直导线代替半圆柱面，且直导线上的电流与半圆柱面上的电流大小、方向都相同，则要产生同样的作用力，该导线应放在何处？

第五章 磁 介 质

第四章讨论了电磁相互作用及恒定磁场的规律，然而磁场在空间并不是孤立存在的，它可能存在于各种物质中，而某些物质受到磁场的作用会产生变化，并对磁场产生一定的影响，这种物质称为**磁介质**。

第五章
电子教案

在磁场的作用下，原来没有磁性的物质，变得具有磁性，这种现象称为**磁化**。磁介质被磁化后，会产生附加磁场，从而改变原来磁场的空间分布。

关于磁介质磁化的解释有两种观点，即分子电流观点和磁荷观点。两种观点的微观机制不同，但是宏观规律具有一致性，而分子电流观点更符合现代理论对磁介质微观本质的认识。本章重点讨论分子电流观点下的磁介质。

§5.1 磁介质及其磁化

5.1.1 磁介质的磁导率及分类

现在来研究磁介质对磁场的影响。如图 5-1 所示，一无限长密绕螺线管，单位长度所绕导线匝数为 n，通有恒定电流 I_0。当螺线管内没任何介质时，通过精确实验可以测得螺线管内的磁感应强度为 $B_0=\mu_0 nI_0$，这里 B_0 是传导电流 I_0 激发的磁场的磁感应强度。当管内充满均匀线性、各向同性磁介质时，测得螺线管内的磁感应强度为

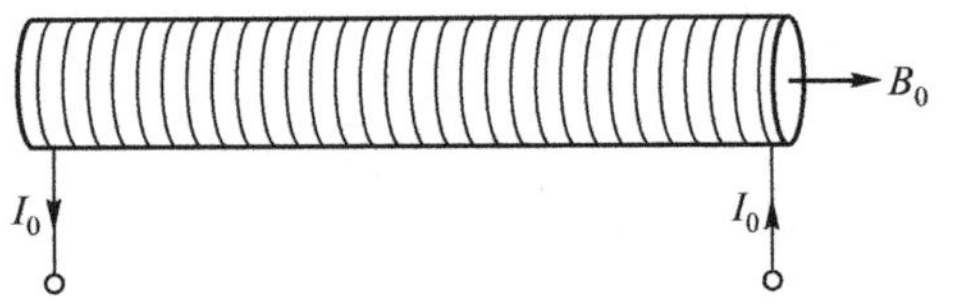

图 5-1 螺线管

$$B=\mu_r\mu_0 nI_0 \tag{5-1}$$

式中，μ_0 为真空磁导率；μ_r 称为磁介质的相对磁导率，是一个量纲为 1 的量，不同的磁介质其相对磁导率不同。令 $\mu=\mu_0\mu_r$，μ 称为磁介质的磁导率，其单位与真空磁导率相同，为亨利每米(H/m)。

在实验中，螺线管内有磁介质时，磁场发生了变化，说明磁介质的存在对磁场产生了影响。在生活中我们常常看到：一根无磁性的铁钉被磁铁吸引，当移走磁铁后，这根铁钉就能够吸引其他铁钉了，说明它具有了磁性。安培在观察通电螺线管的磁场时发现，其与条形磁铁的磁场很相似，提出解释磁介质磁化的分子电流假说。这里用安培的分子电流假说解释磁介质磁化的内在机制。

式(5-1)表明，螺线管内磁场发生了变化，磁介质受到外磁场的影响，产生了附加磁场，其磁感应强度为 $\boldsymbol{B}'$。类比于电介质存在时电场可以表示为外加电场与极化电荷产生的电场的叠加，有磁介质时的总磁场的磁感应强度 $\boldsymbol{B}$ 可表示为外磁场的磁感应强度 $\boldsymbol{B}_0$ 和附加磁场的磁感应强度 $\boldsymbol{B}'$的叠加，即

$$\boldsymbol{B}=\boldsymbol{B}_0+\boldsymbol{B}' \tag{5-2}$$

在电介质里，$\chi_e>0$，$\varepsilon_r>1$。对于大多数电介质来说，χ_e 和 ε_r 都是与电场强度无关的常量，ε_r 的数量级一般不太大，通常在 10 以内。磁介质的情况要复杂得多，不同类型的磁介质的性质差别很大。

磁介质大体可以分为顺磁质、抗磁质和铁磁质三类。

(1) 顺磁性磁介质，简称**顺磁质**，其相对磁导率 μ_r 略大于 1，总磁场 $\boldsymbol{B}$ 略大于外磁场 $\boldsymbol{B}_0$。这类磁介质有钠、铝、氧气、水等。

(2) 抗磁性磁介质，简称**抗磁质**，其相对磁导率 μ_r 略小于 1，总磁场 $\boldsymbol{B}$ 略小于外磁场 $\boldsymbol{B}_0$。这类磁介质有铜、铅、银、汞、氢等。

(3) 铁磁性磁介质，简称**铁磁质**，其相对磁导率 μ_r 远大于 1，且与激发磁场的外界影响有关。这类磁介质有铁、钴、镍等。

顺磁质和抗磁质的磁性都很弱，它们的相对磁导率 $\mu_r\approx1$。铁磁质的磁性很强，μ_r 的量级一般为 $10^2\sim10^4$，有的甚至高达 10^6。

5.1.2 磁介质的磁化机制

安培认为每个磁介质“分子”相当于一个环形电流，称之为**分子电流**。分子电流是分子内电荷的某种运动形成的，这就是安培的分子电流假说。现代理论表明，磁介质中每个分子内的电子运动包括轨道运动和自旋运动两部分，电子的轨道运动和自旋运动都有相应的磁矩，一个磁介质分子内所有电子的轨道磁矩和自旋磁矩的矢量和为一个磁介质分子的总磁矩，称之为分子磁矩，用 $\boldsymbol{m}_i$ 表示，它等效于一个环形电流 i 产生的磁矩。这个等效的电流称为分子电流或分子环流，如图 5-2(a) 所示，这是磁介质磁化的简化模型。严格的磁学理论必须建立在量

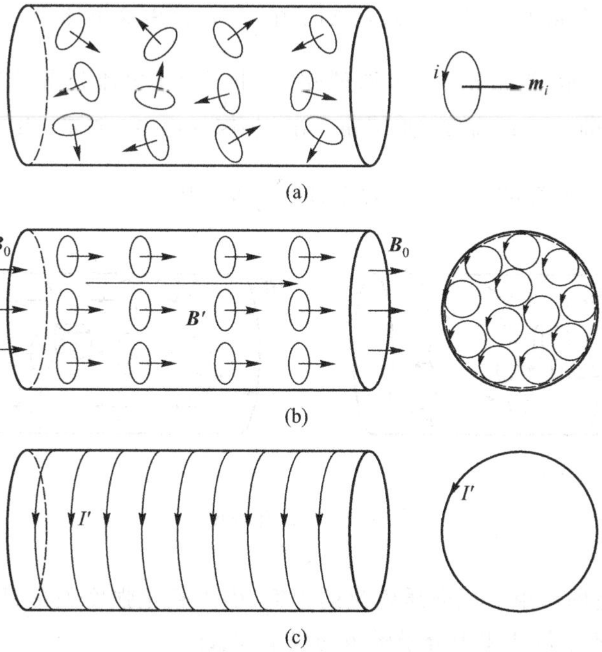

图 5-2 螺线管内磁介质的磁化

子力学基础上。下面我们利用安培的分子电流假说来解释图 5-1 中螺线管内磁介质的磁化现象。

假设图 5-1 中螺线管内充满均匀顺磁介质，按照分子电流的观点，如图 5-2(a) 所示，在没有磁场作用时，磁介质内每个磁介质分子的等效分子电流的取向是杂乱无章的，其分子磁矩相互抵消，整个磁介质对外不显磁性。

当螺线管上的线圈中通入电流时，如图 5-2(b) 所示，传导电流激发的磁场为外磁场，在外磁场 $\boldsymbol{B}_0$ 的作用下，磁介质各个分子磁矩 $\boldsymbol{m}_i$ 沿着外磁场 $\boldsymbol{B}_0$ 的方向有序排列起来，此时磁介质被磁化，对外呈现磁性。

外磁场越强，分子磁矩排列得越整齐，如图 5-2(b) 所示，右方是完全磁化的顺磁质的横截面图。该图表明，当均匀介质被磁化时，由于分子电流的回绕方向一致，在介质内部任何两个分子电流中相邻的电流方向总是彼此相反的，它们的效果可以相互抵消；只有在横截面边缘上各段电流元未被抵消，如图 5-2(c) 所示。这样，就相当于在磁介质的表面有一层面电流流过，这是分子电流规则排列的宏观效果。这种因磁介质被磁化而产生的在磁介质表面上的等效电流称为**磁化电流**，或称磁化面电流，磁化面电流强度用 I' 表示。

如图 5-2 所示的磁介质被磁化后，整个磁介质表面等效于一个由磁化电流构成的“螺线管”，它所产生的磁场称为**附加磁场**，附加磁场的磁感应强度用 $\boldsymbol{B}'$ 表示。外磁场越强，分子磁矩 $\boldsymbol{m}_i$ 排列越整齐，磁化电流 I' 越大，产生的附加磁场 $\boldsymbol{B}'$ 越强。对于弱磁性的顺磁质和抗磁质，如果撤去外磁场，由于分子的热运动，分子磁矩又趋于杂乱无章，磁介质磁性消失，对外不再显磁性。

5.1.3　磁化强度矢量

在磁介质内取一个物理宏观小体积元 ΔV，用 $\sum_i \boldsymbol{m}_i$ 代表这个体积元内所有分子磁矩的矢量和。如图 5-3(a) 所示，当磁介质没有被磁化时，由于分子电流分布得杂乱无章，在宏观小体积元 ΔV 内分子磁矩的矢量和为零，即 $\sum_i \boldsymbol{m}_i = 0$。如图 5-3(b) 所示，当磁介质被磁化时，该宏观小体积元 ΔV 内分子磁矩的矢量和不为零，即 $\sum_i \boldsymbol{m}_i \neq 0$。

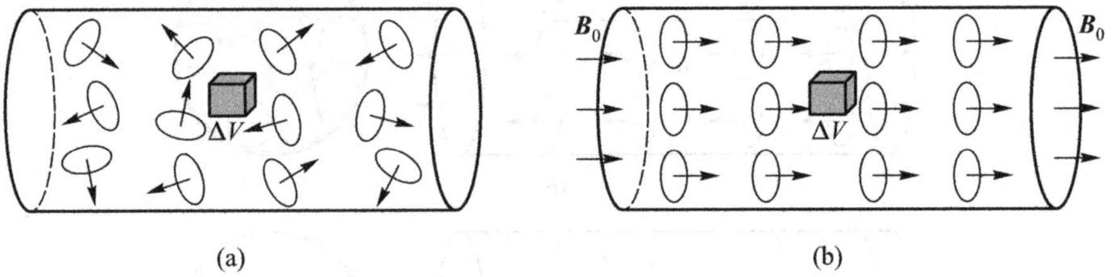

图 5-3　磁化强度

为了描述在外磁场作用下磁介质磁化的程度，引入磁化强度矢量，用 $\boldsymbol{M}$ 表示。磁化强度矢量 $\boldsymbol{M}$ 定义为磁介质单位体积内分子磁矩的矢量和，即

$$\boldsymbol{M}=\frac{\sum_i \boldsymbol{m}_i}{\Delta V} \tag{5-3}$$

式(5-3)称为 ΔV 所在邻域内磁介质的磁化强度矢量,其单位为安培每米(A/m)。外磁场越强,分子磁矩定向排列越整齐,则磁化程度越高,即磁化强度越强。故磁化强度矢量 $\boldsymbol{M}$ 是一个反映磁介质磁化状态的物理量。

与电介质的电极化强度类似,这里的磁化强度也表征了由于磁介质磁化而产生的一个宏观矢量场。如果磁介质的总体或某区域内的磁化强度相同,则称其为均匀磁化。在没有磁介质的真空中,各处的磁化强度均为零。

我们利用磁化强度的定义来分析磁介质磁化的强弱。没有外磁场时,如图 5-3(a)所示,磁介质中各个分子磁矩由于热运动而分布杂乱无章,某一宏观体元 ΔV 内分子磁矩的矢量和为零,即 $\sum \boldsymbol{m}_i=0$,从而 $M=0$,对外不显磁性。

有外磁场作用时,各分子磁矩规则排列,则宏观小体元 ΔV 内矢量和不为零,即 $\sum \boldsymbol{m}_i \neq 0$。外磁场越强,分子排列越整齐。外磁场增大到某一强度后,如图 5-3(b)所示,顺磁质内分子磁矩沿着外磁场 $\boldsymbol{B}_0$ 的方向排列起来。顺磁质内分子磁矩的合矢量沿着外磁场 $\boldsymbol{B}_0$ 的方向,从而磁化强度矢量 $\boldsymbol{M}$ 与外磁场 $\boldsymbol{B}_0$ 的方向一致。分子磁矩定向排列的程度越高,则分子磁矩矢量和的值越大,从而磁化强度矢量 $\boldsymbol{M}$ 的值也就越大。

磁介质内每个等效分子电流的大小和方向均不同。设磁化的磁介质内分子电流的平均电流强度为 i,环流平均面积为 a,则面矢量为 $\boldsymbol{a}$,磁介质内所有等效分子电流的平均分子磁矩为 $\boldsymbol{m}=i\boldsymbol{a}$。则

$$\boldsymbol{M}=\frac{\sum_i \boldsymbol{m}_i}{\Delta V}=\frac{\Delta N\boldsymbol{m}}{\Delta V}=n\boldsymbol{m}=ni\boldsymbol{a} \tag{5-4}$$

式中,ΔN 为宏观小体元 ΔV 内磁介质的分子数,n 为单位体积内分子电流的个数,即分子电流的数密度。式(5-4)表明,磁介质的磁化强度矢量 $\boldsymbol{M}$ 等于磁介质内分子电流的数密度与平均分子磁矩的乘积。

如果磁介质是均匀磁化的,则磁化强度矢量 $\boldsymbol{M}$ 为一常矢量。如果没有磁介质存在,即在真空情况下,$\boldsymbol{M}=0$。

5.1.4 磁化电流

磁化面电流是磁介质受到外磁场作用后被磁化的结果,是大量分子电流叠加形成的在磁介质表面的等效电流,是大量分子电流统计平均的宏观效果。磁化电流不能传导,束缚在磁介质内部,也叫束缚电流。各向同性均匀的磁介质中只有介质表面处的分子电流未被抵消,形成磁化面电流。下面我们来讨论磁介质中磁化强度矢量 $\boldsymbol{M}$ 与磁化面电流的电流强度 I' 之间的关系。

1. 磁化面电流与磁化强度环路定理

磁介质中磁化强度矢量 $\boldsymbol{M}$ 与磁化面电流(束缚电流)的电流强度 I' 之间有一定的关系。

如图 5-4(a)所示,在磁化的磁介质内部任取一个闭合回路 L,以 L 为边界所围的某一曲面 S,将磁介质内的分子电流分为三类:① 在闭合回路 L 外,不与曲面 S 相交;② 在闭合回路 L

内,与曲面 S 两次相交;③ 被闭合回路 L 穿过,与曲面 S 相交一次。类似于安培环路定理,前两类磁介质内的分子电流对通过曲面 S 的磁化电流 I' 没有贡献,只需考虑分子电流被闭合回路 L 穿过的情况。求出环绕 L 的分子电流总数,然后乘以分子电流的平均电流强度 i,即穿过曲面 S 的磁化电流 I'。

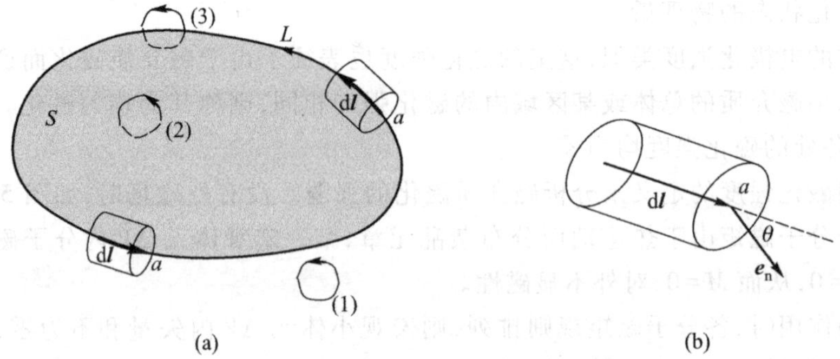

图 5-4　磁化强度与磁化面电流的关系

磁化的磁介质内每个分子电流的大小和方向均不同,用平均分子磁矩代替每个分子的真实磁矩,分子电流的平均电流强度为 i。如图 5-4(a)所示,在回路 L 上任取一线元 $\mathrm{d}\boldsymbol{l}$,以此线元为轴线、面矢量 $\boldsymbol{a}$ 为底面作一柱体,如图 5-4(b)所示,其体积为 $\mathrm{d}V=a\mathrm{d}l\cos\theta=\boldsymbol{a}\cdot\mathrm{d}\boldsymbol{l}$,$\theta$ 为面矢量 $\boldsymbol{a}$ 的法向与线元 $\mathrm{d}\boldsymbol{l}$ 之间的夹角。只要是磁介质分子的中心在此柱体内的分子电流,都被线元 $\mathrm{d}\boldsymbol{l}$ 穿过,对磁化电流都有贡献。设 $\mathrm{d}V$ 体积内,被线元 $\mathrm{d}\boldsymbol{l}$ 穿过的分子电流数为 $\mathrm{d}N$,则 $\mathrm{d}N=n\mathrm{d}V=n\boldsymbol{a}\cdot\mathrm{d}\boldsymbol{l}$。由于每个分子电流的平均电流强度 i,$\mathrm{d}V$ 体积内被线元 $\mathrm{d}\boldsymbol{l}$ 穿过的所有分子电流的总贡献为 $i\mathrm{d}N=ni\boldsymbol{a}\cdot\mathrm{d}\boldsymbol{l}$,考虑到式(5-4),有 $i\mathrm{d}N=\boldsymbol{M}\cdot\mathrm{d}\boldsymbol{l}$。则通过以闭合回路 L 为边界的面积 S 的全部分子电流的总贡献为 $\oint_L i\mathrm{d}N=\oint_L \boldsymbol{M}\cdot\mathrm{d}\boldsymbol{l}$。而穿过以闭合回路 L 为边界的曲面 S 的所有分子电流之和可以写为 $\sum\limits_{L内} I'$,即 $\sum\limits_{L内} I'=\oint_L i\mathrm{d}N$,则有

$$\oint_L \boldsymbol{M}\cdot\mathrm{d}\boldsymbol{l}=\sum_{L内} I' \tag{5-5}$$

式(5-15)称为磁化强度的环路定理,反映了磁介质中磁化电流 I' 的分布与磁化强度矢量 $\boldsymbol{M}$ 之间的普遍关系,表明磁介质中磁化强度 $\boldsymbol{M}$ 沿某一曲面 S 的边界 L 的线积分等于穿过这个曲面的磁化电流 I' 的代数和。

2. 磁化面电流密度

在均匀各向同性的磁介质或者均匀磁化的磁介质中,磁化电流只分布在磁介质表面上。

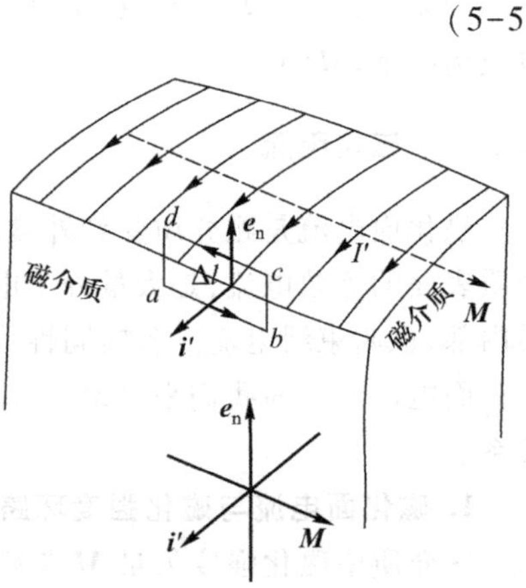

图 5-5　磁化面电流密度与磁化强度的关系

下面讨论磁化强度矢量与磁介质表面磁化面电流的关系。如图 5-5 所示,在垂直于磁化面电流方向上,设磁介质表面单位宽度平均分子电流的电流密度为磁化面电流密度,用 $\boldsymbol{i}'$ 表示。如图所示,在磁介质的表面内外作矩

形回路 $abcda$,此回路在磁介质的表面内外的一对边 ab 和 cd 的长度为 Δl,平行于介质表面,且垂直于磁化面电流的电流线;穿过磁介质的表面的另一对边 da 和 bc 的长度远小于 Δl,且与表面垂直。穿过矩形回路的磁化电流为 $\sum I'=i'\Delta l$,而磁化强度矢量 $\boldsymbol{M}$ 沿着矩形回路的线积分为

$$\oint_L \boldsymbol{M}\cdot \mathrm{d}\boldsymbol{l}=\int_a^b \boldsymbol{M}\cdot \mathrm{d}\boldsymbol{l}+\int_b^c \boldsymbol{M}\cdot \mathrm{d}\boldsymbol{l}+\int_c^d \boldsymbol{M}\cdot \mathrm{d}\boldsymbol{l}+\int_d^a \boldsymbol{M}\cdot \mathrm{d}\boldsymbol{l}$$

$\oint_L \boldsymbol{M}\cdot \mathrm{d}\boldsymbol{l}$ 的线积分只在磁介质表面内的 ab 边上不为 0,即

$$\oint_L \boldsymbol{M}\cdot \mathrm{d}\boldsymbol{l}=\int_a^b \boldsymbol{M}\cdot \mathrm{d}\boldsymbol{l}=M_{\mathrm{t}}\Delta l$$

利用式(5-5),由于 $\sum\limits_{L内} I'=i'\Delta l$,故磁化强度矢量 $\boldsymbol{M}$ 沿着磁介质表面的切向分量 $M_{\mathrm{t}}=i'$,写成矢量式有

$$\boldsymbol{i}'=\boldsymbol{M}\times\boldsymbol{e}_{\mathrm{n}} \tag{5-6}$$

式中 $\boldsymbol{e}_{\mathrm{n}}$ 为磁介质表面的外法向单位矢量。式(5-6)反映了磁介质表面磁化面电流密度与磁化强度之间的关系,此式表明磁化面电流密度的大小 i' 只由磁介质表面附近的磁化强度的切向分量决定。

5.1.5 磁介质的附加磁感应强度矢量 $\boldsymbol{B}'$

磁化电流产生的磁场类似传导电流产生的磁场,都可以利用第四章的毕奥-萨伐尔定律来计算。如果已知磁化电流,就可以计算出磁化电流产生的附加磁场的磁感应强度 $\boldsymbol{B}'$。将它叠加在初始的磁感应强度 $\boldsymbol{B}_0$ 上,可得到有磁介质时的总磁感应强度 $\boldsymbol{B}$,即式(5-2)$\boldsymbol{B}=\boldsymbol{B}_0+\boldsymbol{B}'$。

以一长直的圆柱形磁介质棒为例,其在外磁场 $\boldsymbol{B}_0$ 中被均匀磁化,磁化强度矢量为 $\boldsymbol{M}$,其方向与圆柱体的轴线平行。设该长直圆柱形磁介质棒的直径为 d、长为 l,如图 5-6 所示,求该磁介质棒轴线上任一点 O 处的附加磁场的磁感应强度 $\boldsymbol{B}'$和总磁场 $\boldsymbol{B}$。

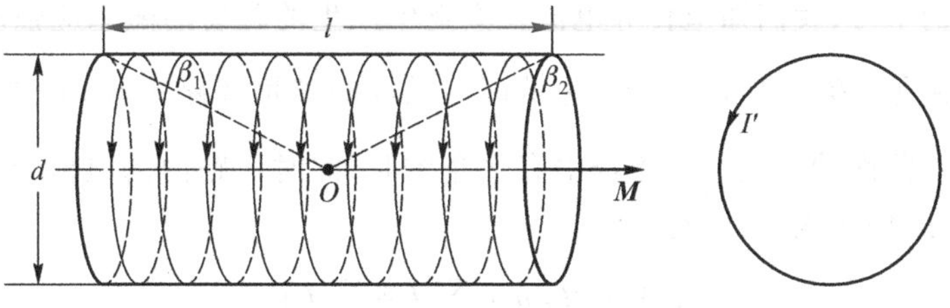

图 5-6 均匀磁化的介质圆柱体

磁介质被均匀磁化后,磁化电流沿环向均匀分布在圆柱体的侧表面上,等价于一个“螺线管”,因此可用第四章中求载流螺线管内磁场的结果进行讨论。设磁化面电流密度为 $\boldsymbol{i}'$,根据 $\boldsymbol{i}'=\boldsymbol{M}\times\boldsymbol{e}_{\mathrm{n}}$,得 $i'=M$,磁化面电流的绕向如图 5-6 所示。我们已经利用毕奥-萨伐尔定律,得到有限长螺线管轴线上任一点的磁感应强度:

$$B=\frac{\mu_0 nI}{2}(\cos\beta_1-\cos\beta_2)$$

类似地,得到磁化面电流产生的附加磁场为

$$B'=\frac{\mu_0 nI'}{2}(\cos\beta_1-\cos\beta_2)=\frac{\mu_0 i'}{2}(\cos\beta_1-\cos\beta_2)=\frac{\mu_0 M}{2}(\cos\beta_1-\cos\beta_2)$$

若场点取在磁介质轴线的中点，则

$$-\cos\beta_2=\cos\beta_1=\frac{l/2}{\sqrt{(l/2)^2+(d/2)^2}}=\frac{l}{\sqrt{l^2+d^2}}$$

故

$$B'=\frac{\mu_0 M(l/d)}{\sqrt{1+(l/d)^2}} \tag{5-7}$$

对上述结果进行讨论：

(1) 若长直的圆柱形磁介质棒 $l \gg d$，相当于无限长磁介质棒，$\frac{(l/d)}{\sqrt{1+(l/d)^2}} \to 1$，则得到附加磁场为 $\boldsymbol{B}'=\mu_0\boldsymbol{M}$，磁介质中的总磁场为 $\boldsymbol{B}=\boldsymbol{B}_0+\boldsymbol{B}'=\boldsymbol{B}_0+\mu_0\boldsymbol{M}$。

(2) 若长直的圆柱形磁介质棒 $l \ll d$，相当于很薄的磁介质片，$l/d \to 0$，则附加磁场 $\boldsymbol{B}\to 0$，磁介质中的总磁场 $\boldsymbol{B}=\boldsymbol{B}_0$。

大多数的磁介质处于上述两种极端情形之间。在磁介质棒磁化的情况下，随着磁介质棒的增长，其附加磁感应强度增大，这是因为磁介质棒越长，等效的螺线管上磁化面电流越大，附加磁感应强度自然越大。对于顺磁质或铁磁质，$\boldsymbol{B}'$ 和 $\boldsymbol{B}_0$ 同向，总的磁感应强度 $\boldsymbol{B}$ 也随之增大；对于抗磁质，$\boldsymbol{B}'$ 与 $\boldsymbol{B}_0$ 反向，总的磁感应强度 $\boldsymbol{B}$ 减小。

§5.2 有磁介质时的安培环路定理

5.2.1 磁场强度矢量 有磁介质时的安培环路定理

通过第四章的学习，我们知道传导电流在真空中产生的磁场的磁感应强度 $\boldsymbol{B}$ 沿任意闭合回路 L 的线积分满足 $\oint_L \boldsymbol{B}\cdot \mathrm{d}\boldsymbol{l}=\mu_0\sum\limits_{L内} I_0$，这是恒定磁场的安培环路定理，其中的电流 I 是通过以 L 为边界的任意曲面的电流。当磁场中有磁介质时，此时环路内的电流包括传导电流和磁化电流两部分，上式仍然成立，即有

$$\oint_L \boldsymbol{B}\cdot \mathrm{d}\boldsymbol{l}=\mu_0\left(\sum_{L内} I_0+\sum_{L内} I'\right)$$

式中 $\sum\limits_{L内} I_0$ 和 $\sum\limits_{L内} I'$ 分别是穿过以闭合回路 L 为边界的任意曲面的传导电流和磁化电流的总和。利用式(5-5)，有

$$\oint_L \boldsymbol{B}\cdot \mathrm{d}\boldsymbol{l}=\mu_0\left(\sum_{L内} I_0+\oint_L \boldsymbol{M}\cdot \mathrm{d}\boldsymbol{l}\right)$$

则

$$\oint_L\left(\frac{\boldsymbol{B}}{\mu_0}-\boldsymbol{M}\right)\cdot \mathrm{d}\boldsymbol{l}=\sum_{L内} I_0$$

定义磁场强度矢量为

$$H=\frac{B}{\mu_0}-M \tag{5-8}$$

在国际单位制中，磁场强度的单位为安培每米（A/m），磁场强度的另一已被废弃的单位为奥斯特（Oe），$1\ \mathrm{A/m}=4\pi\times10^{-3}\ \mathrm{Oe}$。式（5-8）表明，在有磁介质存在的磁场中，磁场强度 $\boldsymbol{H}$ 取决于总的磁感应强度 $\boldsymbol{B}$ 与磁介质的磁化强度 $\boldsymbol{M}$。磁场强度 $\boldsymbol{H}$ 是描述磁场性质一个重要的物理量，在真空中，即没有磁介质的情况下，即 $\boldsymbol{M}=0$，则有 $\boldsymbol{B}=\mu_0\boldsymbol{H}$。

由式（5-8）定义的物理量 $\boldsymbol{H}$，历史上一直被称为磁场强度矢量，在磁荷观点中与电场强度 $\boldsymbol{E}$ 所对应的物理量是 $\boldsymbol{H}$。在分子电流观点中，与电场强度 $\boldsymbol{E}$ 所对应的物理量却是 $\boldsymbol{B}$。

有磁介质存在时安培环路定理表述为

$$\oint_L \boldsymbol{H}\cdot\mathrm{d}\boldsymbol{l}=\sum_{L内} I_0 \tag{5-9}$$

式（5-9）表明，磁场中磁场强度沿任意闭合回路的线积分等于穿过以闭合回路 L 为边界的任意曲面的传导电流的代数和，这称为有磁介质时的安培环路定理。在真空中，由于磁化强度 $\boldsymbol{M}=0$，式（5-9）又退化为第四章中恒定磁场的安培环路定理，所以式（5-9）是普遍形式的安培环路定理。

如果闭合回路中的传导电流是连续分布的，其电流密度为 $\boldsymbol{j}_0$，式（5-9）又可写为

$$\oint_L \boldsymbol{H}\cdot\mathrm{d}\boldsymbol{l}=\int_S \boldsymbol{j}_0\cdot\mathrm{d}\boldsymbol{S} \tag{5-10}$$

利用积分变换的斯托克斯定理，上式左侧的线积分变成面积分，有

$$\oint_L \boldsymbol{H}\cdot\mathrm{d}\boldsymbol{l}=\int_S (\nabla\times\boldsymbol{H})\cdot\mathrm{d}\boldsymbol{S}$$

得到普遍形式的安培环路定理的微分形式，即

$$\nabla\times\boldsymbol{H}=\boldsymbol{j}_0 \tag{5-11}$$

式中 $\nabla\times\boldsymbol{H}$ 为磁场强度矢量 $\boldsymbol{H}$ 的旋度。式（5-11）表明，磁场中磁场强度矢量的旋度等于闭合回路中的传导电流密度。式（5-9）、（5-10）、（5-11）是普遍形式的安培环路定理，也称为 $\boldsymbol{H}$ 的环路定理，只要是恒定磁场，无论在真空中还是有磁介质存在时都成立，是电磁学的基本规律之一。

5.2.2　磁化强度矢量与磁化率

由式（5-8）可知磁介质的磁化强度与磁场强度相关。实验表明，对于各向同性的磁介质，在线性磁化的情况下，在磁介质中任一点的磁化强度 $\boldsymbol{M}$ 与磁场强度 $\boldsymbol{H}$ 之间满足下述关系：

$$\boldsymbol{M}=\chi_{\mathrm{m}}\boldsymbol{H} \tag{5-12}$$

式中的 χ_{m} 为比例系数，称为磁化率，只与磁介质的性质相关，是量纲为 1 的量。对均匀磁介质，磁化率为常量，对于不同的均匀磁介质，磁化率的数值不同；对于非均匀磁介质，磁化率是空间位置的函数。各向同性的磁介质在线性磁化的情况下，对于顺磁质，χ_{m} 略大于 0，$\boldsymbol{M}$ 与 $\boldsymbol{H}$ 同向。对于抗磁质，χ_{m} 略小于 0，$\boldsymbol{M}$ 与 $\boldsymbol{H}$ 反向。对于铁磁质，$\chi_{\mathrm{m}}\gg1$，其数量级为 $10^2\sim10^6$，$\boldsymbol{M}$ 与 $\boldsymbol{H}$ 同向。

利用式（5-8），有 $\boldsymbol{B}=\mu_0(\boldsymbol{H}+\boldsymbol{M})=\mu_0(1+\chi_{\mathrm{m}})\boldsymbol{H}$，各向同性的磁介质在线性磁化的情况下

$$\mu_r = 1+\chi_m \tag{5-13}$$

μ_r 称为磁介质的相对磁导率。则

$$\boldsymbol{B} = \mu_0\mu_r\boldsymbol{H} = \mu\boldsymbol{H} \tag{5-14}$$

式中,$\mu=\mu_0\mu_r$ 称为磁介质的磁导率。

5.2.3 有磁介质时的安培环路定理的应用

利用有磁介质时的环路定理可以求某些对称性分布电流激发的磁场的磁场强度 $\boldsymbol{H}$,利用式(5-8)可以求出各向同性的线性磁介质中的磁感应强度 $\boldsymbol{B}$。

例题 5.1 如例题 5.1 图所示,一个密绕螺绕环内充满均匀磁介质,已知磁介质内的磁化强度 $\boldsymbol{M}$ 沿着环的逆时针方向,由导线中传导电流激发的磁场的磁感应强度为 $\boldsymbol{B}_0$。求密绕螺绕环内的磁感应强度。

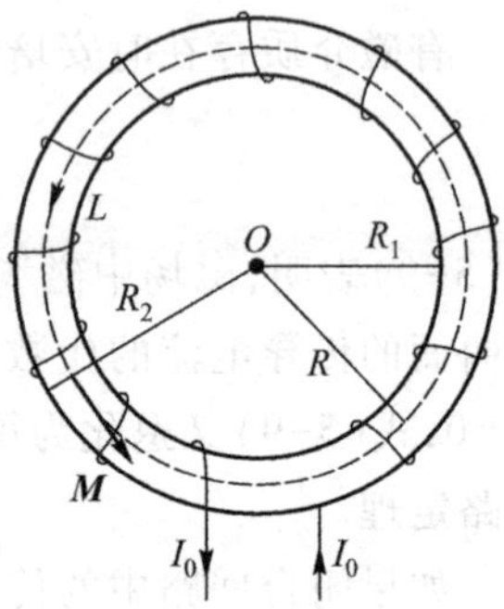

例题 5.1 图

解:设密绕螺绕环的平均半径为 R,导线中通有的电流为 I_0,所绕线圈总匝数为 N。如图所示,取与螺绕环同心的圆形回路 L,以逆时针方向为正,利用式(5-9)可得

$$\oint_L \boldsymbol{H}\cdot d\boldsymbol{l} = \sum_{L内} I_0$$

考虑到电流分布的对称性,回路上各点的磁场强度大小相等,且方向沿回路的切线方向,则有

$$H\cdot 2\pi R = NI_0$$

故

$$H = \frac{NI_0}{2\pi R}$$

若螺绕环的内外半径 R_1、R_2 相差不大,设

$$n = \frac{N}{2\pi R}$$

则

$$H = nI_0$$

而无磁介质时螺绕环内 $B_0=\mu_0 nI_0=\mu_0 H$,即 $H=B_0/\mu_0$,由于 $B=\mu_0(H+M)$,故

$$B = B_0+\mu_0 M$$

例题 5.2 如例题 5.2 图所示,一长直同轴电缆由半径分别为 R_1、R_2 的圆柱形导体芯线和导体圆柱面构成。在导体芯线和导体圆柱面上通有反向电流,电流强度为 I,电流沿同轴电缆的截面均匀分布,在导体芯线和导体圆柱面之间充满各向同性、相对磁导率为 μ_r 的线性磁介质,求磁介质内的磁感应强度。

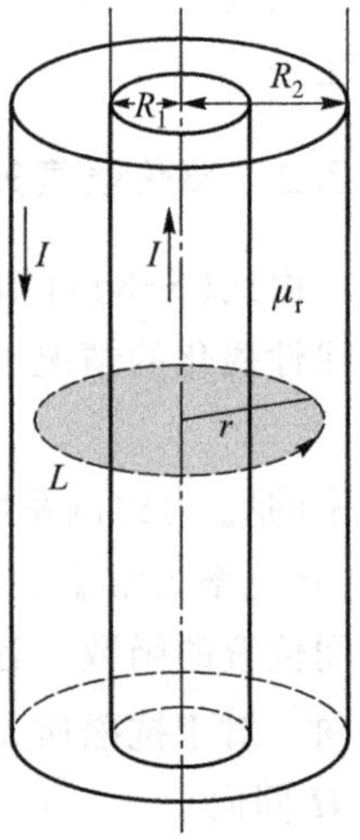

例题 5.2 图

解:考虑到同轴电缆上电流分布的对称性,如图所示,作安培环路 L,回路上各点的磁场强度大小相等,且方向沿回路的切线方向,由安培环路定理式(5-9),得

$$\oint_L \boldsymbol{H}\cdot d\boldsymbol{l} = \sum_{L内} I_0$$

有
$$H \cdot 2\pi r = I, \quad H = \frac{I}{2\pi r}$$
由式(5-14)知,磁感应强度为
$$B = \mu_r \mu_0 H = \frac{\mu_r \mu_0 I}{2\pi r} \quad (R_1 < r < R_2)$$
磁感应强度的方向如图所示,沿回路任一点的切线方向。

§ 5.3 顺磁质与抗磁质的磁化机制

磁介质的磁性是由介质的微观结构决定的,其严格的理论必须借助量子理论。本节从经典物理学的角度给以解释。

5.3.1 顺磁性

磁介质由分子或原子构成,分子磁矩来源于电子绕核的轨道运动和自身的自旋运动两部分。轨道运动的电子等价于一个环电流,具有一定的磁矩,称之为轨道磁矩。电子自旋是电子的"内禀"效应,具有一定的磁矩,称之为自旋磁矩。整个原子或分子的磁矩,是各种轨道磁矩与自旋磁矩的矢量和。

磁介质分子分为两类:

(1) 分子中各个电子的磁矩不能完全抵消,整个分子具有一定的固有磁矩。

(2) 分子中各个电子的磁矩相互抵消,分子不具有固有磁矩。

顺磁质的分子固有磁矩不为零。无外磁场时,由于热运动,各分子固有磁矩取向杂乱,使得任一宏观小体积内的分子磁矩矢量和为零,即磁化强度为零,对外不呈现磁性。

当有外磁场作用时,分子磁矩受到磁力作用,转向磁场方向,导致磁介质对外显示磁性,即处于磁化状态。磁介质分子排列的整齐程度与施加的磁场和环境温度相关。温度越高,分子的热运动越剧烈,分子排列越不整齐,磁化强度越小,磁化越弱。实验表明,磁化率χ_m的值随温度的升高而减小,这说明顺磁质对温度比较敏感。

5.3.2 抗磁性

抗磁质中每个原子或分子所有电子的轨道磁矩和自旋磁矩的矢量和为零,即分子不具有固有磁矩,其抗磁性源于电子的轨道运动受到外磁场的作用而产生的进动。

按照经典物理学的图像,电子在原子核库仑力的作用下,绕原子核做轨道运动。假定电子绕原子核的圆周运动半径为r,角速度为$\boldsymbol{\omega}_0$,如图5-7所示,沿逆时针绕行周期为T,则电子绕行一周的等效电流为
$$I = \frac{dq}{dt} = \frac{e}{T} = \frac{e\omega_0}{2\pi}$$
式中e为电子电荷量的绝对值。电流的方向与电子轨道运行方向相反,电子轨道磁矩为

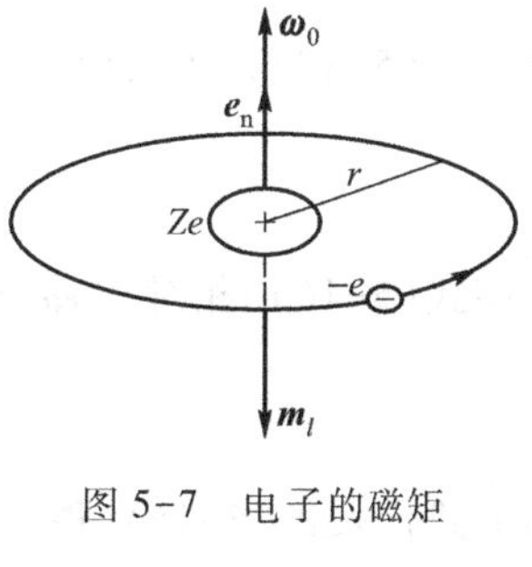

图5-7 电子的磁矩

$$\boldsymbol{m}_l=-IS\boldsymbol{e}_{\mathrm{n}}=-\frac{e\omega_0}{2\pi}\pi r^2\boldsymbol{e}_{\mathrm{n}}=-\frac{er^2}{2}\boldsymbol{\omega}_0 \tag{5-15}$$

电子轨道磁矩 $\boldsymbol{m}_l$ 的方向与角速度 $\boldsymbol{\omega}_0$ 的方向相反。若原子核带电 Ze,没有外磁场作用时,电子运动的向心力就是受到的库仑力,即

$$\frac{Ze^2}{4\pi\varepsilon_0 r^2}=m\omega_0^2 r \tag{5-16}$$

得到

$$\omega_0=\sqrt{\frac{Ze^2}{4\pi\varepsilon_0 mr^3}} \tag{5-17}$$

我们来分析电子的角速度 $\boldsymbol{\omega}_0$ 与外磁场 $\boldsymbol{B}$ 同向的情况,如图 5-8(a)所示。为简单起见,我们研究电子轨道平面与施加的外磁场 $\boldsymbol{B}$ 垂直的情形。在外磁场 $\boldsymbol{B}$ 中,电子受库仑力、洛伦兹力的共同作用,它们提供向心力,即

$$\frac{Ze^2}{4\pi\varepsilon_0 r^2}+e\omega rB=m\omega^2 r \tag{5-18}$$

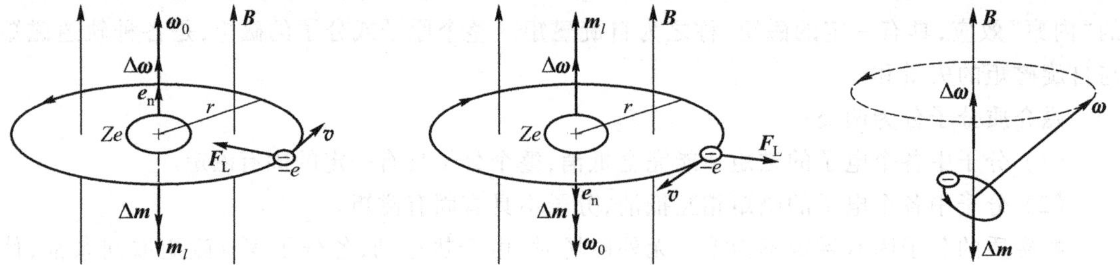

图 5-8 抗磁性

若电子轨道运动半径不变(相当于定态假设),由于洛伦兹力指向轨道中心,使得电子加速,角速度将增加,即 $\Delta\boldsymbol{\omega}$ 与 $\boldsymbol{\omega}_0$ 同向,于是有

$$\omega=\omega_0+\Delta\omega \tag{5-19}$$

考虑到洛伦兹力远小于库仑力,角速度的增量将远远小于初始角速度,即

$$\Delta\omega=\omega-\omega_0\ll\omega_0$$

代入式(5-19),忽略高阶小量得

$$\omega^2\approx\omega_0^2+2\omega_0\Delta\omega$$

再将式(5-19)代入式(5-18),得

$$\frac{Ze^2}{4\pi\varepsilon_0 r^2}+e\omega_0 rB+e\Delta\omega rB=m\omega_0^2 r+2m\omega_0\Delta\omega r$$

利用式(5-16),相对于 $e\omega_0 rB$ 而言,忽略小量 $e\Delta\omega rB$,得

$$\Delta\omega=\frac{eB}{2m}$$

将上式代入式(5-15),得

$$\Delta \boldsymbol{m}=-\frac{er^2}{2}\Delta \boldsymbol{\omega} \tag{5-20}$$

考虑到 $\Delta\boldsymbol{\omega}$ 与 $\boldsymbol{\omega}_0$ 同向，则 $\Delta\boldsymbol{m}$ 与 $\boldsymbol{\omega}_0$ 反向，即 $\Delta\boldsymbol{m}$ 与外磁场 $\boldsymbol{B}$ 反向。

我们若再来分析电子的角速度 $\boldsymbol{\omega}_0$ 与外磁场 $\boldsymbol{B}$ 反向的情况，如图 5-8(b)所示，可以得到同样结论，即电子磁矩的改变 $\Delta\boldsymbol{m}$ 的方向总是与外磁场 $\boldsymbol{B}$ 相反。

抗磁质中每个原子或分子中所有电子的轨道磁矩和自旋磁矩的矢量和为零，不具有固有磁矩。但是当受外磁场作用时，抗磁质中原子或分子中每个电子的磁矩都要受到磁力矩的作用，同时电子磁矩在外磁场作用下以磁场方向为轴转动，即产生进动，如图 5-8(c)所示，由此产生了附加磁矩 $\Delta\boldsymbol{m}$。而附加磁矩 $\Delta\boldsymbol{m}$ 总是与外磁场 $\boldsymbol{B}$ 方向相反，由此导致了抗磁质的磁化，其附加磁场的磁感应强度 $\boldsymbol{B}'$ 与附加磁矩 $\Delta\boldsymbol{m}$ 成正比，故抗磁质的磁化产生的附加磁场 $\boldsymbol{B}'$ 的方向与外磁场 $\boldsymbol{B}$ 相反。

§5.4　铁磁质

以铁为代表的一类磁介质，磁化后呈现出很强的磁性，称为铁磁质。铁、钴、镍钆及其合金，以及某些包含铁的氧化物都是重要的铁磁质。铁磁质较非铁磁质有一些独特的性质，在铁磁质的磁化过程中，其相对磁导率不再是常量，而是与外加的励磁磁场有关，其数值一般为 $10^2 \sim 10^4$，甚至更大。本节从铁磁质的磁化及磁化机制出发来讨论。

5.4.1　铁磁质的磁化

所有的磁介质的磁感应强度、磁化强度、磁场强度之间的关系都满足 $\boldsymbol{H}=\dfrac{\boldsymbol{B}}{\mu_0}-\boldsymbol{M}$。

1. 铁磁质的磁化

这里通过铁磁质的磁化实验来讨论铁磁质的磁化规律，实验装置简图如图 5-9 所示，目的是通过实验给出铁磁质磁化后内部磁感应强度矢量 $\boldsymbol{B}$、磁化强度矢量 $\boldsymbol{M}$ 和磁场强度矢量 $\boldsymbol{H}$ 之间的关系，寻找其规律性。实验中把待测的铁磁质做成闭合圆环状，其上密绕线圈，称为初级线圈，形成一个为铁芯所充满的螺绕环。该螺绕环单位长度所绕线圈的匝数为 n，磁化的励磁电流为 I 时，螺绕环内的铁芯内磁场强度的大小为 $H=nI$。在该螺线管上还绕制了 N' 匝的次级线圈，次级线圈与冲击电流计相连，可以测量螺绕环铁芯内的磁感应强度 B。具体实验测量过程如下：

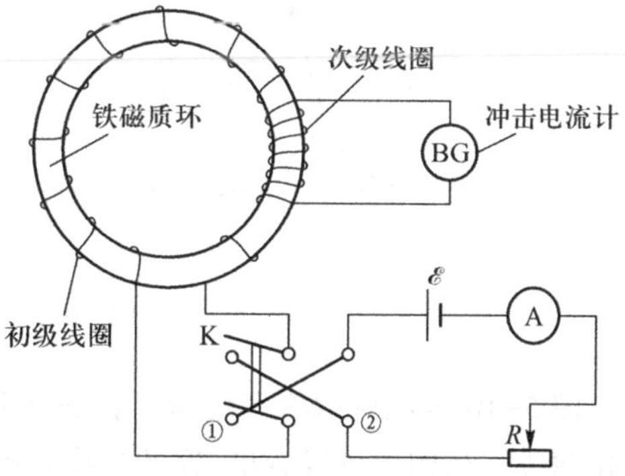

图 5-9　铁磁质磁化测量装置

（1）开关 K 未接通时，螺绕环电流为零，铁磁质未磁化，此时铁磁质内 $H=0, B=0, M=0$。

（2）令电阻 R 最大，双向开关接通①，使螺绕环电流达到稳定的小电流值 I，利用关系 $H=nI$，计算出铁磁质内的 H。此时铁磁质内的磁感应强度为 B。

（3）双向开关接通②，使螺绕环电流仍达到稳定的小电流值 I。此时铁磁质内的磁感应强度为$-B$。

(4) 测量电流反向的时间 Δt,螺线管内的磁场变化为 $\Delta B=B-(-B)=2B$。

(5) 冲击电流计测出次级线圈在这个过程中流过某一截面的感应电荷量 $q=\int_0^{\Delta t} i\mathrm{d}t=\bar{i}\Delta t$,而 $q=\frac{1}{R}(\Phi_1-\Phi_2)=N'BS-N'(-B)S=2N'BS$,这里 i 为冲击电流计的瞬时电流,$\bar{i}$ 为 Δt 时间内冲击电流计的电流平均值,$\Phi_1-\Phi_2$ 为电流反向时,铁磁质内的磁感应强度由 B 变为$-B$,而通过次级线圈的磁通量的变化量,S 为螺线管的截面积,$N'BS$ 为电流正向或反向时的最大磁通量。

由此可测出铁磁质内的磁感应强度的大小 B,再根据 $M=\frac{B}{\mu_0}-H$,就可计算出相应的磁化强度的大小 M。

(6) 通过调节与电源连接着的滑动变阻器的电阻 R,可以调节进入螺线管电流的大小,逐渐增大电流,重复上述步骤(2)、(3)、(4)可以测得足够多对 $B-H$、$M-H$ 的对应值。当 H 增加到一定值时,B 和 M 不再随之增加,称之为铁磁质达到饱和磁化状态。

(7) 之后再调节滑动变阻器的电阻 R,逐渐减小电流,测得足够多对 $B-H$、$M-H$ 的对应值,直至 H 为零。

如此,可测得 $B-H$ 曲线和 $M-H$ 曲线。

2. 铁磁质的起始磁化曲线

铁磁质未磁化时,铁磁质内 $H=0,B=0,M=0$。铁磁质从未磁化到达到饱和磁化状态,对应每一个电流 I 值,根据测出的 $B-H$、$M-H$ 的对应值,可以绘出如图 5-10 所示的关系曲线,称之为铁磁质的起始磁化曲线。

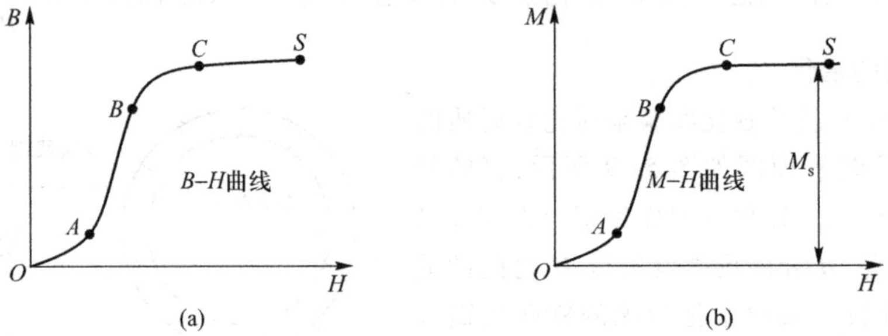

图 5-10　铁磁质的起始磁化曲线

图 5-10(a)中的 OS 段展示了铁磁质从未磁化到饱和磁化的磁化曲线,即铁磁质的起始磁化曲线。从图中可以看出,这条曲线具有非线性的特点,这是与非铁磁质的显著区别。坐标原点 O 对应于铁磁质未磁化状态。通入电流,开始增加励磁磁场 H,铁磁质内磁感应强度 B 随之增加,初始 OA 段,B 增加较缓慢,到了 AB 段,B 急剧增加,到 BC 段,B 的增加又缓慢下来,继续增大外磁场时,到了 CS 段,B 几乎不再增加了,此时铁磁质的磁化已趋于饱和。饱和时的磁场强度称为饱和磁场强度,用 H_s 表示。

由铁磁质磁化的 $B-H$ 曲线,可得到 $M-H$ 曲线,也称之为起始磁化曲线,如图 5-10(b)所示。由于在铁磁质中 M 的数值比 H 大得多(约 $10^2\sim10^6$ 倍),所以 $B=\mu_0(H+M)\approx\mu_0 M$,因而

$M-H$ 曲线的外貌和 $B-H$ 曲线相差无几。铁磁质饱和时的磁化强度称为饱和磁化强度，用 M_s 表示。

对于图 5-10(b) 所示的铁磁质的起始磁化曲线，利用 $\boldsymbol{M}=\chi_m\boldsymbol{H}$，可得任一磁化状态下的磁化率 χ_m，即 $\chi_m=\dfrac{M}{H}$，如图 5-11(a) 所示。再利用 $\mu_r=1+\chi_m$ 可以得到铁磁质在任一磁化状态下的相对磁导率 μ_r，由此给出 μ_r-H 曲线，如图 5-11(b) 所示。进而可以得到铁磁质的起始磁化率 $\chi_{m起始}$、起始相对磁导率 $\mu_{r起始}$、最大磁化率 $\chi_{m最大}$、最大相对磁导率 $\mu_{r最大}$。

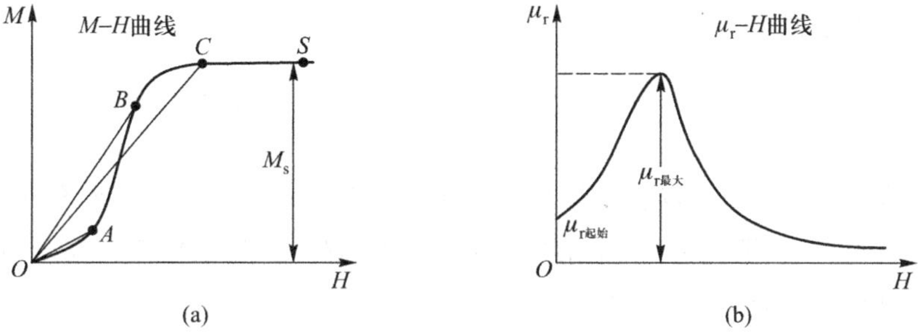

图 5-11　相对磁导率与磁场强度的关系曲线

铁磁质的饱和磁化强度 M_s、起始相对磁导率 $\mu_{r起始}$、最大相对磁导率 $\mu_{r最大}$ 称为铁磁质磁化的品质因数。

3. 磁滞现象与磁滞回线

当铁磁质的磁化达到饱和状态之后，若减小外磁场，可发现这阶段的磁化曲线与起始磁化曲线并不重合，如图 5-12 中的 SR 段所示。这说明铁磁质的 B 与 H 之间不是单值关系，要知道某一外磁场 H 对应的 B，必须知道铁磁质的磁化历史。比较 SR 和 OS 段发现，B 的变化跟不上 H 的变化，这种现象称为磁滞现象。当 $H=0$ 时，B 减小到某一值 B_r，称之为剩余磁感应强度，简称剩磁。

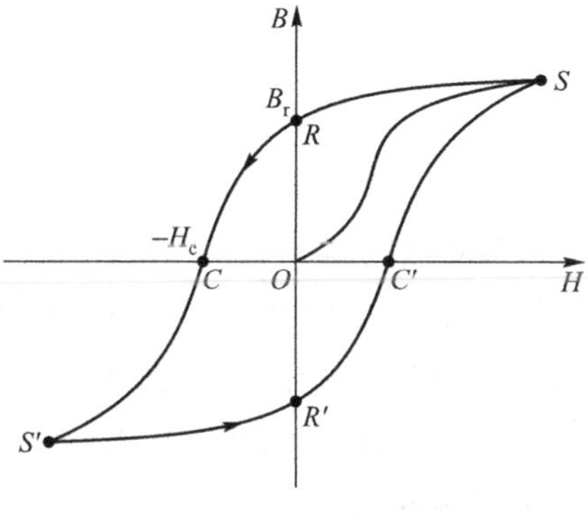

图 5-12　磁滞回线

此时再进一步给铁磁质的螺绕环增加反向电流，即施加反向的磁场，此时 $H<0$。当反向磁场 H 达到一定值 H_c 时，铁磁质内的 B 才减到 0，即铁磁质完全退磁。使介质完全退磁所需要的反向磁化场 H_c 的大小，称为这种铁磁质的矫顽力。这种铁磁质从具有剩磁 B_r 的状态到完全退磁的状态，RC 这一段曲线称为退磁曲线。

随着反向电流的进一步增大，反向外磁场的值继续增大，铁磁质的螺绕环中出现反向磁感应强度 $B(B<0)$，直到达到反向饱和磁化状态 S'。

一般来说，达到反向饱和磁化时 B 的值与正向磁化时大小一样。此后若改变励磁磁场，使反向的外磁场数值减少到 0，即 $S'R'$ 段，铁磁质还存在反向剩磁，然后再沿正方向增加励磁磁场，铁磁质的磁化状态将沿 $R'C'S$ 再达到正向饱和磁化状态。铁磁质磁化的曲线 $S'R'C'S$ 和 $SRCS'$ 关于坐标点 O 是对称的。

由此可见，当外磁场在正负两个方向上往复变化时，铁磁质的磁化过程经历着一个循环的过程。铁磁质达到“正向”饱和磁化后，“反向”退磁，完全退磁后，继续“反向”励磁，达到“反向”饱和磁化后，再退磁，直至达到“正向”饱和磁化的过程。闭合曲线 $SRCS'R'C'S$ 叫作铁磁质的磁滞回线，上述现象称为铁磁质的磁滞现象。铁磁质的 $B-H$ 图中磁滞回线所包围的“面积”代表着铁磁质在一个反复磁化的循环过程中单位体积的铁芯损耗的能量。

从图 5-12 中可以看出。对应同一个 H 值，可能有两个或三个 B 值，具体数值取决于铁磁质的磁化历史。

5.4.2　铁磁质的分类

铁磁质按其磁化过程中退磁的矫顽力大小主要分为三类，即软磁材料、硬磁材料和矩磁材料。

1. 软磁性材料

该类铁磁质的矫顽力很小，H_c 约为 1 A/m，剩磁很容易退去，磁滞回线 $B-H$ 的面积较小，如图 5-13(a)所示，如含碳 0.1%以下的电工软铁、硅(矽)钢、铁氧体等。软磁材料广泛应用于电磁铁、变压器、互感器、电机的磁芯材料等。

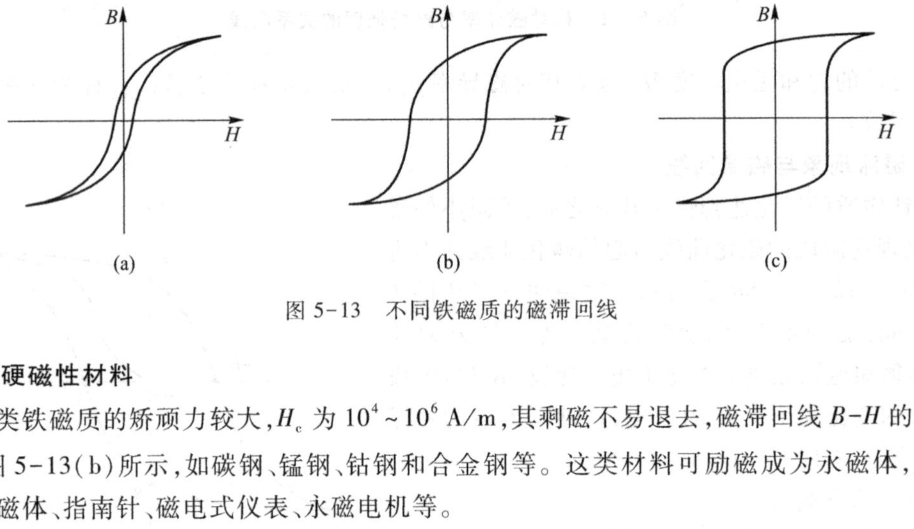

图 5-13　不同铁磁质的磁滞回线

2. 硬磁性材料

该类铁磁质的矫顽力较大，H_c 为 $10^4 \sim 10^6$ A/m，其剩磁不易退去，磁滞回线 $B-H$ 的面积较大，如图 5-13(b)所示，如碳钢、锰钢、钴钢和合金钢等。这类材料可励磁成为永磁体，用于常用条形磁体、指南针、磁电式仪表、永磁电机等。

3. 矩磁材料

该类铁磁质的矫顽力很大，磁滞回线 $B-H$ 的面积几乎为矩形，如图 5-13(c)所示。这类材料多用于磁记录、磁存储材料等。

5.4.3　铁磁质的磁化机制

1. 磁畴

铁磁质的磁性主要来源于电子的自旋磁矩。在没有外磁场作用的条件下，铁磁质中电子自旋磁矩在小范围内自发地排列起来，形成一个个小的“自发磁化区”，如图 5-14 所示，称之为磁畴。

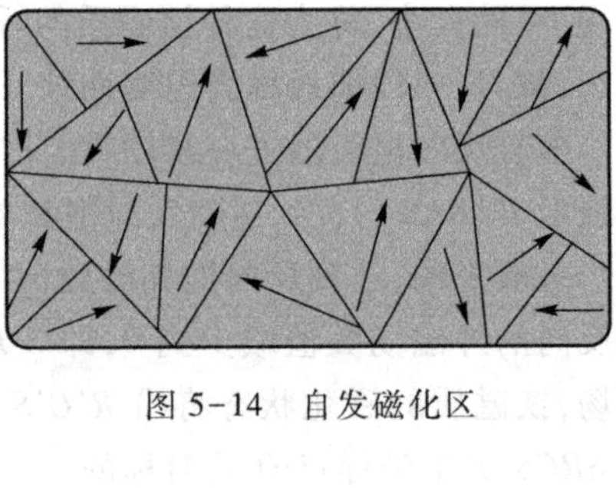

图 5-14　自发磁化区

铁磁质中电子自旋磁矩之所以会形成磁畴，按照量子力学理论，是由于铁磁质原子中的电子之间存在着一种交换相互作用，这种作用使得电子自旋平行排列时，其能量更低。

2. 铁磁质的磁化机制

无外磁场时，铁磁质内各个磁畴内的自发磁化方向不同，相互抵消的结果是铁磁质的磁化强度为零，宏观上不显磁性，如图 5-15(a)所示。在外加励磁磁场较弱的阶段，随着外磁场增大，与外磁场方向接近的那些磁畴的体积不断扩大，如图 5-15(b)所示。当外加励磁磁场继续增大时，所有磁畴的电子自旋磁矩都转向外磁场的方向，部分磁畴的边界消失，如图 5-15(c)所示。此时，由于磁滞效应，即使撤去外磁场，铁磁质仍呈现一定的磁性。当外加励磁磁场越强时，所有磁畴的电子自旋磁矩的趋向越明显，磁化强度 $\boldsymbol{M}$ 越大，直至所有磁畴边界都消失。而当外磁场增大到某一临界值后，铁磁质中所有电子的自旋磁矩的方向均与外磁场的方向相同，此时铁磁质达到饱和磁化状态，其磁化强度达到最大值，如图 5-15(d)所示，此时再继续增大外磁场，铁磁质的磁化强度保持不变。由于在每个磁畴中元磁矩已完全排列起来，所以它的磁化强度非常大，这就是铁磁质的磁性比顺磁质强得多的原因。

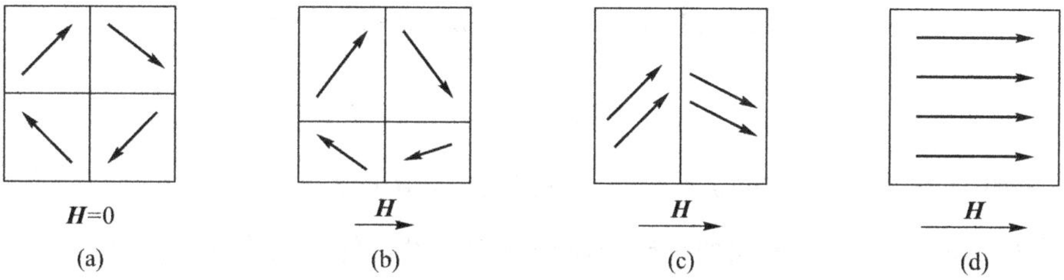

图 5-15　铁磁质的磁化机制

5.4.4　居里点

铁磁质中的磁畴是电了自旋磁矩自发地有序排列形成的，热运动会破坏磁畴中磁矩的有序排列。当温度升高到足以破坏磁畴中磁矩的整齐排列时，磁畴被瓦解，铁磁性物质的磁性消失，变为顺磁性物质。与铁磁性消失时所对应的温度称为居里点。当温度降低到居里点以下，其又还原为铁磁质。每种铁磁质都有自己的居里点，如铁的居里点约为 1 043 K，钴的居里点约为 1 388 K，镍的居里点较低，约为 631 K。

利用铁磁质的居里点特性，人们开发出了很多传感器和控制器，例如人们日常使用的电饭锅的控温装置。

§5.5　磁介质的边界条件与磁路

本节讨论两种磁介质分界面上磁感应强度 $\boldsymbol{B}$ 和磁场强度 $\boldsymbol{H}$ 的边界条件、磁感应线在磁介质分界面上的偏折、磁屏蔽以及磁路定理。

5.5.1　磁介质的边界条件

在第二章静电场中，应用静电场的高斯定理和环路定理在两种电介质的分界面上，得到了

电位移 $\boldsymbol{D}$ 和电场强度 $\boldsymbol{E}$ 的边界条件。这里利用恒定磁场的高斯定理$\oint_S \boldsymbol{B}\cdot \mathrm{d}\boldsymbol{S}=0$ 和安培环路定理$\oint_L \boldsymbol{H}\cdot \mathrm{d}\boldsymbol{l}=\sum\limits_{L内} I_{i0}$ 来分析在两种磁介质的分界面处，磁感应强度 $\boldsymbol{B}$ 和磁场强度 $\boldsymbol{H}$ 的边界条件。

设两种磁介质的分界面如图 5-16 所示，磁感应强度 $\boldsymbol{B}$ 穿过两种磁介质的分界面。我们在磁介质分界面上下作一个扁盒状的闭合曲面 S，其上下底面足够小，分别居于两种电介质中，上下底面积相等，都等于 ΔS，且上下底面"无限"接近于分界面，使得其侧面积趋于零。这时上下底面处的磁感应强度可看作是相等的。利用磁场的高斯定理$\oint_S \boldsymbol{B}\cdot \mathrm{d}\boldsymbol{S}=0$ 有

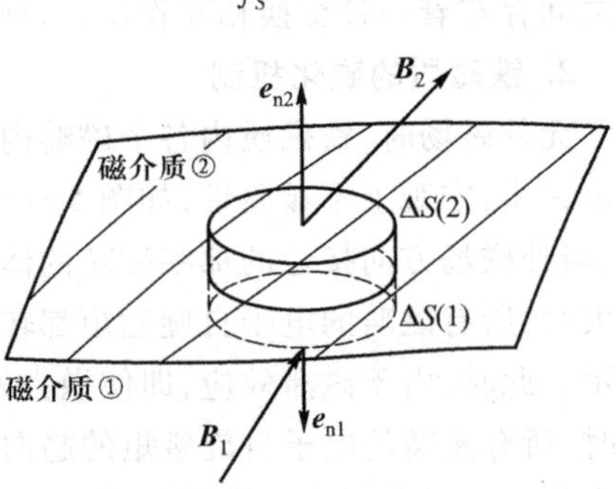

图 5-16　两种磁介质的分界面

$$\int_{下底\Delta S(1)} \boldsymbol{B}\cdot \mathrm{d}\boldsymbol{S}+\int_{上底\Delta S(2)} \boldsymbol{B}\cdot \mathrm{d}\boldsymbol{S}+\int_{侧面} \boldsymbol{B}\cdot \mathrm{d}\boldsymbol{S}=0$$

$$\boldsymbol{B}_1\cdot \boldsymbol{e}_{n1}\Delta S+\boldsymbol{B}_2\cdot \boldsymbol{e}_{n2}\Delta S=-B_{1n}\Delta S+B_{2n}\Delta S=0$$

则得

$$B_{1n}=B_{2n} \tag{5-21}$$

式(5-21)表明，在两种磁介质的分界面上，磁感应强度 $\boldsymbol{B}$ 的法向分量连续。利用磁场的安培环路定理$\oint_L \boldsymbol{H}\cdot \mathrm{d}\boldsymbol{l}=\sum\limits_{L内} I_{i0}$，考虑在两种磁介质分界面上没有传导电流，则可以得到

$$H_{1t}=H_{2t} \tag{5-22}$$

式(5-22)表明，在两种磁介质的分界面上，磁场强度 $\boldsymbol{H}$ 的切向分量连续。

5.5.2　磁介质分界面上磁感应线的偏折

如图 5-17 所示，磁场强度 $\boldsymbol{H}$ 和磁感应强度 $\boldsymbol{B}$ 穿过两种磁介质的分界面，两种磁介质的相对磁导率分别为 μ_{r1} 和 μ_{r2}，在两种磁介质分界面上没有传导电流。由前面给出的边界条件有

$$B_{1n}=B_{2n},\quad B_1\cos\theta_1=B_2\cos\theta_2 \qquad ①$$

$$H_{1t}=H_{2t},\quad H_1\sin\theta_1=H_2\sin\theta_2 \qquad ②$$

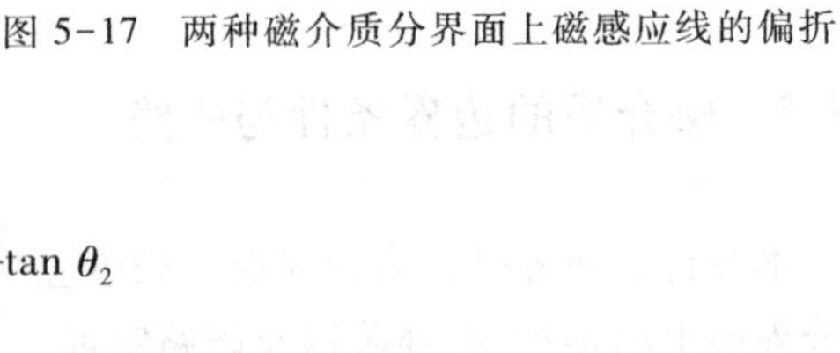

图 5-17　两种磁介质分界面上磁感应线的偏折

上述两个表达式①、②相除有

$$\frac{H_1}{B_1}\tan\theta_1=\frac{H_2}{B_2}\tan\theta_2$$

由于 $B_1=\mu_{r1}\mu_0 H_1$，$B_2=\mu_{r2}\mu_0 H_2$，故有

$$\frac{\tan\theta_1}{\tan\theta_2}=\frac{\mu_{r1}}{\mu_{r2}} \tag{5-23}$$

式(5-23)表明，磁介质分界面两侧磁感应线与法线夹角的正切值之比等于分界面两侧磁介质的相对磁导率之比。

如图 5-17 所示，考虑两种磁介质的分界面，若磁介质①为弱磁性磁介质，如顺磁质，其相对磁导率 $\mu_{r1}\approx 1$，磁介质②为铁磁质，其相对磁导率 μ_{r2} 为 $10^2\sim10^4$，则

$$\frac{\tan\theta_1}{\tan\theta_2}\approx 10^{-2}\sim10^{-4}\to 0$$

即 $\theta_1\to 0,\theta_2\to\frac{\pi}{2}$。这表明，弱磁性磁介质一侧的磁感应线几乎与磁介质分界面垂直，而强磁性磁介质一侧的磁感应线几乎与分界面平行。即高磁导率的物质可将磁通量集中在自己内部，这一结论在现实生活中有重要的应用，如磁屏蔽、磁路和磁电式电流计等。

5.5.3 磁屏蔽

一些精密的实验场所或某些精密的实验仪器，往往要避免受到外磁场的影响。根据式(5-23)，铁磁质具有把磁感应线集中到自己内部的性质，这样就可以利用一个铁壳把精密的实验场所或精密的实验仪器罩在其内，如图 5-18 所示。这样外界的磁感应线都通过铁壳了，而铁壳器罩住的空间几乎没有磁感应线进来，由此达到了屏蔽外磁场的作用。

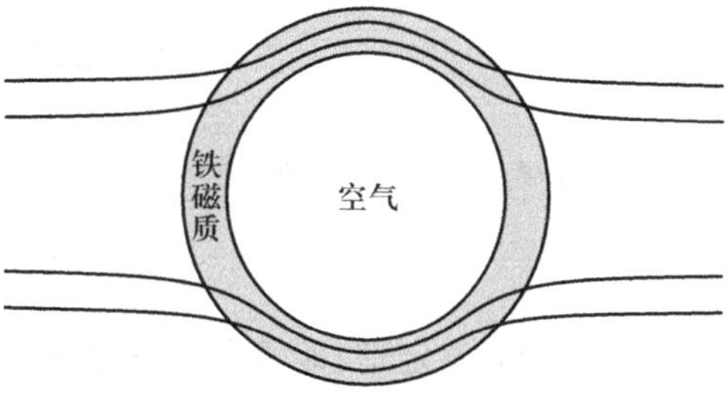

图 5-18　磁屏蔽

5.5.4 磁路与磁路定理

如图 5-19(a)所示的短载流线圈，其内部没有任何磁介质时，载流线圈产生的磁场弥散在整个空间中。根据上一节的结论，高磁导率的物质可将磁通量集中在自己内部，如图 5-19(b)所示，我们将载流线圈绕在一个闭合的铁环上，铁环的边界可以看成一个闭合的磁感应线管，它把绝大部分载流线圈产生的磁通量集中到这个磁感应线管内。这个闭合的磁感应线管称为磁路。

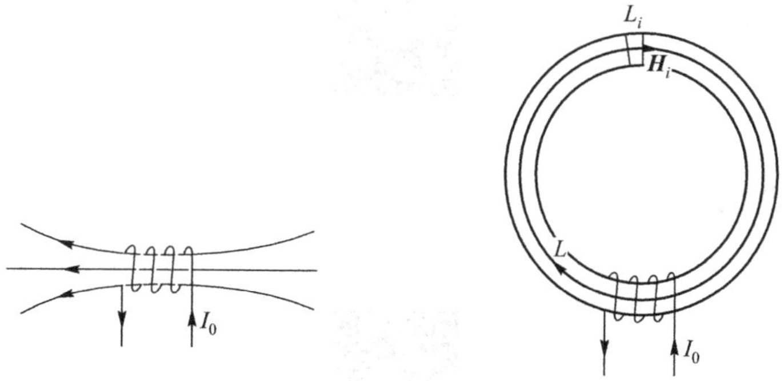

(a)　(b)

图 5-19　磁路的示意图

利用磁场的高斯定理可以证明，以铁环的边界构成的闭合磁感应线管内通过各个截面的磁通量 Φ 处处相等。在图 5-19(b) 所示的磁路中，设载流线圈的匝数为 N，通过的传导电流为 I_0。在磁感应线管内取一个同心的圆作为闭合回路，以顺时针方向绕行，由安培环路定理有

$$NI_0 = \oint_L \boldsymbol{H} \cdot \mathrm{d}\boldsymbol{l}$$

将此闭合环路看成是由足够多段均匀磁路 L_i 串联而成的，则有

$$\oint_L \boldsymbol{H} \cdot \mathrm{d}\boldsymbol{l} = \sum_i H_i L_i = \sum_i \frac{B_i}{\mu_0 \mu_{ri}} L_i = \sum_i \frac{B_i S_i}{\mu_0 \mu_{ri}} \frac{L_i}{S_i}$$

式中 H_i、B_i、μ_{ri}、L_i、S_i 分别为第 i 段均匀磁路的磁场强度、磁感应强度、相对磁导率、长度和横截面积。

因为各段均匀磁路上的磁通量都相等，设为 Φ，而 $\Phi = B_i S_i$，则有

$$NI_0 = \sum_i H_i L_i = \Phi \sum_i \frac{L_i}{\mu_0 \mu_{ri} S_i} \tag{5-24}$$

定义：磁动势 $\mathscr{E}_m = NI_0$，磁阻 $R_{mi} = \dfrac{L_i}{\mu_0 \mu_{ri} S_i}$，磁流 Φ，磁势降落 $H_i L_i = \Phi R_{mi}$，则式(5-24)写为

$$\mathscr{E}_m = \sum_i H_i L_i = \Phi \sum_i R_{mi} \tag{5-25}$$

式(5-25)称为磁路定理，即闭合磁路的磁动势等于各段磁路上磁势降落之和。

磁路定理是磁场的高斯定理和安培环路定理在磁路中的具体应用。磁路定理为我们提供了一种分析和计算磁场分布的方法。

图 5-18 所示的磁屏蔽也可以看作铁壳磁路与空气磁路的并联。由于铁磁质的相对磁导率远远大于空气的相对磁导率，所以铁壳磁路的磁阻远远小于空气磁路的磁阻，磁感应线集中在低磁阻磁路中通过。

应用专题：1. 巨磁电阻效应与大容量磁记录；2. 磁性液体的性质及应用

经典实验：核磁共振

思考题

5.1 如图所示，一个带有很窄缝隙的永磁环，其磁化强度大小为 M，试求图中标出 1、2、3 点的 B 和 H。

5.2 如图所示，试证明任何长度的沿轴向磁化的磁棒中垂面上侧表面内外两点 1、2 的磁场强度 H 相等，并分析这两点的磁感应强度是否相等。

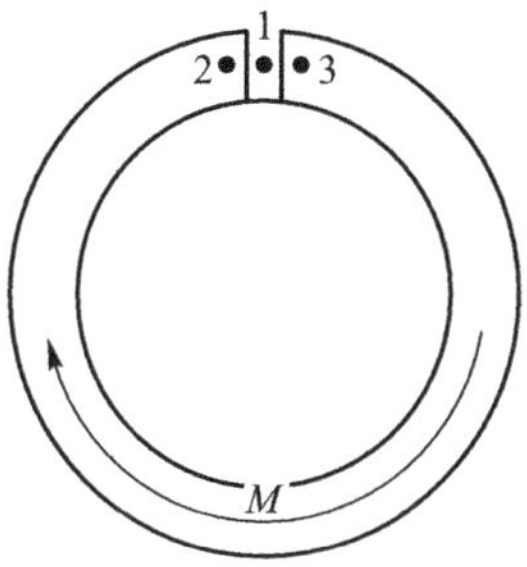

思考题 5.1 图

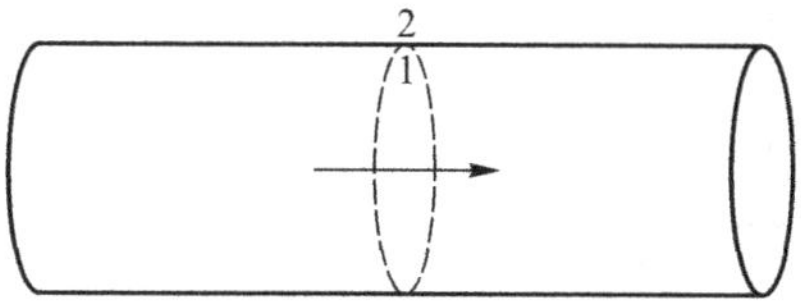

思考题 5.2 图

5.3 设计一个方案，可以测量磁棒内部的磁场强度 H。

5.4 如图所示，将一根磁棒悬挂在电磁铁的磁极之间。请判断图(a)和(b)中是否为顺磁棒，并说明原因。

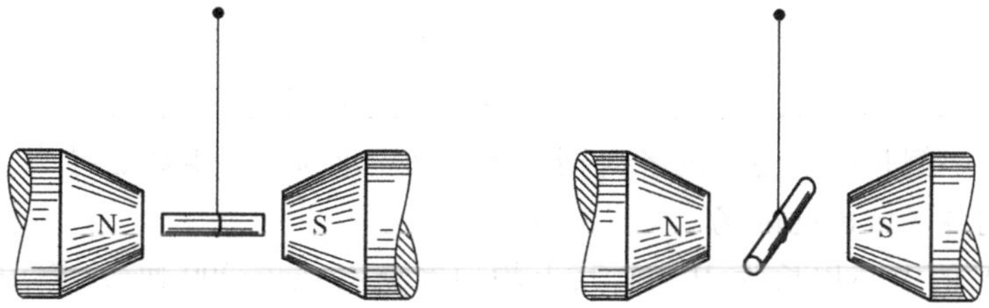

(a) (b)

思考题 5.4 图

5.5 将一个空心螺线管接到恒定电源上通电，然后插入一根软铁棒。在此过程中软铁棒受到什么样的力？此力做正功还是负功？螺线管的储能增加了还是减少了？

习题

5.1 一磁介质棒的直径为 25 mm，长度为 75 mm，沿棒长方向均匀磁化，磁矩为 $1.20\times10^{4}\ \mathrm{A\cdot m^{2}}$，求：

（1）磁介质的磁化强度；

（2）磁介质的磁化电流分布。

第五章习题参考答案

5.2 如图所示，半径为 R 的磁介质球被均匀磁化，磁化强度为 $\boldsymbol{M}$，且与 z 轴平行。用球坐标系表示出磁介质球面上的磁化面电流密度 $\boldsymbol{i}'$，并求出这样分布的磁化电流所提供的总磁矩 $\boldsymbol{m}$。

5.3 在磁化强度为 $\boldsymbol{M}$ 的均匀磁化磁介质中，挖去一半径为 R 的球形空穴。试证明：空穴表面上磁化电流在球心 O 处产生的磁感应强度为 $\boldsymbol{B}'=-\dfrac{2}{3}\mu_0\boldsymbol{M}$。

5.4 一细长圆柱形永磁体沿轴向均匀磁化，磁化强度为 $\boldsymbol{M}$，试计算此永磁体中部 a 点及两端面内外场点 b、c、d、e（位置如图所示）的磁感应强度 $\boldsymbol{B}$ 的大小和磁场强度 $\boldsymbol{H}$ 的大小。

5.5 如图所示，一半径为 R 的圆柱形长导线，其中沿轴向通有恒定电流 I，导线材料为均匀磁介质，其相对磁导率为 μ_r，求空间的磁场分布以及磁化电流分布。

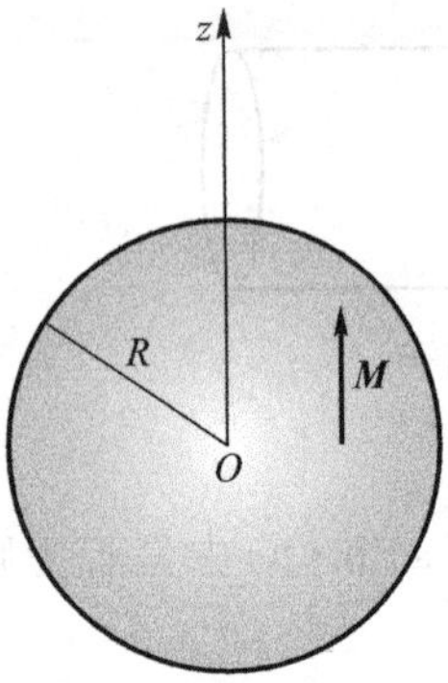

习题 5.2 图

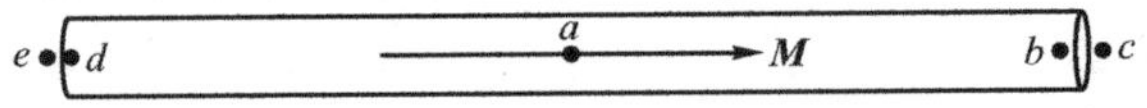

习题 5.4 图

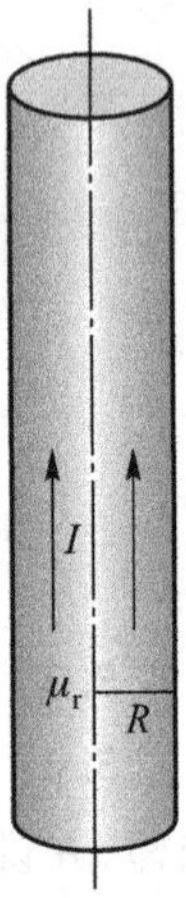

习题 5.5 图

5.6 一块厚度为 a 的大平板中均匀通有密度为 $\boldsymbol{j}$ 的传导电流，板的相对磁导率为 μ_{r1}；在载流大平板的一侧是厚度为 b 的各向同性的大磁介质板，其相对磁导率为 μ_{r2}，其余部分为真空。求空间各区域内的磁场。

5.7 螺绕环的中心周长为 10 cm，其上均匀密绕有线圈 200 匝，线圈中通过的电流为 0.1 A，环管内充满相对磁导率为 4 200 的磁介质。

（1）求：螺绕环内部的磁场强度 $\boldsymbol{H}$ 和磁感应强度 $\boldsymbol{B}$ 的大小；

（2）问传导电流和磁化电流在环管内产生的磁感应强度分别是多少？

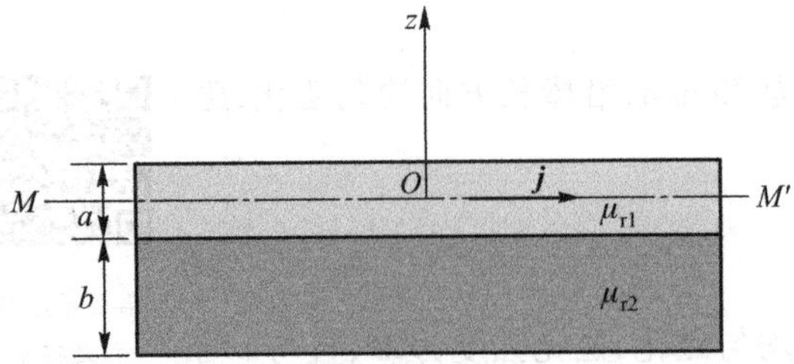

习题 5.6 图

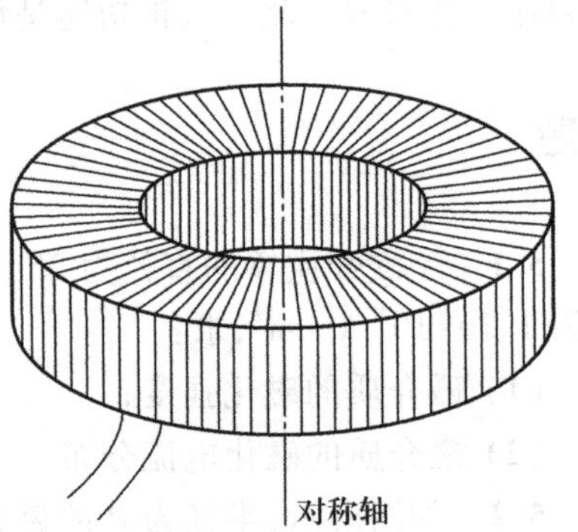

习题 5.7 图

5.8 厚度为 b 的无限大导体平板，其中均匀流有传导电流，密度为 $\boldsymbol{j}$，导体的相对磁导率为 μ_r，平板两侧充满相对磁导率分别为 μ_{r1} 和 μ_{r2} 的各向同性的均匀磁介质，如图所示。求大平板内外的磁感应强度 $\boldsymbol{B}$。

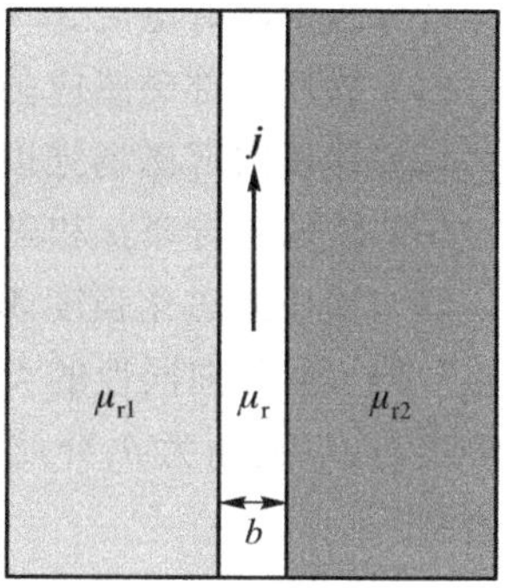

习题 5.8 图

5.9 某种铁磁性材料具有矩形磁滞回线（称为矩形材料），如图(a)所示。反向磁场一旦超过矫顽力，磁化方向就立即反转。矩形材料的用途是制作电子计算机中存储元件的环形机芯。图(b)所示为由矩形铁氧体材料制成的磁芯，其外直径为 0.8 mm，内直径为 0.5 mm。若磁芯原来已沿环向被磁化，方向如图(b)所示，要使磁芯的磁化方向全部反转，位于磁芯中心的长直导线中脉冲电流的峰值至少要多大？已知此矩形材料的矫顽力 $H_c = 2$ A/m。

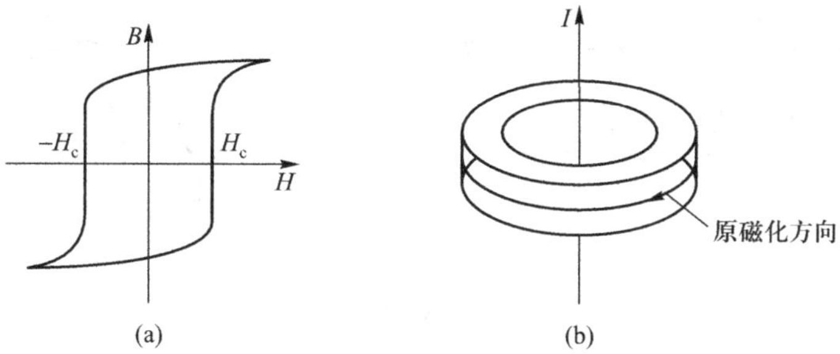

习题 5.9 图

5.10 如图所示，一个在空气间隙获得强磁场的电磁铁，铁芯中心线的长度 $l_1 = 500$ mm，空气间隙长度 $l_2 = 20$ mm，铁芯是相对磁导率 $\mu_r = 5\ 000$ 的硅钢。若要在空气间隙中得到 $B = 3$ T 的磁场，求绕在铁芯上的线圈的安匝数 NI。

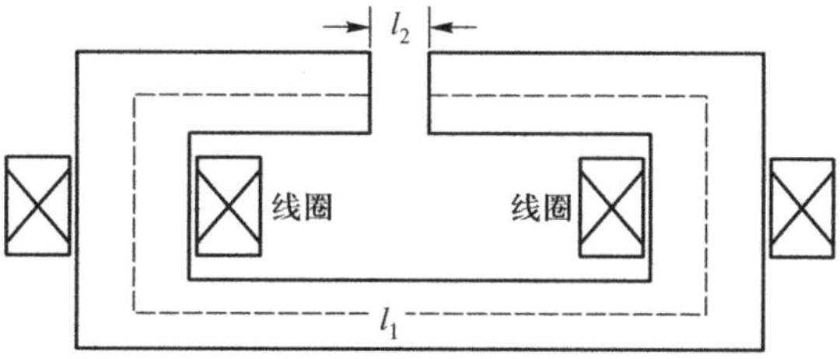

习题 5.10 图

5.11 螺绕环中心周长为 10 cm，环上均匀密绕的线圈为 200 匝，线圈中通过的电流为 0.1 A。

(1) 若螺绕环内充满相对磁导率 $\mu_r = 4\ 200$ 的磁介质，则管内的 B 和 H 是多少？

(2) 磁介质内由导线中电流产生的 B_0 和由磁化电流产生的 B' 各是多少？

5.12 一铁环中心线的周长为 30 cm，横截面积 S 为 1.0 cm^2，在环上紧密地绕有线圈 300 匝。当导线中通有电流 32 mA 时，通过环的磁通量 Φ 为 2.0×10^{-6} Wb。试求：

(1) 铁环内部磁感应强度 $\boldsymbol{B}$ 的大小；

(2) 铁环内部磁场强度 $\boldsymbol{H}$ 的大小；

(3) 铁的磁导率 μ 和磁化率 χ_m；

(4) 铁环的磁化强度 $\boldsymbol{M}$ 的大小。

5.13 一各向同性的大磁介质平板放在真空中无限大的均匀磁场 $\boldsymbol{B}_0$ 中，如图所示。平板的法线与 $\boldsymbol{B}_0$ 夹角为 θ，介质的相对磁导率为 μ_r，不计边缘效应。求介质板内的磁场和磁化电流密度。

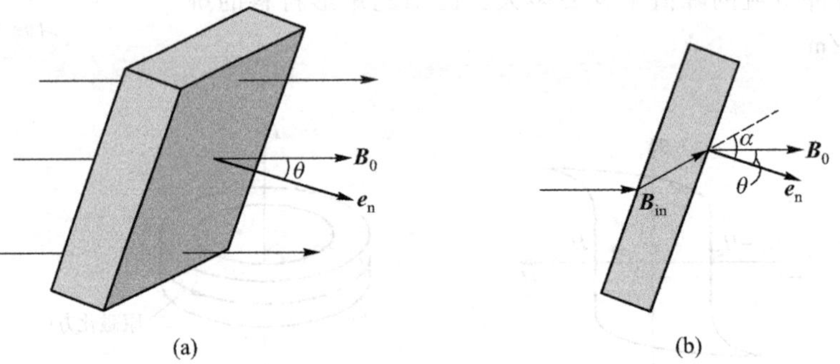

习题 5.13 图

5.14 一长直圆柱形导线的半径为 a，设导线材料的相对磁导率为 1，其中通有电流 I，求单位长度导线内部空间的磁场能量，并由此计算单位长度导线内的自感。

第六章　电磁感应

电磁感应现象的发现在电磁学发展史上具有重大意义，实现了电磁学从静止、恒定向运动、变化的发展。电磁感应现象将电现象和磁现象的联系上升到电场和磁场联系的高度，为麦克斯韦电磁场理论的建立奠定了基础。对电磁感应现象的规律和物理本质的认识，使发电机、变压器等多种电器的制造成为可能，电子学、电工学和电磁测量等学科随之产生。

第六章
电子教案

本章首先介绍电磁感应现象，给出电磁感应定律和楞次定律。为了揭示电磁感应现象的物理本质，依据非静电力的不同，将感应电动势区分为动生电动势和感生电动势。依据感生电动势来自自身还是外部，将电磁感应现象区分为自感现象和互感现象。利用自感磁场的特例，给出了磁场能量的普遍适用的表达形式。

§6.1　电磁感应定律

1820年丹麦人奥斯特通过实验发现了电流的磁效应，当时许多物理学家提出磁能否产生电？为了回答这个问题，科学家们进行了多种实验，并没得到预期的结果。直到1831年，英国人法拉第通过实验发现了**感应电流**，并将磁的电效应命名为**电磁感应**。

法拉第并不满足于电磁感应现象的发现，他意识到感应电流与恒定电流不同，这是一种非恒定的暂态效应。随后他做了一系列实验，通过深入的实验研究和理论分析，提出了**感应电动势**的概念。

关于电磁作用的物理机制，法拉第提出了“近距作用”的观点，摒弃了“超距作用”的观点。他认为电磁作用需要媒介物，需要传递时间。他根据电磁感应现象指出，仅有导线的运动不足以产生电流，磁铁周围必定存在某种“状态”，并用“力线”来描述这种状态。法拉第认为“力线”是特殊的物质，充满了空间，它是电磁作用的传递者和媒介物，这构成了法拉第“场”观点的基础。

为了说明感应电动势产生的原因，法拉第指出，在磁体或电流周围存在着一种“电紧张状态”，磁体或电流运动、变化引起的“电紧张状态”的变化，正是感应电动势产生的原因。1845年德国人诺伊曼和韦伯给出了感应电动势的数学表述，由于法拉第对电磁感应现象的卓越贡献，世人称之为**法拉第电磁感应定律**。

本节首先介绍电磁感应现象的几个演示实验，它们是法拉第当年实验的现代版，然后给出电磁感应现象的规律——法拉第电磁感应定律和楞次定律。

6.1.1　电磁感应现象

下面通过几个演示实验说明电磁感应现象，进而分析得到产生电磁感应现象的条件。

1. 磁场中导线的运动

如图 6-1 所示，在均匀的恒定磁场中放入接有电流计的导体线框，线框平面垂直于磁场方向。线框中上有一导体棒可以滑动，且与线框保持接触，构成闭合回路。在外力作用下该导体棒朝右滑动时，电流计的指针发生偏转，表明在线框中产生了电流，称之为感应电流。反向滑动时，感应电流反向。滑动得越快，电流计指针偏转的角度越大，即感应电流越大。

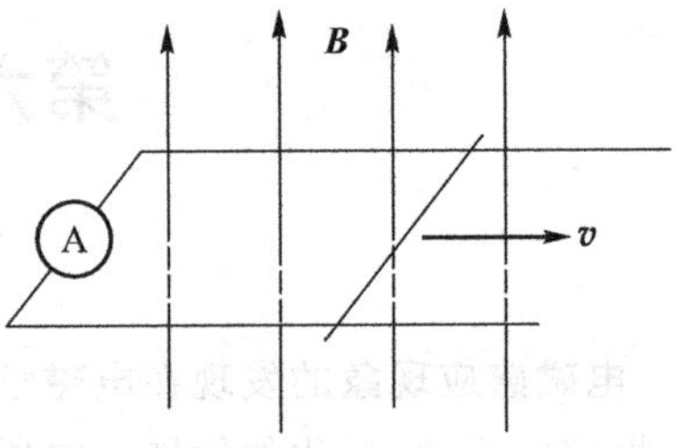

图 6-1 电磁感应现象——导线做切割磁感应线的运动

实验中施加的外磁场恒定，导体棒在外力作用下滑动的过程中，穿过线框的磁通量发生了变化，结果在回路中产生了感应电流。

2. 多匝闭合线圈回路中插入或拔出磁棒

如图 6-2 所示，多匝线圈的两端接上电流计，形成闭合回路。将一根磁棒插入线圈的过程中[图 6-2(a)]，电流计的指针发生偏转。磁棒在线圈内不动时，电流计的指针不再偏转，此时线圈中没有感应电流。将磁棒从线圈内拔出的过程中[图 6-2(b)]，电流计的指针反向偏转。电流计的指针偏转表明线圈中产生了感应电流。

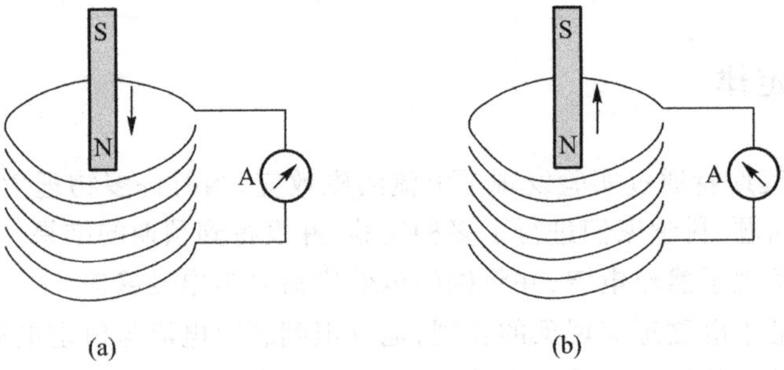

图 6-2 电磁感应现象——多匝闭合线圈回路中插入或拔出磁棒

这个实验说明当闭合线圈的磁通量发生变化时，回路中就产生感应电流。

在实验中还发现，磁棒插入或拔出的速度越快，电流计指针偏转的角度越大，即感应电流越大。

3. 多匝闭合线圈回路中插入或拔出载流线圈

一个通电线圈和一根磁棒的磁效果相当，将图 6-2 所示实验中的磁棒替换为通有直流电的线圈后，如图 6-3 所示，也可以观察到与图 6-2 所示实验同样的现象。上面两个实验表明：

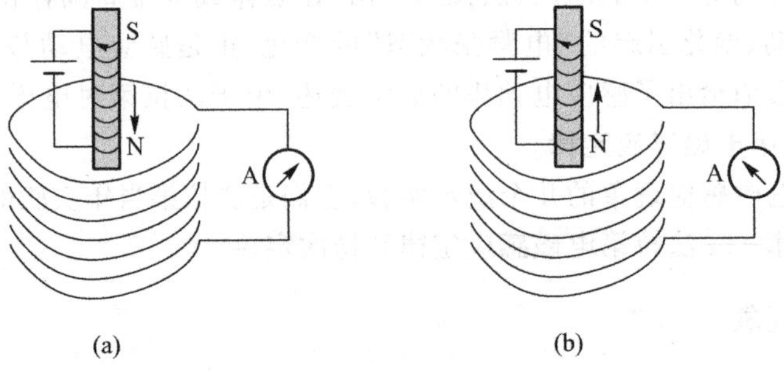

图 6-3 电磁感应现象——多匝闭合线圈回路中插入或拔出载流线圈

不论磁场是由磁棒激发的还是由电流激发的，只要通过多匝闭合线圈回路中的磁通量发生变化，就会产生感应电流。

4. 插入多匝闭合线圈回路中的线圈通电或断电

上面三个实验中，磁通量的变化是由相对运动引起的，然而磁场发生变化同样可以引起磁通量的变化。如图 6-4 所示，将小线圈、直流电源和开关 K 串联起来，再把小线圈插入多匝闭合线圈回路中。如图 6-4(a)、(b)所示，在开关 K 接通或者断开的瞬间，电流计指针发生偏转，并且开关 K 接通和断开时，电流计指针偏转的方向相反，以后又回到零点。这表明在小线圈通电或断电的瞬间，由于小线圈中电流发生变化，通过多匝闭合线圈回路的磁通量变化，可以在多匝闭合线圈回路中产生感应电流。

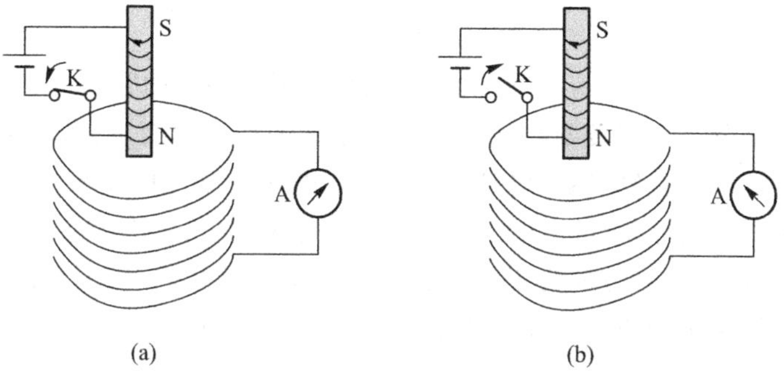

图 6-4　电磁感应现象——插入多匝闭合线圈回路中的线圈通电或断电

上述四个实验的共同点是，多匝闭合线圈回路中的磁通量都发生了变化，虽然没有“显性的电源”，却有电流出现的现象。我们可以得出结论：当穿过闭合回路的磁通量发生变化时，回路中就产生感应电流，也就是回路中一定产生有感应电动势。

上述的电磁感应现象中产生了感应电流和感应电动势，感应电流的大小与回路的电阻有关。法拉第进一步的研究发现，产生的电动势的大小与回路中的电阻无关。这种由于磁通量变化而产生的电动势，法拉第将其命名为**感应电动势**。研究发现，感应电动势比感应电流更能反映电磁感应现象的本质。

以后我们还将看到，即使回路不闭合，也会发生电磁感应现象。这时并没有感应电流，而感应电动势依然存在，它将反映在回路的端电压上。

6.1.2　法拉第电磁感应定律

从 6.1.1 节的实验中我们知道，穿过闭合回路的磁通量变化越快，感应电流越大，产生的感应电动势也就越大。在不同的条件下，感应电动势的方向亦不同。

实验表明：导体回路中感应电动势的大小与穿过回路磁通量的变化率成正比。这个结论称为**法拉第电磁感应定律**。在国际单位制下，此定律可表示为

$$\mathscr{E}=-\frac{\mathrm{d}\Phi}{\mathrm{d}t} \tag{6-1}$$

式中，磁通量 Φ 的单位为 Wb，时间 t 的单位为 s，感应电动势 $\mathscr{E}$ 的单位为 V。

式(6-1)只适用于单匝线圈组成的回路。若回路由 N 匝线圈串联而成，当磁通量变化时，

每匝线圈都将产生感应电动势,整个线圈的总电动势就等于各匝所产生的电动势之和。设 Φ_1、Φ_2、…、Φ_n 分别是通过各匝线圈的磁通量,则通过回路的总磁通量 Ψ 称为**全磁通或磁通匝链数**,即

$$\Psi=\Phi_1+\Phi_2+\cdots+\Phi_n=\sum_{i=1}^{n}\Phi_i$$

此时,法拉第电磁感应定律应表示成

$$\mathscr{E}=-\frac{\mathrm{d}\Psi}{\mathrm{d}t}=-\sum_{i=1}^{n}\frac{\mathrm{d}\Phi_i}{\mathrm{d}t}=\sum_{i=1}^{n}\mathscr{E}_i$$

若穿过每匝线圈的磁通量相同,均为 Φ,则这时法拉第电磁感应定律可写为

$$\mathscr{E}=-\frac{\mathrm{d}\Psi}{\mathrm{d}t}=-N\frac{\mathrm{d}\Phi}{\mathrm{d}t} \tag{6-2}$$

式(6-1)中"-"号代表了感应电动势的方向,说明了电动势的"方向性",是法拉第电磁感应定律的重要组成部分。其正负要与预先标定的方向进行比较而定:若与标定方向一致则为正号,反之则为负号。如何确定感应电动势的方向?可采用如下的步骤:

(1) 标定回路 L 的绕行方向和曲面的法线方向 $\boldsymbol{e}_n$:首先标定回路的绕行方向,如图 6-5(a)中 L 的绕向,则回路的顺时针方向为正;如图 6-5(b)中 L 的绕向,则回路的逆时针方向为正。然后按右手螺旋定则定出回路包围面积的正法线方向 $\boldsymbol{e}_n$ 的方向。

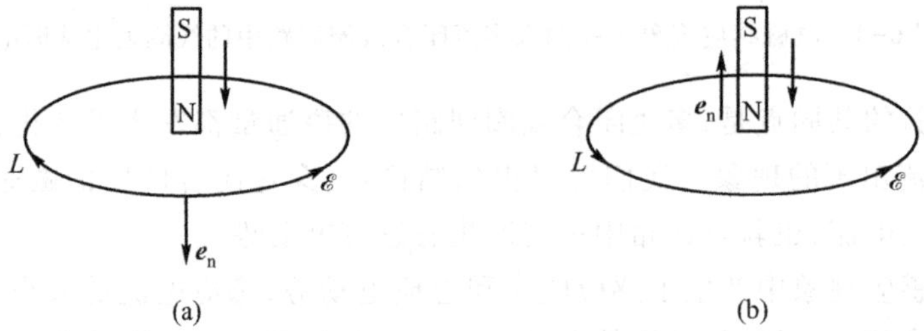

图 6-5 判断闭合回路中感应电动势的方向

(2) 确定磁通量 Φ 的正负:由磁通量的定义式,如图 6-5 所示,若 $\boldsymbol{B}$ 与 $\boldsymbol{e}_n$ 的夹角为锐角,则 Φ 为正值;若 $\boldsymbol{B}$ 与 $\boldsymbol{e}_n$ 的夹角为钝角,则 Φ 为负值。

(3) 确定 $\mathrm{d}\Phi$ 和 $\frac{\mathrm{d}\Phi}{\mathrm{d}t}$ 的正负:设在时间间隔 $\mathrm{d}t$ 内 Φ 的增量为 $\mathrm{d}\Phi=\Phi(t+\mathrm{d}t)-\Phi(t)$,如图 6-5(a)所示,磁铁插入线圈时,若正 Φ 随时间增大,或负 Φ 的绝对值随时间减小,$\mathrm{d}\Phi>0$,$\frac{\mathrm{d}\Phi}{\mathrm{d}t}>0$。如图 6-5(b)所示,磁铁插入线圈时,若正 Φ 随时间减小或负 Φ 的绝对值随时间增大,则 $\mathrm{d}\Phi<0$,$\frac{\mathrm{d}\Phi}{\mathrm{d}t}<0$。

(4) 确定感应电动势 $\mathscr{E}$ 的正负:利用式(6-1)即可确定感应电动势 $\mathscr{E}$ 的正负:如图 6-5(a)所示情况 $\mathscr{E}<0$,表示电动势的方向与此标定回路 L 的方向相反,沿着逆时针方向。如图 6-5(b)所示情况 $\mathscr{E}>0$,表示电动势的方向与此标定回路 L 的方向相同,沿着逆时针方向。

从式(6-1)可以看出,无论回路的绕行方向怎样选择,感应电动势的正负总是取决于磁通

量的变化率。

6.1.3 楞次定律

1834 年俄国物理学家楞次概括了大量电磁感应现象的实验结果，提出了直接判断感应电流方向的方法，即闭合回路中感应电流的方向，总是使得感应电流所激发的磁场阻碍引起感应电流的磁通量的变化。这就是著名的**楞次定律**。楞次定律也可以表述为：感应电流的效果总是反抗引起感应电流的原因。利用楞次定律可以方便地判断闭合回路中感应电流的方向。

如图 6-6 所示，对于闭合的导体回路 L，我们利用楞次定律来分析磁棒 N 极在下面的情况，考虑磁棒 N 极插入线圈和从线圈中拔出的情形。如图 6-6(a)所示，把 N 极插入线圈时，线圈向下的磁通量增加，根据楞次定律，感应电流所激发的磁场与原磁场反向，即感应电流所激发的磁场方向向上，根据右手螺旋定则，可判断出感应电流沿逆时针方向，即与图 6-5(a)所示电感应电动势 $\mathscr{E}$ 同向。如图 6-6(b)所示情况，把磁棒拔出，穿过线圈的磁通量减少，而这时感应电流所激发的磁场与原磁场同向，可判断出感应电流沿顺时针方向。运用楞次定律判断感应电流的方向与用法拉第电磁感应定律所得的结果是一致的。

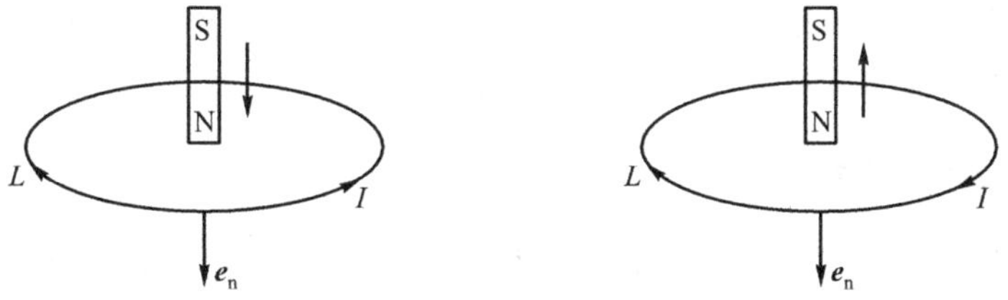

图 6-6　判断闭合回路中感应电流的方向

楞次定律是能量守恒定律在电磁感应现象的具体体现，我们从功和能的角度进行分析。如图 6-6(a)所示，当把磁棒的 N 极插入线圈时，线圈有感应电流，相当于一根磁棒，线圈的 N 极出现在上端，与磁棒的 N 极相对，两者互相排斥，其效果是反抗磁棒的插入。磁棒继续插入过程中，必须借助外力克服这个斥力做功。而且感应电流在闭合回路中流动时将释放焦耳热。根据能量守恒定律，这部分热只可能是外力做功转化而来的。如果感应电流的方向与楞次定律的结论相反，若将磁棒插入，线圈的 S 极出现在上端，则两者互相吸引，此时既对外做功，又释放焦耳热，这显然是违反能量守恒定律的。

在上述例子里，按照楞次定律，把磁棒插入线圈或从线圈内拔出时，外力都必须克服斥力或引力做机械功，实际上正是这部分机械功转化成感应电流所释放的焦耳热。感应电流只有按照楞次定律所规定的方向流动，才能符合能量守恒定律。楞次定律还可表述为：感应电流的效果总是反抗引起感应电流的原因。

这里所说的“效果”，既可理解为感应电流所激发的磁场，也可理解为因感应电流出现而引起的机械作用；这里所说的“原因”，既可指磁通量的变化，也可指引起磁通量变化的相对运动或回路的变化。

利用楞次定律可判断图 6-1 所示情形中的感应电流的方向，以及导体棒滑动速度大小与闭合回路中电流计指示的电感应电流大小的关系。

例题 6.1 如例题 6.1 图所示，现以纸面表示水平面，在水平面内放置一 U 形导体导轨 $EABF$，导体导轨上有一接触良好的导体 CD，CD 可以沿着 AE 和 BF 边滑动。导轨置于均匀的恒定磁场中，恒定磁场的磁感应强度为 $\boldsymbol{B}$，垂直于水平面向下。设导体 CD 在两条导轨之间的长度为 l，向右滑动的速度为 v。求 U 形导体导轨与导体 CD 构成的闭合线框中的感应电动势。

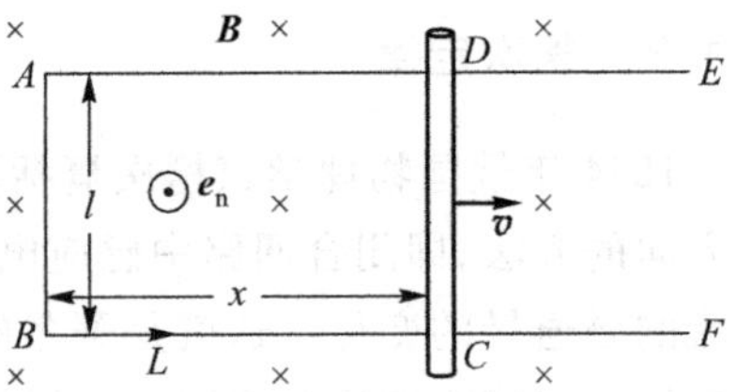

例题 6.1 图

解：如图所示，设 $ABCD$ 回路的绕行方向以逆时针为正，线框所在的平面法线方向 $\boldsymbol{e}_n$ 垂直纸面向外。设 BC 之间的距离为 x，则通过线框 $ABCD$ 的磁通量为

$$\Phi=\int \boldsymbol{B}\cdot \mathrm{d}\boldsymbol{S}=-Blx$$

代入式(6-1)，得

$$\mathscr{E}=-\frac{\mathrm{d}\Phi}{\mathrm{d}t}=Bl\frac{\mathrm{d}x}{\mathrm{d}t}=Blv$$

电动势的值为正，说明其方向与 $ABCD$ 回路规定的绕行方向一致。也可用楞次定律进行判断，导体 CD 右移时，闭合线框内磁通量增加，感应电流产生的磁场与原磁场反向，则感应电流的方向一定沿着线框的逆时针方向。

6.1.4 感应电动势的分类

在产生感应电动势的过程中，根据磁通量变化的原因，感应电动势可分为动生电动势和感生电动势。

如果站在磁场的角度看，磁感应强度的分布及各处的大小方向不变，即磁场不变，导体回路或回路的一部分运动，引起通过导体回路的磁通量变化，使得回路中产生的电动势，称之为动生电动势。

如果站在导体回路的角度看，导体回路不动，磁场变化引起通过导体回路的磁通量变化，而在回路中产生的电动势，称之为感生电动势。

在某些情况下，导体回路或回路的一部分运动，磁场也在变化，而引起通过导体回路的磁通量变化，这时在导体回路中同时产生动生电动势和感生电动势。

§6.2 动生电动势

法拉第电磁感应定律表明，只要闭合电路中磁通量发生变化，就会产生感应电动势。按照磁通量变化原因的不同，在恒定磁场中运动导体内产生的感应电动势为动生电动势。本节内容主要讨论动生电动势产生的原因及其计算。

6.2.1 动生电动势

在图 6-7 所示的回路中，由于导体棒 CD 的运动而在导体回路中产生动生电动势，即 $\mathscr{E}=-\frac{\mathrm{d}\Phi}{\mathrm{d}t}=Blv$，产生电动势是回路内部非静电力驱动电荷运动做功的结果，这种情况下是什么力驱动电荷运动，充当了“非静电力”的角色呢？下面我们来分析动生电动势中非静电力的来源。

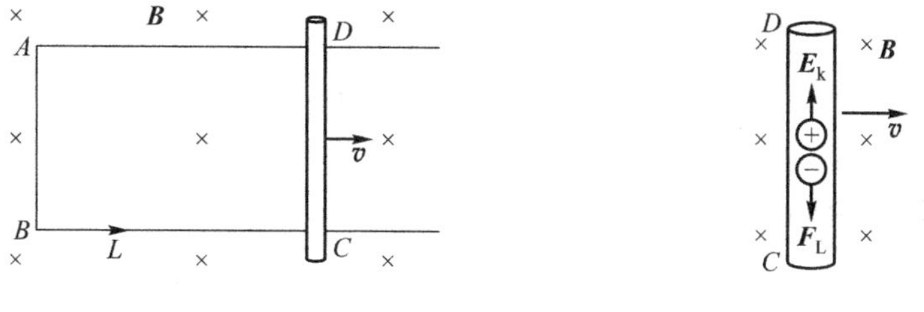

图 6-7　动生电动势的产生

如图 6-7(a)所示，导体棒 CD 与 U 形导体导轨构成闭合回路 $ABCDA$，均匀磁场垂直于回路所在平面。当导体棒 CD 以速度 $\boldsymbol{v}$ 沿导轨向右滑动时，棒内的自由电子随棒一起以速度 $\boldsymbol{v}$ 运动，如图 6-7(b)所示，每个电子都受到洛伦兹力的作用，$\boldsymbol{F}_L=-e\boldsymbol{v}\times\boldsymbol{B}$，自由电子受洛伦兹力作用向 C 端运动，等价于正电荷向 D 端运动。在洛伦兹力的作用下，自由电子在导体棒 CD 中将向 C 端运动，而电流方向为正电荷运动的方向，故闭合回路 $ABCDA$ 中将出现逆时针方向的感应电流。这里由于导体棒 CD 运动，洛伦兹力驱动电荷运动产生的感应电动势为动生电动势。若将运动的导体棒 CD 看作电源部分，则洛伦兹力充当了非静电力的角色。此时作用在单位等价正电荷上的洛伦兹力，即非静电场强为

$$\boldsymbol{E}_k=\frac{\boldsymbol{F}_L}{-e}=\boldsymbol{v}\times\boldsymbol{B} \tag{6-3}$$

根据电动势的定义式(3-9)，导体棒 CD 中的动生电动势为

$$\mathscr{E}=\int_C^D \boldsymbol{E}_k\cdot d\boldsymbol{l}=\int_C^D(\boldsymbol{v}\times\boldsymbol{B})\cdot d\boldsymbol{l}$$

再考虑例题 6.1，利用式(6-3)计算可得

$$\mathscr{E}=\int_C^D(\boldsymbol{v}\times\boldsymbol{B})\cdot d\boldsymbol{l}=\int_C^D vB\,dl=vBl$$

这一结果与例题 6.1 利用磁通量对时间的变化率计算的结果完全相同。根据洛伦兹力的方向判断出的动生电动势的方向也与楞次定律完全一致，说明洛伦兹力就是产生动生电动势的非静电力。

由于洛伦兹力只作用于导体棒 CD 中的自由电子，所以动生电动势只可能存在于运动的这一段导体 CD 上。而不动的那部分导体上没有电动势，它只是提供了电流运行的通路。如果仅仅有一段导线在磁场中运动，而没有回路，那么在这一段导线上虽然没有感应电流，但仍可能有动生电动势。

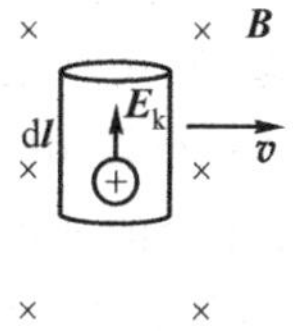

图 6-8　任意磁场中一小段导体运动产生动生电动势

若在非均匀磁场中，而磁场中运动的导体也不一定是直导体，我们总可以在运动的导体上取长为 $d\boldsymbol{l}$ 的一小段(图 6-8)，使得一小段导体处电磁场近似为匀强磁场，则当一小段导体运动时，其上产生的动生电动势为

$$d\mathscr{E}=(\boldsymbol{v}\times\boldsymbol{B})\cdot d\boldsymbol{l} \tag{6-4}$$

而对于磁场中长为 L 的一段运动导体,其产生的动生电动势为

$$\mathscr{E}=\int_L(\boldsymbol{v}\times\boldsymbol{B})\cdot\mathrm{d}\boldsymbol{l} \tag{6-5}$$

若整个导体回路 L 都在磁场中运动,则回路中总的动生电动势为

$$\mathscr{E}=\oint_L(\boldsymbol{v}\times\boldsymbol{B})\cdot\mathrm{d}\boldsymbol{l} \tag{6-6}$$

6.2.2 洛伦兹力的角色

由于洛伦兹力的方向总与电荷运动的方向垂直,洛伦兹力对电荷不做功。在前面的动生电动势分析中,我们说动生电动势是洛伦兹力驱动电荷运动的结果,而电动势产生,在回路中就具有了电场能,这能量如何来的呢?下面对图 6-9 所示磁场中导体棒 CD 的运动进行分析。

图 6-9 中随着导体棒 CD 的运动,棒中会产生动生电动势,对于闭合导体回路,其中会产生感应电流。而导体棒 CD 一定是在外力 $\boldsymbol{F}_{外}$ 的作用下运动的,导体棒 CD 中由于自由电子运动而等效正电荷运动的速度由两部分构成,即 $\boldsymbol{u}+\boldsymbol{v}$,其中 $\boldsymbol{v}$ 是等效正电荷随导体向右运动的速度,由于等效正电荷受到洛伦兹力的作用,其以速度 $\boldsymbol{u}$ 沿着导体运动,从而形成感应电动势,对于闭合回路可产生感应电流。

如图 6-9 所示,导体棒 CD 中的等效正电荷所受的总洛伦兹力 $\boldsymbol{F}_{总}=e(\boldsymbol{u}+\boldsymbol{v})\times\boldsymbol{B}$ 也由两部分构成,即与速度 $\boldsymbol{v}$ 对应的力 $\boldsymbol{F}_y=e\boldsymbol{v}\times\boldsymbol{B}$,对等效正电荷做正功,产生动生电动势;与速度 $\boldsymbol{u}$ 对应的力 $\boldsymbol{F}_x=e\boldsymbol{u}\times\boldsymbol{B}$,$\boldsymbol{F}_x$ 的方向沿 $\boldsymbol{v}$ 的反方向,它阻碍导体运动。外力 $\boldsymbol{F}$ 正是要克服力 $\boldsymbol{F}_x$ 而维持导体以速度 $\boldsymbol{v}$ 运动,这时外力 $\boldsymbol{F}$ 要做功的,而外力 $\boldsymbol{F}$ 做功维持导体中等效正电荷以速度 $\boldsymbol{v}$ 运动,使得等效正电荷受到洛伦兹力 $\boldsymbol{F}_y$ 的作用,从而产生动生电动势,这里总洛伦兹力 $\boldsymbol{F}_{总}$ 与等效正电荷的合速度 $\boldsymbol{u}+\boldsymbol{v}$ 方向垂直,不做功,其作用是传递能量,把外力克服总洛伦兹力的一个分量 $\boldsymbol{F}_x$ 所做的功通过总洛伦兹力的另一分量 $\boldsymbol{F}_y$ 转化为感应电动势的电能。

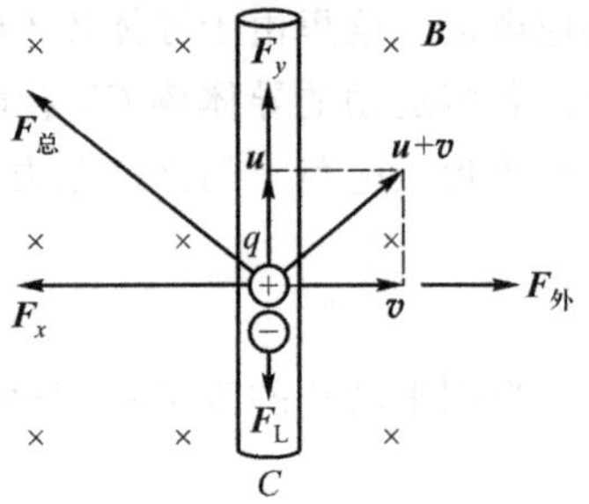

图 6-9　运动导体内电荷的受力

例题 6.2　如例题 6.2 图所示,一根长度为 L 的导体棒 OA 放置在匀强磁场中,磁场的方向垂直纸面向外。导体棒的一端 A 以角速度 $\boldsymbol{\omega}$ 旋转,角速度的方向与磁场平行。求这根导体棒上产生的动生电动势,并确定哪端电势高,并求 AO 两端的电势差。

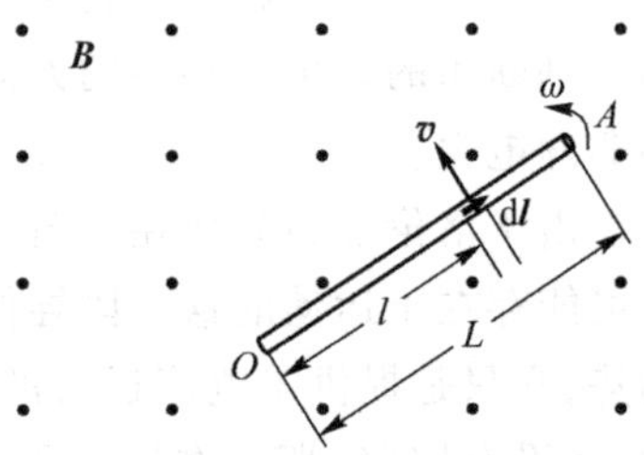

例题 6.2 图

解:利用动生电动势公式进行求解。在棒上距离 O 点为 l 处取一小段 $\mathrm{d}\boldsymbol{l}$,由于导体棒转动,其上每一小段的速度不同,$\mathrm{d}\boldsymbol{l}$ 小段的速度方向如图所示,大小为 $v=\omega l$。由式(6-4),这一小段上产生的动生电动势为

$$\mathrm{d}\mathscr{E}=(\boldsymbol{v}\times\boldsymbol{B})\cdot\mathrm{d}\boldsymbol{l}=vB\mathrm{d}l=\omega Bl\mathrm{d}l$$

对上式积分,得到整个导体棒 OA 上产生的动生电动势为

$$\mathscr{E}_{OA}=\int_O^A\mathrm{d}\varepsilon=\int_0^L\omega Bl\mathrm{d}l=\frac{1}{2}\omega BL^2$$

$\varepsilon_{OA}>0$ 说明动生电动势的方向是由 O 指向 A,正电荷积累到 A 端,因而 A 端的电势高。

$$U_{AO}=U_A-U_O=\frac{1}{2}\omega BL^2$$

例题 6.3 如例题 6.3 图所示，有一无限长载流直导线，通有的电流大小为 I，与其共面的另一导体棒 CD 的长度为 b，两者之间的距离为 a，导体棒 CD 与水平线的夹角为 θ，沿着与无限长载流直导线平行的方向匀速运动，速度为 $\boldsymbol{v}$。求导体棒 CD 上产生的动生电动势。

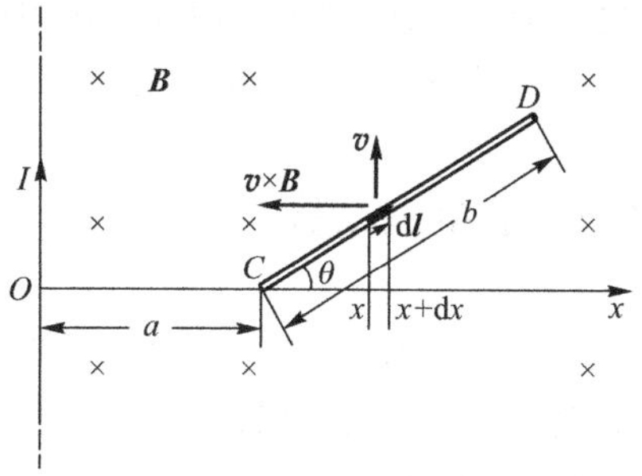

例题 6.3 图

解：如图所示，在无限长载流直导线右侧，设垂直于该无限长载流直导线的方向为 x 轴正方向，在轴上任一点 x 处的磁感应强度大小为 $B=\dfrac{\mu_0 I}{2\pi x}$，磁感应强度的方向垂直于纸面向里。在导体棒 CD 上取一小段 $\mathrm{d}\boldsymbol{l}$，$\mathrm{d}\boldsymbol{l}$ 沿着棒 CD 的方向，这一小段上产生的动生电动势为

$$\mathrm{d}\mathscr{E}=(\boldsymbol{v}\times\boldsymbol{B})\cdot\mathrm{d}\boldsymbol{l}=v\frac{\mu_0 I}{2\pi x}\mathrm{d}l\cos(\pi-\theta)=-v\frac{\mu_0 I}{2\pi x}\mathrm{d}l\cos\theta=-v\frac{\mu_0 I}{2\pi}\frac{\mathrm{d}x}{x}$$

对上式从 C 到 D 积分，得到整个导体棒 CD 上产生的动生电动势，即

$$\mathscr{E}_{CD}=\int_C^D\mathrm{d}\mathscr{E}=-v\frac{\mu_0 I}{2\pi}\int_a^{a+b\cos\theta}\frac{\mathrm{d}x}{x}=-\frac{v\mu_0 I}{2\pi}\ln\frac{a+b\cos\theta}{a}$$

$\mathscr{E}_{CD}<0$，说明动生电动势的方向是由 D 指向 C，即正电荷累积到 C 端，C 端的电势比 D 端的电势高。若求两端的电势差，则

$$U_{CD}=U_C-U_D=\frac{v\mu_0 I}{2\pi}\ln\frac{a+b\cos\theta}{a}$$

6.2.3 交流发电机

交流发电机是动生电动势应用的典型例子，它是根据电磁感应原理中动生电动势产生的原理制成的。图 6-10 所示为交流发电机的示意图。图中作为定子的永磁铁，由于特殊技术加工，其提供的磁场近似为匀强磁场。线框 $abcd$ 在外力矩驱动下绕固定转轴 O_1O_2 在磁场中匀速转动，ab 边和 cd 边切割磁感应线，在线框 $abcd$ 中产生动生电动势。若线框 $abcd$ 通过电刷与两个环形金属接触，而两个环形金属又与白炽灯相连，从而构成闭合回路，则线框 $abcd$ 在外力矩作用下转动时，回路中有感应电流，白炽灯发亮。

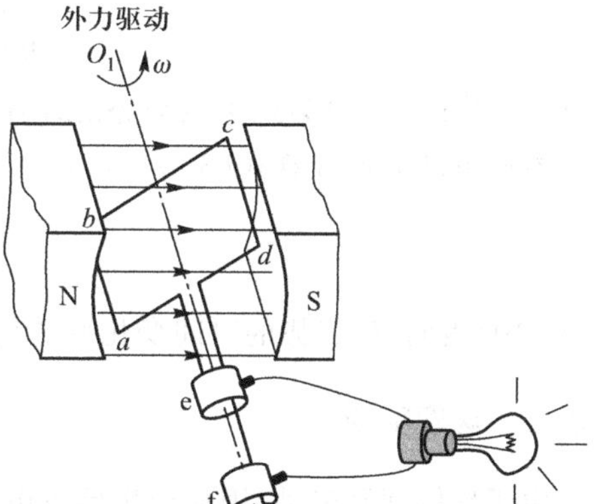

图 6-10 交流发电机

以上是交流发电机的基本工作过程。当转子以恒定的角速度 ω 旋转时，可以应用动生电动势的计算式(6-5)来具体分析线框 $abcd$ 中产生的动生电动势，其大小以及与时间的关系为

$$\mathscr{E}=\omega BS\cos\omega t \tag{6-7}$$

式(6-7)表明,动生电动势随时间作余弦变化,这种电动势称为交变电动势,简称交流电。交变电动势的大小和方向都随时间周期性地变化,当线框 $abcd$ 转过一周,电动势的大小和方向变化一个周期,电动势每秒钟变化的周期数称为频率。我国工业上和日常生活中所用的交流电的频率是 50 Hz,这个频率在电子电工学中又称为工频。

§6.3 感生电动势

法拉第电磁感应定律表明,只要闭合回路中磁通量发生变化,就会产生感应电动势。按照磁通量变化原因的不同,如果导体回路不动,由于磁场变化引起通过导体回路的磁通量发生变化,而在回路中产生的电动势,称为感生电动势。本节讨论感生电动势以及感生电动势产生过程中非静电力的来源、涡旋电场及其性质、电子感应加速器的原理。

6.3.1 感生电动势

一个静止的导体回路,当回路所在空间的磁场发生变化时,穿过回路包围面积的磁通量发生变化,这时回路中所产生的感应电动势称为感生电动势。

考虑一个固定的导体回路 L,以回路 L 为边界的任意曲面的面积为 S。当通过曲面的磁场发生变化时,即穿过曲面 S 的磁通量发生变化时,由式(6-1)知,回路 L 中会产生感应电动势,而这个感应电动势就是感生电动势,即

$$\mathscr{E}=-\frac{\mathrm{d}\Phi}{\mathrm{d}t}=-\frac{\mathrm{d}}{\mathrm{d}t}\int_S \boldsymbol{B}\cdot\mathrm{d}\boldsymbol{S}=-\int_S\frac{\partial\boldsymbol{B}}{\partial t}\cdot\mathrm{d}\boldsymbol{S} \tag{6-8}$$

在第四章中讲过的磁矢势,根据磁矢势与磁感应强度的关系式(4-19)

$$\oint_L\boldsymbol{A}\cdot\mathrm{d}\boldsymbol{l}=\int_S\boldsymbol{B}\cdot\mathrm{d}\boldsymbol{S}$$

则式(6-8)的感生电动势表达式可写为

$$\mathscr{E}=-\frac{\mathrm{d}}{\mathrm{d}t}\oint_L\boldsymbol{A}\cdot\mathrm{d}\boldsymbol{l}=-\oint_L\frac{\partial\boldsymbol{A}}{\partial t}\cdot\mathrm{d}\boldsymbol{l} \tag{6-9}$$

式(6-8)及式(6-9)为感生电动势的计算表达式。

参照电动势的计算式(3-9),可得

$$\boldsymbol{E}_{\mathrm{k}}=-\frac{\partial\boldsymbol{A}}{\partial t} \tag{6-10}$$

式(6-10)表明,磁矢势的时间变化率的负值与产生感生电动势的非静电场场强相关。

6.3.2 涡旋电场

由于导体回路未动,因而产生感生电动势的非静电力显然不是洛伦兹力,感生电动势中的非静电力是怎样的呢?相应的感生电动势中的非静电场场强又缘于何故?只有从变化的磁场方面找原因了。麦克斯韦将其命名为“涡旋电场”,也称其为“感生电场”,此即涡旋电场假说。该假说表明,即使空间不存在导体回路,变化的磁场也会在周围空间激发一种电场,这种电场

称为“涡旋电场”或“感生电场”,用 $\boldsymbol{E}_{\mathrm{R}}$ 表示。涡旋电场在导体中能够驱动电荷运动,从而产生了感生电动势。

如果把产生感生电动势的导体回路看作电源,则涡旋电场充当了非静电场的角色。由式(3-9)可得

$$\mathscr{E}=\oint_{L}\boldsymbol{E}_{\mathrm{R}}\cdot\mathrm{d}\boldsymbol{l} \tag{6-11}$$

由积分变换的斯托克斯定理有 $\mathscr{E}=\oint_{L}\boldsymbol{E}_{\mathrm{R}}\cdot\mathrm{d}\boldsymbol{l}=\int_{S}(\nabla\times\boldsymbol{E}_{\mathrm{R}})\cdot\mathrm{d}\boldsymbol{S}$,与式(6-8)比较有

$$\nabla\times\boldsymbol{E}_{\mathrm{R}}=-\frac{\partial\boldsymbol{B}}{\partial t} \tag{6-12}$$

式(6-12)表明,涡旋电场的旋度等于磁感应强度对时间变化率的负值,即涡旋电场是有旋场。

式(6-11)与式(6-9)比较有

$$\boldsymbol{E}_{\mathrm{R}}=-\frac{\partial\boldsymbol{A}}{\partial t} \tag{6-13}$$

式(6-13)表明,涡旋电场的场强等于磁矢势对时间变化率的负值。

6.3.3 涡旋电场的性质

麦克斯韦涡旋电场假说已经被实验事实所证实,这种电场有何特点呢?由式(6-8)和式(6-11)有

$$\oint_{L}\boldsymbol{E}_{\mathrm{R}}\cdot\mathrm{d}\boldsymbol{l}=-\int_{S}\frac{\partial\boldsymbol{B}}{\partial t}\cdot\mathrm{d}\boldsymbol{S} \tag{6-14}$$

式(6-14)表明,空间涡旋电场沿环路 L 的线积分等于通过以环路 L 为边界的曲面 S 的磁通量对时间变化率的负值,都等于环路 L 中的感生电动势。

如果空间同时存在静电场和涡旋电场,则空间任一点总的电场强度为 $\boldsymbol{E}=\boldsymbol{E}_{\mathrm{S}}+\boldsymbol{E}_{\mathrm{R}}$,这里 $\boldsymbol{E}_{\mathrm{S}}$ 表示静电场的场强。而静电场满足环路定理,即 $\oint_{L}\boldsymbol{E}_{\mathrm{S}}\cdot\mathrm{d}\boldsymbol{l}=0$,故式(6-14)又可写为

$$\oint_{L}\boldsymbol{E}\cdot\mathrm{d}\boldsymbol{l}=-\int_{S}\frac{\partial\boldsymbol{B}}{\partial t}\cdot\mathrm{d}\boldsymbol{S} \tag{6-15}$$

式(6-15)表明,空间总的电场沿环路 L 的线积分等于通过以环路 L 为边界的曲面 S 的磁通量对时间变化率的负值,而这里回路积分不为零的贡献只有涡旋电场。

再次利用积分变换的斯托克斯定理有

$$\nabla\times\boldsymbol{E}=-\frac{\partial\boldsymbol{B}}{\partial t} \tag{6-16}$$

式(6-16)表明,空间总的电场的旋度等于空间磁感应强度对时间变化率的负值,而这里旋度不为零的贡献只有涡旋电场。

比较涡旋电场与静电场,二者的共同点在于都对电荷有力的作用。而不同点要从以下三个方面来描述:

(1) 涡旋电场由变化的磁场所激发,静电场由静止带电体所激发。

(2) 涡旋电场的环路积分不等零,旋度也不等于零,即 $\oint_{L}\boldsymbol{E}_{\mathrm{R}}\cdot\mathrm{d}\boldsymbol{l}=-\int_{S}\frac{\partial\boldsymbol{B}}{\partial t}\cdot\mathrm{d}\boldsymbol{S}$, $\nabla\times\boldsymbol{E}_{\mathrm{R}}=$

$-\dfrac{\partial \boldsymbol{B}}{\partial t}$;而静电场的环路积分等于零,旋度也等于零,即$\oint_L \boldsymbol{E}_S \cdot d\boldsymbol{l}=0$, $\nabla\times\boldsymbol{E}_S=0$。

(3) 考虑到涡旋电场与矢势的关系有$\boldsymbol{E}_R=-\dfrac{\partial \boldsymbol{A}}{\partial t}$,而静电场与电势的关系有$\boldsymbol{E}_S=-\nabla U$,则空间总的电场强度为

$$\boldsymbol{E}=\boldsymbol{E}_S+\boldsymbol{E}_R=-\nabla U-\frac{\partial \boldsymbol{A}}{\partial t} \tag{6-17}$$

有一个很有意思的问题留待大家思考。如图 6-11 所示,一个磁铁和一个导体线圈相对匀速运动。在 6-11(a)中的观察者站在磁铁上,即观察者相对磁铁静止,看到导体线圈在运动,判定导体线圈中产生动生电动势;6-11(b)中的观察者站在导体线圈上,即观察者相对导体线圈静止,看到磁铁在运动,判定导体线圈中产生感生电动势。其结果与观察者所在参考系有关。为什么会有这样的现象呢?

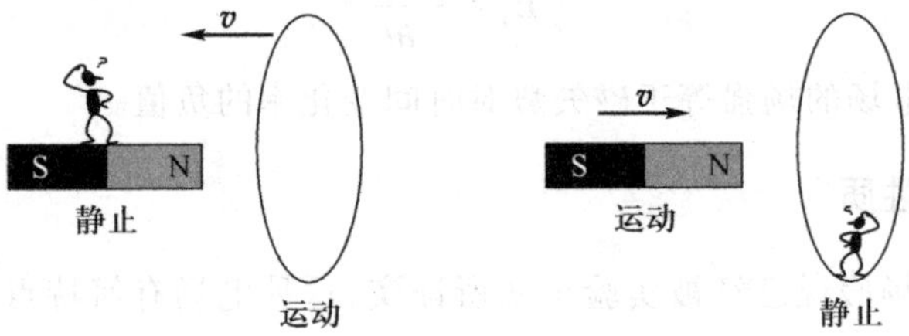

图 6-11　导体线圈中产生的感应电动势是动生还是感生?

例题 6.4　如例题 6.4 图所示,一无限长载流直导线,通有交变电流 $i=I_0\cos\omega t$,与无限长载流直导线共面的另一导体线框长度为 b,宽度为 a,两者间距为 l_0。在无限长载流直导线中电流向上这种情况下,求导体线框中的感应电动势。

解:如图所示,建立 Ox 坐标轴,选择回路 L 的方向为顺时针方向,则回路所围平面的法向向里为正。设 t 时刻电流方向如图所示,向上流动,则无限长载流直导线在任意坐标 x 处产生的磁感应强度的方向垂直纸面向里,其大小为

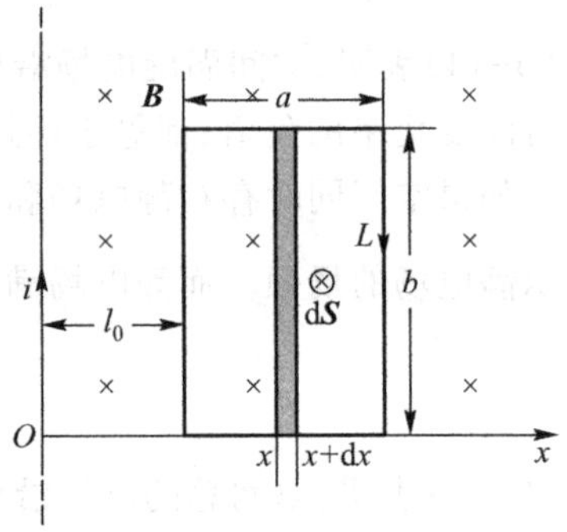

例题 6.4 图

$$B=\frac{\mu_0 i}{2\pi x}$$

在矩形平面上取面元 $d\boldsymbol{S}$,$d\boldsymbol{S}$ 在坐标 x 位置附近,宽度为 dx,穿过该面元的磁通量为

$$d\Phi=\boldsymbol{B}\cdot d\boldsymbol{S}=BdS=\frac{\mu_0 ib}{2\pi}\frac{dx}{x}$$

则通过回路 L 所围平面的磁通量为

$$\Phi=\int_S d\Phi=\frac{\mu_0 ib}{2\pi}\int_{l_0}^{l_0+a}\frac{dx}{x}=\frac{\mu_0 ib}{2\pi}\ln\left(\frac{l_0+a}{l_0}\right)=\frac{\mu_0 b}{2\pi}\ln\left(\frac{l_0+a}{l_0}\right)I_0\cos\omega t$$

由法拉第电磁感应定律可知,线框中的感应电动势为

$$\mathscr{E}=-\frac{d\Phi}{dt}=\frac{\mu_0 bI_0\omega\sin\omega t}{2\pi}\ln\left(\frac{l_0+a}{l_0}\right)$$

上式中 $\mathscr{E}$ 随时间 t 呈正弦变化。若 $\sin\omega t>0$,则 $\mathscr{E}>0$,说明此时电动势方向与回路 L 的绕向相同,即顺时针方向;若 $\sin\omega t<0$,则 $\mathscr{E}<0$,说明此时电动势方向与回路 L 的绕向相反,即逆时针方向。可见,交变电流的磁场在线框中激发的感应电动势也是交变的。

例题 6.5 如例题 6.5 图所示,在半径为 R 的长直密绕螺线管内,磁场均匀分布,磁场方向垂直纸面向里。将一个长度为 l 的导体棒 AB 放置在于螺线管内,导体棒 AB 距螺线管截面中心 O 点的距离为 h。长直密绕螺线管内磁场的磁感应强度随时间的变化关系 $\frac{\partial B}{\partial t}$ 为一正的常量。求:(1) 涡旋电场的分布;(2) 求棒 AB 的感生电动势。

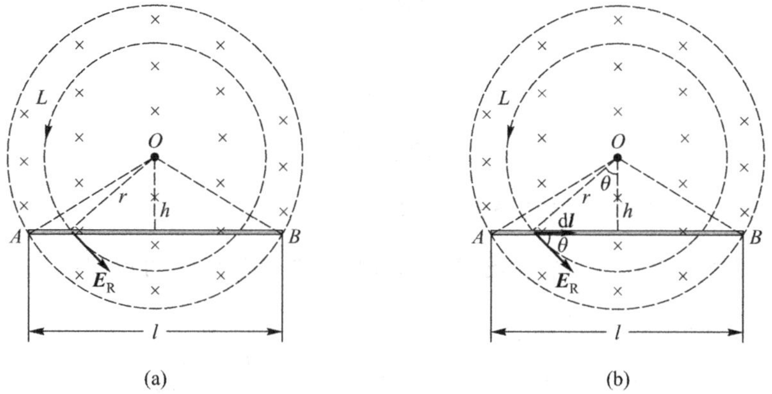

例题 6.5 图

解:(1) 由麦克斯韦涡旋电场假说知,变化的磁场在周围空间激发涡旋电场,考虑到 $\oint_L \boldsymbol{E}_R \cdot \mathrm{d}\boldsymbol{l}=-\int_S \frac{\partial \boldsymbol{B}}{\partial t}\cdot \mathrm{d}\boldsymbol{S}$ 的微分形式 $\nabla\times\boldsymbol{E}_R=-\frac{\partial \boldsymbol{B}}{\partial t}$ 与安培环路定理的微分形式 $\nabla\times\boldsymbol{B}=\mu_0\boldsymbol{j}$ 具有相同的结构,既然 $\boldsymbol{j}$ 与 $\boldsymbol{B}$ 呈相互嵌套状,那么 $\boldsymbol{E}_R$ 与 $-\frac{\partial \boldsymbol{B}}{\partial t}$ 也应该呈相互嵌套状。这种分析方法具有一般性。

如图(a)所示,当 $r<R$ 时,以螺线管的轴线为中心,以 r 为半径作圆形闭合回路 L,L 绕向沿逆时针方向,以该闭合回路 L 为边界的平面法线方向与磁场反向。利用式(6-14)

$$\oint_L \boldsymbol{E}_R \cdot \mathrm{d}\boldsymbol{l}=-\int_S \frac{\partial \boldsymbol{B}}{\partial t}\cdot \mathrm{d}\boldsymbol{S}$$

有

$$E_R\cdot 2\pi r=\frac{\partial B}{\partial t}\pi r^2$$

则

$$E_R=\frac{r}{2}\frac{\partial B}{\partial t}$$

当 $r>R$ 时,同理有

$$E_R=\frac{R^2}{2r}\frac{\partial B}{\partial t}$$

此时,涡旋电场的电场线方向与所选回路 L 的绕向相同,即涡旋电场的场强方向沿逆时针方向,且为圆周的切向;同时,尽管在 $r>R$ 的区域磁场为零,但涡旋电场却不为零。这反映出随时间变化的磁场在周围空间激发涡旋电场的特性。

（2）求棒 AB 的感生电动势可用两种方法求解。

解法一：用法拉第电磁感应定律求解。选闭合回路 $OABO$ 的逆时针方向为正向，以闭合回路 $OABO$ 为边界的平面法线方向垂直纸面向外。则穿过回路 $OABO$ 所包围面积 S 的磁通量为

$$\Phi=\int_S \boldsymbol{B}\cdot \mathrm{d}\boldsymbol{S}=-\frac{1}{2}hlB$$

式中负号的出现是磁感应强度 $\boldsymbol{B}$ 的方向与闭合回路 $OABO$ 所围平面 S 的法线方向相反的缘故。由法拉第电磁感应定律，回路 $OABO$ 中的感生电动势为

$$\mathscr{E}=-\frac{\mathrm{d}\Phi}{\mathrm{d}t}=\frac{1}{2}hl\frac{\partial B}{\partial t}$$

由于 OA、BO 沿半径方向，与涡旋电场的方向垂直，故 $\mathscr{E}_{OA}=0$，$\mathscr{E}_{BO}=0$，因此

$$\mathscr{E}_{AB}=\frac{1}{2}hl\frac{\partial B}{\partial t}$$

由于 $\mathscr{E}_{AB}>0$，则金属棒中的感生电动势的方向是 $A\rightarrow B$。

解法二：既然涡旋电场为非静电场，当 $r<R$ 时，如图（b）所示，可以利用 $\mathscr{E}_{AB}=\int_A^B \boldsymbol{E}_{\mathrm{R}}\cdot \mathrm{d}\boldsymbol{l}$ 计算导体棒 AB 上产生的感生电动势，即

$$\begin{aligned}\mathscr{E}_{AB}&=\int_A^B \boldsymbol{E}_{\mathrm{R}}\cdot \mathrm{d}\boldsymbol{l}=\int_A^B E_{\mathrm{R}}\mathrm{d}l\cos\theta=\frac{1}{2}\frac{\partial B}{\partial t}\int_A^B r\cos\theta \mathrm{d}l\\&=\frac{1}{2}h\frac{\partial B}{\partial t}\int_A^B \mathrm{d}l=\frac{1}{2}hl\frac{\partial B}{\partial t}\end{aligned}$$

金属棒中的感生电动势的方向由 $A\rightarrow B$，与解法一所得结果相同。

6.3.4 涡电流与电磁阻尼

若大块金属在变化的磁场中或相对于磁场运动时，金属内部将产生涡旋状感应电流，称之为涡电流或涡流，由此产生的感应电动势称为感生电动势。在如图 6-12（a）所示的圆铁芯外

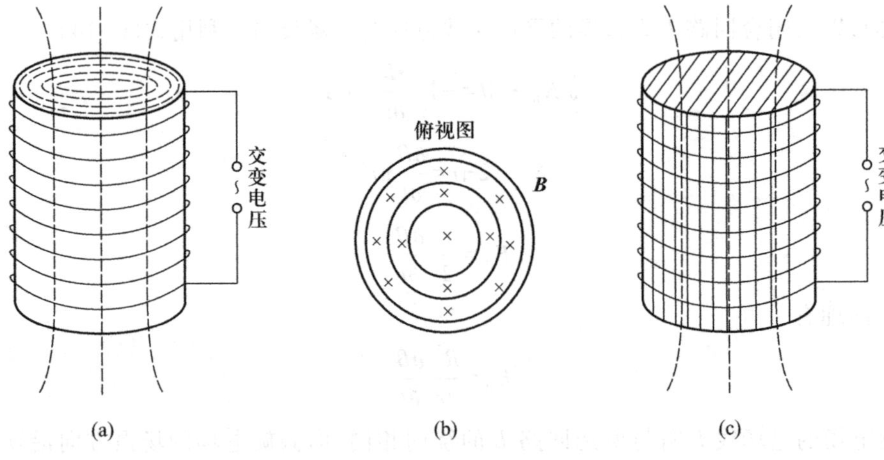

图 6-12 涡电流

顺序缠绕导线，当导线中通有交变电流时，在铁芯内产生的磁场也是交变的。此时圆铁芯可看作由一系列半径不等的薄金属圆柱面构成，磁场不断变化时，通过每层薄金属圆柱面的磁通量也不断变化，则在圆铁芯中产生涡旋状的感应电流。从铁芯的上端俯视，如图 6-12(b)所示，感应电流呈现闭合的涡旋状，称为“涡电流”，或简称“涡流”。

如金属铁等大块导体的电阻率很小，涡流往往很大，会释放出大量的焦耳热。在各种电机和变压器等设备中，产生磁场的部件都有铁芯，由于变化的磁场所引起的涡流可产生的热量很多，可能烧毁电机和变压器等设备。为了减小涡流造成的危害，实际应用中一般在变压器和电机中常常采用相互绝缘的硅钢片或铁氧体片代替铁芯。这些硅钢片或铁氧体片由高电阻率的绝缘材料相互绝缘，沿平行于磁场方向捆扎在一起，如图 6-12(c)所示，从而阻止涡流在大范围内产生，以达到减小涡电流，进而减少能量损耗的目的。

上述内容是要避免涡电流，而涡电流也可以利用。

(1) 高频感应电炉。其结构如图 6-13 所示，当在坩埚的外面缠绕的线圈中通以高频交变电流时，在坩埚中的块状金属中会产生强大的涡流，涡流所释放的大量焦耳热可以熔化金属块自身。这种加热可以在真空中进行，可以避免氧化和污染，一般应用于特种钢和难熔或易氧化金属的冶炼。

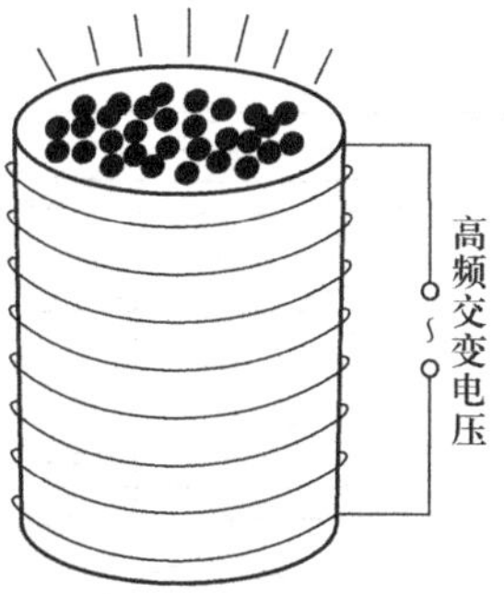

图 6-13　高频感应电炉

(2) 电磁阻尼。如图 6-14 所示，片状金属摆在磁铁两极间摆动时，由于磁极间磁场的存在，片状金属中将产生涡流。根据楞次定律，涡流产生的磁场总是反抗磁极间的磁场，从而使得片状金属摆在磁场中受到一个阻力矩作用，即受到电磁阻尼作用，摆动很快就能停下来。一些机动车辆的电磁制动器，就是利用这种电磁阻尼原理。在分析天平等计量装置中，也常利用电磁阻尼效应来减小示值指针的摆动，使示值指针快速稳定在平衡位置。若利用的是电磁铁，则可通过改变磁场更加灵活地应用电磁阻尼进行制动。

(3) 电磁驱动。如图 6-15 所示，使一金属圆盘与一个可转动磁铁共轴，并相互靠近而不接触。当磁铁在电机带动下转动时，在金属圆盘中产生的涡流将阻碍它与磁铁的相对运动，因而驱动圆盘跟随磁铁运动，这便是电磁驱动。在电磁驱动中，金属圆盘的转速小于磁铁的转速。利用电磁驱动原理，可以制成转速表、感应式异步电动机以及一些传感计量装置等。

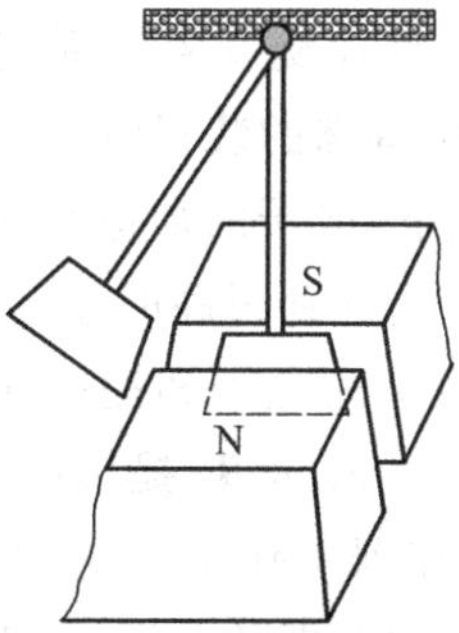

图 6-14　电磁阻尼

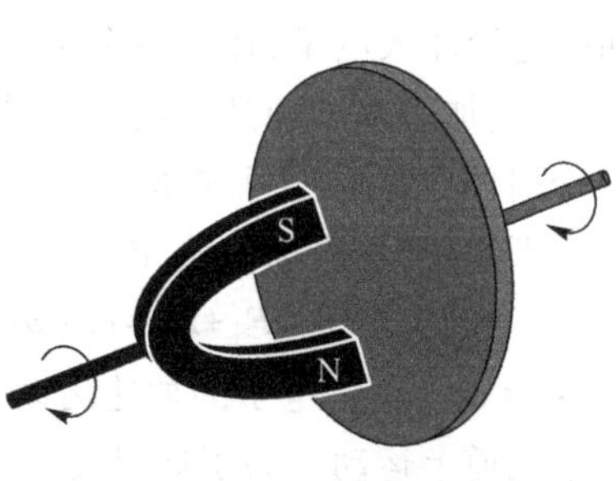

图 6-15　电磁驱动

6.3.5 电子感应加速器

电子感应加速器是利用涡旋电场加速电子,洛伦兹力约束电子在确定的圆轨道上运动,使电子能达到较大速度的一种装置。如图 6-16(a)所示,交变电流激励的变化磁场在周围空间激发涡旋电场,电子在涡旋电场的作用下,将会加速电子。图 6-16(a)中灰色区域为电磁铁的两极,在间隙中放置一个环形真空管状通道。电磁铁在交变电流的激励下产生交变磁场,从而在环形真空管状通道内感应出涡旋电场。图 6-16(b)中电子枪将电子射入环形真空管状通道,在交变磁场的特定时间区间内,电子受到两个作用:① 在涡旋电场的作用下沿环形真空管状通道内的圆周轨迹切向加速;② 同时磁场给予电子洛伦兹力作用,该洛伦兹力充当了电子沿圆形轨道运动的向心力。为了电子得到较高的速度,如何选择电子的射入时机?下面我们分析一下这个问题。

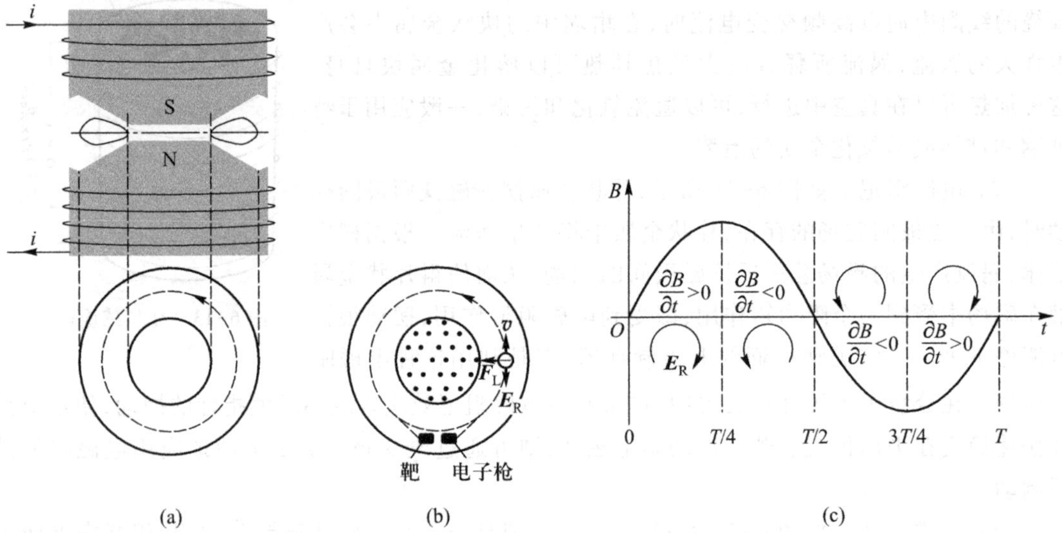

图 6-16 电子感应加速器

将交变磁场的一个周期分成四个阶段,图 6-16(c)所示的交变磁场变化一个周期内,只有在磁场变化的第一个 1/4 周期内,涡旋电场加速电子,同时洛伦兹力提供向心力,电子能够在环形真空管状通道内持续加速。满足上述要求,电子枪只能选择在交变磁场周期性变化的第一个 1/4 周期内连续注入电子,在第一个 1/4 周期结束前,利用特殊的装置将电子束引离轨道射在靶上,即可达到加速电子到某一速度的目的。在工频情况下,电子的加速时间只有 1/4 周期,即 5 ms,这个时间内电子亦可加速旋转几万甚至几十万圈,能达到很高的速度。

从上述分析可知,交变磁场 $\boldsymbol{B}$ 在电子感应加速器中承担着加速电子和提供向心力这样的双重任务,此时电子的受力 $\boldsymbol{F}=\boldsymbol{F}_1+\boldsymbol{F}_2=e[(\boldsymbol{v}\times\boldsymbol{B})+\boldsymbol{E}_R]$,其中 $\boldsymbol{F}_1=e(\boldsymbol{v}\times\boldsymbol{B})$ 提供向心力,决定电子的圆周运动,$\boldsymbol{F}_2=e\boldsymbol{E}_R$ 决定电子的加速运动。在电子感应加速器工作中,工程上要求电子在确定半径的圆形轨道上运动。为了同时完成这双重任务,轴对称的非均匀磁场 $\boldsymbol{B}$ 的分布就必须满足一定的具体要求,即轨道上的磁场磁感应强度大小要等于轨道内磁场磁感应强度平均值的一半，下面进行详细分析。

设电子在加速过程中，运动所沿轨道的半径为 R，该轨道上的磁场磁感应强度为 B_R，则有 $F_1 = evB_R = m\frac{v^2}{R}$，即

$$mv = ReB_R \tag{6-18}$$

式中 m、v 分别为电子的质量和速度大小。由式(6-18)知，只要电子动量随磁感应强度呈正比例增加，即可维持电子在相同半径的轨道上运动。

如图 6-16(b)所示，由$\oint_L \boldsymbol{E}_R \cdot \mathrm{d}\boldsymbol{l} = -\int_S \frac{\partial \boldsymbol{B}}{\partial t} \cdot \mathrm{d}\boldsymbol{S} = -\frac{\mathrm{d}\Phi}{\mathrm{d}t}$可得，电子在确定半径的轨道上的涡旋电场 $E_R = -\frac{1}{2\pi R}\frac{\mathrm{d}\Phi}{\mathrm{d}t}$。由于被加速电子的最大速度值远小于光速，不考虑相对论效应，应用牛顿运动定律 $|\boldsymbol{F}| = \frac{|\mathrm{d}(m\boldsymbol{v})|}{\mathrm{d}t} = -eE_R = \frac{e}{2\pi R}\frac{\mathrm{d}\Phi}{\mathrm{d}t}$，即 $|\mathrm{d}(m\boldsymbol{v})| = \frac{e}{2\pi R}\mathrm{d}\Phi$。

设电子初始加速时，$v_0 = 0$，轨道内的磁通量 $\Phi = 0$，故有

$$mv = \frac{e}{2\pi R}\Phi = \frac{e}{2\pi R}\pi R^2 \bar{B} = \frac{e}{2}R\bar{B} \tag{6-19}$$

比较式(6-18)和式(6-19)，有

$$B_R = \frac{1}{2}\bar{B} \tag{6-20}$$

式(6-20)表明，电子轨道上的磁感应强度值等于轨道内磁感应强度的平均值的一半时，电子就能够稳定地在同一轨道上被加速。式(6-20)为设计电子感应加速器的电磁铁磁场中磁感应强度的分布，给出了理论上的指导。

虽然电子感应加速器加速电子不受相对论效应的影响，但是由于电子加速过程中辐射能量从而限制了其能量的提高，一般小型电子感应加速器只可将电子加速到数百 MeV。电子感应加速器具有容易制造、便于调整使用等优点；广泛应用于科学研究、工业生产等方面；可以用来进行低能光核反应的研究，并可作活化分析及其他方面的辐射源；可以用于工业 γ 射线探伤和射线治疗癌症（利用电子或 γ 射线）等。

6.3.6 磁场中运动带电粒子的动量

设电子感应加速器中被加速的电子带电荷量为 q，利用电子加速运动的动力学方程，得

$$\frac{\mathrm{d}(m\boldsymbol{v})}{\mathrm{d}t} = q\boldsymbol{E}_R = -q\frac{\mathrm{d}\boldsymbol{A}}{\mathrm{d}t}$$

有

$$\mathrm{d}(m\boldsymbol{v}) + q\mathrm{d}\boldsymbol{A} = 0$$

即

$$m\boldsymbol{v} + q\boldsymbol{A} = 常量 \tag{6-21}$$

设 $\boldsymbol{p} = m\boldsymbol{v} + q\boldsymbol{A}$ 为带电粒子轨道运动的“正则动量”，$m\boldsymbol{v}$ 为带电粒子轨道运动的“动态动量”，$q\boldsymbol{A}$ 为带电粒子在磁场中的“磁势动量”，这也可以使我们对于磁矢势的物理意义有进一步的认识。

式(6-21)表明，磁场中带电粒子运动时，其“动态动量”与“磁势动量”之和为守恒量。

§6.4 自感与互感

1830 年美国人亨利发现了电磁感应现象，比法拉第还早一年，但是没有及时发表这一实验成果，此时他正集中精力制作更大的电磁铁。1832 年他又观察到自感现象，发表论文《在长螺线管中的电自感》，宣布了他发现的自感现象，并于 1835 年解释了自感现象。

由于亨利的工作，人们对电磁感应现象的认识又向前跨进了一步。为了纪念亨利在电磁学发展中的贡献，人们以他的名字命名自感系数、互感系数的单位。

当线圈中的电流发生变化时，它就会引起磁场的变化；而磁场的变化又会在自身线圈或邻近线圈中引起电磁感应。这就是下面要介绍的自感现象和互感现象，它们在实际中大量地存在并有着重要的应用。

6.4.1 自感现象与自感系数

1. 自感现象

如图 6-17 所示，当一个线圈中通有的电流发生变化时，通过线圈自身的磁通量将发生变化，从而在线圈自身中产生感应电动势。这种现象称为**自感现象**。自感现象中产生的电动势称为**自感电动势**。具有自感现象的线圈称为**自感线圈**，在电路中以符号 ⅏ 表示。

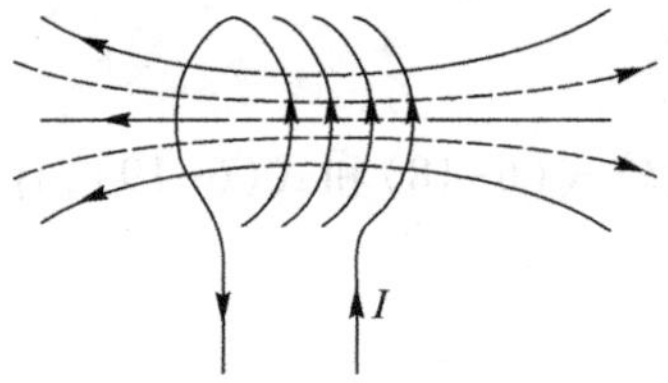

图 6-17 自感现象

我们在实验中观察自感现象。在图 6-18(a)所示的电路中，S_1 和 S_2 是两个相同的灯泡，L 是一个线圈。实验前调节可变电阻 R，使其电阻等于线圈 L 的内阻。当开关 K 接通时，观察到灯泡 S_1 立刻就亮，S_2 逐渐变亮，稳定后两个灯泡达到同样的亮度。

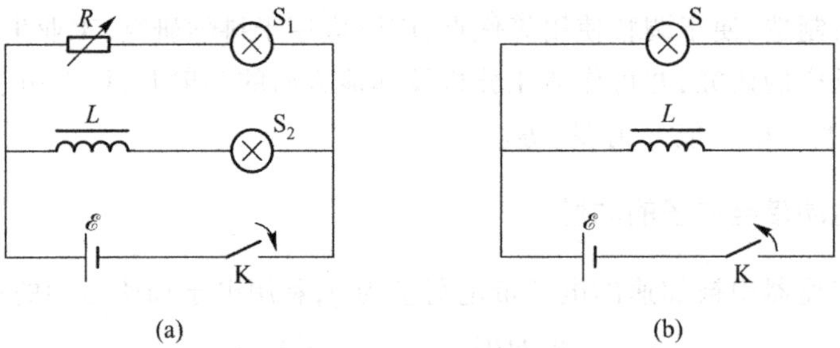

图 6-18 自感现象的实验

在图 6-18(b)所示的电路中，一开始电路的开关 K 是接通的，灯泡亮着，当开关 K 断开时，灯泡熄灭后又立即闪亮一下，再彻底熄灭。

图 6-18 所示实验中的现象都可以用自感现象来解释。在日常生活中，充电器的指示灯、传统日光灯的镇流器等都是具有自感现象的。

2. 自感系数和自感电动势

这里来讨论自感现象具有的规律性。在图 6-17 和图 6-18 所示的自感现象中，线圈中的磁场是由自身电流激发的，根据毕奥-萨伐尔定律，电流激发的磁场的磁感应强度大小与电流大小成正比，通过线圈的磁通匝链数正比于线圈中的磁感应强度大小，也就正比于线圈中通有电流的大小，即

$$\Psi = LI \tag{6-22}$$

式中的比例系数 L 称为线圈的自感系数，简称自感。线圈的自感与线圈的大小、形状、所绕导线匝数以及线圈内充有的磁介质有关，而与线圈通有的电流无关。

在国际单位制中，自感 L 的单位是亨利（H），1 H = 1 Wb/1 A。在实际应用中，亨利这个单位比较大，常用的单位还有毫亨（mH）和微亨（μH）等，$1\ \text{H}=10^3\ \text{mH}=10^6\ \mu\text{H}$。

式(6-22)提供了计算自感的方法。已知流过线圈的电流，计算出通过线圈自身的全磁通，则自感可求。

当自感线圈中的电流变化时，通过线圈的全磁通随之变化，由法拉第电磁感应定律可以得到其自感电动势：

$$\mathscr{E}_L = -\frac{\mathrm{d}\Psi}{\mathrm{d}t} = -L\frac{\mathrm{d}I}{\mathrm{d}t} \tag{6-23}$$

式(6-23)表明，对于相同的电流变化率，自感线圈的自感 L 越大，线圈所产生的自感电动势越大，即自感作用越强。由式(6-23)可见，当自感线圈内电流的变化率为 1 A/s，而线圈自身引起的自感电动势为 1 V 时，自感线圈的自感为 1 H。由式(6-23)可知，自感线圈的自感为

$$L = \left|\frac{\mathscr{E}_L}{\mathrm{d}I/\mathrm{d}t}\right| \tag{6-24}$$

实际中常常利用式(6-24)，通过实验的方法来测定自感线圈的自感。

例题 6.6 如例题 6.6 图所示，有一长度为 $l=20$ cm，截面积为 $S=5\ \text{cm}^2$ 的单层长直密绕螺线管。该螺线管所绕导线的总匝数为 $N=1\ 000$，其内充满各向同性线性磁介质，磁介质的相对磁导率为 $\mu_r=1.003$。求该螺线管自感。

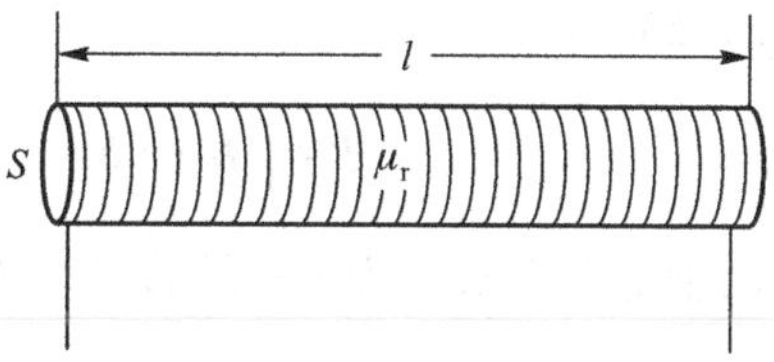

例题 6.6 图

解：该螺线管的长度远远大于其截面线度，可以认为其内的磁场为均匀的。该螺线管单位长度内所绕匝数 $n=N/l=5\ 000\ \text{m}^{-1}$，设该螺线管通有电流的大小为 I，则长直密绕螺线管内的磁感应强度为

$$B=\mu_r\mu_0 nI=\mu_r\mu_0\frac{NI}{l}$$

通过螺线管的全磁通为

$$\Psi = NBS = \mu_r\mu_0\frac{N^2 I}{l}S = \mu_r\mu_0 n^2 IlS = \mu_r\mu_0 n^2 IV$$

$$L=\frac{\Psi}{I}=\mu_r\mu_0\frac{N^2}{l}S=\mu_r\mu_0 n^2 lS=\mu_r\mu_0 n^2 V \tag{6-25a}$$

式中 $V=lS$ 为螺线管的体积。可以看出，长直密绕螺线管的自感正比于它的体积、单位长度匝数的平方和管内磁介质的相对磁导率。将题设具体数值代入式(6-25)，有

$$L=3.15\times10^{-3}\ \text{H}=3.15\ \text{mH}$$

在得到式(6-25a)表达式的过程中,由于近似认为长直密绕螺线管内磁场是均匀的,该结果要比实验测得的自感稍大一些。通常自感线圈的自感标称值都是实验测得的精确值。

若考虑单层密绕细螺绕环,以螺绕环的平均半径计,该螺绕环单位长度所绕导线的匝数为n,其内充满了各向同性、相对磁导率为μ_r 的线性磁介质,则该细螺绕环的自感仍为

$$L=\mu_r\mu_0 n^2 V \tag{6-25b}$$

例题 6.7 如例题 6.7 图所示,一长直同轴电缆由两个半径分别为 R_1 和 R_2 的共轴导体圆柱面构成,其间充满各向同性的线性磁介质,相对磁导率为μ_r。当同轴电缆通有电流时,求同轴电缆上长度为 l 一段的自感。

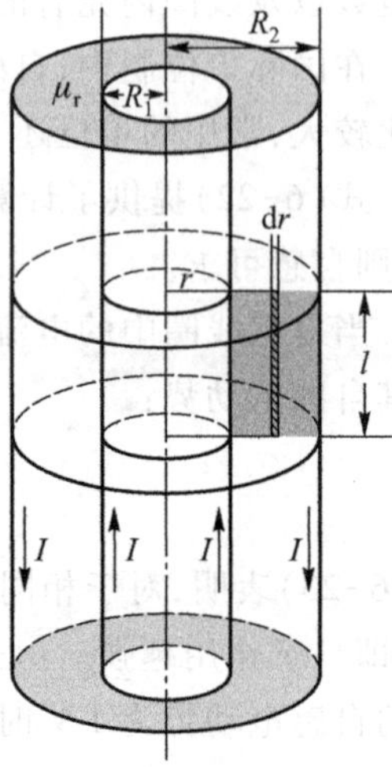

例题 6.7 图

解:设同轴电缆通有电流的大小为 I,电流沿内长直导体圆柱面截面均匀流过,而沿外长直导体圆柱面截面均匀流回。由于电流分布的对称性,根据安培环路定理,两导体圆柱面之间的磁场强度为

$$H=\frac{I}{2\pi r}$$

磁感应强度为

$$B=\frac{\mu_r\mu_0 I}{2\pi r}$$

磁感应强度的方向与半径为 R_1 的内长直导体圆柱面上通有电流的方向之间遵守右手螺旋定则。设图中两长直导体圆柱面之间长为 l 一段的平面的面积为 S,其法线方向垂直纸面向里,与磁感应强度方向相同,则通过该平面的磁通量为

$$\Psi=\int_S \boldsymbol{B}\cdot \mathrm{d}\boldsymbol{S}=\int_S B\mathrm{d}S=\int_S Bl\mathrm{d}r=\frac{\mu_r\mu_0 Il}{2\pi}\int_{R_1}^{R_2}\frac{\mathrm{d}r}{r}=\frac{\mu_r\mu_0 Il}{2\pi}\ln\frac{R_2}{R_1}$$

则同轴电缆上长度为 l 一段的自感为

$$L=\frac{\Psi}{I}=\frac{\mu_r\mu_0 l}{2\pi}\ln\frac{R_2}{R_1} \tag{6-26}$$

自感现象在电子电工及无线电技术中有着广泛的应用。例如,在电磁波发射装置中利用自感线圈和电容器串联构成谐振电路;利用自感线圈和电容器还可以构成检波器或滤波器的电路;利用自感线圈的特性来稳定电路中的电流,如传统日光灯中的镇流器等。

在有些情况下,自感现象也有不利的一面。如在大型电动机的定子绕组一类自感很大而电流很强的电路中,在切断电路的瞬间,由于电流在很短时间内发生很大的变化,会在存在自感的电路中产生很大的自感电动势,使开关的闸刀和固定夹片之间的空气被击穿,从而产生强烈的电弧,甚至烧毁开关。

6.4.2 互感现象与互感系数

1. 互感现象

如图 6-19 所示,设有两个相邻放置的线圈(i)和线圈(ii),它们分别通有电流 I_1 和 I_2。一个线圈中电流激发的磁场会穿过另一个线圈,当一个线圈中的电流发生变化时,所激发的磁场

变化会在另一个线圈中引起磁通量变化而产生感应电动势，这种现象称为**互感现象**，所产生的感应电动势称为**互感电动势**。

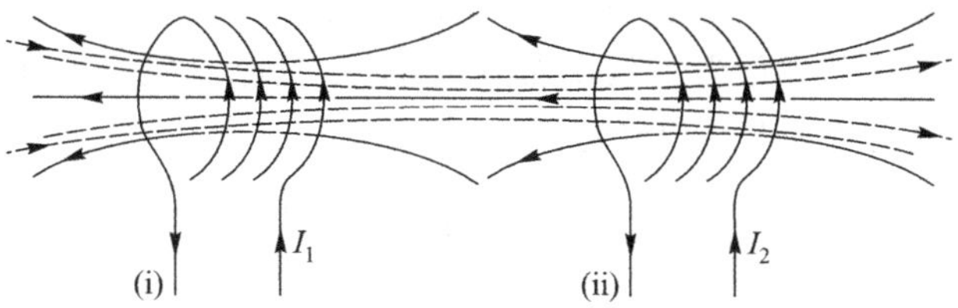

图 6-19　互感现象

互感现象在生产生活中具有很重要的应用，例如互感耦合的电能传输、变压器等。

2. 互感系数和互感电动势

图 6-19 所示的两个线圈，一个线圈中电流激发的磁场通过自身有磁通量，通过另一个线圈也有磁通量；而一个线圈中电流变化时，除了自身线圈产生自感电动势外，还会在另一个线圈中产生互感电动势。

这里来讨论互感现象具有的规律性。在图 6-19 所示的互感现象中，线圈(i)中的磁场有自身电流激发的，也有线圈(ii)中电流激发的。由于电流激发的磁场的磁感应强度大小与电流大小成正比，线圈(ii)中电流激发的磁场通过线圈(i)的磁通匝链数正比于线圈(ii)中的磁感应强度大小，也就正比于线圈(ii)中通有的电流大小，即 $\Psi_{21} \propto B_2 \propto I_2$，写成等式为

$$\Psi_{21}=M_{21}I_2 \tag{6-27a}$$

同理，线圈(ii)中的磁场有自身电流激发的，也有线圈(i)中电流激发的。线圈(i)中电流激发的磁场通过线圈(ii)的磁通匝链数正比于线圈(i)中的磁感应强度大小，也就正比于线圈(i)中通有电流的大小，即

$$\Psi_{12}=M_{12}I_1 \tag{6-27b}$$

式(6-27a)和式(6-27b)中的比例系数 M_{21} 和 M_{12} 称为两个线圈间的互感系数，简称互感。可以证明，互感系数 $M_{21}=M_{12}=M$。在国际单位制中，互感 M 的单位也是亨利(H)。

两个线圈间的互感与两个线圈的大小、形状、所绕导线匝数以及线圈内充有的磁介质、两个线圈间的相对位置有关，与线圈是否通有电流无关。

当一个线圈中通有的电流变化时，通过另一个线圈的全磁通随之变化，则在另一个线圈产生互感电动势。

线圈(i)中的互感电动势为

$$\mathscr{E}_{21}=-\frac{\mathrm{d}\Psi_{21}}{\mathrm{d}t}=-M\frac{\mathrm{d}I_2}{\mathrm{d}t} \tag{6-28a}$$

线圈(ii)中的互感电动势为

$$\mathscr{E}_{12}=-\frac{\mathrm{d}\Psi_{12}}{\mathrm{d}t}=-M\frac{\mathrm{d}I_1}{\mathrm{d}t} \tag{6-28b}$$

式(6-28a)和式(6-28b)表明，对于相同的电流变化率，两个线圈的互感 M 越大，所产生的互感电动势越大，即互感作用越强。由式(6-28)可知，两个线圈的互感为

$$M=\left|\frac{\mathscr{E}_{12}}{\mathrm{d}I_1/\mathrm{d}t}\right|=\left|\frac{\mathscr{E}_{21}}{\mathrm{d}I_2/\mathrm{d}t}\right| \tag{6-29}$$

实际中常常利用式(6-29),通过实验的方法来测定两个相对放置的线圈的互感。

如图 6-19 所示,两个相邻放置的线圈都通有电流,且电流发生变化时,每一个线圈中的感应电动势为其自感电动势和互感电动势之和,即

$$\mathscr{E}_1=\mathscr{E}_{L1}+\mathscr{E}_{21}=-\left(L\frac{\mathrm{d}I_1}{\mathrm{d}t}\pm M\frac{\mathrm{d}I_2}{\mathrm{d}t}\right) \tag{6-30a}$$

$$\mathscr{E}_2=\mathscr{E}_{L2}+\mathscr{E}_{12}=-\left(L\frac{\mathrm{d}I_2}{\mathrm{d}t}\pm M\frac{\mathrm{d}I_1}{\mathrm{d}t}\right) \tag{6-30b}$$

如果两个线圈完全耦合,即一个线圈激发的磁场完全通过另一个线圈,那么这种情况称为无磁漏,此时 $M=\sqrt{L_1L_2}$。

例题 6.8 如例题 6.8 图所示,有一长度为 $l=20$ cm,截面积为 $S=5$ cm^2 的单层长直密绕螺线管为主线圈。主线圈上所绕导线的总匝数为 $N_1=1\ 000$,其内充满各向同性线性磁介质,磁介质的相对磁导率为 $\mu_r=1.003$。在它中部密绕另一副线圈,匝数为 $N_2=30$。求:(1) 两线圈的互感;(2) 若 $\mathrm{d}I_1/\mathrm{d}t=6$ A/s,试计算副线圈中的互感电动势。

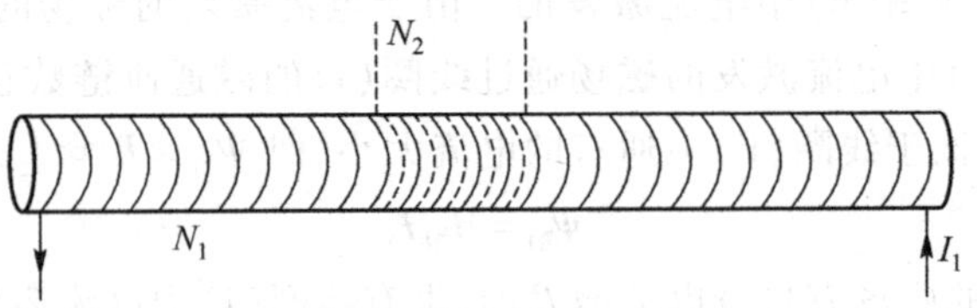

例题 6.8 图

解:(1) 由于主线圈的长度远远大于其截面线度,可以认为其内的磁场均匀。主线圈单位长度内所绕匝数 $n=N/l$,设主线圈通有电流的大小为 I_1,则主线圈内的磁感应强度为

$$B_1=\mu_r\mu_0 nI_1=\mu_r\mu_0\frac{NI_1}{l}$$

通过副线圈的全磁通为

$$\Psi_{12}=N_2B_1S=N_2\frac{\mu_r\mu_0N_1I_1}{l}S=MI_1$$

故两线圈的互感为

$$M=\mu_r\mu_0\frac{N_1N_2}{l}S=\mu_r\mu_0\frac{N_1N_2}{l^2}V_1 \tag{6-31}$$

将题设具体数值代入式(6-31),有

$$M=95\times10^{-6}\ \mathrm{H}=95\ \mu\mathrm{H}$$

(2) 副线圈中的互感电动势为

$$\mathscr{E}_2=-M\frac{\mathrm{d}I_1}{\mathrm{d}t}=-5.7\times10^{-4}\ \mathrm{V}$$

互感现象已被广泛地应用于电子电工技术、无线电技术、电磁测量技术及传感器中。互感

能够使能量或信号由一个线圈方便地传递到另一个线圈。电工、无线电技术中使用的各种变压器都是互感器件。新兴的手机无线充电装置也是互感现象的具体应用。

互感现象也有不利的一面，最典型的电子通信的串扰现象就是由互感引起的。

6.4.3 两个串联线圈的自感

1. 两个线圈顺序连接

两个线圈的自感分别为 L_1 和 L_2，如图 6-20 所示相对放置，其互感为 M。将这两个线圈顺序连接起来，即图中线圈(i)的 b 端与线圈(ii)的 a'端连接起来，等效于一个自感线圈。当电流从线圈(i)的 a 端流入时，电流从线圈(ii)的 b'端流出，电流在两个串连线圈中的流向都相同，线圈这样的串联称为顺序连接，简称顺接。

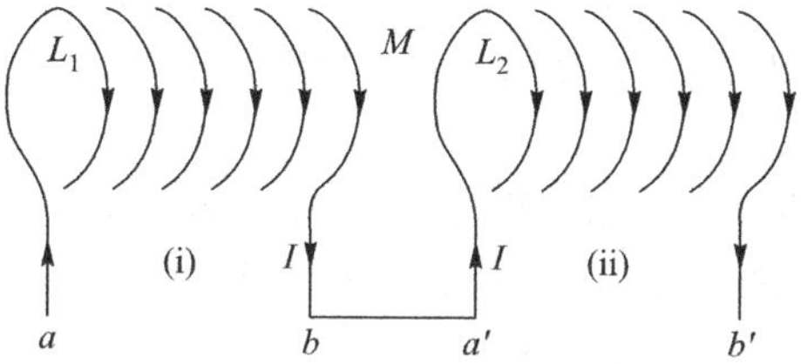

图 6-20 两个线圈顺序连接

两个线圈顺序连接后的等效总自感为

$$L=(L_1+L_2+2M) \tag{6-32}$$

2. 两个线圈反序连接

两个线圈的自感分别为 L_1 和 L_2，如图 6-21 所示相对放置，其互感为 M，将这两个线圈反序连接起来，即图中线圈(i)的 b 端与线圈(ii)的 b'端连接起来，等效于一个自感线圈。当电流从线圈(i)的 a 端流入时，电流从线圈(ii)的 a'端流出，电流在两个串联线圈中的流向是相反的，线圈这样的串联称为反序连接，简称反接。

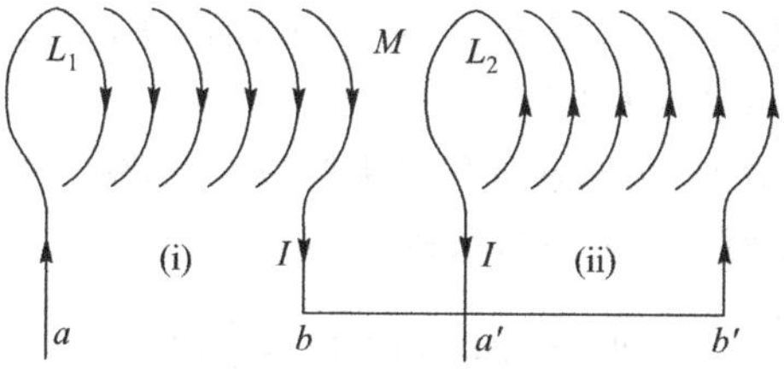

图 6-21 两个线圈反序连接

两个线圈反序连接后的等效总自感为

$$L=(L_1+L_2-2M) \tag{6-33}$$

§6.5 磁场的能量

在第二章中，我们知道电容器充电后在两极之间建立电场，储存一定的能量，该能量与电容器的电容和两极板之间的电势差有关，该能量是电源给电容器充电过程中通过做功转化而来的。一个通电的线圈会建立磁场，也会储存一定的能量，该能量是电源反抗线圈中的自感电动势通过做功转化而来的。既然静电能储存在静电场中，用能量密度来描述，用电场强度、电位移进行表征。我们可以预测磁场的能量也储存在磁场中，也可以用磁感应强度、磁场强度来表征。本节将详细讨论这些问题。

6.5.1 自感磁能

如图 6-22 所示，一个电阻阻值忽略不计的自感为 L 的线圈，与一个阻值为 R 的电阻串联，并与电源串联，形成一个 RL 电路。当开关 K 接通后，由于自感线圈中的自感电动势的阻碍作用，电路中的电流不能突变，只能从 0 开始不断增加，要经过一段时间才能达到一个稳定值 I。电路中电流不断变化的过程称为暂态过程，而电路中电流具有稳定值的状态称为稳态。

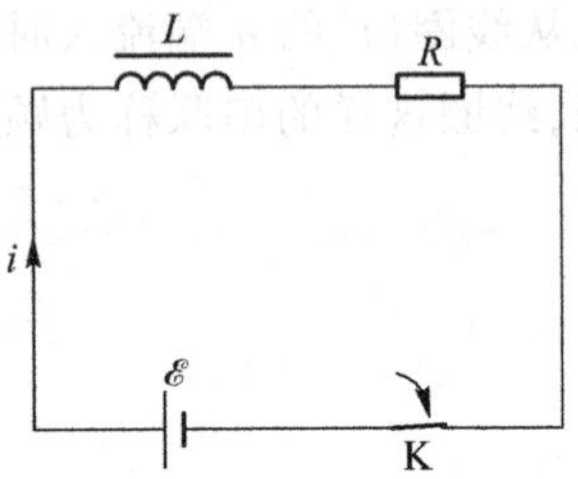

图 6-22　RL 电路与自感磁能

图 6-22 所示的 RL 电路处于暂态过程时，电路中的电流不断增大。设某一时刻 t 电路中的电流大小为 i，自感线圈中的与电流反向的自感电动势为 $\mathscr{E}_L$，此时列出电路方程，有

$$\mathscr{E}-|\mathscr{E}_L|=Ri$$

考虑到 $|\mathscr{E}_L|=L\dfrac{\mathrm{d}i}{\mathrm{d}t}$，则有

$$\mathscr{E}=Ri+L\frac{\mathrm{d}i}{\mathrm{d}t}$$

考虑在电流达到稳定前的时间 $\mathrm{d}t$ 内，电源输出的能量有

$$\mathscr{E}i\mathrm{d}t=Ri^2\mathrm{d}t+Li\mathrm{d}i \tag{6-34}$$

电路中电流大小为 i 时，式(6-34)中 $\mathscr{E}i\mathrm{d}t$ 为 $\mathrm{d}t$ 时间内电源输出的能量；$Ri^2\mathrm{d}t$ 为 $\mathrm{d}t$ 时间内电阻消耗的焦耳热；$Li\mathrm{d}i$ 具有能量的量纲，根据能量守恒定律，它一定是 $\mathrm{d}t$ 时间内电源用于克服自感线圈的自感电动势而做的功，$\mathrm{d}A=Li\mathrm{d}i$，也是 $\mathrm{d}t$ 时间内在自感线圈中建立磁场而储存的能量，称之为自感磁能，表示为 $\mathrm{d}W_L=Li\mathrm{d}i$。

随着 RL 电路中的电流增大，当暂态过程结束时，RL 电路中的电流达到稳定值 I。这一过程中在自感线圈中建立磁场而储存的总自感磁能为

$$W_L=\int\mathrm{d}W_L=L\int_0^I i\mathrm{d}i=\frac{1}{2}LI^2 \tag{6-35}$$

式(6-35)表示，当自感线圈中通有的电流大小为 I 时，在自感线圈中储存的自感磁能也称为磁场能。

6.5.2 互感磁能

如图 6-23 所示，两个相对放置的通电线圈(i)和(ii)的自感分别为 L_1 和 L_2。在两个线圈中电流由零增大，分别达到恒定值 I_1 和 I_2 的过程中，分别连接两个线圈的电源除了提供各自线圈中产生的焦耳热的能量和反抗自感电动势做功而储存自感磁能外，还要克服另一个线圈

中的互感电动势而做功，这份功转化为两个载流线圈储存能量的一部分，称之为互感磁能。

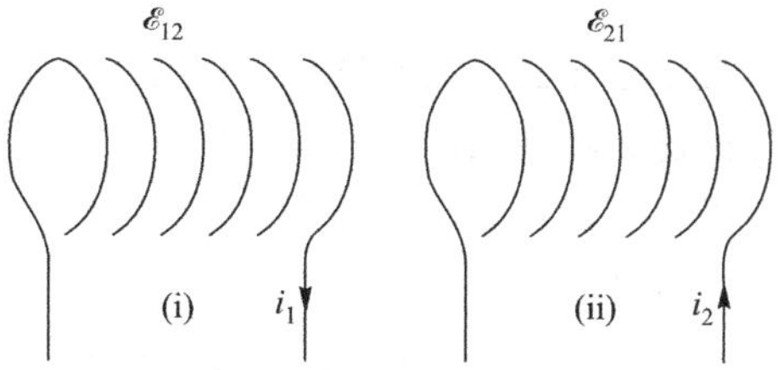

图 6-23　互感磁能

设任意时刻 t，两个线圈中的电流分别为 i_1 和 i_2，则在 $\mathrm{d}t$ 时间内，两个电源分别克服另外一个线圈的互感电动势所做功的代数和为

$$\mathrm{d}A=\mathrm{d}A_1+\mathrm{d}A_2=-\mathscr{E}_{21}i_1\mathrm{d}t-\mathscr{E}_{12}i_2\mathrm{d}t$$

则当两个线圈中电流分别达到恒定值 I_1 和 I_2 的过程中，两个电源分别克服另外一个线圈的互感电动势所做的总功为

$$\begin{aligned}A&=A_1+A_2=-\int_0^{\infty}\mathscr{E}_{21}i_1\mathrm{d}t-\int_0^{\infty}\mathscr{E}_{12}i_2\mathrm{d}t\\&=\int_0^{\infty}M\frac{\mathrm{d}i_2}{\mathrm{d}t}i_1\mathrm{d}t+\int_0^{\infty}M\frac{\mathrm{d}i_1}{\mathrm{d}t}i_2\mathrm{d}t\\&=M\int_0^{I_1I_2}\mathrm{d}(i_1i_2)=MI_1I_2\end{aligned}$$

而两个电源所做的这份总功都转化为储存在两个线圈磁场中的互感磁能 W_M，即

$$W_M=MI_1I_2\quad 或\quad W_{12}=MI_1I_2\tag{6-36}$$

需要说明的是，互感磁能与互感 M 相关，由于 $\mathscr{E}_{21}i_1$ 与 $\mathscr{E}_{12}i_2$ 取决于两个线圈中通有的电流方向，而电流方向与互感电动势方向“可同向”“亦可反向”，故互感磁能也可正可负。后面内容为表述方便，暂且设互感磁能为正值。

6.5.3　多个载流线圈情况下的总磁场能

如图 6-23 所示，两个相对放置的通电线圈(i)和(ii)的自感分别为 L_1 和 L_2，两个线圈间的互感为 M。当两个线圈中各自建立了稳定电流 I_1 和 I_2 时，储存在两个线圈磁场中的总磁场能包括各自的自能磁能和两个线圈间的互感磁能，故总磁场能为

$$\begin{aligned}W_{\mathrm{m}}&=W_{L_1}+W_{L_2}+W_{12}=\frac{1}{2}L_1I_1^2+\frac{1}{2}L_2I_2^2+MI_1I_2\\&=\frac{1}{2}L_1I_1^2+\frac{1}{2}L_2I_2^2+\frac{1}{2}M_{12}I_1I_2+\frac{1}{2}M_{21}I_2I_1\end{aligned}$$

若有 N 个通电线圈相对放置，则其总的磁场能为

$$W_{\mathrm{m}}=\frac{1}{2}\sum_{i=1}^{N}L_iI_i^2+\frac{1}{2}\sum_{\substack{i=1\\j=1\\i\neq j}}^{N}M_{ij}I_iI_j\tag{6-37}$$

式中 L_i 为第 i 个线圈的自感，M_{ij} 为线圈 i 与线圈 j 间的互感。

6.5.4 磁场能的能量密度

上述讨论的磁场能,无论是自感磁能还是互感磁能都与线圈中的电流有关。然而,既然磁场能储存在磁场中,它一定与描述磁场性质的物理量,如磁感应强度、磁场强度存在着具体的联系。一般而言,若知道了磁场中不同位置单位体积内的磁场能,即磁场能的能量密度,则可求得总的磁场能。本节就来讨论这些问题。

若考虑单层密绕细螺绕环,以其平均半径计,单位长度的匝数为 n,其内充满了各向同性、相对磁导率为μ_r 的磁介质,则该螺绕环的自感为 $L=\mu_r\mu_0 n^2 V$。

单层密绕细螺绕环通有的电流为 I 时,磁场都在螺绕环内,各处的磁场强度大小近似相等,为 $H=nI$;磁感应强度大小近似相等,为 $B=\mu_r\mu_0 nI$。

螺绕环的磁场能也近似均匀分布于螺绕环体积 V 内,则自感磁能为

$$W_m=\frac{1}{2}LI^2=\frac{1}{2}\mu_r\mu_0 n^2 I^2 V=\frac{1}{2}BHV$$

若我们在螺绕环内取一个足够小的体积元 dV,使得该体积元内的磁场近似为匀强磁场,则该体积元 dV 内的自感磁能为

$$dW_m=\frac{1}{2}BH dV$$

由于匀强磁场的磁场强度与磁感应强度同向,故有

$$dW_m=\frac{1}{2}\boldsymbol{B}\cdot\boldsymbol{H}dV$$

则单位体积内的磁场能,即磁场能的能量密度,为

$$w_m=\frac{dW_m}{dV}=\frac{1}{2}BH=\frac{1}{2}\boldsymbol{B}\cdot\boldsymbol{H}=\frac{1}{2}\mu_r\mu_0 H^2 \tag{6-38}$$

磁场能的能量密度的单位为焦耳每立方米($J\cdot m^{-3}$)。式(6-38)对于任意磁场都成立,则磁场的能量及其能量密度与描述磁场性质的磁感应强度矢量 $\boldsymbol{B}$ 和磁场强度矢量 $\boldsymbol{H}$ 联系起来了。

在任意非均匀磁场的普遍情况下,总磁场能等于磁场能的能量密度对磁场存在的全部空间进行积分,即

$$W_m=\int_V dW_m=\int_V w_m dV=\frac{1}{2}\int_V \boldsymbol{B}\cdot\boldsymbol{H}dV \tag{6-39}$$

下面我们考虑两个线圈情形下的磁场能量公式。设通电线圈(i)和(ii)激发磁场的磁感应强度和磁场强度分别为 $\boldsymbol{B}_1$、$\boldsymbol{B}_2$ 和 $\boldsymbol{H}_1$、$\boldsymbol{H}_2$,则磁场中总的磁感应强度和磁场强度分别为 $\boldsymbol{B}=\boldsymbol{B}_1+\boldsymbol{B}_2$、$\boldsymbol{H}=\boldsymbol{H}_1+\boldsymbol{H}_2$。如图 6-24 所示,考虑磁场中一个足够小的体积元 dV,则其内的磁场能量密度为

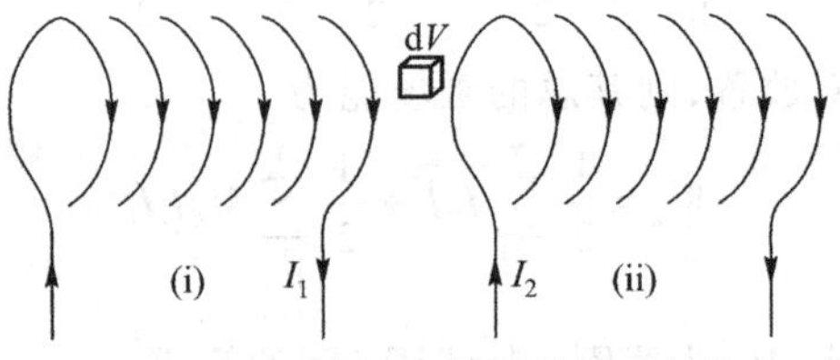

图 6-24 两个通电线圈的总磁场能

$$w_m=\frac{1}{2}\boldsymbol{B}\cdot\boldsymbol{H}=\frac{1}{2}\mu_r\mu_0H^2=\frac{1}{2}\mu_r\mu_0H_1^2+\frac{1}{2}\mu_r\mu_0H_2^2+\mu_r\mu_0H_1H_2$$

该体积元 $\mathrm{d}V$ 内的磁场能为

$$\mathrm{d}W_m=w_m\mathrm{d}V=\left(\frac{1}{2}\mu_r\mu_0H_1^2+\frac{1}{2}\mu_r\mu_0H_2^2+\mu_r\mu_0H_1H_2\right)\mathrm{d}V$$

磁场空间的总磁场能为

$$W_m=\int_V w_m\mathrm{d}V=\frac{\mu_r\mu_0}{2}\int_V(H_1^2+H_2^2+2H_1H_2)\mathrm{d}V \tag{6-40}$$

式(6-40)中的第一项 $\frac{\mu_r\mu_0}{2}\int_V H_1^2\mathrm{d}V$ 和第二项 $\frac{\mu_r\mu_0}{2}\int_V H_2^2\mathrm{d}V$ 分别为两个线圈的自感磁能;第三项的 $\mu_r\mu_0\int_V H_1H_2\mathrm{d}V$ 为两个线圈的互感磁能。总磁场能中自感磁能总是正的,而互感磁能有正有负。

例题 6.9 如例题 6.9 图所示,一长直同轴电缆由两个半径分别为 R_1 和 R_2 的共轴导体圆柱面构成,其间充满相对磁导率为μ_r 的各向同性均匀磁介质,并且内外导体圆柱面分别通有沿截面均匀分布的反向电流 I。求同轴电缆上长度为 l 一段的磁场能。

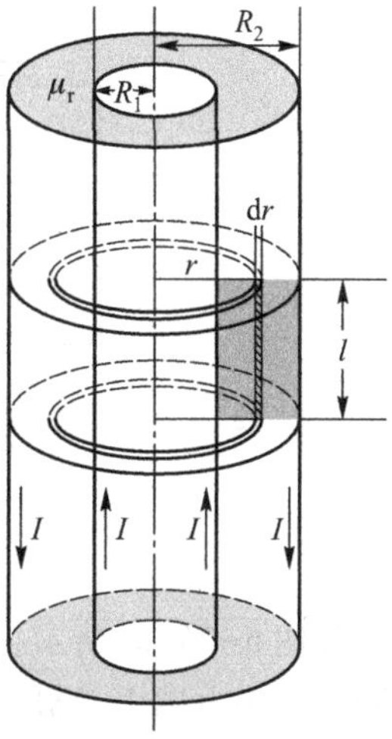

例题 6.9 图

解:对于同轴电缆,电流沿内长直导体圆柱面截面均匀流过,而沿外长直导体圆柱面截面均匀流回。由于电流分布的对称性,磁场只存在于两圆筒状导体之间的磁介质内,根据安培环路定理$\oint_L \boldsymbol{H}\cdot\mathrm{d}\boldsymbol{l}=\sum_{L内} I_{0i}$,两导体圆柱面之间的磁场强度为

$$H=\frac{I}{2\pi r}$$

如图所示,取体积元 $\mathrm{d}V=2\pi r\mathrm{d}rl$,该体积元内的磁场能量密度为 $w_m=\frac{1}{2}\mu_r\mu_0H^2$,则该体积元内的磁场能为

$$\mathrm{d}W_m=w_m\mathrm{d}V=\frac{1}{2}\mu_r\mu_0l\frac{I^2}{4\pi^2r^2}2\pi r\mathrm{d}r=\frac{\mu_r\mu_0lI^2}{4\pi}\frac{\mathrm{d}r}{r}$$

而同轴电缆单位长度的磁场能为

$$W_m=\int_V\mathrm{d}W_m=\frac{\mu_r\mu_0lI^2}{4\pi}\int_{R_1}^{R_2}\frac{\mathrm{d}r}{r}=\frac{\mu_r\mu_0lI^2}{4\pi}\ln\frac{R_2}{R_1}$$

考虑到 $W_m=\frac{1}{2}LI^2$,则同轴电缆上长度为 l 一段的自感为 $L=\frac{\mu_r\mu_0l}{2\pi}\ln\frac{R_2}{R_1}$,这个结果与例题 6.7 中的式(6-26)一致。

§6.6 暂态电路

电路所处的任何恒定电流的状态称为“稳态”。而电路从一个稳态变化到另一个稳态的过程中,电流是逐渐变化的。电流从一个稳态开始变化到趋于另一个稳态的过程称为“暂态过程”。暂态过程的持续,是物质相互作用的结果,或者说场的建立或退去是要有一个过程的。

暂态过程有很重要的实际应用,最普遍的例子就是电子电路中的信号产生、改变。变化不快的暂态过程可以看成是准稳态的,可以应用欧姆定律、基尔霍夫方程来讨论。

本节主要讨论 *RL*、*RC*、*LC* 以及 *RCL* 电路的暂态过程。

6.6.1 *RL* 电路

RL 电路的暂态过程也就是自感线圈中磁场建立和衰退的过程,这里讨论 *RL* 电路中电流的变化规律。*RL* 电路如图 6-25 所示,该电路是由直流电源 $\mathscr{E}$、电阻 R 与自感线圈 L 以及开关 K 串接而成的闭合电路。

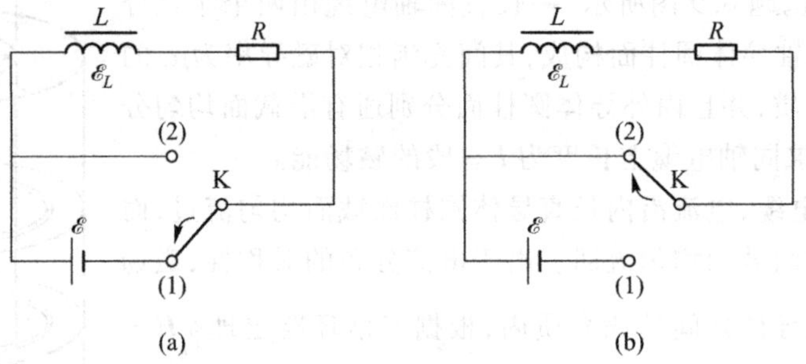

图 6-25　*RL* 电路

如图 6-25(a)所示,当开关 K 接通(1)时,电路接通电源。电路中的电流 i 在增大,使自感线圈中出现自感电动势:

$$\mathscr{E}_L=-L\frac{\mathrm{d}i}{\mathrm{d}t}$$

考虑到电阻上的电压降,由基尔霍夫电压降方程有 $-\mathscr{E}+|\mathscr{E}_L|+iR=0$,即

$$L\frac{\mathrm{d}i}{\mathrm{d}t}+iR=\mathscr{E} \tag{6-41}$$

式(6-41)是 *RL* 电路中电流 i 的变化所满足的一阶线性常系数非齐次微分方程,可用分离变量法求解,考虑到初始条件,$t=0$ 时 $i=0$,得

$$i=\frac{\mathscr{E}}{R}(1-\mathrm{e}^{-\frac{R}{L}t})=\frac{\mathscr{E}}{R}(1-\mathrm{e}^{-\frac{t}{\tau}}) \tag{6-42}$$

式中,$\tau=L/R$ 为 *RL* 电路的时间常量,τ 是一个标志 *RL* 电路中暂态过程持续时间长短的特征量。在有源 *RL* 电路中,时间常量 τ 描述了电流上升的快慢程度。当 $t=\tau$ 时,$i=\frac{\mathscr{E}}{R}(1-\mathrm{e}^{-1})=I_0(1-\mathrm{e}^{-1})\approx0.63I_0$;当 $t=5\tau$ 时,$i\approx0.994I_0$。

如图 6-25(b)所示,当将开关 K 拨向(2)接通时,电路中不再有电源,此时电路是由电阻 R 与自感线圈 L 以及开关 K 串接而成的闭合电路。电路中的电流 i 在减小,使自感线圈中出现自感电动势：

$$\mathscr{E}_L=-L\frac{\mathrm{d}i}{\mathrm{d}t}$$

该电动势全部加到了电阻上，由基尔霍夫电压降方程有 $-\mathscr{E}_L+iR=0$，即

$$L\frac{\mathrm{d}i}{\mathrm{d}t}+iR=0 \tag{6-43}$$

考虑到初始条件，$t=0$ 时 $i=I_0=\mathscr{E}/R$，解一阶线性常系数齐次微分方程(6-43)得

$$i=\frac{\mathscr{E}}{R}\mathrm{e}^{-\frac{R}{L}t}=\frac{\mathscr{E}}{R}\mathrm{e}^{-\frac{t}{\tau}}=I_0\mathrm{e}^{-\frac{t}{\tau}} \tag{6-44}$$

此时无源 RL 电路的时间常量 $\tau=L/R$ 描述了电路中电流下降的快慢程度。当 $t=\tau$ 时，$i\approx 0.37I_0$；当 $t=5\tau$ 时，$i\approx 0.006I_0$。由此可见时间常量 τ 对暂态过程的显著影响。

6.6.2 *RC* 电路

RC 电路的暂态过程也就是电容器的充放电过程，这里讨论 *RC* 电路中电容器极板上电荷量的变化规律。*RC* 电路如图 6-26 所示，该电路是由直流电源 $\mathscr{E}$、电阻 R 与电容器 C 以及开关 K 串接而成的闭合电路。

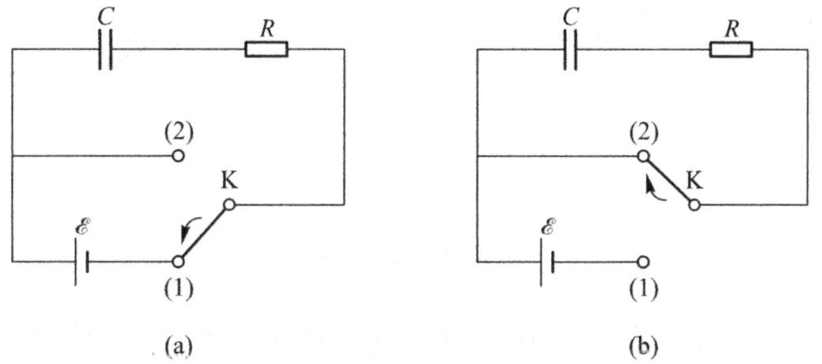

图 6-26 *RC* 电路

如图 6-26(a)所示，当开关 K 接通(1)时，电路接通电源，电容器被充电。这时电源电动势等于电容器两极板上的电压与电阻上的电压降之和，由基尔霍夫电压降方程有 $-\mathscr{E}+\Delta U_C+iR=0$，考虑到 $\Delta U_C=\frac{q}{C}$，$i=\frac{\mathrm{d}q}{\mathrm{d}t}$，则有

$$R\frac{\mathrm{d}q}{\mathrm{d}t}+\frac{1}{C}q=\mathscr{E} \tag{6-45}$$

式(6-45)是 *RC* 电路充电过程所满足的电压方程，为一阶线性常系数非齐次微分方程，考虑到初始条件，$t=0$ 时 $q=0$，其解为

$$q=C\mathscr{E}\left(1-\mathrm{e}^{-\frac{t}{RC}}\right)=C\mathscr{E}\left(1-\mathrm{e}^{-\frac{t}{\tau}}\right) \tag{6-46}$$

式中 $\tau=RC$ 为 *RC* 电路的时间常量。

如图 6-26(b)所示，当将开关 K 拨向(2) 接通时，电路中不再有电源，此时电路是由电阻 R 与电容器 C 以及开关 K 串接而成的闭合电路。此时 *RC* 电路的暂态过程是电容器的放电过

程，电路所满足的电压方程为

$$R\frac{\mathrm{d}q}{\mathrm{d}t}+\frac{1}{C}q=0 \tag{6-47}$$

考虑到初始条件，$t=0$ 时 $q=C\mathscr{E}$，解一阶线性常系数齐次微分方程(6-47)得

$$q=C\mathscr{E}\mathrm{e}^{-\frac{t}{RC}}=C\mathscr{E}\mathrm{e}^{-\frac{t}{\tau}} \tag{6-48}$$

由式(6-48)可见，随着时间的增加，电容器极板上的电荷量在以指数形式下降。

RC 电路是常用的脉冲产生和整形电路，是电子学的基本电路之一。它主要用于对信号进行滤波、延时、积分或微分等处理，广泛应用于信号处理、通信、自动控制等领域。

6.6.3 *LC* 电路

LC 电路的暂态过程既是电容器的充放电过程，也是自感线圈中磁场建立和衰退过程，这里讨论 *LC* 电路暂态过程的变化规律。*LC* 电路如图 6-27 所示，该电路是由直流电源 $\mathscr{E}$、自感线圈 L 与电容器 C 以及开关 K 串接而成的闭合电路。

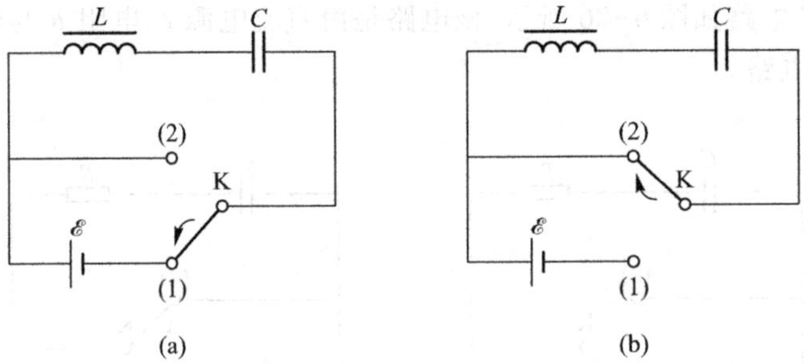

图 6-27　*LC* 电路

如图 6-27(a)所示，当开关 K 接通(1)时，电路接通电源，此时 *LC* 电路所满足的电压方程为

$$L\frac{\mathrm{d}i}{\mathrm{d}t}+\frac{q}{C}=\mathscr{E} \tag{6-49}$$

考虑到 $i=\frac{\mathrm{d}q}{\mathrm{d}t}$，令 $Q=q-C\mathscr{E}$，$\omega^2=\frac{1}{LC}$，则式(6-49)变为

$$\frac{\mathrm{d}^2Q}{\mathrm{d}t^2}+\omega^2Q=0 \tag{6-50}$$

式(6-50)为简谐振动方程，其解为 $Q=k\mathrm{e}^{-\mathrm{i}\omega t}$，即 $q-C\mathscr{E}=k\mathrm{e}^{-\mathrm{i}\omega t}$。考虑到初始条件，$t=0$ 时 $q=0$ 及 $\omega=\frac{1}{\sqrt{LC}}$，则有

$$q=C\mathscr{E}(1-\mathrm{e}^{-\mathrm{i}\omega t})=C\mathscr{E}(1-\mathrm{e}^{-\mathrm{i}\frac{t}{\sqrt{LC}}}) \tag{6-51}$$

如图 6-27(b)所示，当将开关 K 拨向(2)接通时，此时电路是由自感线圈 L 与电容器 C 以及开关 K 串接而成的闭合电路。这是一个 *LC* 振荡回路，其所满足的电压方程为

$$L\frac{d^2q}{dt^2}+\frac{q}{C}=0 \tag{6-52}$$

考虑到初始条件，$t=0$ 时 $q=C\mathscr{E}$，则有

$$q=C\mathscr{E}e^{-i\frac{t}{\sqrt{LC}}} \tag{6-53}$$

LC 振荡回路也是电子学的重要电路，它可用于产生特定频率的信号，也可用于从复杂信号中分离出特定频率的信号。它是许多电子学设备中的关键部件，如可用于通信、雷达、导航、广播、电视等无线电设备的振荡器、滤波器、调谐器和混频器。

6.6.4 *RLC* 电路

这里讨论 *RLC* 电路的暂态过程。*RLC* 电路如图 6-28 所示，该电路是由直流电源 $\mathscr{E}$、电阻 R、自感线圈 L 与电容器 C 以及开关 K 串接而成的闭合电路。

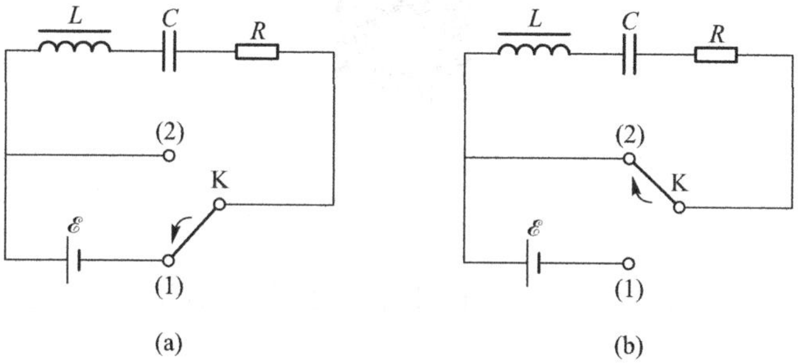

图 6-28　*RLC* 电路

如图 6-28(a)所示，当开关 K 接通(1)时，电路接通电源，此时 *RLC* 电路所满足的电压方程为

$$L\frac{di}{dt}+iR+\frac{q}{C}=\mathscr{E}$$

考虑到 $i=\frac{dq}{dt}$，上述方程变为

$$L\frac{d^2q}{dt^2}+R\frac{dq}{dt}+\frac{q}{C}=\mathscr{E} \tag{6-54}$$

式(6-54)是一个阻尼振动方程。如果仅有自感线圈 L 与电容器 C，就相当于"恒定驱动 $\mathscr{E}$"与谐振动的叠加。由于电阻 R 的存在，电路要消耗能量，电阻 R 相当于一个阻尼器，在电路中有焦耳热耗能，由此产生了阻尼作用，$R\frac{dq}{dt}$称为阻尼项。这个方程类似于受迫振动方程，可以仿照受迫振动方程给出式(6-54)的解。

如图 6-28(b)所示，当将开关 K 拨向(2)接通时，此时电路所满足的电压方程为

$$L\frac{d^2q}{dt^2}+R\frac{dq}{dt}+\frac{q}{C}=0 \tag{6-55}$$

式(6-55)描述了一个无驱动作用的阻尼振动，通过调节阻尼项，电路中可以出现欠阻尼、临界

阻尼和过阻尼现象。

应用专题:1. 电磁炮;2. 微波雷达

经典实验:法拉第与电磁感应实验

思考题

6.1 在均匀磁场中,导体圆线圈做下列的运动,下列哪些情况下会产生感应电流?为什么?

(1) 线圈沿磁场方向平移;

(2) 线圈沿垂直磁场方向平移;

(3) 线圈以自身的直径为轴转动,轴与磁场方向平行;

(4) 线圈以自身的直径为轴转动,轴与磁场方向垂直。

6.2 如图所示,一个矩形线圈在均匀磁场中沿逆时针方向以匀角速 ω 旋转,试分析:当线圈转到位置 a 和 b 两种情况下的感应电动势的大小和方向。

6.3 在如图所示的电路中,是否有电流通过电阻 R?如果有,请判断电流的方向。具体情景为:(1) 开关 K 接通的瞬时;(2) 开关 K 断开的瞬间;(3) 开关 K 保持接通时。

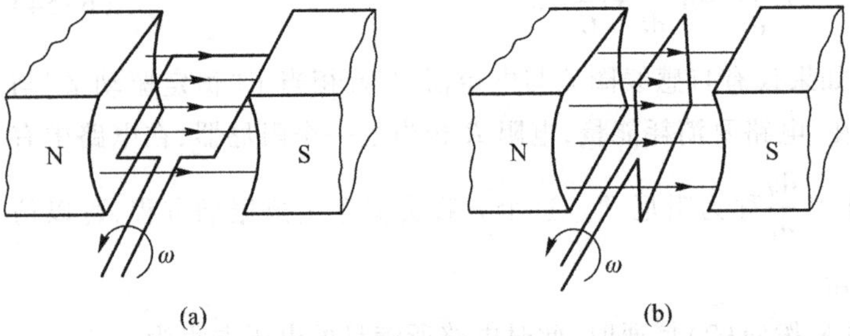

思考题 6.2 图

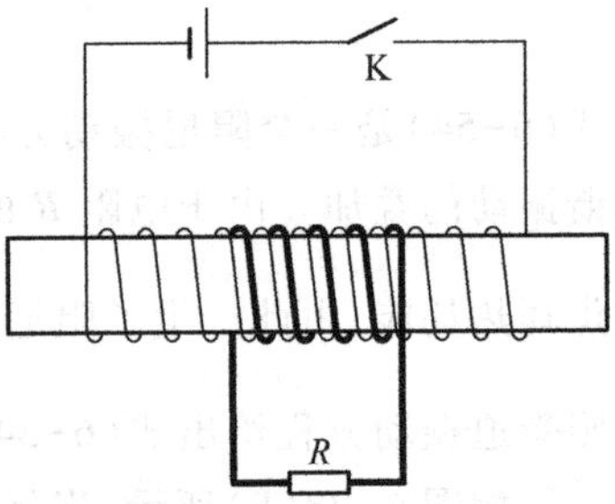

思考题 6.3 图

6.4 如图所示的导体线框 A,框上放置一根可以移动的导体棒,若令此棒向右移动,产生向上的感应电流,试问:

(1) 引起感应电流的磁感应强度 **B** 的方向如何?

(2) 感应电流的能量从何而来?

6.5 如图所示,两导体圆环 a 和 b 用细杆连接,并放置在 O 点,可绕 O 点在水平面内自由转动。左边 a 为闭合导体圆环,右边 b 为有缺口的导体圆环,当用强磁铁的 S 极插入环 a 和环 b 时,会发生什么现象?环中是否有感应电流?其方向如何?环中是否有感应电动势?

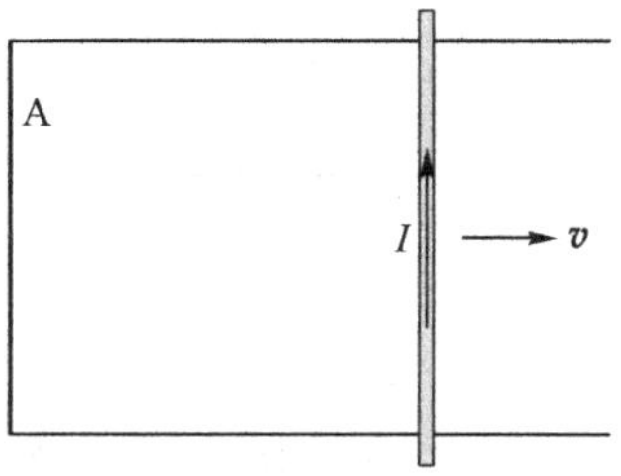

思考题 6.4 图

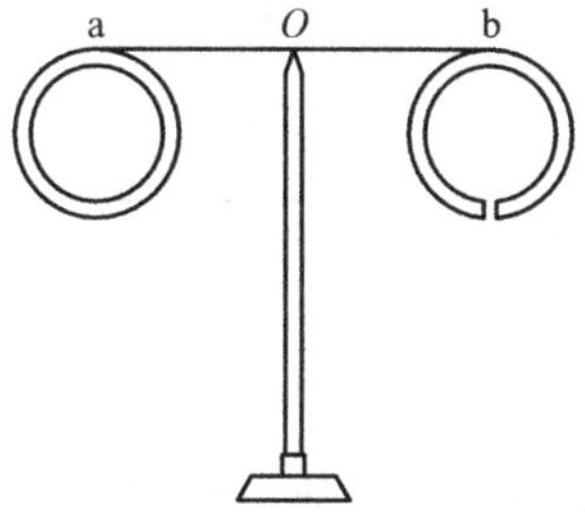

思考题 6.5 图

6.6 在电子感应加速器中,加速电子的电场有何特点?加速电子的能量从何而来?

6.7 如图所示的电路中,S_1、S_2 是两个相同的小灯泡。若线圈 L 的电阻值等于电阻 R 的值,当开关 K 接通和断开时,小灯泡 S_1、S_2 哪个先亮?亮度如何?线圈 L 的自感系数的大小由哪些因素决定?

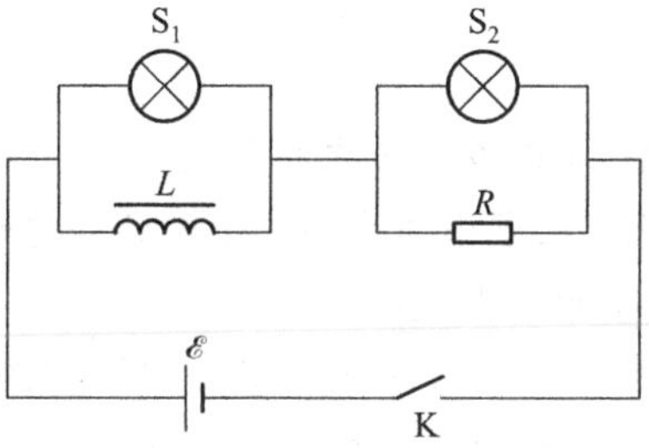

思考题 6.7 图

6.8 用金属丝绕制的标准线圈要求是无自感。请设计绕制的方案,得到自感系数为零的线圈。

习题

6.1 在真空中,长直导线附近放置一个 N 匝的矩形线圈,线圈与长直导线共面,其几何尺寸如图所示。设长直导线中通有交流电 $I=I_0\sin\omega t$,式中 I_0、ω 是正值常量。当 $I>0$ 时,方向如图所示。求矩形线圈中的感应电动势。

第六章习题
参考答案

6.2 在真空中,一长直导线中通有交变电流 $I=I_0\sin\omega t$,式中 I_0、ω 为正值常量。当 $I>0$ 时,电流方向如图所示。长直导线附近有一与之共面的矩形线框,

边长分别为 l_1、l_2，线框的一边与直导线平行，并正在以垂直于导线的速度 $\boldsymbol{v}$ 匀速离开，求 t 时刻导线与线框邻近边的距离为 x 时，矩形线框中的感应电动势（不计线框的自感）。

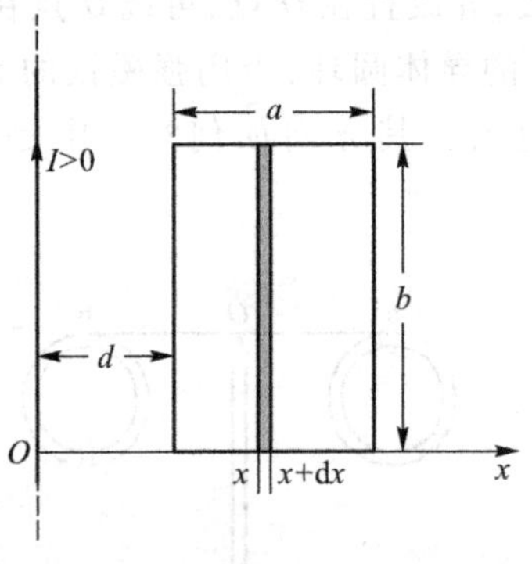

习题 6.1 图

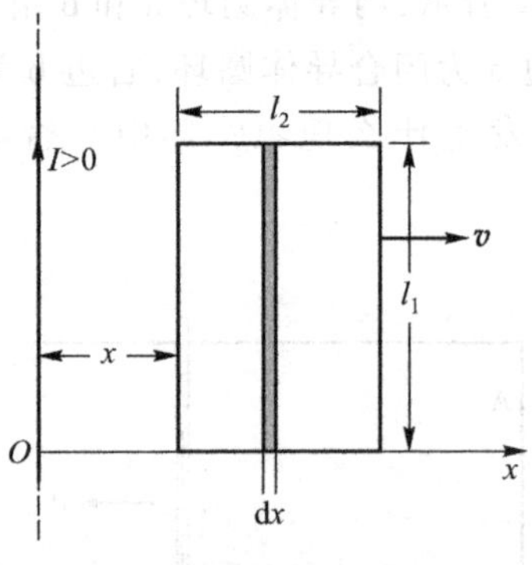

习题 6.2 图

6.3 一圆柱形金属块放在高频感应炉中加热，如图所示。设感应炉线圈产生的磁场是均匀的，磁感应强度的方均根值为 B_1，磁场变化的频率为 ν；金属柱的直径为 D，高度为 h，电导率为 σ，柱轴与磁场方向平行。不计涡电流产生的磁场，试证明：在金属柱内涡电流产生的平均热功率为 $P=\dfrac{1}{32}\pi^2\nu^2\sigma B^2D^4h$。

6.4 如图所示，具有相同轴线的两个圆形导线回路，小回路在大回路上面距离 x 处。x 远大于回路半径 R，因此当大回路中有恒定电流 I 按图示方向流动时，小线圈所围面积 πr^2 之内的磁场可视为均匀的。现假定 x 以等速率 $\dfrac{dx}{dt}=v$ 变化。

（1）试确定穿过小回路的磁通量 Φ 和 x 之间的关系；

（2）当 $x=NR$ 时（N 为一正数），求小回路中产生的感应电动势；

（3）若 $v>0$，试确定小回路中感应电流的方向。

6.5 如图所示，在均匀磁场中有一弯成任意平面曲线的刚性导线，导线所在平面与磁场方向垂直，两端点之间的距离为 l。现导线绕其端点 a 在垂直于磁场的平面内均匀转动，角速度为 ω。求导线中感应电动势的大小并比较两个端点电势的高低。

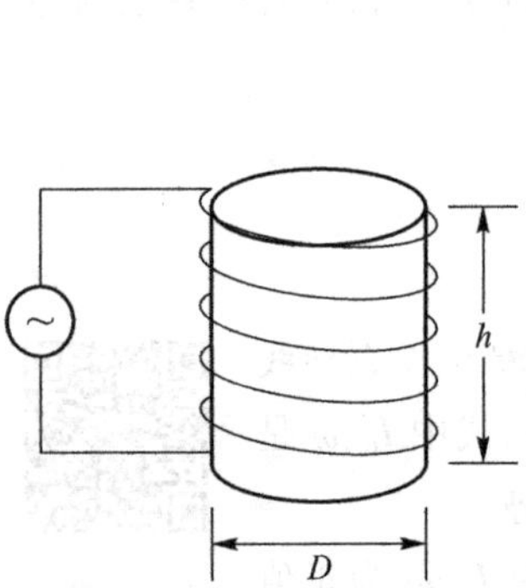

习题 6.3 图

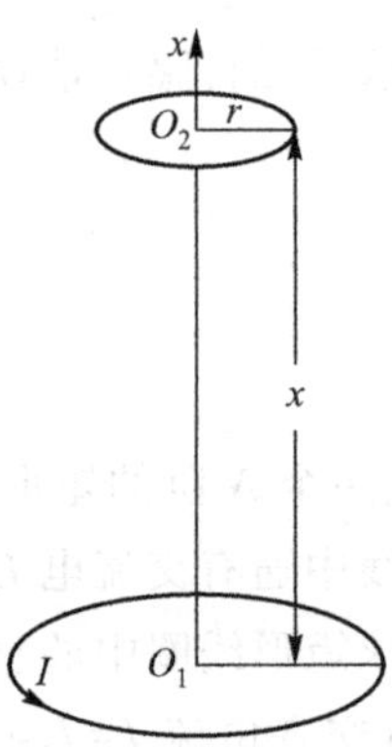

习题 6.4 图

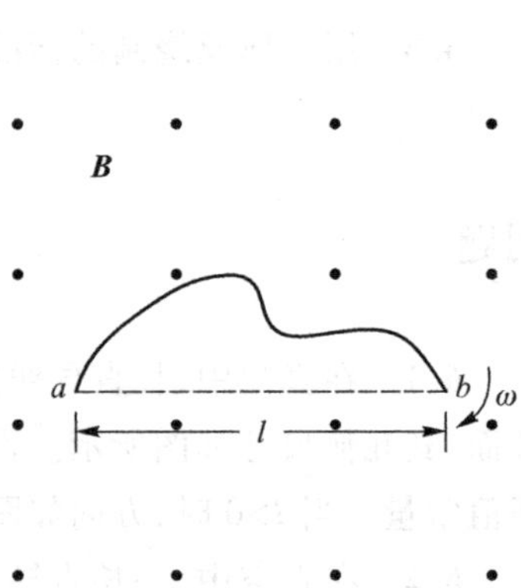

习题 6.5 图

6.6 在通有电流 $I=5\ \text{A}$ 的长直导线近旁有一导线段 ab，长 $l=20\ \text{cm}$，离长直导线距离 $d=10\ \text{cm}$，如图所示。当它沿平行于长直导线的方向以速度 $v=10\ \text{m/s}$ 平移时，导线段中的感应电动势有多大？a，b 哪端的电势高？

6.7 如图所示，圆形刚性线圈由材料均匀、截面均匀的导线制成，其半径为 r_0，线圈绕它的一条直径以角速度 ω 在均匀磁场 $\boldsymbol{B}$ 中匀速转动，转动轴线与磁场方向垂直。当线圈转至和磁感应线共面的图示位置时，求：

（1）线圈中 ab（1/4 圆弧）、ac（1/8 圆弧）两段圆弧中的感应电动势；

（2）a、b 和 a、c 的电势差。

6.8 如图所示的装置置于磁感应强度为 $\boldsymbol{B}$ 的均匀磁场中，图中 ab 为金属棒，垂直于导轨放置，质量为 m，长度为 l，可在金属导轨上滑行。两导轨端部连接电阻 R，导轨和金属棒所在平面与磁场方向垂直。现金属棒以初速度 $\boldsymbol{v}_0$ 向右运动。设导轨和金属棒的电阻不计，摩擦不计，磁场空间足够大。

（1）求金属杆能够移动的距离；

（2）求在这过程中电阻 R 所发的焦耳热；

（3）试用能量守恒规律分析讨论上述结果。

注：忽略金属杆 ab 的电阻以及它与导轨的摩擦力，忽略回路的自感。

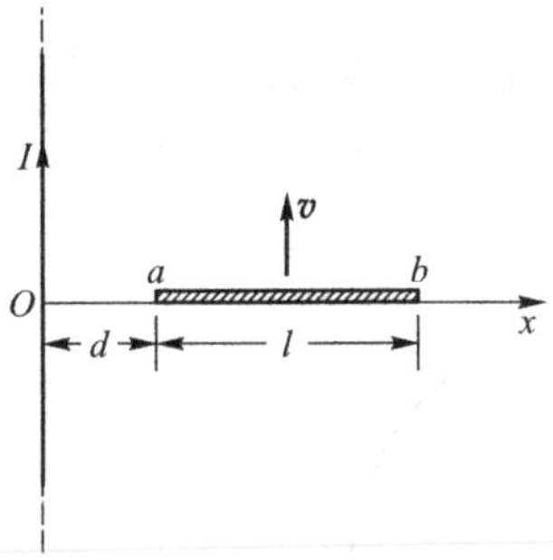

习题 6.6 图

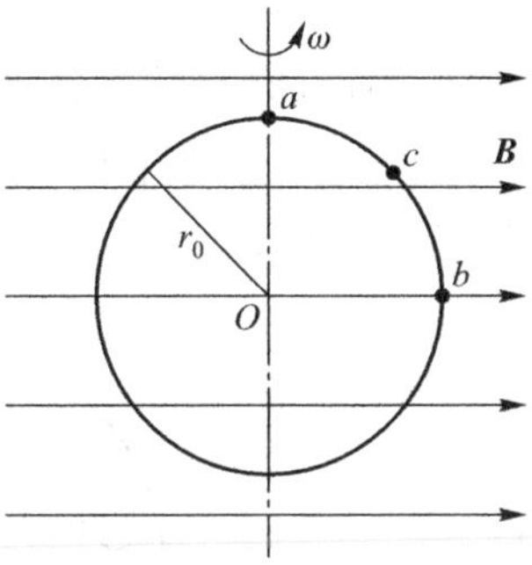

习题 6.7 图

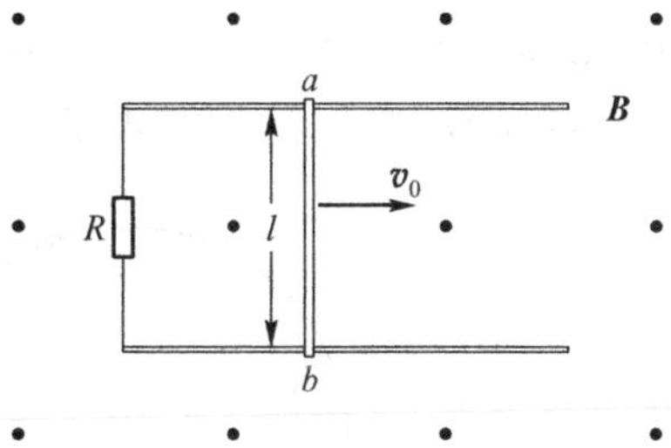

习题 6.8 图

6.9 一匀强磁场限制在半径为 R 的圆柱体内，方向与柱轴平行。设磁感应强度大小随时间的变化率恒定，即 $\mathrm{d}B/\mathrm{d}t=$ 常量。求感生电场强度 $\boldsymbol{E}_{\mathrm{R}}$ 的分布。

6.10 在半径为 R 的圆柱形体积内，充满磁感应强度为 B 的均匀磁场，如图所示为其截面图，O 为轴心。有一长为 L 的金属棒 ab 按图示位置垂直于磁场方向放置。设磁场在增强，并且 $\mathrm{d}B/\mathrm{d}t$ 为已知常量，试计算棒中感生电动势的大小，并指出哪端电势高。

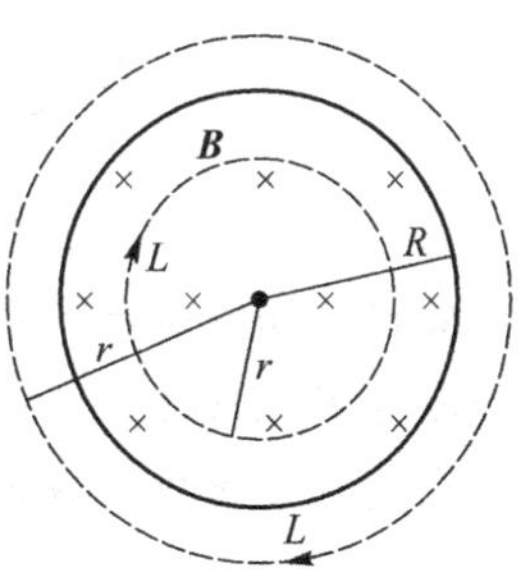

习题 6.9 图

6.11 在半径为 a 的圆柱形体积内，充满磁感应强度随时间均匀变化的均匀磁场，如图所示为其截面图，O 为轴心。在磁场外放置半径为 b 的同轴圆形导线，设导线的粗细和材料均匀，磁场的变化率 $\mathrm{d}B/\mathrm{d}t$ 已知。求：

（1）导线上任意一点的感生电场强度；

（2）长度为 l 的任意一段导线上的感生电动势和导线两端的电势差；

（3）导线上任意一点库仑电场的电场强度。

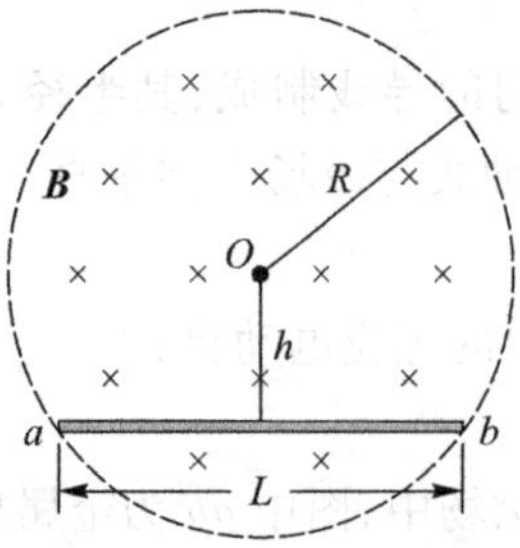

习题 6.10 图

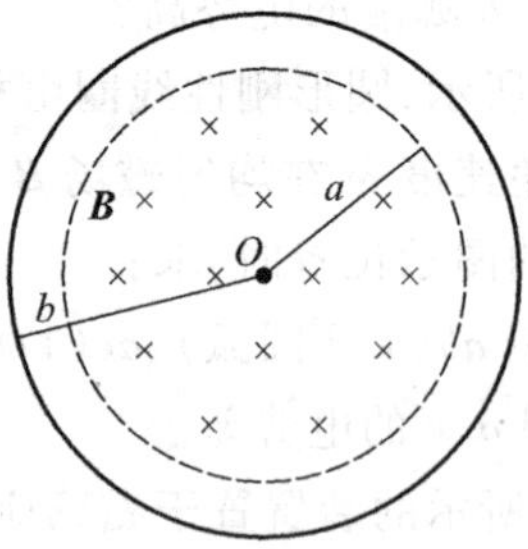

习题 6.11 图

6.12 在电子感应加速器中，电子在轴对称的变化磁场作用下被加速。要保持电子的运行轨道半径一定，轨道环所在处的磁场 B_R 应该等于环所围绕的面积中 B 的平均值 $\overline{B}$ 的一半，试证明之。

6.13 质量为 m、带电荷量为 $q(q>0)$ 的小珠，可在半径为 R 的圆环轨道上运动。以圆环为正截面的圆柱形体积内，充满均匀分布的磁场，其方向如图所示。在时间由 0 到 T 的间隔内，磁感应强度由 0 均匀增加至 B_0。已知带电小珠的初速度为零，重力和摩擦力不计，求在磁场变化期间，带电小珠的运动状态和对轨道的压力。

6.14 如图所示，一个限定在圆柱形体积内的均匀磁场，磁感应强度为 $\boldsymbol{B}$，圆柱的半径为 R。$\boldsymbol{B}$ 的量值以 10^{-2} T/s 的恒定速率减小。当电子分别置于磁场 a 点处、b 点处和 c 点处时，其中 $ab=bc=r=5.0$ cm，试求电子所获得的瞬时加速度的大小和方向。

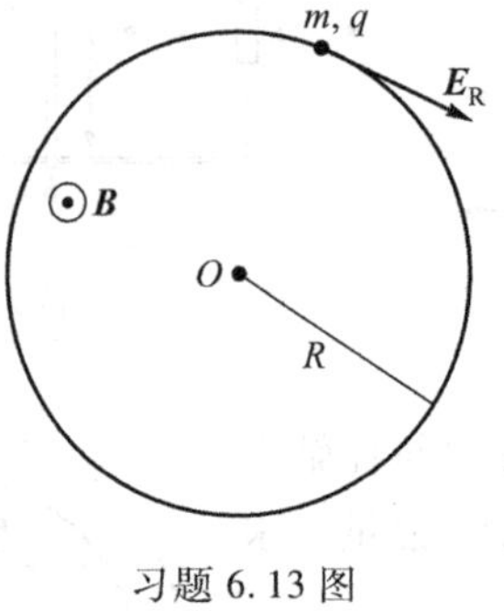

习题 6.13 图

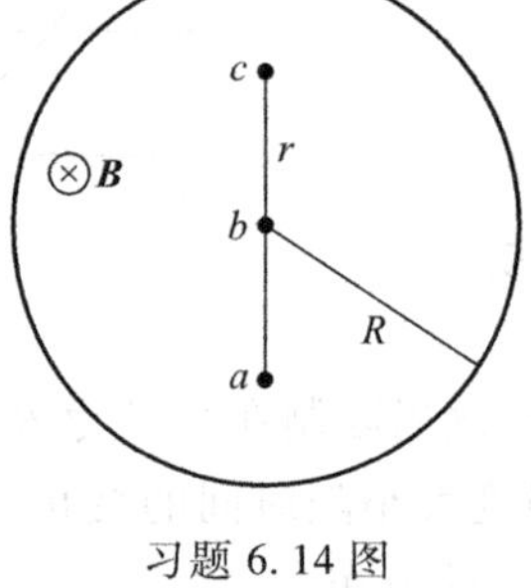

习题 6.14 图

6.15 如图所示，一个限定在圆柱形体积内的均匀磁场，磁感应强度为 $\boldsymbol{B}$，圆柱的半径为 R。$\boldsymbol{B}$ 的量值以 10^{-2} T/s 的恒定速率减小。在此变化磁场中放置一等腰梯形金属框 $ABCD$，如图所示。已知 $AB=R$，$CD=\dfrac{R}{2}$，感生电场 $\boldsymbol{E}_R$ 的方向沿圆柱的切线方向，大小为 $E_R=-\dfrac{r}{2}\dfrac{dB}{dt}$。试求：

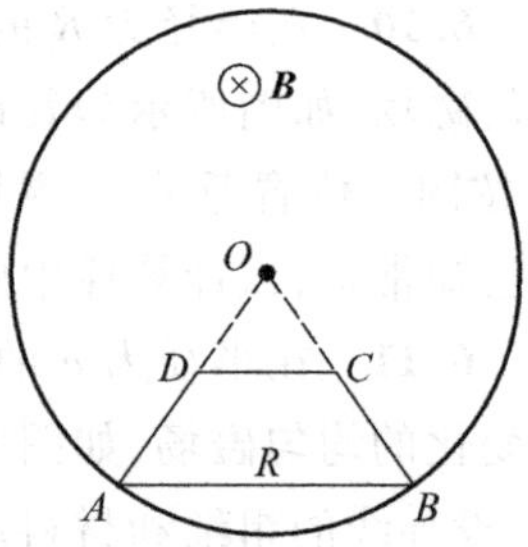

习题 6.15 图

（1）圆柱内的感生电场；

（2）各边产生的感生电动势 $\mathscr{E}_{AB}$、$\mathscr{E}_{BC}$、$\mathscr{E}_{CD}$、$\mathscr{E}_{DA}$；

（3）线框总的电动势。

6.16 如图所示，在半径为 10 cm 的圆柱形空间内，充满磁感应强度为 $\boldsymbol{B}$ 的均匀磁场，$\boldsymbol{B}$ 的方向如图所示，其量值以 3×10^{-3} T/s 的恒定速率增大。有一长为 20 cm 的金属棒 AC 放在图示位置，其一半 AB 位于磁场内部，另一半 BC 位于磁场外部。求金属棒 AC 两端的感应电动势 $\mathscr{E}_{AC}$。

6.17 两个均匀密绕的长直螺线管，半径分别为 R_1、R_2（$R_2>R_1$），线圈匝数分别为 N_1、N_2，长度均为 l，两个螺线管同轴放置，两端对齐。求二者的互感系数 M_{12}、M_{21}。

6.18 两个圆形线圈共面同心放置，如图所示。小线圈的圆面积为 $S=4.0\ \mathrm{cm}^2$，线圈匝数为 $N_1=50$；大线圈的半径为 $R=20$ cm，线圈匝数为 $N_2=100$。求：

（1）两个线圈的互感系数 M；

（2）当大线圈导线中的电流以 50 A/s 的速率减小时，小线圈中感应电动势的大小。

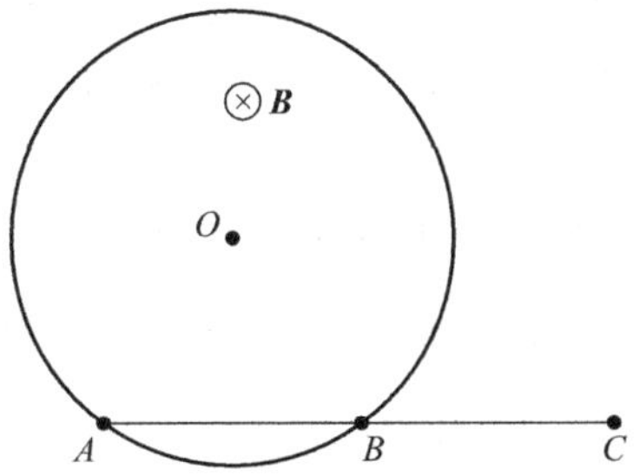

习题 6.16 图

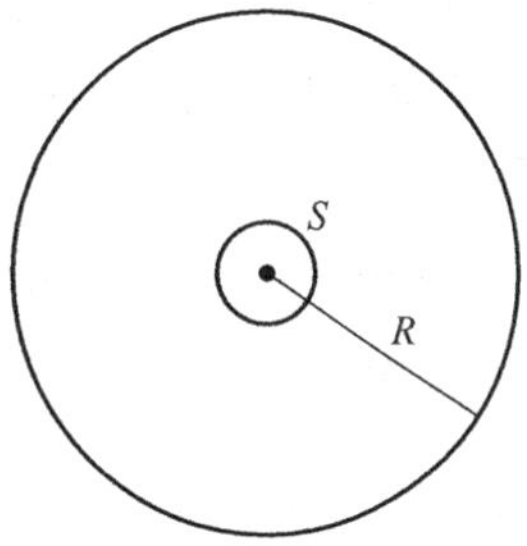

习题 6.18 图

6.19 无限长直导线与矩形线圈共面放置，在图示两种相对位置的情况下，计算它们的互感系数［图(b)中直导线与线圈彼此绝缘］。

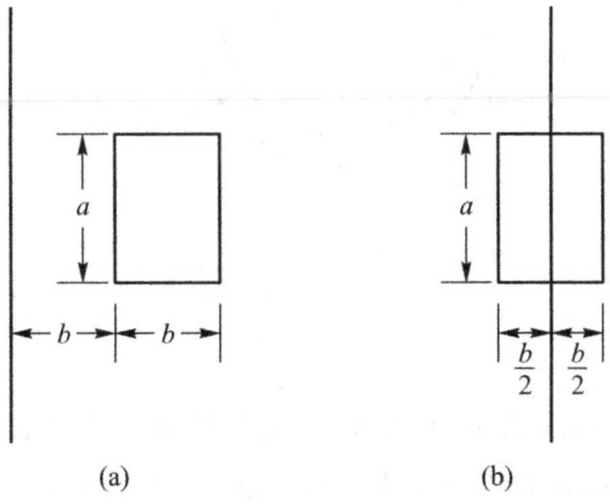

习题 6.19 图

6.20 真空中有一均匀密绕长直螺线管，直径为 D，单位长度的线圈匝数为 n。螺线管外套一矩形线框，线框中通有交变电流 $I=I_0\sin\omega t$，式中 ω、I_0 均为常量。当 $I>0$ 时，电流方向如图所示，求螺线管中的感应电动势。

6.21 一空心的均匀密绕螺绕环，平均半径为 0.1 m，环管截面积为 6 cm^2，线圈为 200 匝，求此螺绕环的自感。若线圈中通有大小为 3 A 的电流，计算线圈中储存的自感磁能。

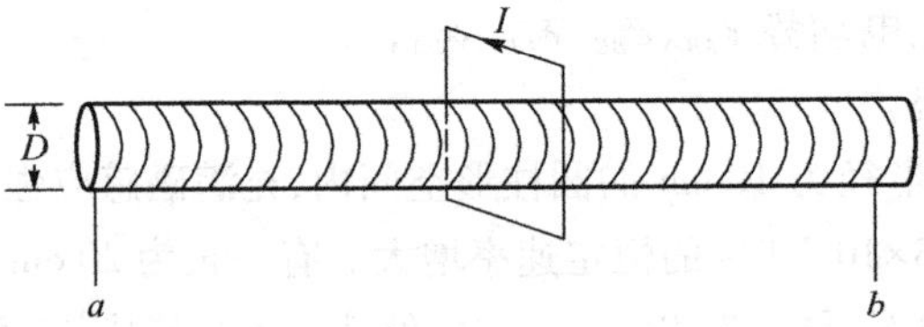

习题 6.20 图

6.22 两条平行的长直载流导线，半径均为 a，相距为 $b(b\gg a)$，电流大小同为 I，流向相反。求：

(1) 两导线之间单位长度的自感系数；

(2) 保持导线中电流不变，两导线间的距离由 b 增加到 b' 的过程中，磁场力对单位长度导线所做的功和相应自感磁能的增量。

6.23 若已知一个空心密绕的螺绕环，其平均半径为 $r=0.1\ \mathrm{m}$，横截面积为 $S=6\ \mathrm{cm}^2$，线圈匝数为 $N=250$。求它的自感系数 L。又若线圈中通有电流 $I=3\ \mathrm{A}$，求线圈中的磁通量 Φ 和自感磁链 Ψ。

6.24 自感系数本是对闭合线圈定义的，但求同轴电缆 l 长度的自感时，按下式定义：$L=\dfrac{\Psi}{I}$，这里 Ψ 就是图中 S 面的磁通量。设一同轴电缆由两个同轴长圆筒组成，半径分别为 r_1、r_2，电流 I 由内筒流出，由外筒流回，求同轴电缆上长度为 l 一段的自感系数。

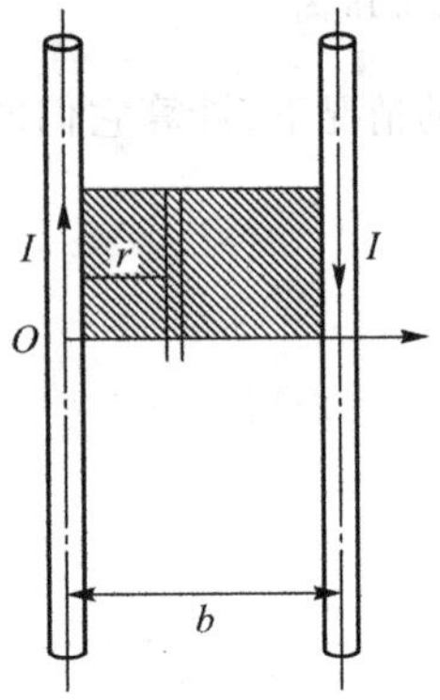

习题 6.22 图

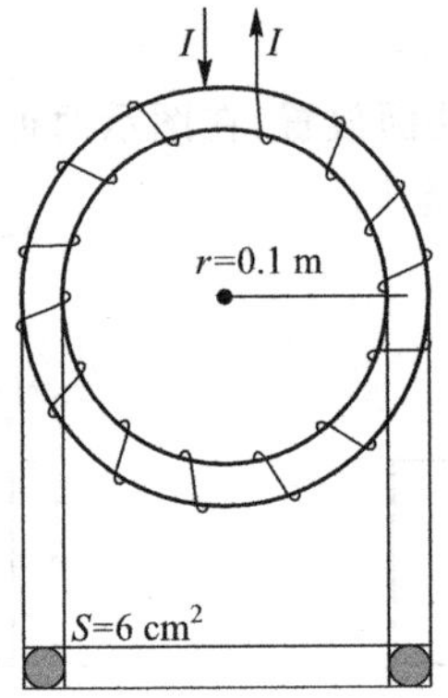

习题 6.23 图

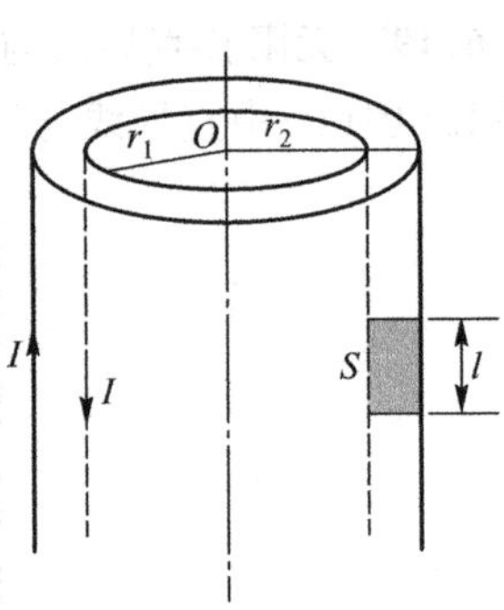

习题 6.24 图

6.25 已知两个共轴的螺线管 A 和 B，它们完全耦合。若 A 的自感为 $4.0\times10^{-3}\ \mathrm{H}$，载有电流 3 A，B 的自感为 $9\times10^{-3}\ \mathrm{H}$，载有电流 5 A。计算这两个线圈内储存的总磁能。

第七章　交流电路

§7.1　交流电路

第七章
电子教案

交流电路是指电路中电源的电动势 $\mathscr{E}(t)$、各段电路中的电压 $u(t)$ 和电流 $i(t)$ 都随时间作周期性变化的电路。

7.1.1　各种形式的交流电

1. 简谐交流电

随时间按余弦规律变化的电源电动势、电压或电流，称为**简谐交流电**，如图 7-1 所示。其余弦变化形式为

$$\mathscr{E}(t)=\mathscr{E}_{\mathrm{m}}\cos(\omega t+\psi_{\mathscr{E}}) \tag{7-1}$$

$$i(t)=I_{\mathrm{m}}\cos(\omega t+\psi_{i}) \tag{7-2}$$

$$u(t)=U_{\mathrm{m}}\cos(\omega t+\psi_{u}) \tag{7-3}$$

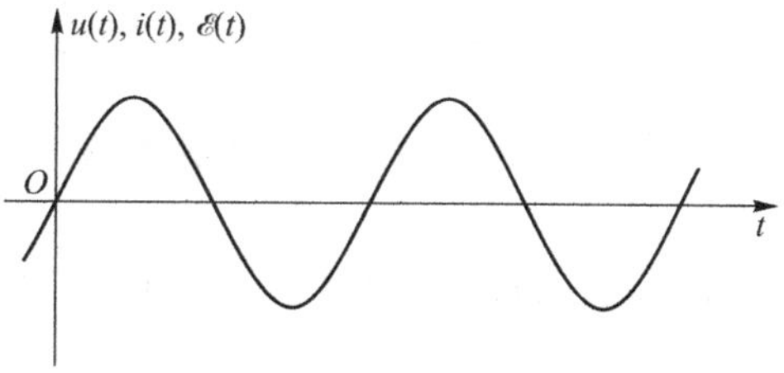

图 7-1　简谐交流电

在近代电力系统中，交流发电机输出的是简谐电流和电压，所以在电力产生、传输、控制与使用过程中遇到的大量问题都可以归结为简谐电路的分析问题。对于各种电子产品，为了评价其性能质量，往往需要测试产品在一定频率范围内简谐信号作用下的响应特性，这里响应特性的分析和测定同样属于简谐电路分析的范畴。所以简谐交流信号的电路分析在电工电子技术领域中占有十分重要的地位。

2. 其他形式的交流电

在实际的电路应用中，交流电除了简谐交流电的形式以外，还有很多其他的形式。如有些雷达发射的信号，通信系统发射的信号和广播电台发射的中波和短波信号常常是调幅波，调幅波就是振幅随时间做简谐交流电的或余弦变化的波，如图 7-2(a) 所示；超短波信号一般为调频波，调频波的频率随时间做简谐交流电的或余弦变化的波形，如图 7-2(b) 所示，通常电视台和通信系统发射的信号兼有调幅波和调频波。我们通常在实验室用的模拟示波器，它用来扫描的信号一般是锯齿波，如图 7-2(c) 所示。电子计算机或者某些控制系统当中采用的触发信号是矩形脉冲，如图 7-2(d) 所示。激光通信用来载波的信号、某些传感装置的测量信号有时用的是尖脉冲，如图 7-2(e) 所示。上述图 7-2 中各种周期性变化的电信号都称为交流电。

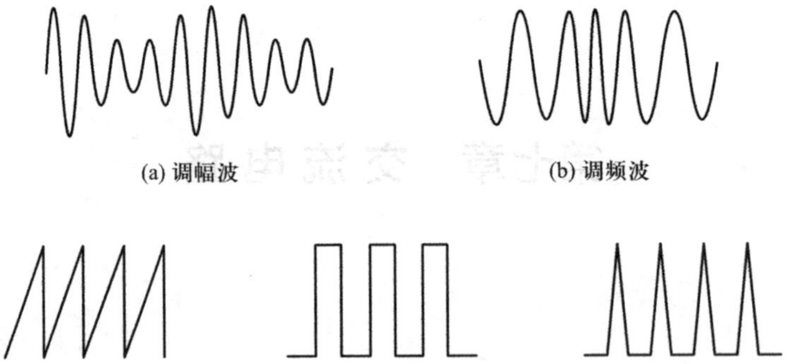

(a) 调幅波　(b) 调频波

(c) 锯齿波　(d) 矩脉冲　(e) 尖脉冲

图 7-2　各种波形的交流电

3. 交流电的傅里叶分解

交流电的形式虽然多,但是从傅里叶变换的角度看,任何一个周期性信号都可以看作是多个不同频率和不同幅值的简谐交流电的或余弦简谐波的叠加,这些简谐波的频率是基频(最低频率)的整数倍。即对于周期性信号 $u(t)$ 有

$$u(t)=a_0+\sum_{n=1}^{\infty}(a_n\cos n\omega t+b_n\sin n\omega t) \tag{7-4a}$$

式中 $\omega=\dfrac{2\pi}{T}=2\pi f$,$\omega$ 称为**基波角频率**,$a_0=\dfrac{1}{T}\int_0^T u(t)\,\mathrm{d}t$,$a_n=\dfrac{2}{T}\int_0^T u(t)\cos(n\omega t)\,\mathrm{d}t$,$b_n=\dfrac{2}{T}\int_0^T u(t)\sin(n\omega t)\,\mathrm{d}t$。式(7-4a)也可以写作

$$u(t)=c_0+\sum_{n=1}^{\infty}c_n\cos(n\omega t+\varphi_n) \tag{7-4b}$$

由于

$$\cos(n\omega t+\varphi_n)=\cos n\omega t\cos\varphi_n-\sin n\omega t\sin\varphi_n$$

所以

$$c_0=a_0,\quad c_n=\sqrt{a_n^2+b_n^2},\quad \varphi_n=-\arctan\frac{b_n}{a_n}$$

式中 c_0 称为**直流**,亦称 0 频;ω 称为**基频**;$n\omega$ 称为 ***n* 次高阶谐频**。

例如,对于有特殊用途的矩形脉冲信号,有

$$u(t)=\begin{cases}h & \left(0\leqslant t<\dfrac{T}{2}\right)\\ -h & \left(\dfrac{T}{2}\leqslant t<T\right)\end{cases}$$

$$a_0=\frac{1}{T}\int_0^T u(t)\,\mathrm{d}t=\frac{1}{T}\left(\int_0^{T/2}h\,\mathrm{d}t+\int_{T/2}^{T}-h\,\mathrm{d}t\right)=0$$

$$a_n=\frac{2}{T}\int_0^T u(t)\cos(n\omega t)\,\mathrm{d}t=\frac{2}{T}\left(\int_0^{T/2}h\cos(n\omega t)\,\mathrm{d}t+\int_{T/2}^{T}-h\cos(n\omega t)\,\mathrm{d}t\right)=0$$

$$b_n=\frac{2}{T}\int_0^T u(t)\sin(n\omega t)\,\mathrm{d}t=\frac{2}{T}\left(\int_0^{T/2} h\sin(n\omega t)\,\mathrm{d}t+\int_{T/2}^{T}-h\sin(n\omega t)\,\mathrm{d}t\right)$$

$$=\frac{2h}{n\pi}(1-\cos n\pi)=\begin{cases}\dfrac{4h}{n\pi} & (n=1,3,5,\cdots)\\ 0 & (n=2,4,6,\cdots)\end{cases}$$

所以

$$u(t)=\frac{4h}{\pi}\left(\sin\omega t+\frac{1}{3}\sin 3\omega t+\frac{1}{5}\sin 5\omega t+\frac{1}{7}\sin 7\omega t+\cdots\right)$$

矩形脉冲信号可以看作是多个奇次谐波的叠加。

综上,在电路中,任何一个交流信号都可以看作是多个不同级次简谐交流电的简谐波的叠加,而且各种谐频互不串扰,独立存在,犹如波的独立传播,遵守叠加原理。正因为如此,研究简谐交流电的规律才显得非常重要,它是研究其他复杂形式交流电的基础。本章以后各节只讨论简谐交流电。

7.1.2 简谐交流电的特征

1. 简谐交流电的三要素

简谐交流电是时间 t 的函数,它在任意时刻的函数值,称为**瞬时值**。式(7-1)、式(7-2)和式(7-3)中的 $\mathscr{E}_m$、I_m 和 U_m 称为简谐交流电的**振幅**,也称为最大值。简谐交流电是一个等幅振荡、正负交替变化的周期函数。振幅是简谐交流电在整个振荡过程中达到的最大值,在一定程度上反映简谐交流电的大小。

简谐交流电的**角频率**为 ω,它为简谐交流电频率的 2π 倍,表示简谐交流电每秒钟变化的角度大小。在国际单位制中,角频率的单位为弧度每秒($\mathrm{rad\cdot s^{-1}}$)。角频率 ω 与简谐交流电的周期 T 和频率 f 之间的关系是 $T=2\pi/\omega$, $\omega=2\pi f$, $f=1/T$。频率 f 的单位为赫兹(Hz),简称赫。我国工业用电频率为 50 Hz,称之为工频。

$\omega t+\psi_{\mathscr{E}}$、$\omega t+\psi_i$ 和 $\omega t+\psi_u$ 分别称为简谐交流电的电动势、电流和电压的**相位角**,简称**相位**,它们都是随时间变化的角度。其中 $\psi_{\mathscr{E}}$、ψ_i 和 ψ_u 为 $t=0$ 时刻简谐交流电的电动势、电流和电压的相位角,称为**初相位角**,简称**初相**。初相位角的单位为弧度,通常其绝对值小于等于 π;初相位角的大小与计时零点有关。在工程上有时习惯以"度"为单位计量初相位角,在计算中应注意将其换算为"弧度"。

如果知道一个简谐交流电的振幅、角频率和初相,就可以完全确定它的解析表达式或波形图,通常称**振幅**、**角频率**和**初相**为**简谐交流电的三要素**。

例题 7.1 已知简谐交流电的电流波形如例题 7.1 图所示,图中各个量采用国际单位制,$\omega=10^3$ rad/s。(1) 写出 $i(t)$ 表达式;(2) 求最大值发生的时间 t_1。

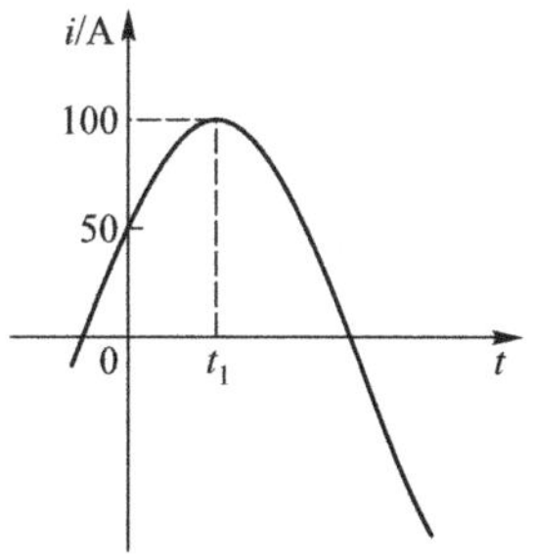

例题 7.1 图

解:依据例题条件,有

$$i(t)=100\cos(10^3t+\phi_i)$$

当 $t=0$ 时，$50=100\cos\phi_i$，所以

$$\phi_i=\pm\pi/3$$

由于最大值发生在计时起点之后，所以 $\phi_i=-\pi/3$，即

$$i(t)=100\cos(10^3t-\pi/3)\,(\mathrm{A})$$

如例题 7.1 图所示，当 $10^3t_1=\pi/3$ 时，电流有最大值，所以 $t_1=\dfrac{\pi/3}{10^3}\ \mathrm{s}=1.047\ \mathrm{ms}$。

2. 简谐交流电的相位差

在分析和计算简谐交流电的电路时，常引用“相位差”的概念描述两个同频率简谐交流电之间的相位关系，两个同频率简谐交流电相位之差，称为**相位差**。用 ϕ 表示。

例如，设电流为 $i=I_m\cos(\omega t+\psi_i)$，电压为 $u=U_m\cos(\omega t+\psi_u)$ 时，则电压与电流的相位差为

$$\phi_{ui}=(\omega t+\psi_u)-(\omega t+\psi_i)=\psi_u-\psi_i \tag{7-5}$$

可见，同频率简谐交流电的相位差始终不变，它等于两个简谐交流电初相位角之差。相位差取值，$|\phi|\leqslant\pi$。

若 $\phi_{ui}>0$，则电压 u 的相位超前于电流 i，如图 7-3 所示。若 $\phi_{ui}<0$，则电压 u 的相位滞后于电流 i，如图 7-4 所示。若 $\phi_{ui}=0$，则电压 u 与电流 i 同相位，如图 7-5 所示。若 $\phi_{ui}=\pm\pi$，则称 u 与 i 反相，如图 7-6 所示。若 $\phi_{ui}=\pm\pi/2$，则称 u 与 i 正交，如图 7-7 所示。

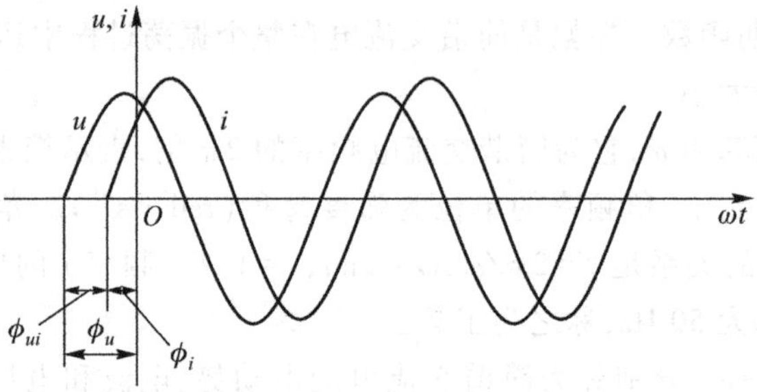

图 7-3　电压 u 超前于电流 i

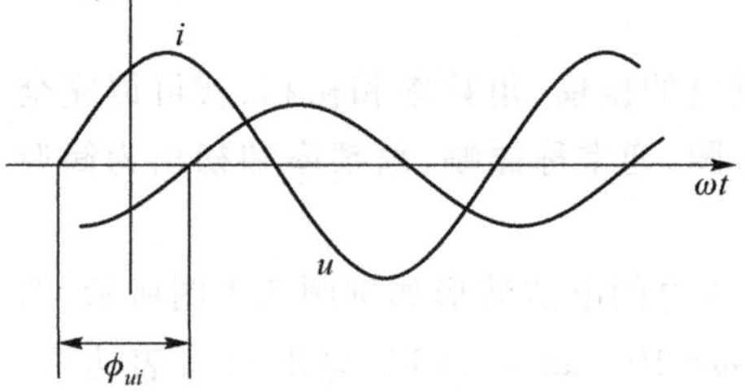

图 7-4　电压 u 滞后于电流 i

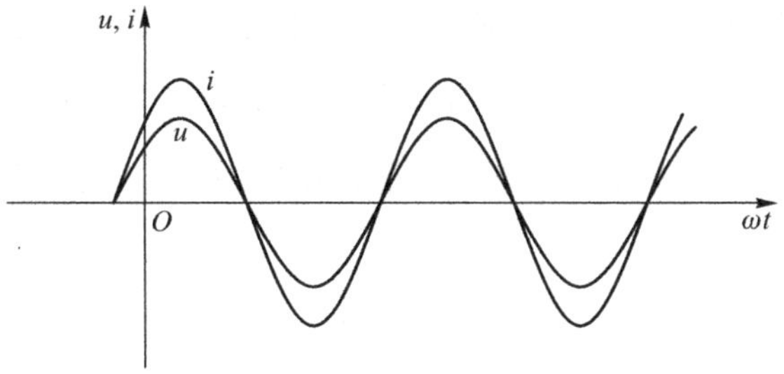

图 7-5　电压 u 与电流 i 同相

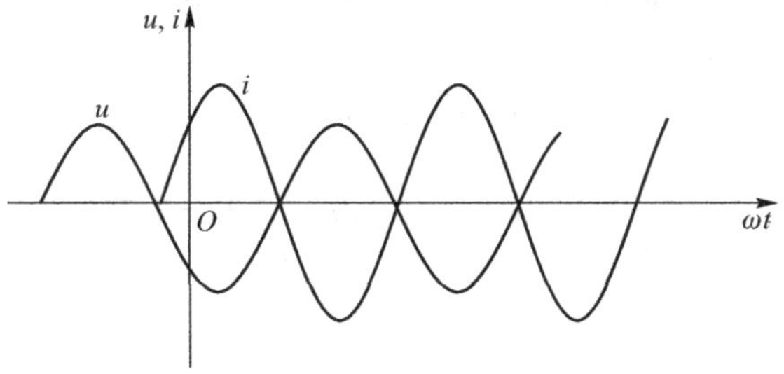

图 7-6　电压 u 与电流 i 反相

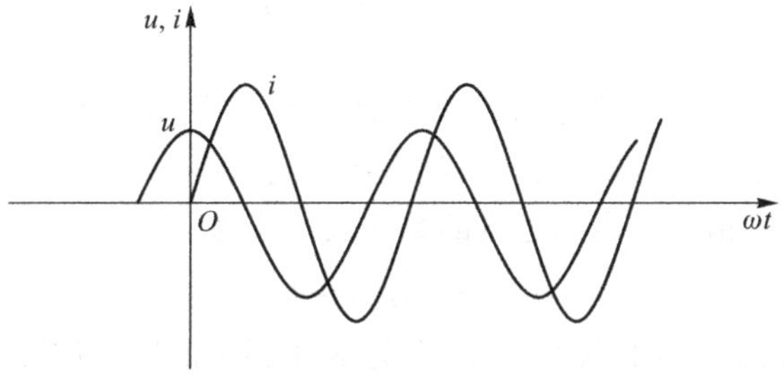

图 7-7　电压 u 与电流 i 正交

当两个同频率简谐交流电的计时起点改变时，它们的初相位角也随之改变，但两者之间的相位差却保持不变。对于两个频率不相同的简谐交流电，其相位差随时间而变化，不再是常量。

需要指出，只有两个同频率简谐交流电之间的相位差才有意义。

例题 7.2　两个简谐交流电的电流分别为 $i_1(t)=100\sqrt{2}\cos(\omega t+\pi/4)$ A，$i_2(t)=50\sqrt{2}\cos(\omega t-\pi/4)$ A，问两个电流的相位关系如何？

解：

$$\phi_{12}=\psi_1-\psi_2=\pi/4-(-\pi/4)=\pi/2$$

即简谐交流电 i_1 的相位超前于简谐交流 i_2 的相位 $\pi/2$，两者正交。

3. 简谐交流电的有效值

为了直观地比较简谐交流电的大小和它们在电路中的平均效果，引入简谐交流电有效值的概念。有效值用 $\mathscr{E}$、I 和 U 表示，与直流量的表示形式相同。交流电的有效值是根据它的热效应确定的。

简谐交流电有效值的定义：当某一交流电流和一直流电流分别通过同一电阻 R 时，如果

在一个周期 T 内,二者消耗的能量相等,那么这个直流电的数值叫作交流电的**有效值**。

简谐交流电的电流 $i=I_m\cos(\omega t+\psi_i)$一个周期内在电阻 R 上消耗的能量为 $W=\int_0^T i^2R\mathrm{d}t$;直流电流 I 在相同时间 T 内,在电阻 R 上消耗的能量为 $W=I^2RT$。根据有效值的定义,有 $I^2RT=\int_0^T i^2R\mathrm{d}t$,于是得

$$I=\sqrt{\frac{1}{T}\int_0^T i^2\mathrm{d}t} \tag{7-6}$$

式(7-6)为有效值定义的数学表达式,适用于任何周期性变化的电流、电压及电动势。

简谐交流电的电流的有效值等于其瞬时电流值 i 的平方在一个周期内积分的平均值再取平方根,所以有效值又称为**均方根值**。

将简谐交流电的电流 $i=I_m\cos(\omega t+\psi_i)$代入式(7-6)得

$$I=\sqrt{\frac{1}{T}\int_0^T I_m^2\cos^2(\omega t+\psi_i)\mathrm{d}t}=\frac{1}{\sqrt{2}}I_m=0.707I_m \tag{7-7a}$$

同理

$$U=\frac{1}{\sqrt{2}}U_m=0.707U_m \tag{7-7b}$$

$$\mathscr{E}=\frac{1}{\sqrt{2}}\mathscr{E}_m=0.707\mathscr{E}_m \tag{7-7c}$$

简谐交流电的最大值与有效值之间有固定的 $\sqrt{2}$ 倍的关系。我们通常所说的交流电的数值都是指有效值。交流电压表、电流表的表盘读数及电气设备铭牌上所标的电压、电流也都是有效值。用有效值表示简谐交流电的电流的数学表达式为

$$i=\sqrt{2}I\cos(\omega t+\psi_i) \tag{7-8}$$

例题 7.3 一个简谐交流电的电压初相位角为 $\pi/4$,最大值为 537 V,角频率为 $\omega=100\pi$ rad/s,试求它的有效值、表达式,并求 $t=0.03$ s 时的瞬时值。

解:$U_m=537$ V,所以其有效值为

$$U=\frac{U_m}{\sqrt{2}}=\frac{537\ \text{V}}{\sqrt{2}}=380\ \text{V}$$

则电压的表达式为

$$u=380\sqrt{2}\cos(100\pi t+\pi/4)$$

当 $t=0.03$ s 时

$$u=380\sqrt{2}\cos(100\pi\times0.03+\pi/4)\ \text{V}=-380\ \text{V}$$

§7.2 简谐交流电的相量表示

7.2.1 复数及其运算

在描述简谐交流电的相量表示前,有必要回顾一下在数学中复数的表示及运算。一个复

数 F 可以表示成代数型 $F=a+\mathrm{j}b$、指数型 $F=r\mathrm{e}^{\mathrm{j}\phi}$ 或极型 $F=r\angle\phi$。这里 $\mathrm{j}=\sqrt{-1}$ 为虚单位。r 表示复数 F 的大小，称为**复数的模**，a、b 为复数 F 的实部和虚部。如图 7-8 所示，有向线段 $\boldsymbol{r}$ 与实轴正方向间的夹角，称为**复数的辐角**，用 ϕ 表示，规定幅角的绝对值小于 π。复数也可以表示为复平面上的一个点或由原点指向该点的有向线段(矢量)。

复数的代数型与指数型或极型之间的转化关系为

$$r=\sqrt{a^2+b^2},\quad \phi=\arctan\left(\frac{b}{a}\right);\quad a=r\cos\phi,\quad b=r\sin\phi$$

所以，复数的代数形式 $F=a+\mathrm{j}b$ 转化为三角形式为

$$F=r(\cos\phi+\mathrm{j}\sin\phi)$$

根据欧拉公式 $\mathrm{e}^{\mathrm{j}\phi}=\cos\phi+\mathrm{j}\sin\phi$，将复数的三角形式转化为指数形式

$$F=r\mathrm{e}^{\mathrm{j}\phi}$$

以及极坐标形式

$$F=r\angle\phi$$

根据复数相等和代数运算定义，我们知道，两个复数相等时，该两复数的实部和虚部或者模和辐角分别相等。

两个复数相加(减)等于将两复数的实部和虚部分别相加(减)。复数相加减运算宜采用代数型，如 $F_1=a_1+\mathrm{j}b_1$，$F_2=a_2+\mathrm{j}b_2$，则 $F=F_1\pm F_2=(a_1\pm a_2)+\mathrm{j}(b_1\pm b_2)$。

两个复数相加也可以按平行四边形法则在复平面上作图求得，如图 7-9 所示。

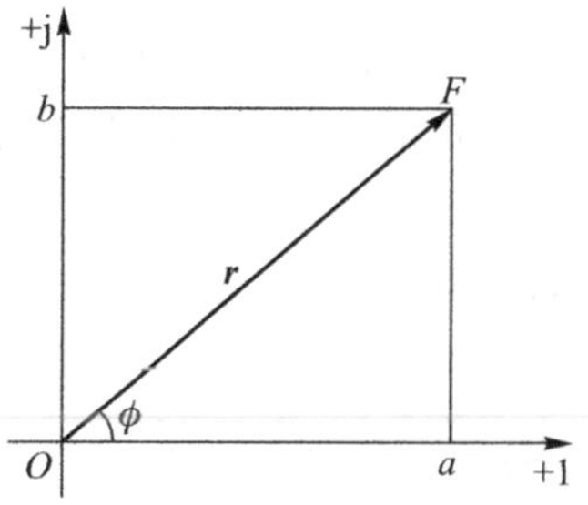

图 7-8　复数坐标

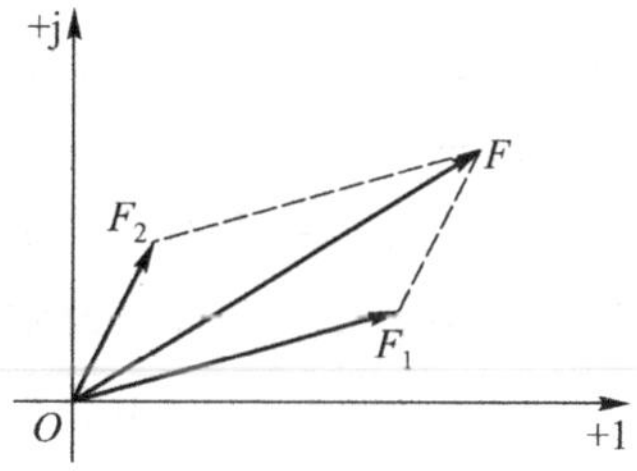

图 7-9　复数加减的矢量算法

两个复数相乘(除)等于将两复数的模相乘(除)，辐角相加(减)。复数的乘除运算采用指数型或极型较方便。所以，两个复数进行乘除运算时，可将其化为指数形式或极坐标形式来进行计算。

如，将两个复数 $F_1=a_1+\mathrm{j}b_1=r_1\angle\phi_1$，$F_2=a_2+\mathrm{j}b_2=r_2\angle\phi_2$ 相乘得

$$F_1\cdot F_2=r_1\angle\phi_1\cdot r_2\angle\phi_2=|r_1||r_2|\angle(\phi_1+\phi_2)$$

将上述两个复数相除得

$$\frac{F_1}{F_2}=\frac{r_1\angle\phi_1}{r_2\angle\phi_2}=\frac{|r_1|}{|r_2|}\angle(\phi_1-\phi_2)$$

实部相等、虚部大小相等而异号的两个复数叫作**共轭复数**，F^* 表示 F 的共轭复数，若 $F=a+\mathrm{j}b$，则 $F^*=a-\mathrm{j}b$。

复数代数运算在复平面上有一定的几何意义。复数相加，符合平行四边形法则。复数相

减符合三角形法则。复数乘法运算相当于把第一个复数在复平面上的矢量的模$|r_1|$扩大$|r_2|$倍后，再绕原点按逆时针方向旋转ϕ_2角。复数除法运算相当于把第一个复数在复平面上的矢量的模$|r_1|$缩小$|r_2|$倍后，再绕原点按顺时针方向旋转ϕ_2角。

例题 7.4 试计算$5\angle 47°+10\angle -25°$。

解：$5\angle 47°+10\angle -25° = (3.41+j3.657)+(9.063-j4.226)$

$$= 12.47-j0.569$$

$$= 12.48\angle -2.61°$$

例题 7.5 试计算$220\angle 35°+\dfrac{(17+j9)(4+j6)}{20+j5}$。

解：原式$= 180.2+j126.2+\dfrac{19.24\angle 27.9°\times 7.211\angle 56.3°}{20.62\angle 14.04°}$

$$= 180.2+j126.2+6.728\angle 70.16°$$

$$= 180.2+j126.2+2.283+j6.329$$

$$= 182.5+j132.5 = 225.5\angle 36°$$

7.2.2 简谐交流电的相量表示

简谐交流电由振幅、角频率和初相三个要素确定。简谐交流电稳态电路中电流、电压的角频率与电源的角频率相同，一般情况下，电源角频率是已知的，而且对一个简谐交流电进行线性运算（加、减、比例、积分、微分），所得结果仍然是同一频率的简谐交流电。因此就电路计算而言，简谐交流电电流、电压的振幅和初相是我们更为关心的两个要素，两个要素可以用一个物理量来表示，那就是简谐交流电的**相量**。下面以电流为例介绍简谐交流电的相量表示。

考虑一个复函数

$$A(t)=\sqrt{2}I\mathrm{e}^{\mathrm{j}(\omega t+\phi_i)}=\sqrt{2}I\cos(\omega t+\phi_i)+\mathrm{j}\sqrt{2}I\sin(\omega t+\phi_i)$$

上式没有实际的物理意义，对$A(t)$取实部

$$\mathrm{Re}[A(t)]=\sqrt{2}I\cos(\omega t+\phi_i)$$

该式可以表示一个简谐交流电，就有了确切的物理意义。对于任意一个简谐交流电函数都有唯一与其对应的复函数存在，即$i=\sqrt{2}I\cos(\omega t+\phi_i)$可以和复函数$A(t)=\sqrt{2}I\mathrm{e}^{\mathrm{j}(\omega t+\phi_i)}$一一对应。

$$A(t)=\sqrt{2}I\mathrm{e}^{\mathrm{j}(\omega t+\phi_i)}=\sqrt{2}I\mathrm{e}^{\mathrm{j}\phi_i}\mathrm{e}^{\mathrm{j}\omega t}=\sqrt{2}I\angle\phi_i\mathrm{e}^{\mathrm{j}\omega t}=\sqrt{2}\dot{I}\mathrm{e}^{\mathrm{j}\omega t}$$

式中

$$\dot{I}=I\mathrm{e}^{\mathrm{j}\phi_i}=I\angle\phi_i \tag{7-9}$$

称为电流i的**有效值相量**。$A(t)$包含了三个要素：I、ϕ_i、ω，而复常量有效值相量$\dot{I}$则包含了I、ϕ_i。相量的模表示简谐交流电的有效值，相量的辐角表示简谐交流电的初相位。有效值相量$\dot{I}=I\mathrm{e}^{\mathrm{j}\phi_i}=I\angle\phi_i$和简谐交流电$i=\sqrt{2}I\cos(\omega t+\phi_i)$也是一一对应的关系。

同样可以建立简谐交流电的电压与相量的对应关系：$u(t)=\sqrt{2}U\cos(\omega t+\phi_u)$与电压有效值相量$\dot{U}=U\mathrm{e}^{\mathrm{j}\phi_u}=U\angle\phi_u$一一对应。

相量是复数，含有实部和虚部。相量作为一个复数，可以表示成复平面上的一个矢量，将

若干个相量画在一张图上，称之为**相量图**，如图 7-10 所示。它能形象地表示出各个简谐交流电的大小和相互的相位关系。应该注意的是，只有同频率的简谐交流电才能画在同一个相量图上。两个相量的叠加可以利用相量图上的矢量叠加来完成，如图 7-11 所示。

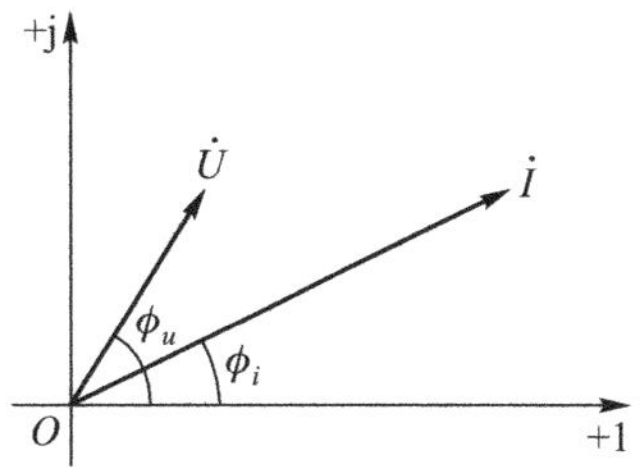

图 7-10　相量图

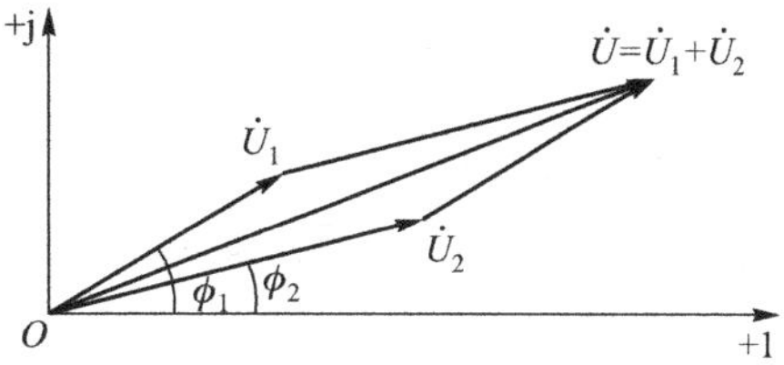

图 7-11　相量的叠加

例题 7.6　已知 $i=141.4\cos(314t+\pi/6)$ (A)，$u=311.1\cos(314t-\pi/3)$ (V)，试用相量表示 i、u。

解：

$$\dot{I}=100\angle\frac{\pi}{6}\ \text{A},\quad \dot{U}=220\angle-\frac{\pi}{3}\ \text{V}$$

7.2.3　简谐交流电的相量运算

1. 同频率简谐交流电的加减运算

先看两个同频率的简谐交流电的电压：

$$u_1(t)=\sqrt{2}U_1\cos(\omega t+\phi_1)=\mathrm{Re}(\sqrt{2}\dot{U}_1\mathrm{e}^{\mathrm{j}\omega t})$$

$$u_2(t)=\sqrt{2}U_2\cos(\omega t+\phi_2)=\mathrm{Re}(\sqrt{2}\dot{U}_2\mathrm{e}^{\mathrm{j}\omega t})$$

其加减运算关系为

$$\begin{aligned}u(t)=u_1(t)\pm u_2(t)&=\sqrt{2}U\cos(\omega t+\phi)=\mathrm{Re}(\sqrt{2}\dot{U}\mathrm{e}^{\mathrm{j}\omega t})\\&=\mathrm{Re}(\sqrt{2}\dot{U}_1\mathrm{e}^{\mathrm{j}\omega t})\pm\mathrm{Re}(\sqrt{2}\dot{U}_2\mathrm{e}^{\mathrm{j}\omega t})=\mathrm{Re}(\sqrt{2}\dot{U}_1\mathrm{e}^{\mathrm{j}\omega t}\pm\sqrt{2}\dot{U}_2\mathrm{e}^{\mathrm{j}\omega t})\\&=\mathrm{Re}(\sqrt{2}(\dot{U}_1\pm\dot{U}_2)\mathrm{e}^{\mathrm{j}\omega t})\end{aligned}$$

所以

$$\dot{U}=\dot{U}_1\pm\dot{U}_2$$

同样可得两个同频率的简谐交流电的电流的加减运算关系。若

$$i(t)=i_1(t)\pm i_2(t)$$

则有

$$\dot{I}=\dot{I}_1\pm\dot{I}_2$$

2. 简谐交流电的微分、积分运算

(1) 简谐交流电的微分运算

简谐交流电的电流 $i=\sqrt{2}I\cos(\omega t+\phi_i)$，有效值相量为 $\dot{I}=I\angle\phi_i$，则其微分为

$$\frac{\mathrm{d}i}{\mathrm{d}t}=\frac{\mathrm{d}}{\mathrm{d}t}\mathrm{Re}[\sqrt{2}\dot{I}\mathrm{e}^{\mathrm{j}\omega t}]=\mathrm{Re}[\sqrt{2}\dot{I}\cdot\mathrm{j}\omega\mathrm{e}^{\mathrm{j}\omega t}]$$

所以，简谐交流电 $\frac{\mathrm{d}i}{\mathrm{d}t}$ 的有效值相量为 $\mathrm{j}\omega\dot{I}=\omega I\angle\left(\phi_i+\frac{\pi}{2}\right)$。

$$\frac{d^2i}{dt^2}=\frac{d}{dt}\left(\frac{di}{dt}\right)=\mathrm{Re}[\sqrt{2}\dot{I}\cdot(j\omega)^2e^{j\omega t}]=\omega^2I\angle\left(\phi_i+\frac{2\pi}{2}\right)$$

即简谐交流电$\frac{d^2i}{dt^2}$的有效值相量为$(j\omega)^2\dot{I}=\omega^2I\angle\left(\phi_i+\frac{2\pi}{2}\right)$。由此推理，可得$\frac{d^ni}{dt^n}$的有效值相量为$(j\omega)^n\dot{I}=\omega^nI\angle\left(\phi_i+\frac{n\pi}{2}\right)$。

（2）简谐交流电的积分运算

简谐交流电的电流 $i=\sqrt{2}I\cos(\omega t+\phi_i)$，有效值相量为 $\dot{I}=I\angle\phi_i$，则其积分为

$$\int i\mathrm{d}t=\int\mathrm{Re}[\sqrt{2}\dot{I}e^{j\omega t}]\mathrm{d}t=\mathrm{Re}\left[\sqrt{2}\frac{\dot{I}}{j\omega}e^{j\omega t}\right]$$

所以，简谐交流电$\int i\mathrm{d}t$ 的有效值相量为$\frac{\dot{I}}{j\omega}=\frac{I}{\omega}\angle\left(\phi_i-\frac{\pi}{2}\right)$。

简谐交流电的电流二次积分$\int\left(\int i\mathrm{d}t\right)\mathrm{d}t$ 的有效值相量为$\frac{\dot{I}}{(j\omega)^2}=\frac{I}{\omega^2}\angle\left(\phi_i-\frac{2\pi}{2}\right)$。由此推理，可得电流的 n 次积分的有效值相量为$\frac{\dot{I}}{(j\omega)^n}=\frac{I}{\omega^n}\angle\left(\phi_i-\frac{n\pi}{2}\right)$。

例题 7.7　已知 $u_1(t)=6\sqrt{2}\cos(314t+30°)$(V)，$u_2(t)=4\sqrt{2}\cos(314t+60°)$(V)，试用相量法求 $u(t)=u_1(t)+u_2(t)$。

解：

$$\dot{U}_1=6\angle30°\ \mathrm{V},\quad \dot{U}_2=4\angle60°\ \mathrm{V}$$

$$\begin{aligned}\dot{U}=\dot{U}_1+\dot{U}_2&=(6\angle30°+4\angle60°)\ \mathrm{V}\\&=(5.20+j3+2+j3.46)\ \mathrm{V}\\&=(7.20+j6.46)\ \mathrm{V}=9.67\angle41.9°\ \mathrm{V}\end{aligned}$$

所以

$$u(t)=u_1(t)+u_2(t)=9.67\sqrt{2}\cos(314t+41.9°)\ (\mathrm{V})$$

也可借助相量图计算，如例题 7.7 图所示。

例题 7.8　如例题 7.8 图所示，电路中 $i(t)=\sqrt{2}I\cos(\omega t+\phi_i)$，求电路中电压 $u(t)$ 的相量。

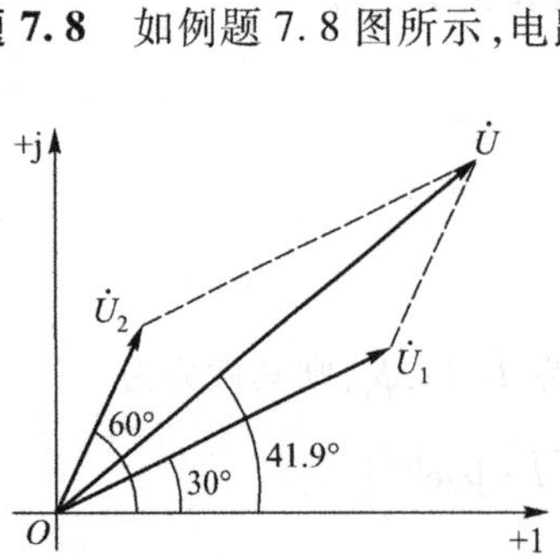

例题 7.7 图　用相量图计算

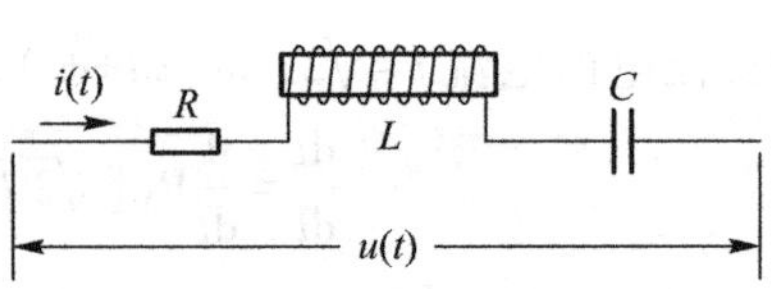

例题 7.8 图　电路图

解：

$$u(t)=u_R+u_L+u_C$$

根据欧姆定律

$$u_R=Ri$$

根据法拉第电磁感应定律

$$u_L=L\frac{\mathrm{d}i}{\mathrm{d}t}$$

根据电容定义

$$u_C=\frac{q}{C}=\frac{1}{C}\int i\mathrm{d}t$$

所以

$$u(t)=Ri+L\frac{\mathrm{d}i}{\mathrm{d}t}+\frac{1}{C}\int i\mathrm{d}t$$

$$\dot{U}=R\dot{I}+\mathrm{j}\omega L\dot{I}+\frac{\dot{I}}{\mathrm{j}\omega C}$$

§7.3 交流电路元件的阻抗

7.3.1 阻抗和导纳

1. 阻抗

对于无源二端电路，如图 7-12(a)所示，在输入端加角频率为 ω 的简谐交流电的电压(或简谐交流电的电流)，因电路中是线性元件，端口的电流(或电压)将是同频率的简谐交流电。定义端口电压相量 $\dot{U}$与电流相量 $\dot{I}$ 的比值为该端口的**阻抗**，用 Z 表示，其单位为欧姆(Ω)，其图形符号如图 7-12(b)所示。Z 是一个复数，而不是简谐交流电的相量。

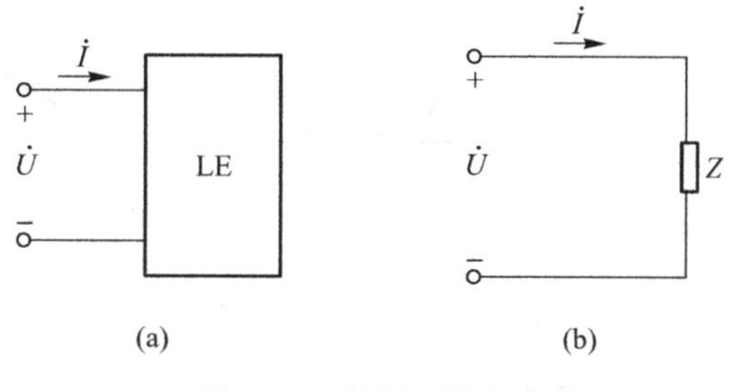

图 7-12 无源二端电路

按照定义得

$$Z=\frac{\dot{U}}{\dot{I}}=\frac{U\angle\psi_u}{I\angle\psi_i}=\frac{U}{I}\angle(\psi_u-\psi_i)=|Z|\angle\phi_Z \tag{7-10}$$

式中的$|Z|$为**阻抗的模**，等于电压有效值与电流有效值之比；$\phi_Z=\psi_u-\psi_i$ 为**阻抗角**，为电路电压与电流的相位差。

交流电路的阻抗可以用其他形式表示：

$$Z=|Z|\cos\phi_Z+\mathrm{j}|Z|\sin\phi_Z=R+\mathrm{j}X \tag{7-11}$$

式中，$R=|Z|\cos\phi_Z$，称为**交流电阻**，简称**电阻**；$X=|Z|\sin\phi_Z$，称为**交流电抗**，简称**电抗**。

2. 导纳

导纳定义为同一端口上电流相量 $\dot{I}$ 与电压相量 $\dot{U}$ 之比，用 Y 表示，其单位为西门子(S)。它也是一个复数。

$$Y=\frac{\dot{I}}{\dot{U}}=\frac{I\angle\psi_i}{U\angle\psi_u}=\frac{I}{U}\angle(\psi_i-\psi_u)$$

$$=|Y|\angle\phi_Y=|Y|\cos\phi_Y+\mathrm{j}|Y|\sin\phi_Y=G+\mathrm{j}B \tag{7-12}$$

式中，$|Y|$称为**导纳模**，它等于电流有效值与电压有效值之比；ϕ_Y 称为**导纳角**，等于电流与电压的相位差；$G=|Y|\cos\phi_Y$，称为**交流电导**，简称**电导**；$B=|Y|\sin\phi_Y$，称为**交流电纳**，简称**电纳**。

显然，**对于同一无源二端电路，其导纳是阻抗的倒数，导纳模是阻抗模的倒数，导纳角与阻抗角互为相反数**。

应该注意的是，对于同一无源二端电路，其电导不一定是电阻的倒数，电纳也不一定是电抗的倒数。

7.3.2 电阻元件的阻抗

在图 7-13(a)所示的电阻元件电路中，当电阻元件流过的交流电流 $i_R=\sqrt{2}I_R\cos(\omega t+\psi_i)$ 时，稳态下的伏安关系为

$$u_R=Ri_R=R\sqrt{2}I_R\cos(\omega t+\psi_i)$$

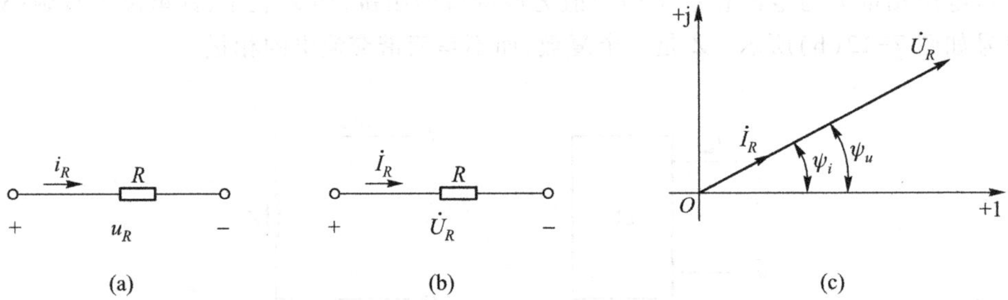

图 7-13 电阻元件的阻抗

这里 u_R 和 i_R 是同频率的简谐交流电，其相量形式为

$$\dot{U}_R=R\dot{I}_R \tag{7-13}$$

这是电阻元件伏安关系的相量形式。

按阻抗定义，电阻元件的阻抗为

$$Z_R=\frac{\dot{U}_R}{\dot{I}_R}=\frac{U_R\angle\psi_i}{I_R\angle\psi_i}=\frac{U_R}{I_R}\angle 0=\frac{U_R}{I_R}=R \tag{7-14}$$

即电阻元件阻抗的模为 R,阻抗角为零,其两端的电压和通过的电流同相位,电阻的大小等于电压和电流有效值之比。

7.3.3 电感元件的阻抗

在图 7-14(a)所示的电感元件电路中,设 $i_L=\sqrt{2}I_L\cos(\omega t+\psi_i)$,$\dot{I}_L=I_L\angle\psi_i$,在简谐交流电的稳态下,根据法拉第电磁感应定律有

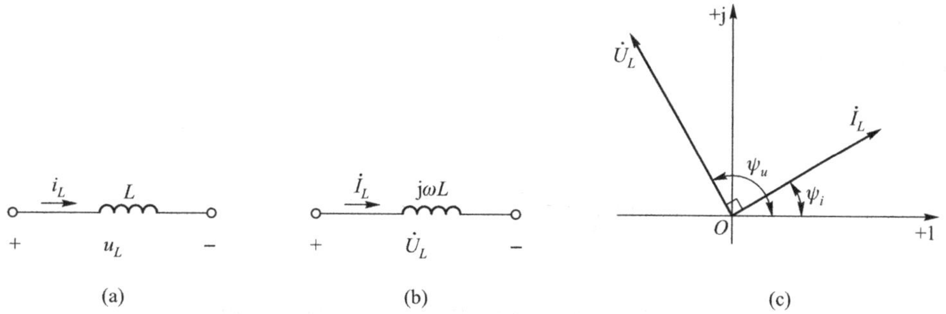

图 7-14　电感元件的阻抗

$$u_L=L\frac{\mathrm{d}i_L}{\mathrm{d}t}=L\sqrt{2}I_L\omega\cos(\omega t+\psi_i+90°)$$

其相量形式为

$$\dot{I}_L=I_L\angle\psi_i$$

$$\dot{U}_L=\omega LI_L\angle(\psi_i+90°)=\mathrm{j}\omega LI_L\angle\psi_i=\mathrm{j}\omega L\dot{I}_L \tag{7-15}$$

这是电感元件伏安关系的相量形式。

按阻抗定义,电感元件的阻抗为

$$Z_L=\frac{\dot{U}_L}{\dot{I}_L}=\mathrm{j}\omega L=\omega L\angle 90° \tag{7-16}$$

即电感元件阻抗的模为 ωL,阻抗角为 90°。$U_L=\omega LI_L$,即电感元件的端电压有效值等于电流有效值、角频率和电感三者之积。$\psi_u=\psi_i+90°$,即电感上的电压相位超前于电流相位 90°。

图 7-14(b)所示为电感元件的端电压、电流相量形式的示意图,图 7-14(c)所示为电感元件的端电压与电流的相量图。由式(7-15),得

$$\frac{U_L}{I_L}=\omega L,\quad \frac{I_L}{U_L}=\frac{1}{\omega L} \tag{7-17}$$

记 $X_L=\omega L$,称之为电感元件的**感抗**,其单位为 Ω;$B_L=1/X_L$ 称之为电感元件的**感纳**,其单位为 S。

感抗是用来表示电感元件对电流阻碍作用的一个物理量。在电压一定的条件下,感抗越大,电路中的电流越小,其值正比于角频率 ω。这里讨论两种特殊情况:

(1) $\omega\to\infty$ 时,$X_L=\omega L\to\infty$,$I_L\to 0$。即电感元件对高频率的电流有极强的抑制作用,在极限情况下,它相当于开路。因此,在电子线路中,常用电感线圈作为高频扼流圈。

(2) $\omega \to 0$ 时，$X_L=\omega L\to 0$，$U_L\to 0$。即电感元件对于直流电流相当于短路。

感抗随频率变化的曲线如图 7-15 所示。一般地，电感元件具有通直流、隔交流的作用。必须注意，感抗是电压、电流有效值之比，而不是它们的瞬时值之比。

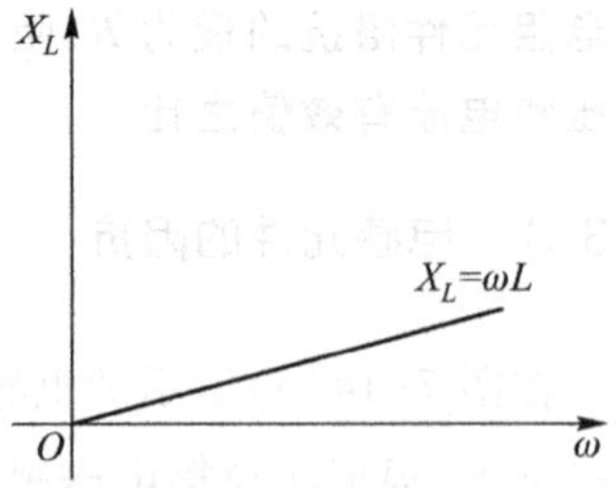

图 7-15　感抗随频率变化的曲线

例题 7.9　一个 $L=10$ mH 的电感元件，其两端电压为 $u(t)=100\sin \omega t$ V，当电源频率为 50 Hz 与 50 kHz 时，求流过电感元件的电流的有效值 I。

解：当 $f=50$ Hz 时

$$X_L=\omega L=2\pi fL=2\pi\times 50\times 10\times 10^{-3}\ \Omega=3.14\ \Omega$$

通过线圈的电流为

$$I=\frac{U}{X_L}=\frac{100}{\sqrt{2}}\times\frac{1}{3.14}\ \text{A}=22.5\ \text{A}$$

当 $f=50$ kHz 时

$$X_L=\omega L=2\pi fL=2\pi\times 50\times 10^3\times 10\times 10^{-3}\ \Omega=3\ 140\ \Omega$$

通过线圈的电流为

$$I=\frac{U}{X_L}=\frac{100}{\sqrt{2}}\times\frac{1}{3\ 140}\ \text{A}=22.5\ \text{mA}$$

可见，电感线圈能有效阻止高频电流通过。

7.3.4　电容元件的阻抗

如图 7-16(a)所示的电容元件电路中，设 $u_C=\sqrt{2}U_C\cos(\omega t+\psi_u)$，

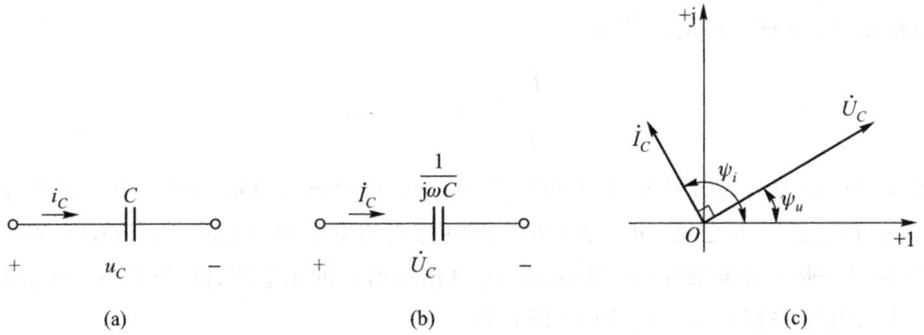

图 7-16　电容元件的阻抗

在简谐交流电的稳态下，根据电容定义

$$u_C=\frac{q}{C}$$

$$i_C=\frac{\mathrm{d}q}{\mathrm{d}t}=C\frac{\mathrm{d}u_C}{\mathrm{d}t}=C\sqrt{2}U_C\omega\cos(\omega t+\psi_u+90^\circ)$$

其相量形式为

$$\dot{U}_C = U_C \angle \psi_u$$

$$\dot{I}_C = \omega C U_C \angle(\psi_u + 90°) = \mathrm{j}\omega C U_C \angle \psi_u = \mathrm{j}\omega C \dot{U}_C \tag{7-18}$$

这是电容元件伏安关系的相量形式。

按阻抗定义，电感元件的阻抗为

$$Z_C = \frac{\dot{U}_C}{\dot{I}_C} = \frac{1}{\mathrm{j}\omega C} = \frac{1}{\omega C} \angle(-90°) \tag{7-19}$$

即电容元件阻抗的模为$\frac{1}{\omega C}$，阻抗角为-90°。$I_C = \omega C U_C$，即电容上电流有效值等于电压有效值、角频率、电容之积；$\psi_i = \psi_u + 90°$，即电容上的电流相位超前于电压相位 90°。

图 7-16(b)所示为电容元件的电压、电流相量形式的示意图，图 7-16(c)所示为电容元件的端电压与电流的相量图。由式(7-18)得

$$\frac{U_C}{I_C} = \frac{1}{\omega C}, \quad \frac{I_C}{U_C} = \omega C \tag{7-20}$$

记 $X_C = \frac{1}{\omega C}$，称之为电容元件的**容抗**，其单位为 Ω，其值与频率成反比；$B_C = \omega C$，称之为电容元件的**容纳**，其单位为 S。

这里讨论两种极端的情况：

(1) $\omega \to \infty$ 时，$X_C = \frac{1}{\omega C} \to 0$，$U_C \to 0$。即电容元件对高频率电流有极强的导流作用，在极限情况下，它相当于短路。因此，在电子线路中，常用电容元件作旁路高频电流元件使用。

(2) $\omega \to 0$ 时，$X_C = \frac{1}{\omega C} \to \infty$，$I_C \to 0$。即电容元件对于直流电流相当于开路。

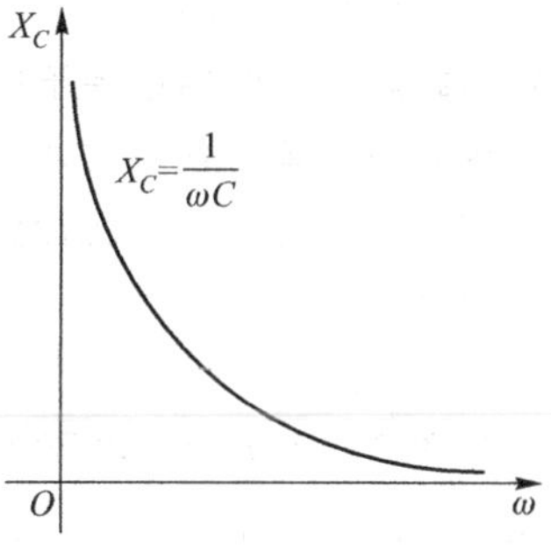

图 7-17　容抗随频率变化的曲线

容抗随频率变化的曲线如图 7-17 所示。一般地，电容元件具有隔直流、通交流的作用。必须注意，容抗是电压、电流有效值之比，而不是它们的瞬时值之比。

§7.4　交流电路的相量法分析

7.4.1　串并联电路的相量解法

1. 串联电路

如图 7-18 所示的电路为阻抗的串联电路。在简谐交流电的稳态下，串联电路中任一瞬间，电流的瞬时值是相同的，串联瞬时总电压等于各段瞬时电压之和。即

$$i = i_1 = i_2 = \cdots = i_n$$

$$u = u_1 + u_2 + \cdots + u_n$$

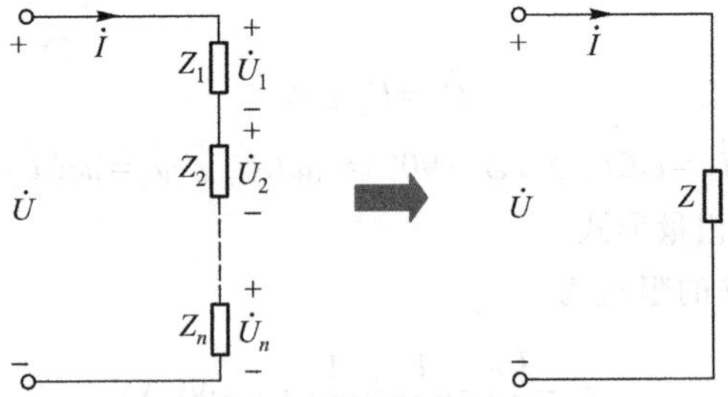

图 7-18　阻抗的串联

其对应相量满足

$$\dot{I}=\dot{I}_1=\dot{I}_2=\cdots=\dot{I}_n \tag{7-21}$$

按照阻抗的定义

$$\dot{U}_1=\dot{I}Z_1,\dot{U}_2=\dot{I}Z_2,\cdots\cdots,\dot{U}_n=\dot{I}Z_n$$

$$\dot{U}=\dot{U}_1+\dot{U}_2+\cdots+\dot{U}_n=\dot{I}(Z_1+Z_2+\cdots+Z_n)=\dot{I}Z \tag{7-22}$$

$$Z=\sum_{k=1}^{n}Z_k=\sum_{k=1}^{n}(R_k+\mathrm{j}X_k) \tag{7-23}$$

$$\dot{U}_i=\frac{Z_i}{Z}\dot{U} \tag{7-24}$$

在简谐交流电的稳态下，串联电路的基本特点是：**通过各阻抗元件的电流相量相同；串联电路两端总电压的相量等于各个阻抗两端电压的相量之和；电压相量的分配与阻抗成正比；串联时等效阻抗等于各阻抗之和。**

应该注意的是，一般情况下，串联电路两端总电压的有效值并不等于各个阻抗两端电压的有效值之和。

2. 并联电路

如图 7-19 所示的电路为导纳的并联电路。在简谐交流电的稳态下，并联电路中任一瞬间，各导纳两端电压的瞬时值是相同的，并联瞬时总电流等于通过各支路导纳瞬时电流之和。即

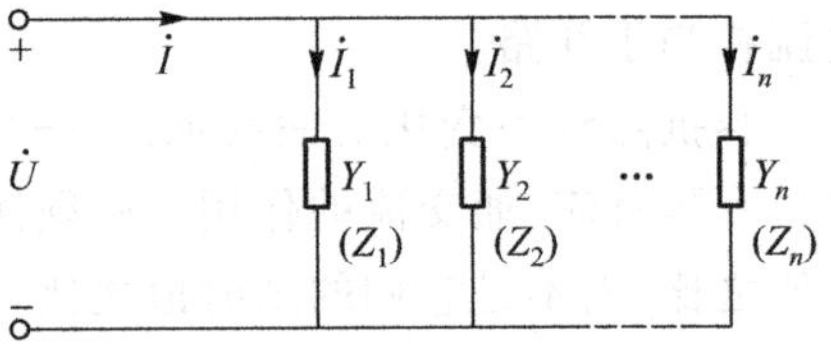

图 7-19　导纳的并联

$$u=u_1=u_2=\cdots=u_n$$

$$i=i_1+i_2+\cdots+i_n$$

其对应相量满足

$$\dot{U}=\dot{U}_1=\dot{U}_2=\cdots=\dot{U}_n \tag{7-25}$$

按照导纳的定义

$$\dot{I}_1=\dot{U}Y_1,\dot{I}_2=\dot{U}Y_2,\cdots\cdots,\dot{I}_n=\dot{U}Y_n$$

$$\dot{I}=\dot{I}_1+\dot{I}_2+\cdots+\dot{I}_n=\dot{U}(Y_1+Y_2+\cdots+Y_n)=\dot{U}Y \tag{7-26}$$

$$Y=\sum_{k=1}^{n}Y_k=\sum_{k=1}^{n}(G_k+\mathrm{j}B_k) \tag{7-27}$$

$$\dot{I}_i = \frac{Y_i}{Y}\dot{I} \tag{7-28}$$

在简谐交流电的稳态下，并联电路的基本特点是：**各导纳元件两端的电压相量相同；并联电路总电流的相量等于通过各支路导纳电流的相量之和；各支路电流相量的分配与其导纳成正比；并联时等效导纳等于各支路导纳之和**。

应该注意的是，在一般情况下，并联电路总电流的有效值并不等于各支路电流的有效值之和。

如果是两个阻抗并联，其等效阻抗的倒数为

$$\frac{1}{Z} = \frac{1}{Z_1} + \frac{1}{Z_2}$$

即

$$Z = \frac{Z_1 Z_2}{Z_1 + Z_2} \tag{7-29}$$

7.4.2　交流电桥

直流电桥是测量电阻的基本仪器之一，交流电桥是测量各种交流阻抗的基本仪器，在电测技术中占有重要地位。它主要用于交流等效阻抗及其时间常量、频率、电容及其介质损耗、自感及其线圈品质因数和互感等电参量的精密测量，也可用于非电学量变换为相应电学量参量的精密测量。

图 7-20 所示为交流电桥的原理，它与直流单电桥的原理相似。在交流电桥中，四个桥臂一般是由交流电路元件如电阻、电感、电容组成；电桥的电源通常是简谐交流电源；交流平衡指示仪的种类很多，适用于不同频率范围。频率为 200 Hz 以下时可采用谐振式检流计；音频范围内可采用耳机作为平衡指示器；音频或更高的频率时也可采用电子指零仪器；也有用电子示波器或交流毫伏表作为平衡指示器的。

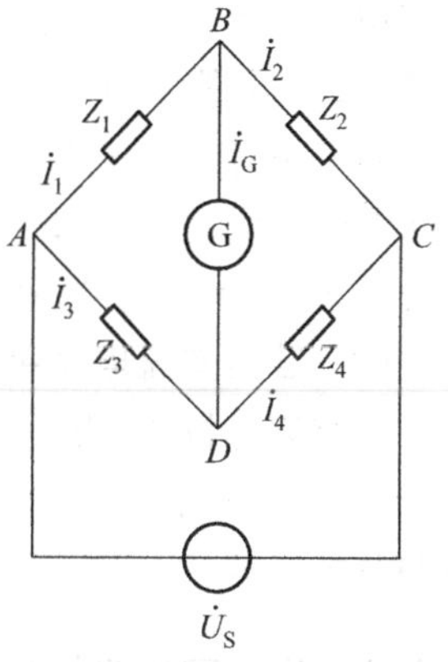

图 7-20　交流电桥的原理

在交流电桥中，四个桥臂由阻抗元件组成，在电桥的一条对角线 BD 上接入交流指零仪，另一对角线 AC 上接入交流电源。

当调节电桥参量，使交流指零仪中无电流通过时，B、D 间简谐交流电的电流 $\dot{I}_G = 0$，B、D 两点的电位相等，电桥达到平衡，这时有

$$\dot{I}_1 = \dot{I}_2, \quad \dot{I}_3 = \dot{I}_4$$

$$\dot{U}_{AB} = \dot{U}_{AD}, \quad \dot{U}_{BC} = \dot{U}_{DC}$$

所以

$$\dot{I}_1 Z_1 = \dot{I}_3 Z_3, \quad \dot{I}_2 Z_2 = \dot{I}_4 Z_4$$

两式相除，得

$$\frac{Z_1}{Z_2} = \frac{Z_3}{Z_4} \tag{7-30}$$

这就是**交流电桥的平衡条件**。

若 $Z_1=|Z_1|\angle\varphi_1, Z_2=|Z_2|\angle\varphi_2, Z_3=|Z_3|\angle\varphi_3, Z_4=|Z_4|\angle\varphi_4$，则上述平衡条件可写为

$$|Z_1||Z_4|=|Z_2||Z_3| \tag{7-31}$$

$$\varphi_1+\varphi_4=\varphi_2+\varphi_3 \tag{7-32}$$

式(7-31)和式(7-32)是交流电桥平衡条件的实数形式。

可见，**交流电桥的平衡必须满足两个条件：一是相对桥臂上阻抗模的乘积相等；二是相对桥臂上阻抗角之和相等**。

也可以把式(7-30)两端的实部和虚部分开，令它们分别相等，则可得另外两个与它相当的实数等式。由于每个交流电桥实际上有两个平衡条件，电桥中需要有两个可调的参量，电桥调节到完全平衡后可测得两个未知参量。

由交流电桥平衡条件可以得出如下两个重要结论：

(1) 交流电桥必须按照一定的方式配置桥臂阻抗

如果用任意不同性质的四个阻抗组成一个电桥，不一定能够调节到平衡，因此必须把电桥各元件的性质按电桥的两个平衡条件作适当配合。

在很多交流电桥中，为了使电桥结构简单和调节方便，通常将交流电桥中的两个桥臂设计为纯电阻。

由平衡条件可知，如果相邻两臂接入纯电阻，则另外相邻两臂也必须接入相同性质的阻抗。例如若被测对象 Z_1 在第一桥臂中，另外的两相邻臂 Z_2 和 Z_4 为纯电阻的话，即 $\varphi_2=\varphi_4=0$，则由式(7-32)可知，$\varphi_1=\varphi_3$，若被测对象 Z_1 是电容，则相邻桥臂 Z_3 也必须是电容；若被测对象 Z_1 是电感，则相邻桥臂 Z_3 也必须是电感。

如果相对桥臂接入纯电阻，则另外相对两桥臂必须为异性阻抗。例如相对桥臂 Z_2 和 Z_3 为纯电阻的话，即 $\varphi_2=\varphi_3=0$，那么由式(7-32)可知，$\varphi_1=-\varphi_4$；若被测对象 Z_1 为电容，则它的相对桥臂 Z_4 必须是电感，而若 Z_1 是电感，则 Z_4 必须是电容。

(2) 若要交流电桥平衡必须反复调节两个桥臂的参量

在交流电桥中，为了满足上述两个条件，必须调节两个桥臂的参量，才能使电桥完全达到平衡。一般来说，需要对这两个参量进行反复调节，因而，交流电桥的平衡调节要比直流电桥的调节更困难。

7.4.3 交流电路的基尔霍夫方程组及其相量表示

依据基尔霍夫第一方程组，即节点电流定律，在交流电路中的任何时刻，任意节点的各支路电流瞬时值的代数和为零，即

$$\sum_{k=1}^{n} i_k=i_1+i_2+\cdots+i_n=0$$

在简谐交流电的稳态交流电路中，上式对应的相量形式为

$$\sum_{k=1}^{n} \dot{I}_k=\dot{I}_1+\dot{I}_2+\cdots+\dot{I}_n=0 \tag{7-33}$$

依据基尔霍夫第二方程组，即回路电压定律，在交流电路中的任何时刻，任意回路的各元件电压降瞬时值的代数和为零，即

$$\sum_{k=1}^{n} u_k = u_1 + u_2 + \cdots + u_n = 0$$

在简谐交流电的稳态交流电路中,上式对应的相量形式为

$$\sum_{k=1}^{n} \dot{U}_k = \dot{U}_1 + \dot{U}_2 + \cdots + \dot{U}_n = 0 \tag{7-34}$$

式(7-33)、(7-34)是简谐交流电路基尔霍夫方程组的相量表示形式,可以看出,它与直流电路的基尔霍夫方程组在形式上是一样的,所以简谐交流电路解题的方法与直流电路类似,有效的方法都可以照用。原则上,应用基尔霍夫方程组的相量形式(7-33)和(7-34)可以解决所有不包括互感的简谐交流电路问题。

例题 7.10 如例题 7.10(a)图所示,在简谐交流电的稳态电路中,$I_2 = 10$ A,$U_S = \dfrac{10}{\sqrt{2}}$ V。求电流向量 $\dot{I}$和电压向量 $\dot{U}_S$,并画出电路的相量图。

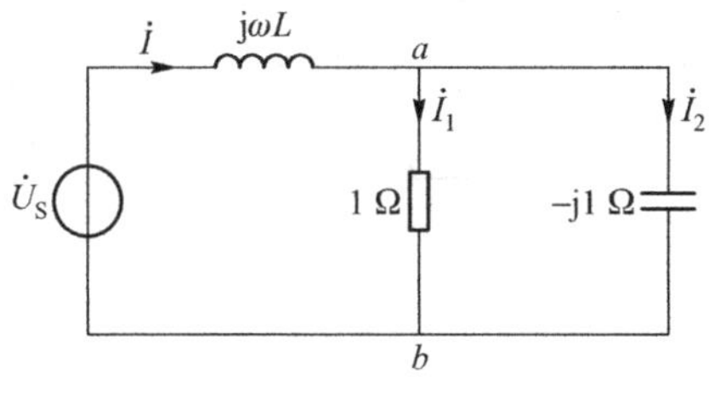

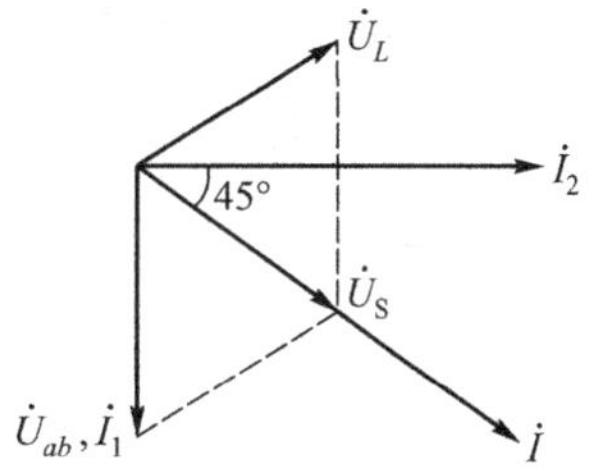

例题 7.10 图

解:设 $\dot{I}_2$ 为参考相量,即 $\dot{I}_2 = 10\angle 0°$,则 a、b 两端的电压相量为

$$\dot{U}_{ab} = -\mathrm{j}1\ \Omega \times \dot{I}_2 = -\mathrm{j}1 \times 10\ \mathrm{V} = -\mathrm{j}10\ \mathrm{V}$$

电流相量为

$$\dot{I}_1 = \frac{\dot{U}_{ab}}{1\ \Omega} = -\mathrm{j}10\ \mathrm{A}$$

$$\dot{I} = \dot{I}_1 + \dot{I}_2 = (-\mathrm{j}10 + 10)\ \mathrm{A} = 10\sqrt{2}\angle -45°\ \mathrm{A}$$

由回路电压定律,得

$$\dot{U}_S = \mathrm{j}X_L \dot{I} + \dot{U}_{ab} = \mathrm{j}10(X_L - 1) + 10X_L$$

根据已知条件 $U_S = \dfrac{10}{\sqrt{2}}$ V,得

$$\left(\frac{10}{\sqrt{2}}\right)^2 = [10(X_L - 1)]^2 + (10X_L)^2$$

可以解得 $X_L = \dfrac{1}{2}\Omega$,则

$$\dot{U}_S = jX_L\dot{I}+\dot{U}_{ab} = j10(X_L-1)+10X_L$$
$$=(5-j5)\ V=5\sqrt{2}\angle -45°\ V$$

相量图如例题 7.10 图(b)所示,在水平方向作 $\dot{I}_2$,其初相位角为零,称之为**参考相量**。电容的电流超前电压 90°,所以 $\dot{U}_{ab}$ 垂直于 $\dot{I}_2$,并滞后 $\dot{I}_2$;在电阻上电压与电流同相,所以 $\dot{I}_1$ 与 $\dot{U}_{ab}$ 同相,则可用平行四边形法则求解 $\dot{I}$和 $\dot{U}_S$。

例题 7.11 如例题 7.11(a)图所示,在简谐交流电的稳态电路中,试列出独立的基尔霍夫节点电流方程和回路电压方程的相量形式。

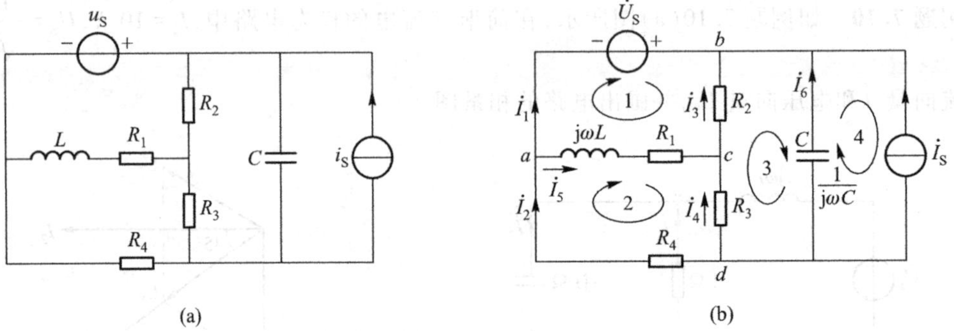

例题 7.11 图

解:在电路中标出节点位置及各支路电流的相量,选取独立回路,如例题 7.11(b)所示。电流流出为正,流进为负,则节点 a、b、c 的电流方程为

对于节点 a:

$$\dot{I}_1-\dot{I}_2+\dot{I}_5=0$$

对于节点 b:

$$-\dot{I}_1-\dot{I}_3-\dot{I}_6-\dot{I}_S=0$$

对于节点 c:

$$\dot{I}_3-\dot{I}_4-\dot{I}_5=0$$

电势降低为正,电势升高为负,则回路 1、2、3 的电压方程为

对于回路 1:

$$-R_2\dot{I}_3-(R_1+j\omega L)\dot{I}_5-\dot{U}_S=0$$

对于回路 2:

$$R_4\dot{I}_2-R_3\dot{I}_4+(R_1+j\omega L)\dot{I}_5=0$$

对于回路 3:

$$R_2\dot{I}_3+R_3\dot{I}_4-\frac{1}{j\omega C}\dot{I}_6=0$$

六个支路电流相量通过六个独立方程即可解出。

§7.5　交流电路的功率

7.5.1　瞬时功率与平均功率

1. 瞬时功率

图 7-21(a)所示为无源的 *RLC* 电路，在简谐交流电的稳态下，设

$$u=\sqrt{2}\,U\cos(\omega t+\psi)\,,\quad i=\sqrt{2}\cos\omega t$$

则电压与电流的相位差为 $\phi=\psi$。

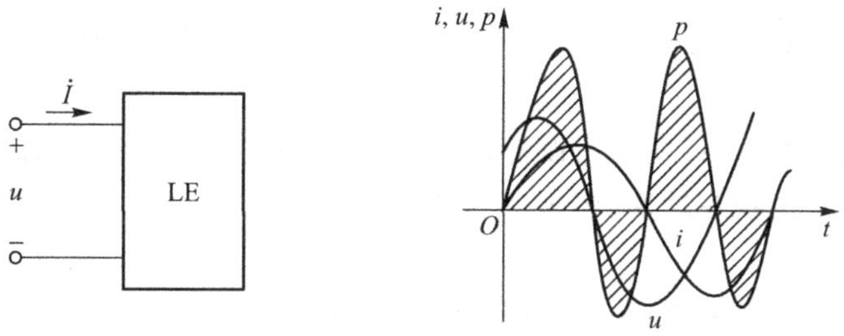

(a)　　(b)

图 7-21　瞬时功率的波形图

电路的瞬时功率表示任一瞬间的功率，该瞬时功率 p 等于电压 u 与电流 i 的乘积：

$$\begin{aligned}p(t)&=ui=\sqrt{2}\,U\cos(\omega t+\phi)\,\sqrt{2}\,I\cos\omega t\\&=UI\cos\phi+UI\cos(2\omega t+\phi)\\&=UI\cos\phi+[UI\cos\phi\cos(2\omega t)-UI\sin\phi\sin(2\omega t)]\end{aligned}$$

故

$$p(t)=UI\cos\phi[1-\cos(2\omega t)]-UI\sin\phi\sin(2\omega t)\tag{7-35}$$

式中第一项的值大于或等于零，它是瞬时功率中的不可逆部分；第二项的值正负交替，是瞬时功率中的可逆部分，说明能量在电源和电路之间来回交换。

2. 平均功率

平均功率又称为有功功率，是瞬时功率在一个周期内的平均值。即

$$P=\frac{1}{T}\int_0^T p(t)\,\mathrm{d}t=\frac{1}{T}\int_0^T[UI\cos\phi+UI\cos(2\omega t+\phi)]\,\mathrm{d}t$$

$$P=UI\cos\phi\tag{7-36}$$

式(7-36)为简谐交流电的稳态电路平均功率的一般形式，它表明电路实际消耗的功率不仅与电压、电流的大小有关，而且与电压、电流的相位差有关。式(7-36)中电压与电流的相位差 $\phi=\psi_u-\psi_i$，称为该端口的**功率因数角**，$\cos\phi$ 称为该端口的**功率因数**，通常用 λ 表示，即 $\lambda=\cos\phi$。

对电阻元件 R：$\cos\phi=1$，$P_R=U_RI_R$，电阻元件的有功功率等于电压与电流有效值的乘积。

对电感和电容元件 L、C：$\cos\phi=0$，$P_L=P_C=0$，电感元件、电容元件是储能元件，不消耗能量。

3. 无功功率

在工程上常引入无功功率的概念，用 Q 表示，用来衡量单端口电路与电源之间能量的交换的规模，其表达式为

$$Q=UI\sin\phi \tag{7-37}$$

它是瞬时功率中可逆部分的幅值。相对于有功功率而言，无功功率是一些电气设备正常工作所必需的指标。无功功率的量纲与有功功率相同，为了反映与有功功率的区别，在国际单位制中，无功功率的单位为乏(var)或千乏(kvar)。

对电阻元件 R，$\sin\phi=0$，$Q_R=0$，电阻是耗能元件，不与电源进行能量交换。

对电感元件 L，$\sin\phi=1$，$Q_L=U_LI_L$；无功功率等于电压、电流有效值的乘积。

对电容元件 C，$\sin\phi=-1$，$Q_C=-U_CI_C$；无功功率等于电压、电流有效值的乘积。

一般地，对感性负载，$0<\phi\leqslant 90°$，$Q>0$；对容性负载，$-90°\leqslant\phi<0°$，$Q<0$。

4. 视在功率

工程上引用视在功率来说明电力设备容量的大小。单端口电路的电流有效值与电压有效值的乘积，称为该端口的**视在功率**，用 S 表示，即

$$S=UI \tag{7-38}$$

在使用电气设备时，一般电压、电流都不能超过其额定值。视在功率的量纲与有功功率相同，但为了反映与有功功率的区别，在国际单位制中，视在功率的单位用伏安(VA)或千伏安(kVA)表示。

5. 功率三角形

有功功率 P、无功功率 Q、视在功率 S 之间存在着下列关系：

$$P=UI\cos\phi=S\cos\phi$$

$$Q=UI\sin\phi=S\sin\phi$$

$$S^2=P^2+Q^2$$

故

$$\phi=\arctan\left(\frac{Q}{P}\right) \tag{7-39}$$

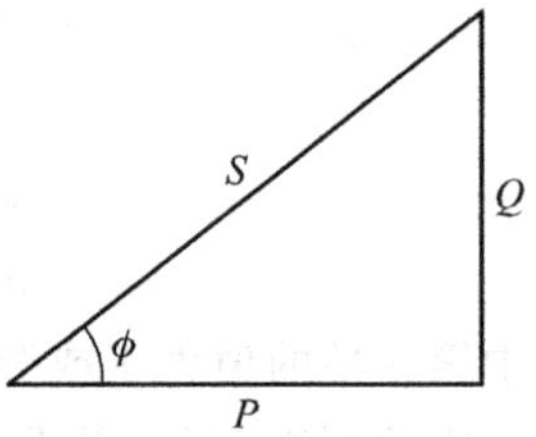

图 7-22　功率三角形

可见，P、Q、S 可以构成一个直角三角形，称之为**功率三角形**，如图 7-22 所示。在简谐交流电的稳态电路中所说的功率，如不加特殊说明，均指平均功率，亦即有功功率。

例题 7.12　在 R、L 串联电路中，已知 $f=50$ Hz，$R=300\ \Omega$，电感 $L=1.65$ H，端电压的有效值 $U=220$ V。试求电路的功率因数、有功功率、无功功率。

解：电路的阻抗为

$$\begin{aligned}Z&=R+\mathrm{j}\omega L=(300+\mathrm{j}2\pi\times 50\times 1.65)\ \Omega\\&=(300+\mathrm{j}518.1)\ \Omega=598.7\angle 60°\ \Omega\end{aligned}$$

由阻抗角 $\phi=60°$，得功率因数为 $\cos\phi=\cos 60°=0.5$。

电路中电流的有效值为

$$I=\frac{U}{|Z|}=\frac{220}{598.7}\ \mathrm{A}=0.367\ \mathrm{A}$$

$$P=UI\cos\phi=220\times 0.367\times 0.5\ \mathrm{W}=40.4\ \mathrm{W}$$

$$Q = UI\sin\phi = 220\times0.367\times0.866\ \text{W} = 69.9\ \text{var}$$

7.5.2 功率因数的影响和提高

1. 功率因数的影响

设电源设备的视在功率(容量)为 S,由输出的有功功率的计算公式 $P=UI\cos\phi$ 可知,电气设备输出的有功功率,与负载的功率因数有关,$\cos\phi$ 越大,输出有功越多。如一台 1 000 kVA 的变压器,当负载的功率因数 $\cos\phi=0.95$ 时,变压器提供的有功功率为 950 kW;当负载的功率因数 $\cos\phi=0.5$ 时,变压器提供的有功功率为 500 kW。可见若要充分利用设备的容量,应提高负载的功率因数。

功率因数还影响输电线路电能损耗和电压损耗,根据 $I=\dfrac{P}{U\cos\phi}$,在输出功率及总电压一定时,功率因数越小,I 越大,线路功率损耗 $\Delta P=I^2R_{线}$ 就越大;输电线路上的电压降 $\Delta U=IR_{线}$ 增加,加到负载上的电压降减少。

因而,提高功率因数可提高供电质量,使电气设备获得充分利用。

2. 功率因数的提高

在感性负载两端并联电容,可以提高电路的功率因数。如图 7-23 所示,一感性负载 Z,接在电压为 $\dot{U}$的电源上,其有功功率为 P,功率因数为 $\cos\phi_1$,如要将电路的功率因数提高到 $\cos\phi_2$,就应采用在负载 Z 的两端并联电容 C 的方法实现。下面介绍并联电容 C 的计算方法。

在电容 C 并联之前,电路的无功功率为 $Q_1=P\tan\phi_1$,电路的有功功率为 P,功率因数角为 ϕ_1;电容 C 并联之后,功率因数角为 ϕ_2,电路的无功功率为 $Q_2=P\tan\phi_2$。则电路降低的无功功率为

$$\Delta Q=P(\tan\phi_1-\tan\phi_2)$$

亦即电源发出的无功功率减少,如图 7-24 所示。

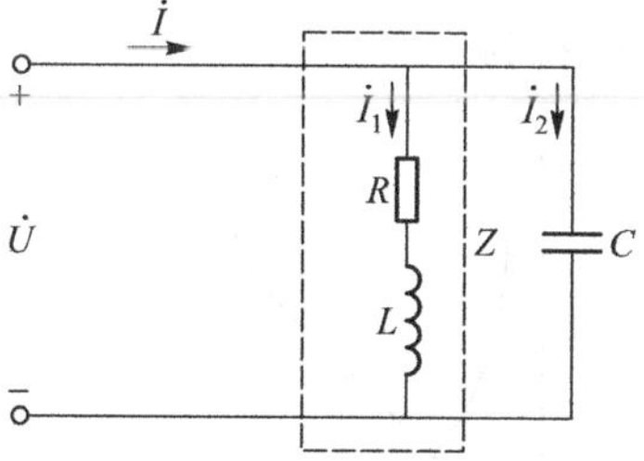

图 7-23 感性负载并联电容可提高功率因数

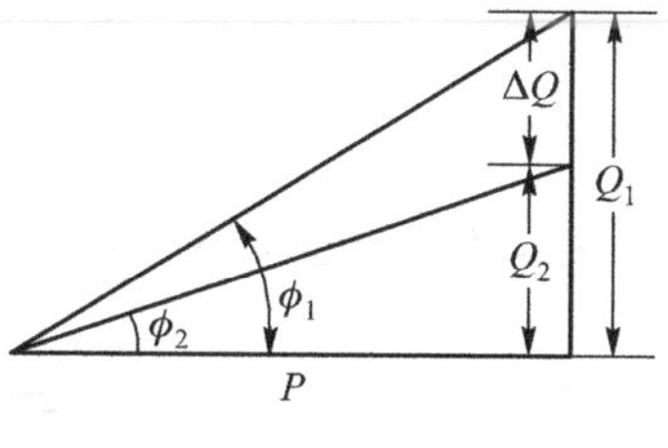

图 7-24 无功功率关系

并联电容提供的无功功率 $Q_C=I_2^2X_C=U^2\omega C$,由于负载电压 $\dot{U}$ 未变,负载电流也不变,因此负载 Z 吸收的无功功率 $Q_1=Q_2+\Delta Q$ 不变。所以 $Q_C=\Delta Q$,即 $U^2\omega C=P(\tan\phi_1-\tan\phi_2)$,电容 C 为

$$C=\frac{P(\tan\varphi_1-\tan\varphi_2)}{\omega U^2} \tag{7-40}$$

式(7-40)为单相简谐交流电的交流电路提高功率因数,所需并联电容 C 的解析式,可用于具体电路的相关计算中。

例题 7.13 有一台标称值为 220 V、50 Hz、100 kW 的电动机,其功率因数为 0.8。(1) 在使用时,试问电源提供的电流是多少? 无功功率是多少? (2) 如欲使功率因数达到 0.85,试问需要并联的电容器的电容是多少? 此时电源提供的电流应为多少?

解:(1) 由于 $P=UI\cos\phi$,所以电源提供的电流为

$$I_L=\frac{P}{U\cos\phi}=\frac{100\times10^3}{220\times0.8}\ \text{A}=568.18\ \text{A}$$

无功功率为

$$Q_L=UI_L\sin\phi=220\times568.18\sqrt{1-0.8^2}\ \text{var}=75\ \text{kvar}$$

(2) 使功率因数提高到 0.85 时所需的电容为

$$C=\frac{P}{\omega U^2}(\tan\phi_1-\tan\phi_2)$$

$$=\frac{100\times10^3}{314\times220^2}(0.75-0.62)\ \text{F}=855.4\ \mu\text{F}$$

此时电源提供的电流为

$$I=\frac{P}{U\cos\phi}=\frac{100\times10^3}{220\times0.85}\ \text{A}=534.76\ \text{A}$$

可见,用电容进行无功补偿时,可以使电路的电流减小,提高供电质量。

§7.6 谐振电路

7.6.1 串联谐振

1. 串联谐振电路

如图 7-25(a)所示,电路为 RLC 串联电路,电路的阻抗为

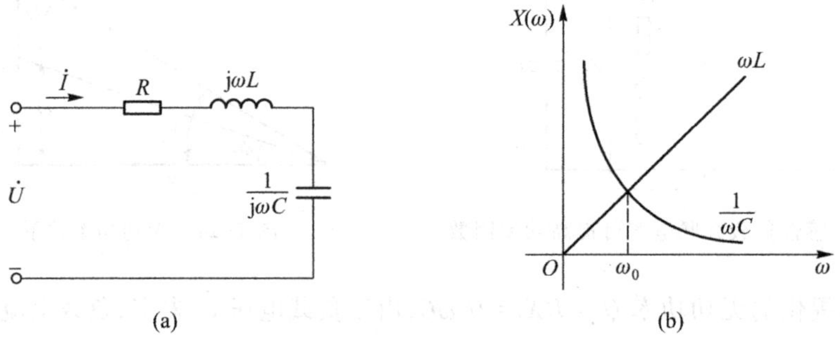

图 7-25 串联谐振电路

$$Z(\text{j}\omega)=\frac{\dot{U}}{\dot{I}}=R+\text{j}\omega L+\frac{1}{\text{j}\omega C}=R+\text{j}\left(\omega L-\frac{1}{\omega C}\right)$$

$$=R+\text{j}(X_L-X_C)=R+\text{j}X \qquad (7-41)$$

设回路中各元件参量保持一定,电源的幅值不变而频率可变,则电路中感抗 ωL 随着频率

升高而增大，容抗$\frac{1}{\omega C}$随着频率的升高而减小，如图 7-25(b)所示。感抗和容抗是性质相反的两种电抗，当电源频率改变到某值时，会使串联回路中电抗等于零，这时称回路发生了**串联谐振**。这时的频率称为**串联谐振频率**，用f_0表示，相应的角频率用ω_0表示。此时

$$X=X_L-X_C=\omega_0 L-\frac{1}{\omega_0 C}=0 \tag{7-42}$$

故得

$$\omega_0=\frac{1}{\sqrt{LC}} \tag{7-43a}$$

或

$$f_0=\frac{1}{2\pi\sqrt{LC}} \tag{7-43b}$$

式(7-42)称为发生**串联谐振的条件**。由式(7-43a)和(7-43b)可以看出，**回路的谐振频率仅由回路本身的电感和电容元件的参量决定，而与外加电源的电压以及频率无关**。它是反映串联谐振电路基本属性的一个重要参量。

发生谐振时的容抗值或感抗值，称为**串联谐振电路的特性阻抗**，用ρ表示：

$$\rho=\omega_0 L=\frac{1}{\omega_0 C}=L\sqrt{\frac{1}{LC}}=\sqrt{\frac{L}{C}} \tag{7-44}$$

回路的特性阻抗$\boldsymbol{\rho}$与回路中电阻$\boldsymbol{R}$的比值定义为回路的品质因数，用Q表示：

$$Q=\frac{\rho}{R}=\frac{\omega_0 L}{R}=\frac{1}{\omega_0 CR}=\frac{1}{R}\sqrt{\frac{L}{C}} \tag{7-45}$$

由上面的式子可以看出，作为客观反映谐振电路基本属性的重要参量，特性阻抗、品质因数也只取决于电路元件的参量值，而与外界因素无关。Q和ρ只在谐振时才有意义。

电路在两种情况下发生谐振，① 电路元件参量已定，改变电源频率，使之等于电路的谐振频率，电路就达到了谐振。② 电源频率一定，通过调节电容或电感来改变电路的参量，从而改变电路的谐振频率，使$f_0=f$，也可以使电路处于谐振状态。例如用收音机收听某广播电台的节目，其电台频率是 560 kHz，调整收音机的波段开关，即调整电感，再调整收音机的选台旋钮，即改变电容，当电路谐振频率正好是 560 kHz 时，电路与接收信号发生谐振，就可以收听到节目了。调节电容或电感，使回路与某一特定频率信号相谐振的过程称为**调谐**。

2. 发生串联谐振时的特征

当电路发生串联谐振时($f=f_0$)，电路具有以下特点：

(1) 谐振时的阻抗

$$Z_0=R+\mathrm{j}\left(\omega_0 L-\frac{1}{\omega_0 C}\right)=R \tag{7-46}$$

串联谐振时，电路呈纯电阻性，电路的阻抗$Z=R$，复阻抗最小，电感、电容串联阻抗为 0，相当于短路。实验时可由此判断电路是否发生串联谐振。

(2) 谐振时的回路电流

$$\dot{I}_0=\frac{\dot{U}}{Z_0}=\frac{\dot{U}}{R} \tag{7-47}$$

谐振时，$\dot{I}_0$与$\dot{U}$同相，当外加电压一定时，电流最大。

（3）谐振时各元件上的电压

电阻上的电压为

$$\dot{U}_R = R\dot{I} = R\frac{\dot{U}}{R} = \dot{U} \tag{7-48}$$

此时，电阻上的电压与电源电压大小相等，相位相同。

电感上的电压为

$$\dot{U}_L = Z_L\dot{I} = \mathrm{j}\omega_0 L\frac{\dot{U}}{R} = \mathrm{j}Q\dot{U} \tag{7-49}$$

电容上的电压为

$$\dot{U}_C = Z_C\dot{I} = -\mathrm{j}\frac{1}{\omega_0 C}\frac{\dot{U}}{R} = -\mathrm{j}Q\dot{U} \tag{7-50}$$

电感L与电容C上的电压大小为电源电压U的Q倍，电感L与电容C上的电压大小相等，相位相反。一般情况下，实际串联谐振的品质因数Q的数值能达到几十或几百，因而在谐振时电容或电感上的电压会达到输入电压的几十或几百倍。基于串联谐振电路的这个特点，其又称为**电压谐振电路**。

（4）谐振时电路的功率

由于谐振时电路为纯电阻电路，$\phi=0$，$P=UI_0=U^2/R$，无功功率$Q=0$，因而电感无功功率与电容无功功率大小相等，符号相反，即$Q_L=-Q_C$。此时，电路中只有电阻R消耗有功功率，L、C不消耗功率，只是在电容L与电感C之间进行磁场能和电场能的相互转化。

3. *RLC* 串联谐振时的频率特性

在R、L、C串联电路中，当外加简谐交流电压的频率改变时，电路中的阻抗、导纳、电压、电流都随频率的变化而改变，称之为**频率特性**，或**频率响应**，其包括**幅频特性**和**相频特性**，相应的随频率变化的曲线称为**谐振曲线**。各量的模随频率变化的关系称为**幅频特性**；各量的辐角随频率变化的关系称为**相频特性**。

（1）阻抗的频率特性

对于RLC串联谐振电路

$$Z(\omega)=R+\mathrm{j}\left(\omega L-\frac{1}{\omega C}\right)=R\left[1+\mathrm{j}\left(\frac{\omega L}{R}-\frac{1}{\omega CR}\right)\right]=R\left[1+\mathrm{j}Q\left(\eta-\frac{1}{\eta}\right)\right]$$

式中，$\eta=\dfrac{\omega}{\omega_0}$，$Q=\dfrac{\omega_0 L}{R}=\dfrac{1}{\omega_0 CR}$。

$$|Z|=\sqrt{R^2+\left(\omega L-\frac{1}{\omega C}\right)^2} \tag{7-51}$$

$$\phi(\omega)=\arctan\frac{\omega L-\dfrac{1}{\omega C}}{R}=\arctan\frac{X_L+X_C}{R}=\arctan\frac{X}{R} \tag{7-52}$$

相应的频率特性曲线如图 7-26 所示。

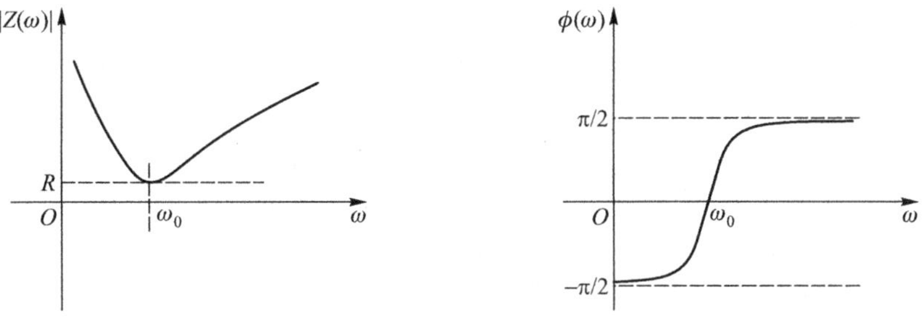

(a) 阻抗的幅频特性　　(b) 阻抗的相频特性

图 7-26　阻抗的频率特性

(2) 电流谐振曲线

对于 RLC 串联谐振电路

$$I(\omega)=\frac{U}{\sqrt{R^2+\left(\omega L-\frac{1}{\omega C}\right)^2}} \tag{7-53}$$

相应的电流谐振曲线如图 7-27 所示。

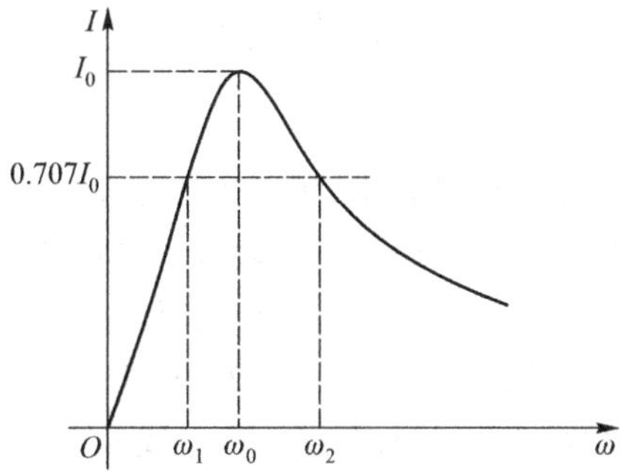

图 7-27　电流谐振曲线

由图 7-27 中的电流谐振曲线可见，当 RLC 串联谐振电路谐振时，且电源电压一定时，电流达到最大，对应的角频率为 ω_0，而当 ω 偏离 ω_0 时，电流下降。因此，串联谐振电路对不同频率的信号有不同的响应，对谐振信号最突出，表现为电流最大，而对远离谐振频率的信号加以抑制，电流趋小。这种对不同输入信号的选择能力称为"**选择性**"。

在声学的听力测量中，当声音信号的功率低于原来最大值的一半时，人的听觉就无法辨别声音了，电学上借助这一标准来判定信号能否被检测到。当电源电压一定时，功率与电流的平方成正比，所以电流若低于原有最大值的$\frac{1}{\sqrt{2}}$，信号将不能被检测到。电流等于原有最大值的$\frac{1}{\sqrt{2}}$时所对应的频率，称为**截止频率**，如图 7-27 所示的角频率 ω_1 和 ω_2 所对应的频率f_1、f_2 就称为截止频率，f_1 称为上截止频率，f_2 称为下截止频率。频率低于f_1 或高于f_2 的信号均不能被检测到，只有在f_1、f_2 之间的信号才能被检测到，则定义 f_2-f_1 为**通频带**，用 $\mathrm{BW}_{0.7}$ 表示。

令

$$I(\omega)=\frac{U}{\sqrt{R^2+\left(\omega L-\frac{1}{\omega C}\right)^2}}=\frac{1}{\sqrt{2}}\frac{U}{R}$$

考虑到 $\omega-\omega_0\ll\omega_0$，则

$$\mathrm{BW}_{0.7}=\frac{f_0}{Q} \tag{7-54}$$

即通频带与谐振频率成正比，与品质因数成反比。

(3) 通用谐振曲线

为了能在不同谐振回路之间进行比较，把电流谐振曲线的横、纵坐标分别除以 ω_0 和 $I(\omega_0)$，即

$$\omega \rightarrow \frac{\omega}{\omega_0}=\eta, \quad I(\omega) \rightarrow \frac{I(\omega)}{I(\omega_0)}=\frac{I(\eta)}{I_0}$$

$$\frac{I(\omega)}{I(\omega_0)}=\frac{U/|Z|}{U/R}=\frac{R}{\sqrt{R^2+\left(\omega L-\frac{1}{\omega C}\right)^2}}$$

$$=\frac{1}{\sqrt{1+\left(\frac{\omega_0 L}{R}\cdot\frac{\omega}{\omega_0}-\frac{1}{\omega_0 RC}\cdot\frac{\omega_0}{\omega}\right)^2}}=\frac{1}{\sqrt{1+\left(Q\cdot\frac{\omega}{\omega_0}-Q\cdot\frac{\omega_0}{\omega}\right)^2}}$$

$$\frac{I(\eta)}{I_0}=\frac{1}{\sqrt{1+Q^2\left(\eta-\frac{1}{\eta}\right)^2}}$$

根据上式，以$\frac{I(\eta)}{I_0}$为纵坐标，以 η 为横坐标作出的曲线，称为**通用谐振曲线**，如图 7-28 所示。

由上图可看出，Q 越大，谐振曲线越尖。当稍微偏离谐振点时，曲线就急剧下降，电路对非谐振频率下的电流具有较强的抑制能力，所以选择性好。因此，Q 是反映谐振电路性质的一个重要指标。Q 越大，选择性越好，但通频带越窄。

例题 7.14 如例题 7.14 图所示，一信号源与 R、L、C 电路串联，要求 $f_0=10^4$ Hz，$BW_{0.7}=100$ Hz，$R=15\ \Omega$，请设计一个线性电路。

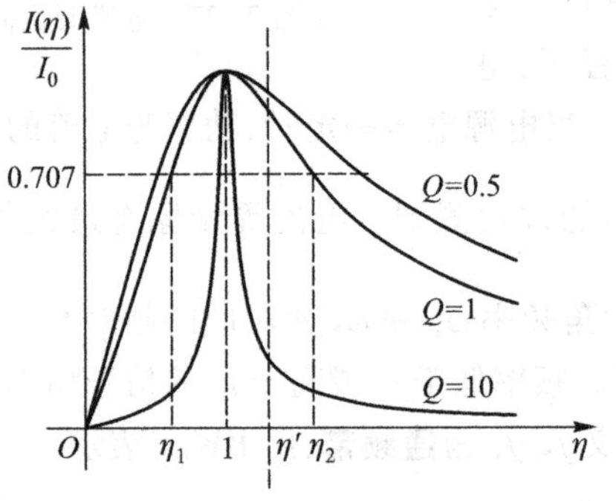

图 7-28 不同 Q 值的谐振曲线

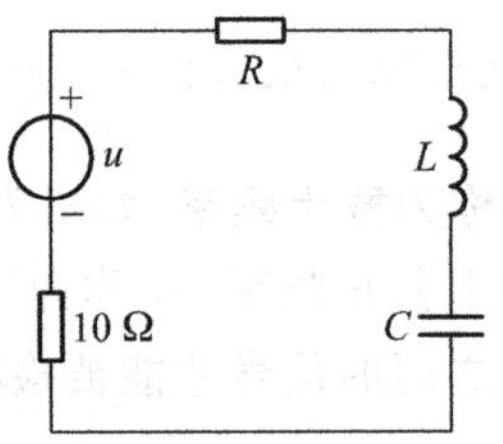

例题 7.14 图

解：

$$Q=\frac{f_0}{BW_{0.7}}=\frac{10^4}{100}=100$$

$$L=\frac{QR}{\omega_0}=\frac{100\times(15+10)}{2\pi\times10^4}\ \text{H}=39.8\ \text{mH}$$

$$C=\frac{1}{\omega_0^2 L}=6\ 360\ \text{pF}$$

7.6.2 并联谐振

1. 并联谐振电路

如图 7-29 所示，电路为 *RLC* 并联电路，它是另外一种典型的谐振电路。电路的导纳为

$$Y(\omega)=\frac{\dot{I}_S}{\dot{U}}=G+\mathrm{j}\left(\omega C-\frac{1}{\omega L}\right)$$

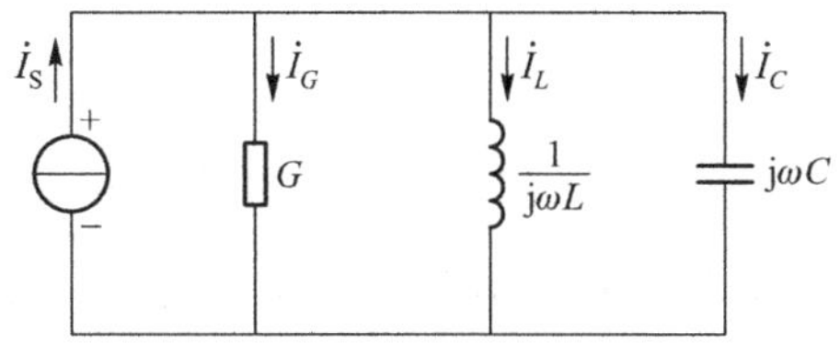

图 7-29 并联谐振电路

对于上述 *RLC* 并联电路，当端口电压 $\dot{U}$与端口电流 $\dot{I}_S$同相，即电路为纯电阻状态时，电路的工作状况称为**并联谐振**。根据谐振的定义，当 $Y(\omega)$的虚部为 0 时，电路为纯电阻状态，电路达到了谐振，此时

$$\omega C-\frac{1}{\omega L}=0 \tag{7-55}$$

解得电路谐振角频率和谐振频率分别为

$$\omega_0=\frac{1}{\sqrt{LC}} \tag{7-56}$$

$$f_0=\frac{1}{2\pi\sqrt{LC}} \tag{7-57}$$

式(7-55)为发生并联谐振的条件。式(7-56)和(7-57)表明，**回路的谐振频率取决于回路本身的电感、电容元件的参量，而与外加电源的电压以及频率无关**。回路的谐振频率是表征并联谐振电路基本属性的一个重要参量。

2. 发生并联谐振时的特征

当电路发生并联谐振时($f=f_0$)，电路具有以下特点：

(1) 谐振时的导纳

$$Y(\omega_0)=\frac{\dot{I}_S}{\dot{U}}=G+\mathrm{j}\left(\omega_0 C-\frac{1}{\omega L}\right)=G$$

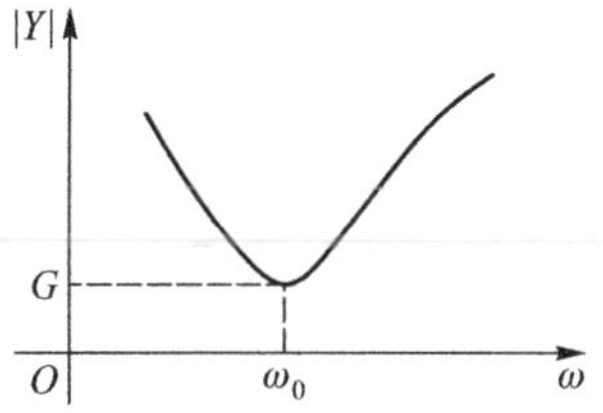

图 7-30 导纳的幅频特性

电路导纳随频率的变化情况如图 7-30 所示，它表明并联谐振时的输入导纳最小，或者说输入阻抗最大，电路呈纯电阻性。

(2) 谐振时的端口电压

$$U(\omega_0)=\frac{I_S}{Y(\omega_0)}=\frac{I_S}{G}$$

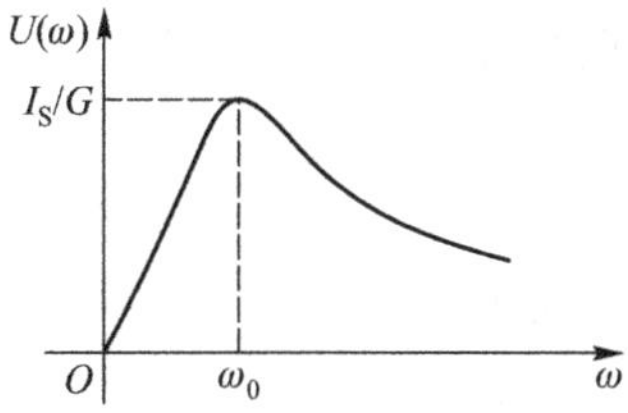

图 7-31 电压的幅频特性

电路的端口电压随频率的变化情况如图 7-31 所示，它表明并联谐振时，在电流源有效值 I_S 不变的情况下，电压 U 最大，$\dot{U}$与 $\dot{I}_S$同相。

(3) 谐振时各元件上的电流

$$Q=\frac{\omega_0 C}{G}=\frac{1}{\omega_0 LG}=\frac{1}{G}\sqrt{\frac{C}{L}}$$

$$\dot{I}_G = G\dot{U} = GR\dot{I}_S = \dot{I}_S \tag{7-58}$$

$$\dot{I}_L = -\mathrm{j}\frac{1}{\omega_0 L}\dot{U} = -\mathrm{j}\frac{1}{\omega_0 L}R\dot{I}_S = -\mathrm{j}Q\dot{I}_S \tag{7-59}$$

$$\dot{I}_C = \mathrm{j}\omega_0 C\dot{U} = \mathrm{j}\omega_0 CR\dot{I}_S = \mathrm{j}Q\dot{I}_S \tag{7-60}$$

$$\dot{I}_L + \dot{I}_C = 0 \tag{7-61}$$

式(7-58)—(7-61)表明,电流 $\dot{I}_G$与电源电流 $\dot{I}_S$大小相等,相位相同。电感 L 中电流 $\dot{I}_L$与电容 C 中电流 $\dot{I}_C$大小相等,其大小为电路总电流的 Q 倍,但是其方向相反,相互抵消。谐振时流过电容或电感的电流可以达到输入电流的几十或几百倍。基于并联谐振电路的这个特点,其又称为电流谐振电路。

(4) 谐振时电路的功率

由于谐振时电路为纯电阻电路,$\phi=0$,$P=UI_S=U^2G$,无功功率为 $Q=0$,因而电感无功功率与电容无功功率大小相等,符号相反,$Q_L=-Q_C$。此时,电路中只有电阻 R 消耗有功功率,L、C 不消耗功率,只是在电感 L 和电容 C 之间进行磁场能和电场能的相互转化。

3. 常见并联电路的特性分析

工程上经常采用电感线圈和电容器组成并联谐振电路,如图 7-32(a)所示,其中损耗电阻 R 和电感 L 的串联支路表示实际的电感线圈。该电路的导纳为

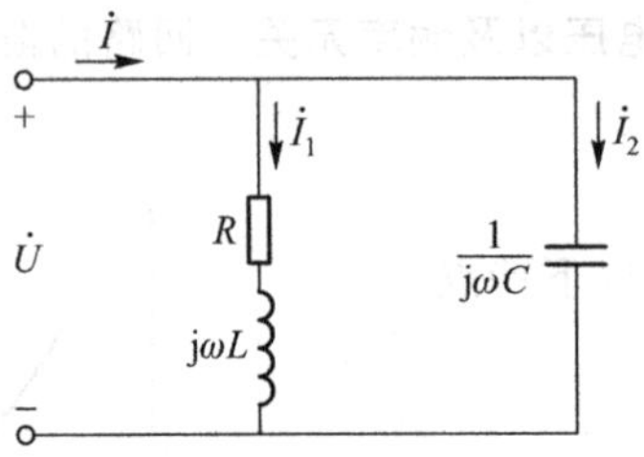

(a) 电路图

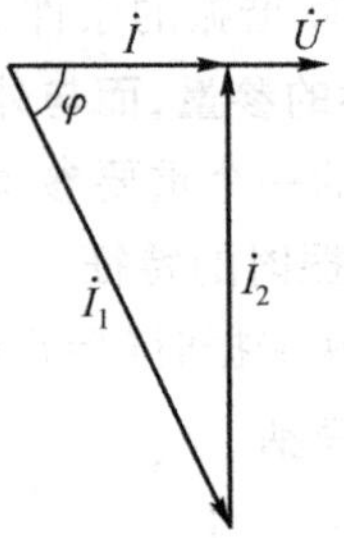

(b) 相量图

图 7-32 电感线圈与电容器并联谐振

$$Y(\omega) = \mathrm{j}\omega C + \frac{1}{R+\mathrm{j}\omega L} = \frac{R}{R^2+\omega^2L^2} + \mathrm{j}\left(\omega C - \frac{\omega L}{R^2+\omega^2L^2}\right)$$

谐振时有

$$\omega_0 C - \frac{\omega_0 L}{R^2+{\omega_0}^2L^2} = 0$$

故谐振角频率为

$$\omega_0 = \frac{1}{\sqrt{LC}}\sqrt{1-\frac{CR^2}{L}} \tag{7-62}$$

谐振频率为

$$f_0=\frac{1}{2\pi\sqrt{LC}}\sqrt{1-\frac{CR^2}{L}} \tag{7-63}$$

显然当 $1-\frac{CR^2}{L}>0$，即 $R<\sqrt{\frac{L}{C}}$ 时，ω_0 为实数，才能发生谐振；当 $R>\sqrt{\frac{L}{C}}$ 时，ω_0 为虚数，电路不发生谐振。发生谐振时的电流相量图如图 7-32(b)所示。

一般线圈的电阻 $R\ll\omega L$，则等效导纳为

$$Y=\frac{R}{R^2+(\omega L)^2}+\mathrm{j}\left[\omega C-\frac{\omega L}{R^2+(\omega L)^2}\right]\approx\frac{R}{(\omega L)^2}+\mathrm{j}\left(\omega C-\frac{1}{\omega L}\right)$$

谐振角频率近似为

$$\omega_0\approx\frac{1}{\sqrt{LC}} \tag{7-64}$$

并联谐振时的输入导纳为

$$Y(\omega_0)\approx\frac{R}{(\omega_0 L)^2}=\frac{CR}{L}$$

品质因数为

$$Q=\frac{\dfrac{\omega_0 L}{R^2+\omega_0^2L^2}}{\dfrac{R}{R^2+\omega_0^2L^2}}=\frac{\omega_0 L}{R} \tag{7-65}$$

当并联谐振电流一定时，总电压达到最大值，为

$$U=I_S/Y(\omega_0)\approx I_S\frac{L}{RC} \tag{7-66}$$

当并联谐振时，支路电流是总电流的 Q 倍，即

$$I_L\approx I_C\approx\frac{U}{\omega_0 L}=U\omega_0 C=I_S\frac{L}{RC}\omega_0 C=I_S\frac{\omega_0 L}{R}=QI_S \tag{7-67}$$

*§ 7.7　理想变压器

变压器是以互感现象为基础的电磁装置。它是利用磁耦合原理实现能量或信号传输的多端电路器件，在工程实际中有广泛的应用。这里讨论的理想变压器是实际变压器的理想化模型，它是对互感元件的一种理想化抽象，可看成是极限情况的耦合电感。

7.7.1　变压器与耦合线圈

图 7-33(a)是变压器原理性结构图，图 7-33(b)是变压器电路符号图。变压器由绕在同一铁芯上的两个线圈构成，这两个线圈称为**绕组**。连接到电源上的绕组称为**原线圈**，也称为**初级线圈**或**初级绕组**。连接到负载上的绕组称为**副线圈**，也称为**次级线圈**或**次级绕组**。图中 N_1、N_2 分别是原线圈和副线圈的匝数，L_1 和 L_2 分别是原线圈和副线圈的自感系数，M 是两个

线圈的互感系数，u_1、u_2 分别是原线圈和副线圈的瞬时端电压，i_1、i_2 分别是通过原线圈和副线圈的瞬时电流。

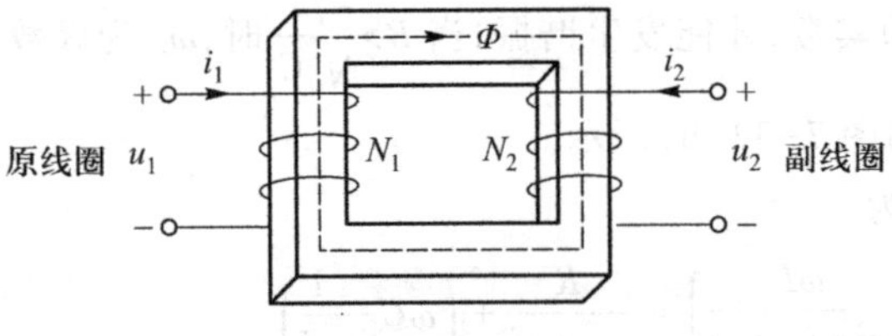

(a) 变压器原理性结构

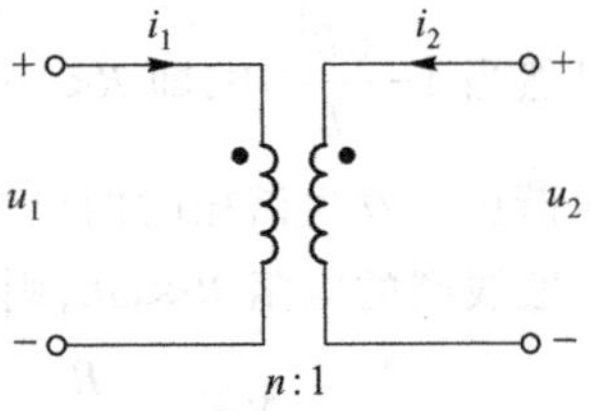

(b) 变压器电路符号

图 7-33 变压器原理性结构及电路符号

两个绕组的电路不连通，能量是靠铁芯中的互感磁通来传递的。在交流电源的作用下，原线圈内产生交变电流，从而在铁芯内激发交变的磁场，同时产生磁通量。交变的磁通量又在副线圈上产生感应电动势和感应电流，它反过来通过互感磁通又影响到原线圈，这是变压器工作的基本过程。

为介绍变压器的主要性能，下面先介绍关于耦合线圈的一些概念。

图 7-34 所示为两个有互感作用的线圈构成的耦合线圈。线圈 1 中通入电流 i_1 时，由它激发并穿过自身线圈的磁通 Φ_{11} 称为**自感磁通**，穿过线圈 2 的磁通 Φ_{21}，称为**互感磁通**。显然，Φ_{21} 是 Φ_{11} 的一部分或全部，即 $\Phi_{21} \leqslant \Phi_{11}$。在线圈密绕的情况下，穿过各自线圈中每匝线圈的磁通量相同。故与两线圈交链的磁通匝链数为

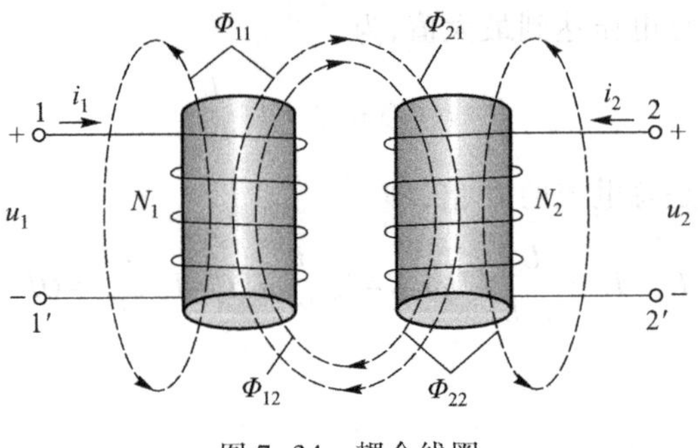

图 7-34 耦合线圈

$$\Psi_{11} = N_1 \Phi_{11} = L_1 i_1 \tag{7-68}$$

$$\Psi_{21} = N_2 \Phi_{21} = M i_1 \tag{7-69}$$

同样，在线圈 2 中通有电流 i_2 时，在线圈密绕的情况下，与两线圈交链的磁通匝链数有

$$\Psi_{22} = N_2 \Phi_{22} = L_2 i_2 \tag{7-70}$$

$$\Psi_{12} = N_1 \Phi_{12} = M i_2 \tag{7-71}$$

在工程实际中，为描述两线圈耦合的程度，把两线圈互磁通匝链数与自磁通匝链数之比的几何均值定义为**耦合系数**，记作 k，即

$$k = \sqrt{\frac{\Psi_{21}}{\Psi_{11}} \cdot \frac{\Psi_{12}}{\Psi_{22}}} \tag{7-72a}$$

$$k=\sqrt{\frac{\Psi_{21}/i_1}{\Psi_{11}/i_1}\cdot\frac{\Psi_{12}/i_2}{\Psi_{22}/i_2}}=\sqrt{\frac{M}{L_1}\cdot\frac{M}{L_2}}=\frac{M}{\sqrt{L_1L_2}}=\sqrt{\frac{N_2\Phi_{21}}{N_1\Phi_{11}}\cdot\frac{N_1\Phi_{12}}{N_2\Phi_{22}}}=\sqrt{\frac{\Phi_{21}}{\Phi_{11}}\cdot\frac{\Phi_{12}}{\Phi_{22}}}\leqslant 1 \tag{7-72b}$$

式(7-72b)表明,$0\leqslant k\leqslant 1$,k 值越小,两线圈耦合愈松,k 值越大,两线圈耦合愈紧。如果 $k=0$,则 $M=0$,表示两线圈之间没有耦合。如果 $k=1$,则 $M=\sqrt{L_1L_2}$,此时 $\Phi_{21}=\Phi_{11}$,$\Phi_{12}=\Phi_{22}$,两线圈耦合没有漏磁,即耦合得最紧,称之为**全耦合**。

有耦合的两线圈中都通有电流时,穿越每一线圈的磁通匝链数是自磁通匝链数和互磁通匝链数的代数和。若自感磁通与互感磁通方向一致,则称为**磁通相助**,若自感磁通与互感磁通方向相反,则称为**磁通相消**。

为方便描述,这里规定:当电流从两线圈各自的某端子同时流入或流出时,若两线圈产生磁通相助,则称这两个端子为**耦合线圈的同名端**,在电路图中以符号“▪”或“ * ”标记。若两线圈产生磁通相消,则称这两个端子为**耦合线圈的异名端**。如图 7-34 中的 1 和 2 端为同名端,1′和 2′端为同名端;1 和 2′端为异名端,1′和 2 端为异名端。

7.7.2 理想变压器的理想化条件

理想变压器是耦合电感元件在满足下列三个理想化条件下演变得到的一种理想多端电路元件。

条件 1:无损耗。绕线圈的导线无电阻,即忽略绕组导线中的焦耳热损耗;做芯子的铁磁材料的磁导率无限大,即忽略铁芯中的磁滞损耗和涡流损耗。

条件 2:全耦合。$k=1$,$M=\sqrt{L_1L_2}$,$\Phi_{21}=\Phi_{11}$,$\Phi_{12}=\Phi_{22}$,无漏磁,即通过两绕组每匝线圈的磁通量 Φ 都一样。

条件 3:参量无限大。即自感系数和互感系数 L_1、L_2、$M\rightarrow\infty$,但满足$\sqrt{L_1/L_2}=N_1/N_2=n$,n 为匝数比;$\sqrt{L_1}=\dfrac{M}{\sqrt{L_2}}$,$\sqrt{L_1/L_2}=\dfrac{M}{\sqrt{L_2}}\,\dfrac{1}{\sqrt{L_2}}=\dfrac{M}{L_2}=\dfrac{N_1\Phi_{12}/i_2}{N_2\Phi_{22}/i_2}=N_1/N_2=n$。

上述三个条件忽略了其中一些次要的因素,是实际变压器的抽象。实际上,上述三个条件在具体工程中不可能满足,因为在理想变压器中忽略了一切损耗,电能的转化效率是 1。对于各种损耗比较大的变压器,特别是大型电力变压器,在变压器设计时是不能忽略损耗问题的,但是对于各种损耗比较小的变压器,如无线电电路中的小型变压器,理想变压器的原理在很多情况下是可以用的。下面主要介绍理想变压器的原理和性能。

7.7.3 理想变压器的主要性能

满足上述三个理想条件的理想变压器与有互感的线圈有着质的区别,它们具有以下特殊性能。

1. 变压关系

(1) u_1、u_2 的正极设在同名端的情况

设图 7-35 所示为满足三个理想条件的理想变压器。u_1、u_2 的正极设在同名端,由于 $k=1$,此时电流由同名端流入,则 $\Phi_1=\Phi_2=\Phi_{11}+\Phi_{22}=\Phi$。因此

$$u_1=\frac{\mathrm{d}(N_1\Phi_{11})}{\mathrm{d}t}+\frac{\mathrm{d}(N_1\Phi_{12})}{\mathrm{d}t}=N_1\frac{\mathrm{d}\Phi}{\mathrm{d}t}$$

$$u_2=\frac{\mathrm{d}(N_2\Phi_{22})}{\mathrm{d}t}+\frac{\mathrm{d}(N_2\Phi_{21})}{\mathrm{d}t}=N_2\frac{\mathrm{d}\Phi}{\mathrm{d}t}$$

$$\frac{u_1}{u_2}=\frac{N_1}{N_2}=n \tag{7-73a}$$

考虑 u_1、u_2 的正极设在同名端，若电流从异名端流入，如图 7-35 所示，则 $\Phi_1=\Phi_2=\Phi_{11}-\Phi_{22}=\Phi$，故

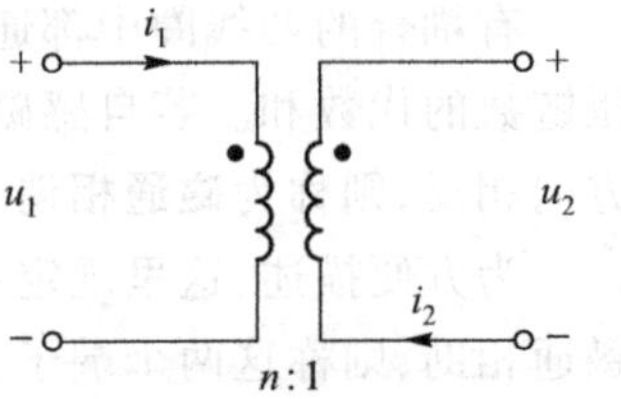

图 7-35 u_1、u_2 的正极设在同名端，电流从异名端流入

$$u_1=\frac{\mathrm{d}(N_1\Phi_{11})}{\mathrm{d}t}-\frac{\mathrm{d}(N_1\Phi_{12})}{\mathrm{d}t}=N_1\frac{\mathrm{d}\Phi}{\mathrm{d}t}$$

$$u_2=-\frac{\mathrm{d}(N_2\Phi_{22})}{\mathrm{d}t}+\frac{\mathrm{d}(N_2\Phi_{21})}{\mathrm{d}t}=N_2\frac{\mathrm{d}\Phi}{\mathrm{d}t}$$

$$\frac{u_1}{u_2}=\frac{N_1}{N_2}=n \tag{7-73b}$$

综上，考虑 u_1、u_2 的正极设在同名端，无论电流从同名端流入还是从异名端流入，u_1、u_2 同号，其比值等于原副线圈匝数之比。

（2）u_1、u_2 的正极设在异名端的情况

如图 7-36 所示，若 u_1、u_2 的正极设在异名端，电流从同名端流入，则 $\Phi_1=\Phi_2=\Phi_{11}+\Phi_{22}=\Phi$，故

$$u_1=\frac{\mathrm{d}(N_1\Phi_{11})}{\mathrm{d}t}+\frac{\mathrm{d}(N_1\Phi_{12})}{\mathrm{d}t}=N_1\frac{\mathrm{d}\Phi}{\mathrm{d}t}$$

$$u_2=-\frac{\mathrm{d}(N_2\Phi_{22})}{\mathrm{d}t}-\frac{\mathrm{d}(N_2\Phi_{21})}{\mathrm{d}t}=-N_2\frac{\mathrm{d}\Phi}{\mathrm{d}t}$$

$$\frac{u_1}{u_2}=-\frac{N_1}{N_2}=-n \tag{7-74a}$$

如图 7-37 所示，若 u_1、u_2 的正极设在异名端，电流从异名端流入，则 $\Phi_1=\Phi_2=\Phi_{11}-\Phi_{22}=\Phi$，故

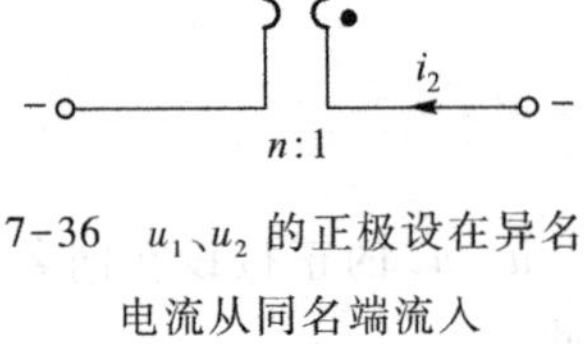

图 7-36 u_1、u_2 的正极设在异名端，电流从同名端流入

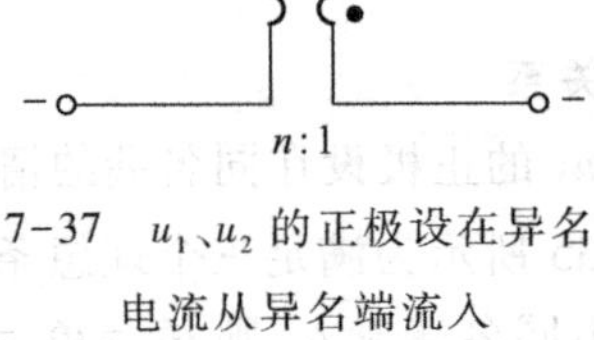

图 7-37 u_1、u_2 的正极设在异名端，电流从异名端流入

$$u_1=\frac{\mathrm{d}(N_1\Phi_{11})}{\mathrm{d}t}-\frac{\mathrm{d}(N_1\Phi_{12})}{\mathrm{d}t}=N_1\frac{\mathrm{d}\Phi}{\mathrm{d}t}$$

$$u_2=\frac{\mathrm{d}(N_2\Phi_{22})}{\mathrm{d}t}-\frac{\mathrm{d}(N_2\Phi_{21})}{\mathrm{d}t}=-N_2\frac{\mathrm{d}\Phi}{\mathrm{d}t}$$

$$\frac{u_1}{u_2}=-\frac{N_1}{N_2}=-n \tag{7-74b}$$

综上,考虑 u_1、u_2 的正极设在异名端,无论电流从同名端流入还是从异名端流入,u_1、u_2 异号,其比值等于原副线圈匝数之比的负值。

2. 变流关系

(1) 原线圈、副线圈电流从同名端同时流入或流出

如图 7-33(b)和图 7-36 所示,u_1、u_2 的正极不论设在同名端还是异名端,只要原线圈、副线圈电流从同名端同时流入或流出,根据互感线圈的电压、电流关系,都有

$$u_1=L_1\frac{\mathrm{d}i_1}{\mathrm{d}t}+M\frac{\mathrm{d}i_2}{\mathrm{d}t} \tag{7-75}$$

$$i_1(t)=\frac{1}{L_1}\int_0^t u_1(\xi)\mathrm{d}\xi-\frac{M}{L_1}i_2(t) \tag{7-76}$$

考虑到理想化条件:

$$k=1,\quad M=\sqrt{L_1L_2}$$

$$L_1\to\infty,\quad \sqrt{L_1/L_2}=N_1/N_2=n$$

$$\frac{M}{L_1}=\sqrt{\frac{L_2}{L_1}}=\frac{1}{n}$$

$$i_1(t)=-\frac{1}{n}i_2(t)$$

即

$$\frac{i_1}{i_2}=-\frac{1}{n} \tag{7-77}$$

可见,无论 u_1、u_2 的正极设在同名端还是异名端,只要原线圈、副线圈电流从同名端同时流入或流出,i_1、i_2 就异号,其比值等于原线圈、副线圈匝数比倒数的负值。

(2) 原线圈、副线圈电流从异名端同时流入或流出

如图 7-35 和图 7-37 所示,u_1、u_2 的正极不论设在同名端还是异名端,只要原线圈、副线圈电流从异名端同时流入或流出,根据互感线圈的电压、电流关系,都有

$$u_1=L_1\frac{\mathrm{d}i_1}{\mathrm{d}t}-M\frac{\mathrm{d}i_2}{\mathrm{d}t}$$

$$i_1(t)=\frac{1}{L_1}\int_0^t u_1(\xi)\mathrm{d}\xi+\frac{M}{L_1}i_2(t)$$

同样考虑到理想化条件以后有

$$i_1(t)=\frac{1}{n}i_2(t)$$

即
$$\frac{i_1}{i_2}=\frac{1}{n} \tag{7-78}$$

可见，无论 u_1、u_2 的正极设在同名端还是异名端，只要原线圈、副线圈电流从异名端同时流入或流出，i_1、i_2 就同号，其比值等于原线圈和副线圈匝数比的倒数。

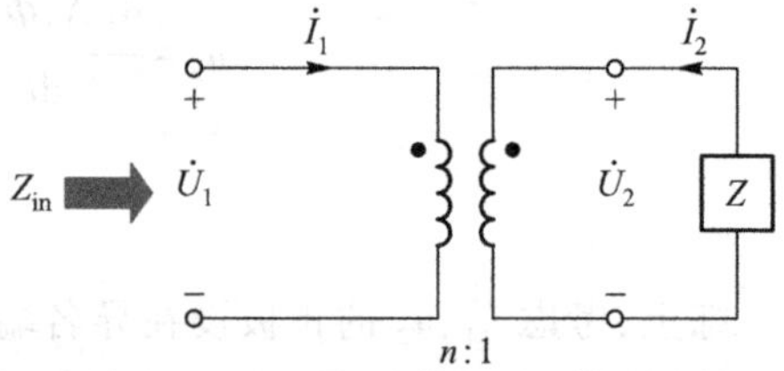

图 7-38　理想变压器的相量电路图

3. 变阻抗关系

在简谐交流电的稳态状态下，设理想变压器次级端接阻抗 Z，图 7-38 所示为理想变压器的相量电路图。由理想变压器的变压、变流关系得初级端的输入阻抗为

$$Z_{in}=\frac{\dot{U}_1}{\dot{I}_1}=\frac{n\dot{U}_2}{-1/n\dot{I}_2}=n^2\left(-\frac{\dot{U}_2}{\dot{I}_2}\right)=n^2Z \tag{7-79}$$

理想变压器的初级等效电路如图 7-39 所示，Z_{in} 称为次级线圈对初级线圈的折合等效阻抗。

需要注意的是，理想变压器的阻抗变换性质只改变阻抗的大小，不改变阻抗的性质。若 $Z=0$，则 $Z_{in}=0$，即若负载短路，则初级输入端也短路；若 $Z\to\infty$，则 $Z_{in}\to\infty$，即若负载开路，则初级输入端也开路。而在实际应用中，一定要防止变压器次级端短路，因为次级端短路往往会使初级线圈电流很大，会导致烧毁变压器设备的严重后果。

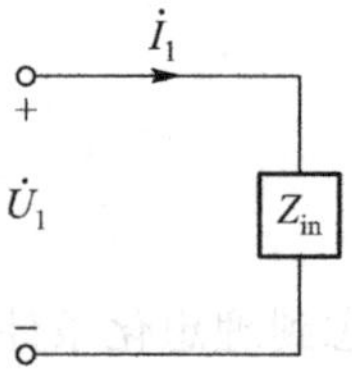

图 7-39　理想变压器的初级等效电路

4. 功率性质

由理想变压器的变压、变流关系得初级端口与次级端口吸收的功率和为

$$p=u_1i_1+u_2i_2=u_1i_1+\frac{1}{n}u_1\times(-ni_1)=0 \tag{7-80}$$

即初级端口吸收的功率等于次级端口放出的功率。

式(7-80)表明：

(1) 理想变压器既不储能，也不耗能，在电路中只起传递信号和能量的作用。

(2) 理想变压器的特性方程为代数关系，因此它是无记忆的多端元件。

综上所述，变压器在实际应用中可以起到变电压、变电流、变阻抗以及电路间耦合的作用，在实际工程技术中有着广泛而又极其重要的应用。

应用专题：阴极射线与示波器

经典实验:特斯拉与感应电动机

思考题

7.1 在直流电路中电容和电感起什么作用？它们的阻抗分别是多少？在非简谐交流电中能否引入阻抗的概念？

7.2 镇流器对日光灯起什么作用？在一个电感性的电路中串联或并联一个电容器，都可提高其功率因数，那么是不是在日光灯电路中电容器既可以并联也可以串联？

7.3 判断以下说法是否正确并解释：若一无源二端电路的阻抗为 $Z=(2+\mathrm{j}3)\ \Omega$，则其导纳为 $Y=\left(\frac{1}{2}+\mathrm{j}\frac{1}{3}\right)$ S；若一串联电路为电感性的，则与其等效的并联电路也一定是电感性的。

7.4 若 $i_1(t)=10\cos(\omega t+30^\circ)$ A，$i_2(t)=5\cos(2\omega t+15^\circ)$ A，则相位差为 $\phi=15^\circ$，对吗？请解释。

7.5 在推导理想变压器的电压关系和电流关系的时候，什么地方用到了理想变压器的条件？分别用了哪些条件？

7.6 设一 R、L、C 串联电路（其中 R 为 1 kΩ 的可变电阻）已发生谐振，则改变 R 的大小对谐振频率是否有影响？

习题

第七章习题参考答案

7.1 有线广播的终端接收装置使用的舌簧喇叭，其线圈的电感为 1.5 H，电阻为 1 000 Ω。若通过舌簧喇叭的电流频率为 1 000 Hz，求喇叭的阻抗。

7.2 外差式收音机的中频变压器也称为中周，是具有固定谐振回路的变压器，其谐振频率是 465 kHz。已知电容器的电容是 200 pF，求中周线圈的电感。

7.3 在 20 V、50 Hz 电源的作用下，一个 25 μF 的电容元件的容抗是多少？电路中的电流是多少？将电源的频率改换为 500 Hz，电压不变，结果又如何？

7.4 交流纹波是频率高于工频的类似正弦波的谐波。若直流器输出的电压中包含频率为 100 Hz 的交流纹 $U_{\approx}=100$ V 和直流成分 $U_{-}=240$ V，将此电压输入如图所示的低通滤波电路，图中 $R=200\ \Omega$，$C=50\ \mu\mathrm{F}$，问输出电压中的交流成分是多少？

7.5 如图所示，电阻为 R、电容为 C 的并联电路，已知电源电压有效值为 U，求并联电路两端的总电流的有效值、总阻抗的模、电流与电压的相位差。

7.6 在如图所示的单级 RC 移相电路中，输入信号频率为 300 Hz，电阻 $R=100\ \Omega$，若输出信号与输入信号之间有$\frac{\pi}{4}$的相位差，则电容 C 应为多大？

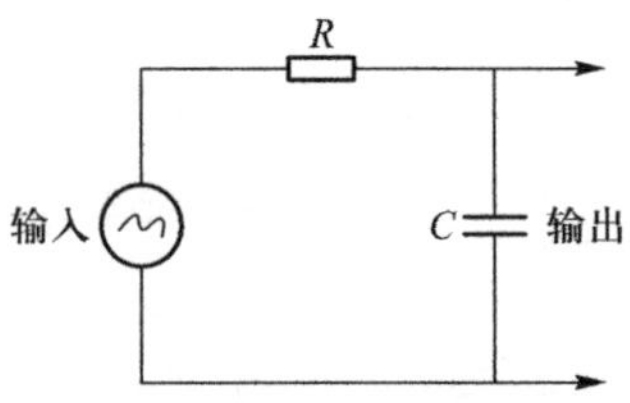

习题 7.4 图

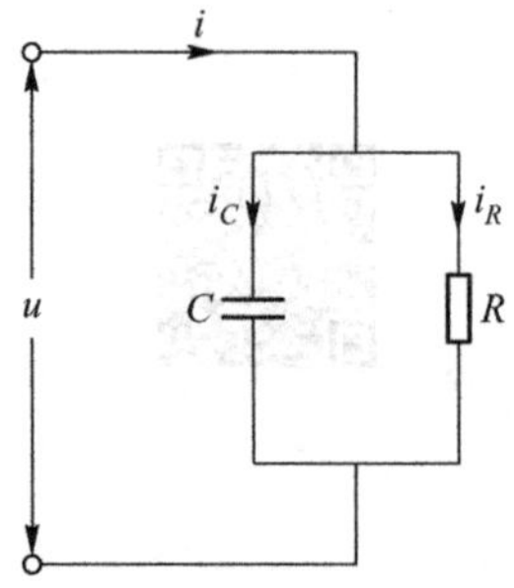

习题 7.5 图

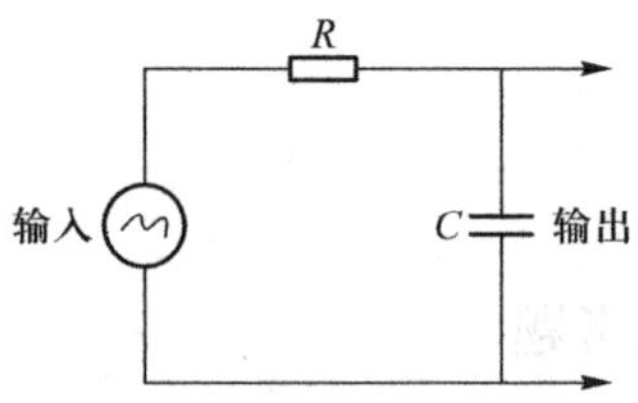

习题 7.6 图

7.7 在如图所示的电路中，电阻 $R_1=R_2=R_3$，电感 $L_1=L_2$，电容 $C_1=C_2$。当 A、B 两端加上 $u=U_0e^{i(\omega t+\varphi_u)}$ 的电压时，ω 使 $\omega L=\frac{1}{\omega C}=R$。设 U_0 与 R 的值已知。

(1) 用相量法求出 A、B 间的总阻抗 Z_{AB}；

(2) 求流过 M、N 之间的电阻 R_2 的电流的有效值。

7.8 如图所示为麦克斯韦 LC 电桥，其中第一臂为一个电感元件的等效电路，阻抗 $Z=r_x+i\omega L_x$，其他三臂为阻抗已知且可调的电阻。请根据电桥的平衡条件求待测元件的电感。

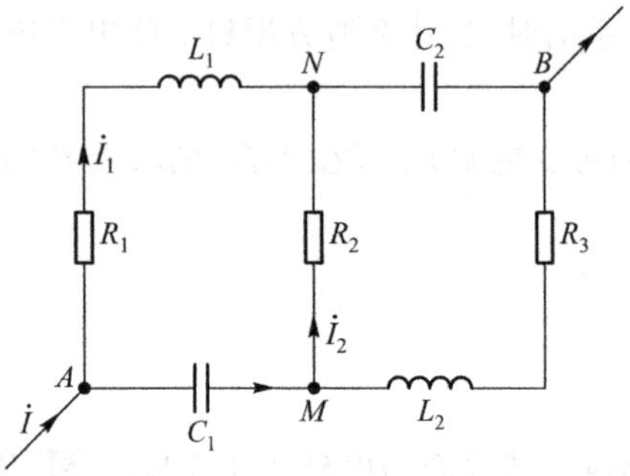

习题 7.7 图

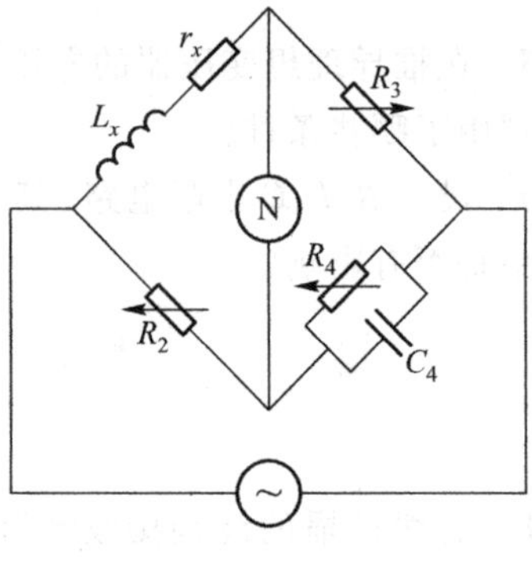

习题 7.8 图

7.9 谐振电路可测量磁性材料的性质：将待测的磁性材料做成环状，绕上线圈，同几乎无介电损耗的空气电容器串联，如图所示。图中有磁芯的螺绕环用纯自感 L 与等效有功电阻 r 串联表示。测量时，将总电压 U 固定在 10 mV 上；选定频率 ν_0，调节电容 C 的大小，使电路达到谐振，记录此时的 ν_0、C、U_C 的数值。某次实验测得 $\nu_0=500$ kHz，$C=446$ pF，$U_C=1.02$ V，求该电感线圈的 Q 值、电感 L 和磁芯损耗的等效电阻 r。

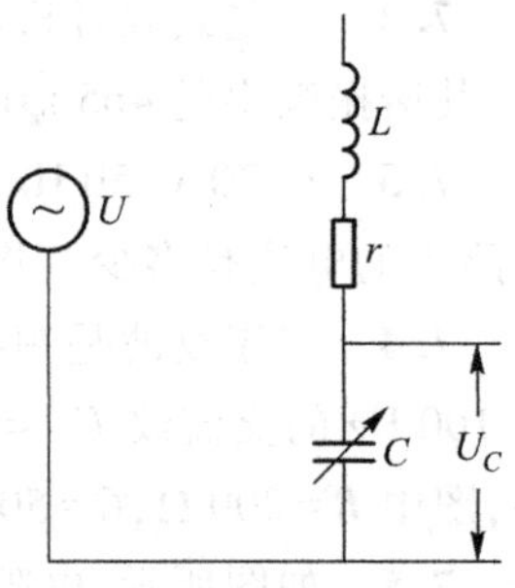

习题 7.9 图

7.10 某电源变压器有三个副线圈，将其接在电压为 220 V 的电源上，已知原线圈是 660 匝，试问：

（1）若要在三个副线圈上分别得到 5.0 V、6.3 V 和 350 V 的电压，则三个副线圈的匝数分别是多少？

（2）若通过三个副线圈的电流分别是 5.0 A、3.0 A 和 280 mA，则通过原线圈的电流是多少？

7.11 一扬声器的电阻为 8 Ω，将其接于输出变压器的次级两端，该变压器的原线圈为 500 匝，副线圈为 100 匝。若变压器的原线圈接在电动势为 10 V、内阻为 250 Ω 的信号源上，求输出到扬声器的功率。若不经过输出变压器，而直接把扬声器接在信号源上，则输出到扬声器上的功率又为多少？

7.12 如图所示的电路，已知理想电压表的读数是 15 V，理想电流表的读数是 1 A，$R = 5\ \Omega$，正弦电源的角频率为 $\omega = 200\ \mathrm{rad/s}$，求电感 L 和电路消耗的电功率 P。

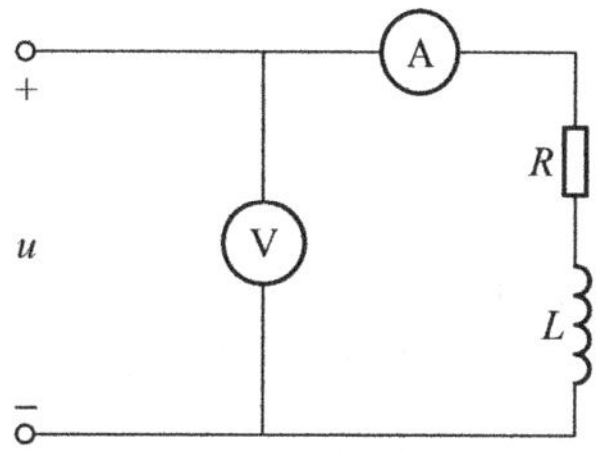

习题 7.12 图

7.13 正弦稳态电路如图所示，请应用基尔霍夫定律求电流 $\dot{I}_1$ 和 $\dot{I}_2$。

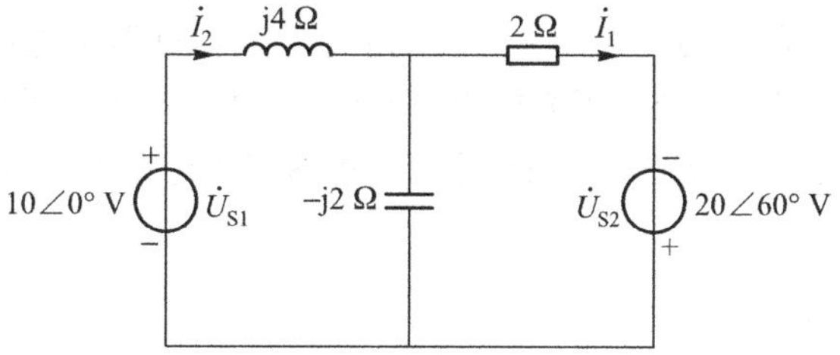

习题 7.13 图

第八章　电磁场与电磁波

有关电磁现象的研究到1845年,已有库仑定律、安培定律、毕奥-萨伐尔定律、法拉第电磁感应定律被总结出来。由法拉第提出的电场线和磁感应线概念已发展出场概念,人们认为场传递了电磁相互作用,也普遍地接受了电磁作用是近距作用的观点。

第八章
电子教案

麦克斯韦在全面地审视这些实验定律的基础上,在1855—1865年间深入进行电磁学的研究,于1865年发表了著名的论文《电磁场的动力学理论》,完善地建立起经典电磁学理论。他首次给出麦克斯韦方程组,揭示了电场与磁场相互转化中产生的对称性以及由此反映出来的电磁场的统一本质,由此导致麦克斯韦电磁场理论的诞生。麦克斯韦同时预言了电磁波的存在,论证了光的电磁波性质,建立起了光的电磁学理论。

麦克斯韦于1873年出版了著作《电磁通论》,对电磁场理论作了全面、系统和严密的论述。

§8.1　位移电流

位移电流是麦克斯韦提出的一个假说。

麦克斯韦在研究电场中电介质极化问题时,考虑电介质中极化电荷有一个相对移动,这意味着带电粒子的移动。这种带电粒子的位移还不是电流,因为当它达到一个确定的值时,就会保持不变,我们可以用电位移矢量描述极化电介质内的电场。然而电位移矢量对时间的导数和电流密度矢量具有相同的作用,由此得到的电流与磁感应线的关系,可以存在于电介质中,甚至也存在于真空中,于是就诞生了位移电流的概念。

这里为使位移电流的概念更容易被理解,我们从安培环路定理对于稳态电路和暂态电路的应用展开讨论。

8.1.1　安培环路定理的困难

考虑一个通有恒定电流的稳态电路,如图8-1所示。我们在讨论磁介质时得到的"安培环路定理"是具有普遍意义的,即$\oint_L \boldsymbol{H}\cdot \mathrm{d}\boldsymbol{l}=\sum\limits_{L内} I_0$,无论有无磁介质存在时它都成立,对于电流连续分布情形也可写作

$$\oint_L \boldsymbol{H}\cdot \mathrm{d}\boldsymbol{l}=I_0=\int_S \boldsymbol{j}_0\cdot \mathrm{d}\boldsymbol{S} \tag{8-1}$$

式中,S为以L为边界的任意曲面,如S_1、S_2等;$\boldsymbol{j}_0$为传导电

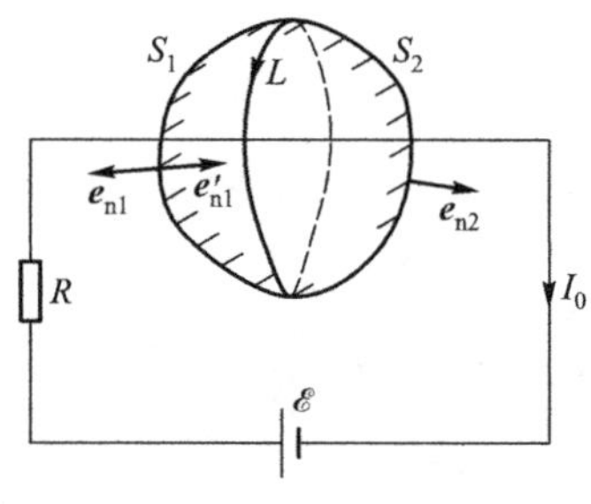

图8-1　安培环路定理应用于稳态电路

流密度，$I_0=\int_S \boldsymbol{j}_0\cdot \mathrm{d}\boldsymbol{S}=\sum\limits_{L内} I_0$ 是穿过以 L 为边界的任意曲面 S 的总的传导电流。

在恒定电流条件下，对于如图 8-1 所示的稳态电路，L 是环绕恒定电流的闭合边界，以 L 为边界的两个曲面 S_1、S_2 构成闭合曲面，这里设 $S=S_1+S_2$，则由恒定电流条件 $\oint_S \boldsymbol{j}_0\cdot \mathrm{d}\boldsymbol{S}=0$ 有

$$\oint_S \boldsymbol{j}_0\cdot \mathrm{d}\boldsymbol{S}=\oint_{S_1+S_2} \boldsymbol{j}_0\cdot \mathrm{d}\boldsymbol{S}=\int_{S_1,\boldsymbol{e}_{n1}} \boldsymbol{j}_0\cdot \mathrm{d}\boldsymbol{S}+\int_{S_2,\boldsymbol{e}_{n2}} \boldsymbol{j}_0\cdot \mathrm{d}\boldsymbol{S}=0$$

考虑曲面 S_1 上任一点的法线方向 $\boldsymbol{e}_{n1}=-\boldsymbol{e}'_{n1}$，有 $-\int_{S_1,\boldsymbol{e}'_{n1}} \boldsymbol{j}_0\cdot \mathrm{d}\boldsymbol{S}+\int_{S_2,\boldsymbol{e}_{n2}} \boldsymbol{j}_0\cdot \mathrm{d}\boldsymbol{S}=0$，故有

$$\int_{S_1,\boldsymbol{e}'_{n1}} \boldsymbol{j}_0\cdot \mathrm{d}\boldsymbol{S}=\int_{S_2,\boldsymbol{e}_{n2}} \boldsymbol{j}_0\cdot \mathrm{d}\boldsymbol{S}$$

如果以 L 为边界的任意曲面有 N 个，即 S_1、S_2、S_3、…、S_N，则可以推理得

$$\int_{S_1,\boldsymbol{e}'_{n1}} \boldsymbol{j}_0\cdot \mathrm{d}\boldsymbol{S}=\int_{S_2,\boldsymbol{e}_{n2}} \boldsymbol{j}_0\cdot \mathrm{d}\boldsymbol{S}=\cdots\cdots=\int_{S_N,\boldsymbol{e}_{nN}} \boldsymbol{j}_0\cdot \mathrm{d}\boldsymbol{S}=I_0 \tag{8-2}$$

式(8-2)表明，在稳态电路中通过以 L 为边界的任意一个曲面的电流都相等。

如果考虑一个给电容器充、放电的暂态电路，如图 8-2 所示，那么当给电容器充电时，电路中的电流为非恒定电流，而无论是给电容器充电还是放电，传导电流都在电容器的两极板之间断开，电流不再是连续的了。如图 8-2 所示，L 是环绕电路的闭合边界，以 L 为边界的曲面 S_1、S_2 构成闭合曲面，且 $S_1+S_2=S$，电路中的传导电流穿过曲面 S_1，而曲面 S_2 在电容器的两极板之间，没有传导电流穿过。对于图 8-2 所示的暂态电路，对以同一个闭合边界 L 为边界的曲面 S_1、S_2 应用安培环路定理，有

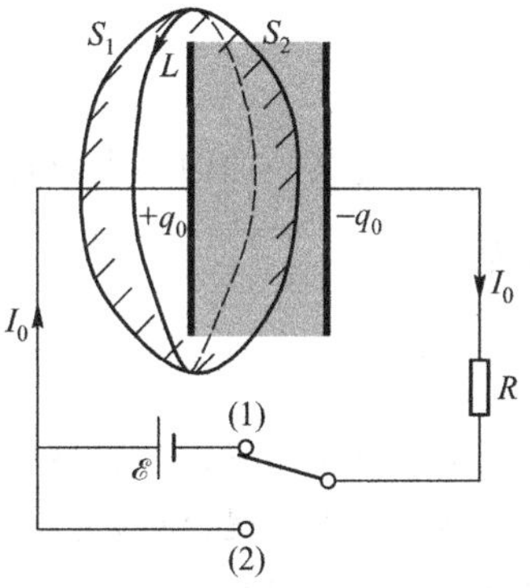

图 8-2　安培环路定理应用于暂态电路

$$\oint_L \boldsymbol{H}\cdot \mathrm{d}\boldsymbol{l}=\int_{S_1} \boldsymbol{j}_0\cdot \mathrm{d}\boldsymbol{S}=I_0 \tag{8-3a}$$

$$\oint_L \boldsymbol{H}\cdot \mathrm{d}\boldsymbol{l}=\int_{S_2} \boldsymbol{j}_0\cdot \mathrm{d}\boldsymbol{S}=0 \tag{8-3b}$$

式(8-3)表明，对于暂态电路而言，以同一个闭合边界 L 为边界的不同曲面 S_1 和 S_2 应用安培环路定理，得到的结果是不同的，这就出现了矛盾。即环路定理应用于暂态电路时存在问题，而问题的根本在于暂态电路中的电流不连续了，而这也给解决问题指出了一个思路，即我们需要重新考虑暂态电路的电流连续性问题。

8.1.2　位移电流

如图 8-2 所示，电容器两极板间充满电介质，电容器充电时，电路中存在非恒定电流，其电流大小与电容器极板上的电荷量变化率有关，即 $I_0=\dfrac{\mathrm{d}q_0}{\mathrm{d}t}$。考虑暂态电路，仍然取图中的闭合曲面 $S=S_1+S_2$，根据"电流连续性方程"有 $\oint_S \boldsymbol{j}_0\cdot \mathrm{d}\boldsymbol{S}=-\dfrac{\mathrm{d}q_0}{\mathrm{d}t}$，同样针对闭合曲面 S，由高斯定理有 $\oint_S \boldsymbol{D}\cdot \mathrm{d}\boldsymbol{S}=q_0$，则有

$$\oint_S \boldsymbol{j}_0 \cdot \mathrm{d}\boldsymbol{S} = -\frac{\mathrm{d}}{\mathrm{d}t}\oint_S \boldsymbol{D} \cdot \mathrm{d}\boldsymbol{S} = -\oint_S \frac{\partial \boldsymbol{D}}{\partial t} \cdot \mathrm{d}\boldsymbol{S}$$

即

$$\oint_S \left(\boldsymbol{j}_0 + \frac{\partial \boldsymbol{D}}{\partial t}\right) \cdot \mathrm{d}\boldsymbol{S} = 0 \tag{8-4}$$

式(8-4)表明,电路中的传导电流如果被电容器两极板之间的电位移矢量对时间的变化率接续下去的话,则可保障暂态电路中新的“电流恒定性”。$\frac{\partial \boldsymbol{D}}{\partial t}$具有电流密度的量纲,称为**位移电流密度**,表示为

$$\boldsymbol{j}_\mathrm{d} = \frac{\partial \boldsymbol{D}}{\partial t} \tag{8-5a}$$

式(8-5)中位移电流密度的单位与传导电流密度相同。

由式(2-18)$\boldsymbol{D} = \varepsilon_0 \boldsymbol{E} + \boldsymbol{P}$,当不存在电介质时$\boldsymbol{D} = \varepsilon_0 \boldsymbol{E}$,即真空情况下的位移电流密度为

$$\boldsymbol{j}_\mathrm{d} = \varepsilon_0 \frac{\partial \boldsymbol{E}}{\partial t} \tag{8-5b}$$

当通过某一曲面的电位移通量为$\Psi = \int_S \boldsymbol{D} \cdot \mathrm{d}\boldsymbol{S}$时,其对时间的变化率则称为**位移电流**,表示为

$$I_\mathrm{d} = \frac{\mathrm{d}\Psi}{\mathrm{d}t} = \int_S \frac{\partial \boldsymbol{D}}{\partial t} \cdot \mathrm{d}\boldsymbol{S} = \int_S \boldsymbol{j}_\mathrm{d} \cdot \mathrm{d}\boldsymbol{S} \tag{8-6}$$

式中位移电流的单位为安培(A),与传导电流相同。

需要指出的是,位移电流不同于传导电流,它取决于电场的变化,具体讲它是通过某一曲面电位移通量对时间的变化率。传导电流在导体内传输产生焦耳热,位移电流本质上是变化的电场,在真空情况下谈不上热效应,但在电介质中,尤其是交变电场存在时,电介质的电极化强度也随时间变化,电介质的反复极化使得电介质分子间相互作用也会产生热效应。

8.1.3 全电流安培环路定理

对于图 8-2 所示的电容器充电电路,电路中的传导电流 I_0 与电容器极板间的位移电流 I_d 是相等的,在电容器极板间中断的传导电流 I_0 被极板间的位移电流 I_d 接续下去了,两者联合起来保持了暂态电路中的“电流连续性”。式(8-4)可写为

$$\oint_S (\boldsymbol{j}_0 + \boldsymbol{j}_\mathrm{d}) \cdot \mathrm{d}\boldsymbol{S} = 0$$

式中 $\boldsymbol{j}_\mathrm{T} = \boldsymbol{j}_0 + \boldsymbol{j}_\mathrm{d}$ 称为**全电流密度**,则暂态电路中的**全电流**为

$$I_\mathrm{T} = I_0 + I_\mathrm{d} = \int_S (\boldsymbol{j}_0 + \boldsymbol{j}_\mathrm{d}) \cdot \mathrm{d}\boldsymbol{S} = \int_S \left(\boldsymbol{j}_0 + \frac{\partial \boldsymbol{D}}{\partial t}\right) \cdot \mathrm{d}\boldsymbol{S} \tag{8-7}$$

全电流保证了无论是稳态电路还是暂态电路的“电流连续性”。利用全电流的定义,可以把安培环路定理推广到暂态情况下,即以全电流代替传导电流,则有

$$\oint_L \boldsymbol{H} \cdot \mathrm{d}\boldsymbol{l} = I_0 + I_\mathrm{d} = \int_S \left(\boldsymbol{j}_0 + \frac{\partial \boldsymbol{D}}{\partial t}\right) \cdot \mathrm{d}\boldsymbol{S} \tag{8-8}$$

式(8-8)称为**全电流安培环路定理**,表明**磁场中磁场强度沿任意闭合回路的线积分等于**

该回路所包围的传导电流与位移电流的代数和。该定理既适用于稳态电路情况,也适用于暂态电路情况。这里无论传导电流还是位移电流,在代数和中的符号和前述安培环路定理中的规定一致。

利用积分变换关系有

$$\oint_L \boldsymbol{H} \cdot \mathrm{d}\boldsymbol{l} = \int_S (\nabla\times\boldsymbol{H}) \cdot \mathrm{d}\boldsymbol{S} \tag{8-9}$$

这里的 S 依然以 L 为边界,故有

$$\nabla\times\boldsymbol{H} = \boldsymbol{j}_0 + \frac{\partial \boldsymbol{D}}{\partial t} \tag{8-10}$$

式(8-8)和式(8-10)表明,位移电流与传导电流一样可以激发磁场。

例题 8.1 如例题 8.1 图所示,半径为 $R=0.1$ m 的两块圆形金属导体板构成平行板电容器,两极板的间距 d 远远小于极板的半径 R。由两圆形导体极板的中心 O_1、O_2 处分别引出两根长直导线给电容器匀速充电,使得电容器两极板间电场强度的变化率为 $\frac{\mathrm{d}E}{\mathrm{d}t}=10^{13}$ V/(m · s)。(1) 求该电容器两极板间的位移电流;(2) 计算电容器内距离两极板中心 O_1、O_2 连线 $r(r<R)$ 处的磁感应强度,以及离开两极板中心连线的距离为 R 处的磁感应强度。

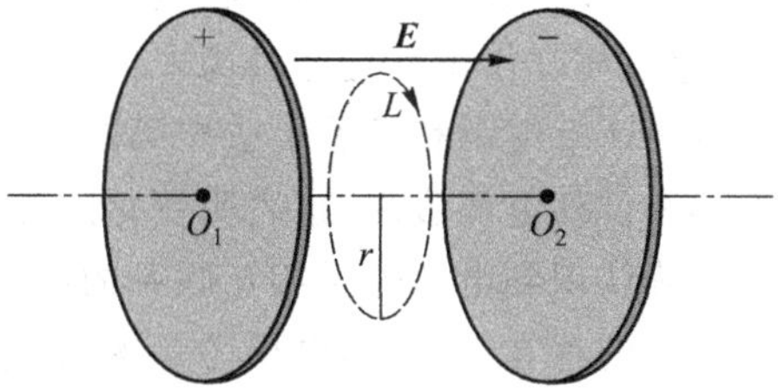

例题 8.1 图

解:(1) 由于两极板的间距 d 远远小于极板的半径 R,因而在该电容器充电过程中,忽略电容器极板边缘处电场的畸变,极板间电场看作匀强电场。此时该电容器两极板间的位移电流为

$$I_{\mathrm{d}} = \frac{\mathrm{d}\Psi}{\mathrm{d}t} = \frac{\mathrm{d}}{\mathrm{d}t}\int_S \boldsymbol{D} \cdot \mathrm{d}\boldsymbol{S} = \varepsilon_0 \int_S \frac{\mathrm{d}E}{\mathrm{d}t}\mathrm{d}S = \varepsilon_0 \frac{\mathrm{d}E}{\mathrm{d}t}\pi R^2$$

代入题中所给的数值,得 $I_{\mathrm{d}} \approx 2.8$ A。

(2) 由于考虑的是该电容器两极板之间的电场,所以式(8-10)可写为 $\nabla\times\boldsymbol{H} = \frac{\partial \boldsymbol{D}}{\partial t}$,与式(4-24)的 $\nabla\times\boldsymbol{B} = \mu_0 \boldsymbol{j}$ 比较可知,二者具有相同的结构,因而位移电流激发磁场可仿照应用安培环路定理式(4-22)求解传导电流激发磁场的方法。在例题 8.1 图中,作一个环状回路 L,其上各点磁场强度矢量一定沿环状回路切线方向,而磁场强度的大小一定相等,则有

$$\oint_L \boldsymbol{H} \cdot \mathrm{d}\boldsymbol{l} = \int_S \frac{\partial \boldsymbol{D}}{\partial t} \cdot \mathrm{d}\boldsymbol{S}$$

$$H \cdot 2\pi r = \frac{\partial D}{\partial t}\pi r^2$$

$$H = \frac{r}{2}\frac{\partial D}{\partial t} = \varepsilon_0 \frac{r}{2}\frac{\mathrm{d}E}{\mathrm{d}t}$$

电容器内距离两极板中心连线 r 处的磁感应强度为

$$B_r = \mu_0 H = \mu_0 \varepsilon_0 \frac{r}{2}\frac{\mathrm{d}E}{\mathrm{d}t}$$

电容器内离开两极板中心连线的距离为 R 处的磁感应强度为

$$B_R=\frac{\mu_0\varepsilon_0}{2}R\frac{\mathrm{d}E}{\mathrm{d}t}$$

代入题中所给的数值,得 $B_R=5.56\times10^{-6}$ T。

§8.2 麦克斯韦方程组

电磁现象研究的初始阶段,人们关心的是对相关力学现象的认识,如库仑定律给出了点电荷之间的静电相互作用,安培定律给出了电流元之间的磁相互作用。

法拉第的场线描述使得人们接受了场的观点,并认识到无论是电场还是磁场都是真实存在的,电磁相互作用都是经过场来传递的。

麦克斯韦继承和发展了法拉第的场的思想,深入总结了电磁学研究的全部成果,提出了感生电场和位移电流假说,这表明变化的磁场可以激发涡旋电场,变化的电场可以激发磁场,使人们明确认识到电和磁是相互联系的统一体,它们相互激发构造了统一的电磁场。他预见到电磁辐射的存在,无论是电场还是磁场,它们的传播是需要时间的,其真空中的传播速度等于光速,他从而断定光波与电磁波有共同属性。

麦克斯韦将描述电场和磁场的所有规律综合起来,建立了完整的电磁场理论体系,揭示出的电磁相互作用的完美统一,其核心就是麦克斯韦方程组。

8.2.1 麦克斯韦方程组

麦克斯韦方程组是麦克斯韦在总结关于电磁现象基本规律的基础上,结合涡旋电场假说和位移电流假说而提出的,麦克斯韦方程组的积分形式为

$$\oint_S \boldsymbol{D}\cdot\mathrm{d}\boldsymbol{S}=q_0 \tag{8-11a}$$

$$\oint_L \boldsymbol{E}\cdot\mathrm{d}\boldsymbol{l}=-\int_S\frac{\partial\boldsymbol{B}}{\partial t}\cdot\mathrm{d}\boldsymbol{S} \tag{8-11b}$$

$$\oint_S \boldsymbol{B}\cdot\mathrm{d}\boldsymbol{S}=0 \tag{8-11c}$$

$$\oint_L \boldsymbol{H}\cdot\mathrm{d}\boldsymbol{l}=\int_S\left(\boldsymbol{j}_0+\frac{\partial\boldsymbol{D}}{\partial t}\right)\cdot\mathrm{d}\boldsymbol{S} \tag{8-11d}$$

麦克斯韦方程组积分形式的各个表达式的物理意义在前面都讨论过,这里总结一下:式(8-11a)是描述电场性质的高斯定理,表明通过一个封闭曲面的电位移通量仅与曲面内的自由电荷有关。式(8-11b)表明变化的磁场能够激发电场,这个电场包括静电场和涡旋电场,而静电场为保守场,其环路线积分为零,所以变化的磁场仅激发涡旋电场。式(8-11c)是描述磁场性质的高斯定理,表明通过封闭曲面的磁通量为零,即磁感应线总是闭合的。式(8-11d)是全电流安培环路定理,表明传导电流和变化的电场都能激发磁场。

在各向同性的线性介质存在的情况下,式(8-11)中描述场的物理量之间存在关系式:

$$\boldsymbol{D}=\varepsilon_r\varepsilon_0\boldsymbol{E} \tag{8-12a}$$

$$\boldsymbol{B}=\mu_r\mu_0\boldsymbol{H} \tag{8-12b}$$

如果没有介质，式(8-12)中 $\varepsilon_r=1,\mu_r=1$。

此外关于传导电流密度与导体中的恒定电场的电场强度之间的关系有

$$\boldsymbol{j}_0=\sigma\boldsymbol{E} \tag{8-12c}$$

从麦克斯韦方程组的积分形式出发，结合积分变换与矢量分析，就得到了麦克斯韦方程组的微分形式，即

$$\nabla\cdot\boldsymbol{D}=\rho_0 \tag{8-13a}$$

$$\nabla\times\boldsymbol{E}=-\frac{\partial\boldsymbol{B}}{\partial t} \tag{8-13b}$$

$$\nabla\cdot\boldsymbol{B}=0 \tag{8-13c}$$

$$\nabla\times\boldsymbol{H}=\boldsymbol{j}_0+\frac{\partial\boldsymbol{D}}{\partial t} \tag{8-13d}$$

麦克斯韦方程组微分形式的各个表达式又称为**麦克斯韦方程**。麦克斯韦方程是电磁学的最基本方程，奠定了电磁场理论的基础。

麦克斯韦方程揭示出了电磁相互作用的完美统一，这种对称性的优美反映出了电磁场的统一本质，启发喜欢物理学的人们，去探索物质各种相互作用在更高层次上的统一。另外，麦克斯韦电磁场理论促进了现代物理学的发展，为相关现代技术的发展奠定了基石。

麦克斯韦在 1865 年提出的包含 20 个变量的 20 个方程式，即著名的麦克斯韦方程组，他在 1873 年曾尝试用四元数来表达。直到 1884 年，英国人奥利弗·赫维赛德和美国人约西亚·吉布斯以矢量分析的方法对麦克斯韦方程组的形式进行了重新表达，才有了现在的四个方程构成的麦克斯韦方程组的简洁表达形式。

在讨论电磁场对带电粒子的作用时，洛伦兹力公式写为

$$\boldsymbol{F}=q(\boldsymbol{E}+\boldsymbol{v}\times\boldsymbol{B}) \tag{8-14}$$

麦克斯韦方程、洛伦兹力和电荷守恒定律构成了描述电磁场运动和电磁作用普遍规律的完整体系，可用以研究电磁场的基本属性、运动规律以及电磁场和带电物质的相互作用，它们构成了研究电磁现象的经典动力学理论。

8.2.2 电磁场

电场和磁场互为因果、相互依存，构成了电磁场。麦克斯韦方程式(8-13b)和式(8-13d)：

$$\nabla\times\boldsymbol{E}=-\frac{\partial\boldsymbol{B}}{\partial t}$$

$$\nabla\times\boldsymbol{H}=\boldsymbol{j}_0+\frac{\partial\boldsymbol{D}}{\partial t}$$

表明随时间变化的磁场激发电场，随时间变化的电场激发磁场。可以理解为，充满变化磁场的空间，同时充满了变化的电场；充满变化电场的空间，也充满了变化的磁场。电磁场是物质性的，它不但传递了电磁相互作用，还具有能量和动量。

变化的电场和变化的磁场相互激发，向空间辐射形成在空间传播的电磁场，因而麦克斯韦预言了电磁波的存在，并得到电磁波的传播速度。1888 年，德国人赫兹通过实验证实了电磁

波的存在。

8.2.3 电磁场的边界条件

实际的电磁场问题都是在一定时间和一定空间发生的，具体利用麦克斯韦方程求解电磁场问题，还必须考虑时间上的初始条件和空间上的边界条件。由于电磁场问题涉及电介质、磁介质和导体的边界问题，这里将对前面讨论过的边界条件的结果作以回顾，并讨论几点特殊情况。

在电介质的界面上，电位移矢量的法向分量连续，电场强度矢量的切向分量连续，即 $D_{1n}=D_{2n}$，$E_{1t}=E_{2t}$。

在磁介质的界面上，磁感应强度矢量的法向分量连续，磁场强度矢量的切向分量连续，即 $B_{1n}=B_{2n}$，$H_{1t}=H_{2t}$。

在导体的界面上，对于恒定电流情况，电流密度矢量的法向分量连续，电场强度矢量的切向分量连续，即 $j_{1n}=j_{2n}$，$E_{1t}=E_{2t}$。

而当在导体的界面上有净电荷积累时，设界面上净电荷的电荷面密度为 σ_0，如图 8-3 所示，在导体的界面两侧，依据电场的高斯定理有

$$D_{2n}-D_{1n}=\sigma_0 \tag{8-15}$$

依据电流的连续性条件有

$$j_{2n}-j_{1n}=-\frac{\partial\sigma_0}{\partial t} \tag{8-16}$$

而在导体的界面两侧，磁感应强度矢量的法向分量连续，电场强度矢量的切向分量连续。

如果通过导体的是高频交变电流，由于趋肤效应，电流、电场和磁场都将分布于导体表面附近的一薄层内。此时导体与外界真空构成分界面。如图 8-4 所示，导体内的磁场强度沿导体表面的切向分量为零，导体表面的面电流密度矢量 $\boldsymbol{i}_0$ 与导体表面附近的磁场强度矢量满足

$$\boldsymbol{e}_n\times\boldsymbol{H}_{out}=\boldsymbol{i}_0 \tag{8-17}$$

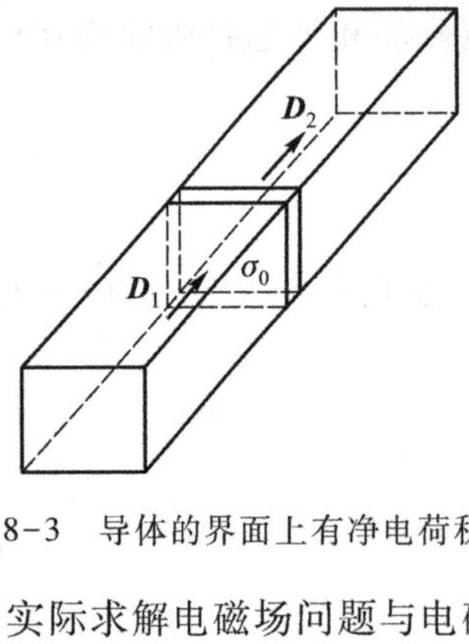

图 8-3 导体的界面上有净电荷积累

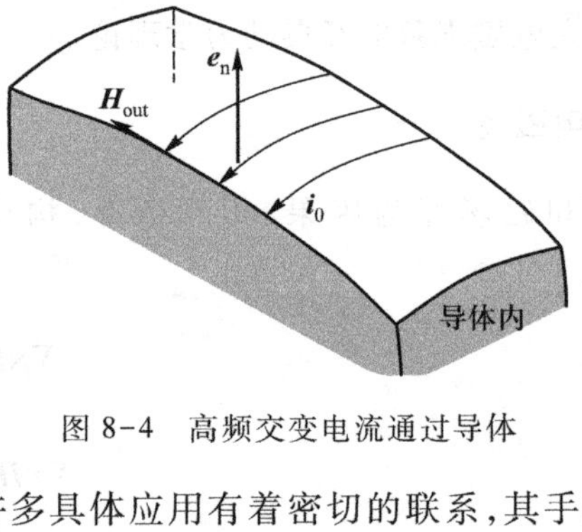

图 8-4 高频交变电流通过导体

面向实际求解电磁场问题与电磁场理论的许多具体应用有着密切的联系，其手段已经不仅限于实验和理论研究。当涉及复杂边界情况时，还可以借助计算电磁学的手段来解决。

§8.3 电磁波

麦克斯韦从理论上预言了电磁波的存在，赫兹的实验证实了电磁波的存在，人类生存的宇

宙中弥漫着电磁波。在过去的一个多世纪里,人类文明在许多领域的进步与电磁波密不可分。

变化的电场与变化的磁场共存,相互激发,向空间弥漫,形成了在空间传播的电磁波,电磁波的传播不需要介质,有一定的速度。从一个点波源发出的电磁波向自由空间传播,形成球面波,而在距离波源很远处的不太大空间内,可以把这电磁波看成平面波。本节主要讨论在自由空间传播的平面电磁波。

8.3.1 自由空间的平面电磁波

考虑电磁波在自由空间传播,即空间没有传导电流,也没有自由电荷,我们从麦克斯韦方程出发,来得到自由空间的平面电磁波的解析表达式。

在自由空间中,由式(8-13b)和式(8-13d),并考虑到在各向同性的介质中,电场强度与电位移的关系及磁场强度与磁感应强度的关系,有

$$\nabla\times\boldsymbol{E}=-\frac{\partial\boldsymbol{B}}{\partial t}=-\mu_r\mu_0\frac{\partial\boldsymbol{H}}{\partial t} \tag{8-18a}$$

$$\nabla\times\boldsymbol{H}=\frac{\partial\boldsymbol{D}}{\partial t}=\varepsilon_r\varepsilon_0\frac{\partial\boldsymbol{E}}{\partial t} \tag{8-18b}$$

设电磁波为平面波,沿 z 轴方向传播,对式(8-18a)和式(8-18b)作行列式展开,其结果中,电场强度 $\boldsymbol{E}$ 和磁场强度 $\boldsymbol{H}$ 在 z 轴方向的分量与任何变量无关,故设 $E_z=0, H_z=0$。则电磁波中的电场强度和磁场强度都在与电磁波传播的 z 轴方向垂直的方向上振动,因此电磁波是横波,如图 8-5 所示。设电磁波的波长为 λ,周期为 T。

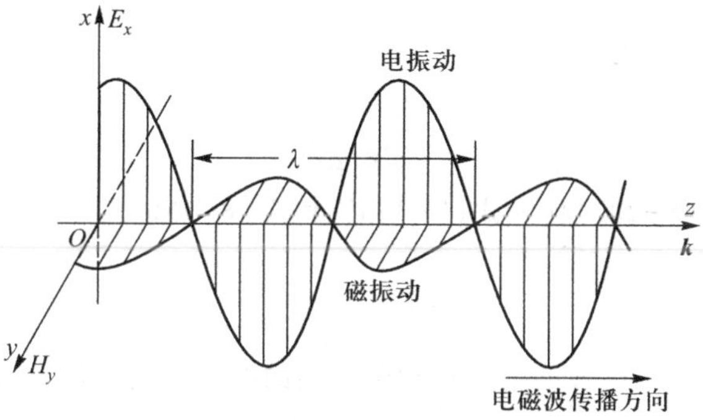

图 8-5 平面电磁波

若取电场强度 $\boldsymbol{E}$ 沿 x 轴方向的分量 $E_x\neq0$,则磁场强度 $\boldsymbol{H}$ 仅有沿 y 轴方向的分量,即 $H_y\neq0$。则电磁波中电场强度矢量 $\boldsymbol{E}$ 与磁场强度矢量 $\boldsymbol{H}$ 相互垂直,并与电磁波的传播方向垂直,即$\boldsymbol{E}\perp\boldsymbol{H},\boldsymbol{E}\perp\boldsymbol{k},\boldsymbol{H}\perp\boldsymbol{k}$。

这样由式(8-18a)和式(8-18b)得到

$$\frac{\partial E}{\partial z}=-\mu_r\mu_0\frac{\partial H}{\partial t} \tag{8-18a'}$$

$$\frac{\partial H}{\partial z}=-\varepsilon_r\varepsilon_0\frac{\partial E}{\partial t} \tag{8-18b'}$$

由于明确了电振动和磁振动的方向,式(8-18)中略去了电场和磁场的下角标,对式(8-18a′)

和式(8-18b′)进行变量代换,有

$$\frac{\partial^2 E}{\partial z^2}=\varepsilon_r\varepsilon_0\mu_r\mu_0\frac{\partial^2 E}{\partial t^2} \tag{8-19a}$$

$$\frac{\partial^2 H}{\partial z^2}=\varepsilon_r\varepsilon_0\mu_r\mu_0\frac{\partial^2 H}{\partial t^2} \tag{8-19b}$$

式(8-19a)和式(8-19b)是典型的平面简谐波传播方程,其复数解为

$$\tilde{E}=\tilde{E}_0 e^{i(\omega t-kz)}=E_0 e^{i(\omega t-kz+\varphi_E)} \tag{8-20a}$$

$$\tilde{H}=\tilde{H}_0 e^{i(\omega t-kz)}=H_0 e^{i(\omega t-kz+\varphi_H)} \tag{8-20b}$$

式(8-20a)中的 $\tilde{E}_0=E_0 e^{i\varphi_E}$ 和式(8-20b)中的 $\tilde{H}_0=H_0 e^{i\varphi_H}$ 分别称为电磁波的电振动与磁振动的**复振幅**,E_0 和 H_0 分别称为电振动与磁振动的幅值,φ_E、φ_H 分别称为电振动与磁振动的初相位;$\omega=\frac{2\pi}{T}$称为角频率,$k=\frac{2\pi}{\lambda}$称为角波数。

角波数 k 为电磁波波矢 $\boldsymbol{k}$ 的大小,$\boldsymbol{k}=k\boldsymbol{e}_k$,$\boldsymbol{e}_k$ 为波矢方向的单位矢量,也是电磁波传播方向的单位矢量。

电磁波的波速大小为 $v=\frac{\lambda}{T}=\frac{\omega}{k}$。将式(8-20a)和式(8-20b)代入式(8-19a)和式(8-19b)得 $k^2=\varepsilon_r\varepsilon_0\mu_r\mu_0\omega^2$,则波速大小为

$$v=\frac{\omega}{k}=\frac{1}{\sqrt{\varepsilon_r\varepsilon_0\mu_r\mu_0}} \tag{8-21}$$

若在真空中,则电磁波的波速大小为

$$v=\frac{1}{\sqrt{\varepsilon_0\mu_0}}=c \tag{8-22}$$

将式(8-20a)和式(8-20b)代入式(8-18a′)和式(8-18b′),电磁波的电振动和磁振动的复振幅之间有如下关系:

$$\sqrt{\varepsilon_r\varepsilon_0}\,\tilde{E}_0=\sqrt{\mu_r\mu_0}\,\tilde{H}_0 \tag{8-23}$$

对式(8-23)两侧取模,则电磁波的电振动和磁振动的振幅之间有如下关系:

$$\sqrt{\varepsilon_r\varepsilon_0}\,E_0=\sqrt{\mu_r\mu_0}\,H_0 \tag{8-24}$$

将复振幅 $\tilde{E}_0=E_0 e^{i\varphi_E}$ 和 $\tilde{H}_0=H_0 e^{i\varphi_H}$ 代入式(8-23),并与式(8-24)比较,有

$$\varphi_E=\varphi_H \tag{8-25}$$

即电磁波的电振动与磁振动同相位。

从而式(8-19a)和式(8-19b)中电振动与磁振动的复数解有如下关系:

$$\sqrt{\varepsilon_r\varepsilon_0}\,\tilde{E}=\sqrt{\mu_r\mu_0}\,\tilde{H} \tag{8-26}$$

即

$$\sqrt{\varepsilon_r\varepsilon_0}\,E=\sqrt{\mu_r\mu_0}\,H \tag{8-27}$$

8.3.2 光是电磁波

麦克斯韦得到了电磁波在真空中传播速度的理论表述,他根据 1856 年德国人科尔劳施和

韦伯完成的有关测量数据，计算出电磁波在真空中的速度值为 $3.11\times10^{8}\ \mathrm{m\cdot s^{-1}}$，与法国人斐索于 1849 年测得的光速值 $3.15\times10^{8}\ \mathrm{m\cdot s^{-1}}$ 极为接近。麦克斯韦认为这绝不是偶然的一致，他断言光就是电磁波。

光在介质中的速度为 $v=\dfrac{1}{\sqrt{\varepsilon_{\mathrm{r}}\varepsilon_0\mu_{\mathrm{r}}\mu_0}}$，光在真空中的速度为 $c=\dfrac{1}{\sqrt{\varepsilon_0\mu_0}}$，$v=\dfrac{c}{n}$。$n=\sqrt{\varepsilon_{\mathrm{r}}\mu_{\mathrm{r}}}$ 为光传播所经过的介质的折射率。

8.3.3 电磁波的发射

由麦克斯韦方程知道，变化的电场与变化的磁场共存，相互激发形成电磁波，即电磁波是电磁振荡在空间的传播。宏观上是载有交变电流的天线能够辐射电磁波，而实质上是导线内部变速运动的带电粒子导致了电磁波的辐射。

首先，我们考虑 LC 振荡电路，其由电感线圈和电容器构成，如图 8-6 所示。电容器充电后串接电感线圈，在电容器的极板上电荷量及其符号都在变化，导致两极板之间的电场不断变化，此时能量储存在电感线圈的磁场中及电容器的电场中。在电磁感应一章中，我们知道，极板上的电荷量随时间作周期性变化，即

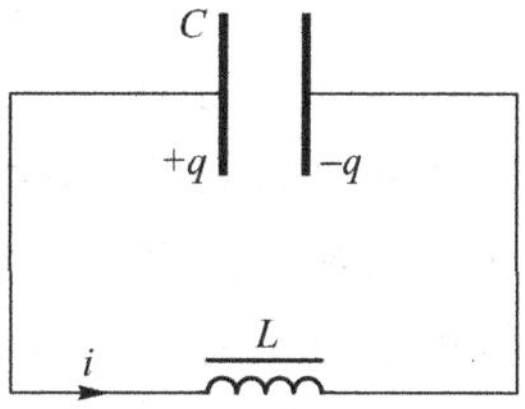

图 8-6　LC 振荡电路

$$q=q_0\cos\frac{t}{\sqrt{LC}}=q_0\cos\omega t \tag{8-28}$$

式中 $\omega=1/\sqrt{LC}$ 为 LC 振荡电路的振荡频率。振荡电路中的电流为

$$i=-q_0\omega\sin\omega t \tag{8-29}$$

由此可见，电容器极板上的电荷、线圈中的电流及其产生的电场和磁场都在随时间作周期性变化。电场和磁场能量互相转化，反复循环，称为**电磁振荡**。

实际上任何振荡电路都要向外辐射电磁波，同时要消耗能量，为保持电磁振荡持续进行，实际上还要有电源不断地向振荡电路补充能量。而发射电磁波的实际电路，为使电磁波能有效地向外发射，则必须使电路尽可能开放。同时，由于电磁波的辐射功率与电路振荡频率的 4 次方成正比，为提高电路的振荡频率，应尽可能减小电路中电感线圈的自感 L 和电容器的电容 C 的值。为此，就把 LC 振荡电路按照图 8-7 中(a)、(b)、(c)、(d)的顺序循序加以改造，使电路越来越开放，L 和 C 的值不断变小，最后演化成直线型振荡电路。当电流在该振荡电路中往

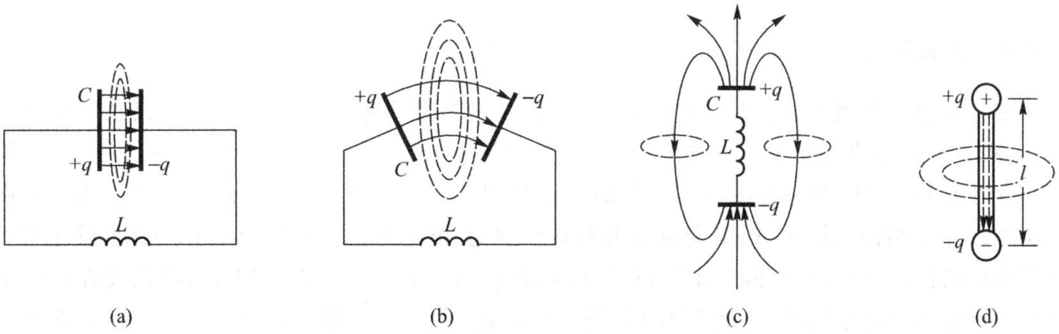

图 8-7　从 LC 振荡电路过渡到振荡电偶极子

复振荡变化时，振荡电路的两端交替出现等量异号的电荷，这样在振荡电路的两端就好像构成了电偶极子一样，这样的电路称为**振荡电偶极子**。

振荡电偶极子产生的电磁场，可以用麦克斯韦方程严格计算出来。这里只作定性的讨论。设振荡电偶极子中的等量异号电荷分别为$+q(t)$和$-q(t)$，而由$-q(t)$指向$+q(t)$的位矢为$\boldsymbol{l}$，则振荡电偶极子的电偶极矩为

$$\boldsymbol{p}=q(t)\boldsymbol{l}=q_0\boldsymbol{l}\cos\omega t=\boldsymbol{p}_0\cos\omega t \tag{8-30}$$

对于式(8-30)，也可以把振荡电偶极子的电偶极矩看作两个确定电荷量的异号电荷之间的距离随时间按余弦规律变化，即

$$\boldsymbol{p}=q_0\boldsymbol{l}\cos\omega t=q_0\boldsymbol{l}(t) \tag{8-31}$$

对于振荡电偶极子，在离得很近的区域，电场线由正电荷发出，终止于负电荷，电场随时间变化，激发的磁场也随时间变化；在远离电偶极子的区域，变化的磁场激发的随时间变化的涡旋电场，其电场线成闭合状，称之为**辐射区**。在辐射区，随时间变化的涡旋电场激发随时间变化的磁场，随时间变化的磁场又激发随时间变化的涡旋电场，如此变化的电场和变化的磁场交替激发，从而形成由近及远辐射出去的电磁波。在自由空间中，当离开振荡电偶极子的距离足够远时，振荡电偶极子辐射出的电磁波的波阵面逐渐趋于球面状，如图8-8所示。其中图8-8(a)是辐射区的电场线与振荡电偶极子在同一平面内，图8-8(b)是辐射区的磁感应线在与振荡电偶极子垂直的平面内。实际上二者是交织在一起的，相互激发，弥漫在三维空间。

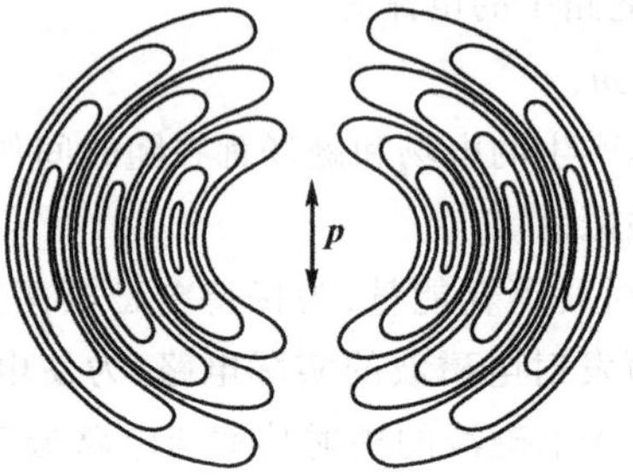

(a) 电场线

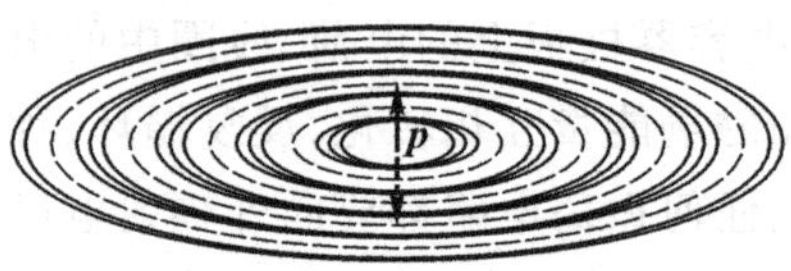

(b) 磁感应线

图 8-8　振荡电偶极子在辐射区的电场线和磁感应线

8.3.4　赫兹实验

麦克斯韦方程表明，电磁振荡能辐射电磁波。赫兹利用电容器充电后通过火花隙放电产生振荡的原理，做成振荡器。如图8-9所示，赫兹将感应线圈的两极与两个铜棒相接，两个铜棒间存在有间隙AB，当感应线圈产生的高电压使得两个铜棒间隙产生火花时，电荷便经由电火花隙在两个铜棒间振荡，根据麦克斯韦电磁场理论，电荷振荡会产生电磁波。赫兹设计了一个简单的谐振器来探测电磁波，即在圆形导线的两端点间留有小间隙CD，当电磁波在此圆形导线上产生感应电动势时，小间隙CD间便产生火花。1888年，赫兹的实验成功了。他在实验中观察到了谐振器小间隙CD间产生的火花，证实了电磁波的真实存在。

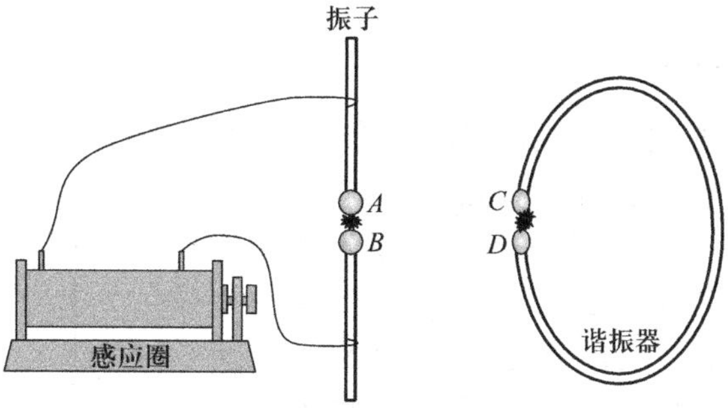

图 8-9　赫兹实验原理简图

赫兹在实验室的远端墙壁上覆有可反射电磁波的金属板,入射波与金属板反射的反射波叠加会产生驻波,他以谐振器在不同距离处探测,证实了驻波的存在。他事先求出了谐振器的频率,又探测到驻波的波长,也就得到了电磁波的传播速度,这结果与麦克斯韦的预测值符合得很好。并且,赫兹通过实验还证实了电磁波不仅具有反射和折射特性,还具有偏振特性。

8.3.5　电磁波谱

随着人们对电磁波的认识不断发展,人们认识到产生电磁波的波源不同,各种电磁波的波长(或频率)也不同,故将各种电磁波在真空中的波长(或频率)按其大小排列就形成了电磁波谱。整个电磁波谱是一个完整、连续的波谱图。

我们知道的无线电波、微波、红外线、可见光、紫外线、X 射线、γ 射线,包括宇宙射线等都是电磁波。不同波长的电磁波产生的机制不同。

§8.4　电磁场的能量和动量

8.4.1　电磁场的能量与能量密度

电磁场中弥漫着电场和磁场,二者相互激发,统一为一个整体。电磁场是物质性的,具有能量和动量。电磁场能量是电场能量和磁场能量之和,即

$$W=W_e+W_m \tag{8-32}$$

电磁场能量的单位也为焦耳(J)。

单位体积内的电磁场能量称为电磁场能量密度,它是电场能量密度和磁场能量密度之和,即

$$w=w_e+w_m=\frac{1}{2}\boldsymbol{D}\cdot\boldsymbol{E}+\frac{1}{2}\boldsymbol{B}\cdot\boldsymbol{H} \tag{8-33}$$

电磁场能量密度的单位为焦耳每立方米($J\cdot m^{-3}$)。对于各向同性的线性介质,有

$$w=\frac{1}{2}\varepsilon_r\varepsilon_0E^2+\frac{1}{2}\mu_r\mu_0H^2 \tag{8-34}$$

则在电磁场存在的空间,体积 V 内的电磁场能量为

$$W=\int_V w\,\mathrm{d}V=\int_V\left(\frac{1}{2}\boldsymbol{D}\cdot\boldsymbol{E}+\frac{1}{2}\boldsymbol{B}\cdot\boldsymbol{H}\right)\mathrm{d}V \tag{8-35}$$

8.4.2 电磁波的能流密度

电磁波在空间中传播，伴随着电磁场的传播。我们在讲波动时讲过波的能流密度，这里引入电磁波的能流密度矢量概念，用以描述与电磁波传播相伴的电磁场能量的传播。电磁波的能流密度矢量，在数值上等于单位时间通过垂直于电磁波传播方向的单位面积的能量，方向为电磁波传播的方向，用 $\boldsymbol{S}$ 表示。如图 8-10 所示，根据电磁波的能流密度概念的描述，电磁波能流密度的大小为

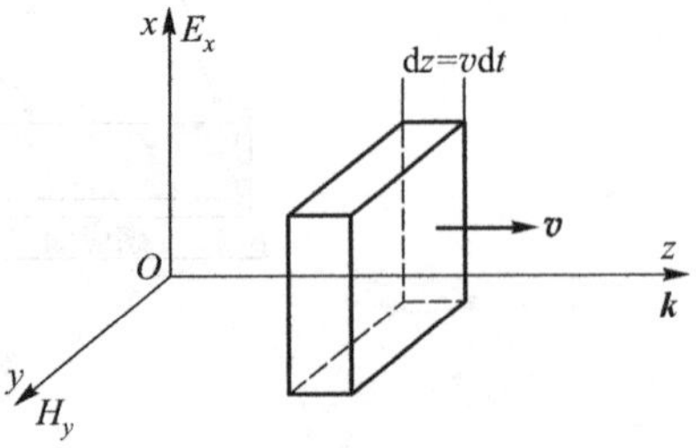

图 8-10 电磁波的能流密度

$$S=\frac{Av\mathrm{d}tw}{A\mathrm{d}t}=vw \tag{8-36}$$

电磁波能流密度的单位为瓦每平方米（$\mathrm{W\cdot m^{-2}}$）。对于各向同性的线性介质，有

$$S=\frac{v}{2}\varepsilon_r\varepsilon_0E^2+\frac{v}{2}\mu_r\mu_0H^2 \tag{8-37}$$

将电磁波速度大小的表达式 $v=\dfrac{1}{\sqrt{\varepsilon_r\varepsilon_0\mu_r\mu_0}}$ 代入式（8-37），有

$$S=\frac{1}{2}\left(\frac{\sqrt{\varepsilon_r\varepsilon_0}}{\sqrt{\mu_r\mu_0}}E^2+\frac{\sqrt{\mu_r\mu_0}}{\sqrt{\varepsilon_r\varepsilon_0}}H^2\right)$$

对于自由空间的平面电磁波，其电振动与磁振动的解满足式（8-27），即 $\sqrt{\varepsilon_r\varepsilon_0}\,E=\sqrt{\mu_r\mu_0}\,H$，则有

$$S=\frac{1}{2}(EH+HE)=EH \tag{8-38}$$

如图 8-10 所示，考虑到电磁波中电振动方向沿 x 轴方向，磁振动方向沿 y 轴方向，二者相互垂直，即 $\boldsymbol{E}\perp\boldsymbol{H}$，而电磁波的传播方向沿 z 轴方向，则式（8-38）写成矢量式为

$$\boldsymbol{S}=\boldsymbol{E}\times\boldsymbol{H} \tag{8-39}$$

式（8-39）就是电磁波在空间传播的能流密度矢量，又称为**坡印廷矢量**。电磁波能流密度矢量的概念是 1884 年英国人约翰·坡印廷建立的，故称其为坡印廷矢量。坡印廷矢量表达式（8-39）虽然是在各向同性的线性介质和自由空间平面电磁波情况下得到的，但在一般情况下也普遍适用。

对于平面电磁波，其能流密度的大小为

$$S=EH=\frac{\sqrt{\varepsilon_r\varepsilon_0}}{\sqrt{\mu_r\mu_0}}E^2$$

考虑到平面电磁波解 $\tilde{E}=E_0\mathrm{e}^{\mathrm{i}(\omega t-kz+\varphi_E)}$，电磁振荡中电场强度平方的平均值为 $\overline{E^2}=\frac{1}{2}E_0^2$。则平面电磁波的平均能流密度的大小为

$$\overline{S}=\frac{1}{2}\frac{\sqrt{\varepsilon_r\varepsilon_0}}{\sqrt{\mu_r\mu_0}}E_0^2=\frac{1}{2}\varepsilon_r\varepsilon_0vE_0^2\propto E_0^2\propto H_0^2 \tag{8-40}$$

即平面电磁波的平均能流密度的大小正比于电磁振荡中的电场强度或磁场强度振幅的平方。如果是在真空中,则有

$$\overline{S}=\frac{1}{2}\varepsilon_0 cE_0^2 \tag{8-41}$$

光作为电磁波,式(8-41)为真空中光波的平均能流密度的大小,亦即真空中的光强。

8.4.3 电磁波的动量

电磁场是物质性的,具有能量和动量。电磁波传播了电磁场,也具有能量和动量。考虑到真空中的电磁波以光速传播,不具有静止质量,其动量可以由相对论能量动量关系式 $E^2=p^2c^2+m_0^2c^4$ 导出,即 $E=pc$,则电磁波的动量为

$$p=\frac{E}{c} \tag{8-42}$$

以真空中平面电磁波为例,设电磁波单位体积内的能量为 w、动量大小为 g,则这里 g 称为电磁波的动量密度大小,其单位为千克每二次方米每秒($kg\cdot m^{-2}\cdot s^{-1}$),由式(8-42)得

$$g=\frac{w}{c} \tag{8-43}$$

由于电磁波的动量方向就是它的传播速度方向,式(8-43)可写成矢量形式,即

$$\boldsymbol{g}=\frac{1}{c^2}w\boldsymbol{c} \tag{8-44}$$

考虑到式(8-36),在真空中电磁波的能流密度矢量为 $\boldsymbol{S}=w\boldsymbol{c}$,则电磁波的动量密度为

$$\boldsymbol{g}=\frac{1}{c^2}\boldsymbol{S}=\frac{1}{c^2}\boldsymbol{E}\times\boldsymbol{H} \tag{8-45}$$

式(8-45)表明,电磁波的动量密度正比于其能流密度矢量,二者的方向都沿电磁波的传播方向。

光是电磁波,光压的存在证明了电磁波具有动量。

应用专题:隐身技术与隐身材料

经典实验:赫兹实验

思考题

8.1 对位移电流,以下几种说法是否正确?

(1) 位移电流是指变化电场;

(2) 位移电流是由线性变化磁场产生的;

(3) 位移电流的热效应服从焦耳-楞次定律;

(4) 位移电流的磁效应不服从安培环路定理。

8.2 位移电流和传导电流有什么相同点和不同点?它们产生的磁场有什么不同吗?

8.3 如果真有磁荷存在,那么根据电和磁的对称性,麦克斯韦方程组应如何补充修改?

8.4 一平行板电容器放置在匀强磁场中,磁场方向和电容器的平面平行,让电容器两极板带上等量异号电荷后,用一根导线连接两极板,使之放电。设导线与极板的电接触不妨碍它可在极板间做无摩擦平行移动,请问:

(1) 放电前极板间的能流方向是什么?

(2) 放电时,放电导线如何运动?

(3) 就整个系统考虑,放电导线的动量来自哪里?

8.5 振荡电偶极子的辐射功率与哪些因素有关系?

习题

8.1 如图所示,一点电荷绕 O 点做匀速圆周运动,已知点电荷的电荷量为 q,其角速度为 ω,该圆周运动的半径为 R。设 $t=0$ 时 q 所在点的坐标为 $x_0=R$, $y_0=0$,求圆心 O 点处的位移电流密度。

第八章习题参考答案

8.2 给平行板电容器充电,已知电容器的电容为 C,充电电流为 $i=0.2e^{-t}$(SI 单位),设 $t=0$ 时电容器极板上无电荷。

(1) 求极板间电压随时间变化的函数关系;

(2) 在忽略边缘效应的情况下,求 t 时刻极板间总的位移电流。

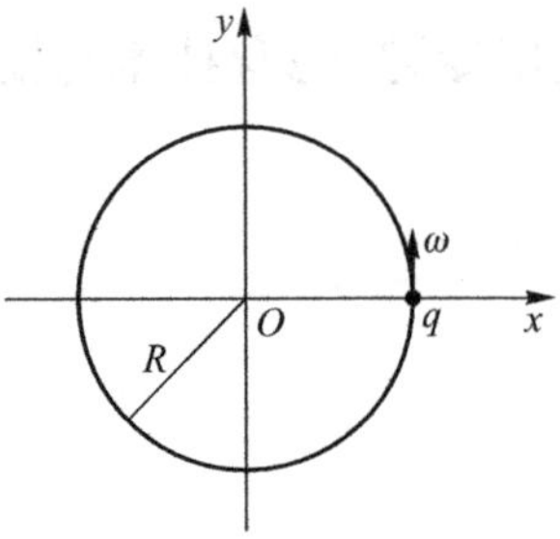

习题 8.1 图

8.3 一球形电容器的内、外导体球壳的半径分别为 R_1、R_2,两球壳间充有相对电容率为 ε_r 的电介质。在电容器上加电压,内球壳对外球壳的电压为 $U=U_0\omega\cos\omega t$。假设 ω 不太大,电容器内的电场分布与静态场情形近似相同,求:

(1) 电介质中各处的位移电流密度;

(2) 通过半径为 $r(R_1<r<R_2)$ 的球面的总位移电流。

8.4 如图所示,由两块等大圆形导体板构成的平行板电容器,其中的介质非理想绝缘(电导率为 γ)、电容率为 $\varepsilon(\varepsilon=\varepsilon_r\varepsilon_0)$、磁导率为 $\mu(\mu=\mu_r\mu_0)$ 的非铁磁性、各向同性均匀介质,两极板之间的距离为 d。忽略边缘效应,当给两极板间加交流电压 $U=U_0\omega\cos\omega t$ 时,求:

(1) 两板间任意一点的位移电流密度;

（2）两板间任意一点的磁感应强度大小。

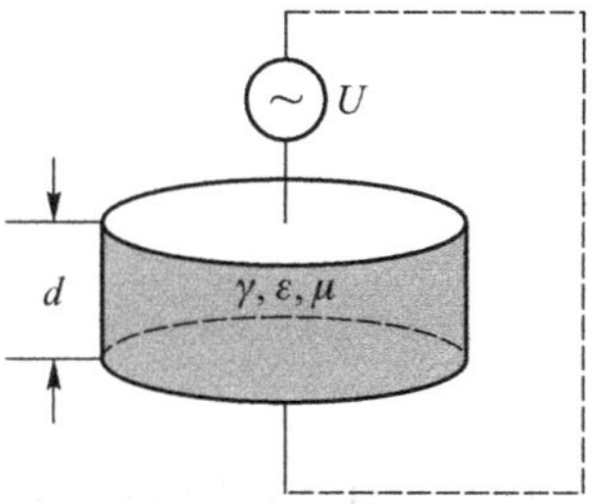

习题 8.4 图

8.5 一平行板电容器由半径为 0.1 m 的两块圆导体板构成，极板间为空气。今给该电容器充电，使得两极板间的电场变化率为$\frac{\mathrm{d}E}{\mathrm{d}t}=10^{8}\ \mathrm{V\cdot m^{-1}\cdot s^{-1}}$。忽略边缘效应，求：

（1）电容器两极板间的总位移电流；

（2）电容器内与两板中心连线的距离为 $r=0.05$ m 处的磁感应强度的大小。

8.6 由半径为 R 的两圆形金属板构成的平行板电容器，极板间为空气。今用交变电源给该电容器充电，使得极板上所带电荷量随时间的变化关系为 $q=q_0\omega\sin\omega t$（q_0 和 ω 为常量）。忽略边缘效应，求当 $\omega t=\pi/4$ 时，两极板间与中心轴线距离为 $r(r<R)$ 处一点的电磁场能量密度（即电场能量密度与磁场能量密度之和）。

8.7 激光打孔是利用高功率密度激光束照射被加工材料形成孔洞，是激光加工的主要应用领域之一。一用于打孔的激光束的截面直径为 60 μm，功率为 300 kW。计算此激光束的能流密度大小以及其电场强度和磁感应强度的幅值。

8.8 一段通有恒定电流 I 的长直导线，导线的半径为 a，电阻率为 ρ。试证明从该导线表面进入的电磁场的能流等于相应导线内的焦耳热功率。

8.9 一圆形平行板电容器的电容为 C，现给它充电，充电电路是准静态的，q 为极板上的电荷量。忽略边缘效应，试证明电磁场输入的功率等于电容器内静电能的增加率。

8.10 真空中有一简谐平面电磁波沿直角坐标系的 z 轴传播，已知此波在坐标原点产生的电场强度为 $E_{原点}=E_x=E_0\cos(2\pi\nu t)$。

（1）分别就电磁波沿 z 轴的正方向和负方向两种情况写出它的波函数；

（2）写出当波沿 z 轴正方向传播时，空间坐标为 z 的场点处电磁场的能量密度和能流密度。

8.11 强激光具有很大的动量密度，我们可利用强激光反射时在反射面上产生的巨大压强来压缩等离子体。今有一束脉冲峰值功率为 1.5×10^{9} W 的激光，会聚到 1.3 mm² 的高电子密度的等离子体表面。设此等离子体能完全反射入射光，求激光对等离子体表面产生的峰值压强。

附　录

附录 1　国际单位制与我国法定计量单位

1948 年召开的第 9 届国际计量大会作出了决定，要求国际计量委员会创立一种简单而科学的、供所有米制公约组织成员国均能使用的实用单位制。1954 年第 10 届国际计量大会决定，采用米(m)、千克(kg)、秒(s)、安培(A)、开尔文(K)和坎德拉(cd)作为基本单位。1960 年第 11 届国际计量大会决定，将以这六个单位为基本单位的实用计量单位制命名为“国际单位制”，并规定其国际简称为“SI”。1974 年第 14 届国际计量大会又决定，增加一个基本单位——“物质的量”的单位摩尔(mol)。因此，目前国际单位制共有七个基本单位(见表 1)。SI 导出单位是由 SI 基本单位按定义式导出的，以 SI 基本单位代数形式表示的单位，其数量很多，有些单位具有专门名称(见表 2)。SI 单位的倍数单位包括十进倍数单位与十进分数单位，它们由 SI 词头(见表 3)加上 SI 单位构成。

1985 年 9 月 6 日，我国第六届全国人民代表大会常务委员会第十二次会议通过了《中华人民共和国计量法》。这一法律明确规定国家实行法定计量单位制度。国际单位制计量单位和国家选定的其他计量单位(见表 4)为国家法定计量单位，国家法定计量单位的名称、符号由国务院公布。

2018 年第 26 届国际计量大会通过的“关于修订国际单位制的 1 号决议”将国际单位制的七个基本单位全部改为由常量定义。此决议自 2019 年 5 月 20 日(世界计量日)起生效。这是改变国际单位制采用实物基准的历史性变革，是人类科技发展进步中的一座里程碑。对国际单位制七个基本单位的中文定义的修订是我国科学技术研究中的一个重要活动，对于促进科技交流、支撑科技创新具有重要意义。

表 1　SI 基本单位及其定义

量的名称	单位名称	单位符号	单位定义
时间	秒	s	当铯频率 $\Delta\nu_{Cs}$，也就是铯-133 原子不受干扰的基态超精细跃迁频率，以单位 Hz 即 s^{-1} 表示时，将其固定数值取为 9 192 631 770 来定义秒。
长度	米	m	当真空中光速 c 以单位 $m\cdot s^{-1}$ 表示时，将其固定数值取为 299 792 458 来定义米，其中秒用 $\Delta\nu_{Cs}$ 定义。
质量	千克(公斤)	kg	当普朗克常量 h 以单位 $J\cdot s$ 即 $kg\cdot m^2\cdot s^{-1}$ 表示时，将其固定数值取为 $6.626\,070\,15\times10^{-34}$ 来定义千克，其中米和秒分别用 c 和 $\Delta\nu_{Cs}$ 定义。
电流	安[培]	A	当元电荷 e 以单位 C 即 $A\cdot s$ 表示时，将其固定数值取为 $1.602\,176\,634\times10^{-19}$ 来定义安培，其中秒用 $\Delta\nu_{Cs}$ 定义。

续表

量的名称	单位名称	单位符号	单位定义
热力学温度	开[尔文]	K	当玻耳兹曼常量 k 以单位 $J\cdot K^{-1}$ 即 $kg\cdot m^2\cdot s^{-2}\cdot K^{-1}$ 表示时,将其固定数值取为 $1.380\ 649\times10^{-23}$ 来定义开尔文,其中千克、米和秒分别用 h、c 和 $\Delta\nu_{Cs}$ 定义。
物质的量	摩[尔]	mol	1 mol 精确包含 $6.022\ 140\ 76\times10^{23}$ 个基本单元。该数称为阿伏伽德罗数,为以单位 mol^{-1} 表示的阿伏伽德罗常量 N_A 的固定数值。一个系统的物质的量,符号为 ν,是该系统包含的特定基本单元数的量度。基本单元可以是原子、分子、离子、电子及其他任意粒子或粒子的特定组合。
发光强度	坎[德拉]	cd	当频率为 540×10^{12} Hz 的单色辐射的光视效能 K_{cd} 以单位 $lm\cdot W^{-1}$ 即 $cd\cdot sr\cdot W^{-1}$ 或 $cd\cdot sr\cdot kg^{-1}\cdot m^{-2}\cdot s^3$ 表示时,将其固定数值取为 683 来定义坎德拉,其中千克、米和秒分别用 h、c 和 $\Delta\nu_{Cs}$ 定义。

表 2　包括 SI 辅助单位在内的具有专门名称的 SI 导出单位

量的名称	单位名称	单位符号	用 SI 基本单位和 SI 导出单位表示
[平面]角	弧度	rad	1 rad = 1 m/m = 1
立体角	球面度	sr	1 sr = 1 m^2/m^2 = 1
频率	赫[兹]	Hz	1 Hz = 1 s^{-1}
力	牛[顿]	N	1 N = 1 kg · m/s^2
压强,应力	帕[斯卡]	Pa	1 Pa = 1 N/m^2
能[量],功,热量	焦[耳]	J	1 J = 1 N · m
功率,辐[射能]通量	瓦[特]	W	1 W = 1 J/s
电荷[量]	库[仑]	C	1 C = 1 A · s
电压,电动势,电势(电位)	伏[特]	V	1 V = 1 W/A
电容	法[拉]	F	1 F = 1 C/V
电阻	欧[姆]	Ω	1 Ω = 1 V/A
电导	西[门子]	S	1 S = 1 Ω^{-1}
磁通[量]	韦[伯]	Wb	1 Wb = 1 V · s
磁感应强度,磁通[量]密度	特[斯拉]	T	1 T = 1 Wb/m^2
电感	亨[利]	H	1 H = 1 Wb/A
摄氏温度	摄氏度	℃	1 ℃ = 1 K
光通量	流[明]	lm	1 lm = 1 cd · sr
[光]照度	勒[克斯]	lx	1 lx = 1 lm/m^2
[放射性]活度	贝可[勒尔]	Bq	1 Bq = 1 s^{-1}
吸收剂量	戈[瑞]	Gy	1 Gy = 1 J/kg
剂量当量	希[沃特]	Sv	1 Sv = 1 J/kg

表 3 SI 词头

因数	词头名称		符号	因数	词头名称		符号
	英文	中文			英文	中文	
10^{1}	deca	十	da	10^{-1}	deci	分	d
10^{2}	hecto	百	h	10^{-2}	centi	厘	c
10^{3}	kilo	千	k	10^{-3}	milli	毫	m
10^{6}	mega	兆	M	10^{-6}	micro	微	μ
10^{9}	giga	吉[咖]	G	10^{-9}	nano	纳[诺]	n
10^{12}	tera	太[拉]	T	10^{-12}	pico	皮[可]	p
10^{15}	peta	拍[它]	P	10^{-15}	femto	飞[母托]	f
10^{18}	exa	艾[可萨]	E	10^{-18}	atto	阿[托]	a
10^{21}	zetta	泽[它]	Z	10^{-21}	zepto	仄[普托]	z
10^{24}	yotta	尧[它]	Y	10^{-24}	yocto	幺[科托]	y
10^{27}	ronna	容[那]	R	10^{-27}	ronto	柔[托]	r
10^{30}	quetta	昆[它]	Q	10^{-30}	quecto	亏[科托]	q

表 4 国际单位制单位以外的我国法定计量单位

量的名称	单位名称	单位符号	与 SI 单位的关系
时间	分	min	1 min = 60 s
	[小]时	h	1 h = 60 min = 3 600 s
	日(天)	d	1 d = 24 h = 86 400 s
[平面]角	度	°	1° = (π/180) rad
	[角]分	′	1′ = (1/60)° = (π/10 800) rad
	[角]秒	″	1″ = (1/60)′ = (π/648 000) rad
体积	升	L(l)	1 L = 1 dm^{3} = $10^{-3} m^{3}$
质量	吨	t	1 t = 10^{3} kg
	原子质量单位	u	1 u ≈ 1.660 539×10^{-27} kg
旋转速度	转每分	r/min	1 r/min = (1/60) r/s
长度	海里	n mile	1 n mile = 1 852 m(只用于航行)
速度	节	kn	1 kn = 1 n mile/h = (1 852/3 600) m/s (只用于航行)
能[量]	电子伏	eV	1 eV ≈ 1.602 177×10^{-19} J
级差	分贝	dB	
线密度	特[克斯]	tex	1 tex = 10^{-6} kg/m
面积	公顷	hm^{2}	1 hm^{2} = 10^{4} m^{2}

附录 2　常用物理常量表

名称	符号	数值	单位	相对标准不确定度
真空中的光速	c	299 792 458	$m\cdot s^{-1}$	精确
普朗克常量	h	$6.626\ 070\ 15\times10^{-34}$	$J\cdot s$	精确
约化普朗克常量	$h/2\pi$	$1.054\ 571\ 817\cdots\times10^{-34}$	$J\cdot s$	精确
元电荷	e	$1.602\ 176\ 634\times10^{-19}$	C	精确
阿伏伽德罗常量	N_A	$6.022\ 140\ 76\times10^{23}$	mol^{-1}	精确
玻耳兹曼常量	k	$1.380\ 649\times10^{-23}$	$J\cdot K^{-1}$	精确
摩尔气体常量	R	$8.314\ 462\ 618\cdots$	$J\cdot mol^{-1}\cdot K^{-1}$	精确
理想气体的摩尔体积（标准状况下）	V_m	$22.413\ 969\ 54\cdots\times10^{-3}$	$m^3\cdot mol^{-1}$	精确
洛施密特常量	n_0	$2.686\ 780\ 111\cdots\times10^{25}$	m^{-3}	精确
斯特藩-玻耳兹曼常量	σ	$5.670\ 374\ 419\cdots\times10^{-8}$	$W\cdot m^{-2}\cdot K^{-4}$	精确
维恩位移定律常量	b	$2.897\ 771\ 955\cdots\times10^{-3}$	$m\cdot K$	精确
引力常量	G	$6.674\ 30(15)\times10^{-11}$	$m^3\cdot kg^{-1}\cdot s^{-2}$	2.2×10^{-5}
真空磁导率	μ_0	$1.256\ 637\ 061\ 27(20)\times10^{-6}$	$N\cdot A^{-2}$	1.6×10^{-10}
真空电容率	ε_0	$8.854\ 187\ 818\ 8(14)\times10^{-12}$	$F\cdot m^{-1}$	1.6×10^{-10}
电子质量	m_e	$9.109\ 383\ 713\ 9(28)\times10^{-31}$	kg	3.1×10^{-10}
质子质量	m_p	$1.672\ 621\ 925\ 95(52)\times10^{-27}$	kg	3.1×10^{-10}
中子质量	m_n	$1.674\ 927\ 500\ 56(85)\times10^{-27}$	kg	5.1×10^{-10}
氘核质量	m_d	$3.343\ 583\ 776\ 8(10)\times10^{-27}$	kg	3.1×10^{-10}
氚核质量	m_t	$5.007\ 356\ 751\ 2(16)\times10^{-27}$	kg	3.1×10^{-10}
玻尔磁子	μ_B	$9.274\ 010\ 065\ 7(29)\times10^{-24}$	$J\cdot T^{-1}$	3.1×10^{-10}
核磁子	μ_N	$5.050\ 783\ 739\ 3(16)\times10^{-27}$	$J\cdot T^{-1}$	3.1×10^{-10}
里德伯常量	R_∞	$1.097\ 373\ 156\ 815\ 7(12)\times10^{7}$	m^{-1}	1.1×10^{-12}
精细结构常数	α	$7.297\ 352\ 564\ 3(11)\times10^{-3}$		1.6×10^{-10}
玻尔半径	a_0	$5.291\ 772\ 105\ 44(82)\times10^{-11}$	m	1.6×10^{-10}
康普顿波长	λ_C	$2.426\ 310\ 235\ 38(76)\times10^{-12}$	m	3.1×10^{-10}
原子质量常量	m_u	$1.660\ 539\ 068\ 92(52)\times10^{-27}$	kg	3.1×10^{-10}

注：① 表中数据为国际科学理事会(ISC)国际数据委员会(CODATA)2022 年的国际推荐值.

② 标准状况是指 $T=273.15$ K，$p=101\ 325$ Pa.

参考文献